Günter Schulze (Hrsg.) **Schweißtechnik**

Schweißtechnik

Werkstoffe - Konstruieren - Prüfen

Prof. Dr.-Ing. Günter Schulze
Dr.-Ing. Helmut Krafka
Dr.-Ing. Peter Neumann

Herausgegeben von

Prof. Dr.-Ing. Günter Schulze

 **VDI** VERLAG

Die Deutsche Bibliothek — CIP-Einheitsaufnahme

Schweisstechnik: Werkstoffe — Konstruieren — Prüfen /
Günter Schulze; Helmut Krafka; Peter Neumann.
Hrsg. von Günter Schulze. —
1. Aufl. — Düsseldorf: VDI-Verl., 1992
  ISBN 3-18-401007-4
NE: Schulze, Günter; Krafka, Helmut; Neumann, Peter

Autoren:
Prof. Dr.-Ing. *Günter Schulze,* Technische Fachhochschule Berlin
Dr.-Ing. *Helmut Krafka,* Bundesanstalt für Materialforschung
  und -prüfung Berlin
Dr.-Ing. *Peter Neumann,* OTA Gesellschaft für Berufliche Bildung
  Berlin

Die auszugsweise Wiedergabe von DIN-Normen genehmigte DIN
Deutsches Institut für Normen e. V. Maßgebend für die Anwendung
einer Norm ist deren Fassung mit dem neuesten Ausgabedatum, die bei
der Beuth Verlag GmbH, 1000 Berlin 30 und 5000 Köln 1, erhältlich
ist.

Warenzeichen und Patente sind nicht als solche gekennzeichnet;
hinsichtlich deren Benutzung und des Schutzes gibt das Deutsche
Patentamt Auskunft.

Printed in Germany
Druck: Bonner Universitäts-Buchdruckerei, 5300 Bonn

ISBN 3-18-401007-4

Vorwort

Mit dem vorliegenden Buch sollen dem Studenten des Maschinenbaus wesentliche Grundlagen des ständig an Bedeutung zunehmenden Fügeverfahrens Schweißen in einer möglichst anschaulichen Form präsentiert werden. Darüber hinaus wird es auch dem bereits in der Praxis stehenden Ingenieur helfen, theoretische Grundlagen aufzufrischen und zu vertiefen. Wegen der Vielfalt und des Umfangs der beteiligten Wissensgebiete mußte der Stoff auf wichtige Themen begrenzt werden. Die Auswahl ist damit naturgemäß subjektiv. Die Verfasser haben sich bemüht, in einem Band die erforderlichen Grundlagen in einer dem Studenten angemessenen und verständlichen Form darstellen. Dabei wurden gewisse Redundanzen bewußt in Kauf genommen, die nach der Erfahrung der Autoren den Lernerfolg in vielen Fällen günstig beeinflussen.

Die Autoren strebten eine anschauliche und nicht übermäßig theoretische Darstellung an, die im Bereich der Bruchmechanik zwangsläufig nur teilweise gelang. Diesem Ziel dienen u.a eine große Anzahl Skizzen, Schaubilder und Tabellen sowie ein sehr ausführliches und aufwendiges Sachwortverzeichnis. Gefügeaufnahmen sind i.a. in einer Größe abgebildet, die ein Verständnis des Bildinhalts ermöglicht bzw. erleichtert. Die sehr ausführlichen Bildlegenden erlauben in den meisten Fällen eine sofortige Interpretation der Darstellung. Für weitergehende Informationen des Lesers dient ausgewähltes Schrifttum, das am Ende des jeweiligen Kapitels aufgeführt ist.

Als Problem während der Bearbeitung erwies sich die Umstellung der nationalen auf die häufig erheblich geänderten europäischen Normen. Aus redaktionellen Gründen konnten lediglich die bis Ende 1991 als Weißdruck erschienenen EURONORMEN berücksichtigt werden. Die häufig fehlenden Querverbindungen zu anderen (noch nationalen) Normen führten einigen Fällen zu einer inkonsistenten Darstellungsweise.

Entsprechend der Tatsache, daß der "der Werkstoff die Schweißbedingungen diktiert", wird den werkstofflichen Grundlagen beim Schweißen der größte Platz eingeräumt. Erfahrungsgemäß bereiten die Besonderheiten der Schweißmetallurgie dem Lernenden oft Schwierigkeiten. Um den Umfang des Buches in Grenzen zu halten, ist nur die Metallurgie der Stahlschweißung ausführlicher behandelt. Eine Beschränkung, die mancher Leser vielleicht bedauernd zur Kenntnis nehmen mag. Die Beschreibungen über das Verhalten der unlegierten, legierten und hochlegierten Stähle beim Schweißen sind um knappe, einführende Kapitel zur klassischen Werkstoffkunde ergänzt. In ihnen werden im wesentlichen einige zum Verständnis der Schweißmetallurgie der Stähle erforderlichen wichtigen Grundlagen besprochen, die in der vergleichbaren Literatur meist nicht mit dem wünschenswerten Bezug zur Schweißtechnik abgehandelt sind.

Gemäß der Zielsetzung wurde nur eine begrenzte Anzahl schweißmetallurgischer Probleme behandelt, diese typischen aber verhältnismäßig ausführlich. Dazu gehören die Schweißeignung, die Zusatzwerkstoffe, der Einfluß der Wärmequelle auf die Eigenschaften der Verbindung und die Schweißmetallurgie der wichtigsten Stähle.

Im Kapitel 5 werden wichtige technologische Einflußgrößen auf die *Tragfähigkeit* geschweißter Bauteile untersucht, weil die Auswahl der Schweißelemente neben der Gebrauchsfähigkeit hauptsächlich aufgrund einer ausreichenden Tragfähigkeit erfolgt. Unter Berücksichtigung der Grundprinzipien der Gestaltung gelingen dem Anwender so leichter "tragfähige" Entwürfe geschweißter Konstruktionen.

Aus der Vielzahl der gegenwärtig vorhandenen Berechnungsverfahren für geschweißte Bauteile sind die aktuellsten der beiden wichtigsten Vorschläge, die DIN 18 800 Teil 1 (November 1990) und die DIN 15 018 Teil 1 (November 1984), in der gebotenen Kürze dargestellt und ihre Anwendung mit einfachen Berechnungsbeispielen erklärt.

Die Darstellung der Prüfung von Schweißverbindungen und ihrer praktischen Anwendung im Kapitel 6 ist als Ergänzung zu den Grundkenntnissen der Werkstoffprüfung für den Studenten und Ingenieur und als Nachschlagwerk für den Schweißpraktiker gedacht. Wegen des begrenzten Umfangs wurden nur einige und besonders wichtige Prüfverfahren ausgewählt. Im wesentlichen sind dies Verfahren zur Werkstoff- und Strukturanalyse, die mechanisch-technologischen Prüfverfahren und schließlich einige bruchmechanische Prüfverfahren und Versagenskonzepte. Besonders hervorgehoben sind die Anwendungsmöglichkeiten und -grenzen.

Die Vielfältigkeit und der Umfang der Werkstoffprüftechnik erforderten vielfach die Beantwortung Fragen zu Details durch die Fachkollegen von Herrn Dr. *Krafka* in der Bundes-anstalt für Materialprüfung und -forschung Berlin (BAM). Dem Präsidenten der BAM, Herrn Prof. rer. nat. *G. W. Becker* danken der Verfasser und der Herausgeber für die Erlaubnis, diesen Abschnitt schreiben und Bild- und Untersuchungsmaterial der BAM verwenden zu dürfen. Herr Dr. *Krafka* dankt besonders seinen Kollegen, den Herren Dipl.-Ing. *K. Wilken* und Dr.-Ing. *V. Neumann*, die ihm Unterlagen überließen und für Diskussionen zur Verfügung standen. Frau *Ball* dankt er für die Anfertigung zahlreicher metallografischer Aufnahmen und Herrn Dipl.-Ing. *B. Abassi* für die Herstellung der Zeichnungen zu diesem Kapitel.

Ganz besonderen Dank schuldet der Herausgeber Herrn Dipl.-Ing. *I. Tanyildiz*, dem Geschäftsführer der OTA-Gruppe Berlin, für die großzügige finanzielle und sachliche Unterstützung dieses Projektes.

Berlin, April 1992   *G. Schulze*

Inhaltsverzeichnis

4 Metallurgie der Stahlschweißung (G. Schulze)   209

4.1 Aufbau der Schweißverbindung   209

4.2 Zusatzwerkstoffe zum Schweißen un- und niedriglegierter Stähle   236

Häufig benutzte Symbole

$2a$ bzw. a	Rißlänge bzw. halbe Rißlänge
a_k	Kerbschlagzähigkeit
α_k	Kerbfaktor nach Neuber
A	Querschnittsfläche
A_v	Kerbschlagarbeit
b	Burgers-Vektor
c	Konzentration
d	Korndurchmesser und Werkstückdicke
δ	Rißspitzenöffnungsverschiebung oder CTOD
δ_c	δ bei instabilem Rißfortschritt
δ_i	δ bei Initiierung eines stabilen Anrisses
D	Diffusionskoeffizient
D_o	Diffusionskonstante
ε	Dehnung
E	Elastizitätsmodul
F	Kraft; Freiheitsgrad
F_g	Grenzlast einer gekerbten oder ungekerbten Probe (Bauteil)
G	Schubbmodul; Korngrößen-Kennzahl; Energiefreisetzungsrate
G_{Ic}	kritischer Wert der linearelastischen Energiefreisetzungsrate bei Rißöffnungsmodus I
J	Integral
J_c	kritischer Wert von J für den EVZ
J_i	J bei Einsatz stabiler Rißverlängerung
γ	Oberflächenenergie
K	Spannungsintensität
K_c	kritischer Wert von K für EVZ
K_{Ic}	kritischer Spannungsintensitätsfaktor (Bruchzähigkeit) bei Rißmodus I
ν	Querkontraktionszahl (Poissonsche Zahl)
P	Phasenzahl
p	Druck
Q	Aktivierungsenergie
ρ	Kerb-(Riß-)Radius
R	Gaskonstante
R_{eH}	Streckgrenze
R_m	Zugfestigkeit
$R_{p0,2}$	0,2%-Dehngrenze
σ	Normalspannung
σ_f	Bruchspannung
σ_F	Fließgrenze
σ_g (σ_{gy})	Nennfließgrenze einer gekerbten oder angerissenen Probe (Bauteil)
s_y	angelegte Spannung
T	Temperatur, allg.
T_d	Gleitbruchtemperatur, bei der völlig duktile Brüche entstehen
T_{gy}	Spaltbruchtemperatur bei $\sigma_{gy}=\sigma_f$
T_i	Rißinitiierungstemperatur
T_{Rk}	Rekristallisationstemperatur
τ	Schubspannung
t	Zeit und Werkstückdicke
U	elastische Energie
φ	Verformungsgrad
v, υ	Kerb-(Rißöffnungs-)verschiebung am Probenrand
W (Φ)	Potentielle Energie

Abkürzungen

BL	Blunting Line (Abstumpfungslinie)
COD	Crack Opening Displacement
CTOD	Crack Tip Opening Displacement
EKS	Eisen-Kohlenstoff-Schaubild
ESZ	ebener Spannungszustand
EVZ	ebener Verzerrungszustand
FEM	Finite Elemente Methode
iV	Intermediäre Verbindung
IK	Interkristalline Korrosion
M_s, M_f	Martensitstart- bzw. -finishing Temperatur
REM	Rasterelektronenmikroskop
SZW	Stretchzonenbreite
SZH	Stretchzonenhöhe
SRC	Stress Relief Cracking
SRK	Spannungsrißkorrosion
TEM	Transmissionselektronenmikroskop
WEZ	Wärmeeinflußzone
ZTU	Zeit-Temperatur-Umwandlungs-Schaubild

1 Grundlagen der Werkstoffkunde

1.1 Schweißtechnik erfordert die Werkstoffkunde

Beim Schweißen, insbesondere beim Schmelzschweißen, entstehen

– im **Schweißgut** und in
– der **Wärmeeinflußzone (WEZ)**,

die vielfältigsten Werkstoffänderungen. Die Ausdehnung und die Eigenschaften der WEZ werden vorwiegend von dem Schweißverfahren und den Schweißparametern bestimmt. Die Zähigkeit der WEZ nimmt praktisch immer ab, oft verbunden mit einer höheren Festigkeit und Härte der betroffenen Bereiche. Sie ist die für die Bauteilsicherheit geschweißter Konstruktionen wichtigste Eigenschaft. Art und Umfang der Änderungen werden wie bei jeder Wärmebehandlung von deren Temperatur-Zeit-Führung bestimmt. Für ein tieferes Verständnis ist allerdings die Einsicht nötig, daß die Temperatur-Zeit-Verläufe bei den verschiedenen Schweißverfahren z.T. beträchtlich von denen üblicher technischer Wärmebehandlungen abweichen, Bild 1-1.

Die Aufheizgeschwindigkeiten beim Schweißen mit den unterschiedlichen Verfahren betragen etwa 400 K/s bis 1000 K/s, die Abkühlgeschwindigkeiten einige 100 K/s und die Haltedauer (Abschn. 4.1.2) nur wenige Sekunden. Die Wärmeeinflußzone wird also nur höchstens einige zehn Sekunden thermisch beeinflußt. Bei technischen Wärmebehandlungen bleibt das Werkstück aber mindestens mehrere zehn Minuten auf der gewünschten Temperatur. Die werkstofflichen Veränderungen beim Schweißen laufen also immer in Richtung extremer Ungleichgewichtszustände.

Daher sind Vorhersagen über die zu erwartenden Gefüge, Gefügeänderungen bzw. die

mechanischen Gütewerte mit Methoden der "üblichen" Werkstoffprüfung oft ungenau. Die Schweißnahtgefüge weichen daher in vielen Fällen in überraschender Weise von de-nen des unbeeinflußten Grundwerkstoffs ab. Für eine fachgerechte Beurteilung der Schweißnahtverbindung ist die Kenntnis dieser Zusammenhänge wichtig. In Abschnitt 4 werden die Eigenschafts- und Gefügeänderungen in der WEZ und dem Schweißgut ausführlich besprochen.

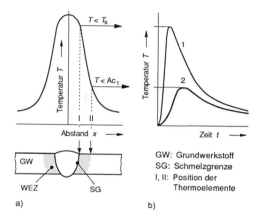

Bild 1-1
Temperaturverteilung in der Schweißverbindung, während des Schweißens mit Thermoelementen, die an verschiedenen Stellen (I und II) im Abstand x von der Schweißnahtmitte angebracht wurden.
a) Verlauf der jeweils erreichten Maximaltemperatur in Abhängigkeit vom Abstand von Schweißnahtmitte.
b) Verlauf der Temperatur an bestimmten Orten neben der Schweißnaht (Kurve 1 und 2). Beachte, daß die Maximaltemperaturen an den verschiedenen Punkten nach unterschiedlichen Zeiten erreicht werden!

Das **Schweißgut** hat als Folge der extrem raschen Abkühlung ein typisches *stengeliges (anisotropes) Gefüge* (Abschn. 4.1.1). Die Gefügeausbildung in der **Wärmeeinflußzone (WEZ)** ist außerdem abhängig von der chemischen Zusammensetzung des Grundwerkstoffs und z.T. komplex und unübersichtlich. Sie ist bei den verschiedenen Werkstoffen gekennzeichnet durch verschiedene Besonderheiten:

– Als Folge der großen *Wärmeleitfähigkeit* metallischer Werkstoffe kühlt der schmelzgrenzennahe Bereich der WEZ z.T. sehr schnell ab. Daher besteht die Gefahr, daß sich dadurch harte, spröde, d. h. rißanfällige Gefügebestandteile bilden (z.B. höhergekohlter Martensit bei der Werkstoffgruppe "umwandlungsfähiger Stahl"). Durch Vorwärmen der Fügeteile muß die Abkühlgeschwindigkeit daher so verringert werden, daß möglichst kein Martensit entsteht (Abschn. 4.1.3.2.2).

– Die hohe Temperatur begünstigt z.B. die Bildung eines *grobkörnigen* Gefüges, das i.a. eine deutlich geringere Zähigkeit als der Grundwerkstoff besitzt.

– Ausscheidungen aller Art im Schweißgut und vor allem in der WEZ setzen die mechanischen Gütewerte herab und verringern die Korrosionsbeständigkeit.

– Einige Werkstoffe, die sog. hochreaktiven Metalle, z.B. Titan, Tantal, Molybdän, Zirkon, nehmen schon bei Temperaturen oberhalb von etwa 300 °C atmosphärische Gase (H_2, O_2, N_2) auf, die die Schweißverbindung völlig verspröden können. Beim Schweißen müssen daher die auf mehr als 300 °C erwärmten Bereiche großflächig vor Luftzutritt geschützt werden.

– Verbindungs- und Auftragschweißungen unterschiedlicher Werkstoffe sind komplizierte metallurgische Prozesse. Es entstehen häufig und oft in unvorgesehenem Umfang Gefüge mit extremer Härte und Sprödigkeit. Die Sicherheit des Bauteils bzw. seine Gebrauchseigenschaften sind dann nicht mehr gewährleistet.

Die sich beim Schweißen ergebenden werkstofflichen Änderungen sind praktisch immer das Ergebnis einer extremen metallurgischen *Ungleichgewichtsreaktion*. Die Beschreibung und Deutung dieser Vorgänge ist mit dem Instrumentarium der "üblichen" Werkstoffkunde nicht einfach. In den meisten Fällen sind zusätzliche schweißspezifische Kenntnisse erforderlich.

1.2 Aufbau metallischer Werkstoffe

1.2.1 Bindungsformen der Metalle

In einem Metall sind die Atome periodisch regelmäßig nach einem geometrischen "Muster" angeordnet. Das Ergebnis sind *Kristalle*, d. h., Metalle sind *kristallin* aufgebaut. Flüssigkeiten, Gläser und z.T. die Kunststoffe sind im Gegensatz zu den Metallen *amorph*, ihre Atome bzw. Moleküle sind also regellos angeordnet.

Die Art des Atomaufbaus (Mikrostruktur) sowie die Bindungsart bestimmen das Festigkeits- und Zähigkeitsverhalten. Die unterschiedlichen Mechanismen der atomaren Bindung hängen von der Atomart, bzw. von ihrer Elektronnegativität ab.

Für ein erstes Verständnis dieser sehr komplizierten Einzelheiten ist die BOHRsche Theorie hinreichend. Danach bestehen die Atome aus einem positiv geladenen Kern um den eine negativ geladene Atomhülle angeordnet ist, in der sich die Elektronen nach bestimmten Gesetzmäßigkeiten auf bis zu sieben räumlichen Schalen (Energieniveaus) befinden. Die Schalen werden von innen nach außen als 1., 2., 3., ...n. Schale (Schale der Hauptquantenzahl n=1, 2, 3, ...) oder mit den Buchstaben K, L, M, N, ... bezeichnet. Jede Schale kann maximal $2n^2$ Elektronen aufnehmen, die K-Schale also $2 \cdot 1^2 = 2$, die L-Schale $2 \cdot 2^2 = 8$ Elektronen. Die Anzahl der Elektronen auf den äußersten Schale kann nur zwischen 1 und 8 liegen.

Die Eigenschaften eines Festkörpers sind durch seine Bindungsart vorgegeben. Die elektrische Anziehung zwischen negativ geladenen Elektronen und den positiv geladenen Atomkernen ist die einzige Ursache für den Zusammenhalt des Festkörpers. Sie bestimmt daher in der Hauptsache sein Verhalten bei mechanischer Beanspruchung. Die wichtigsten Eigenschaften eines Festkörpers wie das chemische Reaktionsverhalten, die Festigkeits- und Zähigkeitseigenschaften werden von diesen Außenelektronen bestimmt.

Die periodische Wiederkehr vieler Eigenschaften ermöglicht die Einordnung der Elemente in das *Periodensystem*. Die Elemente lassen sich in acht große *Gruppen* (senkrechte Spalten) einteilen. Die Gruppennummer (*I* bis *VIII*) gibt die Zahl der Außenelektronen an, die der positiven Kernladung Z (Protonenzahl) entspricht. Innerhalb einer Gruppe sind wegen der gleichen Zahl der Außenelektronen jeweils chemisch ähnliche Elemente angeordnet. In den sieben *Perioden* (waagerechte Reihen) werden die Schalen aufgefüllt. Die Außenelektronen befinden sich hier aber immer auf der gleichen Schale. Die Ziffer der jeweiligen Periode entspricht damit der Anzahl der Elektronenschalen des betreffenden Elements.

Die Außenelektronen sind relativ locker an das Atom gebunden, da bei ihnen die Anziehungskraft des Atomkernes am geringsten ist. Das gilt in besonders starkem Maße für Metalle. Der leichte Verlust dieser Elektronen ist z.B. die wichtigste Ursache für die geringe Korrosionsbeständigkeit der Gebrauchsmetalle. Die Systematik des Periodensystems gibt diese Besonderheit sehr anschaulich wieder.

Der metallische Charakter nimmt innerhalb der Perioden von rechts nach links, innerhalb der Gruppen von oben nach unten zu. Die typischen **Metalle** findet man daher im Periodensystem links unten, die typischen **Nichtmetalle** rechts oben. Diese Tatsachen beruhen darauf, daß innerhalb einer Periode der Atomradius wegen der wachsenden Anziehung des positiven Kerns auf die Elektronenhülle mit zunehmender Kernladung abnimmt. Innerhalb einer Gruppe nimmt dagegen der Atomradius von oben nach unten zu, da jeweils eine Elektronenschale hinzukommt. Der metallische Charakter ist also bei Elementen mit großem Atomdurchmesser und geringer Ladung des Atomrumpfes besonders ausgeprägt, Bild 1-2.

Das (unter "normalen" Bedingungen) Un-

vermögen der Edelgase, chemische Verbindungen (Reaktionen) einzugehen, beruht auf der besonders großen Stabilität der mit acht Außenelektronen besetzten Schale. Danach lassen sich chemische Reaktionen anschaulich durch ihr Bestreben verstehen, Verbindungen mit äußeren Elektronenschalen zu bilden, die die stabile "Edelgaskonfiguration" besitzen.

Bild 1-2 zeigt schematisch, daß die im Periodensystem linksstehenden Elemente Elektronen abgeben, rechtsstehende Elektronen aufnehmen, um den stabilen Edelgaszustand zu erreichen. Der hierfür notwendige Elektronenausgleich kann daher grundsätzlich auf drei verschiedene Arten erreicht werden, je nachdem ob die Bindung zwischen zwei Elementen erfolgen soll, die

— beide links,

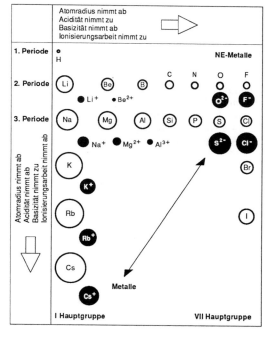

Bild 1-2
Atomaufbau (Anordnung der Elektronenschalen, Atomdurchmesser) ausgewählter Elemente im Periodensystem (3. Periode). Der metallische Charakter nimmt von rechts nach links und von oben nach unten zu, der nichtmetallische von links nach rechts und von unten nach oben.

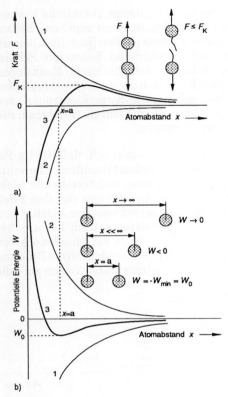

Bild 1-3
Verlauf der Kräfte (a) bzw. potentiellen Energien (b)
in einem aus zwei Atomen bestehenden System in
Abhängigkeit von ihrem Abstand.
a) 1 = anziehende Kräfte zwischen zwei Atomen.
* 2 = abstoßende Kräfte der sich zunehmend nä-*
* hernden positiv geladenen Atomkerne.*
* 3 = resultierende Kräfte F, F_k = Kohäsionskraft.*
b) 1 = Verlauf der potentiellen Energie der zwei
* sich zunehmend nähernden Atome (alleinige Wir-*
* kung der anziehenden Kräfte).*
* 2 = Energieverlauf als Folge der abstoßenden*
* Wirkung der Atomkerne.*
* 3 = resultierender Verlauf der potentiellen Ener-*
* gie, W_0 = Energie, die zum vollständigen Trennen*
* der beiden Atome erforderlich ist.*

– beide rechts,
– eins links, eins rechts im Periodensystem
  stehen.

Die Festigkeit eines Werkstoffes, d.h., auch
die chemische Affinität beruht auf den anziehenden (und abstoßenden) Kräften zwischen den Atomen. Bild 1-3 zeigt schematisch den Verlauf der Kräfte (bzw. der po-

tentiellen Energie) zwischen zwei Atomen.
Die anziehenden Kräfte, die den Atomverband erzeugen, wirken im wesentlichen
zwischen dem Atomkern und der Elektronenhülle des anderen Atomes. Bei genügender Annäherung zieht also der Kern
nicht nur seine Elektronenschale an, sondern auch die des benachbarten Atoms. In
bestimmten Fällen können locker gebundene Elektronen eines Atoms vollständig vom
anderen gebunden werden.

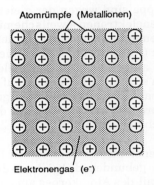

Bild 1-4
Metallische Bindung, schematisch.

1.2.1.1   Metallische Bindung

Metalle besitzen nur eine geringe Anzahl
schwach gebundener Außenelektronen, die
im Metallverband praktisch frei beweglich
sind (*Valenzelektronen*). Die Metallbindung
entsteht durch die COULOMBsche Anziehungskraft zwischen den negativen Elektronen und den positiven Metallionen, Bild 1-4.

Die anziehenden Kräfte sind nicht gerichtet, d.h. nicht nur auf zwei Atome be-
schränkt, sie erfassen vielmehr den gesamten Atomverband. Als Folge dieser allseitig
wirkenden Kräfte ordnen sich die Atomrümpfe in einem dicht gepackten nach geometrischen Gesetzmäßigkeiten aufgebau-
tem Gitterverband an. Da die einzelnen
Atomrümpfe völlig gleichwertig sind, er-

zeugt ihre gegenseitige Verschiebung keine wesentlichen Änderungen des Gitterzusammenhangs. Metalle können daher plastisch verformt werden, ohne daß die metallische Bindung zerstört wird. Eine weitere Konsequenz dieser Bindungsart ist die Möglichkeit, zwei oder mehr Atomsorten in einem Metallgitter zu "verbinden". Es muß also nicht wie bei einer chemischen Verbindung ein bestimmtes charakteristisches Atomverhältnis vorliegen. Diese Tatsache ist die Grundlage der "Legierungsbildung" (Abschn. 1.6).

1.2.1.2 Ionenbindung (heteropolare Bindung)

Diese Art der Bindung ist typisch für das Ergebnis einer Reaktion eines Metalles mit einem Nichtmetall. Der stabile Edelgaszustand der Außenschalen wird erreicht, indem die wenigen schwach gebundenen Valenzelektronen des Metalls von dem stark elektronegativen Nichtmetall angezogen werden, Bild 1-5. Das Metall wird also durch Elektronenabgabe negativ geladen. Die elektrostatische Anziehung der unterschiedlich geladenen Teilchen (Ionen) bewirkt ihren Zusammenhalt. Daher wird diese Bindungsform auch *heteropolar* genannt.

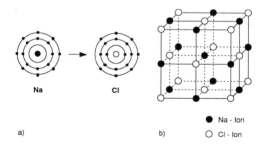

Na   Cl

a)   b)   ● Na - Ion   ○ Cl - Ion

Bild 1-5
Entstehung der Ionenbindung.
a) Durch Elektronenabgabe (Na → Na⁺ + e) und Elektronenaufnahme (Cl → Cl⁻ + e) entsteht die Verbindung durch die Wirkung der COULOMB-schen Anziehungskräfte.
b) Anordnung der Ionen im NaCl-Gitter.

Die von den Ionen ausgehenden Kräfte wirken *allseitig*. Die Ionen sind daher wie bei der Metallbindung regelmäßig in einem Ionengitter angeordnet, Bild 1-5b. Heteropolar gebundene Stoffe können nicht plastisch verformt werden, da sich bei Verschiebungen um nur einen Atomabstand gleichnamig geladene Teilchen gegenüber stünden. Die großen abstoßenden Kräfte würden den Kristall zerstören.

1.2.1.3 Atombindung (kovalente Bindung)

Bei dieser Form der Bindung, die vor allem bei Nichtmetallen und Gasen auftritt, kann der Edelgaszustand der Außenschale weder durch Elektronenaufnahme noch -abgabe erreicht werden. Den im Periodensystem rechts stehenden Nichtmetallen fehlen nur wenige Elektronen, um die stabile Edelgasschale zu erreichen. Die Bindung ist möglich, indem sich zwei Atome ein oder mehrere Elektronen gemeinsam teilen, je nachdem wieviel Elektronen zum Auffüllen der Achterschale fehlen.

Bei der Atombindung gleicher Atome fällt der Schwerpunkt der negativen und positiven Ladung zusammen. Sind die Atome unterschiedlich, dann wird die Atomsorte mit der größeren positiven Ladung die gemeinsamen Elektronen stärker anziehen als die andere und gleichzeitig dessen positiven Kern stärker abstoßen. Das Molekül wird *polar*, ("*Dipol*") d.h., die Atombindung hat dann heteropolare Anteile. Eine genauere Untersuchung zeigt, daß bei den meisten Stoffen derartige Übergangsbindungen vorliegen. Die Bindungen entstehen also in den meisten Fällen durch die gemeinsame Wirkung der Atom-, Ionen- und Metallbindung. Die durch diese Bindungsformen entstehenden Stoffe werden auch *intermediäre Verbindungen* genannt. Damit wird ausgedrückt, daß die vorliegende Bindungsform zwischen der Atom- und der Ionenbindung liegt.

Man beachte, daß die plastische Verformbarkeit eines Werkstoffes mit zunehmendem metallischem Bindungsanteil größer, und mit zunehmendem Anteil der Ionen- bzw. Atombindung kleiner wird.

ist daher z.B. auch das spezifische Volumen im flüssigen Zustand kleiner als im festen.

Der fehlerfreie aus Elementarzellen aufgebaute Kristall wird *Idealkristall* genannt.

1.2.2   Gitteraufbau der Metalle

Die zwischen den Metallionen und der sie umgebenden Elektronenwolke herrschenden allseitig wirkenden COULOMBschen Anziehungskräfte erzwingen eine regelmäßige räumliche Anordnung der Atome. Diese Gruppierung nennt man *Raum-* oder *Kristallgitter*. Das kleinste Element, das die Art des Gitteraufbaus eindeutig kennzeichnet, ist die *Elementarzelle*. Bild 1-6 zeigt die für Metalle wichtigsten Gittertypen. Das *kubisch flächenzentrierte Gitter (kfz)* und das *hexagonal dichtest gepackte (hdP)* Gitter unterscheiden sich lediglich durch die Reihenfolge der sie aufbauenden "Schichten" (Netz- oder Atomebenen). Dieser scheinbar geringfügige Unterschied ist die Ursache für die große Anzahl dichtest gepackter Netzebenen im kfz Gitter und das Vorhandensein nur einer einzigen (Basisebene) im hdP Gitter. Die hervorragende Verformbarkeit und die grundsätzlich gute Schweißeignung der kfz Werkstoffe, z.B. Al, Cu, Ni, lassen sich wenigstens z.T. damit erklären.

Der Gitteraufbau einer Reihe von Metallen weicht erheblich von der für Metalle typischen kubischen Packungsanordnung ab. Wismut, Antimon und Gallium z.B. kristallisieren in der sog. *offenen Struktur*. Mit dieser Bezeichnung wird angedeutet, daß die theoretische dichteste Packung nicht annähernd erreicht wird. Bei diesen Metalle

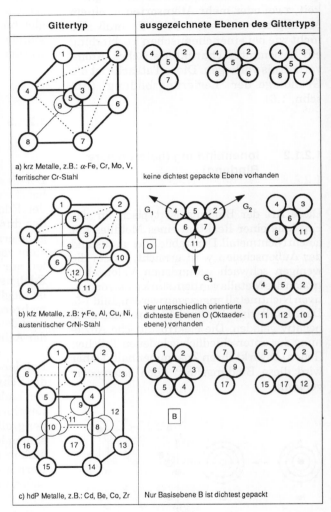

Gittertyp	ausgezeichnete Ebenen des Gittertyps
a) krz Metalle, z.B.: α-Fe, Cr, Mo, V, ferritischer Cr-Stahl	keine dichtest gepackte Ebene vorhanden
b) kfz Metalle, z.B.: γ-Fe, Al, Cu, Ni, austenitischer CrNi-Stahl	vier unterschiedlich orientierte dichteste Ebenen O (Oktaederebene) vorhanden
c) hdP Metalle, z.B.: Cd, Be, Co, Zr	Nur Basisebene B ist dichtest gepackt

Bild 1-6
Die wichtigsten Arten von Elementarzellen bei Metallen.
a) kubischraumzentriert: krz, b) kubischflächenzentriert: kfz,
c) hexagonal dichtest gepackt: hdP.

Beachte die sehr unterschiedliche Massenbelegung ("Packungsdichte") einiger wichtiger Gitterebenen! Nur die vier zueinander nicht parallelen "Oktaederebenen" des kfz Gitters und eine Basisebene des hdP Gitters sind dichtest gepackt. G_1, G_2, G_3 sind die bevorzugten Gleitrichtungen.

Diese Anordnung ist bei technischen Werkstoffen nicht vorhanden. Diese sind vielmehr in bestimmter Art "fehlgeordnet", d.h., sie enthalten verschiedene Gitterbaufehler, die die Eigenschaften der Werkstoffe entscheidend verändern. Mit Hilfe der Vorstellung des idealen, fehlerfreien Gitters können die *strukturunempfindlichen* Eigenschaften (z.B. E-Modul, Schmelzpunkt, Dichte, Anisotropie) erklärt werden, die *strukturempfindlichen* (z.B. Festigkeits- und Zähigkeitseigenschaften) nur, wenn der Einfluß bestimmter Unregelmäßigkeiten im Aufbau des Gitters berücksichtigt wird.

1.2.2.1 Gitterbaufehler (Realkristalle)

Jede Abweichung vom Idealkristall wird Gitterbaufehler genannt. Die Gesamtheit aller möglichen Defekte im Gitter ist das *Fehlordnungssystem*. Diese verspannen das Gitter in ihrer näheren Umgebung in einer für sie charakteristischen Weise, wodurch dessen Energiegehalt zunimmt. Gitterstörungen können im Gefüge erzeugt werden durch:

– Kristallisationsvorgänge,

– elastische und vor allem plastische Verformung,

– Kernstrahlung (z.B. Neutronenbeschuß),

– Aufheiz- und Abkühlbedingungen, die während der Werkstoffherstellung oder seiner Weiterverarbeitung zu ausgeprägten Gleichgewichtsstörungen führen,

– Reaktionen im Festkörper, z.B. die Wasserstoffrekombination: $H + H \rightarrow H_2$.

Nach der räumlichen Ausdehnung und der Anordnung der Atome im Bereich der Gitterfehler unterscheidet man, Bild 1-7:

– **0-dimensionale (Punktfehler)**: Leerstellen, Fremdatome, Einlagerungs-, Substitutionsatome,

– **1-dimensionale (Linienfehler)**: Versetzungen,

– **2-dimensionale (Flächenfehler)**: Korngrenzen, Zwillingsgrenzen,

– **3-dimensionale (räumliche Fehler)**: Poren, "Löcher", Ausscheidungen.

Die Anzahl der *Leerstellen* (nicht besetzte Gitterplätze) nimmt mit der Temperatur stark zu. Ihre Dichte beträgt bei Raumtemperatur etwa 10^{-12}, dh., von einer Billion Gitterplätzen (das ist etwa eine 1 mm² große Gitterebene!) ist ein Platz nicht besetzt. Im Bereich der Schmelztemperatur steigt sie aber auf 10^{-3} bis 10^{-4}. Leerstellen können sich im Kristall im thermodynamischen Gleichgewicht befinden. Durch rasches Abkühlen bleibt aber die große Leerstellenkonzentration weitgehend erhalten. Dieses defektreiche Gefüge ist merklich härter als

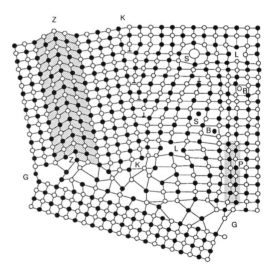

Bild 1-7
Die wichtigsten mikrostrukturellen Gitterbaufehler, dargestellt in einem Gefüge geordneter Substitutionsmischkristalle, schematisch nach Hornbogen *und* Petzow.

Es bedeuten: L Leerstelle, B Zwischengitteratom, S Fremdatome, ⊥ Versetzung, Z-Z Zwillingsgrenze, K-K Kleinwinkelkorngrenze, G-G Großwinkelkorngrenze, P kohärente Phasengrenze, entstanden durch Scherung.

das defektärmere Gleichgewichtsgefüge. Leerstellen beeinflussen entscheidend den Ablauf und das Ergebnis von Wärmebehandlungen und allen thermodynamischen Platzwechselvorgängen (Diffusion, Rekristallisation, Kriechen).

Versetzungen sind linienförmige Gitterfehler unterschiedlicher Bauart (Stufen- und Schraubenversetzungen) im Kristall. Sie sind für das Verständnis der Festigkeits- und Zähigkeitseigenschaften von großer Bedeutung. Der Rand einer in den Kristall eingeschobenen Halbebene wird als *Versetzung*, genauer als *Stufenversetzung* bezeichnet. Die zweite Form ist die *Schraubenversetzung*. Der Kristall besteht im Bereich der

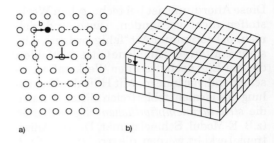

a)   b)

Bild 1-9
Zur Bestimmung des BURGERS-*Vektors*
a) *Der Gefügebereich, der die Stufenversetzung enthält (⊥), wird mit gleichen Beträgen auf gegenüberliegenden Seiten umlaufen. Das für einen vollständigen Umlauf fehlende Wegstück ist der* BURGERS-*Vektor b. Er steht senkrecht auf der Versetzungslinie V, das ist die Spur B,C der eingeschobenen Halbebene A,B,C,D: b⊥V.*
b) *Bei der Schraubenversetzung ergibt ein ähnlicher Umlauf, daß b parallel zur Versetzungslinie liegt: b∥V. Man beachte, daß bei der Stufenversetzung die Gleitebene die durch b und V aufgespannte Ebene ist. Bei der Schraubenversetzung ist wegen b∥V eine bestimmte Gleitebene nicht definierbar.*

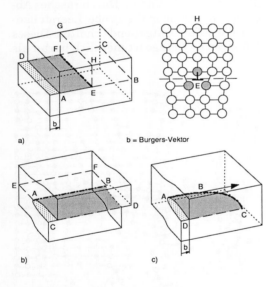

a)   b = Burgers-Vektor

b)   c)

Bild 1-8
Schematische Darstellung von Versetzungen
a) *Reine* **Stufenversetzung** *(F,E), Symbol* ⊥. *Anordnung der Atome im Bereich der eingeschobenen Halbebene H,E,F,G. In der Gleitebene A,B,C,D wurde der über ihr liegende Werkstoffbereich um den Betrag des* BURGERS-*Vektors b plastisch verformt.*
b) *Reine* **Schraubenversetzung** *(A,B), Symbol* ∥. *Die Verformung erfolgt auf der zufälligen Gleitebene A,B,C,D. Der Gleitschritt beträgt b.*
c) **Gemischte Versetzung**, *bei A ist es eine reine Schraubenversetzung (b∥V), bei C eine reine Stufenversetzung (b⊥V). Man beachte, daß die Verformung immer parallel zur Richtung des* BURGERS-*Vektors verläuft.*

Versetzungslinie nicht aus parallel aufgebauten Netzebenen, sondern aus einer Ebene, die sich spiralförmig um die Versetzungslinie windet, Bild 1-8b.

Ein Maß für die Größe und Richtung der durch die Versetzung erzeugten Gitterverzerrung ist der BURGERS-Vektor b. Bild 1-9 enthält Einzelheiten für seine Ermittlung. Danach steht bei der Stufenversetzung der BURGERS-Vektor b senkrecht auf der Versetzungslinie V (b⊥V), bei der Schraubenversetzung liegt b parallel zu ihr (b∥V). Versetzungen können nur an der Oberfläche bzw. an geeigneten Störstellen im Inneren des Kristalls enden (z.B. Ausscheidungen, verankerte Versetzungen). Es können auch geschlossene Ringe bzw. netzförmige Anordnungen entstehen.

Die *Versetzungsdichte* wird als Länge der Versetzungslinien je Volumeneinheit angegeben. In einem gleichgewichtsnahen Gefüge beträgt sie etwa $10^{5...6}$ cm/cm^3, nach einer Kaltverformung steigt sie auf $10^{10...12}$ cm/cm^3 (Abschn. 1.3 und 1.5.1). Durch die große An-

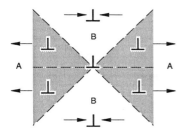

Bild 1-10
Kraftwirkungen zwischen gleichartigen Versetzungen
Felder A: die Versetzungen stoßen sich ab.
Felder B: die Versetzungen ziehen sich an und können sich übereinander anordnen.

zahl der Versetzungen wird die Gitterenergie deutlich erhöht. Außerdem entstehen charakteristische Wechselwirkungen zwischen den von ihnen erzeugten Spannungsfeldern.

Bild 1-10 zeigt die Richtungen der Kräfte, die eine Stufenversetzung auf gleichartige Versetzungen in den einzelnen Bereichen ihres Spannungsfeldes ausübt. Oberhalb der *Gleitebene G-G* erzeugt die Versetzung Druck- unterhalb Zugspannungen. Daher können sich bei Versetzungen, die in den Sektoren B angeordnet sind, die Druck- und

Zugspannungen annähernd ausgleichen. Wenn genügend Energie zugeführt wird, nähern sich die Versetzungen. Sie ordnen sich dann senkrecht übereinander an. Durch diese Versetzungsumlagerung nimmt der Energieinhalt des Gefüges ab. Diese Vorgänge spielen bei der Vorstufe der Rekristallisation der *Polygonisation* eine wichtige Rolle (Abschn. 1.5.1).

Versetzungslinien sind i.a. beliebig gekrümmt, d.h., sie enthalten alle Übergänge zwischen reinen Stufen- und Schraubenversetzungen, Bild 1-8c. Ihre wichtigste Eigenschaft ist die sehr leichte Beweglichkeit in der durch den BURGERS-Vektor und der Gleitebene aufgespannten Fläche, (Abschn. 1.3.2). Die Bewegung einer Schraubenversetzung ist nicht an eine bestimmte Ebene gebunden, da in diesem Fall ($b \parallel V$) keine definierte Ebene beschrieben wird. Die Bewegung kann daher in jeder beliebigen Ebene erfolgen.

Der wichtigste zweidimensionale Fehler ist die **Korngrenze**. Je nach dem Grad der Kohärenz zwischen den sie trennenden Kristallbereichen unterscheidet man:

– Zwillingsgrenzen,

– Kleinwinkelkorngrenzen,

– Großwinkelkorngrenzen.

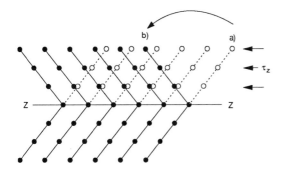

Bild 1-11
Schematische Darstellung der Zwillingsbildung. Man beachte die nur geringe erforderliche Verschiebung der Atome in den drei gezeichneten Netzebenen. Ein Umklappen von a nach b ist also keinesfalls notwendig.
τ_z = *zum Erzeugen von Zwillingen erforderliche Schubspannung*
o = *Position der Atome vor,*
● = *Position der Atome nach der Zwillingsbildung.*

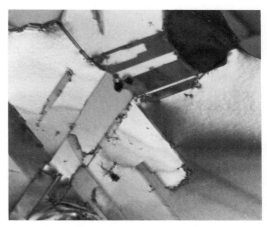

Bild 1-12
Glühzwillinge in Kupfer, V=27000:1 (TEM-Aufnahme), BAM.

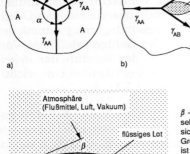
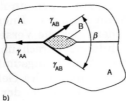

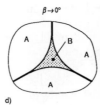
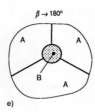

a)   b)   c)   d)   e)

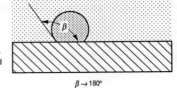

Atmosphäre
(Flußmittel, Luft, Vakuum)

flüssiges Lot

β

β → 0°

f)

$\beta \to 0°$: Benetzen der Werkstückoberfläche
sehr weitgehend möglich, flüssiges Lot kann
sich sehr leicht ausbreiten (im theoretischen
Grenzfall als "einmolekulare" Schicht!), Löten
ist in optimaler Weise möglich.

$\beta \to 180°$: Benetzen nicht möglich, oder Werkstückoberfläche entnetzt, Löten in keinem Fall
möglich, Zum Löten muß $\beta \leq 30°$ sein.

β

β → 180°

Bild 1-13
*Einfluß der Oberflächenenergie (Oberflächenspannung) an Phasengrenzen auf die Form und Anordnung der
Phasen, die im thermodynamischen Gleichgewicht sind.*
*a) Der Winkel zwischen den Korngrenzen dreier sich in einem Punkt treffender Körner (homogenes Gefüge,
d.h. Korngrenzen gleicher Energie) betragen aus Gleichgewichtsgründen 120°.*
*b) Die unterschiedliche Oberflächenenergien der Korngrenze, γ_{AA}, und der Phasengrenzfläche γ_{AB} bestimmen
die Form der an der Korngrenze ausgeschiedenen Phase.*
c) Die Gleichgewichtsform einer sich innerhalb der Matrix gebildeten Phase ist die Kugelform.
*d) Der Winkel β, d.h., die Oberflächenenergie der ausgeschiedenen Phase, bestimmt weitgehend deren Form.
$\beta \to 0°$ bedeutet, daß sie sich **filmartig** entlang den Korngrenzen ausbreitet.*
*e) $\beta \to 180°$ bedeutet, daß sie **kugelförmig** an den Korngrenzen liegt.*
*f) Anwendung auf technische Benetzungsvorgänge der ausgeschiedenen Phase, z.B. Löten. $\beta \to 0°$: hervor-
ragende Benetzbarkeit, $\beta \to 180°$ Entnetzen der Werkstückoberfläche, Löten nicht möglich.*

Die *Zwillingsgrenze* ist frei von Gitterverzerrungen. Die beiden Kristallbereiche liegen spiegelsymmetrisch zu ihr. Da die Gitter dieser Bereiche gleichartig sind, ist die
Zwillingsgrenze kohärent. Bild 1-11 zeigt,
daß die hierfür erforderlichen Verschiebungen der Atome nur sehr gering sind. Diese
Bewegung kann also im Gegensatz zum
Abgleitprozeß sehr rasch erfolgen. Das bekannte *"Zinngeschrei"* beruht z.B. auf der
spontanen Bildung von (Verformungs-)Zwil-
lingen.

Zwillinge können durch mechanische (meist
bei schlagartiger) Verformung (*Verfor-
mungszwillinge*) entstehen oder nach dem
Glühen eines kaltverformten Werkstoffes.
Die *Glühzwillinge*, Bild 1-12, sind breiter
und i.a. gerade verlaufend, im Gegensatz zu
den meistens gekrümmten Verformungs-
zwillingen. Da durch die Zwillingsbildung

eine Orientierungsänderung der Kristallbereiche entsteht, können neue zur angreifenden Kraft günstig verlaufende Gleitebenen aktiviert werden, die ein weiteres Abgleiten erleichtern.

Die mechanischen Gütewerte der metallischen Werkstoffe werden im wesentlichen
von den **Großwinkelkorngrenzen** beeinflußt.

Die meisten Metalle bestehen aus Kristalliten, die voneinander durch Korngrenzen
getrennt sind (Abschn. 1.4.2). Das sind Bereiche mit einer relativ großen Fehlan-
passung der Atome, Bild 1-7. Als Folge der
hohen Fehlstellendichte (insbesondere Leerstellen und Versetzungen) ist hier die Konzentration gelöster Atome, z.B. Verunreinigungen aller Art, besonders groß. Die Phasengrenzflächen "Korngrenzen" befinden

sich in einem nicht stabilen Zustand, weil die der Oberfläche angehörenden Atome nicht wie die im Kristallinnern *allseitig* von Nachbaratomen umgeben sind. Die Folge ist eine in Richtung der Kristalloberfläche weisende resultierende Kraft, die die Oberfläche "zusammenhält". Kenngröße dieser Eigenschaft ist die *Oberflächenenergie γ* (genauer freie Enthalpie) auch *Oberflächenspannung* genannt, deren Wert meistens in J/cm² angegeben wird.

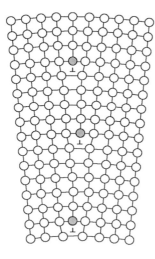

Bild 1-14
Kleinwinkelkorngrenze, schematisch.

Die Oberflächenenergie der Großwinkelkorngrenze in Eisen beträgt z.B. $\gamma_{Fe} \approx 800$ J/cm². Die Oberflächenenergie der Korngrenze ist größer als die jedes anderen Gitterbaufehlers. Eine Gitterkohärenz ist also nicht vorhanden. Diffusions-, Ausscheidungs-, Umwandlungs-, Korrosionsvorgänge d.h., Phasenänderungen jeder Art beginnen bevorzugt an den Korngrenzen, weil hier die Aktivierungsenergie für die Keimbildung der neuen Phase am geringsten ist. Mit ungünstiger werdenden Diffusionsbedingungen erfolgt die Phasenänderung zunehmend auch im Korninneren.

Die Oberflächenenergien der Phasengrenzen bestimmen die Form einer im Korngrenzenbereich einer Phase oder innerhalb der Phase ausgeschiedenen weiteren Pha-

se. In einem aus gleichartigen Körnern bestehenden Gefüge folgt aus den Gleichgewichtsbedingungen für drei ineinander laufende Korngrenzen im thermodynamischen Gleichgewicht $\alpha = 120°$, Bild 1-13a. In heterogenen Gefügen besitzen die Phasen u.U. sehr unterschiedliche Oberflächenenergien. Die Korngrenzenenergie beträgt γ_{AA}, die der Phasengrenze γ_{AB}. Die Gleichgewichtsbedingungen an einem Knotenpunkt ergeben, Bild 1-13b:

$$\gamma_{AA} = 2\,\gamma_{AB}\,\cos(\beta/2) \qquad [1\text{-}1]$$

Die Größe des Winkels β bestimmt weitgehend die Form der Phase. Zwei Sonderfälle sind wichtig:

- $2\,\gamma_{AB} \ll \gamma_{AA}$, d.h. $\beta \to 0°$ (Bild 1-13d).

  Die Phase B breitet sich filmartig an den Korngrenzen der Matrix aus. Dieses häufig bei niedrigschmelzenden Phasen anzutreffende Verhalten ist die Ursache für die Bildung der Heißrisse.

- $2\,\gamma_{AB} \gg \gamma_{AA}$, d.h. $\beta \to 180°$ (Bild 1-13e).

  Die Phase wird kugelförmig eingeformt, ein Ausbreiten ist nicht möglich.

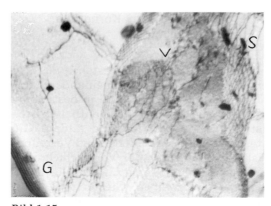

Bild 1-15
Subkorngrenzen (S), Großwinkelkorngrenzen (G) und Stufenversetzungen (V) in einem Stahl 10 CrMo 9 10, entstanden durch Erholungsvorgänge beim Anlaßglühen. V=40 000:1, (TEM-Aufnahme), BAM.

Es ist bemerkenswert, daß die Festigkeits- und Zähigkeitseigenschaften der technischen vielkristallinen Werkstoffe trotz der Anwesenheit der energiereichen weitgehend fehlgeordneten Korngrenzen verbessert werden (Abschn. 1.3.4).

Wird die Orientierungsdifferenz der Netzebenen benachbarter Kristallbereiche nicht größer als etwa 15°, dann entstehen *Kleinwinkelkorngrenzen*, die durch Reihen von Stufenversetzungen gebildet werden, Bild 1-14. Zwischen ihnen liegen kohärente Bereiche (Teilkohärenz). Der relativ geringe Energiegehalt dieses Gitterbaufehlers ist die Ursache für ihre geringe Anätzbarkeit, d.h., in einem Mikroschliff sind sie nur in bestimmten Fällen erkennbar. Sie werden auch als *Subkorngrenzen* bezeichnet, weil sie jedes Korn in *Subkörner* oder *Mosaikblöckchen* unterteilen.

Bild 1-15 zeigt eine elektronenoptische Aufnahme, in der Subkorngrenzen, Großwinkelkorngrenzen, Stufenversetzungen und Mosaikblöckchen deutlich zu erkennen sind. Mit zunehmender Dichte der Subkorngrenzen und der Großwinkelkorngrenzen im Gefüge wird die Festigkeit des Werkstoffs und das Verformungsvermögen deutlich erhöht (Abschn. 2.6.3.1). [1]

1.2.3   Gefüge, Korn, Korngröße, Kristallit

Die meisten Werkstoffe bestehen aus *Körnern* (Kristallite), die voneinander durch Korngrenzen getrennt und in bestimmter Weise fehlgeordnet sind. Sie enthalten Leerstellen, Versetzungen und andere Gitterbaufehler. Deren Menge und Verteilung ist weitgehend von der Vorgeschichte des Werkstoffes abhängig: Kalt-, Warmverformung, Schweißen, Gießen usw. Diese meistens nur mit dem Licht- oder Elektronenmikroskop sichtbare Anordnung der Kristallite wird **Gefüge** genannt.

Der vielkristalline technische Werkstoff zeigt wegen der i.a. völlig regellosen Kornverteilung (im Gegensatz zum Einkristall) kein *anisotropes* Verhalten, er verhält sich *quasi-isotrop*. Die Korngröße liegt für viele Werkstoffe zwischen einigen μm und etwa 1 mm. Quantitativ wird sie bzw. die Kornfläche in der Praxis genügend genau mit Hilfe von Vergleichsbildern ermittelt. Diese werden durch optischen Vergleich unter dem Mikroskop bei einer Vergrößerung von i.a. 100:1 dem Werkstoff zugeordnet (DIN 50 601). Der Zusammenhang zwischen der mittleren Anzahl m der auf einer Fläche von 1 mm² der metallografischen Schliffebene gezählten Körner und der *Korngrößen-Kennzahl G* lautet nach DIN 50 601, Tabelle 1-1:

$$m = 8 \cdot 2^G = 2^3 \cdot 2^G = 2^{G+3}.$$

Die Korngröße kann durch verschiedenartige Maßnahmen beeinflußt werden:

– Vorgänge bei der Erstarrung: langsa-

G	Körner/mm² bei V=100:1	Körner/in² bei V=100:1	mittlerer Korndurchmesser mm
-3	1	0,0625	1
-2	2	0,125	0,707
-1	4	0,25	0,500
0	8	0,5	0,354
1	16	1	0,250
2	32	2	0,177
3	64	4	0,125
4	128	8	0,088
5	256	16	0,063
6	512	32	0,044
7	1024	64	0,031
8	2048	128	0,022
9	4096	256	0,016
10	8192	512	0,011
11	16384	1024	0,008
12	32768	2048	0,006

Tabelle 1-1
Kennwerte zum Bestimmen der Korngröße nach DIN 50601. Das in der Praxis weit verbreitete Verfahren nach ASTM E 102-77 ergibt Korngrößenkennzahlen G (ASTM)-Werte, die weitgehend den G-Werten nach DIN 50601 entsprechen.

---

[1]   Das kann z.B. durch Kaltverformen und anschließendes Erwärmen auf Temperaturen unterhalb der Rekristallisationstemperatur erreicht werden. Dabei entsteht abhängig vom Grad der Kaltverformung ein Gefüge mit hoher Subkorngrenzendichte.

mes/schnelles Abkühlen, Keimgehalt der Schmelze,

– Umformvorgänge: z.B. Kalt- Warmverformen,

– Wärmebehandlungen: z.B. Normalglühen oder die extremen Aufheiz- und Abkühlvorgänge und die dicht unter der Schmelztemperatur des Werkstoffs liegende Maximaltemperatur in der Wärmeeinflußzone von Schweißverbindungen.

Bei höheren Temperaturen können im Werkstoff Platzwechselvorgänge stattfinden. Dann besteht prinzipiell eine Neigung zum Kornwachstum, weil durch Verschwinden von Korngrenzen der Energiegehalt des Werkstoffs abnimmt. Er nähert sich damit dem thermodynamischen Gleichgewicht, gekennzeichnet durch die kleinste (freie) Energie. Die Korngrenze(nfläche) ist ein nur einige Atomlagen dicker in bestimmter Weise fehlgeordneter Bereich, der die höchste Oberflächenenergie aller bekannten Gitterdefekte besitzt.

Die Korngröße ist für die mechanischen Gütewerte von großer Bedeutung. Das extreme Kornwachstum kann im schmelzgrenzennahen Bereich von Schweißverbindungen in vielen Fällen zu einer erhöhten Versagenswahrscheinlichkeit der Konstruktion führen, weil insbesondere die Zähigkeit, aber auch Härte und Festigkeit mit zunehmender Korngröße merklich abnehmen[2].

Bei höheren Temperaturen wird die Diffusion im Korngrenzenbereich sehr erleichtert, d.h., hier gelten also die Versagensmechanismen des *Kriechens*. Oberhalb der Temperatur, bei der Körner und Korngrenzen gleiche Festigkeit besitzen, die *äquikohäsive Temperatur*, wird der Werkstoff durch eine zunehmende Korngrenzenfläche (= feinkörniges Gefüge) zunehmend geschädigt. Hitzebeständige Werkstoffe werden daher

meistens grobkörnig erschmolzen. Vielfach werden die mechanischen Gütewerte auch durch Art, Menge und Verteilung der *Korngrenzensubstanz* bestimmt. Grundsätzlich gilt, daß mit abnehmender Korngröße (große Korngrenzenfläche) die Wirkung der Korngrenzensubstanz wegen der dann geringeren Belegungsdichte abnimmt. Die relativ verwickelten Zusammenhänge sollen in folgender vereinfachter Form dargestellt werden.

Die Korngrenzensubstanz besteht aus Fremdatomen aller Art (P, S, Sn, As andere Stahlbegleiter, Sb in Kupfer), niedrigschmelzenden, meist eutektischen Verbindungen (z.B. FeS in Stahl, Cu_2O in Kupfer) und(oder) Ausscheidungen, die sich z.B. während einer Wärmebehandlung (Glühprozesse, Wirkung der Schweißwärme in der Wärmeeinflußzone usw.) gebildet haben. Überwiegend werden durch Korngrenzenbeläge die Zähigkeitseigenschaften z.T. extrem verschlechtert, das Bruchgeschehen (interkristalliner, transkristalliner Bruch, Zähbruch, Trennbruch) verändert, d.h. die Bauteilsicherheit beeinträchtigt. Die extreme Versprödung durch die Eisenbegleiter P, Sn, Cu, die in Form von Verbindungen oder elementar auf den Korngrenzen liegen, wird durch die sehr starke Abnahme der Korngrenzen-Oberflächenenergie hervorgerufen. Die Wirksamkeit elementarer Verunreinigungen hängt u.a. vom Grad ihrer Löslichkeit in der Matrix ab. Je größer die Löslichkeit der Elemente ist, desto geringer ist die Wahrscheinlichkeit, sie im Korngrenzenbereich "ausgeschieden" zu finden.

Niedrigschmelzende (meistens) eutektische Verbindungen verursachen bei gleichzeitiger Einwirkung von Zugspannungen den gefährlichen **Heißriß** (Abschn. 1.6.1.1), der das Bauteil ohne aufwendige Reparaturmaßnahmen unbrauchbar macht. Die zulässigen Mengen dieser Substanzen können im Bereich von 0,01 % liegen. Diese Größenordnung trifft z.B. für die bei ≈ 400 °C schmelzende Verbindung NiS zu. Sie macht Nickel und Nickellegierungen extrem heißrißanfällig.

---

[2]   Bei dem wichtigen Sonderfall der härtbaren Stähle wird die Härte in diesen Bereichen als Folge der hohen Abkühlgeschwindigkeit praktisch immer größer als die des unbeeinflußten Grundwerkstoffs, siehe auch 4.1.3.

Die Verteilungsart der Korngrenzensubstanz beeinflußt ebenfalls die mechanischen Gütewerte des Werkstoffs. Grundsätzlich ist ein zusammenhängender "Film" wesentlich kritischer als diskrete Partikel. Dieser Zustand ist u.U. durch eine Glühbehandlung einstellbar. Die flächenförmigen Chromcarbidausscheidungen an den Korngrenzen vieler hochlegierter Stähle, entstanden z.B. durch eine falsche Wärmebehandlung oder falsche Schweißtechnologie (Abschn. 2.8.1.4.1), können durch Glühen in nicht mehr zusammenhängende rundliche Teilchen überführt werden (koagulieren).

Zusammenfassend ist der Einfluß der gestörten Korngrenzenbereiche auf die mechanischen Gütewerte wie folgt beschreibbar:

Die geometrische Fehlordnung im Bereich der Korngrenzen und die Korngrenzensubstanz sind entscheidend. Letztere ist in unterschiedlicher Form, Menge und Verteilung vorhanden. Allerdings kann die Wirkung beider Einflußgrößen kaum getrennt angegeben werden, da jeder Werkstoff eine gewisse Menge an Verunreinigungen und(oder) Legierungselementen enthält.

Zugbeanspruchung

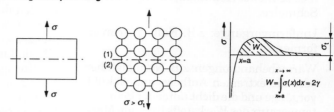

W ist die Arbeit, um zwei benachbarte Gitterebenen (1) und (2) zu trennen. Sie entspricht der Arbeit, die für jedes neu zu bildende Oberflächenelement geleistet wird: 2 γ (Oberflächenenergie).

Die ideale Trennfestigkeit beträgt z.B. für Stahl: $\sigma_t \approx E/10 \approx 21\,000$ N/mm^2

a)

Schubbeanspruchung

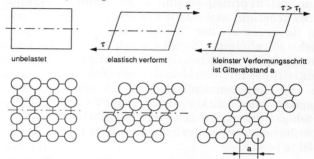

Die ideale Schubfestigkeit beträgt z.B. für Stahl: $\tau_t \approx G/10 \approx 8\,000$ N/mm^2

b)

Bild 1-16
Verformungs- und Bruchvorgänge in einem idealen Kristallgitter.
a) Vorgänge beim Spalten bei makroskopischer und atomarer Betrachtungsweise. Für die Schaffung der Spaltbruchflächen ist bei spröden Werkstoffen die Bruchflächenenergie 2γ, bei zähen die um den Betrag der plastischen Verformungsarbeit erhöhten Bruchflächenenergie erforderlich.
b) Vorgänge beim "Gleiten" bei makroskopischer und bei atomarer Betrachtungsweise.

1.3 Mechanische Eigenschaften der Metalle

Festigkeit und Zähigkeit sind die wichtigsten Gebrauchseigenschaften der Stähle. Für die fachgerechte Anwendung von NE-Metallen stehen möglicherweise andere Überlegungen im Vordergrund, z.B. ausreichende Korrosionsbeständigkeit oder bestimmte elektrische oder thermische Eigenschaften. Die Erfahrung zeigt, daß für die Bauteilsicherheit geschweißter Konstruktionen ein ausreichendes Verformungsvermögen der Wärmeeinflußzone und der Schweißnaht besonders wichtig ist. Das ist in vielen Fällen fertigungstechnisch nicht einfach realisierbar, da die Zähigkeit dieser Werkstoffbereiche durch die thermische Wirkung des Schweißprozesses grundsätzlich abnimmt. Die Festigkeits- und Zähigkeitseigenschaften werden bestimmt durch:

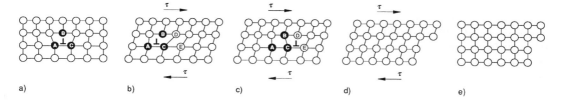

Bild 1-17
Plastische Verformung durch Versetzungsbewegung.
a)   Unverformtes Gefüge mit einer Stufenversetzung (⊥),
b)   Schubspannung verformt den Kristall,
c)   Versetzung wird um einen Atomabstand verschoben,
d),e) Versetzung ist durch den Kristallbereich gelaufen. An der Oberfläche bildet sich eine Gleitstufe.

– den Gittertyp
– das Gefüge (z.B. Korngröße, Kornform, Korngrenzensubstanz)
– die Verunreinigungen (Menge, Art und Verteilung), *löslich*: verschlechtern überwiegend die Eigenschaften der Körner, *unlöslich*: bilden Schlacken, Einschlüsse in den Körnern und(oder) die Korngrenzensubstanz.

1.3.1   Verformungsvorgänge im Idealkristall

Eine äußere Beanspruchung F kann im Werkstoff Längenänderungen (Dehnungen) oder Winkeländerungen (Schiebungen) hervorrufen. Im fehlerfreien Idealkristall sind nur elastische, reversible Formänderungen möglich. Eine Abstandsänderung benachbarter Netzebenen durch Normalspannungen σ erfordert die Überwindung der atomaren Bindungskräfte. Ein Überschreiten der *Kohäsionskraft* F_k (Bild 1-16) führt aber längs bestimmter Spaltebenen zum Bruch des Kristalls.

Eine Abschätzung dieser theoretischen "Trennfestigkeit" σ_t ergibt z.B. für Stahl einen Wert von etwa $\sigma_t \approx 21000$ N/mm² (Abschn. 2.6.2). Die Bruchfestigkeiten technischer Werkstoffe liegen mindestens eine Größenordnung, meistens zwei niedriger. Bei der plastischen Verformumg müßten zwei benachbarte Kristallblöcke entlang der Gleitebene gleichzeitig als Ganzes abgleiten, wenn die äußere Schubspannung größer als die theoretische Schubfestigkeit wird, Bild 1-16b. Diese beträgt bei einem Idealkristall etwa $\tau_t \approx G/10$. Für Stahl ergibt sich z.B. mit G=80000 N/mm² $\tau_t \approx 8000$ N/mm², ein Wert, der 100 bis 1000 mal größer ist als bei realen Werkstoffen beobachtet wird.

1.3.2   Verformung und Verfestigung in technischen Werkstoffen

Die erheblichen Diskrepanzen zwischen der Festigkeit idealer und realer Werkstoffe sind auf die Anwesenheit bestimmter Gitterbaufehler (insbesondere Versetzungen, aber auch Korngrenzen) zurückzuführen. Bild 1-17a zeigt die Atomanordnungen in unmittelbarer Nähe einer Stufenversetzung. Zwischen einem Endatom B der eingeschobenen Ebene und den Atomen A und C bestehen aus Symmetriegründen gleiche Bindungskräfte. In erster Näherung sind daher nur sehr kleine Schubspannungen erforderlich, um Atom B in den Anziehungsbereich von C bzw. von A zu bringen, Bild 1-17b, 1-17c. Die Versetzung bewegt sich also auf der Gleitebene mit der "Schrittweite" Atomabstand, bis sie eine freie Oberfläche erreicht hat oder auf ein Hindernis stößt, Bild 1-17d, 1-17e, (z.B. Großwinkelkorngrenzen, Ausscheidungen oder unbewegliche Versetzungen). Hier entsteht eine Gleitstufe, deren Größe dem Betrag des BURGERS-Vektors b entspricht.

Die makroskopisch sichtbare bzw. meßbare Verformung entsteht durch das Abgleiten einer Vielzahl z.T. dichtest benachbarter Werkstoffbereiche entlang paralleler Gleitebenen. Dieser Vorgang verläuft diskontinuierlich, weil durch Verfestigungsvorgänge (Abschn. 1.3) das Gleiten auf einigen Ebenen verhindert bzw. erschwert wird. Für eine weitere plastische Verformung müssen daher neue Gleitebenen aktiviert werden. Das Ergebnis der Verformungsprozesse ist auf der Werkstückoberfläche in Form von Gleitlinienbändern gut erkennbar. Sie sind auch die Ursache für das Mattwerden ursprünglich glänzender Metalloberflächen nach einer plastischen Verformung.

Um Gleitverformungen zu erzeugen, ist im Gegensatz zur extrem schnellen Zwillingsbildung eine gewisse Dauer der Beanspruchung erforderlich. Die Bildung von Zwillingen ist daher der typische Verformungsmechanismus bei *großer* Beanspruchungsgeschwindigkeit (vor allem bei krz und hdP Metallen), niedriger Temperatur und(oder) mehrachsiger Beanspruchung. Bei kfz Metallen kann die Anwesenheit von (Glüh-)Zwillingen als untrüglicher Hinweis auf den kubisch flächenzentrierten Gitteraufbau gelten.

Das Abgleiten, d.h., die Versetzungsbewegung erfolgt nicht auf allen Gitterebenen gleich leicht. Die geringsten Schubspannungen für eine Bewegung der Versetzungen sind in dichtest gepackten Ebenen erforderlich. Je geringer die Packungsdichte der Netzebene ist, desto unwahrscheinlicher wird ihre Funktion als Gleitebene. Verformbarkeit und Festigkeit sind daher in unterschiedlichen Richtungen verschieden (*Anisotropie*). Die Anzahl der dichtesten Ebenen hängt ausschließlich vom Gittertyp ab, Bild 1-6. Auf Grund geometrischer Gegebenheiten sind auf dichtest gepackten Ebenen grundsätzlich drei *Gleitrichtungen* vorhanden, Bild 1-6b. Damit ergeben sich bei kfz Metallen mit vier verschiedenen dichtesten Ebenen $4 \cdot 3 = 12$ Gleitmöglichkeiten (*Gleitsysteme*), bei hdP Metallen nur $1 \cdot 3 = 3$ Gleitsy-

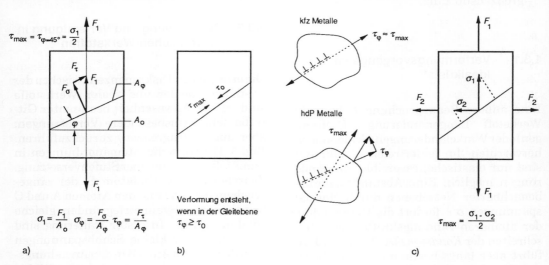

Bild 1-18
Vorgänge bei der plastischen Verformung in realen Werkstoffen (hier Beispiel "Zugprobe").
a) *Normal- und Schubspannungen bei einachsiger Zugbeanspruchung in verschiedenen Schnittebenen:* τ_φ, σ_φ.
b) *Verformung beginnt, wenn τ_φ auf einer (dichtest gepackten) Gitterebene größer als die kritische Schubspannung τ_0 wird. Wegen der geringen Anzahl von Gleitsystemen in hdP Metallen ist die Aktivierung der dichtest gepackten Basisebene nur dann mit geringem τ_0 möglich, wenn diese in Richtung der $\tau_{max}(\varphi = 45°)$ orientiert ist. Andernfalls ist τ_0 wesentlich größer, d.h., Abgleiten ist unmöglich oder sehr erschwert.*
c) *Bei mehrachsig beanspruchten Proben ist die für ein Abgleiten wirksame Schubspannung nur noch $\tau_{max} = (\sigma_1 - \sigma_3)/2$. Die plastische Verformung wird also sehr erschwert bzw unmöglich (dann sind nur verformungslose Trennbrüche möglich !), da die Gleitbedingung $\tau_\varphi > \tau_0$ nicht erfüllbar ist.*

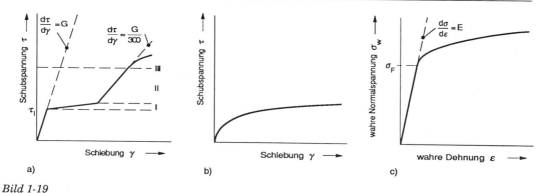

Bild 1-19
Fließkurven
a) kfz Einkristall, b) hdP Einkristall, c) vielkristalliner technischer (metallischer) Werkstoff.

steme. Das ist die wichtigste Ursache für die schlechte Verformbarkeit der hdP Metalle im Vergleich zu der hervorragenden der kfz Metalle.

Der Ablauf der Verformung in einem korngrenzenfreien Werkstoff (er besteht aus einem Korn, enthält aber die für jeden technischen Werkstoff typischen Gitterbaufehler!) läßt sich mit den bisherigen Kenntnissen wie folgt beschreiben, Bild 1-18. In einem durch die Zugkraft F_1 belasteten Stab, Bild 1-18a, werden Schnittebenen gelegt, in denen Normal- und Zugspannungen entstehen τ_φ, σ_φ. Es kann gezeigt werden, daß auf den unter 45° zur wirkenden Kraft orientierten Ebenen die maximal mögliche Schubspannung $\tau_{max}=\sigma/2$ entsteht. Bei kfz Metallen wird daher wegen der großen Anzahl der vorhandenen Gleitsysteme das Abgleiten etwa auf Ebenen in diesem Neigungsbereich stattfinden. Durch die sehr begrenzten Gleitmöglichkeiten in hdP Metallen hängt das Abgleiten sehr stark von der Lage der dichtest gepackten Basisebene in der Zugprobe ab. Die kritische Schubspannung τ_0 ist daher bei kfz Metallen relativ gering, bei hdP Metallen je nach Lage der Basisebene zur angreifenden Kraft sehr gering bzw. groß.

Bemerkenswert ist, daß durch eine mehrachsige Beanspruchung das Abgleiten erheblich erschwert wird (Verformungsbehinderung), Bild 1-18c. Die für den Verformungsprozeß notwendige Schubspannung τ kann so klein werden, daß die Gleitbedingung $\tau_\varphi > \tau_0$ nicht mehr erfüllt werden kann.

Diese Erscheinung wird daher auch als *Spannungsversprödung* bezeichnet. Sie ist bei Schweißkonstruktionen, in denen außer Last- auch in unterschiedlichen Richtungen wirkende Eigenspannungen vorhanden sind, zu beachten (Abshn. 3.4.1).

1.3.3 Verfestigung

Mit zunehmender plastischer Verformung wird der Werkstoff verfestigt, d.h., für die Bewegung der Versetzungen sind ständig höhere Spannungen erforderlich. Die Ursache sind Wechselwirkungen zwischen Versetzungen und anderen Gitterbaufehlern. Die Anzahl der Versetzungen steigt durch die Kaltverformung von etwa 10^6 cm/cm^3 auf $10^{11...12}$ cm/cm^3 im stark verformten Zustand. Sie bilden z.T. dichte Netzwerke, wodurch ihre Beweglichkeit erheblich eingeschränkt wird. Außerdem wechselwirken sie mit anderen "seßhaften" Gitterdefekten (z.B. Fremdatomen, Ausscheidungen). Es entstehen *"blockierte"* Versetzungen, die die Festigkeit des Werkstoffes erhöhen. Eine fortschreitende Verformung wird weiterhin durch Schneiden mehrerer aktivierter Gleitebenen erschwert. Die Verformungsbehinderung d.h., die Verfestigung nimmt damit mit zunehmender Anzahl dichtest gepackter Netzebenen im Werkstoff zu. Jede metallurgische Maßnahme, die die Versetzungsbewegung behindern kann, führt damit allgemein zu einer Erhöhung der Festigkeitswerte. Die technisch wichtigsten "Hindernisse" sind (Abschn. 2.6.3):

– *Fremdatome* (z.B. Mischkristall- und Martensithärtung),

– *Teilchen* (z.B. Ausscheidungshärtung),

– *Gitterverzerrungen* (z.B. Mischkristall-, Martensithärtung, Kaltverformung, thermomechanische Behandlung).

Die kfz bzw. die hdP Metalle besitzen wegen ihrer unterschiedlichen Anzahl von Gleitsystemen auch ein sehr unterschiedliches *Verfestigungsvermögen*, das in *Fließkurven* dargestellt wird, Bild 1-19. Die Unterschiede lassen sich übersichtlich für Einkristalle beschreiben. Die Verformung ist für alle $\tau < \tau_{\mathrm{f}}$ elastisch, der kfz Werkstoff ist noch nicht verfestigt, Bild 1-19a. Der Anstieg der Geraden entspricht dem *Schubmodul G*. Mit Beginn der plastischen Verformung, Bereich I, ist die Anzahl der Versetzungen noch gering, die von ihnen zurückgelegten Wege bis zum Auftreffen auf Hindernisse sind relativ groß. Der Verfestigungseffekt ist noch gering. Im Bereich II werden in kfz Metallen viele Gleitebenen gleichzeitig aktiviert, die sich gegenseitig schneiden bzw. beeinflussen. Dadurch nimmt die Gleitli-

nienlänge erheblich ab. Der Verfestigungseffekt ist also im Gegensatz zu den hdP Metallen, Bild 1-19b, mit nur einer Gleitebene sehr ausgeprägt. Im Bereich III sind die Schubspannungen so hoch, daß die Versetzungen den Hindernissen ausweichen können. Der Werkstoff verformt sich bei gleicher Lastzunahme stärker als im Bereich II.

Mit zunehmendem Kaltverformungsgrad des Werkstoffs nimmt seine Kerbschlagzähigkeit in der Hochlage ab und die Übergangstemperatur zu, der Werkstoff wird spröder. In Bild 1-20a ist die Abhängigkeit der Kerbschlagzähigkeit von der Prüftemperatur mit dem Parameter Verformungsgrad für den schweißgeeigneten Baustahl St 52-3 dargestellt. Bild 1-20b zeigt die Verhältnisse für einen unberuhigten Baustahl USt 37 und einen besonders beruhigten St 37-3. Bemerkenswert ist, daß die Zunahme der Übergangstemperatur in großem Umfang bereits durch Erhöhen der Versetzungsdichte ("K"=Kaltverformung) erfolgt. Der freie Stickstoff, d.h., die Art der Stahlherstellung, übt einen zusätzlich versprödenden Effekt aus ("A"=Alterung). Diese zeitabhängigen Vorgänge sind die Grundlage der *Verformungsalterung* (Abschn. 3.2.1).

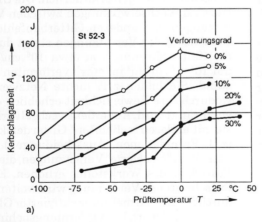
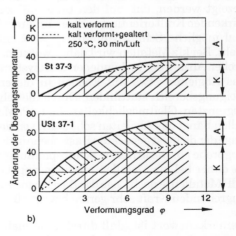

Bild 1-20
Einfluß der Versetzungsdichte (Kaltverformung) auf das Zähigkeitsverhalten unlegierter Baustähle.
a) Kerbschlagarbeits-Temperatur-Verlauf eines St 52-3 (0,15 % C; 1,4 % Mn),
b) Änderung der Übergangstemperatur der Kerbschlagarbeit von Warmbreitband aus einem unberuhigten USt 37 (0,08 % C; 0,009 % N) und einem besonders beruhigten St 37-3 (0,14 % C, 0,1 % Al, 0,006 % N). "A" kennzeichnet den Einfluß der Alterung, "K" den einer Kaltverformung auf die Lage der Übergangstemperatur. nach STRASSBURGER, SCHAUWINHOLD, DAHL.

Als grobe Faustformel kann dem Praktiker der Hinweis dienen, daß 10% Kaltverformung die Übergangstemperatur (DVM-Proben, 35 J/cm²) um 25 °C bis 30 °C erhöhen. Die Auswirkung der Kaltverfestigung auf die Erhöhung der Übergangstemperatur ist überraschenderweise bei sehr vielen Baustählen ähnlich, Bild 1-21.

1.3.4 Einfluß der Korngrenzen

Verformungsvorgänge in technischen Werkstoffen werden entscheidend durch die Eigenschaften und das Verhalten der (Großwinkel-)Korngrenzen bestimmt. Die Fließkurve eines polykristallinen Werkstoffes ist der Ausdruck des Werkstoffwiderstandes, der sich aus dem Zusammenwirken aller Einflüsse auf die Festigkeit des Werkstoffs ergibt, Bild 1-19c. Es ist die aus der Werk-

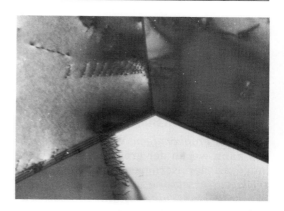

Bild 1-22
Versetzungsaufstau an Korngrenzen in einem hochlegierten austenitischen CrNi-Stahl, V = 25 000:1, TEM-Aufnahme, BAM.

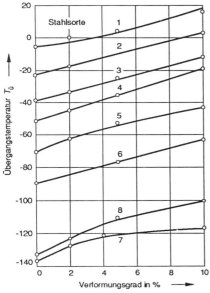

Bild 1-21
Abhängigkeit der Übergangstemperatur der Kerbschlagzähigkeit (T_ü bei 35 J/cm², DVM-Proben) vom Verformungsgrad für verschiedene Stähle bzw. Stahlgruppen. 1 und 2 = unlegierte Kesselbleche, 3 = besonders beruhigter allgemeiner Baustahl, 4 = legierter Feinkornbaustahl, normalgeglüht, 5 = unlegierter Feinkornbaustahl, normalgeglüht, 6 und 7 = legierte Feinkornbaustähle, vergütet, 8 = legierter kaltzäher Stahl, nach DEGENKOLBE *und* MÜSGEN.

stoffprüfung bekannte Abhängigkeit Zugspannung von der Dehnung. Die Fließgrenze (= Streckgrenze) ist wegen der wesentlich stärkeren Verfestigung deutlich größer als bei Einkristallen. Die Wirkung der Korngrenzen eines beanspruchten Werkstoff beruht in der Hauptsache auf zwei Faktoren:

– *Aufstau der Versetzungen an den Korngrenzen.*

Versetzungen laufen auf das Hindernis Korngrenze auf, wobei sich gleichartige abstoßen, Bild 1-10. Sie bilden an den Korngrenzen einen Aufstau, der auf sie die Kraft $F = n \cdot b \cdot \tau$ ausübt.

n = Anzahl der aufgelaufenen Versetzungen,

b = BURGERS-Vektor,

τ = wirksame Schubspannung in der aktivierten Gleitebene.

– *Überwindung der Korngrenzen durch aufgestaute Versetzungen.*

Bei hinreichend großer Schubspannungen überwinden die Versetzungen die Korngrenze, sie können im Nachbarkorn auf einer i.a. unterschiedlich orientierten Gleitebene Versetzungen bewegen, die ein weiteres Abgleiten auslösen.

Da der Zusammenhalt zwischen den Körnern erhalten bleibt, müssen in der Regel viele Gleitsysteme aktiviert werden.

Das führt zum Verbiegen und teilweise Drehen der Gleitebenen. Das ist der wichtigste Grund für die im Vergleich zu Einkristallen starke Verfestigung technischer Werkstoffe. Bild 1-22 zeigt sehr eindrucksvoll den Aufstau zahlreicher Versetzungen an den Korngrenzen eines austenitischen Stahles.

In einem *grobkörnigen* Werkstoff Bild 1-23a kann wegen der größeren freien Weglänge an der Korngrenze ein wesentlich größerer Versetzungsaufstau entstehen als in einem *feinkörnigen* Stahl. Die zusätzliche Spannung zum Überwinden der Korn-

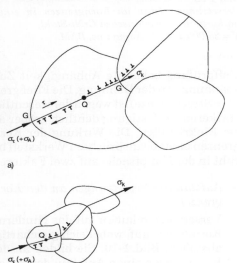

a)

b)

Bild 1-23
Einfluß der Korngröße auf die mechanischen Gütewerte technischer Metalle.
F_τ = *Schubspannungskomponente der äußeren Kraft in Richtung Gleitebene G-G. F_τ aktiviert in der Gleitebene die Versetzungsquelle Q. Versetzungen (Anzahl n) werden an den Korngrenzen aufgestaut und erzeugen ein Spannungsfeld, das auf die Korngrenzen die Kraft $F = n \cdot b \cdot \tau$ ausübt.*
a) in einem grobkörnigen Stahl ist F sehr viel größer als
b) in einem feinkörnigen.

Zum Überwinden der Korngrenzen bei gleichzeitigem Aktivieren weiterer Gleitprozesse in den angrenzenden Körnern ist bei a) daher nur eine wesentlich geringere zusätzliche äußere Kraft F erforderlich als bei b). Die Fließgrenze eines feinkörnigen Stahles ist also größer als die eines grobkörnigen. Dazu siehe auch Bild 1-24.

grenzen (= Abgleiten) nimmt daher mit abnehmender Korngröße zu, Bild 1-23b. Dieser Zusammenhang wird durch die HALL-PETCH-Beziehung beschrieben, die die Abhängigkeit der Fließgrenze σ_F vom Korndurchmesser d angibt:

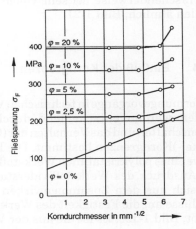

Bild 1-24
Einfluß der Korngröße auf die untere Fließgrenze eines normalgeglühten Stahls Ck 15 in Abhängigkeit vom Kaltverformungsgrad φ, nach ÖSTERLE.

$$\sigma_F = \sigma_i + k \cdot \frac{1}{\sqrt{d}}$$

σ_i = Reibungsspannung, die Spannung, bei der ein Werkstoff mit sehr großem Korn fließt,

k = Korngrenzenwiderstand gibt den Einfluß der Korngrenzen zahlenmäßig an (Konstante).

Bild 1-24 zeigt beispielhaft die HALL-PETCH-Beziehung für einen Stahl Ck 10 im normalgeglühten Zustand und in Abhängigkeit vom Grad der Kaltverformung. Mit zunehmender Kaltverformung wird naturgemäß der Einfluß der Korngröße verdeckt, bzw. er macht sich erst bei einem entsprechend geringen Korndurchmesser als fließgrenzenerhöhender Einfluß bemerkbar.

Bemerkenswert ist der große Einfluß der Korngrenzen auf die Zähigkeitseigenschaften, Bild 1-23. Die häufige Ab- und Umlenkung der Gleitebenen an den Korngrenzen eines feinkörnigen Werkstoffs erfordert ebenso wie ihr Verbiegen und Verdrehen einen zusätzlichen Energiebetrag, der der Schlagenergie entnommen wird, die auf das Werkstück durch die äußere Beanspruchung übertragen wird. Die für die Sicherheit wichtige Eigenschaft "Schlagzähigkeit" ist daher bei einem feinkörnigen Werkstoff deutlich größer als bei einem konventionellen gleicher chemischer Zusammensetzung. Die Korngrenzenhärtung wird zur Festigkeitssteigerung von Stählen in großem Umfang eingesetzt (Abschn. 2.7.6).

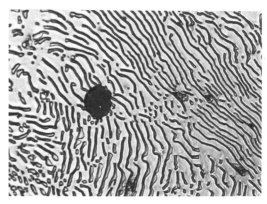

Bild 1-25
Mikroaufnahme eines unlegierten rein perlitischen Stahles (C=0,8%) als Beispiel eines zweiphasigen Werkstoffs.
Weiße Fläche = Ferrit, lamellenförmige Phase = Zementit (=Fe$_3$C), V=1500:1, Nital, BAM.

Auf weitere Eigenschaften soll hier nicht weiter eingegangen werden. Einige für die Bauteilsicherheit wichtige Gütewerte werden im Abschnitt 6 "Prüfen der Schweißverbindung" besprochen.

1.4 Phasen, Phasengemische, Phasenumwandlungen

Technische Werkstoffe bestehen aus Kristalliten, die durch Korngrenzen voneinander getrennt sind. Homogene Werkstoffbereiche werden als Phasen bezeichnet, sie sind durch Phasengrenzen (z.B. Korngrenzen) von der Umgebung getrennt. In den

meisten Fällen ist das Gefüge aus mehreren Bestandteilen aufgebaut, die unterschiedliche Eigenschaften besitzen. Der Werkstoff ist ein *Phasengemisch*, er ist *heterogen*, Bild 1-25.

Die Eigenschaften der Werkstoffe werden außerdem durch *Phasenumwandlungen* beeinflußt. Phasenumwandlungen, d.h., Zustandsänderungen entstehen bei bestimmten Temperaturen und Drücken (evtl. treten auch Volumenänderungen auf). Die Ausgangsphase "verschwindet" bei einer Umwandlung unterhalb der Gleichgewichtstemperatur vollständig, d.h., es entsteht eine neue stabile Phase. Bei Ausscheidungen bleibt die Matrix meistens weitgehend erhalten. Als Folge der abnehmenden Löslichkeit eines oder mehrerer Elemente scheiden sich Teilchen aus, die diese Elemente in nicht mehr gelöster Form enthalten. Die hier ablaufenden Vorgänge sind Grundlage der *Ausscheidungshärtung*. Es hat sich eingebürgert, alle Phasenänderungen als Phasenumwandlungen zu bezeichnen.

Die Umordnung der am Aufbau der neuen Phase beteiligten Atome beginnt i.a. an Orten, die einen überdurchschnittlich hohen Energiegehalt besitzen. Diese Bereiche bezeichnet man als Keime und den Beginn der Neuordnung als *Keimbildung*. Phasenänderungen beginnen daher bevorzugt an den energiereichen Störstellen im Gefüge, besonders häufig an Großwinkelkorngrenzen.

Da diese Vorgänge praktisch immer mit einem Massentransport verbunden sind, muß die Umwandlung i.a. "angetrieben" werden. Sie schreitet erst fort, wenn die thermodynamische Gleichgewichtstemperatur um einen gewissen Betrag, der *Unterkühlung*, unterschritten wird. Erfolgt das weitere Wachstum der neuen Phase, d.h. die Bewegung der entstandenen Phasengrenze durch Diffusionsvorgänge, dann spricht man von *thermisch aktiviertem Wachstum*.

Sind bei einer Phasenänderung die der Phasengrenze Keim/Matrix benachbarten Atome die gleichen, d.h., entsteht lediglich eine Änderung ihrer Anordnung, dann läuft die Grenzfläche in Form einer geordneten *"militärischen"*[3] Atombewegung durch das Gitter. Diese Bewegung erfordert eine Gitterdeformation. Sie kann sehr rasch und unabhängig von der Temperatur erfolgen, weil Diffusionsvorgänge nicht beteiligt sind. Da nach der Keimbildung für die Umwandlung keine thermische Aktivierung erforderlich ist, wird sie *athermisch* genannt. Die wichtigste technische Umwandlung dieser Art ist die **Martensitbildung**.

Je nach dem Ergebnis der Phasenumwandlung unterscheidet man:

– Phasenübergänge *mit* merklicher Änderung der Zusammensetzung der neuen Phase: z.B. Ausscheidungen, eutektische Reaktionen. Hier sind Massentransporte durch Diffusion über größere Wege erforderlich.
– Phasenübergänge *ohne* Änderung der Zusammensetzung: z.B. Kornwachstum, Rekristallisation, Ordnungsvorgänge, polymorphe Umwandlungen (z.B. Austenit-Ferritumwandlung).

Folgende für die Eigenschaften technischer Werkstoffe wichtige Umwandlungen werden besprochen:

– Umwandlung der flüssigen in die feste Phase, d.h. die Kristallisation technischer Schmelzen.
– Umwandlungen im festen Zustand ohne Änderung der chemischen Zusammensetzung, z.B. polymorphe Umwandlungen: α-Fe $\rightarrow$ γ-Fe, Rekristallisation.
– Umwandlungen im festen Zustand mit Änderung der chemischen Zusammensetzung, z.B. Ausscheidungen, diskontinuierliche Reaktionen:

– Perlitbildung: $\gamma \rightarrow \alpha + Fe_3C$, Bildung des Ledeburits: $S \rightarrow \gamma + Fe_3C$.
– Umwandlung des Mischkristalls Austenit in Martensit bei Stählen.

1.4.1 Primärkristallisation reiner Metalle

Der Phasenübergang flüssig/fest wird als Primärkristallisation, das dabei entstehende Erstarrungsgefüge als **Primärgefüge** bezeichnet. Die genaue Kenntnis der hier ablaufenden Vorgänge ist für das Verständnis der Primärkristallisation und der mechanischen Gütewerte von Schweißgütern (Abschn. 4.1.1) wichtig.

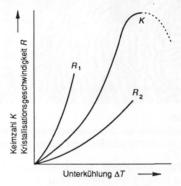

Bild 1-26
Einfluß der Unterkühlung ΔT metallischer Schmelzen auf die Keimzahl K und Kristallisationsgeschwindigkeit R der Kristallite, schematisch.

Die Kristallsation der (theoretisch) nur aus einer Atomart bestehenden Schmelze beginnt an Kristallisationszentren, den *Keimen*. Das sind kleine, feste Partikel, die in der Schmelze bereits vorhanden waren (*Fremdkeime*: Carbide, Nitride, Oxide) oder sich im Bereich der Schmelztemperatur durch Kristallisieren "langsamer" schwingender Atome bilden konnten (*Eigenkeime*). Aus energetischen Gründen ist für die Bildung der Eigenkeime eine Unterkühlung ΔT notwendig. Je größer ΔT ist, umso kleinere Teilchen sind als Keime wirksam. Die Keimzahl, aber auch die Kristallisationsgeschwindigkeit nehmen mit zunehmender Unterkühlung zu, Bild 1-26. An diesen Teilvorgang schließt sich das *Kristallwachstum* an.

Bild 1-27
Dendritisches Gefüge eines CrMo-Stahles,
Oberhoffer-Ätzung, V = 5:1, BAM.

Durch verschiedene Maßnahmen bzw. Vorgänge, z.B. Kaltverformen mit anschließendem Rekristallisieren, Warmformgebung oder polymorphe Umwandlungen, kristallisiert das Gefüge ein weiteres Mal um, es entsteht das **Sekundärgefüge**. Dieses besitzt i.a. deutlich bessere Zähigkeitseigenschaften als das primäre **Gußgefüge**. Das durch die Schweißwärme der einzelnen Lagen in der WEZ von Schweißverbindungen aus Stählen *umgekörnte* Gefüge besitzt z.B. wesentlich bessere Gütewerte (Abschn. 4.1.3).

Das durch die Erstarrung erzeugte "Grundmuster" des Gußgefüges bleibt weitgehend erhalten. Die Eigenschaften lassen sich natürlich durch die verschiedenartigsten Maßnahmen der Warm- und Kaltformgebung verändern, kaum aber die "Erbanlage". Sie läßt sich durch entsprechende Ätzmittel in vielen Fällen sichtbar machen.

Das Wachsen des Kristalls beim Erstarren erfolgt bei Metallen mit krz Gitter bevorzugt senkrecht zu den Würfelflächen der Elementarzellen. Daraus ergibt sich eine räumliche Anordnung, die als *Dendrit* (oder *Tannenbaumkristall*) bezeichnet wird, Bild 1-27. Allerdings muß betont werden, daß

die dendritische Erstarrung bei reinen Werkstoffen nur entstehen kann, wenn die tatsächliche Temperatur von der Phasengrenze flüssig/fest in Richtung Schmelze *abnimmt*, Bild 1-28. Bei diesen Temperaturbedingungen geraten wachsende Keime in den "Sog" der unterkühlten Schmelze und wachsen ihr als stengelförmige Dendriten entgegen. Sehr ähnliche Vorgänge laufen bei erstarrenden *Legierungen* ab. Die dendritische Erstarrung wird hier aber unabhängig von der Größe der thermischen Unterkühlung durch die konstitutionelle Unterkühlung erzwungen (Abschn. 1.4.2).

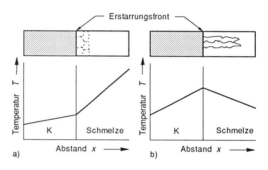

Bild 1-28
Einfluß des Temperaturgradienten $\Delta T / dx$ auf die Form der entstehenden Kristallite. Die Schmelze besteht aus einer Atomsorte.
a) Normaler Temperaturgradient in der Schmelze, $dT/dx > 0$: Die zum Kristallisieren erforderliche Temperaturabnahme erfolgt durch Wärmeableitung an der Phasengrenze flüssig/fest. Die Kristallisation erfolgt in Form einer ebenen Erstarrungsfront.
b) thermische Unterkühlung der Schmelze, $dT/dx < 0$: die in Richtung Schmelze wachsenden "einschießenden" Kristallite gelangen in kältere Schmelzenbereiche und ermöglichen so die Bildung stengelförmiger Dendriten.

Die *Kornform* ist neben anderen Einflüssen sehr stark von der Art der Wärmeabfuhr abhängig. Bei einer allseitig gleichmäßigen Abkühlung der Schmelze entstehen rundliche *"äquiaxiale"* Körner. Wird die Wärme vorwiegend in eine Richtung abgeleitet, dann wächst der Kristall von der Phasengrenze flüssig/fest entgegen dem Temperaturgefälle besonders schnell, in der dazu senkrechten Richtung deutlich langsamer.

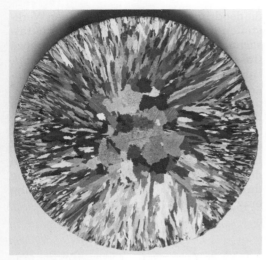

Bild 1-29
Stengelkristalle in einer Ni-Cr-Al-Gußlegierung.

Es entstehen längliche *Stengelkristalle*, die z.B. für die Primärkristallisation einlagig hergestellter bzw. großvolumiger Schweißgüter typisch sind, Bild 4-15. Bild 1-29 zeigt ausgeprägte Stengelkristallbildung in einer Ni-Cr-Al-Gußlegierung.

In den meisten Fällen ist ein feinkörniges Gefüge erwünscht. Es kann bei der Primärkristallisation durch folgende Maßnahmen erreicht bzw. begünstigt werden:

– Die Gießtemperatur sollte nicht wesentlich höher als die Schmelztemperatur sein, weil andernfalls die in technischen Legierungen stets vorhandenen Fremdkeime weitgehend aufgelöst würden.

– Mit zunehmender Abkühlgeschwindigkeit wächst die Keimzahl und damit die Anzahl der Körner des Primärgefüges. Diese Methode ist nur begrenzt einsetzbar, weil bei härtbaren Stählen härtere, sprödere Gefüge und ein rißbegünstigender Eigenspannungszustand entstehen kann.

– Durch *Impfen* werden kurz vor Erreichen der Schmelztemperatur der Legierung (meistens) artfremde Keime zugegeben. Diese Methode wird vorwiegend bei NE-Metallen, z.B. Al-Si-Legierungen angewendet.

– Durch Zugabe hochschmelzender Legierungselemente, die als keimähnliche Substanzen wirken. Al-Schweißstäbe werden z.B. mit einigen Zehnteln Prozent Titan legiert, wodurch das Kornwachstum des hocherhitzten Schweißguts merklich behindert wird.

1.4.2   Primärkristallisation von Legierungen

Legierungen, also Werkstoffe, die aus mindestens zwei Atomsorten bestehen, erstarren auf Grund charakteristischer Entmischungen an der Phasengrenze flüssig/fest in einer komplizierten Weise. Der hierfür maßgebliche Mechanismus ist die *konstitutionelle Unterkühlung*.

Man beachte, daß selbst technisch "reine" Werkstoffe verschiedene Elemente in unterschiedlicher Menge enthalten. Für die

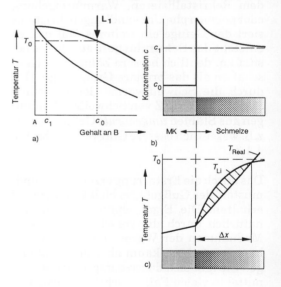

Bild 1-30
Vorgänge bei der konstitutionellen Unterkühlung metallischer Schmelzen.
a) Zustandsschaubild einer beliebigen Legierung,
b) Konzentrationsverlauf c (Element B) an der Phasengrenze flüssig/fest,
c) Temperaturverlauf im Bereich Phasengrenze flüssig/fest. Δx ist die Dicke der konstitutionell unterkühlten Schmelzenschicht.

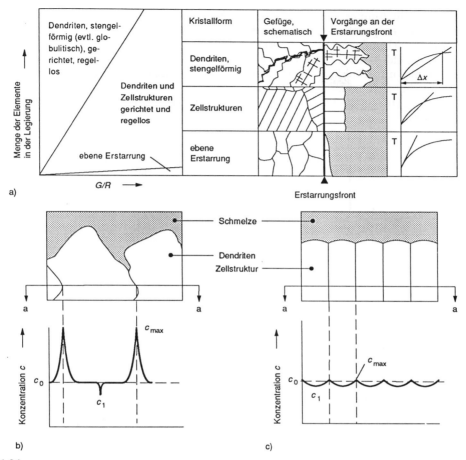

Bild 1-31
Zur Entstehung der wichtigsten Erstarrungsstrukturen.
a) Einfluß der Kristallisationsgeschwindigkeit R und des Temperaturgradienten G (bzw. der konstitutionellen Unterkühlung ΔT) auf die Art der entstehenden Primärgefüge in Abhängigkeit von der Menge der gelösten Legierungselemente.
b) typische Verteilungsform der Legierungselemente in dendritischen Strukturen, charakteristisch für die Erstarrung von Schweißgütern (aus krz Werkstoffen).
c) typische Verteilungsform der Legierungselemente in Zellstrukturen, charakteristisch für eine mittlere konstitutionelle Unterkühlungen.

folgenden Betrachtungen werden daher die meisten Werkstoffe als "legiert" angesehen.

Die an der Erstarrungsfront ablaufenden Vorgänge lassen sich sehr anschaulich mit Hilfe von **Zustandsschaubilder** (Abschn. 1.6.1) erklären. Die Legierung L_1, Bild 1-30a, scheidet beim Unterschreiten der Liquidustemperatur T_0 feste Mischkristalle mit einem sehr geringen B-Gehalt (c_1) aus. Die in die Schmel-

ze zurückgedrängten B-Atome verteilen sich nach den Gesetzen der Diffusion nicht gleichmäßig in der Schmelze, sondern gemäß einer zeitabhängigen Verteilungsfunktion. In einem schmalen Bereich an der Phasengrenze bildet sich dadurch in der Schmelze entsprechend Bild 1-30b ein Aufstau von B-Atomen.

Die Folge der unterschiedlichen Schmelzenzusammensetzung ist (beginnend von der Phasengrenze) eine kontinuierliche Ab-

nahme der Liquidustemperatur, Bild 1-30a.
Der tatsächliche Temperaturverlauf T_{real} ist
in einer dünnen Schmelzenschicht Δx stets
kleiner als T_{Li}, Bild 1-30c. Dieser Schmelzenbereich ist also unterkühlt. Man bezeichnet diese auf der Schmelzenentmischung
beruhende Erscheinung als *konstitutionel-*
le Unterkühlung.

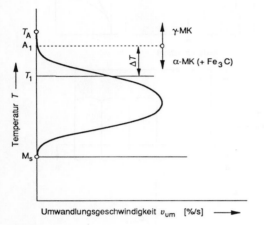

Bild 1-32
Einfluß der Unterkühlung ΔT auf die Umwand-
lungsgeschwindigkeit v_{um} bei der $\gamma \to \alpha$-Umwand-
lung eines eutektoiden Stahles (0,8 %C). Er wandelt
bei T_1 isotherm in das perlitische Gefüge (krz) um.

Je nach der Abkühlgeschwindigkeit, d.h.
der Größe des realen Temperaturgradienten G in der Schmelze und der Kristallisationsgeschwindigkeit R, entstehen unterschiedliche Erstarrungsgefüge mit erheblich voneinander abweichenden Eigenschaften. Mit zunehmender Kristallisationsgeschwindigkeit nimmt die zum Abbau des
Konzentrationsstaus an der Phasengrenze
flüssig/fest erforderlichen Zeit ab, d.h., die
konstitutionelle Unterkühlung wird größer,
Bild 1-31a.

Bei sehr schneller Wärmeabfuhr, Bild 1-
31a, und einer sehr geringen Menge gelöster Legierungsmenge, entsteht kein unter-
kühlter Schmelzenbereich, sondern eine ebene Erstarrungsfront. Diese Erstarrungsform
wird bei technischen Schmelzen (üblicher
Reinheit) praktisch nie beobachtet.

Eine kleinere konstitutionell unterkühlte
Zone begünstigt die Bildung von gerichteten Zellstrukturen bzw. führt zu einem aus
Dendriten und Stengelkristallen bestehendem Mischgefüge unterschiedlicher Regel-
losigkeit der Anordnung, Bild 1-31a. Die
sich in Richtung Schmelze bildenden Kristallite können beschleunigt und gerichtet
in den konstitutionell unterkühlten Bereich
wachsen. Die glatte Erstarrungsfront wird
instabil, es entstehen in die Schmelze "ein-
schießende" dendritische Stengelkristalle.
Das ist der für die *Dendritenbildung* maßgebende Mechanismus.

Die Gefügeausbildung wird beeinflußt von
der Größe des vor der Erstarrungsfront liegenden konstitutionell unterkühlten Bereiches. Mit zunehmender Größe:

- wird die dendritische Struktur ausgeprägter,

- wird die Anordnung der Dendriten im
  Gefüge regelloser, und

- der Erstarrungsablauf kann sich grundsätzlich ändern. Hierbei bildet sich eine
  zweite Erstarrungsfront durch heterogene Keimbildung infolge einer großen
  Unterkühlung. Als Folge entsteht eine
  feinkörnige Zone in der Nahtmitte von
  Schweißverbindungen (Bild 4-2b).

Bei abnehmender Größe des konstitutionell
unterkühlten Bereiches bilden sich *Zell-*
strukturen. Diese Gefügeausbildung ist für
krz weniger typisch. Sie entsteht unter bestimmten Bedingungen häufiger bei kfz
Metallen.

Bemerkenswert ist der erheblich größere
Konzentrationsunterschied der Legierungselemente innerhalb der stengelförmigen
Dendriten im Vergleich zu den Zellstrukturen, Bild 1-31b und 31c. Sind die an den
Korngrenzen vorhandenen Legierungsmen-
gen nicht in der Matrix löslich, dann ist die
Heißrißneigung eines zellularen Gefüges
geringer als die einer aus dendritischem
Gefüge (stengelförmiges oder globulitisches)
bestehenden Matrix.

1.4.3 Umwandlungen im festen Zustand

Die wichtigste polymorphe Umwandlung ist zweifellos die $\gamma \rightarrow \alpha$-Umwandlung in Eisen bzw. Stahl. Ihre Besonderheiten sind schematisch für den Phasenübergang γ-Mk (C ≈ 0,8%) in α-Mk im Bild 1-32 dargestellt. Das Umwandlungsverhalten der γ-Mke, charakterisiert durch die *Umwandlungsgeschwindigkeit* v_{um}, wird bestimmt durch die Größe der Unterkühlung ΔT und den Massentransport als Folge von Diffusionsvorgängen. Da beide Einflüsse gegenläufig wirken[4], entsteht ein Maximum der Umwandlungsgeschwindigkeit, das für viele Stähle im Bereich von etwa 500 °C liegt. Diese Vorgänge sind für das Verständnis der Umwandlungsvorgänge in Stählen von großer Bedeutung (Abschn. 2.5.3).

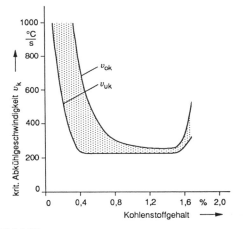

Bild 1-33
Abhängigkeit der oberen v_{ok} und unteren v_{uk} kritischen Abkühlgeschwindigkeit vom Kohlenstoffgehalt in reinen Fe-C-Legierungen, nach HOUDREMONT.

[4] In der Nähe der Gleichgewichtstemperatur können Diffusionsvorgänge leicht stattfinden, die Umwandlungsneigung ist aber wegen der geringen Unterkühlung ΔT gering. Mit zunehmender Unterkühlung nimmt die Triebkraft der Umwandlung zwar zu, die Umwandlungsneigung ist aber gering, da die Platzwechselvorgänge der Atome nahezu eingefroren sind.

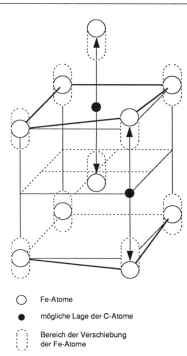

○ Fe-Atome
● mögliche Lage der C-Atome
⌒ Bereich der Verschiebung der Fe-Atome

Bild 1-34
Lage des im tetragonal verzerrten α-Gitters zwangsgelösten Kohlenstoffs bei der Martensitbildung, nach LIPSON *und* PARKER.

1.4.3.1 Martensitbildung

Der wirksamste Mechanismus der Festigkeitserhöhung von Eisenwerkstoffen ist die **Martensitbildung** (Umwandlungshärtung). Das martensitische Gefüge ist das härteste, und damit auch das am wenigsten verformbare. Auf der Eigenschaft *Härtbarkeit* beruht die herausragende Stellung dieser Werkstoffe in der Praxis.

Folgende werkstofflichen Voraussetzungen müssen für die Martensitbildung erfüllt sein:

– Der Werkstoff muß in zwei allotropen Modifikationen vorliegen.
– Die Löslichkeit der bei höherer Temperatur existierenden Phase für Legierungselemente - in erster Linie Kohlenstoff - muß größer sein als die der bei niedriger Temperatur existierenden.

– Die Abkühlung muß so schnell erfolgen, daß keine Platzwechselvorgänge, insbesondere der Kohlenstoff- und Eisenatome, erfolgen können. Das geschieht, wenn die sog. *kritische Abkühlgeschwindigkeit* v_k überschritten wird. Bei der wichtigen Werkstoffgruppe "Stahl" unterscheidet man die **untere** v_{uk} (Martensit entsteht erstmals in nachweisbaren Mengen) und die **obere** v_{ok} (der Austenit wird vollständig in Martensit umgewandelt) **kritische Abkühlgeschwindigkeit**.

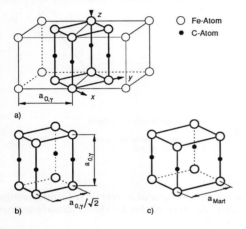

○ Fe-Atom
● C-Atom

a)

b)

c)

Bild 1-35
Entstehung des Martensitgitters aus dem kfz Gitter.
a) Im kfz Gitter ist das krz Gitter "enthalten",
b) das krz Gitter muß aber in z-Richtung gestaucht, in x- und y-Richtung gedehnt werden, damit das
c) trz Martensitgitter entstehen kann.

Die kritische Abkühlgeschwindigkeit wird durch Kohlenstoff und nahezu alle anderen Legierungselemente erniedrigt, weil die Martensitbildung erschwert wird, Bild 1-33. Legierungselemente besitzen i.a. einen wesentlich größeren Atomdurchmesser als Kohlenstoff, sie behindern also in erster Linie dessen Beweglichkeit im Gitter. Mit zunehmender Umwandlungsträgheit des Austenits wird die Härtbarkeit (genauer: die Teileigenschaft "Einhärtungstiefe" nimmt zu) des Stahles verbessert, da seine kritische Abkühlgeschwindigkeit verringert wird.

Die in der Härtereitechnik erwünschte große Härtbarkeit der Stähle verringert aber entscheidend ihre Schweißeignung, weil der austenitisierte Teil der Wärmeeinflußzone beim Abkühlen leicht in harten, rißanfälligen Martensit umwandeln kann. Die Abkühlgeschwindigkeit der austenitisierten Bereiche der Wärmeeinflußzonen von Schweißverbindungen (Abschn. 4.1.3) kann dann in den meisten Fällen wesentlich größer werden als die kritische des Stahles, und die Martensitbildung ist unvermeidbar. In vielen Fällen ist damit eine ausgeprägte Rißbildung in der WEZ verbunden.

Die Umwandlung des kfz Austenits in den Martensit bei Fe-C-Legierungen erfolgt diffusionslos, wobei komplizierte Verformungsvorgänge ablaufen müssen. Der im kfz Gitter gelöste Kohlenstoff bleibt nach der Umwandlung im krz Gitter des Martensits zwangsgelöst und erzeugt dadurch eine erhebliche Gitterverspannung, Bild 1-34. Das Martensitgitter ist *tetragonal* verzerrt und wird daher als tetragonal raumzentriert bezeichnet (trz).

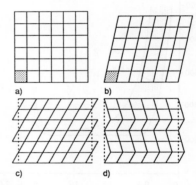

a)   b)

c)   d)

Bild 1-36
Verformungsvorgänge bei der Martensitbildung, nach BILBY *und* CHRISTIAN.
a) kfz Gitterebene mit eingezeichneter Elementarzelle, unverformt.
b) durch eine homogene elastische Scherung ist das trz Gitter nicht erzeugbar.
c) Zum Erhalten der Form sind Verformungen erforderlich, die entweder durch Gleitprozesse oder
d) durch den Mechanismus der Zwillingsbildung erzeugt werden können.

Eine weitere Ursache der hohen Martensithärte sind die bei der γ/α-Umwandlung entstehenden Gitterverzerrungen. Bild 1-35 zeigt, daß die kubisch raumzentrierte Zelle im kfz Gitter bereits vorgebildet ist. Ihre im kfz Gitter bereits vorgebildet ist. Ihre Abmessungen weichen allerdings von denen des Martensits ab. Diese lassen sich nur durch Stauchen des Gitters in der *z*-Richtung und Dehnen in den anderen erreichen. Diese Gitterdeformation müßte zu einer makroskopisch sichtbaren Gestaltänderung führen, die aber nicht beobachtet wird. Es sind also *formerhaltende Gitterverzerrungen* notwendig (Gleitung oder Zwillingsbildung), die der treibenden Kraft der Umwandlung entgegenwirken, Bild 1-36. Die gebildete Martensitmenge ist daher *nur* von der Größe der Unterkühlung abhängig, die die für eine weitere Umwandlung notwendige plastische Verformung erzeugt. Dieser Umwandlungsmechanismus wird *athermisch* [5] genannt. Die Martensitbildung beginnt bei einer *bestimmten* Temperatur und endet bei einer von der chemischen Zusammensetzug abhängigen Temperatur:

– M_s = Martensite starting temperature (Beginn)
– M_f = Martensite finishing temperatrure (Ende).

Mit zunehmendem Kohlenstoff- und Legierungsgehalt im Austenit wird die Martensitbildung erschwert, da die aufzuwendende plastische Verformung zunimmt. Ebenso wie v_{ok} muß also auch die M_s-Temperatur abnehmen.

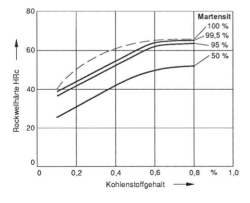

Bild 1-37
Einfluß des Kohlenstoffgehaltes auf die Höchsthärte unlegierter und legierter Stähle für unterschiedliche Martensitgehalte, nach BURNS, MOORE, ARCHER.

Die Martensithärte, d.h., die Höchsthärte des Stahles hängt nur von der Menge des zwangsgelösten Kohlenstoff ab, Bild 1-37. Legierungselemente erniedrigen lediglich die kritische Abkühlgeschwindigkeit, beeinflussen aber in großem Umfang das Umwandlungsverhalten des Austenits d.h. die Art und Menge und Eigenschaften der entstehenden Gefügebestandteile (Abschn. 2.5.3).

Aus den bisherigen Ergebnissen lassen sich einige wesentliche Informationen über das zu erwartende Schweißverhalten umwandlungsfähiger Stähle ableiten.

– Die Härte (Gitterverspannung) und damit die Rißneigung eines martensitischen Gefüges nimmt mit dem Kohlenstoffgehalt zu, Bild 1-37.
– Legierungselemente und Kohlenstoff verringern die kritische Abkühlgeschwindigkeit, d.h., sie erhöhen die Gefahr einer Martensitbildung in den austenitisierten Bereichen der Wärmeeinflußzone von Schweißverbindungen, Bild 1-33.

Bild 1-38
Mikroaufnahme eines martensitischen Gefüges. Werkstoff: CuAl 12, Wärmebehandlung: 900 °C/ 30′/Eiswasser, V = 250:1, Eisenchlorid, BAM.

---

[5] Im Gegensatz zu der häufigeren isothermen Umwandlung erfolgt also bei der athermischen bei *T*=konst. keine Phasenumwandlung.

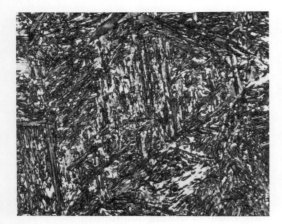

Bild 1-39
Mikroaufnahme eines martensitischen Gefüges ("massiver" Martensit). Werkstoff: C 60, Wärmebehandlung: 830 °C / 25′ / Wasser, V = 1000:1, BAM.

– Bei unlegierten Stählen mit niedrigem C-Gehalt ($\leq 0{,}2$ %) sind die kritischen Abkühlgeschwindigkeiten i.a. wesentlich größer, als die bei halbwegs fachgerechten Fertigungsbedingungen entstehenden Abkühlgeschwindigkeiten im Schweißteil. Eine Martensitbildung ist daher praktisch ausgeschlossen.

– Sollte sich durch ungeeignete Einstellwerte oder eine falsche Wärmebehandlung (z.B. keine Vorwärmung!) bei diesen Stählen Martensit gebildet haben, so ist ein Versagen durch Rißbildung trotzdem unwahrscheinlich, da der niedriggekohlte Martensit zwar hart, aber erstaunlich rißsicher ist. Diese Tatsache ist die Grundlage für die Entwicklung der hochfesten vergüteten schweißgeeigneten Baustähle, (Abschn. 2.7.7).

Martensitische Umwandlungen werden auch in andern Legierungen beobachtet, z.B. bei Ti, Fe-Ni, Cu-Sn, Bild 1-38. Eine wichtige Besonderheit der martensitischen Gefüge ist ihre meistens nadel- bzw. plattenförmige Erscheinungsform, Bild 1-39. Sie beruht auf der bei tiefen Temperaturen ablaufenden athermischen Bildung des Martensits, die zu einem extrem schnellen "schlagartigen" Wachstum der Martensitnadeln führt.

1.5 Thermisch aktivierte Vorgänge

Jede Zustandsänderung in einem festen Körper verläuft unter Abnahme der (freien) Energie. Im thermodynamischen Gleichgewicht erreicht sie ein Minimum, Bild 1-40. *Metastabile Zustände* sind durch relative Energieminima gekennzeichnet. Es ist bemerkenswert, daß Zustandsänderungen (z.B. von 1 nach 2) das Überschreiten einer Energiebarriere erfordern. Dem Körper muß also eine bestimmte Energie Q zugeführt werden, um den Vorgang zu aktivieren. Q wird daher auch *Aktivierungsenergie* genannt. Sie kann z.B. durch Temperaturerhöhung oder Kaltverformung aufgebracht werden.

Bild 1-40
Abhängigkeit der freien Energie F von der Zustandsänderung x, Q = Aktivierungsenergie.

Die Bezeichnung metastabiler Zustand ist nicht gleichzusetzen mit geringer Stabilität. Diese ist ausschließlich von der Größe der Aktivierungsenergie abhängig, also von der Neigung des Körpers, seinen gegenwärtigen Zustand ändern zu wollen. Ein typisches Beispiel ist die metastabile Verbindung Fe_3C. Die Aktivierungsenergie zum Erzeugen des stabilen Zustandes "Kohlenstoff" ist so groß, daß sich bei den meisten technischen Anwendungsfällen die Verbindung als ausreichend stabil erweist.

Die für jede Zustandsänderung notwendigen Platzwechselvorgänge werden daher als *thermisch aktiviert* bezeichnet. Mit Ausnahme der Martensitbildung sind bei praktisch allen Phasenänderungen Platzwech-

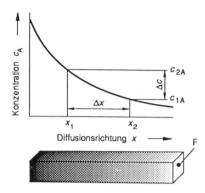

Bild 1-41
Zur Ableitung des durch Diffusionsvorgänge entstehenden Massenstromes J.

sel der beteiligten Atomsorten erforderlich. Diese stark temperaturabhängige Wanderung der Atome, Ionen und anderer Teilchen wird **Diffusion** genannt.

Die Diffusion verläuft in homogenen Werkstoffen richtungslos. Diese statistisch ungeordnete Bewegung wird *Selbstdiffusion* genannt. In inhomogenen Körpern entsteht durch das Bestreben nach einem Konzentrationsausgleich eine gerichtete Teilchenbewegung, die i.a. mit einem merklichen Massentransport verbunden ist. Quantitativ wird dieser Vorgang durch die Beziehung beschrieben:

$$J = \frac{dm_A}{dt} = -D\,\frac{dc_A}{dx}\,A \qquad [1\text{-}2]$$

J ist der auf die Zeiteinheit bezogene Materialfluß (dm_A/dt), der durch eine Fläche (A) senkrecht zur Diffusionsrichtung bei einem Konzentrationsgefälle (dc_A/dx) wandert, Bild 1-41. D ist der für das betreffende Metall charakteristische Diffusionskoeffizient, für den gilt:

$$D = D_0 \cdot \exp\left(-Q/RT\right) \qquad [1\text{-}3]$$

D_0 = Diffusionskonstante ("Frequenzfaktor"),

Q = Aktivierungsenergie des Diffusionsvorganges,

T = Temperatur.

Die Aktivierungsenergie ist ein Maßstab für die Schwierigkeit, den Diffusionsvorgang einzuleiten. D_0 ist die Diffusionskonstante, die die Schwingungsfrequenz, d.h. die Eigenbeweglichkeit der Atome kennzeichnet.

Die *Platzwechselmechanismen* der Atome in Festkörpern sind in Bild 1-42 dargestellt. Danach ist der direkte Platzwechsel (z.B. in einem idealen Gitter) aus energetischen Gründen unwahrscheinlich, weil die Aktivierungsenergie für diesen Vorgang zu groß ist. Einfacher kann eine Atomumordnung über Leerstellen erfolgen. Ihre Anzahl und die Schwingungsweiten der Atome nehmen mit der Temperatur zu, die Diffusion wird erleichtert. Der *Zwischengittermechanismus* ist um so wirksamer, je kleiner die Durchmesser der eingelagerten Atome im Vergleich zu den Matrixatomen sind. Eine Diffusion nach diesem Mechanismus könnte auch in völlig fehlerfreien Werkstoffen ablaufen. Damit wird z.B. die extreme Wirkung des Wasserstoffes wenigstens z.T. verständlich. Dieses Element mit dem kleinsten Atomdurchmesser kann bei gegebener Temperatur und Zeit größere Bereiche des Werkstoffs durchdringen (und damit schädigen) als jedes andere Element.

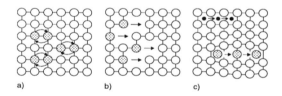

Bild 1-42
Platzwechselmechanismen im Gitter.
a) direkter Platzwechsel,
b) Leerstellenmechanismus,
c) Zwischengittermechanismus.

Bei sonst gleichen Bedingungen wird die Diffusion der Atome mit abnehmender Aktivierungsenergie erleichtert. Daher ist die Beweglichkeit der Atome auf Netzebenen im Gitterverband gering, im Korngrenzenbereich größer und auf freien Oberflächen am größten. Hierauf beruht z.B. die Möglichkeit, Ausscheidungen und Verunreinigungen im Bereich der Korngrenzen durch eine Wärmebehandlung lösen zu können, ohne daß die Eigenschaften des Gefüges merklich verändert werden. Die gleichmäßige Verteilung der Korngrenzensubstanz in der Matrix verbessert die Gütewerte des Werkstoffs erheblich[6].

Es ist verständlich, daß die *Packungsdichte* die Beweglichkeit der Atome im Gitter entscheidend beeinflußt. Die Selbstdiffusion und die Diffusion von Legierungselementen ist im kfz γ-Fe größenordnungsmäßig um den Faktor 100 bis 1000 kleiner als im krz α-Fe. Bei hohen Betriebstemperaturen ist daher die Verwendung der thermisch weniger stabilen krz Werkstoffe nicht empfehlenswert, da bei ihnen thermisch aktivierte Platzwechsel, d.h. Kriechvorgänge, leichter stattfinden können.

Den "mittleren" Diffusionsweg x_m kann man mit der Beziehung abschätzen:

$$x_m = \sqrt{D \cdot t}$$

D = Diffusionskoeffizient, [cm²/s]
t = Glühzeit [s].

Es ist bemerkenswert, daß die maximale Eindringtiefe grundsätzlich nicht mehr als einige $\sqrt{D \cdot t}$ beträgt. Für

$$x_m \geq 3\sqrt{D \cdot t}$$

ändert sich z.B. abhängig von der Glühzeit t die Konzentration c des diffundierenden Elementes nicht mehr, d.h., in größeren Tiefen finden keinerlei Diffusionsvorgänge mehr statt.

Beispiel:
Diffusion des Kohlenstoffs beim Aufkohlen im γ-Eisen bei 1000 °C und einer Glühzeit von 10 h ($\approx 4 \cdot 10^4$ s). Der Diffusionskoeffizient im γ-Eisen bei 1000 °C ist etwa $4 \cdot 10^{-7}$ cm²/s. Die mittlere Eindringtiefe x_m beträgt:

$$x_m = \sqrt{4 \cdot 10^{-7} \frac{cm^2}{s} \cdot 4 \cdot 10^4 \, s} \approx 0,13 cm.$$

In einem Abstand von $\geq 3 \cdot x_m = 0,39$ cm, gemessen von der Phasengrenze aufkohlendes Mittel-Werkstück bleibt die dort vorhandene C-Konzentration nach einer Glühzeit von $\leq 4 \cdot 10^4$ s völlig ungeändert.

1.5.1   Erholung und Rekristallisation

Die z.T. extreme Zunahme der Anzahl der Versetzungen als Folge einer Kaltverformung führt zu einschneidenden Änderungen vieler Werkstoffeigenschaften. Die wichtige technologische Eigenschaft Schweißeignung z.B. wird in erster Linie durch den starken Anstieg der Festigkeit und Härte und den erheblichen Abfall der Zähigkeitswerte beeinträchtigt.

Beim Schweißen kaltverformter Werkstoffe werden daher in bestimmten Bereichen neben der Schweißnaht die Eigenschaften des kaltverformten Werkstoffes durch die Rekristallisation weitgehend verändert (Abschn. 1.3). Im wesentlichen beruhen die Schweißprobleme also darauf, daß ein Gefügekontinuum mit extrem unterschiedlichen und ungünstigen mechanischen Gütewerten entsteht. Bei unlegierten Stählen muß außerdem mit dem Auftreten der zähigkeitsvermindernden *Verformungsalterung* gerechnet werden (Abschn. 3.2.1.2).

Durch die plastische Verformung wird Energie im Werkstoff gespeichert, die in der Hauptsache aus der Verformungsenergie und der Verzerrungsenergie der Versetzungen besteht. Nach einer ausreichenden thermischen Aktivierung (z.B. Temperaturerhöhung) wird nach Überschreiten einer Schwellentemperatur der Energiegehalt des instabilen Gefüges abgebaut. Der Werkstoffzustand nähert sich dadurch dem thermodynamischen Gleichgewichtszustand. Sämtliche durch das Kaltverformen hervorgerufenen Eigenschaftsänderungen werden rückgängig gemacht.

---

[6]   Die Vorgänge laufen in der beschriebenen Form allerdings nur dann ab, wenn die Korngrenzensubstanz bei der gewählten Glühtemperatur löslich ist. Andernfalls tritt eine Koagulation ein, wodurch die Gütewerte in den meisten Fällen aber verbessert werden.

Das geschieht in mehreren Stufen:

- Erholung,
- Rekristallisation,
- Kornwachstum.

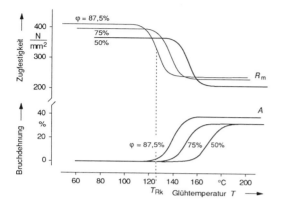

Bild 1-43
Einfluß der Glühtemperatur auf die Zugfestigkeit und Dehnung von kaltverformtem Kupferdraht, Glühzeit t=1 h, nach SMART, SMITH *und* PHILLIPS. *Als Beispiel wurde die Rekristallisationstemperatur T_{Rk} für $\varphi = 87,5\,\%$ eingetragen. T_{Rk} kann mit verschiedenen Kriterien definiert werden:*
1) die ersten rekristallisierten Körner sind z.B. metallografisch nachweisbar,
2) die Differenz der Festigkeit oder Härte im kaltverformten und nichtverformten Werkstoff ist auf die Hälfte gefallen. Diese Methode wurde hier angewendet.

Während der Erholung werden die mechanischen Gütewerte kaum geändert, die physikalischen Eigenschaften erreichen im wesentlichen die vor der Kaltverformung vorhandenen Werte. Die Zahl der Versetzungen bleibt weitgehend erhalten, sie lagern sich aber durch thermisches Aktivieren in energieärmere Zustände um (Abschn. 1.2.1.1).

Die mechanischen Gütewerte ändern sich erst oberhalb der *Rekristallisationstemperatur T_{Rk}*, bei der sich neue, unverformte (also weiche), energiearme Körner zu bilden beginnen. Bild 1-43 zeigt schematisch die Änderung einiger mechanischer Gütewerte von Reinkupfer in Abhängigkeit vom Kaltverformungsgrad φ und der Glühtemperatur T.

Die treibende Kraft dieser mit der Primärkristallisation vergleichbaren Rekristallisation ist die Verzerrungsenergie der Versetzungen, deren Anzahl dabei auf den Wert vor der Kaltverformung fällt. Eine genauere Untersuchung zeigt, daß die auf das Werkstück übertragene *Arbeit* die maßgebende Größe ist. Da der Werkstoff nicht gleichmäßig verformt wird, wirken die besonders stark verformten Bereiche als Keime (*"Kerne"*) für den Rekristallisationsvorgang, Bild 1-44. Ihre Anzahl nimmt mit steigendem Verformungsgrad zu. Ausgehend von diesen Kernen wird das verformte Gefüge aufgezehrt, bis sich die wachsenden Körner des rekristallisierenden Gefüges (ähnlich wie bei der Primärkristallisation!) gegenseitig berühren.

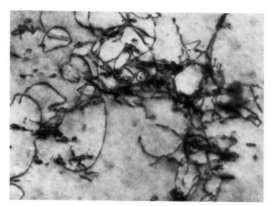

Bild 1-44
Zellartige Versetzungsanordnung in einem kaltverformten Stahl Ck 10, $\varphi = 10\,\%$, V = 35000, BAM.

Korngröße und Kornform des rekristallisierten und des kaltverformten Gefüges können sich erheblich voneinander unterscheiden. Die Bewegung der Korngrenzen während des Rekristallisierens ist für die entstehende Gefügeform der entscheidende Vorgang.

Aus den bisherigen Erkenntnissen ergeben sich einige wesentliche Hinweise über den Ablauf und das Ergebnis der Rekristallisation:

❑ Die Rekristalliation beginnt erst, wenn die gespeicherte Energie einen Schwel-

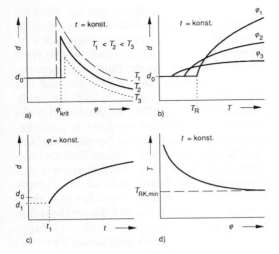

Bild 1-45
Einfluß des Kaltverformungsgrades, der Temperatur und der Glühzeit auf die Rekristallisation (Rekristallisationsschaubild), schematisch.

a) *Abhängigkeit der Korngröße des rekristallisierten Gefüges vom Grad der Kaltverformung φ. Die Rekristallisation beginnt bei $\varphi \geq \varphi_{krit}$.*

b) *Mit zunehmendem Verformungsgrad φ beginnt die Rekristallisation T_R früher und das Kornwachstum später.*

c) *Mit zunehmender Glühzeit t nimmt die Größe des rekristallisierenden Kornes grundsätzlich zu.*

d) *die geringste, physikalisch mögliche Rekristallisationstemperatur beträgt etwa $T_{RK,min} \approx 0{,}4 \cdot T_S$.*

lenwert, gekennzeichnet durch den *kritischen Verformungsgrad* φ_{krit}, überschritten hat: $\varphi > \varphi_{krit}$.

❏ Die geringe Triebkraft der Rekristallisation in der Nähe des kritischen Verformungsgrades führt zu einer sehr geringen Wachstumsgeschwindigkeit der rekristallisierenden Körner. Da außerdem die Anzahl der Kerne gering ist, entsteht ein extrem *grobkörniges Gefüge*, siehe Bild 1-45a.

❏ Bei sehr großen Verformungsgraden entsteht wegen der damit verbundenen großen Triebkraft ein sehr feinkörniges Gefüge, und der Beginn der Rekristallisation wird zu niedrigeren Temperaturen verschoben. Da das Gefüge technischer Werkstoffe in den meisten Fällen feinkörnig sein soll, muß der zu rekristallisierende Werkstoff möglichst stark kalt-

verformt werden, wobei keine Anrißbildung erfolgen darf.

❏ Die chemische Zusammensetzung, insbesondere die an den Korngrenzen ausgeschiedenen Teilchen bzw. Elemente, beeinflussen das Rekristallisationsverhalten erheblich. Die Beweglichkeit der Korngrenzen während des Rekristallisierens wird durch sie merklich beeinträchtigt. Diese Rekristallisationsverzögerung ist z.B. ein wichtiger Faktor für die hervorragenden mechanischen Gütewerte der thermomechanisch behandelten Feinkornbaustähle (Abschn. 2.7.6.2).

❏ Bei einphasigen Werkstoffen (z.B. hochlegierten Stählen, Ni, Al) ist Kaltverformen mit einem anschließenden Rekristallisieren die einzige Möglichkeit, die Korngröße gezielt verändern zu können.

❏ In Werkstoffen mit interstitiell gelösten Atomen (vor allem C, N, aber auch P) kann nach einem Kaltverformen die gefährliche Verformungsalterung (Reckalterung) entstehen. Technisch bedeutsam ist die Verformungsalterung bei un- und niedriglegierten Stählen. Im wesentlichen werden dadurch die Festigkeitswerte mäßig erhöht, die Zähigkeitswerte aber z.T. erheblich verringert. Die durch das Kaltverformen erzeugte große Zahl der Versetzungen erleichtert das Diffundieren der interstitiell gelösten Atome zu den Versetzungskernen. Dadurch werden die Versetzungen wirksam und schnell blockiert. Stickstoff ist wegen seiner größeren Löslichkeit und Diffusionsfähigkeit gefährlicher als Kohlenstoff.

❏ Bei gegebenem Verformungsgrad nimmt die Rekristallisationstemperatur zu mit:

– zunehmender *Korngröße* des zu verformenden Werkstoffs,

– zunehmender *Temperatur*, bei der die Kaltverformung erfolgte,

– abnehmender *Aufheizgeschwindigkeit* beim Rekristallisieren.

Alle genannten Einflüsse führen dazu, daß die im Werkstoff gespeicherte Energie zu

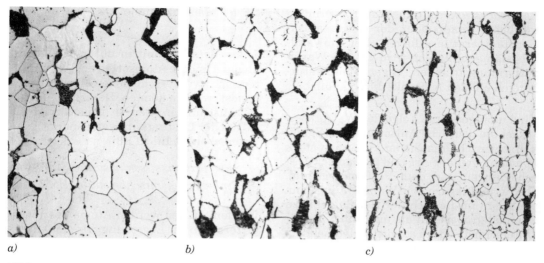

a)   b)   c)

Bild 1-46
Mikroaufnahmen unterschiedlich kaltverformter Proben aus St 37 V = 500:1, 3% HNO_3.
a) unbeeinflußter Grundwerkstoff, ≈ 120 HV1,
b) 20 % kaltverformt, ≈ 200 HV1,
c) 45 % kaltverformt, ≈ 250 HV1.

Beginn der Rekristallisation geringer, d.h. die Rekristallisationsschwelle angehoben wird. Die *Rekristallisationsschaubild*er zeigen schematisch die wichtigsten Zusammenhänge, Bild 1-45.

Die Bildfolge Bild 1-46 zeigt Mikroaufnahmen unterschiedlich stark kaltverformter Proben aus dem Baustahl St 37 im Vergleich zum unbeeinflußten Grundwerkstoff. Die Härtezunahme (Zähigkeitsabnahme!) ist bemerkenswert. Man beachte die erhebliche Streckung der Kristallite.

1.5.2   Warmverformung

Bisher wurde die Warmumformung metallischer Werkstoffe als eine Verformung oberhalb der Rekristallisationstemperatur T_{Rk} definiert. Diese Festlegung besaß zwar den Vorzug der Anschaulichkeit, war aber nicht für alle in der modernen Werkstoffumformpraxis angewendeten Verfahren zutreffend. Heute wird jede Umformung, bei der der Werkstoff absichtlich erwärmt wird, als Warmverformung bezeichnet (DIN 8583).

Eine *Warmverformung* oberhalb der Rekristallisationstemperatur beseitigt die Verfestigung, erhöht die Verformbarkeit wieder auf die Werte des unverformten Werkstoffes und wandelt ein evtl. vorliegendes Gußgefüge in ein feinkörniges Gefüge um, Bild 1-47. Die wichtigsten Verfahren sind das *Warmwalzen* und das *Schmieden*.

Wegen der grundsätzlichen Gefahr eines

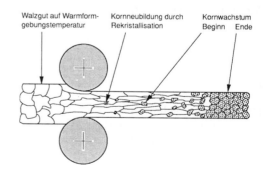

Walzgut auf Warmformgebungstemperatur   Kornneubildung durch Rekristallisation   Kornwachstum Beginn   Ende

Bild 1-47
Schematische Darstellung der Gefügeänderungen während einer Warmformgebung metallischer Werkstoffe: Kornneubildung (Rekristallisation), Kornwachstum.

Kornwachstums sollte die Warmverformung möglichst knapp über der Rekristallisationstemperatur erfolgen. Bei umwandlungsfähigen Stählen wird z.B. die Warmverformung in einem engen Temperaturbereich um den A_3-Punkt durchgeführt.

Eine unangenehme Folge des Walzprozesses ist die deutliche Anisotropie der Zähigkeitseigenschaften Sie ist außerdem stark abhängig von der Art und Menge der Ausscheidungen und dem Verformungsgrad. Die Kerbschlagarbeit in Walzrichtung kann vor allem im Bereich der Hochlage bis zu zweimal größer sein als quer dazu. Dieser Unterschied wird i.a. mit zunehmendem Warmverformungsgrad und zunehmender Plastizität der Einschlüsse größer. Aus diesem Grunde werden Stähle in immer stärkerem Umfang mit Elementen entschwefelt, die spröde, unverformbare Einschlüsse bilden, z.B. Cer, Titan, Zirkon (Abschn. 2.7.6.2). Die Plastifizierbarkeit der Mangansulfide, die zu in Walzrichtung langgestreckten Einschlüssen führt, ist eine Hauptursache für die Zähigkeitsanisotropie konventioneller C-Mn-Stähle.

1.6   Grundlagen der Legierungskunde

Metallische Werkstoffe, denen absichtlich Elemente zugesetzt werden, um gewünschte Eigenschaften zu erzeugen bzw. zu verstärken oder unerwünschte zu beseitigen bzw. zu mildern, werden Legierungen genannt.

Die Legierungselemente können in sehr unterschiedlicher Art in der Matrix des *"Wirtsgitters"* verteilt sein. Die wichtigsten Legierungstypen sind:

– Mischkristalle,
– intermediäre Verbindungen,
– Kristallgemische (z.B. Eutektikum, Eutektoid, bzw Gemische aus zwei oder mehreren Phasen).

1.6.1   Mischkristalle

Jedes Metall nimmt in unterschiedlichen Mengen andere Atomsorten auf, die im Gitter nach zwei verschiedenen Mechanismen "gelöst" werden können. Derartige "atomare" Mischungen werden **Mischkristalle (MK)** oder **Lösungsphasen** genannt. Man unterscheidet, Bild 1-48:

– *Substitutionsmischkristalle (SMK)* und
– *Einlagerungsmischkristalle (EMK)*.

Bei den SMKen werden Atome des Wirtsgitters durch Legierungsatome ausgetauscht (substituiert).

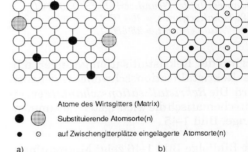

○   Atome des Wirtsgitters (Matrix)

●   Substituierende Atomsorte(n)

• ○   auf Zwischengitterplätze eingelagerte Atomsorte(n)

a)   b)

Bild 1-48
Aufbau der Mischkristalle.
a) Substitutionsmischkristalle (SMK)
b) Einlagerungsmischkristalle (EMK).

Die Substitution ist bei Erfüllung verschiedener Voraussetzungen sehr weitgehend, u.U. kann jedes Atom des Wirtsgitters durch Legierungsatome ausgetauscht werden [7]. Es entsteht eine *lückenlose Mischkristallreihe*. Die bekanntesten Legierungssysteme dieser Art sind Cu-Ni, Fe-Ni, Fe-Cr. Alle

---

[7] Für eine lückenlose Mischbarkeit müssen Wirtsatome und Legierungsatome gleichen Gittertyp aufweisen, ihre Atomdurchmesser dürfen sich um nicht mehr als 14% voneinander unterscheiden. Weiterhin müssen bestimmte chemische und elektrochemische Bedingungen erfüllt sein.

Legierungen dieser Systeme bestehen ausschließlich aus Mischkristallen, es sind einphasige, oft homogene Werkstoffe [8]. Sie besitzen meistens ausreichende Festigkeits- und hervorragende Zähigkeitseigenschaften (z.B. CuNi-Legierungen), verbunden mit guter Korrosionsbeständigkeit. Wegen ihrer großen Zähigkeit ist die Schweißeignung der nur aus (homogenen) Mischkristallen bestehenden Werkstoffe meistens gut, sie nimmt aber mit steigender Heterogenität (Anteil einer zweiten Phase im Gefüge steigt) i.a. ab.

Wenn zwischen den am Aufbau des MKs beteiligten Atomsorten keine Anziehungs-

kräfte herrschen, müßten die Legierungsatome im Gitter statistisch verteilt sein, Bild 1-49a. Tatsächlich sind die gelösten Atome B in technischen Werkstoffen *nicht* statistisch regellos, sondern in bestimmter (nicht zufälliger) Weise angeordnet. In den meisten Fällen ergibt sich die sog. *Nahbereichsordnung*, Bild 1-49c. Die gelösten Atome B sind hier vorzugsweise von Atomen A umgeben, weil die durch sie verursachten Gitterverzerrungen ein direktes Nebeneinanderliegen unwahrscheinlicher macht.

Durch geeignete Wärmebehandlungen kann in bestimmten Konzentrationsbereichen eine Anreicherung an B Atomen erzeugt werden. Die Bildung dieser *Cluster* (Vorausscheidungszustände) genannter Bereiche ist für die Eigenschaften ausscheidungshärtbarer Werkstoffe (Abschn. 2.6.3.3) von großer Bedeutung, Bild 1-49d. In dieser Art entmischte Bereiche werden auch als *Zonen*, der Vorgang ihrer Bildung als Nahentmischung oder *einphasige Entmischung* bezeichnet.

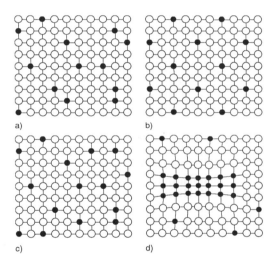

a)   b)

c)   d)

Bild 1-49
Mögliche Atomanordnungen in einem Substitutions-Mischkristall.
a) B im A-Gitter statistisch verteilt,
b) Überstruktur (Fernordnung),
c) Nahbereichsordnung,
d) einphasige Entmischung (Zonenbildung).

Mit zunehmender Affinität der ungleichartigen Atomsorten entsteht durch die Wirkung der anziehenden Kräfte eine geordnete Struktur, die *Überstruktur*, Bild 1-49b. Ihre Entstehung ist nur bei bestimmten Anteilen der gelösten Atome und unterhalb gewisser Temperaturen möglich. Als Folge der abnehmenden Anziehungskräfte wird der ungeordnete Zustand bei höheren Temperaturen thermodynamisch stabiler.

Die Einstellung des Ordnungszustandes erfordert *Platzwechsel*, er kann sich daher aus ordnungsfähigen Mischkristallen erst bei höheren Temperaturen und i.a. nach sehr langen Zeiten bilden.

Da die Bindungskräfte in den Überstrukturen nicht mehr rein metallischer Art sind, ist ihre Festigkeit und Härte i.a. deutlich höher und ihre Zähigkeitseigenschaften merklich schlechter als die der ungeordneten Phase. Diese Eigenschaftsänderungen sind bei technischen Werkstoffen sehr unerwünscht, weil ein Bauteilversagen durch Rißbildung wahrscheinlich wird. Die be-

---

[8]   Die aus Mischkristallen bestehenden Legierungen sind in den meisten Fällen kristallgeseigert, sie sind also nur nach einer relativ aufwendigen Wärmebehandlung (die in der Praxis daher kaum angewendet wird) wirklich homogen.

kannte *475 °C-Versprödung* (Abschn.
2.8.1.4.2) bei ferritischen Cr-Stählen beruht z.B. auf der Bildung einer Überstruktur bzw. Nahordnungszuständen.

Mit zunehmender Affinität entstehen durch
die starken anziehenden Kräfte der beteiligten Atomsorten *intermediäre Verbindungen*. Die Bezeichnung bringt zum Ausdruck, daß neben der metallischen Bindung
noch andere Bindungsformen wirksam sind
(Abschn. 1.2). Die in der Regel hohen Anteile chemischer Bindungsarten sind die Ursache für die große Härte und Sprödigkeit
dieser Verbindungen. In vielen Fällen führen Gehalte von nur einigen Zehnteln Prozent im Werkstoff - vor allem an den Korngrenzen - zu seiner völligen Versprödung.
Aus diesem Grunde ergeben sich beim
Schmelzschweißen unterschiedlicher Werkstoffe, die beim Erstarren intermediäre Verbindungen bilden, erhebliche Schwierigkeiten. Ein bekanntes Beispiel hierfür ist die
praktisch nicht vorhandene Schmelz-
schweißbarkeit der Metalle Kupfer mit Aluminium. Die Bildung der spröden Phase
Al_2Cu ist die Ursache der Versprödung.

1.6.2   Zustandsschaubilder

Zustandsschaubilder geben in Abhängigkeit von der Temperatur T und der Konzentration c eine vollständige Übersicht aller
möglichen Zustandsänderungen der Gefüge
sämtlicher aus den Komponenten A und B
bestehender Legierungen.

Eine *Legierung* besteht aus mindestens zwei
Elementen (= Komponenten) und zeigt überwiegend metallischen Charakter. Sie besteht bei technischen Werkstoffen aus Körnern, die durch Korngrenzen voneinander
getrennt sind.

Der Gefügezustand der Legierung wird eindeutig bestimmt durch:

− Temperatur T,
− Druck p,
− Konzentration c.

Die meisten metallurgischen Prozesse während der Werkstoffherstellung laufen bei
$p=1$ bar=konst. ab, d.h., jeder Werkstoffzustand ist durch T und c eindeutig festgelegt.

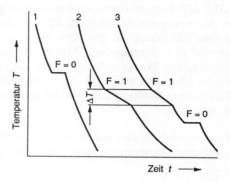

Bild 1-50
Abkühlkurven reiner Metalle und Legierungen
Kurve 1, F = 0: *Haltepunkte bei der Erstarrung
reiner Metalle, Eutektika, Eutektoide, Peritektika.*
Kurve 2, F = 1: *Knickpunkte bei der Erstarrung von
Legierungen in Zweiphasengebieten mit dem Erstar-
rungsintervall ΔT.*
Kurve 3: *Erstarrung einer mehrphasigen Legie-
rung.*

Der Zustand des Gefüges ändert sich, bis
das von der Temperatur abhängige thermodynamische Gleichgewicht erreicht ist. Die
hierfür erforderlichen Zeiten sind von der
Temperatur abhängig und häufig sehr lang
(Stunden bis Wochen). Die in realen Werkstoffen während ihrer Herstellung, Wärmebehandlung bzw. bei Schweißprozessen ablaufenden Vorgänge führen daher in den
meisten Fällen zu Nichtgleichgewichtsge-
fügen. Aus diesem Grunde sind die aus
üblichen *Gleichgewichtsschaubildern* ent-
nehmbaren Informationen nur mit Vorsicht
auf reale Systeme übertragbar, also auf
technische Werkstoffe, die wesentlich
"schneller" hergestellt bzw. wärmebehandelt werden. Im besonderen Maße gilt das
für Schweißprozesse, bei denen oft extreme
Ungleichgewichtsgefüge entstehen.

Nach der Anzahl der das metallurgische
System aufbauenden Komponenten unterscheidet man *Ein-, Zwei-, Drei-* oder *Mehr-
stoffsysteme*. Hier werden nur die Grundla-

gen der **Zweistoffsysteme**, in Abschn. 1.6.4 die wichtigsten Zusammenhänge der wesentlich komplizierteren **Dreistoffsysteme** besprochen, soweit sie für die Besonderheiten der Schweißmetallurgie von Bedeutung sind.

Die chemisch homogenen, kristallografisch unterscheidbaren Bestandteile des Systems werden *Pasen* genannt. Folgende Phasen können in einem System auftreten:

- Schmelzen, S_A, S_B...,

- reine Metalle A, B...,

- Mischkristalle α, β, d.h. atomare "Mischungen" aus A und B und

- intermediäre Verbindungen V = $A_m B_n$. In den meisten Fällen liegt keine "echte" chemische Verbindung vor, d.h., A und B verbinden sich nicht nach den bekannten stöchiometrischen Gesetzmäßigkeiten.

Viele technisch wichtige Werkstoffe bestehen aus Kristallgemischen, z.B.:

- *Stahl:* z.B. α-Fe + Eutektoid (Perlit), hochlegierter Stahl: z.B. ferritischer Cr-Stahl nur α-MK, z.B. austenitischer Cr-Ni-Stahl nur γ-MK,

- *Messing:* z.B. α-MK + β-MK,

- *Zinnlot:* z.B. reines Eutektikum oder α + Eutektikum,

- *Al-Si-Gußlegierung:* z.B. reines Eutektikum.

Besteht zwischen A und B im flüssigen und festen Zustand keinerlei Löslichkeit, dann liegt ein aus den Elementen A und B aufgebauter Werkstoff vor, der durch die Wirkung der Schwerkraft meistens "geschichtet" ist (Blei und Eisen zeigt z.B. diese "Schwerkraftseigerung"). Derartige Werkstoffe haben keine praktische Bedeutung. Dieses metallurgische Verhalten wird aber z.B. genutzt, um flüssiges Blei in Eisenpfannen zu transportieren. Letztere werden durch das Blei nicht angegriffen bzw. in irgendeiner Weise metallurgisch beeinflußt. Aus dem gleichen Grund läßt sich Eisen (Stahl) mit reinen Bleiloten nicht "verbinden".

Zustandsschaubilder, also grafische Darstellungen der Phasenbeziehungen in heterogenen Systemen, sind in vielen Fällen nicht "einfach" zu lesen. Im folgenden werden nur die wichtigsten binären Typen der Schaubilder besprochen. Die Phasengrenzlinien in diesen *T,c-Schaubildern* werden i.a. mit dem Verfahren der *thermischen Analyse* bestimmt. Es beruht darauf, daß jede Phasenänderung auch eine Änderung des Energiegehalts hervorruft. Diese äußert sich in den Abkühlkurven in Form charakteristischer Unstetigkeiten: den *Knickpunkten* und den *Haltepunkten*. Bild 1-50, Kurve 2, zeigt schematisch die Vorgänge beim Abkühlen am Beispiel einer lückenlosen Mischkristallreihe.

1.6.2.1 Zustandsschaubild für vollkommene Löslichkeit im flüssigen und festen Zustand

Die Elemente bilden eine lückenlose Mischkristallreihe, d.h., bei jeder beliebigen Konzentration c entstehen bei Raumtemperatur Mischkristalle. Legierungen derartiger metallurgischer Systeme sind i.a. gut schweißgeeignet, da das Schweißgut unabhängig vom Vermischungsgrad Grundwerkstoff/Zusatzwerkstoff ausschließlich aus den verhältnismäßig zähen, einphasigen Mischkristallen besteht.

Die bei langsamer Abkühlung stattfindende Erstarrung ist anhand der Legierung L_1 in Bild 1-51 schematisch dargestellt. Legierungen besitzen keinen Schmelzpunkt, sondern ein Schmelzintervall. Die Erstarrung beginnt unterhalb der Liquiduslinie (L_1 bei T_1) mit dem Auskristallisieren der ersten α-Mke. Der Schnittpunkt der Waagerechten (T_1) mit der zu diesem Phasenfeld (S + α) gehörenden Phasengrenze ergibt ihre Zusammensetzung (= c_1). Der B-Gehalt der kristallisierenden α-Mke ist also wesentlich geringer als der der ursprünglichen Legierung L_1 (c_0). Mit abnehmender Temperatur nimmt die Menge der kristallisierenden α-Mke zu, die der Restschmelze ab. Die Zusammensetzung der Mke ändert sich dabei entsprechend dem Verlauf der Soliduslinie, die der Restschmelze gemäß der Liquiduslinie. Diese Vorgänge werden anschaulich durch die dick ausgezogenen Linien in Bild 1-51 dargestellt.

Während der Konzentrationsausgleich in der Schmelze ausreichend schnell erfolgen kann, erfordert er in den festen Mischkristallen wegen der sehr erschwerten Diffusionsbedingungen wesentlich längere Zeiten. Bei höheren Abkühlgeschwindigkeiten (z.B. beim Herstellen technischer metallischer Werkstoffe oder beim Schweißen) muß daher mit ausgeprägten Entmischungserscheinungen (Abschn. 1.6.3.1) gerechnet werden. Bei T_2 besteht die Legierung L_1 aus Mischkristallen α_2 mit einem B-Gehalt von $c_2\%$ und Restschmelze mit $c_3\%$ an B. Man

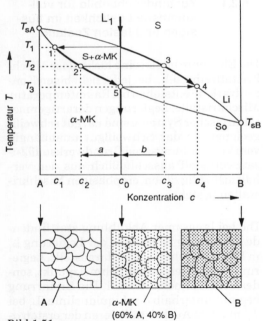

Bild 1-51
Zustandsschaubild für vollständige Löslichkeit im flüssigen und festen Zustand.
Beispiel für die Anwendung des Hebelgesetzes: Die Legierung L_1 scheidet nach Unterschreiten von T_1 den A-reichen MK α_1 aus. Bei T_2 besteht das System aus MK der Zusammensetzung (2) und Restschmelze (3). Die Mengen der miteinander im Gleichgewicht stehenden Phasen lassen sich nach dem Hebelgesetz berechnen: $m_\alpha = b/(a+b)\cdot 100\%$, $m_s = 100 - m_\alpha$. Die Kristallisation ist nach Unterschreiten von T_3 beendet. Siehe aber auch Bild 1-58.

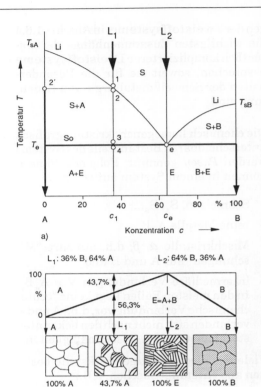

Bild 1-52
Zustandsschaubild für vollständige Löslichkeit im flüssigen und vollständige Unlöslichkeit im festen Zustand. In b) ist das Gefügerechteck dargestellt. Es enthält die nach dem Hebelgesetz berechenbaren Mengenanteile der Phasen jeder Legierung im Gleichgewichtszustand.

beachte, daß kurz vor der vollständigen Erstarrung (T_3) Restschmelze vorhanden ist, die besonders reich an B bzw. anderen in der Legierung vorhandenen niedrigschmelzenden Bestandteilen ist. Diese in jeder Legierung während der Kristallisation ablaufende Entmischung ist die Ursache der gefährlichen **Heißrißbildung** (Abschn. 1.6.2.).

Bei einer gleichgewichtsnahen Erstarrung können mit Hilfe des sog. *Hebelgesetzes* aus dem Zustandsschaubild die Mengen der in der Legierung vorhandenen Phasen ermittelt werden. Bild 1-51 zeigt die Einzelheiten der Berechnung. Es ist zu beachten, daß das

Hebelgesetz mit zunehmender Abkühlgeschwindigkeit nicht mehr bzw. nur stark eingeschränkt gilt.

1.6.2.2 Eutektische Systeme

Durch Ausscheiden reiner (Lösungsmittel-) Kristalle A oder B aus einer Lösung nimmt deren Schmelztemperatur kontinuierlich ab (RAOULTsches Gesetz). Dieser Zusammenhang bestimmt den Verlauf der Liquidustemperatur in *eutektischen Systemen*, Bild 1-52.

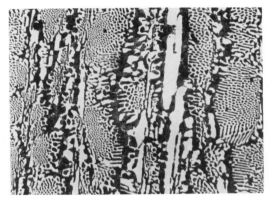

Bild 1-53
Übereutektisches Gußeisen mit Primärzementit (weiße Nadeln) und Eutektikum.(Ledeburit), V = 200:1.

Voraussetzung für die Gültigkeit des RAOULTschen Gesetzes ist u.a. das Vorliegen einer homogenen Schmelze, aus der sich reine Kristalle (*keine* Mischkristalle!) ausscheiden. Die Liquiduslinie besteht danach aus zwei von der Schmelztemperatur der Komponenten A und B ausgehenden abfallenden Ästen, die sich im *eutektischen Punkt E* schneiden. Die Legierung mit der eutektischen Zusammensetzung c_E wird **Eutektikum** oder *eutektische Legierung* genannt. Sie entsteht bei der konstanten Temperatur T_E durch gleichzeitiges Kristallisieren von A und B. Das Eutektikum besitzt die kleinste Schmelztemperatur aller Legierungen des Systems. Je nach Lage der Legierungen bezogen auf den eutektischen Punkt unterscheidet man *untereutektische* und *übereutektische* Legierungen. Sie enthalten außer

eutektischen Anteilen noch in unterschiedlichen Mengen A- bzw. B-Primärkristalle.

Bei der eutektischen Temperatur erstarren *gleichzeitig* die beiden Metalle A und B. Wegen der niedrigen Schmelztemperatur der eutektischen Legierung ist die Unterkühlung und damit die Anzahl der gebildeten Keime groß. Das Gefüge entsteht durch die gleichzeitig wachsenden sich gegenseitig behindernden A- und B-Kristalle. Es ist daher nach einer gleichgewichtsnahen Abkühlung

- i.a sehr feinkörnig
- und besitzt die charakteristische Orientierung der Bestandteile in Form einer *regelmäßigen* Anordnung, siehe z.B. Bild 1-53.

Bild 1-52 zeigt die Verhältnisse für eine völlige Unlöslichkeit im festen Zustand. Sehr viel häufiger besteht aber eine gewisse Löslichkeit der Komponenten ineinander. Diese Systeme werden in Abschn. 1.6.1.4 beschrieben.

Wegen des niedrigen Schmelzpunktes, der geringen Schmelzenviskosität (Fließfähigkeit) und der i.a. guten mechanischen Gütewerte werden eutektische Legierungen in der Praxis häufig als Guß- bzw. Lotwerkstoffe verwendet. Diese Eigenschaften macht z.B. die eutektische Blei-Zinn-Legierung L-Sn60Pb(Sb) mit einen Schmelzpunkt von 183 °C als **Weichlot** hervorragend geeignet, Bild 1-54. Ist aber wie z.B. beim Kabellöten und bei anderen Klempnerarbeiten eine gewisse Modellierbarkeit des Lotes er-

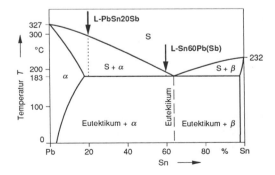

Bild 1-54
Blei-Zinn-Zustandsschaubild.

wünscht, dann sind Pb-Sn-Legierungen mit etwa 30% Zinn zweckmäßiger, wie z.B. das Lot L-PbSn35Sb. Das große Erstarrungsintervall sorgt für die erwünschte "Teigigkeit" des flüssigen Lotes (*Wischlot* oder *Schmierlot*).

1.6.2.3   Systeme mit begrenzter Löslichkeit

In den meisten Fällen sind die Komponenten A und B des Legierungssystems weder vollständig unmischbar noch vollständig mischbar, sondern begrenzt mischbar. A kann also nur eine begrenzte Menge B, B nur eine begrenzte Menge A lösen. Der Konzentrationsbereich, in dem mehrere Phasen auftreten, wird *Mischungslücke M* genannt, Bild 1-55.

I.a. nimmt die Löslichkeit mit höherer Temperatur zu. Beim Abkühlen muß sich also unterhalb einer von der Zusammensetzung abhängigen Temperatur (=Löslichkeitsgrenze oder Segregatlinie) wenigstens ein Teil der in der Matrix gelösten B-Atome ausscheiden, Bild 1-55. Feste Ausscheidungen aus festen Phasen werden *Segregate*, die Linien, unterhalb derer die Ausscheidung beginnt, *Segregatlinien* genannt.

Platzwechselvorgänge im festen Zustand sind nur noch begrenzt möglich, d.h., die Größe der Teilchen ist i.a. sehr gering (einige Tausend nm bis einige Tausendstel mm). Aus energetischen Gründen beginnt die Auscheidung bevorzugt an Korngrenzen bzw. an Orten mit höherem Energiegehalt (z.B. Leerstellen, Versetzungen, Einschlüsse) als der "fehlerfreien" Matrix .

Die Auscheidungen können durch schnelles Abkühlen relativ einfach unterdrückt werden. Die bei Raumtemperatur vorliegenden Mischkristalle sind *übersättigt*. Die zwangsgelösten Atome führen zu Gitterverspannungen, die durch eine anschließende Wärmebehandlung noch erheblich erhöht werden. Dieser Vorgang ist die Grundlage der Ausscheidungshärtung. Ge-

nauere Einzelheiten sind in Abschn. 2.6.3.3 zu finden.

1.6.2.4   Systeme mit intermediären Phasen

In den meisten Fällen führt schon die Anwesenheit von einigen Hundertsteln bis Tausendsteln Prozent zu einer ausgeprägten Versprödung des Werkstoffs. Diese Situation kann sehr leicht beim metallurgischen

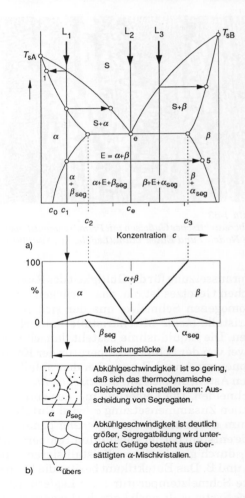

Bild 1-55
a) Zustandsschaubild mit vollständiger Löslichkeit im flüssigen und begrenzter Löslichkeit im festen Zustand, eutektisches System b) Gefügerechteck.

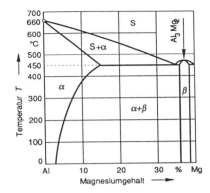

Bild 1-56
Aluminium-Magnesium-Zustandsschaubild.

Prozeß Schweißen unterschiedlicher Werkstoffe entstehen. Eine Rißbildung im Schweißgut ist dann fast nie vermeidbar. Das Schweißverhalten von Legierungen mit intermediären Phasen (iV) oder solchen Werkstoffpaarungen, die diese bilden, ist daher sehr schlecht. Der tatsächliche Rißeintritt bzw. die Form des Versagens hängt allerdings entscheidend von der Art, Größe und Verteilung dieser Phasen ab (Abschn. 1.2.2). Im allgemeinen ist ihre Schadenswirksamkeit am größten, wenn sie an den Korngrenzen flächig (filmartig) angeordnet sind. Manchmal ist die schädigende Wirkung durch eine Wärmebehandlung, die zum Koagulieren oder Lösen der intermediären Phase führt, zu beseitigen oder zu verringern.

Das Bild 1-56 zeigt beispielhaft das Zustandsschaubild Al-Mg. Die ungefähre Zusammensetzung (meistens als chemische Formel) und Lage der intermediären Phase wird im allgemeinen durch einen Pfeil kenntlich gemacht.

Insbesondere beim Schmelzschweißen unterschiedlicher Werkstoffe besteht grundsätzlich die Gefahr, daß sich intermediäre Verbindungen bilden. Bei folgenden in der Schweißpraxis häufiger verwendeten Legierungssystemen treten intermediäre Phasen auf, die zu einer einschneidenden Verschlechterung der Schweißeignung führen:

- **Al-Mg** mit der iV Al_3Mg_2. In schweißgeeigneten AlMg-Legierungen muß der Mg-Gehalt ≤ 5 % sein.

- **Al-Cu** mit der iV Al_2Cu, die ein Verbinden durch Schmelzschweißen praktisch nicht zuläßt.

- **Cu-Zn (Messinge)** mit mehreren iV. Die wichtigste ist die γ-Phase mit der annähernden Zusammensetzung Cu_5Zn_8. Sie bildet sich bei Legierungen mit mehr als 50 % Zink.

- **Cu-Sn (Bronzen)** mit mehreren iV. Die wichtigste ist die δ-Phase $Cu_{31}Sn_8$.

Bei den hochlegierten mehrfach legierten Stählen treten abhängig von der Anzahl und Art der Legierungselemente sehr viele intermediäre Phasen auf. Die wichtigsten sind die Chromcarbide und die Sigmapha-

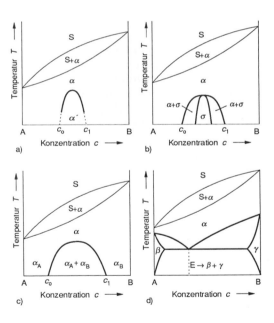

Bild 1-57
Zustandsschaubilder von Systemen mit Umwandlungen im festen Zustand:
a) *Bildung einer Überstruktur α' aus α-Mischkristallen: $\alpha \rightarrow \alpha'$,*
b) *Bildung einer intermediären Phase σ aus α-Mischkristallen: $\alpha \rightarrow \sigma$,*
c) *Entmischung eines Mischkristalls: $\alpha \rightarrow \alpha_A + \alpha_B$,*
d) *Zerfall des α-Mischkristalls in zwei Phasen: $\alpha \rightarrow \beta + \gamma$.*

se. Die durch sie hervorgerufenen metallurgischen Probleme beim Schweißen sind erheblich.

1.6.2.5   Systeme mit Umwandlungen im festen Zustand

In verschiedenen Legierungen können im festen Zustand (Mischkristall) verschiedenartige Umwandlungen ablaufen, die mit Platzwechselvorgängen verbunden sind. Die wichtigsten sind:

- Bilden einer *Überstruktur:* $\alpha \to \alpha'$, Bild 1-57a.
- Ausscheiden einer *intermediären Phase* σ aus einem Mischkristall: $\alpha \to \sigma$, Bild 1-57b.
- *Entmischung* eines Mischkristalls: $\alpha \to \alpha_A + \alpha_B$, Bild 1-57c.
- *Eutektoider Zerfall* eines Mischkristalls γ in zwei feste Phasen: $\alpha \to \beta + \gamma$, Bild 1-57d. Das technisch wichtigste Eutektoid ist der Perlit im Fe-C-System, der aus dem Mischkristall Ferrit (α) und der intermediären Phase Zementit (Fe_3C) besteht.

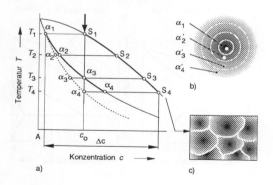

Bild 1-58
Zur Entstehung der Kristallseigerung in Zweistofflegierungen.
a) Zustandsschaubild.
b) Aufbau eines geseigerten Kornes: Der A-Gehalt nimmt vom Korninneren (α_1 = maximaler A-Gehalt) zur Korngrenze ab.
c) Die Korngrenzenbereiche können die Zusammensetzung der zuletzt erstarrenden Schmelze S_4 haben, schematisch.

Überstrukturen (Abschn. 1.6) und vor allem *intermediäre Verbindungen* sind in Konstruktionswerkstoffen (nicht aber z.B. in Werkzeugstählen!) wegen ihrer Sprödigkeit unerwünscht, da sie ihre Härte und ihre sehr geringe Verformbarkeit auf die gesamte Legierung übertragen. Die Gefährlichkeit solcher aus Reaktionen im festen Zustand entstandener Phasen sollte aber nicht überbewertet werden, da die Zeiten für ihre Bildung häufig sehr groß sind. Ein typisches Beispiel ist die Sigmaphase (entspricht etwa der Zusammensetzung FeCr, Abschn. 2.8.1.4.2) in ferritischen Cr-Stählen. Sie scheidet sich im Temperaturbereich zwischen 700 °C und 800 °C bei Glühzeiten von einigen Stunden aus. Die Ausscheidungsgeschwindigkeit ist bei den weniger dicht gepackten krz Metallen i.a. um einige Größenordnungen größer als bei den Werkstoffen mit der dichtesten kfz Packung.

1.6.3   Nichtgleichgewichtszustände

Die üblichen Zustandsschaubilder beschreiben die Phasenänderungen der Legierungssysteme beim Abkühlen bzw. Aufheizen nur dann richtig, wenn sie sich im thermodynamischen Gleichgewicht befinden. Das Gleichgewichtsgefüge stellt sich aber nur bei sehr geringen Abkühl- und Aufheizgeschwindigkeiten ein, die bei der Herstellung technischer Werkstoffe praktisch nie vorliegen. Insbesondere Zustandsänderungen im festen Zustand, z.B. die technisch wichtige $\gamma \to \alpha$-Umwandlung bei Stählen, lassen sich leicht unterkühlen. Zum Abschätzen der Werkstoff- und Schweißeigenschaften ist die Kenntnis der Art und des Umfangs der Gleichgewichtsstörungen erforderlich, die bei der Herstellung und Weiterverarbeitung entstanden sind.

1.6.3.1   Kristallseigerung

Die Legierung L_1 (Bild 1-58) scheidet nach Unterschreiten der Liquiduslinie bei T_1 A-reiche Mischkristalle α_1 aus. Im Verlauf der

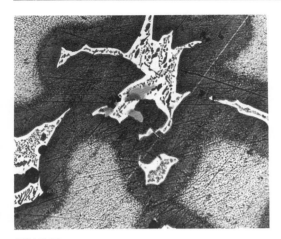

Bild 1-59
Gußbronze (Cu-Sn) α+(α+δ)-Eutektoid, Kristallsei-
gerung im α-MK, BAM.

Abkühlung, z.B. bei T_2, sollten alle bisher ausgeschiedenen Mischkristalle die Zusammensetzung α_2 haben. Dazu müssen die sich bisher gebildeten Mischkristalle eine bestimmte Menge A ausscheiden und die gleiche Menge B aufnehmen. Diese im festen Zustand ablaufenden Massentransporte können bei schneller Abkühlung nicht mehr vollständig erfolgen, d.h., die ausgeschiedenen Mischkristalle haben nicht eine dem Verlauf der Soliduslinie entsprechende *konstante* Zusammensetzung α_2, sondern sind *geschichtet* aufgebaut. Um den Kristallkern (α_1) sind Schichten angeordnet, deren Zusammensetzung sich kontinuierlich von α_1 bis α_2 ändern. Man bezeichnet diese Kristallite als *Zonenmischkristalle*, die Erscheinung als **Kristallseigerung**, Bild 1-59. Die Kristallseigerung kann durch Glühen dicht unterhalb der Solidustemperatur beseitigt werden. Wegen der dann sehr geringen Werkstoffestigkeit wird diese Wärmebehandlung höchstens für geometrisch einfache Halbzeuge (Blech) verwendet. Andernfalls sind erhebliche Änderungen der Abmessungen die Folge. Außerdem sind die erforderlichen Glühzeiten bei vielen Legierungen unwirtschaftlich lang.

Bei der Solidustemperatur T_3 ist durch diese *Solidusverschleppung* noch eine bestimmte Menge Restschmelze S_3 vorhanden, die oft eine von L_1 deutlich unterschiedliche

Zusammensetzung besitzt und die niedrigschmelzenden Bestandteile der Legierung enthält. Diese Substanzen sind in den meisten Fällen die werkstoffspezifischen Verunreinigungen, die in konzentrierter Anordnung grundsätzlich Eigenschaftsverschlechterungen zur Folge haben.

Der gefährliche *Heißriß* ist die Folge dieser "Entmischung" (Abschn. 1.6.1.1). Die stark verunreinigte Restschmelze umgibt die nahezu vollständig erstarrten Körner mit einem dünnen Flüssigkeitsfilm. Die beim Abkühlen (Schweißnaht, Walzgut, Wärmebehandlung) entstehenden Schrumpf- bzw. Eigenspannungen erzeugen die Werkstofftrennung, die nur den Korngrenzen folgt. Diese bei hohen Temperaturen entstehende Rißform ist leicht an den angelaufenen, bzw. an den matten (Verunreinigungen!) vollständig interkristallin (Rißverlauf ausschließlich an den Korngrenzen!) verlaufenden Rißflächen erkennbar.

Die Kristallseigerung ist umso ausgeprägter:

– je größer das *Erstarrungsintervalls* ist,

– je geringer die "Beweglichkeit" (Diffusionsfähigkeit) der beteiligten Atomsorten ist und je

– schneller abgekühlt wird. Allerdings erfolgt sowohl bei extrem langsamer als auch bei sehr schneller Abkühlung *keine* Entmischung, d.h., es entstehen homogene Mischkristalle.

Große Erstarrungsintervalle begünstigen wegen der längeren Aufenthaltsdauer in diesem kritischen Bereich die Kristallseigerung und die Heißrißgefahr (Abschn. 4.1.1).

Beim Schweißen kristallgeseigerter Legierungen treten i.a. keine schwerwiegenden Probleme auf. Ihr Schweißverhalten entspricht weitgehend dem der homogenen Legierungen, wenn das geseigerte (angehäufte) Element keine nachteiligen metallurgischen Reaktionen mit anderen eingeht. Größere Probleme können allerdings bei korrosionsbeanspruchten Werkstoffen entstehen. Für diese Art der Beanspruchung ist grundsätzlich der Einsatz homogener, einphasiger Legierungen optimal (Abschn. 1.7). Aus diesem Grunde ist auch meistens das immer kristallgeseigerte Schweißgut der Ort für einen bevorzugten Korrosionsangriff.

1.6.3.2   Entartetes Eutektikum

Enthält die erstarrende Legierung neben primär ausgeschiedenen Kristalliten, z.B. A, nur einen geringen Anteil eutektischer Schmelze und ist die Keimbildung der bereits primär vorhandenen A-Phase im Eutektikum erschwert, dann kristallisiert diese Phase aus der eutektischen Schmelze direkt an die bereits in großer Menge vorhandenen Primärkristalle. Das "Eutektikum" besteht dann nur aus erstarrten B-Kristalliten. Die Kennzeichen des normalen Eutektikums[9] fehlen völlig.

Von technischer Bedeutung sind die entarteten Eutektika z.B. der Systeme Fe-FeS (Stähle) und Ni-NiS (Nickellegierungen). Der niedrige Schmelzpunkt ($T_{s,Fes} \approx 1000\ ^\circ C$, $T_{s,NiS} \approx 400\ ^\circ C$) dieser an den Korngrenzen vorhandenen "eutektischen Filme" ist die Ursache für die Heißrißbildung im Stahl und Nickel bzw. in Nickellegierungen.

1.6.4   Aussagefähigkeit und Bedeutung der Zustandsschaubilder für das Schweißen

1.6.4.1   Abschätzen des Schweißverhaltens

Aus den Zustandsschaubildern sind bei Beachtung einiger einschränkender Faktoren eine Reihe bemerkenswerter Informationen über den Ablauf der Schmelzschweißprozesse ableitbar. Die Aussagefähigkeit wird aber durch verschiedene Faktoren begrenzt:

– Sie gelten nur für Abkühlbedingungen, die dem *thermodynamischen Gleichgewicht* entsprechen, also für "unendlich" kleine Abkühlgeschwindigkeiten. Diese wichtige Voraussetzung trifft bei Schmelzschweißprozessen nie zu. Jede Aussage muß daher vor diesem Hintergrund gesehen und fachgerecht interpretiert werden.

– Die meisten technischen Werkstoffe bestehen aus mehr als zwei Komponenten, dadurch kann sich der quantitative und qualitative Ablauf der metallurgischen Reaktionen erheblich ändern.

Bei Berücksichtigung dieser Einschränkungen lassen sich für jeden Mischungsgrad von A mit B (Grundwerkstoff A und Zusatzwerkstoff B oder Grundwerkstoff A und B) wenigstens Art und Menge der entstehenden Gefügearten und damit die Eigenschaften des Schweißguts abschätzen. Ein weiterer wesentlicher Vorteil besteht darin, daß das Auftreten unerwünschter intermediärer Verbindungen sehr leicht erkennbar ist, z.B. Bild 1-56. Aus ihrer Zusammensetzung läßt sich in vielen Fällen eine erfolgversprechende Schweißtechnologie ableiten.

Die Schweißeigenschaften heterogener Legierungen hängen weitgehend vom Schweißverhalten der einzelnen Phasen ab. Ein unvorhersehbares Verhalten ist damit nahezu ausgeschlossen. Die Anwesenheit intermediärer Phasen (vor allem an den Korngrenzen!) bildet allerdings eine bemerkenswerte Ausnahme. Wie schon mehrfach erwähnt, wird die Schweißeignung der Werkstoffe in vielen Fällen bereits durch geringste Mengen (einige Hundertstel Prozent!) intermediärer Phasen extrem verschlechtert.

---

[9]   Die Merkmale eines "normalen" Eutektikums sind die *gleichzeitige* Bildung der Kristallarten, zwischen denen deutliche *Orientierungsbeziehungen* bestehen. Das Gefüge ist i.a. sehr fein (körnig oder lamellenförmig).

Nur aus einheitlichen Mischkristallen bestehende Werkstoffe sind i.a. gut bis sehr gut schweißgeeignet. Als Beispiel können die CuNi-Legierungen, die kupferreichen Messingsorten und die austenitischen CrNi-Stähle genannt werden.

Die Schweißeignung ist außerdem in hohem Maße von der *Kristallstruktur* abhängig. Sie ist bei den zähen, praktisch nicht versprödbaren Werkstoffen mit kfz Gitter am besten, bei den spröderen mit krz Gitter (z.B. die ferritischen Cr-Stähle) schlechter. Die relativ spröden hdp Metalle (z.B. Mg und Zn) sind besonders schlecht schweißgeeignet. Abgesehen von diesen sehr vereinfacht dargestellten Zusammenhängen beeinflussen außerdem

– die Art und Menge und Form der Werkstoffverunreinigungen,

– der Wärmebehandlungszustand des Grundwerkstoffs und die

– Gefügeform und -art (Gußgefüge, Vergütungsgefüge, Gefügebestandteile, Korngröße) des Werkstoffs

das Schweißverhalten in einer oft quantitativ nicht zuverlässig beschreibbaren Weise.

1.6.4.2 Mechanische Gütewerte

Die Eigenschaften der aus mehreren Phasen bestehenden *heterogenen Legierungen* werden von den Teileigenschaften und den Mengenanteilen der einzelnen Phasen bestimmt. Deshalb sind unerwartete oder herausragende Eigenschaften nicht möglich. Technisch bedeutsam sind im wesentlichen nur die bei niedrigster Temperatur schmelzenden eutektischen Legierungen, die daher vorzugsweise als Gußwerkstoffe eingesetzt werden. Ihre Eigenschaften werden von denen der Komponenten und des mechanischen Gemisches Eutektikums bestimmt. Wegen der i.a. sehr feinen Gefügeausbildung ist die Härte und Festigkeit des

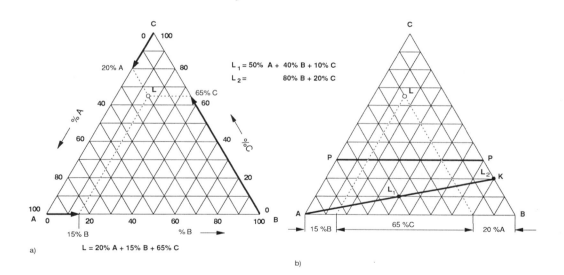

Bild 1-60
Konzentrationsdreieck zum Darstellen der chemischen Zusammensetzung von Dreistofflegierungen.
a) Zusammensetzung der Legierung L,
b) Legierungen mit konstantem Gehalt eines Legierungsbestandteiles (hier C) liegen auf einer Parallelen (P-P) der diesem Element gegenüberliegenden Dreiecksseite (hier A-B).
   Legierungen mit einem konstanten Verhältnis zweier Legierungselemente (hier B/C = 4) liegen auf einer Geraden (hier A-K), die durch den Eckpunkt der dritten Komponente geht (hier A).

echten Eutektikums häufig wesentlich größer als nach der "Mischungsregel" erwartet werden kann (*Korngrenzenhärtung*).

Die Eigenschaften von Legierungen, die vollständig aus Mischkristallen bestehen, können sich dagegen in unvorhergesehener Weise in einem extrem großen Bereich ändern. Durch die Aufnahme von Legierungsatomen, die i.a. nicht statistisch im Gitter verteilt sind, entsteht eine merkliche Gitterverspannung, die zu einer deutlichen Festigkeitserhöhung verbunden mit überraschend hoher Zähigkeit führt.

1.6.5   Dreistoffsysteme

Die meisten technischen Werkstoffe sind *Mehrstofflegierungen*, d.h., sie bestehen aus drei oder mehreren Legierungselementen. Die grafische Darstellung der Gleichgewichtszustände bei aus drei Komponenten bestehenden Legierungen durch **Dreistoffsystemen** (ternäre Systeme) ist noch verhältnismäßig überschaubar. Vierstoffsysteme werden in der Praxis wegen ihrer Komplexität und schwierigen Interpretation kaum angewendet. Sie sind auch nur für einige Werkstoffe verfügbar.

Die Praxis zeigt, daß bei einigen plausiblen Annahmen und Vereinfachungen aus den Dreistoffsystemen für technische Mehrstoffwerkstoffe eine Vielzahl bemerkenswerter Informationen gewonnen werden können. Ein typisches Beispiel sind die hochlegierten CrNi-Stähle. Die aus dem Dreistoffsystem Fe-Cr-Ni erhältlichen Auskünfte sind nur schwerlich mit anderen Hilfsmitteln erreichbar.

Die Phasengleichgewichte werden nach GIBBS in einem gleichseitigen Dreieck dargestellt, Bild 1-60. Die Eckpunkte entsprechen den Komponenten A, B und C. Die Seiten A-B, B-C, C-A stellen die drei Zweistoffsysteme dar. Innerhalb der Dreiecksfläche repräsentiert jeder Punkt eine Dreistofflegierung. Die Ermittlung der Zusammensetzung ist für die Legierung L in Bild 1-60a dargestellt.

Mit der auf der Dreiecksfläche senkrecht stehenden Temperaturachse wird das "Zustandsschaubild" zu einem keilförmigen *räumlichen* Gebilde. Nach der hier nicht zu besprechenden GIBBSschen Phasenregel [10] entstehen für p = konst. beim Übergang vom Zweistoffsystem zum Dreistoffsystem die in Tabelle 1-2 gezeigten Veränderungen. Bild 1-61 zeigt die einfachste Variante eines aus drei binären eutektischen Systemen mit vollständiger Unlöslichkeit im festen Zustand bestehenden ternären Schaubildes.

Freiheitsgrad F	Phasen-zahl P	Art des Phasengebietes
Zweistoffsysteme ($F = 3 - P$)		
0	3	Dreiphasenlinie
1	2	2-Phasenfläche
2	1	1-Phasenfläche
Dreistoffsysteme ($F = 4 - P$)		
0	4	4-Phasenebene
1	3	3-Phasenebene
2	2	2-Phasenebene
3	1	1-Phasenebene

Tabelle 1-2
Phasenänderungen beim Übergang vom Zweistoff-zum Dreistoffsystem.

Die Liquidusfläche besteht aus drei Teilflächen, Bild 1-61c, die durch die *eutektischen Rinnen* voneinander getrennt sind. Das sind die bei den eutektischen Punkten der binä-

---

[10]   Im thermodynamischen Gleichgewicht besteht zwischen der Anzahl der Komponenten (K), der Zahl der der Phasen (P) und dem Freiheitsgrad (F) die nach GIBBS benannte Phasenregel:
$$F = K + 2 - P$$
Der Freiheitsgrad gibt die Zahl der möglichen Zustandsänderungen (p, T, c) im Gleichgewichtsfall an, ohne daß an dem Aufbau des Systems durch Verschwinden oder Neubilden von Phasen etwas geändert wird. Da die metallurgischen Reaktionen bei technischen Werkstoffen bei p=konst. ablaufen, verringert sich F um 1:
$$F = K + 1 - P$$
Zum Festlegen eines ternäres Eutektikum (K=3, P=1) sind danach drei Zustandsgrößen erforderlich: c_1, c_2 und T.

ren Eutektika E_1, E_2, E_3 beginnenden räumlich gekrümmten Linien im ternären Raum, die bis zu ihrem Schnittpunkt E_t, dem *ternären Eutektikum* abfallen.

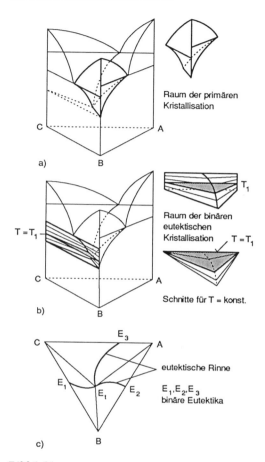

Raum der primären Kristallisation

a)

Raum der binären eutektischen Kristallisation

$T = T_1$

Schnitte für T = konst.

b)

eutektische Rinne

E_1, E_2, E_3 binäre Eutektika

c)

Bild 1-61
Ein aus drei eutektischen binären Zweistoffsystemen aufgebautes Dreistoffsystem.
a) Schaubild mit eingezeichnetem Raum der primären Kristallisation: S → S + B,
b) Raum der binären eutektischen Kristallisation: S → B + C,
c) Schmelzflächenprojektion S auf die Konzentrationsebene mit den drei eutektischen Rinnen E_i-E_t und dem ternären eutektischen Punkt E_t.

Während der Primärkristallisation der Legierung L, Bild 1-62a, wird die Liquidusfläche bei T_1 durchstoßen. Dabei scheiden sich feste C-Kristalle aus, wodurch die Restschmelze A- und B-reicher wird. Das Verhältnis B/A ist aber konstant, denn ihre

Massenanteile bleiben unverändert. Die Zusammensetzung der Restschmelze ändert sich entlang der Geraden C-Z (siehe auch Bild 1-60b, Linie A-K) und erreicht bei der Temperatur T_4 den Punkt Z auf der eutektischen Rinne.

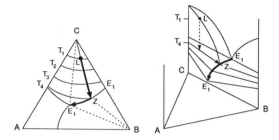

Bild 1-62
Zur Kristallisation ternärer Legierungen.
a) Primärkristallisation reiner C-Kristalle aus der Legierung L. Die Zusammensetzung der Restschmelze ändert sich gemäß dem Linienverlauf C-Z. Sie besteht also nach Erreichen der eutektischen Rinne bei T_4 aus Z.
b) Die sekundäre Kristallisation erfolgt gemäß Linie Z-E_t und endet mit der Erstarrung zu ternärem Eutektikum E_t.

Die *sekundäre Kristallisation* erfolgt weiter gemäß Linie Z-E, es entsteht das *binäre Eutektikum*: S → B+C. Die Restschmelze kristallisiert bei T_E zum ternären Eutektikum E: S→ A+B+C (*tertiäre Kristallisation*).

Ein Verständnis der Schaubilder erfordert genauere Kenntnisse über die Vorgänge bei der binären eutektischen Kristallisation, Bild 1-61b und Bild 1-62. Diese Räume haben die Form einer "Pflugschar". Sie werden auch häufig als "Dreikantröhren" bezeichnet. Es ist notwendig, sich den Verlauf und Aufbau dieser "Röhren" vorstellen zu können. Sie sind ein typisches Kennzeichen aller Dreistoffsysteme.

1.6.5.1 Ternäre Schaubilder in ebener Darstellung

Die räumliche Darstellung komplizierter Dreistoffsysteme ist in den meisten Fällen unübersichtlich und schwer interpretier-

bar. Außerdem lassen sich einzelne Zu-
standspunkte nicht exakt bestimmen, weil
Punkte im Raum erst durch drei Koordi-
naten eindeutig bestimmt sind. Aus diesem
Grund verwendet man in der Praxis zur
genaueren Kennzeichnung meistens bestimmte *ebene* Darstellungen:

– *Schmelzflächenprojektionen* auf die Konzentrationsebene, z.B. Bild 1-61c.
– *Isotherme Schnitte* (Horizontalschnitte)
  sind Ebenen parallel zur Konzentrationsebene bei konstanter Temperatur.
– *Vertikalschnitte* (Temperatur-Konzen-
  trationsschnitte). Bei ihnen bleibt eine
  Konzentration oder ein Konzentrations-
  verhältnis konstant, z.B. Bild 1-60b, Linie P-P und A-K.
– *Quasibinäre Schnitte* sind bei bestimmten
  Legierungssystemen möglich. Die Interpretation dieser Schaubilder erfolgt dann
  wie bei einem Zweistoffsystem.

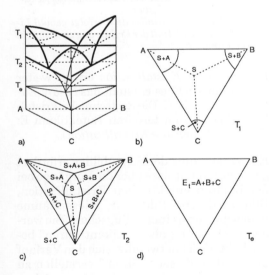

a) | c | b) | c |
c) | c | d) | c |

Bild 1-63
Isotherme Schnitte durch ein eutektisches Dreistoff-
system bei drei verschiedenen Temperaturen.
a) Eutektisches Dreistoffsystem,
b) Erstarrung im Bereich der primären Kristalli-
  sation: z.B. S → S+A,
c) Räumliche Darstellung der primären und der
  sekundären eutektischen Kristallisation: z.B.
  S → S+A+B,
d) tertiäre eutektische Erstarrung unterhalb T_e zum
  ternären Eutektikum: S → A+B+C.

Isotherme Schnitte

In diesen Ebenen können bei konstanter
Temperatur sämtliche Legierungen vollständig beschrieben werden. Folgende Angaben sind ablesbar bzw. ermittelbar:

– Zusammensetzungen und Grenzen der
  beteiligten Phasen,
– Mengenverhältnisse der Phasen mit dem
  Hebelgesetz.

Die Art und der Verlauf von Phasenänderungen können in Abhängigkeit von der
Temperatur mit Hilfe verschiedener isothermer Schnitte ermittelt werden.

Bild 1-63 zeigt eine Reihe isothermer Schnitte durch ein einfaches eutektisches Dreistoffsystem.

Bei dem bisher besprochenen Dreistoffsystem scheiden sich nach Unterschreiten der
Liquidusfläche die *reinen* Komponenten in
fester Form aus. Die zur Mengenbestim-
mung von Phasen notwendigen Konoden
sind in diesem Fall gerade Linien, die die im
Gleichgewicht stehenden Phasen (kristalli-
sierende feste Komponente und die Restschmelze) verbinden [11]. In Bild 1-62a verbindet z.B. die Konode C-Z die sich bei T_4 im
Gleichgewicht befindlichen Phasen C und
Schmelze Z.

Die Vorgänge ändern sich merklich, wenn
aus der Schmelze Mischkristalle auskristallisieren, also Phasen mit nicht konstanter Zusammensetzung. Ohne auf nähere
Einzelheiten zu diesem Typ Zustandsschaubild einzugehen, sollen die Vorgänge pau-
schal an Hand des Bildes 1-64 besprochen
werden.

In diesem Zustandsschaubild existiert eine
Liquidus- und eine Solidus*fläche*, die durch
einen Erstarrungs*raum* voneinander getrennt sind. Li ist die Spur der Liquidus-

---

[11]   Eine Konode verbindet in Zweiphasenfeldern
        bei T = konst. miteinander im Gleichgewicht
        befindliche Phasen.

fläche, So die der Solidusfläche auf der Isothermen, L die Zusammensetzung der erstarrenden Legierung. In dem Zweiphasenfeld (S+γ) des Dreistoffsystems bei konstanter Temperatur ist noch ein Freiheitsgrad vorhanden, d.h., die Zusammensetzung kann verändert werden, ohne daß das Gleichgewicht des Systems gestört würde.

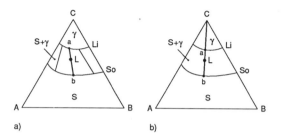

a)   b)

Bild 1-64
Isothermer Schnitt aus einem Dreistoffschaubild mit Mischkristallbildung. Bestimmung der Mengenanteile der Phasen S und γ mit
a) experimentell ermittelten Konoden:
$$m_\gamma = (L-b)/(a-b)\cdot 100\%; \quad m_S = 100\% - m_\gamma$$
b) unbekanntem Konodenverlauf. Angenähert läßt sich der Konodenverlauf durch die Linie C-b darstellen.

Sämtliche auf der Linie So liegenden Mischkristalle *können* daher mit allen Schmelzen der Linie Li im Gleichgewicht sein. Die tatsächlichen Konode sind nur experimentell bestimmbar und werden dann in die isothermen Schnitte eingetragen. Ist ihr Verlauf nicht bekannt, dann sind Mengenberechnungen mit dem Hebelgesetz annähernd mit dem im Bild 1-64b gezeigten Verfahren möglich.

Vertikalschnitte

Vertikalschnitte stehen senkrecht auf der Konzentrationsebene. Sie werden meistens parallel zu einer Dreiecksseite (ein Legierungselement ist konstant, Bild 1-60b) oder durch einen der Eckpunkte des Dreiecks (das Massenverhältnis zweier Komponenten bleibt konstant) gelegt. Diese Schaubilder gestatten es lediglich, das Verhalten der Legierung in Abhängigkeit von der Tempe-

ratur zu beschreiben. Keinesfalls sind die Zusammensetzungen und die Mengen der miteinander im Gleichgewicht vorliegenden Phasen bestimmbar, weil sich i.a. die Phasenänderungen nicht nur in der betreffenden Ebene, sondern auch in den davor oder dahinter liegenden Phasenräumen abspielen können. Bild 1-65a und 65b zeigen Beispiele für die beiden wichtigsten Typen der Vertikalschnitte.

Quasibinäre Schnitte

Diese Schnittflächen verhalten sich wie Zweistoffsysteme. Sämtliche bei den binären Systemen vorhandenen Möglichkeiten sind daher bei den quasibinären Schnitten anwendbar. Diese damit verbundene Vereinfachung ternärer Systeme ist ihr entscheidender Vorteil.

A und C bilden eine intermediäre Verbindung V, die sich wie eine weitere System-Komponente verhält, Bild 1-65c. Nur in diesem Fall sind quasibinäre Schnitte möglich, andernfalls entstehen normale Vertikalschnitte.

1.7   Grundlagen der Korrosion

Die Zerstörung metallischer Werkstoffe durch *chemische* oder *elektrochemische* Reaktionen mit ihrer Umgebung bezeichnet man als Korrosion. Nach DIN 50 900 versteht man unter Korrosion die Reaktion eines metallischen Werkstoffs mit seiner Umgebung, die eine meßbare Veränderung des Werkstoffs bewirkt und zu einer Beeinträchtigung der Funktion eines metallischen Bauteils oder eines ganzen Systems führen kann.

Korrosionsvorgänge sind *ausnahmslos Grenzflächenreaktionen* zwischen der Oberfläche des Werkstoffs (Bereich 1), und dem ihn umgebenden korrosiven Medium (Bereich 2). Dieses kann gasförmig (Verzundern) oder flüssig (Korrosion in wäßrigen Lösungen: z.B. Säuren, Basen, Salze sowie

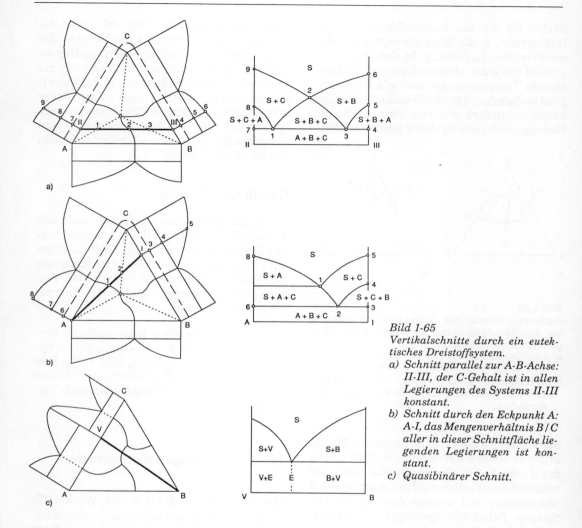

Bild 1-65
Vertikalschnitte durch ein eutektisches Dreistoffsystem.
a) Schnitt parallel zur A-B-Achse: II-III, der C-Gehalt ist in allen Legierungen des Systems II-III konstant.
b) Schnitt durch den Eckpunkt A: A-I, das Mengenverhältnis B/C aller in dieser Schnittfläche liegenden Legierungen ist konstant.
c) Quasibinärer Schnitt.

Wässer aller Art) sein. Tabelle 1-3 zeigt schematisch die dabei ablaufenden Vorgänge.

Die Ursache aller Korrosionserscheinungen ist die thermodynamische Instabilität der Metalle gegenüber Oxidationsmitteln, wie Luft oder wäßrigen Medien. Metalle haben daher grundsätzlich das Bestreben, mit den sie umgebenden Medien Verbindungen einzugehen, d.h. einen thermodynamisch wesentlich stabileren Zustand einzunehmen. Viele Metalle sind schon bei Raumtemperatur instabil, d.h., sie reagieren mit Sauerstoff, wenn die Reaktion kinetisch nicht gehemmt ist.

Neben der auf der chemischen bzw. elektrochemischen Korrosion beruhenden Materialzerstörung spielt in bestimmten Fällen die auf mechanischer Schädigung beruhende *Erosion* und *Kavitation* eine Rolle. Die Erosion entsteht vor allem durch die Wirkung strömender Gase und Flüssigkeiten, die Festkörperteilchen enthalten. Bei der Kavitation (*"Hohlsog"*) wird durch das Zusammenbrechen der von schnellströmenden Flüssigkeiten erzeugten Hohlräumen der Werkstoff durch starke Flüssigkeitsschläge zerstört.

Bei der **chemischen Reaktion** reagieren die Metalle unmittelbar miteinander ohne

Bereich 1 (korrodierender Werkstoff)	Bereich 2 (Korrosionsmittel)	korrosionsbestimmende Vorgänge/Reaktionen
Metall	*Elektrolytlösungen* Säuren, Basen, Salzlösungen und natürliche und technische Wässer	elektrochemische Reaktionen
Metall	*feuchte Gase* Atmosphäre	elektrochemische Reaktionen
Metall	*trockene und heiße Gase*	chemische Reaktionen
Metall	*Nichtelektrolyte* nichtleitende organische Flüssigkeiten	chemische Reaktionen

Tabelle 1-3
Grenzflächenvorgänge bei den wichtigsten Korrosionserscheinungen an Metallen, nach SCHATZ.

Anwesenheit eines Elektrolyten. Der Elektronenaustausch erfolgt *direkt*, ein Elektronenfluß findet nicht statt. Diese Korrosionsform ist im Vergleich zur elektrochemischen von weitaus geringerer Bedeutung. Die angreifenden Agenzien können aggressive - meist heiße - Gase sein, aber auch Säuren, Basen und Salze. Die wirksame Substanz ist häufig Sauerstoff, der das Metall in sein Oxid überführt, z.B.:

$$4 \cdot Al + 3 \cdot O_2 \rightarrow 2 \cdot Al_2O_3.$$

In den meisten Fällen geht die chemische Korrosion durch die allgegenwärtige Luftfeuchtigkeit in die gefährliche elektrochemische über.

Der durch Korrosionsvorgänge verursachte Schaden wird i.a. von der Korrosionsgeschwindigkeit [12] bestimmt, d.h. von der in der Zeiteinheit abgetragenen Werkstoffmasse. Die Korrosionsbeständigkeit wird häufig als reziproke lineare Korrosionsgeschwindigkeit definiert und in h/mm ange-

geben. Man unterscheidet sechs Beständigkeitsstufen, Tabelle 1-4.

1.7.1 Elektrochemische Vorgänge

Bei der wichtigsten Korrosionsform, der **elektrochemischen Korrosion**, ist für den Transport der Ladungen außerhalb der Metalle ein (flüssiger) Elektrolyt erforderlich. Flüssige Elektrolyte sind Lösungen von Stoffen, die in der (wäßrigen) Lösung je nach dem Dissoziationsgrad in Ionenform (dissoziiert) vorliegen. Die Stärke des Elektrolyten ist durch die Anzahl der Ionen und deren Wertigkeit gegeben. Der kontinuierliche elektrolytische Werkstoffabtrag erfordert also einen geschlossenen Stromkreis, der aus einem Elektronenstrom im Metall und einem Ionenstrom im Elektrolyten (=Korrosionsmedium) besteht.

Nahezu jede Flüssigkeit, aber auch die feuchte Atmosphäre, sind im Sinne einer Korrosionsbeanspruchung Elektrolyte. Die Korrosion in **wäßrigen Lösungen** ist daher von größter praktischer Bedeutung. In der Mehrzahl der Fälle werden Korrosionserscheinungen durch Wasser und den in diesem Medium gelösten (bzw. in Ionen aufgespaltenen) Bestandteilen hervorgerufen.

---

[12] Diese Aussage betrifft nur die gleichmäßig abtragende Korrosion, die berechenbar ist und hinreichend genau durch die Abnahme der Werkstückdicke beschreibbar ist. Sie betrifft **nicht** die Auswirkung selektiver Korrosionsformen (Lochfraß), bei denen durch einen nur **örtlichen** Angriff die Gebrauchsfähigkeit des Bauteils vollständig verloren gehen kann.

Beständigkeitsstufe		h/mm	g/m² h	mm/Jahr
I =	vollkommen beständig (passiv)	> 262 10³	< 0,03	< 0,033
II =	beständig	78 bis 262 10³	0,03 bis 0,1	0,033 bis 0,11
III =	verwendbar	26 bis 78 10³	0,1 bis 0,3	0,11 bis 0,33
IV =	bedingt verwendbar	7,8 bis 26 10³	0,3 bis 1	0,33 bis 1,1
V =	wenig beständig (unbrauchbar)	2,6 bis 7,8 10³	1 bis 3	1,1 bis 3,3
VI =	unbeständig	< 2,6 10³	> 3	> 3,3

Tabelle 1-4
Beständigkeitsstufen für Stahl, nach WENDLER-KALSCH.

Das chemische Verhalten einer wäßrigen Lösung wird i.a. durch ihren **pH-Wert** angegeben, d.h. durch die Konzentration der H_3O^+-Ionen (pH<7) und OH^--Ionen (pH>7). Lösungen mit

- **pH < 7** verhalten sich *sauer*, ihr Gehalt an H_3O^+-Ionen [13] beträgt > 10^{-7} Mol/l.
- **pH > 7** verhalten sich basisch, ihr Gehalt an OH^--Ionen beträgt > 10^{-7} Mol/l.
- **pH = 7** sind chemisch neutral.

Der für die Korrosion entscheidende Vorgang ist die elektrolytische Auflösung des Metalls an der Grenzfläche Metall-Elektrolyt gemäß folgender Beziehung:

$$Me \rightarrow Me^{n+} + n \cdot e^-.$$

Die *positiv* geladenen Metallionen verlassen das Metall, wobei abhängig von seiner Wertigkeit "n" n Elektronen im Werkstück zurückbleiben. Diesen Vorgang bezeichnet man als anodische Metallauflösung. Die Folge ist ein positiver (*anodischer*) Stromfluß. Die Metallauflösung ist ein *Oxidationsvorgang*, da Elektronen abgegeben werden. Mit fortschreitender Metallauflösung entsteht an der Grenzfläche ähnlich wie bei einem Kondensator eine elektrolytische Doppelschicht, in der sich die negativen und positiven Ladungsträger gegenüberstehen.

Diese *Potentialdifferenz* begünstigt den Übergang der Metallionen vom Elektrolyten zum Metall, der mit einem negativen (*kathodischen*) Stromfluß verbunden ist:

$$Me^{n+} + n \cdot e^- \rightarrow Me .$$

Bei diesem Vorgang werden Elektronen aufgenommen, er entspricht also einer (kathodischen) *Reduktion*.

Die das Korrosionselement bildenden anodischen und kathodischen Bereiche können durch örtlich unterschiedliche Werkstoffeigenschaften oder durch Konzentrationsunterschiede im Elektrolyten entstehen. Werkstoffbereiche, die dem thermodynamischen Gleichgewicht näher sind, bilden i.a. die kathodischen Bereiche. Innerhalb des Werkstoffes können Korrosionselemente z.B. entstehen zwischen:

- kaltverformten - nicht verformten Bereichen,
- unterschiedlichen Phasen, z.B. α-Messing und β-Messing,
- geseigerten - nicht geseigerten Bereichen,
- Korninneres - Korngrenzen.

Als Maßstab für das Bestreben der Metalle anodisch in Lösung zu gehen, kann also das an einer Halbzelle [14] nicht meßbare Gleich-

---

[13]   Das Proton H^+ ("Wasserstoff-Ion") kommt in wäßrigen Lösungen nicht vor, sondern nur gebunden als H_3O^+.

[14]   Das in einen Elektrolyten eintauchende Metallstück (=Elektrode) wird als Halbzelle bezeichnet.

gewichtspotential E_o verwendet werden. Diese Spannung ist für jedes Metall charakteristisch. Sie beschreibt den Zustand, bei dem die Anzahl der *anodisch gelösten* Metallionen gleich der der *kathodisch abgeschiedenen* ist. Bild 1-66 zeigt diese Verhältnisse für unedle und edle Metalle zu Beginn der Reaktion und nach Erreichen des Gleichgewichtszustandes. Danach zeichnen sich die unedlen Metalle durch ihre Neigung aus, verstärkt in Lösung zu gehen. Ihre chemische Beständigkeit ist um so geringer, je negativer das Gleichgewichtspotential ist.

nen Metallen bestehende Anordnung wird als galvanisches Element bezeichnet, Bild 1-67.

Das unter genormten Bedingungen gemessene Potential ist das Standardpotential des jeweiligen Metalls. Dieser Wert unterscheidet sich vom wahren Lösungspotential lediglich um einen konstanten, aber nicht bestimmbaren Betrag. Die Anordnung der Metalle geordnet nach ihren Standardpotentialen bezeichnet man als *elektrochemische Spannungsreihe*. Tabelle 1-5 zeigt die Standardpotentiale einiger Metalle.

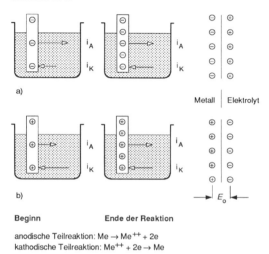

a)

Metall | Elektrolyt

b)

E_o

Beginn   **Ende der Reaktion**

anodische Teilreaktion: Me $\rightarrow$ Me^{++} + 2e
kathodische Teilreaktion: Me^{++} + 2e $\rightarrow$ Me

Bild 1-66
Der elektrolytische Lösungsdruck in der Halbzelle eines a) unedlen, b) edlen Metalls. Dargestellt ist der Beginn der Reaktion und der Gleichgewichtszustand, nach MÜLLER.

Element	Normal-potential	Potential bei pH = 6	pH = 7,5
	V	V	V
Mg	-2,40		
Ti	-1,75	+0,2	-0,1
Al	-1,66	-0,2	-0,7
Zn	-0,76	-0,8	-0,3
Cr	-0,71	-0,2	-0,3
Fe	-0,44	-0,4	-0,3
Ni	-0,23	+0,1	+0,04
H	**O**		
Cu	+0,34	+0,2	+0,1
Ag	+0,80	+0,2	+0,15
Au	+1,42	+0,3	+0,2

Tabelle 1-5
Potentiale einiger wichtiger Metallen, aus Bargel, Schulze.

Das Gleichgewichtspotential kann nicht direkt gemessen werden. Hierfür ist eine zweite Bezugselektrode erforderlich, für die häufig die Standardwasserstoffelektrode verwendet wird, der man den Spannungswert 0 V zuordnet [15]. Eine aus zwei verschiede-

Je negativer (positiver) das Standardpotential ist, um so größer (kleiner) ist das Lösungsbestreben, d.h. die Korrosionsneigung des Metalls. Aussagen zum tatsächlichen Korrosionsverhalten der Metalle mit Hilfe der Spannungsreihe sind aber nur tendenziell möglich, weil:

– die Korrosionsbedingungen in der Praxis i.a. erheblich von den Standardbe-

[15] Die Standardwasserstoffelektrode ist die am meisten verwendete Bezugselektrode. Sie besteht aus einem Platinblech, das von Wasserstoff umspült wird und in eine Lösung von H$^+$-Ionen der Aktivität 1 eintaucht.

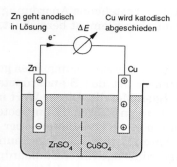

Bild 1-67
Galvanisches Element.

dingungen (Elektrolyt, Konzentration, Temperatur) abweichen,

– selten reine Metalle, sondern meistens Legierungen verwendet werden,

– reaktionshemmende Erscheinungen (Deckschichten, Überspannungen) den Korrosionsablauf erheblich verändern.

1.7.2 Korrosionsmechanismen in wäßrigen Lösungen

Durch die leitende Verbindung zweier unterschiedlicher Metalle [16] entsteht in Anwesenheit eines Elektrolyten ein **Korrosionselement**. An den anodischen Bereichen wird das Metall durch Oxidationsvorgänge in Ionenform überführt und zerstört. Die freiwerdenden Elektronen fließen durch den metallischen Leiter zur Kathode und werden für die kathodische Reaktion verbraucht. Das Gleichgewichtspotential kann

---

[16] Ein Korrosionselement liegt auch in Werkstoffbereichen mit unterschiedlicher chemischer Zusammensetzung (z.B. Seigerungen, mehrphasige Werkstoffe) oder in Bereichen mit unterschiedlicher Annäherung an den thermodynamischen Gleichgewichtszustand (z.B kaltverformte Bereiche in homogenen Werkstoffen) vor. Das gleiche gilt für homogene Werkstoffe, die mit einem Elektrolyten unterschiedlicher Zusammensetzung benetzt werden.

also ohne die kathodische Teilreaktion nicht erreicht werden. Die fortschreitende anodische Zerstörung des Metalls wird erst durch die Reaktionen an der Kathode ermöglicht. Die Voraussetzung für die Bildung von Korrosionselementen ist also die elektronenleitende *und* die ionenleitende Verbindung der anodisch und der kathodisch wirkenden Werkstoffbereiche. Bild 1-68 zeigt diese Vorgänge besonders anschaulich bei der **Kontaktkorrosion**. Bemerkenswert ist der große Einfluß des Verhältnisses der anodischen zur kathodischen Fläche auf die Intensität des Korrosionsangriffs. Bild 1-69a zeigt, daß bei einer kleinen anodischen Fläche eine intensive Metallauflösung erfolgt, d.h. der anodische Strom ist sehr hoch. Die große Anzahl der freiwerdenden Elektronen kann an der großen, gut belüfteten Kathodenfläche entladen werden.

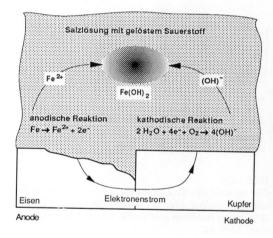

Bild 1-68
Das Korrosionselement bei der Kontaktkorrosion, schematische Darstellung.

Das Maß der Zerstörung ist von der wirksamen Potentialdifferenz und dem Gesamtwiderstand abhängig, der sich aus dem Widerstand des metallischen Leiters und dem inneren Widerstand des Elektrolyten zusammensetzt.

In Bild 1-70 sind die wichtigsten Korrosionsformen in wäßrigen Lösungen dargestellt.

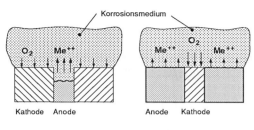

Das Verhältnis V der Anoden- (A_A) zur Kathodenfläche (A_K) ist:
ungünstig, wenn $V \ll 1$ günstig, wenn $V \ll 1$

a)   b)

Bild 1-69
Einfluß des Verhältnis V = Anodenfläche / Kathoden-
fläche auf die Intensität der Kontaktkorrosion.

Die Zerstörung des n-wertigen Metalls Me_1 durch anodische Oxidation, also Elektronenentzug kann durch unterschiedliche Vorgänge erfolgen:

– **Fremdstromkorrosion:** eine äußere Spannungsquelle entzieht der Anode (bzw. den anodischen Bereichen des Werkstoffs) Elektronen.

– **Wasserstoffkorrosion** (*Säurekorrosion*): Wasserstoffionen (Protonen) entziehen dem Metall Elektronen.

– **Sauerstoffkorrosion:** der gelöste Sauerstoff reagiert mit den Elektronen und bildet Hydroxylionen.

– **Redoxkorrosion:** Mn^{3+}-Ionen werden durch Aufnahme eines Elektrons zu Mn^{2+}-Ionen reduziert.

– **Kontaktkorrosion:** der notwendige Elektronenstrom wird durch die Potentialdifferenz unterschiedlicher Werkstoffe erzeugt.

1.7.2.1 Wasserstoffkorrosion (Säurekorrosion)

Bei dieser Korrosionsform wird das Metall in sauerstofffreien, nichtoxidierenden Säuren unter Entwicklung von Wasserstoff aufgelöst, Bild 1-70:

$$n \cdot H_3O^+ + n \cdot e^- \to n \cdot H_2O + \frac{n}{2} \cdot H_2$$

Mit der anodischen Teilreaktion

$$Me \to Me^{n+} + n \cdot e^-$$

ergibt sich die Gesamtreaktion:

$$Me + n \cdot H_3O^+ \to Me^{n+} + n \cdot H_2O + \frac{n}{2}H_2.$$

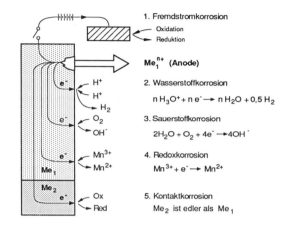

1. Fremdstromkorrosion
   Oxidation
   Reduktion

Me_1^{n+} (Anode)

2. Wasserstoffkorrosion
   $n\,H_3O^+ + n\,e^- \to n\,H_2O + 0{,}5\,H_2$

3. Sauerstoffkorrosion
   $2H_2O + O_2 + 4e^- \to 4OH^-$

4. Redoxkorrosion
   $Mn^{3+} + e^- \to Mn^{2+}$

5. Kontaktkorrosion
   Me_2 ist edler als Me_1

Bild 1-70
Elektrochemische Korrosionsformen in wäßrigen
Lösungen.

Die Bedeutung der Wasserstoffkorrosion ist in der Praxis i.a. gering, erst bei einem höheren Gehalt von H^+-Ionen ($pH \le 5$) ist sie zu beachten.

1.7.2.2 Sauerstoffkorrosion

Dieser Korrosionsmechanismus ist wesentlich wichtiger als die Wasserstoffkorrosion. Korrosionsvorgänge in neutralen und alkalischen sauerstoffhaltigen Lösungen (z.B. Brack- und Seewasser) sind typische Beispiele der Sauerstoffkorrosion. In sauren Lösungen lautet die kathodische Teilreaktion:

$$O_2 + 2 \cdot H_2O + 4 \cdot e^- \to 4 \cdot OH^-.$$

Die Korrosionsgeschwindigkeit hängt im wesentlichen von der Menge des für die kathodische Reaktion erforderlichen Sauerstoffs an der Phasengrenze Metall-Elektrolyt ab. Dieser kann entweder durch Diffusion oder durch die Reduktionsfähigkeit der Lokalkathodenflächen (meistens oxidische Deckschichten) nachgeliefert werden. Die reine Sauerstoffkorrosion kann also durch Entfernen des Sauerstoffs aus der angreifenden Lösung vermieden werden.

Aus Hydroxidionen und Metallionen entstehen als Korrosionsprodukte Metallhydroxide, die die Oberfläche bedecken:

$$Me^{n+} + n \cdot OH^- \rightarrow Me(OH)_n.$$

Die anodische Teilreaktion kann damit nur in den Poren der Deckschichten stattfinden und führt häufig zur Bildung der gefährlichen Lokalkorrosion.

Die hochlegierten *korrosionsbeständigen Stähle* erfordern Sauerstoff zum Erzeugen und Aufrechterhalten der passivierenden Eigenschaften (Abschn. 2.8). Die Sauerstoffkorrosion kann bei ihnen nur entstehen, wenn z.B. durch Lokalelementbildung die Passivität örtlich verloren geht (siehe Abschn. 1.7.2.2).

1.7.2.3   Passivität

Als Passivität bezeichnet man die bei verschiedenen (meistens sehr unedlen) Metallen auftretende Erscheinung sich weniger reaktionsfähig und damit korrosionsbeständig zu verhalten. Die Ursache der überraschenden chemischen Beständigkeit sind natürlich gebildete oder elektrochemisch erzeugte Schutzschichten aus Reaktionsprodukten, die die Auflösungsreaktion z.T. erheblich verzögern können. In den meisten Fällen entstehen sehr dünne (1 bis 20 nm), schwer lösliche, porenfreie, festhaftende *Oxidschichten*. Sie zeichnen sich durch eine geringe Ionenleitfähigkeit aus.

Passivierbare Metalle müssen einen bestimmten Verlauf der (anodischen) *Stromdichte-Potential-Kurve* aufweisen, Bild 1-71. Danach fällt nach Überschreiten des von einer äußeren Spannungsquelle aufgeprägten Passivierungspotentials E_p, die anodische Teilstromdichte von i_{max} auf die wesentlich geringere Passivstromdichte i_p.

Oberhalb des Durchbruchpotentials E_d setzt im Bereich der Transpassivität die Metallauflösung wieder ein, da die elektronenleitenden oxidischen Passivschichten hier anodisch Sauerstoff abscheiden können:

$$2 \cdot OH^- \rightarrow \frac{1}{2} O_2 + H_2O + 2 \cdot e^-.$$

Zum Aufrechterhalten der Passivität muß eine der Passivstromdichte (=*passive Reststromdichte*) äquivalente kathodische Stromdichte ständig durch Oxidationsmittel im Elektrolyten aufgebracht werden. Andernfalls wird das Metall aktiviert.

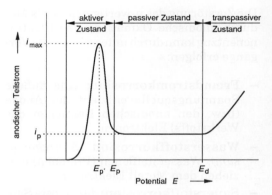

Bild 1-71
Anodische Stromdichte-Potential-Kurve eines passivierbaren Metalls.

Je nach Art der von den Metallen gebildeten Passivschichten (=Oxide) unterscheidet man:

- Metalle, die *elektronenleitende* Oxide bilden: z.B. Eisen, Chrom, nichtrostender Stahl und Kupferbasiswerkstoffe.

- Metalle, die nicht oder *sehr schlecht elektronenleitende* Oxide bilden: z.B. Aluminium, Titan, Zirkon, Tantal. In diesen Fällen ist weder ein Stoff- noch Ladungsträgeraustausch über die Passivschichten möglich.

Die Korrosionsbeständigkeit der passivschichtbildenden Metalle kann bei Bedingungen, die die selektiven Korrosionsarten begünstigen allerdings empfindlich verringert werden. Sie sind bei gleichmäßigem Korrosionsangriff sehr beständig, bei lokalem Angriff - vor allem nach örtlicher Zerstörung der Passivschicht - kann eine sehr schnelle Zerstörung des Metalls erfolgen.

1.7.2.4 Korrosionsarten

Aus praktisch-technischen Gründen und wegen der unterschiedlichen Schädigungsmechanismen werden nach DIN 50 900 die Korrosionsarten und ihre Erscheinungsformen eingeteilt in

- Korrosionsarten *ohne* und *mit*
- zusätzlicher mechanischer Beanspruchung.

1.7.2.4.1 Korrosionsarten ohne mechanische Beanspruchung

Der Verlauf der relativ ungefährlichen *gleichmäßig abtragenden* Flächenkorrosion ist berechenbar, ihre Auswirkungen auf die Bauteilsicherheit sind damit hinreichend genau bekannt. Als Maßstab für die Korrosionsbeständigkeit können die in Tabelle 1-4 genannten Werte der Abtragraten dienen.

Wegen der großen praktischen Bedeutung werden im folgenden nur die auf der Bildung von **Lokalelementen** beruhenden Korrosionsarten beschrieben.

Wesentlich schlechter überwachbar und damit gefährlicher sind örtlich begrenzte Korrosionserscheinungen. Korrosionselemente mit sehr kleinen anodischen oder kathodischen Flächenbereichen werden als *Lokalelemente* bezeichnet. Die Korrosionsgeschwindigkeit ist daher wegen der örtlich begrenzten Zerstörung des Metalls i.a. weniger entscheidend. Von Bedeutung sind vielmehr die Bedingungen, unter denen lokale Korrosionsformen entstehen bzw. vermieden werden können.

Lokale Korrosionsformen d.h. *Korrosionselemente* können unter folgenden Bedingungen entstehen:

- *Passivschichten* werden durch das angreifende Medium örtlich zerstört *(Lochfraß)*.
- Es bestehen örtliche Unterschiede in der Zusammensetzung des Korrosionsmediums *(Konzentrationselement,* z.B. *Spaltkorrosion)* oder des Werkstoffs. Bei dieser *selektiven Korrosion* werden Gefügebestandteile, Legierungselemente oder korngrenzennahe Bereiche bevorzugt angegriffen (z.B. interkristalline Korrosion).
- Passivschichten wurden durch mechanische Beanspruchung (Gleitprozesse durch Kaltverformen zerstört *(Spannungsrißkorrosion)*.
- Zwischen zwei Metallen mit unterschiedlichen Potentialen besteht metallischer Kontakt (Kontaktkorrosion).

Lochfraß

Bei dieser Form der Lokalkorrosion entstehen mulden- bzw. nadelstichförmige Vertiefungen auf Werkstoffen, die mit *porösen* korrosionshemmenden Schutzschichten bedeckt sind, Bild 1-72. Die nur in Anwesenheit von Cl- und Br-Ionen auftretende *Nadelstichkorrosion* wird auch als *Chloridionenkorrosion* oder *Pitting* bezeichnet.

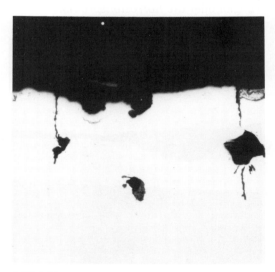

Bild 1-72
Lochfraß an einer Rohrleitung aus unlegiertem Stahl, BAM.

Lochfraß kann nur oberhalb eines Grenzpotentials *(Lochfraßpotential)* und nach Überschreiten der kritischen Konzentration der wirksamen Ionenkonzentration entstehen. Die Größe des Lochfraßpotentials wird bestimmt von

– dem Korrosionsmedium,

– der chemischen Zusammensetzung des Werkstoffs und

– dem Oberflächenzustand.

Zuverlässigen Schutz bieten das Zulegieren von Molybdän in korrosionsbeständigen Stählen (Abschn. 2.8 und Bild 2-67) und das Beseitigen von Ablagerungen auf der Werkstückoberfläche durch Beizen und Passivieren.

Spaltkorrosion

Diese Korrosionsart entsteht in engen Spalten (z.B. unter Schrauben, Sicherungsscheiben und Ablagerungen aller Art) als Folge eines Konzentrationselementes durch behinderte Diffusion, Bild 1-73. Der Spalt wird gebildet von dem korrodierenden Metall und einer zweiten nicht angreifbaren Phase, wie z.B. *Kunststoffüberzüge, Ablagerungen* oder die *Korrosionsprodukte*.

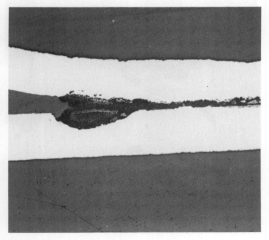

Bild 1-73
Spaltkorrosion an 2 mm dicken Blechen aus austenitischem CrNi-Stahl, BAM.

Die Ursachen sind eine unterschiedliche Belüftung des Spaltes im Vergleich zur Spaltumgebung oder zu den Ablagerungen im Spalt. Die Behinderung der Sauerstoffdiffusion ist abhängig von der Geometrie des Spaltes, d.h. von dem Verhältnis Spalttiefe zu Spaltbreite.

Die Korrosion geginnt gleichmäßig im Spalt *und* der Umgebung. Der für die anodische Metallauflösung notwendige Sauerstoff steht im Bereich der Umgebung durch Diffusion im Korrosionsmedium zur Verfügung. In den Spaltenraum kann aber mit fortschreitendem Korrosionsprozeß nur das Medium, kaum frischer Sauerstoff eindringen. Die kontinuierliche Metallauflösung im Spalt führt zu einer Erhöhung der Konzentration der Metallionen. Sie begünstigen das Nachströmen der Anionen (Cl^-, B^-). Die sich im Spalt bildenden und verbleibenden Korrosionsprodukte führen in den meisten Fällen zu einer erheblichen Änderung des pH-Wertes durch Hydrolyse der Korrosionsprodukte (Me^+Cl^-) gemäß folgender Reaktion:

$$Me^+Cl^- + H_2O \rightarrow Me^+OH^- + H^+Cl^-.$$

Die Wirkung des Spalts besteht also in der gefährlichen Ansäuerung des Elektrolyten (freie H-Ionen erniedrigen den pH-Wert bis auf 3!), der das Aktivierungspotential merklich erniedrigt. Bild 1-74 zeigt schematisch die Vorgänge bei der Spaltkorrosion.

Der geschilderte Mechanismus macht die Möglichkeiten verständlich, diese gefährliche Korrosionsart zu vermeiden:

– Die Oberflächen nichtrostender Stähle müssen frei von jeder Art Ablagerung sein (z.B. Farbschichten, Anlauffarben).

– Bewegte Flüssigkeiten verbessern die Diffusionsfähigkeit und Erschweren die Bildung von Ablagerungen.

– Kratzer, (Schleif-)Riefen, "Toträume", die die freie Strömung erschweren, sind zu vermeiden.

Interkristalline Korrosion

Die werkstofflichen Grundlagen der für korrosionsbeständige Stähle und Nickellegierungen gefährlichen *interkristallinen Korrosion (IK)* werden in Abschn. 2.8.1.4.1 genauer beschrieben. Hier soll der Hinweis genügen, daß die IK durch die Bildung von Chromcarbiden eingeleitet wird, die sich bevorzugt an den Korngrenzen im Temperaturbereich zwischen 450 °C und 850 °C ausscheiden.

Die sehr unterschiedliche Diffusionsfähigkeit der Cr- und C-Atome führt zu einer ausgeprägten Chromverarmung der Korngrenzenbereiche bis unterhalb der Resistenzgrenze, d.h. zu deren Korrosionsanfälligkeit in Anwesenheit eines Korrosionsmediums.

Das Maß der Anfälligkeit ist vom C-Gehalt des Stahles und seinem Wärmebehandlungszustand abhängig.

1.7.2.4.2 Korrosionsarten mit mechanischer Beanspruchung

Die wichtigste und gefährlichste Korrosionsform, die außer einen Elektrolyten die gleichzeitige Einwirkung einer mechanischen Beanspruchung erfordert, ist die *Spannungsrißkorrosion (SRK)*, die häufig ohne sichtbare Veränderungen der Werkstückoberfläche zum Versagen führt, entsteht nur, wenn *alle* folgenden Voraussetzungen erfüllt sind:

- *Zugspannungen* (gleichgültig ob Last- oder Eigenspannungen),

- ein *spezifisch* wirkendes Korrosionsmedium und

- *Neigung* des Werkstoffs zur Spannungsrißkorrosion.

Bemerkenswert für die Praxis ist also die Erkenntnis, daß weder grundsätzlich SRK-empfindliche Werkstoffe noch SRK-erzeugende Medien existieren. Entscheidend ist vielmehr die Existenz einer bestimmten Kombination Werkstoff/Korrosionsmedium.

Korrosionsmedium

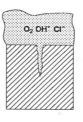

Korrosionsbeginn   **Fortgeschrittener Korrosionsprozeß**

   **Sauerstoffkonzentration**

| ist in Umgebung und Spalt gleich | mit zunehmender Korrosionsdauer wird Diffusion des Sauerstoffs in den Spalt zunehmend erschwert: Sauerstoffgehalt nimmt in Richtung Spaltende ständig ab. |

Korrosionsangriff

| wegen gleicher Menge an Sauerstoff und korrodierender Anionen in Spalt und Umgebung etwa gleich | wegen geringerer Belüftung des Spaltes Nachlassen der kathodischen Reaktionen, ohne daß die anodische Metallauflösung aufhört. Entladung der entstehenden Elektronen erfolgt in kathodischen Bereichen **außerhalb** des Spaltes. Hohe Konzentration der Metallionen begünstigt Eindiffundieren der Anionen (z.B. Cl⁻, B⁻). |

pH-Wert

| In Umgebung und Spalt konstant, z.B. 7 (neutrales Medium) | Korrosionsprodukte (Me⁺Cl⁻) werden zu Metallhydroxiden und Säure hydrolisiert: $Me^+Cl^- + H_2O \rightarrow Me^+OH^- + H^+Cl^-$. Starke Ansäuerung des Mediums, pH-Werte bis etwa 3 möglich. |
| a) | b) |

Bild 1-74
Vorgänge bei der Spaltkorrosion.
a) Bei Korrosionsbeginn besteht gleiche Sauerstoffkonzentration im Spalt und seiner Umgebung.
b) Mit fortschreitender Korrosion entsteht eine zunehmende Sauerstoffverarmung im Spalt. Durch Hydrolyse der Korrosionsprodukte Ansäuern des Elektrolyten von pH = 7 bis 3 möglich.

Diese Form der Zerstörung ist in der Praxis sehr gefürchtet, weil sie ohne erkennbare Anzeichen und ohne sichtbare Korrosionsprodukte auftritt und erst nach Eintritt des Schadensfalls bemerkt wird. Sie tritt an zähen homogenen und heterogenen deckschichtenbildenden Werkstoffen auf, wie z.B. niedrig- und hochlegierten Stählen, Aluminium, Magnesium und deren Legierungen. Der Rißverlauf ist bei Al-Legierungen meist *interkristallin*, bei un- und niedriglegierten Stählen ist die *interkristalline* und bei höheren Beanspruchungen häufig auch die *transkristalline* Form bekannt. Der transkristalline Rißverlauf ist für die austenitischen CrNi-Stähle charakteristisch. Die Spannungsrißkorrosion wird hier in chloridhaltigen wäßrigen Lösungen bei Grenztemperaturen über 45 °C hervorgerufen. Die erforderlichen Spannungen liegen i.a. deutlich unter der Streckgrenze. Die in Schweißverbindungen vorhandenen Eigenspannungen oder unvorsichtiges Beschleifen (Kaltverformung!) des Bauteils können den Riß auslösen, Bild 1-75.

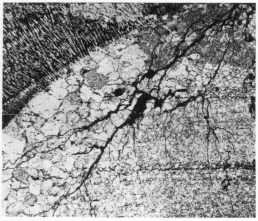

Bild 1-75
Spannungsrißkorrosion in der Grobkornzone einer Schweißverbindung aus dem normalgeglühten Feinkornbaustahl StE 460, BAM.

Für den Mechanismus der Rißbildung ist folgende Vorstellung anerkannt: Die Zugspannungen erzwingen örtliche Gleitvorgänge, die die Deckschichten an den Austrittsstellen der Gleitlinien örtlich zerstören. Das spezifische Angriffsmedium verhindert die Neubildung der Deckschicht und ermöglicht damit die örtliche anodische Auflösung des Metalls.

Alle korrosionsbeständigen austenitischen CrNi-Srähle werden in *chloridionenhaltigen* Medien oder konzentrierten alkalischen Lösungen durch die SRK angegriffen. Der Einfluß der Temperatur auf den Umfang der SRK ist erheblich. Vereinfacht kann festgestellt werden, daß sie unter +50 °C vernachlässigbar ist

Die ferritischen Cr-Stähle mit 13 % bis 17 % Chrom (Abschn. 2.8.2.2) sind gegen die SRK verhältnismäßig unempfindlich. Allerdings ist ihre Empfindlichkeit von der Menge und Art der Stahlbegleiter und ihrer Verteilung im Gefüge abhängig. Insbesondere erhöht auf Korngrenzen angereicherter Phosphor die Korrosionsneigung sehr stark. Der Rißverlauf ist überwiegend interkristallin.

Aus der Wechselwirkung zwischen Wasserstoff und metallischen Werkstoffen entsteht die metallphysikalische Form der Spannungsrißkorrosion, die auch als wasserstoffinduzierte Korrosion bezeichnet wird. Ein bekanntes Beispiel ist die Schädigung unlegierter und niedriglegierter ferritischer Stähle durch Druckwasserstoff bei Temperaturen über 200 °C.

Ergänzende und weiterführende Literatur

Bargel, H.-J. u. G. Schulze (Hrsg.): Werkstoffkunde, 5. Auflage, VDI-Verlag Düsseldorf, 1988.

Boese, U., D. Werner u. H. Wirtz: Das Verhalten der Stähle beim Schweißen, Teil 1: Grundlagen, Deutscher Verlag für Schweißtechnik, Düsseldorf, 1984.

Brick, R. M., A. W. Pense u. R. B. Gordon: Structure and Properties of Engineering Materials, 4. Auflage, McGraw-Hill Kogakusha, 1977.

Lexikon der Korrosion: Grundlagen der Korrosion unter besonderer Berücksichtigung der nichtrostenden Stähle, Band 1, Mannesmann AG, Düsseldorf, 1970.

Ruge, J.: Handbuch der Schweißtechnik, Band 1: Werkstoffe, Springer-Verlag, Berlin, Heidelberg, New York, London, Paris, 1991.

Verein Deutscher Eisenhüttenleute (Hrsg.): Werkstoffkunde Stahl, Band 1, Springer-Verlag, Berlin, Heidelberg, New York, Tokyo, Verlag Stahleisen m.b.H., Düsseldorf, 1984.

2 Stähle - Werkstoffgrundlagen

2.1 Allgemeines

Das erfolgreiche Schweißen metallischer Werkstoffe erfordert u.a. eingehende Kenntnisse über deren Verhalten unter der Einwirkung der für Schweißverfahren typischen extremen Temperatur-Zeit-Zyklen. Diese führen häufig im Schweißgut und vor allem in der Wärmeeinflußzone zu Gefügen, die in dieser Form nicht, bzw. nicht in diesem Umfang Ergebnis üblicher technischer Wärmebehandlungen sind. Sie sind in den meisten Fällen härter und spröder als der Grundwerkstoff, ihre potentielle Rißneigung bei Belastung muß daher während der Fertigung minimiert und prüftechnisch überwacht werden.

Die für die notwendigen metallurgischen Reaktionen (Desoxidieren, Auflegieren) im Schweißbad z.B. zur Verfügung stehende Zeit ist um Größenordnungen geringer als bei der Stahlherstellung. Die fehlende Reaktionszeit wird daher in den meisten Fällen durch eine erhöhte Konzentration der beteiligten Legierungselemente kompensiert. Die chemische Zusammensetzung der Zusatzwerkstoffe *muß* aus diesem Grunde selbst bei einem artgleichen Schweißgut von der des Grundwerkstoffes abweichen. Bei der Herstellung der Zusatzwerkstoffe sind diese Besonderheiten durch metallurgische Maßnahmen zu berücksichtigen.

Die wichtigste Forderung für das Herstellen betriebssicherer Schweißverbindungen ist eine ausreichende **Schweißeignung** des Grundwerkstoffes (Abschn. 3.1.1). Diese im wesentlichen werkstoffabhängige Eigenschaft besitzt dann ein Werkstoff, wenn die Bruchzähigkeit in der WEZ so groß ist, daß die Schweißverbindung die Last- und Eigenspannungen über die vorgesehene Beanspruchungszeit rißfrei erträgt. Abwei-

chend von allen anderen Fügeverfahren spielen also die durch den Schweißprozeß hervorgerufenen Eigenschaftsänderungen des Werkstoffes eine entscheidende Rolle. Selbst bei annähernd gleichen Festigkeitseigenschaften und gleicher chemischer Zusammensetzung können sich das Zähigkeitsverhalten und damit die Schweißeignung der Stähle erheblich voneinander unterscheiden.

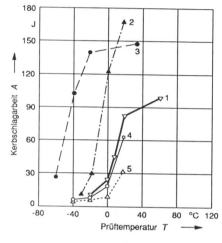

1: RSt 37-2, Walzzustand (Grobblech)
2: RSt 37-2, normalgeglüht (Grobblech)
3: St 37-3, normalgeglüht (Grobblech)
4: USt 37-2, Walzzustand (Formstahl)
5: USt 37-1, Walzzustand (Formstahl)

Bild 2-1
Kerbschlagarbeits-Temperatur-Kurven (DVM-Längsproben) von Proben aus Baustählen St 37 verschiedener Gütegruppen (also unterschiedlichem Gehalt an Verunreinigungen!) und Wärmebehandlungszuständen.

Bild 2-1 zeigt beispielhaft den großen Einfluß des Gefüges, der Wärmebehandlung und der Menge der Verunreinigungen auf die Kerbschlagarbeit bei verschiedenen Temperaturen eines Stahles St 37. Die Übergangstemperatur $T_{ü}$ ist ein wichtiger Gütewert und eine Kenngröße für die Charakterisierung der Sprödbruchempfindlichkeit und Schweißeignung (Abschn. 6.4.1). Die $T_{ü27}$-Werte liegen zwischen −60 °C (St 37-3, normalgeglüht) und +20 °C (USt37-1, Walzzustand).

Die Bewertung und Beurteilung der durch Schweißen entstandenen Gefüge und der sich daraus ergebenden mechanischen Gütewerten ist eine wichtige Aufgabe des Bauteil-Herstellers, der Qualitätssicherung und nicht zuletzt des Schweißingenieurs. Dafür sind eingehende Kenntnisse über

– das Werkstoffverhalten beim Schweißen,
– die Möglichkeiten und Grenzen einer gezielten Gefügeänderung der Schweißverbindung durch Wärmebehandlungen,
– und die Wirkung der Legierungselemente und Verunreinigungen auf die mechanischen Gütewerte

erforderlich. Also:

**Schweißen ist angewandte
Werkstofftechnik**

2.2   Einteilung der Stähle

Als Stahl werden Eisenwerkstoffe bezeichnet, die i.a. für eine Warmformgebung geeignet sind. Mit Ausnahme einiger chromreicher Sorten enthält er höchstens 2 % Kohlenstoff (EURONORM EN 20-74). Durch die *Wärmebehandlung* (Härten und Anlassen) läßt sich seine Festigkeit erheblich erhöhen, bei hoher Anlaßtemperatur sogar die Zähigkeit. Wegen der großen Vielfalt technischer Stähle ist eine sinnvolle und widerspruchsfreie Einteilung, die wesentliche technische und wirtschaftliche Gesichtspunkte berücksichtigt, nur schwer möglich. In der Praxis werden viele Prinzipien der Einteilung nebeneinander verwendet. Die wichtigsten sind:

– Unterscheidung nach den **Herstellverfahren**, d.h. nach den Erschmelzungs- und Vergießungsverfahren. Diese Methode der Klassifizierung ist weitgehend unzureichend. Die geforderten mechanischen Gütewerte des Stahles können durch geeignete Prüfverfahren nachgewiesen werden, die bei der Bestellung vereinbart werden (können). Der Stahlhersteller ist also für die Qualität seiner

Produkte verantwortlich, die Wahl der Herstellverfahren muß daher in seiner Verantwortlichkeit bleiben.

– Unterscheidung nach den geforderten Gebrauchseigenschaften. In der EURONORM EN 20-74 bzw. EN 10 025 werden die Qualitäten **Grund-, Qualitäts-** und **Edelstähle** unterschieden.

Nach der chemischen Zusammensetzung unterscheidet man weiter *unlegierte* und *legierte Stähle*. Nach der zurückgezogenen DIN 17006 wird lediglich aus Gründen einer vereinfachten Methode der Stahlbezeichnung noch zwischen den *niedrig-* und *hochlegierten Stählen* unterschieden. Stähle, bei denen die Summe der Legierungselemente 5 % übersteigt, werden als hochlegiert bezeichnet. In der EN 20-74 gelten Stähle als legiert, wenn *ein* Legierungselement die in Tabelle 2-1 angegebenen Werte überschreitet.

Von *Grundstählen* werden keine besonderen Gebrauchseigenschaften verlangt. Zu ihnen gehören keine legierten Stähle. *Qualitätsstähle* sind Stähle, für die i.a. kein gleichmäßiges Ansprechen auf eine Wärmebehandlung [17] gefordert wird. Die höheren Anforderungen an ihre Gebrauchseigenschaften erfordern aber eine besondere Sorgfalt bei ihrer Herstellung, besonders hinsichtlich der Oberflächenbeschaffenheit, des Gefüges und der Sprödbruchunempfindlichkeit. *Edelstähle* sprechen auf Wärmebehandlungen [17] sehr gleichmäßig an. Wegen ihrer besonderen Herstellbedingungen weisen sie eine größere Reinheit (vor allem von nichtmetallischen Einschlüssen) als die Qualitätsstähle auf.

Die mechanischen Gütewerte der unlegierten *Grundstähle* liegen innerhalb bestimmter Grenzen ($R_m \leq 690$ N/mm², $R_{p0,2} \leq 360$ N/mm², $A_5 \leq 26$ %, $A_{v,ISO-V,20°C} \leq 27$ J bei 20 °C) und für ihre höchstzulässigen Gehalte an Kohlenstoff und den üblichen Verunreini-

---

[17]   Glühbehandlungen werden im Sinne dieser Einteilung nicht als Wärmebehandlung bezeichnet.

gungen gelten: $C \geq 0,1$ %, $P \geq 0,050$ %, $S \geq 0,050$ %, $N \geq 0,0070$ %.

Wichtige unlegierte Edelstähle sind z.B. Kernreaktorstähle und Stähle zum Herstellen von Drähten für Schweißzusatzwerkstoffen. Feinkornbaustähle mit $R_{e,min} < 420$ N/mm² sind *legierte Qualitätsstähle*, Feinkornbaustähle mit $R_{e,min} > 420$ N/mm² sind *legierte Edelstähle*.

2.3 Stahlherstellung

2.3.1 Erschmelzungsverfahren

Die Herstellbedingungen beeinflussen die Stahleigenschaften in hohem Maße. Die Kenntnisse über die metallurgischen und technologischen Einflüsse vor allem auf die Schweißeigenschaften des Stahles ist für den in der Schweißtechnik tätigen Ingenieur von großer Bedeutung. Dieses Wissen befähigt ihn

– die erheblichen Unterschiede in der *Schweißeignung* der Stähle, abhängig von der Erschmelzungs- und Vergießungsart und weiterer (Sonder-)Behandlungen, zu erkennen und zu nutzen,

– den "richtigen", d.h., *technisch* und *wirtschaftlich* geeigneten Stahl für den entsprechenden Verwendungszweck auszuwählen.

Das im Hochofen gewonnene Roheisen ist als Konstruktionswerkstoff unbrauchbar, da es durch die hohen Gehalte, insbesondere an Kohlenstoff, Phosphor und Kohlenstoff hart und spröde ist [18]. Hohe Zähigkeit bzw. hohes Verformungsvermögen ist für die Bauteilsicherheit von ausschlaggebender Bedeutung. Daher müssen die versprödend wirkenden Eisenbegleiter Kohlenstoff, Phosphor, Schwefel, z.T. auch Mangan und Silicium schon im Roheisen auf möglichst ge-

ringe Werte gesenkt werden. Ihre (Sauerstoff-)Affinität und ihre von der Temperatur und dem Druck abhängige Löslichkeit in der Stahlschmelze bestimmen den erreichbaren Mindestgehalt im Stahl.

Legierungselement	Grenzgehalt in Massen-%
Aluminium	0,10
Bor	0,008
Chrom	0,30
Kobalt	0,10
Kupfer	0,40
Lanthanide	0,05
Mangan	1,60
Molybdän	0,08
Nickel	0,30
Niob	0,05
Blei	0,40
Selen	0,10
Silicium	0,50
Tellur	0,10
Titan	0,05
Wismut	0,10
Wolfram	0,10
Vanadin	0,10
Zirkonium	0,05
Sonstige (mit Ausnahme von Kohlenstoff, Phosphor, Schwefel, Stickstoff und Sauerstoff)	

Tabelle 2-1
Für die Abgrenzung der unlegierten von den legierten Stählen maßgebendenn Gehalte nach EURO-NORM EN 20-74.

Aber auch durch den Stahlherstellungsprozeß selbst können zusätzlich in unterschiedlicher Menge Verunreinigungen in den Stahl gelangen. In erster Linie geschieht das durch:

– Reaktionen der Desoxidationsmittel (z.B. Mn, Si, Al, Mg, Ca) mit den Verunrei-

---

[18] Eine typische Zusammensetzung von Roheisen ist etwa: 3 %...4,5 % C, 0,2 %...1,2 % Si, 0,3 %...1,5 % Mn, 0,02...0,12 % S und (abhängig vom Phosphorgehalt der Erze) 0,06 %...2 % P und unterschiedliche Mengen nicht durch Frischen zu beseitigender Elemente, wie z.B. Cu, deren Menge ist nur sehr begrenzt durch das Verfahren, gut durch die Zusammensetzung der Einsatzstoffe beeinflußbar.

nigungen der Einsatzstoffe, die nichtlösliche exogene Einschlüsse bilden (z.B. SiO_2, Al_2O_3),

– Lösen der atmosphärischen Gase (Sauerstoff, Stickstoff, Wasserstoff), die während der Stahlherstellung in die Schmelze eindringen können.

Die Roheisenschmelze muß also durch die Verfahren der Stahlherstellung *raffiniert* (Beseitigen der Verunreinigungen) und auf die gewünschte chemische Zusammensetzung (legiert) gebracht werden. Ein großer Teil der sauerstoffaffinen Verunreinigungen wird durch Frischen, d.h. Oxidation mit festen (z.B. Erze, Fe_2O_3) oder gasförmigen (überwiegend reiner Sauerstoff) Stoffen beseitigt. Durch das Frischen lassen sich nur Elemente beseitigen, deren Sauerstoffaffinität bei der Reaktionstemperatur größer ist als die des Eisens. Danach können Zinn, Molybdän, Kobalt, Nickel, Kupfer grundsätzlich nicht entfernt werden. Hierfür eignen sich die Verfahren der *Vakuum-Metallurgie*, die weiter unten besprochen werden.

Die unerwünschten Elemente zeigen bei der Raffination ein sehr unterschiedliches Verhalten. Sie können:

– *gasförmig* entweichen, z.B. Kohlenstoff, Zink, Wasserstoff, Stickstoff, z.T. Schwefel,

– vollständig als *Oxide* in die Schlacke übergehen, z.B. Silicium, Aluminium, Niob,

– in der Schmelze *verbleiben*, wie z.B. Kupfer, Nickel, Zinn, Wismut, Antimon, Selen, Molybdän.

Die Frischvorgänge können in birnenförmigen (Konverter) oder in flachen, wannenförmigen (Herd) Behältern durchgeführt werden. In der Hauptsache wird das Roheisen zu *Sauerstoffblasstahl* und in zunehmender Menge zu *Elektrostahl*, in sehr geringen Mengen auch noch zu *Siemens-Martin-Stahl* verarbeitet. Die im Konverter erzeugten Stähle haben i.a. nicht die geforderten Eigenschaften, insbesondere ihre Reinheit ge

nügt in den meisten Fällen nicht den Anforderungen der Stahlverarbeiter. Sie werden daher sekundärmetallurgisch nachbehandelt.

Thomasstahl, der in bodenblasenden Konvertern mit Luft als Sauerstoffträger im Blasstahlwerk erschmolzen wurde, wird in der Bundesrepublik Deutschland seit Mitte der Sechziger Jahre, weltweit seit etwa 1980 wegen seiner schlechten mechanischen Gütewerten (und der erheblichen Umweltbelastung!) nicht mehr hergestellt. Die typischen extremen Gehalte an Phosphor (bis 0,09 %) und Stickstoff (bis 0,025 %) können den Stahl bis zur Unbrauchbarkeit verspröden.

Grundsätzlich sollte bei Reparatur- und Umbauarbeiten an Konstruktionen aus T-Stahl (wahrscheinlich, wenn sie vor 1960 in Betrieb genommen wurden!) besonders sorgfältig und umsichtig vorgegangen werden, vor allem, wenn geschweißt werden muß. Die sehr schlechte Schweißeignung dieser Stähle erfordert Zusatzwerkstoffe, die ein möglichst zähes Schweißgut ergeben.

Das weitaus wichtigste Stahlherstellungsverfahren weltweit ist das **Sauerstoffaufblasverfahren** (*LD-Verfahren*). In der Bundesrepublik Deutschland werden etwa 85 % der gesamten Roheisenproduktion nach diesem Verfahren verarbeitet.

Auf das Roheisenbad wird durch eine wassergekühlte Lanze Sauerstoff geblasen, Bild 2-2a. Bei Roheisensorten mit höherem P-Gehalt wird zusammen mit dem Sauerstoff Kalkstaub in das Bad geblasen (*LDAC-Verfahren*). Die Verwendung von reinem Sauerstoff ermöglicht die Herstellung sehr stickstoffarmer und verunreinigungsarmer Stähle (≤ 0,002 % N; 0,0016 % P; 0,002 % S in Sonderfällen ≤ 0,001 %). Der flüssige Stahl kommt im wesentlichen nur beim Vergießen mit der Luft in Berührung.

Durch intensives Mischen der Stahlschmelze mit der Schlacke lassen sich die Reaktionsabläufe erheblich beschleunigen, dem thermodynamischen Gleichgewichtszu

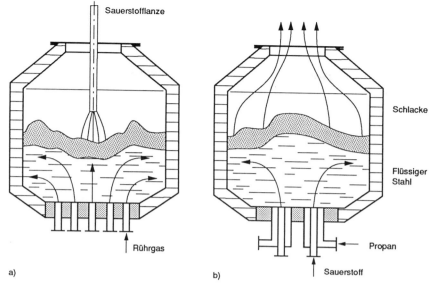

Bild 2-2
Frischen des Roheisens nach dem LD-Verfahren beim
a) Aufblasen des Sauerstoffs,
b) Durchblasen (bodenblasend) des Konverters mit Sauerstoff (OBM-Verfahren).

stand beliebig nähern. Außerdem lassen sich durch gleichzeitiges Homogenisieren des Stahlbades die mechanischen Gütewerte des Stahles entscheidend verbessern. Diese Überlegungen führten zur Entwicklung der *kombinierten Blasverfahren*, die in vielfältigen Varianten angewendet werden und zu den Verfahren der **Sekundärmetallurgie** gehören. Die Baddurchmischung wird durch Aufblasen von Sauerstoff und gleichzeitiges Bodenblasen von Frisch- oder Rührgasen [19] verbessert. Es ergeben sich folgende Vorteile:

– die metallurgischen Reaktionen nähern sich weitgehend dem thermodynami-

schen Gleichgewicht, wodurch eine sehr wirtschaftliche und weitgehende Entkohlung des Stahles möglich ist,

– der Gehalt an Verunreinigungen (P, S, O) ist deutlich geringer als beim normalen Sauerstoffaufblasverfahren,

– schnelles Auflösen des Schrotts und dadurch frühzeitiges Homogenisieren der Schmelze.

Die Homogenisierung der Schmelze, ihre gleichmäßigere Durchmischung und eine Verringerung der Prozeßzeiten lassen sich durch bodenblasende Konverter besonderer Bauart weiter verbessern. Der Gefahr des Aufschmelzens der Konverterbodenauskleidung läßt sich durch Kühlgase (z.B. Propan, Methan) verhindern, die zusätzlich konzentrisch um den Sauerstoffstrahl angeordnet sind. Das Kühlgas verhindert die direkte Bodenberührung des Sauerstoffs. Diese Verfahrensvariante ist das OBM-Verfahren [20], das das LD-Verfahren wegen sei-

---

[19] Verwendet werden bei den auch als Lanzen-Bodenblasen/rühren bekannten Verfahren Sauerstoff-Inertgas-Gemische, Sauerstoff-CaO-Gemische, Inertgasgemische und eine Vielzahl weiterer Gas-Feststoff-Gemische. Ein bekanntes Konverterverfahren ist: AOD = **A**rgon-**O**xygen-**D**ecarburization, vorwiegend für hochlegierte korrosionsbeständige Stähle. Wenn durch die Roheisenvorbehandlung S, P, Si bereits vorher entfernt wurden, kann fast ohne Schlacke nur noch entkohlt werden.

[20] OBM = **O**xygen **B**otton **B**lowing **M**axhütte

ner erheblichen technischen und wirtschaftlichen Vorteile zu verdrängen beginnt, Bild 2-2b.

In zunehmendem Umfang werden in diesen Blasstahlwerken Anlagen der Pfannenmetallurgie und Vakuummetallurgie betrieben. Wie weiter unten beschrieben, lassen sich die Stahleigenschaften durch diese Maßnahmen deutlich verbessern.

Bei den **Elektrostahl-Verfahren** wird die zum Schmelzen erforderliche Wärme durch elektrische Energie (überwiegend Lichtbogen, Induktionswirkung) erzeugt. Gefrischt wird mit Erz oder eingeblasenem Sauerstoff. Verunreinigungen durch Flammgase (Schwefel) entstehen nicht. Der Kohlelichtbogen erzeugt eine leicht reduzierende Atmosphäre, d.h., der Sauerstoffgehalt des Stahles ist gering. Die metallurgische Qualität ist hervorragend (aber abhängig von der der Einsatzstoffe) und der Abbrand gering. Mit basisch zugestellten Öfen lassen sich sehr geringe Phosphor- und Schwefelgehalte (je ≤ 0,005 %) erreichen. Der Stickstoffgehalt der nach dem Lichtbogenverfahren erschmolzenen Stähle wird durch die erleichterte Dissoziation der Luft geringfügig erhöht.

Wegen der umfangreichen gütesteigernden Möglichkeiten der Pfannenmetallurgie wird der Elektrolichtbogenofen heute meist nur als reine Einschmelzeinheit betrieben. Seine Aufgabe besteht darin, den festen Einsatz einzuschmelzen und und das Bad auf die erforderliche Abstichtemperatur zu erhitzen. Danach werden die gewünschten pfannenmetallurgischen Maßnahmen durchgeführt.

2.3.1.1 Sekundärmetallurgie (Pfannenmetallurgie)

In letzter Zeit wird zunehmend von der früher ausschließlich praktizierten Methode abgegangen, den gesamten Stahlherstellungsprozeß in *einem* Gefäß (Pfanne) ablaufen zu lassen. Danach werden alle "primä-

ren" metallurgischen Prozesse, außer Schmelzen, Entkohlen und Entphosphorn in nachgeschalteten "sekundären" Einheiten verlegt. Mit diesen Verfahren werden also die Schmelzen nach dem Abstich in der Pfanne weiter behandelt, um die Qualität den unterschiedlichsten Anforderungen anzupassen. Die Stahlschmelze wird i.a. beim Abstich desoxidiert (Abschn. 2.3.2).

Durch die Trennung der ofengebundenen primärmetallurgischen von den unter günstigeren Bedingungen ablaufenden *sekundärmetallurgischen* Maßnahmen, kann die Qualität der Erzeugnisse und die Wirtschaftlichkeit der Stahlherstellung erheblich verbessert werden. Diese Verfahren dienen zum Herstellen von Stählen mit höchsten Qualitätsanforderungen.

Zu den Verfahren der Sekundärmetallurgie gehören:

- *Pfannenmetallurgie,*
- *Vakuummetallurgie* und die
- *Umschmelzverfahren.*

Die Spülung der Schmelze mit *Inertgas* im Konverter gehört nicht zu den pfannenmetallurgischen Verfahren, wohl aber die *Injektionsverfahren*. Bei diesen wird der Schwefelgehalt durch Einblasen von Calciumsilicium oder Magnesium mittels einer Lanze verschlackt.

Für besonders hohe Anforderungen hinsichtlich der Reinheit und Gleichmäßigkeit der Stähle stehen die Verfahren der *Vakuum-Metallurgie* und der Stahl-Umschmelztechnik zur Verfügung.

In der **Vakuum-Metallurgie** unterscheidet man die Verfahrensvarianten Schmelzen und Umschmelzen unter Vakuum und der Vakuumbehandlung in der Pfanne. Letztere ist technisch von großer Bedeutung. Sie erlauben die für hochlegierte Stähle entscheidende Absenkung des C-Gehaltes auf sehr geringe Werte. Die Vakuum-Metallurgie bietet eine Reihe bemerkenswerter Vorteile:

– Unerwünschte Reaktionen der Atmosphäre bei hohen Temperaturen können nicht stattfinden. Die Herstellung der hochreaktiven Werkstoffe wie z.B. Ti, Zr, Mo ist ohne diese Technologie nicht wirtschaftlich möglich.

– Entfernen unerwünschter Bestandteile aus der Schmelze. Elemente mit niedrigem Dampfdruck (z.B. Zn und Cd aus NE-Legierungen) und vor allem Gase (insbesondere Wasserstoff). Die Desoxidation gelingt ohne Bildung fester Desoxidationsprodukte gemäß der Gleichung:

$$O_{gelöst} + C_{gelöst} \rightarrow CO_{gas}.$$

Die metallurgische Reinheit des Stahles, d.h., seine Freiheit von Einschlüssen ist z.B. für hoch- und höchstfeste Stähle hinsichtlich ihrer Wirkung als potentielle Rißstarter wichtig.

Die **Stahl-Umschmelzverfahren** sind sekundärmetallurgische Prozesse, die nach den Schmelz- und Gießverfahren für die Edelstahlerzeugung angewendet werden. Mit diesen Vefahren lassen sich sehr reine Stähle mit erheblich besseren mechanischen Gütewerten herstellen. Bild 2-3 zeigt quantitativ die mit diesen Verfahren erreichbaren Größenordnungen der Gehalte verschiedener Elemente.

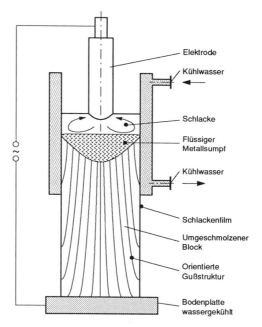

Bild 2-4
Schematische Darstellung des Elektroschlacke-Umschmelzverfahrens.

Feste Einsatzstoffe - meistens Abschmelzelektroden - werden in wassergekühlten kupfernen Kokillen umgeschmolzen. Das Ergebnis ist ein meist gerichtet erstarrter Gußblock, der nahezu frei von Innenfehlern, Kristallseigerungen, Lunkern und Verunreinigungen ist. Als Wärmequelle für den auch unter Vakuum ablaufenden Umschmelzprozeß kann der Lichtbogen, der Elektronenstrahl und eine flüssige Schlackenschicht dienen. Die stromleitende Schlacke mit einer Temperatur von 1700 °C bis 1900 °C ermöglicht gezielte metallurgische Reaktionen mit der Schmelze. Insbesondere der Schwefelgehalt kann auf sehr

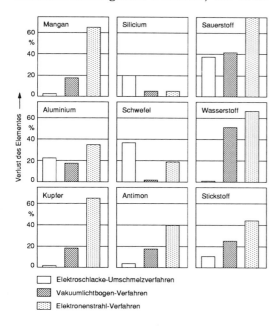

Bild 2-3
Gegenüberstellung der zu erwartenden Änderungen der chemischen Zusammensetzung während des Umschmelzens nach dem Elektroschlacke-Umschmelz-, Vakuumlichtbogen- und Elektronenstrahl-Verfahren, nach BAUMANN.

geringe Werte reduziert werden. In unter Vakuum arbeitenden Verfahren (Lichtbogen- und Elektronenstrahlöfen) können Elemente mit hohem Dampfdruck (z.B. Mn, Cr, Cu, Sn) wirksam entfernt werden. Bild 2-4 zeigt schematisch das *Elektroschlacke-Umschmelzverfahren*.

2.3.2   Vergießungsverfahren; Desoxidieren

Nach dem Frischen ist der Sauerstoffgehalt und der Gehalt verschiedener anderer Verunreinigungen in der Stahlschmelze zu hoch. Wegen seiner stark schädigenden Wirkung (Versprödung, Alterungsanfälligkeit, Rotbrüchigkeit) muß er auf möglichst geringe Werte begrenzt werden. Der Sauerstoff liegt in Form von FeO in der Stahlschmelze vor. In Anwesenheit von Kohlenstoff reagiert FeO gemäß:

$$Fe + C \rightarrow CO + Fe.$$

Je mehr Kohlenstoff die Stahlschmelze enthält, desto größer ist die Menge des gebildeten Kohlenmonoxids, d.h., um so geringer ist der Sauerstoffgehalt des Stahles. Dieser Zusammenhang läßt sich vereinfacht durch die Beziehung $C \cdot O$ = konst. beschreiben. Niedriggekohlte Stähle ($\leq 0,1$ %) enthalten daher nach dem Frischen erhebliche Mengen Sauerstoff. Die z.B. bei Tiefziehblechen geforderten niedrigen C- und O-Gehalte sind nur mit sekundärmetallurgischen Maßnahmen wirtschaftlich erreichbar.

Das Entfernen des Sauerstoffs aus der Stahlschmelze bezeichnet man als *Desoxidation*. Der Vorgang beruht auf der gegenüber Eisen höheren Affinität bestimmter Elemente zu Sauerstoff:

Mn - V - C - Si - Ti - B - Zr - Ca - Al.

Bei dieser Behandlung wird abhängig von der Art der zugegebenen Desoxidationsmittel auch der gefährliche Stickstoff (TiN, BN, AlN) bzw. Kohlenstoff und Stickstoff in Form von Carbonitriden [Ti(CN), B(CN), Nb(CN)] gebunden. Der für das Auftreten der Heißrissigkeit verantwortliche Schwefel kann durch Mn und andere schwefelaffine Elemente (Ca, Ti, Ce, Zr) beseitigt werden. Die schon bei etwa 1000 °C schmelzende Verbindung FeS wird z.B. durch das Element Mn in die Verbindung MnS überführt, die einen deutlich höheren Schmelzpunkt aufweist als FeS:

$$FeS + Mn \rightarrow MnS + Fe.$$

Die Verbindung MnS schmilzt erst bei ≈ 1440 °C und kann sich schon primär aus der Schmelze und nicht erst als niedrigschmelzender Korngrenzenfilm kurz vor der Erstarrung ausscheiden. Dadurch wird die Heißrißbildung verhindert (siehe Abschn. 1.2.2). MnS ist plastisch verformbar, d.h., bei der Warmformgebung werden diese Schwefelverbindungen in Walzrichtung deutlich stärker verformt als quer dazu. Eine ausgeprägte Anisotropie vor allem der Zähigkeitseigenschaften ist die Folge. Für viele Anwendungsfälle (z.B. bei durch Kaltverformung als Fertigungsverfahren hergestellten Bauteilen) sind diese Zähigkeitsunterschiede nicht zulässig. Abhilfe wird durch Schwefelbindner erreicht, die nicht auswalzbare (spröde) Reaktionsprodukte liefern, wie z.B. CeS, TiS oder ZrS (siehe Abschn. 2.7.6.2).

2.3.2.1   Vergießen und Erstarren des Stahles

Der flüssige Stahl wird als *Standguß* in Form von Blöcken oder wesentlich häufiger als *Strangguß* vergossen. In einer sehr geringen Anzahl von Fällen ist allerdings der Standguß noch immer erforderlich, z.B. für:

– Stähle für Bauteile, deren Oberflächen emailliert werden, müssen die sehr verunreinigungsarme Oberfläche des unberuhigten Stahles haben,

– hochlegierte Werkzeugstähle,

– spezielle Edelstähle und spezielle NE-Metalle,

– und für große Schmiedestücke, die in besonders geformten Kokillen abgegossen werden müssen.

Bei dem früher üblichen Standguß wird der Stahl in Kokillen fallend oder steigend vergossen. Je nach dem Sauerstoffgehalt in der Stahlschmelze, d.h., abhängig von dem Grad der Desoxidation, unterscheidet man den *unberuhigt* (U), *beruhigt* (R) und *besonders beruhigt* (RR) erstarrten Stahl.

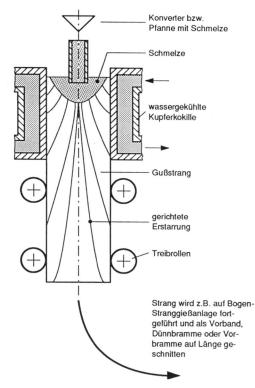

Konverter bzw. Pfanne mit Schmelze

Schmelze

wassergekühlte Kupferkokille

Gußstrang

gerichtete Erstarrung

Treibrollen

Strang wird z.B. auf Bogen-Stranggießanlage fortgeführt und als Vorband, Dünnbramme oder Vorbramme auf Länge geschnitten

Bild 2-5
Bogen-Stranggießanlage, schematisch.

Beim *Stranggießen* wird die Stahlschmelze in einer wassergekühlten Kupferkokille als kontinuierlicher Strang vergossen. In der Bundesrepublik Deutschland wird etwa 90 % der Rohstahlproduktion als Strangstahl hergestellt. Bild 2-5 zeigt schematisch die wichtigste Bauform, die Bogen-Stranggießanlage. Das Verfahren bietet gegenüber dem Standguß eine Reihe wesentlicher Vorteile:

– Durch die hohe Abkühlgeschwindigkeit werden homogene, seigerungsfreie, feinkörnige Stähle erzeugt.

– Das Ausbringen ist größer als beim Kokillenguß, da der "verlorene" Kopf nur einmal im gesamten Strang vorhanden ist.

– Das Herstellen endabmessungsnaher Flachprodukte verringert die Umformarbeit in den Walzwerken.

Stranggegossener Stahl muß beruhigt werden, weil die beim unberuhigten Stahl entstehenden CO-Blasen Porigkeit (vor allem an der Strangoberfläche) erzeugen würde. Strangguß ist dem Standguß in den meisten Fällen überlegen. In seltenen Fällen weist der unberuhigte Stahl noch bestimmte Vorteile auf.

Hochwertige Stähle werden in zunehmendem Umfang vakuumvergossen. Der extrem niedrige Gas- und Schlackengehalt ist die Ursache für ihre hervorragenden mechanischen Gütewerte.

2.3.2.2 Unberuhigt vergossener Stahl (Kennzeichen U)

Kennzeichen dieser Vergießungsart ist der in der Schmelze hochsteigende CO-Gasstrom, der aus der erneuten Reaktion des Kohlenstoffs mit dem FeO entsteht und die Ursache für die charakteristische Badunruhe des unberuhigt erstarrten Stahles ist. Als Folge verschiedener komplizierter Vorgänge ist das Gleichgewicht an der Phasengrenze Kokillenwand/Schmelze gestört. Die primäre Erstarrung der Schmelze an den Kokillenwandungen führt zu sehr kohlenstoffarmen, verunreinigungsarmen Mischkristallen, während sich die restliche Schmelze im Verlauf der Abkühlung mit Kohlenstoff und anderen niedrigschmelzenden Verunreinigungen anreichert. Das Ergebnis ist ein Stahl mit sehr ungleichmäßiger Verteilung der Legierungselemente und der Verunreinigungen im Bereich des Blockrandes und der Blockmitte. Die Entmischung bezeichnet man als **Blockseigerung**, den entmischten Stahl als *geseigert*. Die Gehalte an Phosphor und Schwefel in der Seigerungszone können drei bis viermal größer sein als der Durchschnittsgehalt. Die sehr saubere, verunreinigungsarme Randzone wird *Speck-schicht* genannt, Bild 2-6.

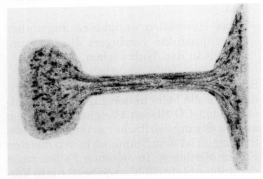

Bild 2-6
Phosphorseigerungen in einem unberuhigten Schie-nen-Profil.

Die geseigerten Werkstoffbereiche eines Halbzeugs werden dort an die Oberfläche "gedrückt", wo die Verformung der Halb-zeuge durch die Kaliberwalzen am größten war, d.h. im Bereich der kleinsten Verfor-mungsradien (Hohlkehlen). Daher sind Schweißarbeiten an Profilen aus unbe-ruhigten Stählen in den Hohlkehlen nicht oder mit großer Vorsicht durchzuführen. Bild 2-6 zeigt Phosphorseigerungen in ei-nem Schienen-Profil aus unberuhigt ver-gossenem Stahl.

2.3.2.3   Beruhigt vergossener Stahl (Kennzeichen R)

Durch Zugabe von Silicium (und Mn) liegt der Sauerstoff nicht als FeO, sondern als nicht mehr von Kohlenstoff reduzierbarem SiO_2 abgebunden vor. Die durch das hoch-steigende CO hervorgerufene Badunruhe des unberuhigten Stahles unterbleibt. In dem "ruhig", ohne größere Badbewegungen erstarrenden Stahl kommt es nur zu unwe-sentlichen Entmischungen. Die Seigerun-gen sind also nur schwach ausgebildet. Die chemische Zusammensetzung und damit die Eigenschaften sind über dem Erzeug-nisquerschnitt nahezu gleich.

Die Folge der blasenfreien Erstarrung in beruhigten Stählen sind aber größere, meist

zusammenhängende *Schwindungslunker*. Werden die Lunker im Blockwalzwerk nicht vollständig abgetrennt, dann entstehen beim Auswalzen im Halbzeug die gefürch-teten *Dopplungen*. Das sind großflächige Werkstofftrennungen, die das Walzprodukt praktisch unbrauchbar machen.

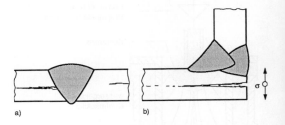

Bild 2-7
Entstehung von Werkstofftrennungen in Stählen mit hohem Einschlußgehalt unter der Wirkung von Schweißeigenspannungen,
a) bei einer Stumpfnaht,
b) bei einer Kehlnaht.

Die Desoxidationsprodukte (Silicium-Mangan-silikate, Tonerde u.a) sind vor allem bei hohen Auswalzgraden die Ursache einer leicht "run-zeligen" Blechoberfläche ("Apfelsinenhaut"), die insbesondere bei Tiefziehblechen sehr un-angenehm ist. Diese werden daher häufig aus unberuhigten oder aus niedriggekohlten be-sonders beruhigten Stählen hergestellt.

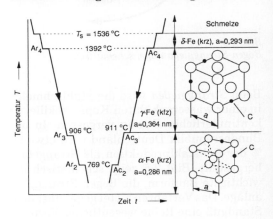

Bild 2-8
Abkühl- und Aufheizkurven von reinem Eisen. In den Elementarzellen des α- und γ-Gitters sind einige mögliche Lagen der Kohlenstoffatome (Positionen "C") angegeben.

Abgesehen vom Strangguß muß der Stahl in folgenden Fällen beruhigt vergossen werden:

– **Stahlguß:** Fertigteile aus Stahlguß werden nicht mehr durch Verfahren der Warmformgebung weiterbehandelt. Gaseinschlüsse, wie sie z.B. für einen unberuhigten Stahl charakteristisch sind, können nicht beseitigt werden.

– **Legierter Stahl:** Wegen der geforderten möglichst gleichmäßigen Verteilung der Legierungselemente *müssen* legierte Stähle beruhigt werden.

2.3.2.4 Besonders beruhigt vergossener Stahl (Kennzeichen RR)

Durch die zusätzliche Zugabe von Aluminium (auch andere Elemente wie Ti, Nb, V werden verwendet) wird der restliche Sauerstoff zu Al_2O_3 und der atomare Stickstoff zu AlN abgebunden. Die Stickstoffabbindung reduziert die Auswirkung der Verformungsalterung (Abschn. 3.2.1.2), verbessert die Tieftemperaturzähigkeit und erhöht die Sprödbruchsicherheit. Die AlN-Teilchen wirken über einen komplizierten Mechanismus als Keime, die die Sekundär-Korngröße des Stahles (genauer des Ferrits) wesentlich verringern. Das Ergebnis dieser Behandlung sind hochwertige, sehr verunreinigungsarme, gut schweißgeeignete *Feinkornbaustähle* (Abschn. 2.7.6.1).

Der die Zähigkeitseigenschaften maßgeblich beeinflussende Gehalt atomarer Gase ist im Werkstoff durch diese Behandlung sehr gering. Die Menge an Reaktionsschlacken z.B. MnS, Mangansilikate, Al_2O_3 u.a. dagegen relativ groß. Die Folge ist die Zunahme der Heißrißanfälligkeit in den Wärmeeinflußzonen von Schweißverbindungen. Die möglichen Werkstofftrennungen, die durch Verflüssigen der niedrigschmelzenden Reaktionsschlacken entstehen, sind eine sehr unangenehme Eigenschaft besonders beruhigter Stähle. Sie wird als *Spaltfreudigkeit* bezeichnet, Bild 2-7.

2.4 Das Eisen-Kohlenstoff-Schaubild (EKS)

Das Eisen-Kohlenstoff-Schaubild beschreibt als Gleichgewichts-Schaubild das Umwandlungsverhalten in realen Stahl-Werkstoffen nur mit begrenzter Genauigkeit. Es gilt nur für die unlegierten C-Stähle. Die weitgehende Wirkung der Legierungselemente sind nicht erkennbar. Hierfür sind die ZTU-Schaubilder entwickelt worden, die den Einfluß der Abkühlgeschwindigkeit und der Legierungselemente erfassen (Abschn. 2.5.3). Trotzdem ist das EKS ein wichtiges und grundlegendes Hilfsmittel zum Abschätzen des Erstarrungs- und Umwandlungsverhaltens und für den Praktiker von besonderer Bedeutung.

Mit den in Abschn. 1.6.1 besprochenen Grundtypen der Zustandsschaubilder ist das verhältnismäßig schwer "lesbare" Eisen-Kohlenstoff-Schaubild vollständig erfaßbar.

Die Gitteränderungen von reinem Eisen beim *Erwärmen* bzw. *Abkühlen* sind schematisch in Bild 2-8 dargestellt. Danach ergeben sich folgende thermodynamischen und werkstofflichen Besonderheiten:

– Eisen durchläuft nach der Erstarrung eine Reihe von Gitteränderungen. Sie sind verantwortlich für die herausragenden Eigenschaften des Stahles. Die größte Bedeutung besitzt die Umwandlung $\gamma \rightarrow \alpha$, das ist der für die Martensitbildung bei Stählen entscheidende Vorgang (Abschn. 1.4.3.1).

– Die beim Erwärmen (Ac) [21] auftretenden Haltepunkte unterscheiden sich von denen beim Abkühlen (Ar) [21]. Diese Erscheinung wird als *thermische Hysterese* bezeichnet.

– Zunehmende Abkühlgeschwindigkeit (siehe z.B. Bild 2-14) und Menge an Legie-

---

[21] Arret = Stillstand, c = chauffage = Erwärmen, r = refroidissement = Abkühlen.

rungselementen (siehe z.B. Bild 2-24) verschieben die Haltepunkte z.T. extrem zu tieferen Werten.

– Das *Covolumen* (das nicht von Atomen ausgefüllte Volumen der Elementarzelle) des α-Fe ist wegen der geringeren Packungsdichte kleiner als das des γ-Fe. Letzteres ist in Form weniger, aber größerer Teilvolumina aufgeteilt, daher ist die Löslichkeit emk-bildender Legierungselemente etwa 100 bis 1000 mal größer als im α-Gitter. Bild 2-8 zeigt einige wahrscheinliche Zwischengitterplätze für den Kohlenstoff in der krz und kfz Elementarzelle des Eisens.

– Die Beweglichkeit der Atome (Diffusion) ist dagegen von der Packungsdichte abhängig. Sie ist im "lockerer" geschichteten α-Fe größenordnungsmäßig um den Faktor 100 bis 1000 größer als im γ-Fe. Das ist die wichtigste Ursache für die grundsätzlich höhere thermische Stabilität der kfz austenitischen CrNi-Stähle (Abschn. 2.8.2.3) im Vergleich zu den krz ferritischen Cr-Stählen (Abschn. 2.8.2.2).

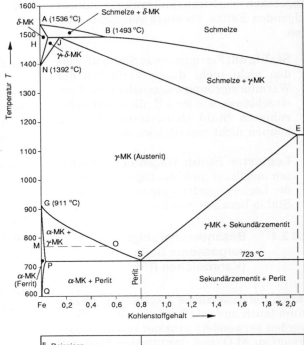

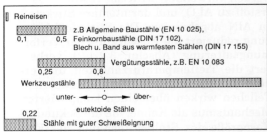

Der Kohlenstoff ist das wichtigste Legierungselement des Stahles. Er ist im α-, γ- und δ-Eisen auf Zwischengitterplätzen eingelagert. Seine Löslichkeit ist daher sehr begrenzt. Lediglich das γ-Fe kann bis zu 2,06 % Kohlenstoff lösen, Bild 2-9. Kohlenstoff ist in den meisten Fe-C-Legierungen als Fe_3C enthalten. Er ist also nicht in der thermodynamisch beständigsten Form, sondern in der metastabilen als Fe_3C vorhanden.

Technische Eisen-Legierungen enthalten bis ca. 5 % Kohlenstoff (Gußlegierungen). Höhere Gehalte werden wegen der vollständigen Versprödung durch Zementit technisch nicht genutzt. Kohlenstoff erweitert den γ-Bereich, ist also austenitstabilisierend, Bild 2-9, Punkt E und Bild 2-39.

Bild 2-9
Ausschnitt des Eisen-Kohlenstoff-Schaubildes (EKS) für metastabile (Fe-Fe$_3$C) Ausbildung des Kohlenstoffs.

Die während der Abkühlung entstehenden Gefügeänderungen sind in Bild 2-10 für drei ausgewählte Legierungen L_1, L_2, L_3 dargestellt. Daraus ergibt sich folgende vereinfachte Einteilung der Fe-C-Legierungen:

– **Untereutektoide Stähle:** $C \leq 0,8\%$. Ihr Gefüge besteht aus Ferrit und Perlit. Mit zunehmendem Gehalt des harten Kristallgemisches Perlit (α-MK und Fe_3C) nimmt die Stahlfestigkeit zu. Stähle mit $C \leq 0,20\%$ sind wegen ihrer guten Zähigkeitseigenschaften gut bis sehr gut schweißgeeignet, Bild 1-25.

– **Übereutektoide Stähle:**
0,8 < C ≤ 2,06 %. Ihr Gefüge ist je nach Wärmebehandlung perlitisch mit Sekundärzementit, der entweder eingelagert (weichgeglüht) oder als Schalenzementit (normalgeglüht) vorliegt. In martensitischen Gefügen entsteht der Zementit durch Anlassen, in bainitischen als Folge der Bildungsbedingungen, d.h. der Abkühlung, Bild 2-10.

– **Gußlegierungen:** C > 2,06 % bis 5 %, meist aber im Bereich des Eutektikums (= Ledeburit, C = 4,3 %). Mit dem Auftreten des harten, Ledeburits ist selbst ein Warmverformen nicht mehr möglich. Diese Werkstoffe bezeichnet man definitionsgemäß als Gußlegierungen, nicht mehr als Stähle. Bild 2-11.

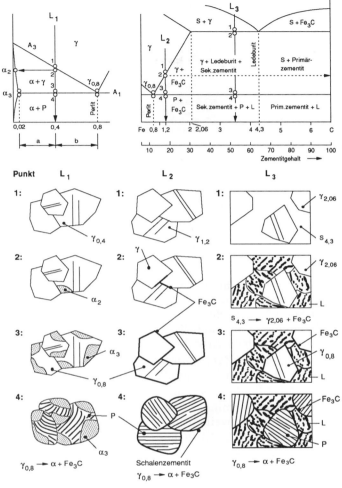

Beispiel für die Berechnung der Gefügeanteile mit Hilfe des Hebelgesetzes für Legierung 1 bei Raumtemperatur:

Perlit: $\frac{a}{a+b} \cdot 100\% = 50\%$ Ferrit: $\frac{b}{a+b} \cdot 100\% = 50\%$

Bild 2-10
Umwandlungsvorgänge beim Abkühlen in drei ausgewählten Fe-C-Legierungen, L_1, L_2, L_3. Die Gefügeskizzen sind stark schematisiert.

2.5 Die Wärmebehandlung der Stähle

Wärmebehandlungen sind Verfahren oder auch die Kombination mehrerer Verfahren, bei denen ein Werkstück im festen Zustand Temperaturänderungen unterworfen wird, um bestimmte Werkstoffeigenschaften abzuschwächen und(oder) zu erzeugen. Folgende Werkstoffeigenschaften können geändert werden:

– Erhöhen der *Festigkeit* bzw. Verbessern des *Verformungsvermögens* (z.B. Härten, Normalglühen, Weichglühen),

– Beseitigen des *Eigenspannungszustandes* (z.B. Spannungsarmglühen),

– Beseitigen der *Auswirkung einer Kaltverformung* (z.B. Rekristallisationsglühen, Spannungsarmglühen),

– Verändern der *Korngröße,* (z.B. Normalglühen, Rekristallisationsglühen),

– Einstellen bestimmter *erwünschter* Gefügezustände, (z.B. Härten, Normalglühen).

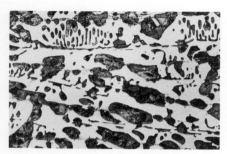

Bild 2-11
Untereutektisches Gußeisen mit primär in Perlit zerfallenen γ-MK und Ledeburit, V=200:1, 2% HNO₃

Mit Wärmebehandlungen geschweißter Konstruktionen werden in vielen Fällen spezielle Eigenschaftsänderungen erzeugt, die auf den Besonderheiten des Schweißprozesses beruhen:

– Verringern der durch die hohe *Abkühlgeschwindigkeit* bewirkten Härte der wärmebeeinflußten Bereiche der Schweißverbindung. Die Kaltrißgefahr (Abschn. 3.5.1.6) wird dadurch wirksam vermindert.

– Verbessern des *Zähigkeitsverhaltens* der WEZ, vor allem bei sprödbruchbegünstigender Beanspruchung.

– Wirksames Vermindern des *Wasserstoffgehaltes* im Schweißgut und der WEZ.

– Vermindern des gefährlichen *Eigenspannungszustandes*.

– Vermindern des *Bauteilverzuges*.

Die Wärmebehandlungsverfahren teilt man abhängig von der Art ihres Temperatur-Zeit-Verlaufs und ihrer eigenschaftsändernden Wirksamkeit ein in die zwei Hauptgruppen

– **Glühen,**
– **Härten (und Vergüten).**

Die **Glühbehandlungen** verändern das Gefüge und die Eigenschaften des Werkstoffs in Richtung des thermodynamischen Gleichgewichts. Die Abkühlung von der Wärmebehandlungstemperatur muß daher ausreichend langsam erfolgen. Beim **Härten** (Abschn. 2.5.2.1) dagegen wird der austenitisierte Stahl mit der von seiner chemischen

Zusammensetzung abhängigen kritischen oberen (bzw. unteren) Abkühlgeschwindigkeit abgekühlt, damit das Ungleichgewichtsgefüge *Martensit* entsteht.

Ein wichtiges Kennzeichen jeder Wärmebehandlung ist die meistens sehr genau einzuhaltende *Temperatur-Zeit-Führung*, Bild 2-12.

Bei technischen Wärmebehandlungsverfahren können alle den Temperatur-Zeit-Zyklus bestimmenden Größen (Aufheiz-, Abkühlgeschwindigkeit, Haltezeit) sehr genau eingehalten werden, bei der "Wärmebehandlung" Schweißen ist das weitgehend unmöglich bzw. unerwünscht, Bild 2-12. Temperatur*änderungen* in der Schweißverbindung lassen sich wirksam nur durch Wärmevor- bzw. nachbehandlungen herbeiführen, die um Größenordnungen kürzere "Haltezeit" läßt sich dagegen kaum verän-dern.

Die Temperatur-Zeit-Führung bei der Wärmebehandlung muß werkstoff- und bauteilgerecht erfolgen. Aus wirtschaftlichen Gründen sollte die Wärmebehandlung möglichst *rasch* erfolgen. In den meisten Fällen zwingen aber sicherheitstechnische Überlegungen, sehr geringe Aufheiz- und bei Glühbehandlungen auch geringe Abkühlgeschwindigkeiten anzuwenden. Hinzu kommt, daß:

– die erwünschte gleichzeitige Erwärmung von Rand und Kern auf die erforderliche Solltemperatur physikalisch nicht möglich ist, wenn die Erwärmung des Bauteils durch *Wärmeübertragung* erfolgt, Bild 2-12a. Als Folge entstehen durch diese unvermeidbaren Temperaturdifferenzen zwischen Rand und Kern stark rißbegünstigende Eigenspannungszustände.

– mit zunehmendem Legierungsgehalt die Wärmeleitfähigkeit der Stähle erheblich abnimmt. Die Rißanfälligkeit wird dadurch bei jeder Wärmebehandlung deutlich größer. In kritischen Fällen muß daher die Erwärmungs- und Abkühlgeschwindigkeit auf Werte von etwa 30 °C/h bis 50 °C/h begrenzt werden.

Bei Wärmebehandlungen, deren Solltemperaturen oberhalb von Ac$_3$ liegen (z.B. Normalglühen, Härten), ist eine ausreichende Haltedauer für die notwendige Homogenisierung des Austenits wichtig. Sie läßt sich für die Praxis genügend genau durch folgende Beziehung abschätzen:

$$\frac{t_H}{\min} = 20 + \frac{s}{2 \cdot \mathrm{mm}}.$$

Für eine Werkstückdicke von z.B. s = 80 mm ergibt sich danach eine Haltezeit von
t_H = (20 + 40) min = 1h.

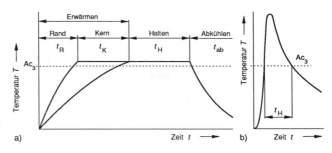

Bild 2-12
Temperaturführung beim Wärmebehandeln im weiteren Sinn, schematisch.
a) Temperaturführung bei technischen Wärmebehandlungsverfahren (Beispiel für Stahl und einem Verfahren, bei dem die Solltemperatur über Ac$_3$ liegt: z.B. Normalglühen, Härten): die Haltezeiten t_H liegen im Bereich von einigen Zehn Minuten, die Aufheiz- und Abkühlgeschwindigkeiten müssen abhängig vom Verfahren i.a. sehr genau eingehalten werden. Sie sind außer beim Härten meistens sehr gering.
b) Typische Temperaturführung beim Schweißen: die Haltezeiten t_H liegen im Bereich von Sekunden, die Aufheiz- und Abkühlgeschwindigkeiten oft bei einigen 100 K/s.

2.5.1   Glühbehandlungen

2.5.1.1   Spannungsarmglühen

Temperaturdifferenzen innerhalb eines Bauteils mit der Folge örtlicher plastischer Verformungen erzeugen (Eigen-)Spannungszustände, die zu Verzug, einschneidenden Änderungen der mechanischen Gütewerte des Werkstoffs oder zu Werkstofftrennungen führen können (Abschn. 3.3.2). Die beim Schweißen entstehenden zum Teil extremen örtlichen Temperaturdifferenzen führen insbesondere bei dickwandigen Konstruktionen zu den gefährlichen dreiachsigen Spannungen, die eine wesentliche Voraussetzung für das Entstehen spröder, instabiler Brüche (Sprödbruch, Abschn. 3.4) sind.

Ein Spannungsarmglühen geschweißter Bauteile bietet demnach folgende Vorteile:

– Der sprödbruchbegünstigende dreiachsige Spannungszustand wird abgebaut. Bei hohen Anforderungen an die zulässigen Toleranzen bei spangebender Bearbeitung müssen die geschweißten Teile ebenfalls spannungsarmgeglüht werden. Das zunächst bestehende Gleichgewicht zwischen den Druck- und Zug-Eigenspannungen würde sonst durch Abarbeiten zusammenhängender Werkstoffbereiche gestört, d.h., das Bauteil verformt sich *während der Bearbeitung*.

– Erniedrigen der Härte in der WEZ von Stahlschweißverbindungen (*"Anlaßglühen"*).

– Verringern des Gehalts an atomarem Wasserstoff, wenn die Wärmebehandlung unmittelbar *nach* dem Schweißen erfolgt (Abschn. 3.5.1.1 und 3.5.1.6).

– Beseitigen der Auswirkungen eventueller Kaltverformungen (Versprödung, siehe Abschn. 1.3.3).

– Abnahme der Empfindlichkeit gegenüber der *Spannungsrißkorrosion*.

– Zunahme der Zähigkeit, z.B. der Bruchzähigkeit und damit der Erhöhung des Rißwiderstandes der Konstruktion.

Die Wirksamkeit des Verfahrens beruht auf der Abnahme der Festigkeitseigenschaften mit zunehmender Temperatur, Bild 2-13.

Unlegierte C-Mn-Stähle werden zwischen 600 °C und 650 °C je mm Wanddicke 2 min durch Flammwärmen, Induktionswärmen oder mit Wärmestrahlern spannungsarmgeglüht. Die Erwärmungsgeschwindigkeit sollte einstellbar und die Ofenatmosphäre möglichst neutral sein.

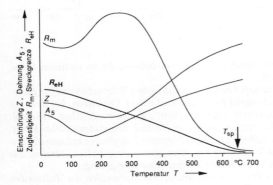

Bild 2-13
Abhängigkeit verschiedener Werkstoffkennwerte von der Temperatur, schematisch. T_{sp} ist die Spannungsarmglühtemperatur.

In der Regel werden geschweißte Verbindungen aus un- und niedriglegierten Stählen spannungsarmgeglüht. Mit zunehmendem Legierungsgehalt besteht die Gefahr, daß während der Wärmebehandlung Ausscheidungen entstehen, die die Zähigkeit beeinträchtigen. In vanadiumlegierten Stählen besteht außerdem die Gefahr, daß sich *Wiedererwärmungsrisse* ("reheat cracking", Abschn. 2.7.4) bilden. Grundsätzlich wird der Spannungsabbau mit zunehmender Temperatur vollständiger, die metallurgische Qualität nimmt aber tendenziell ab. Die höherfesten normalisierten, insbesondere aber die vergüteten Feinkornbaustähle werden aus diesen Gründen im Bereich 550 °C ... 580 °C geglüht.

Die Glühdauer ist wie bei allen Wärmebehandlungsverfahren weniger kritisch als die Glühtemperatur. Sie ist dem der betreffenden Fertigung zugrunde liegenden Regelwerk zu entnehmen. Für den Bereich

des Kesselbaus gilt z.B. die von der Erzeugnisdicke abhängige Glühdauer, Tabelle 2-2.

Erzeugnisdicke mm	Glühdauer min, mind.
≥ 15	15
> 15 bis 30	30
> 30	60

Tabelle 2-2
Glühdauer in Abhängigkeit von der Erzeugnisdicke, nach VdTÜV-Merkblatt 451-82/1.

Die nach VdTÜV-Merkblatt anzuwendenden Glühtemperaturen für eine Reihe artgleicher Schweißverbindungen sind in Tabelle 2-3 zusammengestellt.

Stahlsorte	Glühtemperatur °C
St 35.8 - St 45.8 C 22.3 - C 22.8 HI - H II - 17 Mn 4	520 bis 600
19 Mn 5 - 19 Mn 6 15 Mo 3 13 CrMo 44 10 CrMo 9 10 14 MoV 63 X 20 CrMoV 12 1	520 bis 580 530 bis 620 600 bis 700 650 bis 750 690 bis 730 720 bis 780
12 MnNiMo 55 13 MnNiMo 54 11 NiMoV 53	530 bis 590
Feinkornbaustähle nach SEW 089	530 bis 580

Tabelle 2-3
Glühtemperaturen für ausgewählte artgleiche Schweißverbindungen, nach VdTÜV-Merkblatt 451-82/1.

Nach dem Spannungsarmglühen bleiben im Bauteil lediglich Eigenspannungen zurück, deren Größe die von der Glühtemperatur abhängige sehr geringe Warmstreckgrenze nicht überschreitet.

Ein örtlicher Spannungsabbau ist möglich, wenn ein ausreichend breiter Werkstoffbereich erwärmt wird. Für Rundnähte im Kessel- und Apparatebau muß die Breite *B* der erwärmten Zone betragen:

$$B \geq 5 \cdot \sqrt{R \cdot t}$$

R = mittlerer Durchmesser des Behälters
t = Wanddicke.

2.5.1.2   Normalglühen

Als Ergebnis dieser Wärmebehandlung entsteht unabhängig von der thermischen und der verarbeitungstechnischen Vorgeschichte des Werkstoffs ein neues sehr feinkörniges Gefüge, das als das "normale" Gefüge jedes umwandlungsfähigen Stahles angesehen werden kann.

Abgesehen vom Vergüten (Abschn. 2.5.2), erzielt man mit dem Normalglühen bei unlegierten Stählen hohe Festigkeitswerte verbunden mit hervorragender Zähigkeit.

Untereutektoide Stähle werden hinreichend schnell auf Temperaturen erwärmt, die nur wenig über Ac_3 liegen. Das Abkühlen geschieht je nach Werkstückgröße an ruhender Luft oder mit bewegter Luft. Die Wirksamkeit des Normalglühens beruht im wesentlichen auf dem zweimaligen Umkörnen des Gefüges beim Aufheizen ($\alpha \rightarrow \gamma$) und Abkühlen ($\gamma \rightarrow \alpha$). Die beim Erwärmen nicht vollständig gelösten Zementitlamellen des Perlits wirken keimbildend und erzeugen so ein feinkörniges austenitisches Gefüge, aus dem während der beim Abkühlen stattfindenden $\gamma \rightarrow \alpha$-Umwandlung das gewünschte feinkörnige ferritisch-perlitische Gefüge entsteht.

Wie bei jeder über Ac_3 erfolgenden Wärmebehandlung muß ein Wachsen der γ-Körner durch

- *Überhitzen* (die Glühtemperatur ist wesentlich größer als Ac_3) und(oder)
- *Überzeiten* (die notwendige Haltezeit wird wesentlich überschritten)

möglichst vermieden werden.

Da das Normalglühen

- erhebliche Kosten verursacht,
- zum Verzundern des Glühguts führt, und
- aufwendiges Unterbauen dünnwandiger Teile erfordert,

wird es in der Praxis nur in begrenztem Umfang angewendet.

Stahl(form)guß wird wegen seiner relativ schlechten mechanischen Gütewerte, verbunden mit grobem WIDMANSTÄTTENschem Gefüge fast immer normalgeglüht. Das gilt vor allem für Stahlguß, der geschweißt wird. Große Schmiedestücke und dickwandige Walzwerkserzeugnisse, die als Folge einer langsamen Abkühlung oder(und) eines zu geringen Durchschmiedungsgrades grobkörnig sind, werden ebenfalls normalgeglüht. In besonderen Fällen müssen auch hochbeanspruchte Schweißkonstruktionen des Kessel- und Apparatebaus nach bestimmten Behandlungen (z.B. Kaltverformung oder Wärmebehandlung bei zu niedrigen Temperaturen) oder konstruktiven Gegebenheiten (z.B. Wanddicke $t > 30$ mm) gemäß den Vorschriften der Abnahme- und Klassifikationsgesellschaften normalgeglüht werden.

2.5.2   Härten und Vergüten

2.5.2.1   Härten

Nach DIN 17 014 ist Härten eine Wärmebehandlung, bei der von Temperaturen oberhalb Ac_3 mit einer Geschwindigkeit abgekühlt wird, daß oberflächlich oder durchgreifend eine erhebliche Härtesteigerung, in der Regel durch Martensitbildung erfolgt.

Mit zunehmender Abkühlgeschwindigkeit des Austenits wird die Diffusion der Legierungselemente und vor allem des Kohlenstoffs zunehmend erschwert. Die Bildung der Gleichgewichtsgefüge gemäß dem Eisen-Kohlenstoff-Schaubild (Bild 2-9) ist nicht mehr möglich. Es entsteht abhängig von der Abkühlgeschwindigkeit (also vom Umfang der Diffusionsbehinderung) eine große Anzahl verschiedenartigster Nichtgleichgewichtsgefüge, die z.T. wesentlich härter und spröder aber auch zäher sein können als die Gleichgewichtsgefüge, siehe auch Bild 2-14. Zunehmende Abkühlgeschwindigkeit führt zu folgenden Ungleichgewichtszuständen:

– *Perlitische Gefüge* mit abnehmender Dikke der Zementitlamellen.
– *Bainitische Gefüge* (oberer, unterer, körniger *Bainit*. Diese Gefügeart bildet sich im Temperaturbereich zwischen der Perlit- und der Martensitstufe. Aus diesem Grunde wurde es vor allem im deutschsprachigen Raum anschaulich als *Zwischenstufe* bezeichnet. Die internationale Bezeichnung ist bereits seit längerer Zeit Bainit.
– *Martensit.*

Das Härtegefüge Martensit entsteht erstmals bei der nur von der chemischen Zusammensetzung des Stahles abhängigen M_s-Temperatur zusammen mit bainitischen oder(und) perlitischen Gefügen. Oberhalb der oberen kritischen Abkühlgeschwindigkeit v_{ok} besteht das Gefüge nur noch aus Martensit. Ausführlichere Hinweise zu den Grundlagen der Martensitbildung sind in Abschn. 1.4.3.1 zu finden.

Die mit zunehmender Abkühlgeschwindigkeit stattfindenden Änderungen des Umwandlungsverhaltens sind beispielhaft für einen unlegierten Stahl im Bild 2-14 schematisch dargestellt. Grundsätzlich werden die Umwandlungspunkte zu tieferen Temperaturen verschoben:

$$Ar_3 \rightarrow Ar' \rightarrow Ar_z \rightarrow M_s \rightarrow M_f.$$

Mit zunehmender Abkühlgeschwindigkeit fällt Ar_3 deutlich stärker als Ar_1, so daß sich bei $v_{ab} > v_F$ ein ferritfreies, sehr feinstreifiges im Lichtmikroskop kaum auflösbares perlitisches Gefüge ergibt. Vergleichbare Umwandlungsvorgänge laufen auch in der WEZ von Schmelzschweißverbindungen aus Stahl

ab (Abschn. 4.1.3). Der austenitisierte Teil der WEZ kühlt abhängig vom Abstand von der Schmelzgrenze mit sehr unterschiedlicher Geschwindigkeit ab: an der Schmelzgrenze mit einigen Hundert K/s, im Bereich um Ac_1 ist sie etwa eine Größenordnung geringer. Im Bereich der Schmelzgrenze ist daher bei Stahl die Bildung von Ungleichgewichtsgefügen charakteristisch, die Entstehung von Martensit also leicht möglich (Abschn. 4.1.3).

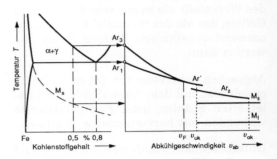

Bild 2-14
Einfluß der Abkühlgeschwindigkeit auf das Umwandlungsverhalten eines unlegierten Stahls (0,5 %C). Beachte die Verschiebung der Umwandlungstemperatur bei der γ/α-Umwandlung zu immer tieferen Temperaturen.

Die Neigung umwandlungsfähiger Stähle, nach einem beschleunigten Abkühlen zu härten, bezeichnet man als **Härtbarkeit**. Dieser Begriff enthält die beiden wichtigen Teileigenschaften

– Aufhärtbarkeit und
– Einhärtbarkeit.

Die **Aufhärtbarkeit** beschreibt die nur vom Kohlenstoffgehalt abhängige maximal erreichbare Härte (*"Ansprunghärte"*), Bild 2-15 (siehe auch Bild 1-37). Diese läßt sich annähernd nach der Formel berechnen:

$$HV_{max} = 283 + 930 \ \%C.$$

In der WEZ einer Schweißverbindung aus dem als gut schweißgeeignet bekannten Bau-stahl St 52-3 (C ≈ 0,2 %) können demnach bei einem nur aus Martensit bestehendem Gefüge Härtewerte von etwa 470 HV_{max} entstehen. Härterisse und(oder) wasserstoffinduzierte Kaltrisse (Abschn. 3.5.1.6) wären in diesem Fall unvermeidbar.

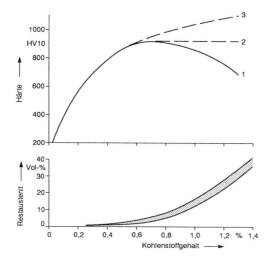

Bild 2-15
Einfluß des Kohlenstoffgehaltes auf die Maximalhärte und den Restaustenitgehalt reiner FeC-Legierungen nach üblicher Härtung (Stähle mit C ≤ 0,8 % 20 °C bis 30 °C über Ac₃, Stähle mit C > 0,8 % 20 °C bis 30 °C über Ac₁). Siehe auch Bild 1-37.
1) Abschrecken aus dem γ-Gebiet auf 0 °C (gesamter C-Gehalt ist gelöst!). Mit zunehmendem Gehalt an Restaustenit fällt die Härte.
2) Abschrecken aus dem (γ+Fe₃C)-Gebiet auf 0 °C. Die Härte wird überwiegend durch die Martensithärte bestimmt, weniger durch die eingelagerten Fe₃C-Teilchen.
3) Der gesamte C wird im γ-MK gelöst. Durch Abschrecken unter Mf entsteht 100 % Martensit.

Die **Einhärtbarkeit** wird meistens durch die Einhärtetiefe (ET) und den Härteverlauf abhängig vom Randabstand einer gehärteten Probe gekennzeichnet. Sie wird überwiegend von den Legierungselementen, wesentlich weniger vom Kohlenstoff beeinflußt. Mit zunehmendem Legierungsgehalt sinkt die kritische Abkühlgeschwindigkeit und die M_s-Temperatur, und die Schweißeignung nimmt ab.

Man bezeichnet daher (härtbare) Stähle auch nach der Höhe ihrer kritischen Abkühlge-

schwindigkeit, d.h. nach dem für eine Härtung erforderlichen Abschreckmittel als:

– **Schalenhärter (Randhärter oder Wasserhärter):**

unlegierte Stähle, die zum Härten i.a. in Wasser abgeschreckt werden müssen. Wegen der sehr hohen kritischen Abkühlgeschwindigkeit wird nur eine dünne Randschicht von etwa 5 mm martensitisch. Ihr Gehalt an Kohlenstoff ist gering.

– **Ölhärter:**

Niedriglegierte Stähle erlauben das Härten in Härteölen, die eine deutlich geringere Abschreckwirkung haben.

– **Lufthärter:**

hochlegierte Stähle, deren kritische Abkühlgeschwindigkeit im Bereich der Abkühlgeschwindigkeit in ruhender (bewegter) Luft liegt. Bei einem entsprechenden Kohlenstoffgehalt (C ≤ 0,15 % bis 0,20 %) ist die Schweißeignung schlecht bis extrem schlecht.

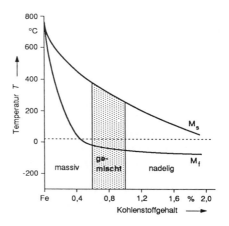

Bild 2-16
Abhängigkeit der M_s- und M_f-Temperatur bei reinen C-Stählen, nach ECKSTEIN.

In dem mit v_{ok} abgekühlten Austenit beginnt die Martensitbildung bei M_s, bei M_f ist sie beendet. Das Gefüge besteht dann vollständig aus Martensit und besitzt seine maximal mögliche Härte (und Sprödigkeit!), siehe auch Bild 1-37.

Nahezu alle Legierungselemente und vor allem der Kohlenstoff erniedrigen die M_s (M_f-)Temperatur (Bild 2-24) und die kritische Abkühlgeschwindigkeit (Bild 1-34). Die Martensitbildung legierter und(oder) höhergekohlter Stähle erfordert eine größere Unterkühlung (M_s tiefer!), andererseits nimmt durch Behinderung der C-Diffusion die kritische Abkühlgeschwindigkeit ab. Bild 2-16 zeigt den großen Einfluß des Kohlenstoffs auf die M_s- bzw. M_f-Temperatur.

Für niedrig- und mittellegierte Stähle kann nach STUHLMANN die M_s-Temperatur mit folgender Formel annähernd berechnet werden:

$$M_s[°C] = 550 - 350 \cdot \%C - 40 \cdot \%Mn - 20 \cdot \%Cr - 10 \cdot \%Mo - 17 \cdot \%Ni - 10 \cdot \%Cu + 15 \cdot \%Co + 30 \cdot \%Al.$$

Beispiel: Für den Feinkornbaustahl StE 690 mit der Schmelzenanalyse 0,19 % C, 0,26 % Si, 0,75 % Mn, 0,70 % Cr, 0,38 % Mo, 2,25 % Ni, 0,12 % V. ergibt sich aus dem ZTU-Schaubild (z.B. Bild 4-58) M_s = 400 °C. Die Beziehung nach STUHLMANN liefert:
M_s = 550 - 350·0,19 - 40·0,75 - 20·0,70 - 10·0,38 - 17·2,25 = 398,5 °C. Die Übereinstimmung ist sehr zufriedenstellend.

Die M_s-Temperatur kann bei Stählen bestimmter Zusammensetzung als Richtgröße für eine werkstofflich begründete Wahl der Vorwärmtemperatur beim Schweißen dienen (Abschn. 4.1.3.2.2).

Die mit abnehmendem C-Gehalt stark zunehmende M_s-Temperatur, Bild 2-16, führt bei niedriggekohlten Stählen schon während der Martensitbildung zu einem begrenzten Anlaßeffekt ("Selbstanlassen"), dessen günstige Wirkung aber nicht überschätzt werden darf (Abschn. 2.7.2).

Im Vergleich zu hochgekohltem Martensit ist niedriggekohlter deutlich geringer verspannt, also wesentlich weniger rißanfällig:

– Die im Martensit eingelagerte C-Menge, also die rißbegünstigende Gitterverspannung ist geringer. Die günstigen Festigkeits-, Zähigkeits- und Schweißeigenschaften sind der Grund für die zunehmende Verwendung hochfester niedriggekohlter Stähle für dynamisch hochbeanspruchte Konstruktionen. Ihr Gefüge besteht aus hochangelassenem Martensit (Abschn. 2.7.6). Bild 2-17 zeigt das Mikrogefüge eines niedriggekohlten Martensits, der im Gegensatz zum höhergekohlten massiven Martensit (Bild 1-38) auch als *Lattenmartensit* bezeichnet wird.

– Mit zunehmendem Legierungsgehalt sinken die M_s- und M_f-Temperatur, der Restaustenitgehalt nimmt kontinuierlich zu, Bild 2-15. Diese Erscheinung ist bei den schweißgeeigneten Stählen relativ bedeutungslos. Bei den Vergütungs- und Werkzeugstählen ist aber die Anwesenheit des sehr weichen Restaustenits stark schädigend.

Bild 2-17
Mikrogefüge eines niedriggekohlten Lattenmartensits. Werkstoff: niedriglegierter Feinkornbaustahl mit 0,03 %C. V = 500:1, 3 % HNO_3.

Durch das Selbstanlassen liegt ein (geringer) Teil des im Martensit gelösten Kohlenstoffs bereits in Form ausgeschiedener Carbide vor, Bild 2-17. Das Mikrogefüge des niedriggekohlten Martensits wird daher wegen der zahlreichen feinsten Carbidausscheidungen "dunkel" angeätzt, im Gegensatz zum hochgekohlten, der im Schliffbild nahezu konturlos "weiß" erscheint, Bild 1-38.

2.5.2.2 Vergüten

Der gehärtete Stahl ist wegen seiner extremen Härte und Sprödigkeit ("Glashärte") nicht verwendbar. Der zwangsgelöste Kohlenstoff kann durch eine **Anlassen** genannte Wärmebehandlung unter Ac_1 erneut diffundieren und das tetragonal verspannte Martensitgitter in Form feinster Carbidausscheidungen verlassen. Durch diese Wärmebehandlung nehmen Festigkeit und Härte ab, die Zähigkeit z.T. stark zu. Der Martensit wird in Richtung eines gleichgewichtsnäheren Gefüges überführt.

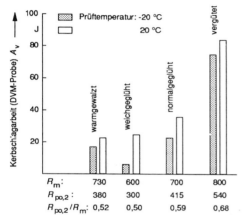

Bild 2-18
Einfluß des Gefüges (erzeugt mit verschiedenen Wärmebehandlungen) auf einige mechanische Gütewerte des Stahles Ck 45, nach VETTER.

Die kombinierte Behandlung Härten und Anlassen wird als **Vergüten** bezeichnet.

Bemerkenswert ist der große Einfluß des Gefüges auf die Zähigkeit. Bild 2-18 zeigt deutlich die Wirkung der mit verschiedenen Wärmebehandlungen eingestellten Gefüge auf die Kerbschlagarbeit eines unlegierten Stahles (Ck 45). Die Überlegenheit des vergüteten Gefüges, in dem die Gefügebestandteile extrem fein verteilt vorliegen, ist offensichtlich. Die Feinheit des Gefüges hängt aber in entscheidendem Maße von den Bauteilabmessungen ab, d.h. von der Art der wirksamen bzw. technisch möglichen Temperaturführung.

Die während des Anlassens bei verschiedenen Temperaturen stattfindenden Änderungen der mechanischen Gütewerte eines gehärteten Vergütungsstahles werden in Vergütungsschaubildern dargestellt, z.B. Bild 2-19. Die für die Bauteilsicherheit wichtigen Zähigkeitseigenschaften sind aber nur dann in vollem Umfang vorhanden, wenn der Stahl nach dem Härten möglichst nur aus Martensit besteht. Enthält das Vergütungsgefüge auch nur geringe Mengen anderer Gefügebestandteile (z.B. Perlit, Bainit und vor allem Ferrit), dann fällt die Zähigkeit z.T. erheblich. Das kann z.B. durch eine zu geringe Abkühlgeschwindigkeit oder zu tiefe Härtetemperaturen geschehen.

Je nach Werkstoff und gewünschter Kombination von Festigkeit und Zähigkeit für das Bauteil liegt die Anlaßtemperatur zwischen

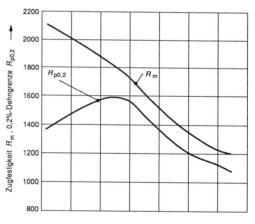

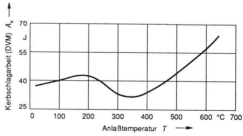

Bild 2-19
Vergütungsschaubild des hochfesten Vergütungsstahles 38 Ni Cr Mo V 7 3.
Wärmebehandlung: 850 °C / Öl / 2h Anlassen, nach VETTER.

550 °C und 650 °C. Mit dieser Behandlung wird ein hohes Streckgrenzenverhältnis verbunden mit hoher Zähigkeit erreicht, Bild 2-19.

Die genaue Einhaltung der Anlaßtemperatur ist wesentlich entscheidender als die der Anlaßzeit, die im Bereich einiger Stunden liegt. Als Ergebnis einer Vergütung entsteht ein

– *wasservergüteter,*

– *ölvergüteter* oder

– *luftvergüteter* Stahl,

je nachdem, welches Härtemittel verwendet wurde.

Die Betriebstemperatur eines aus einem vergüteten Stahl gefertigten Bauteils muß unterhalb der Anlaßtemperatur liegen. Andernfalls ist ein von der Zeit abhängiger Festigkeitsabfall die Folge, der um so rascher erfolgt, je schneller sich der Kohlenstoff aus dem Martensitgitter ausscheiden kann. Die große Beweglichkeit des Carbidbildners Eisen ist die Ursache für die schnelle Bildung und Ausscheidung des unlegierten Fe_3C. Die **Anlaßbeständigkeit** unlegierter Stähle ist daher gering. In Stählen, die starke Carbidbildner wie z.B. Cr, Mo, V, W enthalten, scheiden sich bis etwa 400 °C ebenfalls überwiegend Fe_3C-Teilchen aus. Bei weiterer Temperaturzunahme nimmt aber die Beweglichkeit der Carbidbildner soweit zu, daß sich die thermodynamisch stabileren *Sondercarbide* bilden und in sehr feiner Form ausscheiden. Dieser Vorgang ist mit der Auflösung der bereits gebildeten Eisencarbide verbunden. Die sehr geringe Diffusionsfähigkeit der Carbidbildner ist damit die Ursache für die hervorragende Anlaßbeständigkeit und Warmfestigkeit (Abschn. 2.7.3) der mit Sondercarbidbildnern legierten Stähle.

Das Vergütungsergebnis, d.h., die Vergütungsfestigkeit und die Vergütungszähigkeit hängen von dem beim Härten erreichten Martensitgehalt ab. Dieser ist abhängig von der Einhärtbarkeit, dem Abschreckmedium und der Werkstückdicke. Zum Bestimmen des Martensitgehaltes hat sich in der Praxis der *Härtungsgrad* bewährt. Er ist das Verhältnis der erreichten zur maximal möglichen Härte. In dickwandigen Werkstücken ist das gewünschte Härtegefüge im Kern meistens nicht oder nur mit höherlegierten Stählen einstellbar. Die hier vorliegenden Mischgefüge sind aber in der Regel "anlaßfähig", d.h., sie ändern ihre Eigenschaften durch Carbidausscheidungen. Wenn kein voreutektoider Ferrit vorliegt, entstehen i.a. Anlaßgefüge mit zufriedenstellenden Eigenschaften. Diese stark zeitabhängigen Umwandlungsvorgänge des Austenits lassen sich sinnvoll nur mit den ZTU-Schaubildern beschreiben, siehe Abschn. 2.5.3.

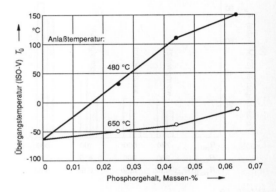

Bild 2-20
Einfluß des Phosphors auf den Umfang der Anlaß-
versprödung für zwei Anlaßtemperaturen bei einem
Vergütungsstahl mit der mittleren chemischen Zu-
sammensetzung: 0,33 % C; 0,20 % S; 0,62 % Mn;
≤0,025 % P; 1,09 % Cr; 0,18 % Mo, nach ERHART *u.a.*

Beim Anlassen, vor allem Cr-, Cr-Mn-, und Cr-Ni-legierter Stähle, entsteht im Temperaturbereich um 300 °C *(300 °C-Versprödung)* und 500 °C *(475-°C-Versprödung)* häufig ein ausgeprägter Zähigkeitsabfall, der zusammenfassend **Anlaßversprödung** genannt wird. Die Ursache sind im ersten Fall Ausscheidungen, im zweiten Legierungselemente, die sich auf den Korngrenzen anreichern. Vor allem sind das Phosphor, aber auch Antimon, Zinn und Arsen. Lange Glühzeiten und(oder) langsames Durchlaufen des kritischen Temperaturbereiches sind für diese Entmischungsvorgänge verantwortlich. Bild 2-20 zeigt beispielhaft den großen Einfluß des Phosphors auf das Ausmaß der Anlaßversprödung, dargestellt durch die starke Zunahme der Übergangstemperatur.

Die Anlaßversprödung kann beseitgt bzw. ihre Wirkung vermindert werden durch:

– Rasches Durchlaufen des kritischen Temperaturbereichs zwischen 450 °C und 550 °C. Bei dickwandigen Schmiedestücken ist diese Maßnahme aber wegen der großen Abkühlspannungen kaum anwendbar.

– Zulegieren von Molybdän oder Wolfram unterdrückt die Anlaßversprödung, ohne sie vollständig zu beseitigen.

2.5.3 Die Austenitumwandlung dargestellt im ZTU-Schaubild

Die bisher behandelten Zustands-Schaubilder, also auch das EKD, beschreiben nur die sich gemäß dem thermodynamischen Gleichgewicht ergebenden Phasenänderungen. Eine befriedigende Aussage über die Eigenschaften der nach einer technischen Aufheiz- und Abkühlgeschwindigkeit entstandenen Umwandlungsgefüge ist also nicht oder ungenau möglich.

Eine genaue Kenntnis der zeit- und temperaturabhängigen Umwandlungsvorgänge ist daher für eine gezielte Anwendung technischer *Wärmebehandlungen* erforderlich. Ähnliches gilt für die austenitisierten Bereiche der WEZ von Schweißverbindungen, die extrem hohen "Austenitisierungstemperaturen" und geringsten Haltedauern ausgesetzt waren (Abschn. 4.1.3). Die Auswirkungen dieser völlig untypischen Wärmebehandlungsbedingungen auf die Eigenschaften der dabei entstehenden Umwandlungsgefüge sind mit konventionellen Mitteln nur schwer bestimmbar.

Für die quantitative Beschreibung des Umwandlungsverhaltens muß die temperatur- und zeitabhängige Diffusion des Kohlen-

stoffs und der Legierungselemente bekannt sein. Die Verteilung des Kohlenstoffs in den Gefügebestandteilen ist für ihre Eigenschaften entscheidend. Die Vorgänge sind aber wegen der im festen Zustand bei relativ niedrigen Temperaturen ablaufenden $\gamma \rightarrow \alpha$-Umwandlung z.T. sehr kompliziert. Die Folge sind schwer überschaubare, und vor allem leicht *unterkühlbare* Abläufe, die zu einer extrem großen Anzahl unterschiedlichster Umwandlungsgefügen führt.

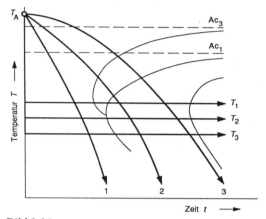

Bild 2-21
Temperaturführung bei der kontinuierlichen und isothermen Austenitumwandlung in ZTU-Schaubildern, T_1, T_2, T_3: Austenitumwandlung bei isothermer Versuchsführung (T=konst.). 1, 2, 3: Austenitumwandlung bei kontinuierlicher Abkühlung.

Wie das Bild 2-14 exemplarisch zeigt, werden mit zunehmender Abkühlgeschwindigkeit die Umwandlungstemperaturen des Austenits zu tieferen Werten verschoben.

Je nach der Temperaturführung kann die Austenitumwandlung eingeleitet werden durch

– *kontinuierliche Abkühlung* in einem geeigneten Abkühlmedium oder durch

– *isothermes Halten* unterhalb der Gleichgewichtstemperatur, Bild 1-33.

Daraus ergeben sich je nach Art der in Bild 2-21 dargestellten Temperaturführung für die Austenitumwandlung folgende Möglichkeiten:

– **ZTU-Schaubilder für kontinuierliche Abkühlung** und

– **ZTU-Schaubilder für isotherme Wärmeführung.**

Die bei der Austenit-Umwandlung auftretenden temperatur- und zeitabhängigen Um-wandlungspunkte werden an Proben mit sehr geringer Masse dilatometrisch oder metallografisch festgestellt. Massearme Proben sind erforderlich, damit in ihnen die notwendigen Temperatur- und Zeitänderungen hinreichend rasch erfolgen können. Beim Übertragen der aus den ZTU-Schaubildern entnommenen Informationen auf technische Wärmebehandlungen von Bauteilen mit großer Masse muß diese Besonderheit berücksichtigen.

Auf Grund unvermeidlicher Meßungenauigkeiten und Meßfehler wird als Umwandlungsbeginn die Zeit angegeben, nach der sich 1 %, als Umwandlungsende nach der

sich 99 % des neuen Gefüges gebildet hat. Um den versuchstechnischen Aufwand zu begrenzen, wird grundsätzlich mit folgenden Vereinfachungen gearbeitet:

– Die Umwandlungslinie für das Ende der voreutektoiden Ferritausscheidung wird nicht angegeben.

– Die Bainitbildung unterhalb der M_s-Temperatur wird nicht festgestellt.

Das Ende der Martensitbildung (M_f) ist in den meisten Fällen nur angenähert zu bestimmen und wird daher i.a. nicht angegeben. Es hat sich in vielen Fällen als zweckmäßig erwiesen, die Abkühlbedingungen nicht durch die i.a. nur ungenau feststellbare Abkühlkurve, sondern durch die Abkühlzeit zwischen 800 °C und 500 °C bzw. zwischen Ac_3 und 500 °C zu beschreiben. Dieser wichtige Wert wird $t_{8/5}$ genannt.

Die Diffusionsbedingungen der Legierungselemente im Werkstoff bestimmen weitge-

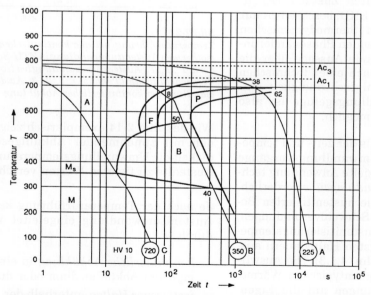

Werkstoff: 41 Cr 4, **Ausgangsgefüge:** 25% Ferrit, 75% Perlit, **Austenitisierungstemperatur:** 840 °C
Die kontinuierliche Abkühlung des Austenits gemäß den eingetragenen Abkühlkurven führt zu den Umwandlungsgefügen:
A: 38% Ferrit, 62% Perlit (ferritisch-perlitischer Stahl), 225 HV 10
B: 8% Ferrit, 50% Perlit, 40% Bainit, 2% Martensit, 350 HV 10
C: rein martensitischer Stahl (100% Martensit), 720 HV 10

Bild 2-22
Kontinuierliches ZTU-Schaubild des Vergütungsstahles 41 Cr 4 für kontinuierliche Abkühlung, nach Atlas zur Wärmebehandlung der Stähle.

hend die grundlegende Form dieser Schaubilder. Die Phasenumwandlung ist abhängig von der mit der Temperatur zunehmenden Beweglichkeit der Atome und der Größe der Unterkühlung. Die Umwandlungsgeschwindigkeit ergibt sich aus dem gegenläufigen Zusammenspiel von Diffusion und Unterkühlung:

– Bei hohen Temperaturen ist die Diffusion groß, die Umwandlungs*neigung* ist aber wegen der geringen Größe der "Triebkraft" Unterkühlung klein.

– Bei niedrigen Temperaturen ist die Umwandlungsneigung wegen der erheblichen Unterkühlung zwar sehr groß, die Atombeweglichkeit aber gering. Im Temperaturbereich zwischen 550 °C und 650 °C ist die Unterkühlung ausreichend groß und die Diffusionsbedingungen noch günstig. Die Umwandlungszeit des Austenits ist hier also größer als bei jeder anderen Temperatur. Die C-Form der Linien für Umwandlungsbeginn ist damit die Folge der diffusionsgesteuerten Austenitumwandlungen und typisch für alle ZTU-Schaubilder.

Man beachte, daß die in den ZTU-Schaubildern enthaltenen Informationen durch eine bestimmte Versuchstechnik gewonnen wurden. Sie sind daher keine x,y-Darstellungen im üblichen mathematischen Sinn, sondern spiegeln die Resultate der zu ihrem Aufstellen angewendeten Meßmethodik wider. Gemäß Bild 2-21 sind diese Schaubilder, bzw. die auftretenden Umwandlungsvorgänge, also immer in bestimmter Weise zu deuten:

– das kontinuierliche ZTU-Schaubild beginnend von T_A entlang den eingetragenen Abkühlkurven,

– das isotherme beginnend von T_A mit möglichst rascher Abkühlung auf die Untersuchungstemperatur T_1 und ausschließlich entlang dieser Isothermen.

Jeder andere "Ableseversuch" führt zwangsläufig zu falschen Ergebnissen.

2.5.3.1 ZTU-Schaubilder für kontinuierliche Abkühlung

Der Werkstoff wird von der Austenitisierungstemperatur T_A nach Maßgabe bestimmter Temperatur-Zeit-Kurven abgekühlt. Das kann mit technischen Abkühlmedien (z.B. Härteölen, Wasser, Luft) oder mit der intensiven Wärmeleitung in der WEZ einer Schmelzschweißverbindung erfolgen.

Eine Ablesung entlang der eingezeichneten Abkühlkurven liefert grundsätzliche Informationen zum Umwandlungsverhalten des Stahles, die für Wärmebehandlungen im weitesten Sinn genutzt werden können. Die Methode soll an Hand von Bild 2-22, das die Austenitumwandlung des Stahles 41 Cr 4 für drei Abkühlkurven zeigt, exemplarisch erläutert werden:

– *Die Mengenanteile und Arten des Umwandlungsgefüges.* Am Schnittpunkt der Abkühlkurve mit der unteren Grenzlinie des gerade durchlaufenen Gefüge-Bereiches ist die prozentuale Menge dieses Gefüges angegeben.
Beispiel: Abkühlkurve B: Das Umwandlungsgefüge besteht aus 8 % Ferrit, 50 % Perlit, 40 % Bainit und 2 % Martensit (nicht ablesbar, ergibt sich aus der Differenz zu 100 %).

– *Die Härte des Umwandlungsgefüges.* Sie wird am Ende der Abkühlkurve in HV 10 oder HRC angegeben.
Beispiel: Das Gefüge (B) hat eine Härte von 350 HV 10.

– *Die M_s-Temperatur*, die für die werkstoffgerechte Abschätzung der Vorwärmtemperatur zum Schweißen herangezogen werden kann.
Beispiel: Die M_s-Temperatur des Stahles 41 Cr 4 beträgt etwa 360 °C.

– Die Zeit der geringsten Austenitstabilität, die *Inkubationszeit t_i*. Sie ist umgekehrt proportional der kritischen Abkühlgeschwindigkeit. In Bild 2-22 ist t_i durch die Abkühlkurve C dargestellt, ihr Wert beträgt 11 s. Diese Abkühlkurve schneidet gerade noch keinen anderen Bereich,

Bereich, sondern "taucht" in das Martensitgebiet ein. Sie entspricht der oberen kritischen Abkühlgeschwindigkeit.

Begründet durch die Bedürfnisse der Praxis werden (vor allem für Wärmebehandlungen) verschiedene charakteristische Abkühlzeiten $t_{8/5}$ angegeben, die zu bestimmten Gefügeformen führen, die in Bild 2-23 beschrieben werden:

– K_m (K_{30}, K_{50}) ist die längste Abkühlzeit, bei der noch 100 % (bzw. 30 % oder 50 %) Martensit gebildet werden. Sie entspricht damit der oberen kritischen Abkühlgeschwindigkeit.

– K_p ist die kleinste Abkühlzeit, bei der nur Gefüge der Perlitstufe (i.a. Ferrit und Perlit) gebildet werden. Diese Zeit entspricht der unteren kritischen Abkühlgeschwindigkeit.

– K_f ist die größte Abkühlzeit, bei der sich kein Ferrit mehr bildet.

Die Form der ZTU-Schaubilder, (Lage und Art der Gefügefelder) d.h., das Umwandlungsverhalten ist von allen Faktoren abhängig, die die temperatur- und zeitabhängige Diffusion des Kohlenstoffs und der Legierungselemente beeinflussen. In der Hauptsache sind zu nennen:

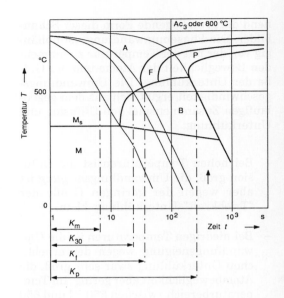

Bild 2-23
Zur Definition wichtiger Abkühlkennwerte.

– Die *Austenitumwandlung* wird durch Kohlenstoff und Legierungselemente grundsätzlich verzögert, d.h. zu längeren Zeiten und oft auch zu tieferen Temperaturen verschoben. Die Inkubationszeit t_i nimmt also zu, die kritische Abkühlgeschwindigkeit ab. Deshalb wird

– mit zunehmendem Legierungsgehalt daher die *Austenitstabilität* größer. Die Bildung von Ferrit und Perlit, die bei

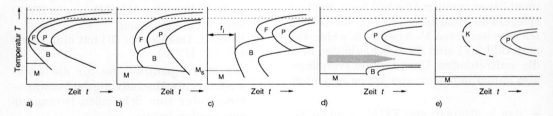

Mit zunehmendem Legierungsgehalt ändert sich das Umwandlungsverhalten des Stahls gemäß den sehr schematischen Umwandlungsschaubildern a) bis d)

- Summe der Legierungsmenge nimmt zu
- Inkubationszeit t_i nimmt zu
- Bainit und Martensit werden zunehmend bevorzugte, Ferrit und Perlit zurückgedrängte Gefügeformen
- M_s-Temperatur nimmt ab

Bild 2-24
Allgemeine Wirkung der Legierungselemente auf das Umwandlungsverhalten von Stählen, dargestellt in ZTU-Schaubilder, sehr vereinfacht. Der Legierungsgehalt nimmt vom Teilbild a) bis e) zu.

hohen Temperaturen innerhalb kürzerer Zeiten entstehen, wird zu Gunsten des *Bainits* zurückgedrängt. Bainit bildet sich bei tieferen Temperaturen zwischen der Perlit- und Martensitstufe ("Zwischenstufe"). Es ist daher (neben Martensit) die typische Gefügeform legierter Stähle.

Die Bildfolge 2-24 zeigt schematisch die grundsätzliche Wirkung der *Legierungselemente* auf den Verlauf der Umwandlungslinien. Mit Hilfe von Darstellungen dieser Art kann das Umwandlungsverhalten beliebiger Stähle und damit ihr vermutliches Verhalten z.B. bei der "Wärmebehandlung" Schweißen recht genau abgeschätzt werden.

Die *Austenitisierungstemperatur* T_A und *Haltezeit* oberhalb Ac_3 beeinflussen die Korngröße des Austenits und die Anzahl der vorhandenen Keime, d.h. seine Umwandlungsneigung. Diese Werte müssen daher in ZTU-Schaubildern als Referenz angegeben werden.

Bild 2-25 zeigt den Einfluß metallurgischer und legierungstechnischer Maßnahmen auf das Umwandlungsverhalten. Eine sehr genaue Übersicht liefert die Darstellung Bild 2-26. Die ZTU-Schaubilder der zum Schweißen geeigneten Stahltypen sind dick umrandet.

2.5.3.2 ZTU-Schaubilder für isotherme Wärmeführung

Von der Austenitisierungstemperatur T_A wird möglichst rasch auf die Untersuchungstemperatur T_1 abgekühlt und bis zur vollständigen Umwandlung gehalten. Die Umwandlungsneigung kann durch die Umwandlungsgeschwindigkeit v_{um} beschrieben

werden. Die treibende Kraft ist die Unterkühlung ΔT, siehe auch Abschn. 1.4.3.

Das Bild 2-27 zeigt das isotherme ZTU-Schaubild eines Vergütungsstahles 41 Cr 4 sowie die Gefügemengenkurven und die Härten der Umwandlungsgefüge.

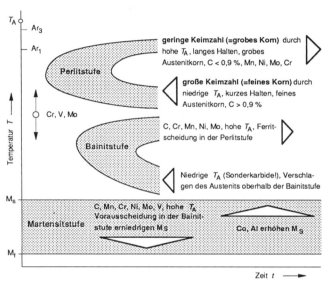

Bild 2-25
Wirkung metallurgischer und legierungstechnischer Einflüsse auf die Lage der wichtigsten Umwandlungslinien im ZTU-Schaubild, nach KRONEIS. *Die Pfeilsymbole geben die Richtung an, in der die Umwandlungslinien unter der Wirkung des entsprechenden Einflusses verschoben wird.*

Im eingezeichneten Beispiel wandelt sich der von 840 °C rasch auf 545 °C abgekühlte Austenit in einen aus ≈23 % Bainit und ≈77 % Perlit bestehenden Stahl mit einer mittleren Härte von ≈315 HV um. Die Bainitbildung im unterkühlten Austenit beginnt nach ≈6 s, die Perlitbildung nach ≈100 s. Nach ≈7000 s ist die gesamte Austenitumwandlung in Bainit und Perlit abgeschlossen.

Die isotherme Umwandlung bei etwa 650 °C führt bei diesem Stahl in der kürzest möglichen Zeit (etwa 11 s) zu einem aus etwa 5 % Ferrit und extrem feinem Perlit bestehendem Umwandlungsgefüge.

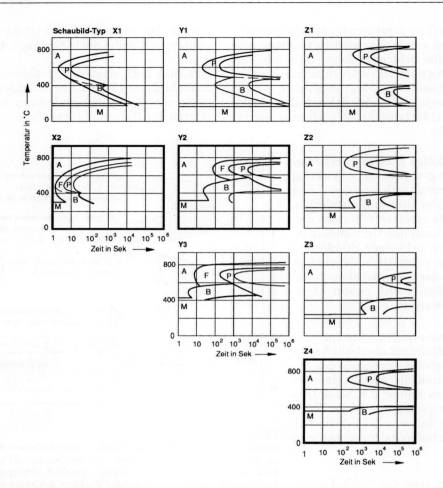

$$L = \% \, Mn + \% \, Cr + \% \, Mo + \% \, V + 0{,}3(\% \, Ni + \% \, W + \% \, Si)$$

C \ L	L < 1,7	1,7 < L < 3	3 < L < 10	L > 10
mehr als 0,75 % C	X1	Y1	Z1	Z1
0,75 % C bis 0,2 % C	X2	Y2 (0,25% C) / Y3	Z2 (0,31% C) / Z3	Z2 (0,57% C) / Z4
weniger als 0,2 % C	X2	Y2	Z4	Z4

Bild 2-26
Charakteristische Grundformen isothermer ZTU-Schaubilder, dargestellt für unterschiedliche Wirksummen L der Legierungselemente, nach PETER und FINKLER.

Der Verlauf der Umwandlungslinien in isothermen und kontinuierlichen ZTU-Schaubildern muß prinzipiell ähnlich sein, da in beiden unabhängig von der Art der Versuchsführung das Diffusionsverhalten des Kohlenstoffs und der Legierungselemente

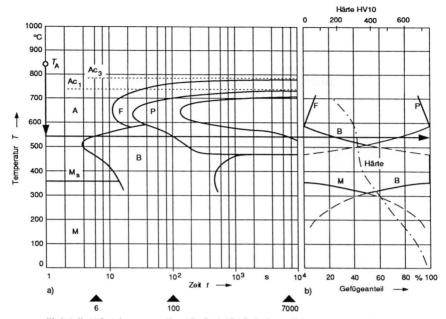

Werkstoff: 41 Cr 4 **Ausgangsgefüge:** 25% Ferrit, 75% Perlit **Austenitisierungstemperatur** T_A: 840 °C
Nach Abschrecken auf 545 °C Umwandlungsbeginn nach
~ 6 s: Bainitbildung, nach
~100 s: Ende Bainit-, Beginn Perlitbildung, nach
~7000 s Umwandlungsende
Umwandlungsgefüge: ~23% Bainit, ~77% Perlit, Härte ~315 HV10

Bild 2-27
ZTU-Schaubild des Stahles 41 Cr 4 für isotherme Wärmeführung, a) Schaubild, b) Gefügemengenkurven,
nach Atlas zur Wärmebehandlung der Stähle. Siehe auch das kontinuierliche ZTU-Schaubild des gleichen
Stahls, Bild 2-22.

beschrieben wird. Trotzdem gibt es einige grundsätzliche Unterschiede, z.B. der gleichmäßige Abfall der M_s-Temperatur im Bainitbereich. Der Grund sind voreutektoide Ferritausscheidungen und die teilweise Umwandlung in der oberen Bainitstufe, die zu einer Kohlenstoffzunahme des restlichen Austenits führen und damit zu einer Abnahme der M_s-Temperatur, siehe Bild 2-22.

Während einer Austenitumwandlung mit isothermer Wärmeführung ist im Vergleich zu einer kontinuierlichen Abkühlung bei T_i die maximal mögliche Unterkühlung ($\Delta T = T_A - T_i$) vorhanden. Jede Umwandlung bei kontinuierlicher Abkühlung erfolgt also im Vergleich zur isothermen Wärmeführung *später* und i.a. bei *niedrigeren* Temperaturen.

2.5.3.3 Möglichkeiten und Grenzen der ZTU-Schaubilder

ZTU-Schaubilder beschreiben die Austenitumwandlung bei jedem möglichen Temperatur-Zeit-Verlauf. Sie sind daher für eine abschätzende Vorausschau des Werkstoffverhaltens bei Wärmebehandlungen unverzichtbare Hilfsmittel. Die Genauigkeit der Aussagen hängt aber von einer Reihe von Faktoren ab, die der Anwender berücksichtigen muß:

– Das ZTU-Schaubild gilt nur für einen bestimmten Stahl. Analysentoleranzen, unterschiedliche thermische und gefügemäßige Vorgeschichte (z.B. Wärmebehandlungszustand, Erschmelzungs- und Vergießungsverfahren, Gefügeanteile, Korngröße, Austenitisierungstemperatur und -Haltezeit, Seigerungen) führen zu merklichen Abweichungen.

– Das Umwandlungsverhalten wird an Proben mit sehr geringer Masse festgestellt. Die Übertragung auf das Verhalten eines großen Bauteils ist daher nur begrenzt möglich. Der Abkühlverlauf an der Oberfläche und im Kern muß bekannt sein. Als Folge der erheblichen Unterschiede der Abkühlgeschwindigkeiten entstehen sehr unterschiedliche Umwandlungsgefüge. Bild 2-28 zeigt diese Vorgänge vereinfacht an Hand des kontinuierlichen ZTU-Schaubildes für den Stahl 41 Cr 4 für ein dickwandiges zylindrisches Bauteil.

– Die Austenitisierungsbedingungen in der WEZ von Schmelzschweißverbindungen weichen extrem von denen einer technischen Wärmebehandlung ab (Absch. 2.5.3.4).

chend genau möglich. Das typische Kennzeichen der Wärmebehandlung der WEZ beim Schweißen ist der nicht reproduzierbare (verfahrensabhängig!) Temperatur-Zeit-Verlauf. Im Gegensatz zu dem einer üblichen Wärmebehandlung zeigt er charakteristische Unterschiede:

– Die *Austenitisierungstemperatur* T_A in der WEZ liegt mehrere Hundert Grad über der Ac_3-Temperatur des Stahles, siehe auch Bild 2-12b. Die Folge ist ein extremes Kornwachstum, das die Austenitumwandlung verzögert, Bild 2-25.

– Die *Haltedauer* t_H und die *Erwärmungsdauer* liegen im Bereich einiger Sekunden. Dadurch ist die Austenithomogenität, d.h. die für die Austenitumwandlung vorausgesetzte gleichmäßige Verteilung der Legierungselemente beeinträchtigt.

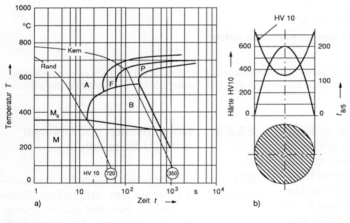

Bild 2-28
Einfluß unterschiedlicher Abkühlgeschwindigkeiten bzw. -zeiten ($t_{8/5}$) im Rand- und Kernbereich dickwandiger Bauteile auf die Härte der Umwandlungsgefüge (HV 10), schematisch.

Diese z.T. gravierenden Mängel versucht man durch die Aufnahme von ZTU-Schaubildern zu berücksichtigen, die den gesamten thermischen Zyklus des Schweißprozesses berücksichtigen. Diese, allerdings z.Z. nur für wenige Stähle verfügbaren Darstellungen beschreiben dann relativ genau das Umwandlungsgeschehen in der WEZ.

Trotz dieser erheblichen Einschränkungen bieten übliche (für die Härtereitechnik entwickelten) ZTU-Schaubilder eine Reihe bemerkenswerter Informationen:

2.5.3.4   Anwendbarkeit der ZTU-Schaubilder auf Schweißvorgänge

Die Übertragbarkeit der aus üblichen ZTU-Schaubildern gewonnenen Informationen auf die Vorgänge bei der "Wärmebehandlung" durch Schweißverfahren ist nur bei Beachtung einiger Besonderheiten hinrei-

– Bei Kenntnis des Abkühlverlaufes kann die *Höchsthärte* in der WEZ abgeschätzt werden.

– Die bildliche Darstellung des gesamten *Umwandlungsgeschehens* ermöglicht dem Ingenieur eine "Über-Alles-Übersicht" über das zu erwartende Schweißverhalten des Stahles. Diese quantitativ nur schwer beschreibbare Information

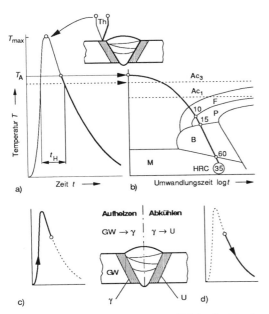

Eigenschaften der beim Schweißen austenitisierten Bereiche der WEZ nach der Umwandlung γ → U (Teilbild b):

Härte: 35 HRC
Gefüge der WEZ besteht aus: 10 % Ferrit, 15 % Perlit, 60 % Bainit, 15 % Martensit

Bild 2-29
Näherungsweises Bestimmen einiger Kennwerte (Härte, prozentuale Mengenanteile der einzelnen Gefügesorten) der WEZ von Schmelzschweißverbindungen mit Hilfe konventioneller ZTU-Schaubilder, schematisch.
a) der gemessene Temperatur-Zeit-Verlauf beim Schweißen wird in das
b) ZTU-Schaubild des Stahles punktweise übertragen.
c) Umwandlungsvorgänge in der WEZ während der Aufheizphase und der
d) Abkühlphase.

ist für den kundigen Anwender von großer Bedeutung.

- Die aus den genannten Gründen nicht sehr zuverlässig bestimmbaren *Gefügearten* und *-mengen* geben trotzdem Hinweise auf eine erfolgversprechende Schweißtechnologie.

- Die Aufhärtbarkeit und Einhärtbarkeit, d.h., einige für das Schweißverhalten entscheidende Eigenschaften können aus der Martensithärte und der Inkubations-

zeit t_i bzw. der Zeit K_m abgeschätzt werden.

- Die M_s-*Temperatur* ist bei Stählen bestimmter Zusammensetzung als werkstofflich begründete Vorwärmtemperatur eine sehr geeignete Größe (Abschn. 4.1.3.2.2).

Mit diesen Informationen lassen sich einige schweißmetallurgische Probleme bei Stählen erkennen und lösen, die

- leicht aufhärten: z.B. höhergekohlte Vergütungsstähle oder solche, die zum Herstellen rißsicherer Verbindungen

- eine aufwendige ohne diese Schaubilder nicht erkennbare Wärmeführung erfordern: z.B. vergütete Feinkornbaustähle, Werkzeugstähle.

Folgende Verfahrensvarianten werden in der Praxis verwendet.

2.5.3.4.1 Allgemeines Verfahren

Die grundsätzliche Methode der Auswertung ist in Bild 2-29 dargestellt. Sie erfordert die Kenntnis eines charakteristischen Temperatur-Zeit-Verlaufes, der z.B. mit einem Thermoelement festgestellt werden kann. Nach dem punktweisen Übertragen der T-t-Kurve in das ZTU-Schaubild, können Gefügeart und -menge (10 % Ferrit, 15 % Perlit, 60 % Bainit, 15 % Martensit) und die Härte des in der WEZ entstandenen Gefüges (35 HRC) abgelesen werden.

2.5.3.4.2 Isothermes Schweißen

Die Rißsicherheit und ausreichende Zähigkeit der WEZ sind für die Bauteilsicherheit entscheidende Eigenschaften. In den meisten Fällen ist die Entstehung spröder, rißanfälliger Zonen durch ein Vorwärmen der Fügeteile vermeidbar. Die Wirksamkeit dieses Verfahrens besteht in der Verringerung der Abkühlgeschwindigkeit. Mit Hilfe der ZTU-Schaubilder lassen sich die zu ergreifenden Maßnahmen aber wesentlich effektiver realisieren.

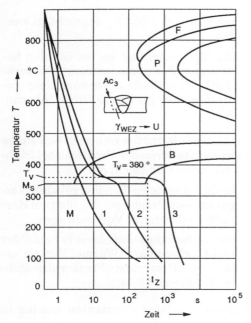

Bild 2-30
Einfluß der Vorwärmtemperatur auf die Art des
Umwandlungsgefüges in der WEZ beim isothermen
Schweißen eines Vergütungsstahles mit 0,25 % C
und 5 % Cr, nach CABELKA.

Bild 2-30 zeigt das kontinuierliche ZTU-Schaubild eines schlecht schweißgeeigneten Vergütungsstahles. Ein Schweißen ohne Vorwärmung (Abkühlkurve 1) erzeugt ein nahezu vollständig martensitisches Gefüge mit einer Härte über 500 HV (siehe auch Bild 1-37). Rißbildung in der WEZ ist damit unvermeidlich. Andererseits verringert ein Vorwärmen auf 380 °C, (Kurve 2) bei einer M_s-Temperatur von etwa 350 °C zwar den Martensitanteil und die Härte, die Rißanfälligkeit bleibt aber weitgehend bestehen. Bei Kenntnis des Umwandlungsverhaltens des Umwandlungsverhaltens des Stahles ist die Wärmeführung gemäß Abkühlkurve 3 am sinnvollsten. Das Halten auf der über M_s liegenden Vorwärmtemperatur während der gesamten Schweißdauer bietet folgende Vorteile:

– Die zähen austenitisierten bzw. in Bainit umgewandelten Bereiche der WEZ können die Eigenspannungen durch plastische Verformungen leichter abbauen als ein bereits umgewandeltes krz Gefüge.

– Das Gefüge der WEZ besteht nach der Umwandlung (etwa 10 bis 12 min, Zeit t_z in Bild 2-30) *vollständig* aus dem wesentlich besser verformbaren Bainit.

2.5.3.4.3   Stufenhärtungsschweißen

Dieses Verfahren wurde zum Schweißen der extrem schlecht schweißgeeigneten Werkzeugstähle entwickelt. Es setzt allerdings ein spezielles Umwandlungsverhalten des Austenits voraus, das aus Bild 2-24d erkennbar ist. Zwischen der Perlit- und Bainitstufe muß ein unwandlungsfreier Bereich existieren.

Das auf Härtetemperatur erwärmte Werkstück wird auf die etwa zwischen 500 °C und 550 °C liegende *Stufentemperatur* abgekühlt und während der gesamten Schweißdauer bei dieser Temperatur gehalten. Der zähe austenitisierte Werkstoff kann die entstehenden Schweißeigenspannungen durch Verformen abbauen und damit die Rißneigung stark verringern. Bei Verwendung artgleicher (!) Zusatzwerkstoffe ist das Werkstück nach dem Abkühlen oder einem erneuten Austenitisieren mit anschließendem erneuten Härten rißfrei und vorschriftsmäßig wärmebehandelt.

2.6   Festigkeit metallischer Werkstoffe

2.6.1   Prinzip der Festigkeitserhöhung

Für das Verständnis der Wirkungsweise der festigkeitserhöhenden Mechanismen sind Kenntnisse der metallphysikalischen Vorgänge während der plastischen Verformung und deren Auswirkungen auf die Werkstoffeigenschaften von Metallen erforderlich. Die Fähigkeit metallischer Werkstoffe, sich unter der Wirkung äußerer Spannungen zu verformen, ist für die spanlosen Fertigungsverfahren (Walzen, Pressen, Schmieden, Stauchen, Ziehen) besonders wichtig. Außerdem ist für die Funktionssicherheit geschweißter Bauteile diese Eigenschaft "lebensnotwendig", weil kurzzeitige, örtlich begrenzte Überlastungen durch plastische Verformungen unwirksam gemacht werden können.

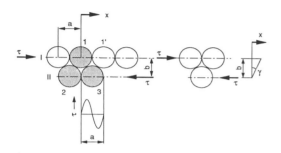

Bild 2-31
Zur Ableitung der theoretischen (maximalen) Schubfestigkeit eines idealen Gitters.

Der Beginn der Versetzungsbewegung (Abschn. 1.2.1.1) bedeutet, daß die Beanspruchung im Werkstoff die Streckgrenze örtlich erreicht hat. Daraus ergibt sich der prinzipielle Wirkmechanismus jedes festigkeitssteigernden Mechanismus metallischer Werkstoffe:

Er beruht auf dem Blockieren der Versetzungen bzw. dem Erschweren ihrer Bewegung. Hierfür stehen eine Reihe unterschiedlich geeigneter Maßnahmen zur Verfügung:

- *Kaltverfestigung:* Versetzungsdichte wird erhöht,
- *Mischkristallverfestigung:* Versetzungsbewegung wird durch gelöste Atome erschwert,
- *Ausscheidungshärtung:* Versetzungsbewegung wird durch Teilchen erschwert: Teilchenhärtung,
- *Korngrenzenhärtung:* Versetzungsbewegung wird durch die Hindernisse "Korngrenzen" erschwert,
- *Martensitbildung:* Versetzungsbewegung wird durch übersättigte Mischkri-

stalle und hoher Versetzungsdichte (= Versetzungshärtung) erschwert,

- *Thermomechanische Behandlung:* Versetzungsbewegung wird durch die Ausscheidungs- und Versetzungshärtung erschwert.

Die technische Nutzung der vorgestellten festigkeitssteigernden Maßnahmen wird durch deren *additive Wirkung* sehr erleichtert.

2.6.2 Abschätzen der maximalen Schubfestigkeit

Die zum plastischen Verformen eines idealen Gitters erforderliche kritische Schubspannung kann angenähert aus den Bindungskräften der Atome im Gitter berechnet werden, Bild 2-31.

Das Verschieben der Atomebene I über II erfordert die Schubspannung τ, deren Verlauf in erster Näherung sinusförmig angenommen werden kann. [22]

$$\tau = \tau_{max} \cdot \sin \frac{2\pi x}{a} \approx \tau_{max} \cdot \frac{2\pi x}{a}. \qquad [2\text{-}6]$$

Nach dem HOOKEschen Gesetz gilt weiterhin:

$$\tau = G \cdot \gamma \approx G \frac{x}{b} \approx \tau_{max} \cdot \frac{2\pi x}{a}. \qquad [2\text{-}7]$$

Mit $b \approx a$ wird:

$$\tau_{max} = \frac{G}{2\pi} \cdot \frac{a}{b} \approx \frac{G}{10}.$$

Für Eisen-Einkristalle ergibt sich damit z.B. in der [111]-Richtung:

$$\tau_{max} \approx \frac{118\,000}{10} \approx 12\,000 \text{ N / mm}^2,$$

während bei realen Eisen-Werkstoffen Werte von etwa 20 N/mm² gemessen werden. Man

[22] Um das Atom 1 (Bild 2-31) der Atomebene I in den Zustand 1' zu bringen, muß die Schubspannung τ den skizzierten annähernd sinusförmigen Verlauf haben.

erkennt, daß die theoretische Schubspannung etwa um den Faktor 100 größer ist als die gemessene. Diese erhebliche Abweichung läßt sich mit der Anwesenheit von Versetzungen in realen Metallen erklären.

2.6.3   Methoden zum Erhöhen der Festigkeit

2.6.3.1   Kaltverformung

Im weichgeglühten Zustand beträgt die Versetzungsdichte (das ist die Gesamtlänge der Versetzungslinien in jedem cm³ Werkstoff) 10^6 bis 10^8 cm/cm³. Je nach dem Grad der Kaltverformung steigt sie auf auf 10^{10} cm/cm³ bis 10^{12} cm/cm³ (Abschn. 1.3 Verfestigung). Die Folge der steigenden Versetzungsdichte ist eine zunehmende Behinderung der Versetzungsbewegung, d.h., die für eine plastische Verformung erforderliche Schubspannung nimmt ständig zu. Festigkeit und Härte steigen (Kaltverfestigung!), und die Verformungskennwerte nehmen erheblich ab, Bild 2-32.

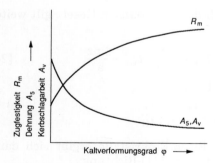

Bild 2-32
Einfluß der Kaltverformung (φ) auf Zugfestigkeit (R_m) und Zähigkeitseigenschaften (A_5, A_v) metallischer Werkstoffe, schematisch.

Diese Methode wird üblicherweise für NE-Metalle angewendet, bei Stahl ist sie wegen der damit verbundenen erheblichen Zähigkeitsabnahme weniger gebräuchlich. Außerdem wird beim Schweißen der über die Rekristallisationstemperatur erwärmte Be-

reich der Wärmeeinflußzone durch die **Rekristallisation** entfestigt. Die Entfestigung nimmt mit der Höhe der Kaltverformung und der Glühtemperatur zu, beim Schweißen mit der Größe der zugeführten Energie Q.

2.6.3.2   Mischkristallverfestigung

In Mischkristallen sind wegen der unterschiedlichen Größe der Matrixatome und der gelösten Atome Gitterverspannungen vorhanden. Sie sind eine Ursache für die höhere Festigkeit und Härte legierter Werkstoffe im Vergleich zu legierungsfreien. Bei Annahme einer völlig *statistischen Verteilung* der gelösten Atome werden Versetzungen von den Spannungsfeldern gleich oft *angezogen* wie *abgestoßen*. In erster Näherung wird die für die Versetzungsbewegung erforderliche Schubspannung also nicht erhöht. Die Erhöhung der Festigkeit durch gelöste Atome wäre bei alleiniger Wirkung des Größenunterschiedes der Atome und ihrer gleichmäßigen Verteilung in der Matrix nicht zutreffend beschreibbar, Bild 2-33. Tatsächlich ist aber die Verteilung der gelösten Atome nicht zufällig, sondern es entstehen bestimmte nicht "zufällige" Atomanordnungen (Abschn. 1.6):

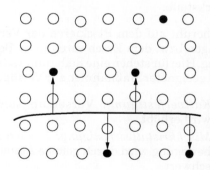

Bild 2-33
Bewegung einer Versetzungslinie durch einen Mischkristall. Die Versetzungsbewegung erfordert nur wenig größere Schubspannungen als in der aus einer Atomsorte bestehenden Matrix.

– Die Atome ordnen sich gehäuft und geordnet bzw. ungeordnet in bestimmten Gitterbereichen an: *einphasige Entmischung* oder *Zonenbildung* (geordnete Konzentration der gelösten Atome) oder *Clusterbildung* mit ungeordneter Konzentration der gelösten Atome. Diese Form der Atomanordnung findet man vorwiegend als Vorausscheidungszustände bei der Ausscheidungshärtung nach einer thermischen Aktivierung.

– Zwischen ungleichen Atomen (A-B) bestehen stärkere anziehende Kräfte als zwischen den gleichartigen (A-A, B-B). Es entsteht die geordnete Atomanordnung, die *Überstruktur (Fernordnung)*.

– Die Atomart A wird bevorzugt von B-Atomen umgeben, das ist die *Nahordnung (short range order)*.

– Die Atome lösen sich bevorzugt an Versetzungen, Korngrenzen und anderen *Gitterstörstellen*.

Nach COTTRELL kann damit die Mischkristallverfestigung durch die Wechselwirkung gelöster Atome in Form von "Wolken" mit Versetzungen beschrieben werden. Die in den Versetzungskernen angehäuften Atome erschweren die Versetzungsbewegung erheblich, weil zum Losreißen der Versetzung von den sie umgebenden "Atomwolken" große Schubspannungen erforderlich sind. Diese Vorgänge sind im übrigen auch die Ursache für die für unlegierte niedriggekohlte Stähle charakteristischen Erscheinung der ausgeprägten Streckgrenze. Das Losreißen der Atomwolken (C- und N-Atome) von den Versetzungen führt zu den typischen Kraft-Verlängerungs-Schaubildern aus Zugversuchen, die den typischen diskontinuierlichen Verlauf im Bereich der Streckgrenze zeigen.

Diese Methode wird überwiegend zur Festigkeitserhöhung von NE-Metallen verwendet. Bei Stahl ist der legierungstechnische Aufwand zu groß und(oder) die erreichbare Festigkeitserhöhung zu gering. Die Anwendung von Legierungselementen, die Einlagerungsmischkristalle bilden (H, O, N, C), ergibt zwar z.T. extreme Festigkeitssteigerungen, aber gleichzeitig wird die Übergangstemperatur stark erhöht, d.h., der Stahl versprödet.

2.6.3.3 Ausscheidungshärtung

Aushärtbare Legierungen müssen bestimmte werkstoffliche Bedingungen erfüllen, Bild 1-29:

– Die Legierungen müssen mit abnehmender Temperatur eine *abnehmende Löslichkeit* für das Legierungselement B besitzen (alle Legierungen mit einem B-Gehalt von c_0 bis c_1 %).

– Durch ein *schnelles Abkühlen* ist nach Unterschreiten der Löslichkeitslinie a-b ein übersättigter Mischkristall erzeugbar. Die Ausscheidung der β_{seg} wird also unterdrückt.

– Durch eine anschließende Wärmebehandlung (*Auslagern*) muß die gewünschte Größe, Form und Verteilung der Ausscheidungen einstellbar sein.

Die Ausscheidungshärtung erfordert demnach folgende Wärmebehandlungen, Bild 1-29:

– *Lösungsglühen* bei $T_{Lö}$,

– *Abschrecken* auf Raumtemperatur zum Erzeugen der übersättigten Mischkristalle,

– *Auslagern* im Bereich der Raumtemperatur ("Kaltauslagern") oder bei vom Legierungstyp abhängigen höheren Temperaturen ("Warmauslagern"). Bei dieser Behandlung entstehen kohärente bzw. inkohärente Ausscheidungen unterschiedlicher Größe und Verteilung.

Die Bewegung der Versetzungen wird durch Ausscheidungen bzw. durch die von ihnen erzeugten Spannungsfelder (Verzerrungsfelder) behindert, der Widerstand gegen plastische Verformung und damit die Festigkeit also erhöht. Form, Größe und Verteilung der Ausscheidungen sind abhängig von der Menge des Legierungselementes und der Temperatur-Zeit-Führung beim Auslagern.

Die Legierungszusammensetzung wird so gewählt, daß sich beim Auslagern Teilchen aus harten intermediären Verbindungen bilden. Mit zunehmender Teilchen-Festigkeit wird die Wahrscheinlichkeit geringer, daß die wandernden Versetzungen die Teilchen "schneiden" können, also durchtrennen.

Der Ausscheidungsvorgang ist ein sehr komplizierter metallphysikalischer Vorgang. Vor der Bildung der eigentlichen Ausscheidung kommt es abhängig von der Legierung meistens zu einer Reihe von *Vorausscheidungszuständen* aus dem übersättigten Mischkristall, die für die mechanischen Gütewerte bereits von großer Bedeutung sind. Man bezeichnet diese Vorgänge beginnender Ansammlungen der Legierungsatome auch häufig als GUINIER-PRESTON-Zonen

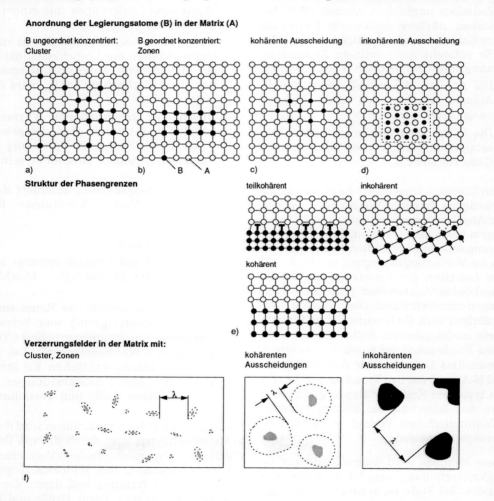

Bild 2-34
Möglichkeiten beim Auslagern aushärtbarer Legierungen, deren Matrix mit B-Atomen übersättigt ist.
a) und b) Vorausscheidungszustände (GUINIER-PRESTON-Zonen),
a) ungeordnete Konzentration von B-Atomen: Cluster,
b) geordnete Konzentration von B-Atomen: Zonen,
c) kohärente Ausscheidung,
d) inkohärente Ausscheidung,
e) Struktur der Phasengrenzen,
f) Darstellung der von den Phasengrenzen ausgehenden Verzerrungsfelder in der Matrix.

(GP-Zonen). In der Regel werden beim Auslagern mit zunehmender Auslagerungstemperatur die Zustände in der Reihenfolge

- Cluster (ungeordnete Konzentration der
  gelösten Atome),
- Zone (geordnete Konzentration),
- kohärente Ausscheidung,
- inkohärente Ausscheidung

durchlaufen, Bild 2-34.

Cluster- und *Zonen* sind Vorausscheidungszustände, die bereits zu einer merklichen
Verspannung der Matrix in unmittelbarer
Nähe der vorgebildeten "Ausscheidung" führen, weil die hier konzentrierten Legierungsatome entweder größer oder kleiner als die
Matrixatome sind, Bild 2-34a und 2-34b.
Die Höhe der Verspannung wird also von
geometrischen Größen und den von ihnen
verursachten Verzerrungsfeldern bestimmt.
Man bezeichnet häufig die durch GP-Zonen
hervorgerufene Festigkeitserhöhung in der
Praxis als Kaltaushärtung. Diese Bezeichnung ist aber wegen des nicht quantifizier-
baren Ausdrucks "kalt" irreführend und sollte daher vermieden werden.

Die Gitterparameter der *kohärenten Ausscheidungen* weichen nur wenig vom Ma-
trixgitter ab. Dieses kann daher geometrisch nahezu vollkommen in das Gitter der
Ausscheidung übergehen; die Phasengrenzen sind *kohärent*. Ihre räumliche Ausdehnung ist i.a. größer als die der Zonen. Die
Gitterverspannung und damit die mögliche
Festigkeitssteigerung ist daher größer als
bei jeder anderen Ausscheidungsform, Bild
2-34c und 2-34f.

Die festigkeitssteigernde Wirkung der Teilchen ist dann am größten, wenn ein Schneiden der Teilchen genau so wahrscheinlich
ist, wie ihr Umgehen. In diesem Fall ist ein
zusätzlicher Arbeitsaufwand zum Schneiden der Teilchen erforderlich, Bild 2-35a
und 2-35b.

Diese optimale Ausscheidungsform stellt
sich allerdings nur bei einer genau einzuhaltenden Wärmebehandlung (Temperatur

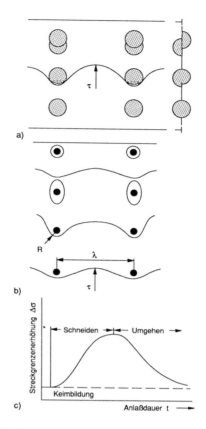

Bild 2-35
Verformungsreaktionen bei plastischer Verformung
ausscheidungsgehärteter Legierungen, schematisch.
a) Schneiden der Teilchen bei kohärenten Ausschei-
*   dungen (Schneidemechanismus),*
b) Umgehen der Teilchen bei inkohärenten Ausschei-
*   dungen (OROWAN-Mechanismus),*
c) Maß der Streckgrenzenerhöhung in Abhängig-
*   keit von der Auslagerzeit, d.h. der Art der sich*
*   ausbildenden Phasengrenzflächen Matrix / Aus-*
*   scheidung.*
Es bedeutet: τ_c = Zum Schneiden von Teilchen
erforderliche Schubspannung, λ = Teilchenab-
stand.

Zeit-Verlauf) ein. Die beim Schweißen entstehenden völlig andersartigen Temperatur-
Zeit-Verläufe führen daher häufig zu einer
von der wirksamsten Ausscheidungsform,
-größe und -verteilung erheblich abweichenden Anordnung und damit zu einer deutlichen Verschlechterung der mechanischen
Gütewerte (Abschn. 4.1.4.3). Das ist der
wichtigste Grund für die grundsätzlich

schlechte Schweißeignung der aushärtba-
ren Legierungen.

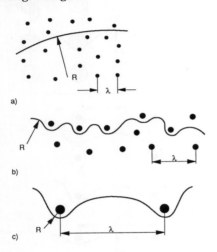

Bild 2-36
Versetzungsbewegung in Bereichen mit Hindernissen
unterschiedlicher Größe und Verteilung.
a) Sehr kleine Zonen bzw. gelöste Atome, λ << R,
b) optimaler Ausscheidungszustand (kohärente Be-
reiche), λ ≈ R,
c) Ausscheidungen größer als optimal, λ >> R
(Orowan-Mechanismus).

Durch eine weitere Erhöhung der Auslagerungstemperatur wird die Bildung sehr großer Teilchen durch Koagulieren kleinerer
ermöglicht (Überaltern). Deren Größe, d.h.,
die für die Wirkung entscheidende Verteilung und Größe der Ausscheidungen, nimmt
mit der Temperatur rasch zu. Zwischen den
Ausscheidungen und der Matrix bildet sich
eine normale (Großwinkel-)Korngrenze.
Oberhalb bestimmter Temperaturen entsteht dann ein oft ausgeprägter Festigkeitsabfall durch Koagulieren der Teilchen. Das
Auftreten inkohärenter Ausscheidungen
wird i.a. als die Grenze zwischen der Kalt-
und Warmaushärtung [23] angesehen.

---

[23]   Die zwar anschaulichen, aber irreführende Bezeichnungen"Kaltaushärtung"/"Warmaushärtung" sollten durch die metallphysikalisch korrekten "Ausscheidung durch Teilchen mit kohärenten bzw. inkohärenten Phasengrenzen"
ersetzt werden.

Das Maß der Festigkeitssteigerung hängt
ab von:

– der Teilchenfestigkeit,
– dem (mittleren) Teilchenabstand λ und
– der Teilchengröße.

In Anwesenheit von Hindernissen wird die
Versetzungslinie durch die äußere Spannung gekrümmt. Der Krümmungsradius
ist R. Um eine Versetzung zwischen zwei
Hindernissen (z.B. Teilchen) mit dem Abstand $λ = 2R$ zu treiben, ist die Spannung $τ$
$≈ G/2R = G/λ$ erforderlich.

Eine ausscheidungshärtbare Legierung enthält häufig nur eine geringe Menge gelöster
Atome, mit denen eine große Anzahl klein-
ster Teilchen oder wenige große Partikel
erzeugt werden können. Abhängig von der
Größe und dem Abstand der Teilchen sind
folgende Fälle unterscheidbar, Bild 2-36:

– **Feinstverteilte Teilchen,** $(λ << R)$
Die von den sehr kleinen Teilchen erzeugten Spannungsfelder sind zu gering,
um die Versetzungslinie entsprechend
der Teilchenzahl biegen zu können. Die
Versetzungen "überrennen" teilweise die
schwachen Spannungsfelder der Teilchen. Es ergibt sich daher ein relativ
großer Krümmungsradius $λ << R$. Die
verfestigende Wirkung ist gering, Bild 2-
36a.

– **Kohärente Teilchen,** $(λ ~ 50\,nm, d.h. λ~R)$
Die einzelnen Kurventeile der Versetzung können sich unabhängig voneinander bewegen und biegen. Die Krüm-
mungsradien der Versetzungen sind kleiner als bei jeder anderen Ausscheidungsform, Bild 2-36b.

– **Große Teilchen,** $(λ >> R)$
Die Teilchen sind groß und ihre Anzahl ist
klein, d.h., sie werden von den Versetzungen umgangen (OROWAN-Mechanismus).
Diesen Teilchenzustand bezeichnet man
als Überalterung. Um die Versetzung zwischen den Hindernissen hindurch zu treiben, ist die Spannung erforderlich:

$\tau = R_{eH} \, \Delta G/\lambda$. Die verfestigende Wirkung dieses Ausscheidungszustandes ist geringer, Bild 2-36c.

Die Zähigkeiteigenschaften ausscheidungsgehärteter Legierungen sind meistens zufriedenstellend. Sie werden grundsätzlich mit zunehmender Teilchengröße schlechter.

2.6.3.4 Härtung durch Korngrenzen

Korngrenzen wirken als Hindernisse für die Versetzungsbewegung. Die Versetzungen laufen solange an den Korngrenzen auf, bis sie sich im Nachbarkorn weiter ausbreiten können. Meistens wird in polykristallinen Gefügen Mehrfachgleiten erzwungen, wodurch das Gefüge in hohem Maß spannungsverfestigt wird. Neben der verfestigenden Wirkung dämpfen die Korngrenzen durch die vielfache Um- und Ablenkung der Gleitebenen die dem Werkstück zugeführte Schlagenergie sehr stark, Bild 1-23. Das ist der wichtigste Grund für die hervorragende Zähigkeit der **Feinkornbaustähle**. Bild 2-37 zeigt schematisch das Verhalten metallischer Werkstoffe bei schlagartiger Beanspruchung.

Diese Methode ist eine der wirksamsten

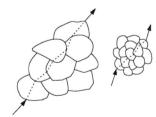

Bei schlagartiger Beanspruchung ist bei Stählen mit einem Gefüge aus:

	Grobkorn	Feinkorn
Verformungsgeschwindigkeit	geringer	größer
Dämpfung der Schlagenergie	geringer	größer

Bild 2-37
Unterschiedliches Verhalten metallischer Werkstoffe unterschiedlicher Korngröße bei schlagartiger Beanspruchung.

und wirtschaftlichsten zum Erhöhen der Festigkeit metallischer Werkstoffe. Korngrenzen sind ähnlich wie andere Gitterbaufehler (Zwillinge, Versetzungen usw.) Bereiche mit erheblichen geometrischen Fehlanpassungen des Gitters, sie besitzen daher eine große *Oberflächenenergie* (Abschn. 1.2).

2.6.3.5 Thermomechanische Behandlung

Eine relativ neue Möglichkeit, die Gütewerte metallischer Werkstoffe, insbesondere aber der hochfesten Stähle zu verbessern, besteht darin, den Austenit und(oder) das Umwandlungsgefüge bei definierten *Temperaturen zu verformen:* der Stahl wird thermomechanisch behandelt (TM-Stahl).

Die Wirkung dieser Behandlung, bei der die Verformung *vor, während* oder *nach* der Umwandlung erfolgen kann, beruht auf der Erzeugung eines stark verspannten, energiereichen Gefüges mit einer extrem großen Anzahl von Gitterbaufehlern. Die sich an die Verformung anschließende γ-Umwandlung erfolgt sehr schnell und ergibt zusammen mit der hohen Keimzahl ein extrem feines Gefüge mit hervorragenden mechanischen Gütewerten.

Die Methoden der thermomechanischen Behandlungen sind in Bild 2-38 zusammengestellt. Die für hochfeste Stähle wichtigsten Methoden sind das *Austenitformhärten* (im englischen Sprachraum als Ausforming = austenite forming bezeichnet) und die bei den *thermomechanisch behandelten* Stählen (Abschn. 3.2) angewendeten Maßnahmen.

2.6.3.6 Martensitbildung

Durch Abschrecken mit der von der chemischen Zusammensetzung des Stahles abhängigen kritischen Abkühlgeschwindigkeit entsteht aus dem Austenit durch einen diffusionslosen Umklappvorgang das Ungleichgleichgewichtsgefüge **Martensit** (Abschn. 1.4.3). Der im trz-Gitter zwangsgelöste Kohlenstoff und die Verformungen zum Erhalten der Gitterform (Gleitung und(oder) Zwillingsbildung) führen zu erheblichen Gitterverspannungen, die die Ursache für die z.T. extreme Festigkeit dieser Gefügeform sind.

Die Menge des gelösten Kohlenstoffs und der Legierungselemente bestimmt die Höhe der Gitterspannung, die ein Maß für die Härte ist. Sie bestimmt direkt die Rißneigung des Martensits. Ein höhergekohlter Stahl (C $\geq$ 0,25 %) ist sehr rißempfindlich. Die Rißentstehung muß daher beim Schweißen durch entsprechende Maßnahmen vermieden werden. Die wirksamste Methode ist ein ausreichend hohes Vorwärmen der

Art der TM-Behandlung	Beispiele für technisch angewendete Verfahren	
	T-φ-Führung	Verfahren
Verformung vor der γ-Umwandlung	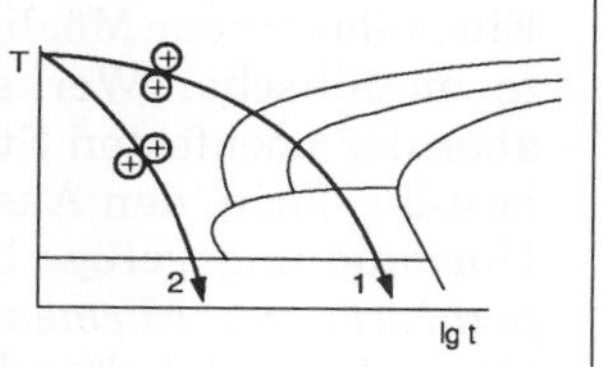	Normale Walzvorgänge (1), bei denen die Warmformgebung in einem definierten Temperaturbereich dicht oberhalb Ac$_3$ erfolgt. Austenit wird vor Martensitbildung verformt (2). Nach Anlassen entsteht Gefüge mit feinsten Karbidausscheidungen.
		Austenitformhärten ("Ausforming") im Bereich der umwandlungsträgen Zone (ungefähr 500 °C) unterhalb der Rekristallisationstemperatur. Große Anzahl von Gitterdefekten und gespeicherte Energie erzwingt schnelle Umwandlung des γ in feinsten Martensit.
	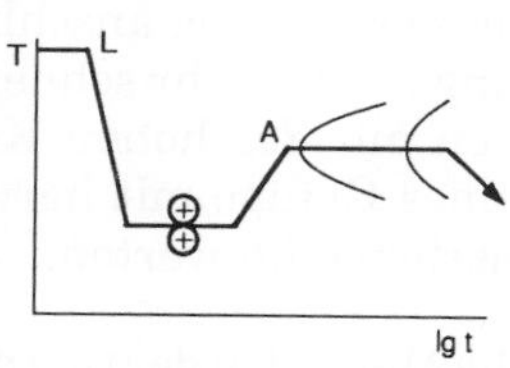	Spannungsinduzierte Ausscheidungen (vorwiegend bei NE-Metallen). Verformen nach Lösungsglühen (L) erzeugt bei nachfolgendem Auslagern (A) sehr feine und gleichmäßige Ausscheidungen.
Verformung während der γ-Umwandlung	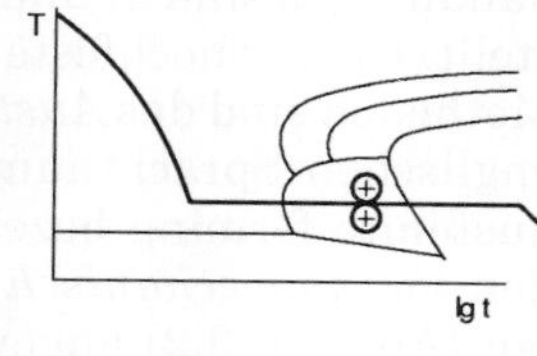	Festigkeit wird erhöht durch Verfeinern des Mikrogefüges und evtl. durch Ausscheidungshärtung.
Verformung nach der γ-Umwandlung	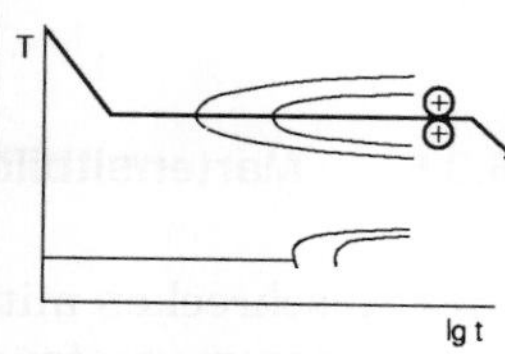	Patentieren von Draht. Sehr feinkörniges perlitisches Gefüge, durch Verformen erheblich zu verfestigen ("Klaviersaitendraht").

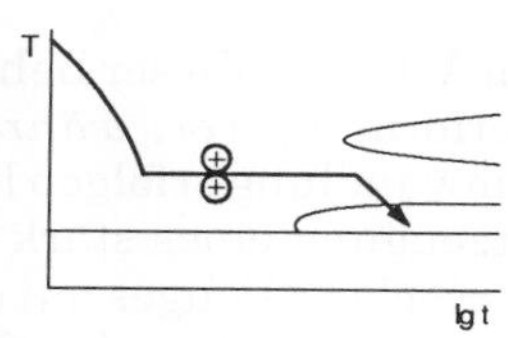

Bild 2-38
Zur Klassifikation thermomechanischer Behandlungen, dargestellt an Hand von ZTU-Schaubildern.

Fügeteile (Abschn. 4.1.3.2.2). Niedrigge-kohlter Martensit (C ≤ 0,2 %) ist dagegen relativ wenig verspannt, seine Rißneigung ist daher bemerkenswert gering. Außerdem liegt der "Träger" der Festigkeit - der Kohlenstoff - nicht als grobe, harte Zementitlamellen, sondern atomar vor, der durch die notwendige Anlaßbehandlung in Form feinster Carbide ausgeschieden wird. Diese Gefügeform - Feinstausscheidungen in der "krz" Matrix - ist gekennzeichnet durch ihre sehr große Sprödbruchsicherheit (Abschn. 3.4).

Bild 1-37 zeigt den Einfluß des C-Gehaltes auf die Martensithärte. Selbst bei schweißgeeigneten unlegierten C-Stählen mit C ≤ 0,2 % kann im schmelzgrenzennahen Bereich der WEZ Martensit mit einer unzulässigen Härte von etwa 500 HV entstehen. Voraussetzung ist allerdings, daß die sehr große kritische Abkühlgeschwindigkeit dieser niedriggekohlten Stähle überschritten wird. Das ist aber bei halbwegs qualifizierten Fertigungsbedingungen nahezu ausgeschlossen.

2.7 Unlegierte und niedriglegierte Stähle

Ein Stahl gilt als unlegiert, wenn die Legierungselemente nicht die in Tabelle 2-1 angegebenen Werte überschreiten. Für die sichere schweißtechnische Verarbeitung ist in erster Linie der Kohlenstoffgehalt und die Menge und Art der Verunreinigungen maßgebend.

2.7.1 Wirkung der Legierungselemente

Legierungselemente haben die Aufgabe, bestimmte Eigenschaften im Stahl zu erzeugen.

Die Einteilung der Stähle erfolgt auf Grund praktischer Überlegungen ohne daß definierte Grenzen festgelegt worden sind:

- **Niedriglegierte Stähle**, der Gehalt *eines* Legierungselementes beträgt höchstens 5 %.

- **Hochlegierte Stähle**, der Gehalt *eines* Elementes beträgt mindestens 5 %. Diese Festlegung dient lediglich dem Zweck einer einfacheren Namensgebung und nicht der Absicht, den Begriff hochlegierter Stahl festzulegen.

Die wichtigsten Eigenschaften der *niedriglegierten* Stähle sind ihre

- im Vergleich zu den unlegierten Stählen wesentlich verbesserte *Härtbarkeit*. Vergütungsstähle sind daher in den meisten Fällen legiert, vor allem, wenn sie für dickwandigere Bauteile verwendet werden. Außerdem werden noch eine Reihe weiterer Eigenschaftsverbesserungen erreicht, z.B.

- erhöhte *Anlaßbeständigkeit* von Vergütungsstählen z.B. durch Cr, Mo. Sie bilden Carbide, die thermisch wesentlich beständiger sind als Zementit,

- erhöhte *Warmfestigkeit* durch Mo,

- erzeugen bestimmter *physikalischer Eigenschaften*, z.B. Wärmeausdehnungsverhalten, elektrischer Widerstand.

Hochlegierte Stähle werden in den meisten Fällen wegen der Eigenschaften verwendet, die in unlegierten nicht, oder nur in unzureichendem Umfang vorhanden sind, z.B:

- Korrosionsbeständigkeit,

- Zunderbeständigkeit,

- Dauerstandfestigkeit

- Schneidfähigkeit bei hohen Temperaturen.

Die Wirkung der Legierungselemente beruht weitestgehend auf ihrer im Stahl vorliegenden Form und Verteilung:

- nicht gelöst, d.h. elementar. Die Wirksamkeit dieser "Legierungsform" ist gering und wird bei Stahlwerkstoffen daher nicht verwendet.

– als intermediäre Verbindungen. Technisch wichtig sind vor allem die Carbide, die z.B. in Werkzeug- und Feinkornstählen (Abschn. 2.7.6.1) weitgehend verwendet werden.

– in der Matrix gelöst, d.h. als Mischkristalle. Auf Grund physikalischer Gesetzmäßigkeiten lösen sich bestimmte Elemente bevorzugt im krz Gitter, andere im kfz Gitter. In erster Linie bestimmt dieses Verhalten die Fähigkeit der Elemente, die A_3- bzw. A_4-Punkte der Fe-C-Legierungen zu verändern, Bild 2-39 zeigt diese Wirkung. Danach begünstigen die Elemente

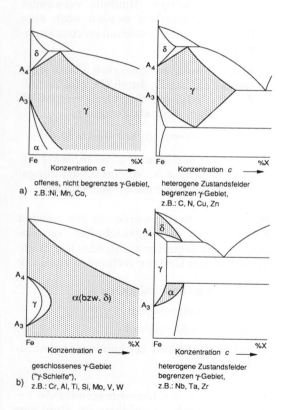

a) offenes, nicht begrenztes γ-Gebiet, z.B.:Ni, Mn, Co,

heterogene Zustandsfelder begrenzen γ-Gebiet, z.B.: C, N, Cu, Zn

b) geschlossenes γ-Gebiet ("γ-Schleife"), z.B.: Cr, Al, Ti, Si, Mo, V, W

heterogene Zustandsfelder begrenzen γ-Gebiet, z.B.: Nb, Ta, Zr

Bild 2-39
Einfluß der Legierungselemente auf die Art der Verschiebung der Umwandlungspunkte A_3 und A_4
a) Austenitstabilisierende Elemente,
b) Ferritstabilisierende Elemente.

☐ **Cr-Al-Ti-Ta-Si-Mo-V-W**
die Entstehung des Ferrits,

☐ **Ni-C-Co-Mn-N**
die des Austenits.

Ferritstabilisierende Elemente ermöglichen die Bildung der ferritischen, austenitstabilisierende Elemente die der austenitischen Stähle. Als in der Praxis wichtige Stahlgruppen seien die ferritischen Cr- bzw. die austenitischen Cr-Ni-Stähle genannt.

Außer ihrer verfestigenden Wirkung beeinflussen die Legierungselemente den Ablauf der Austenitumwandlung und damit die Eigenschaften des Umwandlungsproduktes (Abschn. 2.5.3.1). Bild 2-26 zeigt den Einfluß der Legierungselemente auf das Umwandlungsgeschehen des Austenits. Das skizzierte Verhalten beruht im wesentlichen auf der Verringerung der Diffusionsgeschwindigkeit des Kohlenstoffs in den verschiedenen Gitterformen des Eisens.

2.7.2   Unlegierte Baustähle nach EN 10 025

Eine der wichtigsten Eigenschaften unlegierter Baustähle ist eine ausreichende *Schweißeignung*. Erfahrungsgemäß darf die Maximalhärte in der WEZ von Schweißverbindungen 350 HV nicht übersteigen, um die Kaltrißbildung auszuschließen (Abschn. 4.1.3.2.1). Dieser Grenzwert wird bei Stählen mit einem C-Gehalt von etwa 0,25 % bei einem Martensitanteil von 50 % im Gefüge erreicht, Bild 1-37.

Die Baustahlnorm DIN 17 100 wurde 1991 durch die in vielen Einzelheiten weitergehende EURONORM EN 10 025 ersetzt. Im folgenden werden die wichtigsten Änderungen vorgestellt, Tabelle 2-4:

☐ Sorteneinteilung und Festlegungen der Desoxidationsart:

– Einführung der Gütegruppe C bei den Stahlsorten Fe 360, Fe 430 und Fe 510. Diese entspricht der Gütegruppe

Stahlsorte (Kurzname) nach		Desoxidationsart [1]	Stahlart [2]	Massenanteile in Prozent, max						Kerbschlagarbeit J, min. (ISO-V) für Erzeugnis-Nenndicken in mm bei Temperatur T °C, angegeben als J/T	
				C für Erzeugnis-Nenndicken in mm			P	S	N [4,5]		
EU 25-72	DIN 17 100			≤16	>16≤40	>40 [3]				>10≤150	>150≤250
Fe 310-0 [6]	St 33	freigestellt	BS	–	–	–	–	–	–	–	–
Fe 360 B	St 37-2	freigestellt	BS	0,17	0,20	–	0,045	0,045	0,009	27/20 °C	–
Fe 360 B	USt 37-2	FU	BS	0,17	0,20	–	0,045	0,045	0,007	27/20 °C	–
Fe 360 B	RSt 37-2	FN	BS	0,17	0,17	0,20	0,045	0,045	0,009	27/20 °C	23/20 °C
Fe 360 C	St 37-3 U	FN	QS	0,17	0,17	0,17	0,040	0,040	0,009	27/0 °C	23/0 °C
Fe 360 D1	St 37-3 N	FF	QS	0,17	0,17	0,17	0,035	0,035	–	27/– 20 °C	23/– 20 °C
Fe 360 D2	–	FF	QS	0,17	0,17	0,17	0,035	0,035	–	27/– 20 °C	23/– 20 °C
Fe 430 B	St 44-2	FN	BS	0,21	0,21	0,22	0,045	0,045	0,009	27/20 °C	23/– 20 °C
Fe 430 C	St 44-3 U	FN	QS	0,18	0,18	0,18 [7]	0,040	0,040	0,009	27/0 °C	23/– 20 °C
Fe 430 D1	St 44-3 N	FF	QS	0,18	0,18	0,18 [7]	0,035	0,035	–	27/– 20 °C	23/– 20 °C
Fe 430 D2	–	FF	QS	0,18	0,18	0,18 [7]	0,035	0,035	–	27/– 20 °C	23/– 20 °C
Fe 510 B	–	FN	BS	0,24	0,24 [8]	0,24	0,045	0,045	0,009	27/20 °C	23/20 °C
Fe 510 C	St 52-3 U	FN	QS	0,20	0,20 [8]	0,22	0,040	0,040	0,009	27/0 °C	23/0 °C
Fe 510 D1	St 52-3 N	FF	QS	0,20	0,20 [8]	0,22	0,035	0,035	–	27/– 20 °C	23/– 20 °C
Fe 510 D2	–	FF	QS	0,20	0,20 [8]	0,22	0,035	0,035	–	40/– 20 °C	33/– 20 °C
Fe 510 DD1	–	FF	QS	0,20	0,20 [8]	0,22	0,035	0,035	–	40/– 20 °C	33/– 20 °C
Fe 510 DD2	–	FF	QS	0,20	0,20 [8]	0,22	0,035	0,035	–	–	–
Fe 490-2	St 50-2	FN	BS	–	–	–	0,045	0,045	0,009	–	–
Fe 590-2	St 60-2	FN	BS	–	–	–	0,045	0,045	0,009	–	–
Fe 690-2	St 70-2	FN	BS	–	–	–	0,045	0,045	0,009	–	–

1) FU: unberuhigter Stahl, FN: unberuhigter Stahl nicht zulässig, FF: vollberuhigter Stahl.
2) BS Grundstahl, QS Qualitätsstahl.
3) Bei Profilen mit einer Nenndicke > 100 mm ist der Kohlenstoffgehalt zu vereinbaren.
4) Die angegebenen Höchstwerte dürfen überschritten werden, wenn je 0,001 % N der Höchstwert für den P-Gehalt um 0,005 % unterschritten wird; der N-Gehalt darf jedoch einen Wert von 0,012 % in der Schmelzenanalyse nicht übersteigen.
5) Der Höchstwert für den N-Gehalt gilt nicht, wenn der Stahl einen Gesamtgehalt an Al von mindestens 0,020 % oder genügend andere stickstoffabbindende Elemente enthält. Die stickstoffabbindenden Elemente sind in der Bescheinigung über Materialprüfungen anzugeben.
6) Nur in Nenndicken ≤ 25 mm lieferbar.
7) Max. 0,20 % bei Nenndicken > 150 mm.
8) Max. 0,22 % bei Nenndicken > 30 mm und bei den KP-Sorten.

Tabelle 2-4
Chemische Zusammensetzung (Schmelzenanalyse) und gewährleistete Kerbschlagarbeit warmgewalzter Erzeugnisse aus unlegierten Baustählen nach EN 10 025, Tabelle 2 (Jan. 1991).

3 nach DIN 17 100 (= Kerbschlagarbeit, min 27 J bei 0 °C) im warmgeformten bzw. unbehandelten Zustand (3U). Für sie ist aber nicht wie
in der DIN 17 100 die Desoxidationsart
RR vorgeschrieben.

– Die Gütegruppe D (3 nach DIN 17
  100) wird mit unterschiedlichen Festlegungen für die Lieferart und die
  Geltung der mechanischen Gütewerte
  in D1 und D2 unterteilt.

– Aufnahme der in der DIN 17 100
  nicht erfaßten Stahlsorten Fe 510 DD1
  und DD2 mit festgelegtem Mindestwert der Kerbschlagarbeit von 40
  J bei −20 °C.

❏ Senkung der Höchstwerte für P und S
  (Schmelzenanalyse):
  Gütegruppe 2 und B: max 0,045 % P und S,
  Gütegruppe C: max 0,040 % P und S,
  Gütegruppe D: max 0,035 % P und S.

❏ Die mechanischen und technologischen
  Eigenschaften werden bis zu Dicken von
  250 mm garantiert.

❏ Der Biegeversuch und der Aufschweiß-
  biegeversuch wurden gestrichen.

Die für die Eignung zum Kaltbiegen, Walz-
profilieren und Stabziehen geeigneten Stähle und ihre Bezeichnung im Vergleich zu der
bisherigen nach DIN 17 006 sind in Tabelle
2-5 zusammengestellt.

2.7.3   Stähle für den Maschinen- und Fahrzeugbau

Wegen ihrer hervorragenden Eignung für
den Bereich des Maschinen- und Fahrzeug-
baus, gekennzeichnet durch ihre hohe dynamische Beanspruchbarkeit und eine der
Verwendung angepaßten Wärmebehandlung, empfiehlt es sich aus praktischen Erwägungen, die

– Vergütungsstähle,
– Stähle zum Randschichthärten und die
– Einsatzstähle

zusammenfassend zu beschreiben.

Vergütungsstähle müssen abhängig von der
Werkstückdicke und dem Verwendungszweck nach einem Austenitisieren und nachfolgenden Abschrecken Martensit und(oder)
Bainit bilden können.

Vor dem Randschichthärten, das i.a. nur
eine teilweise Härtung anstrebt, wird das
Bauteil in den meisten Fällen vergütet. Diese Stähle entsprechen also in ihrer chemischen Zusammensetzung sehr den Vergütungsstählen.

Die Einsatzstähle werden nach dem Aufkohlen einer einige Zehntel Millimeter dik-
ken Oberflächenschicht im gehärteten Zustand verwendet. Die sehr harte, verschleiß-
feste Oberfläche erfordert einen zähen Kern.
Der Kohlenstoffgehalt dieser Stähle ist daher auf 0,3 % begrenzt.

2.7.3.1   Vergütungsstähle

Im Gegensatz zu den in Abschn. 2.7.3 behandelten *schweißgeeigneten* vergüteten
Feinkornbaustählen ist der Kohlenstoffgehalt der u.a. in der DIN 17 200 genormten
Vergütungsstähle wesentlich höher, Tab 2-6.

Die werkstofflichen Grundlagen und die
erforderliche Wärmebehandlung dieser
Stähle (Härten, Vergüten) sind im Abschn.
2.5.2 zu finden. Die Stähle werden vorwiegend im Maschinen- und Fahrzeugbau bei
hoher dynamischer Beanspruchung eingesetzt. Die speziellen Gebrauchseigenschaften *müssen* durch eine dem Verwendungszweck angepaßten Wärmebehandlung erzeugt werden. Für höchste dynamische Beanspruchbarkeit ist vor dem Anlassen ein
rein martensitisches Gefüge (evtl. Martensit und Bainit) erforderlich. Die Möglichkeit der Martensitbildung ist nur davon
abhängig, ob die Abkühlgeschwindigkeit im

Stahlsorte (Kurzname) nach	Eignung zum: Abkanten			Walzprofilieren			Kaltziehen		
EU 25-72	KQ[1]	Kurzname (DIN)	Werkstoff-Nr.	KP[1]	Kurzname (DIN)	Werkstoff-Nr.	KZ[1]	Kurzname (DIN)	Werkstoff-Nr.
Fe 360 B	x	–		x	K St 37-2	1.0120	x	Z St 37-2	1.0120
Fe 360 BFU	x	UQ St 37-2	1.0121	x	UK St 37-2	1.0121	x	UZ St 37-2	1.0121
Fe 360 BFN	x	RQ St 37-2	1.0122	x	RK St 37-2	1.0122	x	RZ St 37-2	1.0122
Fe 360 C	x	Q St 37-3 U	1.0115	x	K St 37-3 U	1.0115	x	Z St 37-3 U	1.0115
Fe 360 D1	x	Q St 37-3 N	1.0118	x	K St 37-3 N	1.0118	x	Z St 37-3 N	1.0118
Fe 360 D2									
Fe 430 B	x	Q St 44-2	1.0128	x	K St 44-2	1.0128	x	Z St 44-2	1.0128
Fe 430 C	x	Q St 44-3 U	1.0140	x	K St 44-3 U	1.0140	x	Z St 44-3 U	1.0140
Fe 430 D1	x	Q St 44-3 N	1.0141	x	K St 44-3 N	1.0141	x	Z St 44-3 N	1.0141
Fe 430 D2	x			x					
Fe 510 B	x			x	K St 52-3 U	1.0554	x	Z St 52-3 U	
Fe 510 C	x	Q St 52-3 U	1.0554	x	K St 52-3 N	1.0569	x	Z St 52-3 N	
Fe 510 D1	x	Q St 52-3 N	1.0569	x			x		
Fe 510 D2	x			x			x		
Fe 510 DD1	x						x		
Fe 510 DD2	x						x		
Fe 490-2	–	–		–	–		x	Z St 50-2	1.0050
Fe 590-2	–	–		–	–		x	Z St 60-2	1.0060
Fe 690-2	–	–		–	–		x	Z St 70-2	1.0070

1) *Die angegebenen Kennbuchstaben sind in der Bezeichnung anzugeben, z.B.: Fe 510 D1 KQ, Fe 360 C KZ*

Tabelle 2-5
Technologische Eigenschaften der unlegierten Baustähle nach EN 10 025. Die Bezeichnungsweise nach EU 25-72 ist der bisherigen nationalen (DIN und Werkstoff-Nr.) gegenübergestellt.

Stahlsorte (Kurzname) nach		Chemische Zusammensetzung in Massenprozent								
DIN 17 006	Werkst.-Nr.	C	Si	Mn	P	S	Cr	Mo	Ni	V
C 22 [1] (Ck 22) [2]	1.0402	0,17 bis 0,24	≤ 0,40	0,30 bis 0,60	≤ 0,045	≤ 0,045	-	-	-	-
C 25 (Ck 25)	1.0406	0,22 bis 0,29	≤ 0,40	0,40 bis 0,70	≤ 0,045	≤ 0,045	-	-	-	-
C 30 [1] (Ck 30)	-	0,27 bis 0,34	≤ 0,40	0,50 bis 0,80	≤ 0,045	≤ 0,045	-	-	-	-
C 35 (Ck 35)	1.1181	0,32 bis 0,39	≤ 0,40	0,50 bis 0,80	≤ 0,045	≤ 0,045	-	-	-	-
C 45 (Ck 45)	1.0503	0,42 bis 0,50	≤ 0,40	0,50 bis 0,80	≤ 0,045	≤ 0,045	-	-	-	-
C 55 [1] (Ck 55)	1.1203	0,52 bis 0,60	≤ 0,40	0,60 bis 0,90	≤ 0,045	≤ 0,045	-	-	-	-
C 60 (Ck 60)	1.0601	0,57 bis 0,65	≤ 0,40	0,60 bis 0,90	≤ 0,045	≤ 0,45	-	-	-	-
28 Mn 6	1.1170	0,25 bis 0,32	≤ 0,40	1,30 bis 1,65	≤ 0,035	≤ 0,03	-	-	-	-
30 MnCrB 5 [3]	-	0,28 bis 0,33	≤ 0,40	1,10 bis 1,40	≤ 0,035	≤ 0,03	0,20 bis 0,45		Bor 0,001 bis 0,004	-
32 Cr 2	1.7020	0,28 bis 0,35	≤ 0,40	0,50 bis 0,80	≤ 0,035	≤ 0,03	0,40 bis 0,60	-	-	-
32 CrS 2	1.7021	0,28 bis 0,35	≤ 0,40	0,50 bis 0,80	≤ 0,035	0,020 bis 0,035	0,40 bis 0,60	-	-	-
46 Cr 2	1.7006	0,42 bis 0,50	≤ 0,40	0,50 bis 0,80	≤ 0,035	≤ 0,03	0,40 bis 0,60	-	-	-
46 CrS 2	1.7025	0,42 bis 0,50	≤ 0,40	0,50 bis 0,80	≤ 0,035	0,020 bis 0,035	0,40 bis 0,60	-	-	-
28 Cr 4	1.7030	0,24 bis 0,31	≤ 0,40	0,60 bis 0,90	≤ 0,035	≤ 0,035	0,90 bis 1,20	-	-	-
34 Cr 4	1.7033	0,30 bis 0,37	≤ 0,40	0,60 bis 0,90	≤ 0,035	≤ 0,03	0,90 bis 1,20	-	-	-
37 Cr 4	1.7034	0,34 bis 0,41	≤ 0,40	0,60 bis 0,90	≤ 0,035	≤ 0,03	0,90 bis 1,20	-	-	-
41 Cr 4	1.7035	0,38 bis 0,45	≤ 0,40	0,60 bis 0,90	≤ 0,035	≤ 0,03	0,90 bis 1,20	-	-	-
41 CrS 4	1.7039	0,38 bis 0,45	≤ 0,40	0,60 bis 0,90	≤ 0,035	0,020 bis 0,035	0,90 bis 1,20	-	-	-
25 CrMo 4	1.7218	0,22 bis 0,29	≤ 0,40	0,60 bis 0,90	≤ 0,035	≤ 0,03	0,90 bis 1,20	0,15 bis 0,30	-	-
34 CrMo 4	1.7220	0,30 bis 0,37	≤ 0,40	0,60 bis 0,90	≤ 0,035	≤ 0,03	0,90 bis 1,20	0,15 bis 0,30	-	-
42 CrMo 4	1.7225	0,38 bis 0,45	≤ 0,40	0,60 bis 0,90	≤ 0,035	≤ 0,03	0,90 bis 1,20	0,15 bis 0,30	-	-
50 CrMo4	1.7228	0,46 bis 0,54	≤ 0,40	0,50 bis 0,80	≤ 0,035	≤ 0,03	0,90 bis 1,20	0,15 bis 0,30	-	-
36 CrNiMo 4	1.6511	0,32 bis 0,40	≤ 0,40	0,50 bis 0,80	≤ 0,035	≤ 0,03	0,90 bis 1,20	0,15 bis 0,30	0,90 bis 1,20	-
34 CrNiMo 6	1.6582	0,30 bis 0,38	≤ 0,40	0,40 bis 0,70	≤ 0,035	≤ 0,03	1,40 bis 1,70	0,15 bis 0,30	1,40 bis 1,70	-
30 CrNiMo 8	1.6580	0,26 bis 0,34	≤ 0,40	0,30 bis 0,60	≤ 0,035	≤ 0,03	1,80 bis 2,20	0,15 bis 0,30	1,80 bis 2,20	-
34 NiCrMo 16 [4]	-	0,30 bis 0,37	≤ 0,40	0,30 bis 0,60	≤ 0,035	≤ 0,03	1,60 bis 2,00	0,25 bis 0,45	3,70 bis 4,20	-
50 CrV 4	1.8159	0,47 bis 0,55	≤ 0,40	0,70 bis 1,10	≤ 0,035	≤ 0,03	0,90 bis 1,10	-	-	0,10 bis 0,20
30 CrMoV 9	1.7707	0,26 bis 0,34	≤ 0,40	0,40 bis 0,70	≤ 0,035	≤ 0,03	2,30 bis 2,50	-	0,15 bis 0,25	0,10 bis 0,20

1) nur für Sonderzwecke, 2) Neben der Ck-Reihe mit verringertem P- und S-Gehalt (P ≤ 0,035 %, S ≤ 0,03 %) gibt es die Cm-Reihe mit P ≤ 0,035 % und gewährleisteter Schwefel-Spanne von 0,020 % bis 0,035 %), 3) Der Stahl ist bisher nicht genormt, 4) genormt in der EURONORM 83.

Tabelle 2-6
Chemische Zusammensetzung (Schmelzenanalyse) ausgewählter Vergütungsstähle nach DIN 17 200, Tabelle 2 (Juli 1984) und EURONORM 83.

Kern des Bauteil die kritische Abkühlgeschwindigkeit des Werkstoffs erreicht. Die erforderliche chemische Zusammensetzung wird daher weitgehend von der Werkstückdicke bestimmt. Im gegenwärtigen deutschen Normenwerk werden mechanische Gütewerte bis zu einem Anwendungsbereich von 250 mm aufgeführt.

Außer den Festigkeitseigenschaften sind insbesondere ausreichende *Zähigkeitseigenschaften* erforderlich. Bild 2-18 zeigt sehr überzeugend die überlegenen Zähigkeitswerte vergüteter Gefüge, deren Ursache das sehr gleichmäßige feine Gefüge ist. Der Vergütungszustand wird meistens durch die Ergebnisse von Zug- und Kerbschlagbiegeprüfungen beschrieben.

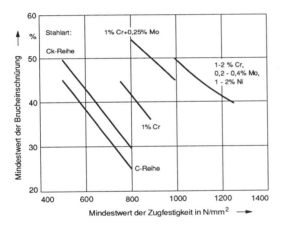

Bild 2-40
Abhängigkeit der Mindestwerte für die Zugfestigkeit und Brucheinschnürung von den Stahlreihen der DIN 17 200 im vergüteten Zustand.

Der *Härtungsgrad*, d.h., das Verhältnis der durch das Vergüten erreichten zur maximal möglichen Härte, muß bei hoher Beanspruchung bei > 90 % liegen. Abhängig von der Werkstückdicke wird eine ausreichende Einhärtbarkeit durch die chemische Zusammensetzung des Stahles sichergestellt. Vor allem bei hoher Vergütungsfestigkeit und Beanspruchung ist bei hohen Ansprüchen an die Zähigkeit der Reinheitsgrad und die

Homogenität des Stahles von großer Bedeutung. Selbst Einschlüsse geringer Größe sind mit zunehmender Vergütungsfestigkeit oft Ausgangspunkt von Dauerbrüchen.

Bei geringerer Beanspruchung können Stähle mit ferritisch-perlitischem bzw. solche mit geringerem Härtungsgrad verwendet werden. Hierfür sind die in Tabelle 2-6 aufgeführten unlegierten Stähle gut geeignet.

Vergütungstähle werden häufig wegen ihres hervorragenden Verschleißwiderstandes eingesetzt, der im wesentlichen von ihrer Zugfestigkeit abhängt. In vielen Fällen wird die oft komplizierte Form der Bauteile durch spangebende Bearbeitung hergestellt. Die Zerspanbarkeit ist daher eine wichtige technologische Eigenschaft. Sie ist abhängig von der Zugfestigkeit im vergüteten Zustand und wird durch Schwefel und andere Elemente (z.B. Pb, Se) verbessert. Der erforderliche Schwefelgehalt wird aus wirtschaftlichen Gründen als Spanne von etwa 0,020 % bis 0,035 % angegeben.

Durch die immer häufiger verwendete Konstruktionsschweißung vorgefertigter Teile ist auch die Eigenschaft Schweißeignung von gewisser Bedeutung. Als Beispiel kann die Herstellung geschweißter *Rundstahlketten* dienen. Die hierfür verwendeten Werkstoffe besitzen Kohlenstoffgehalte bis etwa 0,30 % (z.B. 27 MnSi 5).

Die Einteilung der Vergütungsstähle nach ihrer Leistungsfähigkeit ist kaum möglich, weil allseits anerkannte Bewertungsrichtlinien fehlen. Ihre Eigenschaften hängen weitgehend von dem nach dem Härten vorliegenden Gefüge ab, das vom

– Vergütungsquerschnitt, dem
– Härtemittel und vor allem von der
– Härtbarkeit

bestimmt wird. Die Härtbarkeit hängt ausschließlich von der chemischen Zusammensetzung ab. Sie wird mit zunehmender Legierungsmenge besser, Tabelle 2-6. Die Vorteile der höherlegierten Stähle sind aus Bild 2-40 deutlich zu erkennen.

Von den in Tabelle 2-6 aufgeführten Stählen haben sich vor allem folgende durch zunehmende Härtbarkeit gekennzeichnete Legierungssysteme bewährt:

-   Stähle mit Mn bzw. Mn, B (evtl. geringe Cr-Zusätze),
    z.B. 28 Mn 6 und 30 MnCrB 5. Bor in gelöster Form verbessert bereits in geringsten Mengen die Härtbarkeit.
-   Stähle mit Cr bzw, CrMo
    z.B. 41 Cr 4, 42 CrMo 4.
-   Mehrfach mit Cr, Ni, Mo legierte Stähle höchster Leistungsfähigkeit
    z.B. 34 CrNiMo 34.

2.7.3.2   Einsatzstähle

Diese Stähle werden für Bauteile verwendet, die i.a. oberflächlich bis auf 0,8 % bis 0,9 % aufgekohlt, anschließend gehärtet und bei niedrigen Temperaturen (bis 200 °C) angelassen werden. Die nur wenige Zehntel Millimeter dicke gehärtete Randschicht ist extrem verschleißfest, der sehr viel zähere Kern kann hohe statische, dynamische und schlagartige Lasten rißfrei aufnehmen.

Die niedrige Anlaßtemperatur ist notwendig, um die Härte der martensitischen Oberflächenschicht nicht unzulässig zu verringern. Außer der für die Gebrauchseigenschaften entscheidenden Härtbarkeit ist ein möglichst geringes Austenitkornwachstum bei den Temperaturen des Aufkohlungsprozesses (z.T. über 900 °C) ein weiteres wichtigtes Kriterium der Einsatzstähle. Diese Eigenschaften lassen sich mit Stählen erreichen, die ein ausreichend schmales Härtbarkeitsstreuband und eine möglichst konstante Korngröße besitzen. Der Härteverlauf wird durch die sog. *Einsatzhärtungstiefe* (Eht) beschrieben. Sie wird nach DIN 50 190 durch die dem Härtegrenzwert 615 HV zugeordneten Einhärtungstiefe definiert.

Die P- und S-Gehalte sind wie für wärmebehandelbare Stähle üblich sehr gering. Die Legierungselemente (Vorwiegend Mn, Cr, Mo, Ni) bestimmen die Härtbarkeit des Stahls, d.h. die Beanspruchbarkeit des Bauteils. Der Stahl 17 CrNiMo 6 besitzt die höchste Härtbarkeit, die geringste der niedriglegierten Stähle der Stahl 17 Cr 3. In Tabelle 2-7 sind die un- und niedriglegierten Einsatzstähle nach DIN 17 210 aufgeführt.

Diese sehr verunreinigungsarmen Stähle sind im nicht aufgekohlten Zustand gut schweißgeeignet. Von einem Schweißen bereits eingesetzter Stähle ist wegen des hohen Kohlenstoffgehalts grundsätzlich abzuraten.

2.7.4   Warmfeste Stähle

Bauteile, die bei erhöhten Temperaturen mechanischen (meistens auch korrosiven) Beanspruchungen ausgesetzt sind, werden aus warmfesten Stählen hergestellt. Die Spanne der Betriebstemperaturen reicht von 300 °C, über 500...550 °C (z.B. Frischdampftemperaturen), 700 °C (z.B. Gasturbinen) bis zu der z.Z. maximal beherrschbaren von etwa 1100 °C, die bei Flugtriebwerken entsteht.

Eine mechanische Beanspruchung bei höheren Temperaturen führt zum **Kriechen** des Werkstoffes. Darunter versteht man die stetige Zunahme der Verformung bei konstanter Belastung. Der zeitabhängige Spannungsabfall bei konstanter Verformung wird als **Relaxation** bezeichnet. Diese Erscheinung ist vor allem bei Federwerkstoffen und Werkstoffen für Schrauben von großer technischer Bedeutung.

Der unzureichende Kriechwiderstand der unlegierten Stähle läßt sich durch geeignete legierungstechnische Maßnahmen erhöhen. Legierungselemente, die die Warmfestigkeit der Matrix erhöhen, verbessern auch grundsätzlich den Widerstand gegen Kriechen. Die Wirksamkeit dieser Maßnahmen

Stahlsorte (Kurzname) nach		Chemische Zusammensetzung in Massenprozent [1] [2]							
DIN 17 006	Werkst.-Nr.	C	Si	Mn	P	S	Cr	Mo	Ni
C 10		0,07 bis 0,13	≤ 0,40	0,30 bis 0,60	≤ 0,045	≤ 0,045	-	-	-
C 15		0,12 bis 0,18	≤ 0,40	0,30 bis 0,60	≤ 0,045	≤ 0,045	-	-	-
Ck 10		0,07 bis 0,13	≤ 0,40	0,30 bis 0,60	≤ 0,035	≤ 0,035	-	-	-
Ck 15		0,12 bis 0,18	≤ 0,40	0,30 bis 0,60	≤ 0,035	≤ 0,035	-	-	-
Cm 15		0,12 bis 0,18	≤ 0,40	0,30 bis 0,60	≤ 0,035	0,020 bis 0,035	-	-	-
17 Cr 3	1.7016	0,14 bis 0,20	≤ 0,40	0,40 bis 0,70	≤ 0,035	≤ 0,035	0,60 bis 0,90	-	-
20 Cr 4	1.7027	0,17 bis 0,23	≤ 0,40	0,60 bis 0,90	≤ 0,035	≤ 0,035	0,90 bis 1,20	-	-
20 CrS 4	1.7028	0,17 bis 0,23	≤ 0,40	0,60 bis 0,90	≤ 0,035	0,020 bis 0,035	0,90 bis 1,20	-	-
16 MnCr 5	1.7131	0,14 bis 0,19	≤ 0,40	1,00 bis 1,30	≤ 0,035	≤ 0,035	0,80 bis 1,10	-	-
16 MnCrS 5	1.7139	0,14 bis 0,19	≤ 0,40	1,00 bis 1,30	≤ 0,035	0,020 bis 0,035	0,80 bis 1,10	-	-
20 MnCr 5	1.7147	0,17 bis 0,22	≤ 0,40	1,10 bis 1,40	≤ 0,035	≤ 0,035	1,00 bis 1,30	-	-
20 MnCrS 5	1.7149	0,17 bis 0,22	≤ 0,40	1,10 bis 1,40	≤ 0,035	0,020 bis 0,035	1,00 bis 1,30	-	-
20 MoCr 4	1.7321	0,17 bis 0,22	≤ 0,40	0,70 bis 1,00	≤ 0,035	≤ 0,035	0,30 bis 0,60	0,40 bis 0,50	-
20 MoCrS 4	1.7323	0,17 bis 0,22	≤ 0,40	0,70 bis 1,00	≤ 0,035	0,020 bis 0,035	0,30 bis 0,60	0,40 bis 0,50	-
22 CrMoS 3 5	1.7333	0,19 bis 0,24	≤ 0,40	0,70 bis 1,00	≤ 0,035	0,020 bis 0,035	0,70 bis 1,00	0,40 bis 0,50	-
21 NiCrMo 2	1.6523	0,17 bis 0,23	≤ 0,40	0,65 bis 0,95	≤ 0,035	≤ 0,035	0,40 bis 0,70	0,15 bis 0,25	0,40 bis 0,70
21 NiCrMoS 2	1.6526	0,17 bis 0,23	≤ 0,40	0,65 bis 0,95	≤ 0,035	0,020 bis 0,035	0,40 bis 0,70	0,15 bis 0,25	0,40 bis 0,70
15 CrNi 6	1.5919	0,14 bis 0,19	≤ 0,40	0,40 bis 0,60	≤ 0,035	≤ 0,035	1,40 bis 1,70	-	1,40 bis 1,70
17 CrNiMo 6	1.6587	0,15 bis 0,20	≤ 0,40	0,40 bis 0,60	≤ 0,035	≤ 0,035	1,50 bis 1,80	0,25 bis 0,35	1,40 bis 1,70

1) In dieser Tabelle nicht aufgeführte Elemente dürfen dem Stahl außer zum Fertigbehandeln der Schmelze ohne Zustimmung des Bestellers nicht absichtlich zugesetzt werden. In Zweifelsfällen sind die Grenzgehalte nach EURONORM 20-74 (siehe Tabelle 2-1) maßgebend.

2) Außer bei den Elementen Phosphor und Schwefel sind geringfügige Abweichungen von den Grenzen für die Schmelzenanalyse zulässig, wenn eingeengte Streubänder der Härtbarkeit im Stirnabschreckversuch bestellt werden.

Tabelle 2-7
Chemische Zusammensetzung (Schmelzenanalyse) der Einsatzstähle nach DIN 17 210, Tabelle 2 (Okt. 1984).

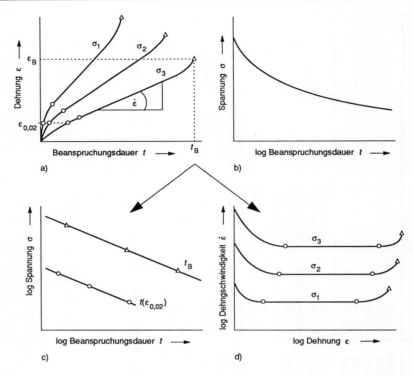

Bild 2-41
Mögliche Auswertungen von Kriechversuchen.
a) Zeitstandversuch: Zeit-Dehnungs-Kurven für konstante Spannungen,
b) Relaxationsversuch: zeitabhängige Spannungsabnahme bei konstanter Dehnung,
c) Zeitstandversuch: Zeitstand-Schaubild mit eingetragener Zeitbruchlinie (t_B) und Zeitdehngrenzlinie für
*   0,2 % plastischer Dehnung bis zum Brucheintritt ($t_{0,2}$),*
d) Schaubild zum Bestimmen der Dehnungsgeschwindigkeit $d\varepsilon/dt$.

beruht auf dem Erschweren der Versetzungsbewegung d.h. der Gleitprozesse. Diese Mischkristallhärtung kann bereits mit Mangan erreicht werden. Wesentlich effektiver sind fein verteilte möglichst kohärente Ausscheidungen, die bei den Beanspruchungstemperaturen nicht koagulieren bzw. in Lösung gehen. Besonders geeignet sind die temperaturbeständigen Sondercarbide der Elemente Molybdän, Chrom und Vanadium, die erst bei hohen Temperaturen ihre Hinderniswirkung verlieren. Bei Langzeitbeanspruchungen oberhalb 550 °C müssen die Stähle für eine ausreichende Zunderbeständigkeit mit Chrom legiert werden.

Bild 2-41 zeigt schematisch das Verhalten der Werkstoffe unter Kriech- bzw. Relaxationsbedingungen und der verschiedenen

Möglichkeiten der Versuchsauswertung.

Bei den *Zeitstandversuchen* (DIN 50 118) werden die bis zum Erreichen bestimmter plastischer Dehnungen bzw. bis zum Bruch der Probe vergangenen Belastungsdauern ermittelt, z.B. Bild 2-41c. Die Auswertung ergibt die für die Bauteil-Bemessung wichtigen Festigkeitswerte:

– Die *Zeitstandfestigkeit* ist die bei bestimmter Prüftemperatur ertragene Spannung, die nach einer festgelegten Beanspruchungsdauer zum Bruch führt. $R_m/10^5/$ 550 kennzeichnet die Zeitstandfestigkeit bei 550 °C für 100 000 h.

– Die *Zeitdehngrenze* ist die bei bestimmter Prüftemperatur ertragene Spannung, die nach einer bestimmten Beanspruchungsdauer zu einer festgelegten plastischen Dehnung führt. $R_{pl}/10^4/500$ kennzeichnet die 1%-Zeitdehngrenze bei 500 °C für 10 000 h.

Das Bild 2-42 zeigt für den Stahl X 12 CrCoNi 21 20 die Auswertung von Zeitstandversuchen. Die extrem zeitaufwendige (100 000 h = 12 Jahre!) Ermittlung dieser Kenngrößen ist notwendig, weil Extrapolationen aus den Ergebnissen von Kurzzeitversuchen z.Z. noch nicht mit der erforderlichen Genauigkeit möglich sind.

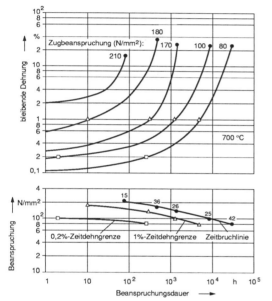

Bild 2-42
Auswertung von Zeitstandversuchen bei 700 °C an dem hochwarmfesten austenitischen Stahl X 12 CrCoNi 21 20.
a) *Zeit-Dehnungslinien,*
b) *Zeitstand-Schaubild. Die Zahlenwerte an der Zeitbruchlinie sind die gemessenen Zeitbruchdehnungen, nach* STEINEN.

Mechanisch statisch beanspruchte warmgehende Bauteile werden abhängig von der Höhe der Betriebstemperatur mit unterschiedlich ermittelten Festigkeitskennwerten berechnet:

– Die *Warmstreckgrenze* ist der Berechnungskennwert für niedrige Betriebstem-

peraturen.

– Bei höheren Temperaturen sind die Ergebnisse aus Langzeitversuchen erforderlich, d.h. *Zeitdehngrenzen* oder die *Zeitstandfestigkeit.* Der Schnittpunkt der temperaturabhängigen Kurve der Warmstreckgrenze mit der der Zeitfestigkeit (10^5 h) dient i.a. als Grenzwert für den Einsatz der Berechnungskennwerte.

Ausreichende Zähigkeitsreserven sind für die Betriebssicherheit von (geschweißten) Bauteilen aus warmfesten Stählen von großer Bedeutung. Sie sind zum Spannungsabbau in der Nähe konstruktiv bedingter Kerben im Bauteil und vor allem in den schmelzgrenzennahen Orten der WEZ von Schweißverbindungen erforderlich. Weiterhin muß der Werkstoff beim Durchfahren der z.T. extremen Temperaturdifferenzen so verformbar bleiben, daß eine Rißbildung ausgeschlossen ist. Die Zähigkeitseigenschaften werden in zunehmendem Umfang durch die Angabe der NDT-Temperatur (Abschn. 6.3.2.3.3) bestimmt, deren Wert unterhalb der Raumtemperatur liegen muß.

In Tabelle 2-8 sind einige wichtige warmfeste Stähle und Stahlgußsorten aufgeführt. Die warmfesten Feinkornbaustähle sind bis etwa 400 °C einsetzbar (s. auch Tabelle 2-12). Sie werden im normalgeglühten, thermomechanisch behandelten oder im wasservergüteten Zustand verwendet. Die wichtigste technologische Forderung ist eine gute Schweißeignung. Sie wird durch die Begrenzung des Kohlenstoffgehalts auf 0,2 % und die ausgeprägte Feinkörnigkeit dieser Stähle erreicht.

Die niedriglegierten warmfesten Stähle sind bei 0Temperaturen zwischen 400 °C (15 Mo 3, 13 MnMoNi 5 4, 22 NiMoCr 3 7) bis maximal 590 °C (X 20 CrMoV 12 1) einsetzbar. Die im Kessel- und Apparatebau häufig eingesetzten Stähle 13 CrMo 4 4 und 10 CrMo 4 4 sind gut schweißgeeignet. Der bis 560 °C im Dauerbetrieb einsetzbare ausscheidungsgehärtete Stahl 14 MoV 6 3 ist nicht einfach schweißbar.

Stahlsorte	Chemische Zusammensetzung in Massenprozent (Schmelzenanalyse)						
	C	Si	Mn	Cr	Mo	Ni	V
Ferritische Stähle für Bleche und Rohre							
17 Mn 4	0,14 bis 0,20	≤ 0,40	0,90 bis 1,40	≤ 0,25	≤ 0,10	≤ 0,30	≤ 0,03
19 Mn 6	0,15 bis 0,22	0,30 bis 0,60	1,00 bis 1,60	≤ 0,025	≤ 0,10	0,30	–
15 Mo 3	0,12 bis 0,20	0,10 bis 0,35	0,40 bis 0,80	–	0,25 bis 0,35	–	–
13 CrMo 4 4	0,10 bis 0,18	0,10 bis 0,35	0,40 bis 0,70	0,70 bis 1,10	0,45 bis 0,65	–	–
10 CrMo 9 10	0,08 bis 0,15	≤ 0,50	0,40 bis 0,70	2,00 bis 2,50	0,90 bis 1,20	–	–
14 MoV 63	0,10 bis 0,18	0,10 bis 0,35	0,40 bis 0,70	0,30 bis 0,60	0,50 bis 0,70	–	0,22 bis 0,32
12 CrMo 19 5	≤ 0,15	≤ 0,50	0,30 bis 0,60	4,0 bis 6,0	0,45 bis 0,65	–	–
X 20 CrMoV 12 1	0,17 bis 0,23	≤ 0,50	≤ 1,00	10,00 bis 12,50	0,80 bis 1,20	0,30 bis 0,80	0,25 bis 0,35
Ferritische Stahlgußsorten							
GS-C 25	0,18 bis 0,23	0,30 bis 0,60	0,50 bis 0,80	≤ 0,30			
GS-22 Mo 4	0,18 bis 0,23	0,30 bis 0,60	0,50 bis 0,80	≤ 0,30	0,35 bis 0,45		
GS-17 CrMo 5 5	0,15 bis 0,20	0,30 bis 0,60	0,50 bis 0,80	1,20 bis 1,50	0,45 bis 0,55		
GS–17 CrMoV 5 11	0,15 bis 0,20	0,30 bis 0,60	0,50 bis 0,80	1,20 bis 1,50	0,90 bis 1,10		0,25 bis 0,35
G-X 8 CrNi 12	0,06 bis 0,10	0,10 bis 0,40	0,50 bis 0,80	11,5 is 12,5	≤ 0,50	0,80 bis 1,50	

Tabelle 2-8
Chemische Zusammensetzung (Schmelzenanalyse) warmfester ferritischer Stähle und Stahlgußsorten nach verschiedenen Normen und Regelwerken.

Stahlsorte	Chemische Zusammensetzung in Massenprozent (Schmelzenanalyse)								
	C	Cr	Mo	Ni	V	Ti	B	Nb [1]	Sonstige
Austenitische hochwarmfeste Stähle									
X 6 CrNi 18 11	0,06	18,0	≤ 0,50	11,0					
X 6 CrNiMo 17 13	0,06	17,0	2,25	13,0					
X 8 CrNiMoNb 16 16	0,07	16,5	1,8	16,5				≈ 10 %C [2]	
X 10 NiCrMoTiB 15 15	0,10	15,0	1,15	15,5		0,45	0,005		
X 8 CrNiMoBNb 16 16	0,07	16,5	1,8	16,5			0,08		
X 12 CrCoNi 21 20	0,12	21,0	3,0	20,0				≈ 10 %C [2]	20 Co; 0,15 N; 2,5 W
X 5 NiCrTi 26 15	≤ 0,08	14,5	1,25	26,0	0,30	2,1	0,007		≤ 0,08 Al

1) *Die Werte geben die Summe Nb % + Ta % an.*
2) *Zusätzlich gilt die Bedingung: Nb » 10 C % + 0,4 % ≤ 1,2 %*

Tabelle 2-9
Chemische Zusammensetzung (Schmelzenanalyse) einiger austenitischer hochwarmfester Stähle

Betriebstemperaturen über etwa 600 °C erfordern den Einsatz austenitischer Stähle, Tabelle 2-9. Im Vergleich zu den korrosionsbeständigen CrNi-Stählen (s. Abschn. 2.9.2.3) wird zum Erhöhen der Austenitstabilität der Chromgehalt auf etwa 16 % abgesenkt, der Nickelgehalt auf 13 % erhöht. Die Ausscheidungsneigung (Sigma-Phase!) dieser vollaustenitischen Stähle ist dann gering, ihr Schweißverhalten wegen der Gefahr der Heißrißbildung im Schweißgut aber schlechter. Durch Verwendung von Zusatzwerkstoffen, die zu etwa 5 % bis 10 % δ-Ferrit im Schweißgut führen, lassen sich Heißrisse vermeiden, allerdings kann es durch Bildung der Sigma-Phasen verspröden. Der borhaltige Stahl X 8 CrNiMoB 16 16 höchster Zeitstandfestigkeit ist wegen der Entstehung eines borreichen Eutektikums - vorwiegend an den Korngrenzen - nicht schmelzschweißbar.

tig die Verbesserung der Schweißeignung der Stähle, weniger die Steigerung der Warmfestigkeit. Die hierfür angewendeten metallurgischen Maßnahmen verbessern gleichzeitig die Zähigkeitseigenschaften. Das Absenken des Schwefelgehaltes, das Abbinden des Schwefels zu kugeligen, nicht verformbaren Sulfiden haben sich als sehr wirksam erwiesen. In diesem Zusammenhang ist auch die Versprödung bei Langzeitbeanspruchung und die in Abschn. 2.5.2 (Vergüten) besprochene Anlaßversprödung zu beachten. Beide Versprödungsformen werden durch Spurenelemente (P, As, Sb, Sn) hervorgerufen, die sich im Bereich der Korngrenzen anreichern. Die in Tabelle 2-8 aufgeführten ferritischen Stähle sind daher außer zum Erreichen der geforderten Warmfestigkeit zum Unterdrücken der Anlaßversprödung mit etwa 0,5 % Molybdän legiert. Schweißverbindungen aus molyb-

Stahlsorte	Streckgrenze bei RT N/mm^2 min.	Kerbschlagarbeit [1] Prüftemperatur °C	J min.	Anwendung in der Technologie von											
				Butan	Propan	Propen	Kohlendioxid	Äthan	Äthen	Methan	Sauerstoff	Argon	Stickstoff	Wasserstoff	Helium
				0 °C	-42 °C	-47 °C	-78 °C	-89 °C	-104 °C	-164 °C	-183 °C	-186 °C	-196 °C	-253 °C	-269 °C
TStE 255 bis TStE 500	255 bis 500	-50	27												
11 MnNi 5 3	285	-60	41												
13 MnNi 6 3	355	-60	41												
10 Ni 14	345	-100	27												
10 Ni 14 V	390	-120	27												
12 Ni 19	420	-140	35												
X 7 NiMo 6	490	-170	39												
X 8 Ni 9	490	-196	39												
austenitische Stähle	240 bis 340	-196	55												

1) ISO-Spitzkerb-Proben; Mittelwert aus drei Einzelversuchen

Bild 2-43
Anwendungsbereich kaltzäher Baustähle in der Flüssiggas-Technologie. Chemische Zusammensetzung s. Tabelle 2-10, nach DEGENKOLBE *und* HANEKE.

Die Entwicklungstendenz ist wegen der ständig zunehmenden Sicherheitsanforderungen und der zum Teil erheblichen Wanddicken der warmgehenden Bauteile eindeu-

dänfreien, warmfesten Stählen neigen daher beim Spannungsarmglühen zur Anlaßversprödung, die aber mit einer geeigneten Wärmeführung in Grenzen gehalten wird.

2.7.5   Kaltzähe Stähle

Stähle, die bei tiefen Temperaturen (unter −10 °C) betrieben werden können, bezeichnet man als *kaltzäh*. Die wichtigste Eigenschaft dieser Stähle ist eine ausreichende Zähigkeit bei der Betriebstemperatur. Diese Werkstoffe werden z.B. in der Kälteindustrie, der Petrochemie und der Kernforschung zum Herstellen von Apparaten, Transport- und Vorratsbehältern verwendet. Die Betriebstemperaturen dieser Konstruktionen erreichen Werte bis zu 2 K. Bild 2-43 zeigt den Anwendungsbereich kaltzäher Baustähle in der Flüssiggas-Technologie. In Tabelle 2-10 sind einige wichtige kaltzähe Stähle nach verschiedenen Normen und Regelwerken zusammengestellt.

Die Temperaturabhängigkeit der mechanischen Gütewerte dieser Stähle muß für ihren fachgerechten Einsatz bekannt sein. Versprödungserscheinungen, insbesondere im Schweißgut und der WEZ, sind ein zentrales Problem und dürfen bei der Betriebstemperatur noch nicht entstehen. Grundsätzlich steigen mit abnehmender Temperatur die Festigkeitswerte, Bild 2-44, bei gleichzeitiger Verringerung der Kennwerte für die Zähigkeit. Die Dimensionierung der Bauteile aus kaltzähen Stählen erfolgt aber mit den wesentlich niedrigeren Festigkeitskennwerten bei Raumtemperatur. Bei den austenitischen Stählen wird in vielen Fällen für die Berechnung auch die 1%-Dehngrenze verwendet, mit der die extreme Verformbarkeit dieser Stähle berücksichtigt wird.

Das Verformungsverhalten wird überwiegend mit dem *Kerbschlagbiegeversuch* festgestellt.

Die zum Erreichen der Tieftemperaturzähigkeit entscheidenden metallurgischen Maßnahmen sind:

– Erzeugen eines *feinkörnigen ferritischen Gefüges* mit den in Abschn. 2.7.6.1 beschriebenen Maßnahmen (siehe auch 1.3, Einfluß der Korngrenzen). Allgemein

wird eine weitgehende allgemeine Gefügeverfeinerung angestrebt, die durch verschiedene Legierungselemente erreicht wird. Die Ursache ist meistens die Abnahme der Umwandlungstemperatur des Austenits, die zu einer starken Verzögerung der Diffusionsvorgänge während der Umwandlung führt. Die Folge ist eine geringere Sekundärkorngröße und die sehr feinstreifige Ausbildung des Perlits. Als sehr wirksam haben sich Manganzusätze bis 2 % erwiesen. Höhere Gehalte sind ungünstig, weil sich wegen der stark erniedrigten Umwandlungstemperatur der die Zähigkeit verringernde Bainit bildet.

– *Hoher Reinheitsgrad* (nichtmetallische Einschlüsse). Insbesondere der P- und S-Gehalt sollte möglichst niedrig sein (je etwa ≤ 0,025 %).

– In den meisten Fällen erweist sich eine gezielte *Wärmebehandlung* der Stähle als sehr wirksam. Die Zähigkeit niedriglegierter Stähle und die Gleichmäßigkeit ihres Gefüges lassen sich durch Normalglühen stark verbessern. Legierte Stäh-

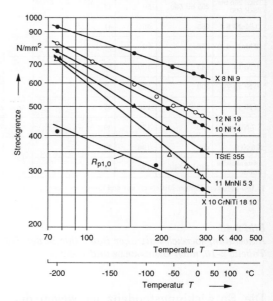

Bild 2-44
Abhängigkeit der Streckgrenze verschiedener kaltzäher Stähle (s. Tabelle 2-10) von der Temperatur, nach HANEKE *und* MÜSGEN.

Stahlsorte	Chemische Zusammensetzung in Massenprozent (Schmelzenanalyse)								
	C	Si	Mn	P	S	Cr	Mo	Ni	V
TStE 355 bis TStE 500 [1]	0,18	0,10 bis 0,50	0,90 bis 1,65	≤ 0,030	≤ 0,025	-	-	-	≤ 0,10
11 MnNi 5 3 [2][3]	≤ 0,14	≤ 0,50	0,70 bis 1,50	≤ 0,030	≤ 0,025	-	-	0,30 bis 0,80	≤ 0,05
13 MnNi 6 3 [2][3]	≤ 0,16	≤ 0,50	0,85 bis 1,65	≤ 0,030	≤ 0,025	-	-	0,30 bis 0,85	≤ 0,05
14 NiMn 6 [2]	≤ 0,18	≤ 0,35	0,80 bis 1,50	≤ 0,025	≤ 0,020	-	-	1,30 bis1,70	≤ 0,05
10 Ni 14 [2]	≤ 0,15	≤ 0,35	0,30 bis 0,80	≤ 0,025	≤ 0,020	-	-	3,25 bis 3,75	≤ 0,05
12 Ni 19 [2]	≤ 0,15	≤ 0,35	0,30 bis 0,80	≤ 0,025	≤ 0,020	-	-	4,50 bis 5,30	≤ 0,05
X 7 NiMo 6 [2]	≤ 0,08	≤ 0,35	0,60 bis 1,40	≤ 0,025	≤ 0,020	-	0,20 bis 0,35	5,0 bis 10,0	≤ 0,05
X 8 Ni 9 [2]	≤ 0,08	≤ 0,35	0,30 bis 0,80	≤ 0,025	≤ 0,020	-	≤ 0,1	8,0 bis 10,0	≤ 0,05
X 5 CrNi 18 10 [4]	≤ 0,07	≤ 1,0	≤ 2,0	≤ 0,045	≤ 0,030	17,0 bis 19,0	≤ 0,50	9,0 bis 11,5	-
X 3 CrNiN 18 10 [5]	≤ 0,04	≤ 1,0	≤ 2,0	≤ 0,045	≤ 0,030	17,0 bis 19,0	≤ 0,50	9,0 bis 11,5	-
X 6 CrNiNb 18 10 [4][6]	≤ 0,08	≤ 1,0	≤ 2,0	≤ 0,045	≤ 0,030	17,0 bis 19,0	≤ 0,50	9,0 bis 12,0	-
X 6 CrNiTi 18 10 [4][7]	≤ 0,08	≤ 1,0	≤ 2,0	≤ 0,045	≤ 0,030	17,0 bis 19,0	≤ 0,50	9,0 bis 12,0	-
X 3 CrNiMoN 18 14 [5]	≤ 0,04	≤ 1,0	≤ 2,0	≤ 0,045	≤ 0,030	17,0 bis 19,0	2,4 bis 3,0	12,0 bis 15,0	-
Ni 36	≤ 0,1	≤ 0,50	≤ 0,50	≤ 0,030	≤ 0,030	-	-	35,0 bis 37,0	-

1) Beispiel für einen Stahl aus der kaltzähen Reihe nach DIN 17 102
2) Weitere Einzelheiten s. DIN 17 280
3) Niobgehalt bis max. 0,05 %
4) Weitere Einzelheiten s. DIN17 440 und DIN 17 441
5) Außerdem 0,10 % bis 0,18 % N
6) Niobgehalt bis max. 1,0 %
7) Titangehalt bis max. 0,8 %

Tabelle 2-10
Chemische Zusammensetzung (Schmelzenanalyse) kaltzäher Stähle nach verschiedenen Normen und Regelwerken.

le werden i.a. vergütet. Das hierbei entstehende martensitische bzw. martensitisch-bainitische Gefüge besitzt wesentlich bessere Zähigkeitseigenschaften als das normalgeglühte.

Die kaltzähen Stähle lassen sich in drei große Gruppen einteilen.

1. **Niedriglegierte Feinkornstähle**
   Die manganlegierten *Tieftemperaturstähle* nach DIN 17 102 (Tabelle 2-11, Tabelle 2-12, Abschn. 2.7.6.1) sind bekannte Beispiele für diese bis etwa –50 °C einsetzbaren Stähle.

2. **Ni(Mn)-legierte vergütete Feinkornstähle**
   Ein Einsatz bei tieferen Betriebstemperaturen als etwa –50 °C erfordert außer Mangan das hierfür besonders geeignete Legierungselement Nickel, das zwischen 1 % und 9 % zugesetzt wird. Bei geringen Gehalten besteht die Wirkung des Nickels in der Absenkung der Umwandlungstemperatur, bei höheren in der Entstehung von Vergütungsstählen. Die wasservergüteten Ni-Stähle erreichen Übergangstemperaturen bis –200 °C, Bild 2-43. Den Einfluß des Nickelgehaltes auf das Zähigkeitsverhalten kaltzäher Stähle zeigt schematisch Bild 2-45.

3. **Austenitische Stähle**
   Für Betriebstemperaturen unter –200 °C müssen austenitische CrNi-Stähle verwendet werden. Sie zeigen nicht den für die krz ferritischen Stähle typischen Steilabfall der Kerbschlagzähigkeit, sondern eine in der Regel gleichmäßige und geringe Zähigkeitsabnahme mit sinkender Temperatur. Der Stahl mit 13 % Cr in Bild 2-45 zeigt deutlich dieses Verhalten. Voraussetzung für diese extreme Zähigkeit ist das kfz Gitter. Ein Umwandeln des metastabilen austenitischen Gefüges dieser Stähle bei tiefen Betriebstemperaturen führt aber zu einer teilweisen Martensitbildung und damit zu einer einschneidenden Verschlechterung

der Zähigkeitseigenschaften. Diese Situation läßt sich durch Energiezufuhr des Gefüges herbeiführen. Die in Martensit umgewandelte Austenitmenge hängt außer von der chemischen Zusammensetzung des Stahles von der Energiemenge und den die Umwandlung "antreibenden" Kräften ab. Die Austenitumwandlung wird damit von der Größe der Kaltverformung und der Unterkühlung, d.h. direkt von der Betriebstemperatur bestimmt. Als Maßstab für die Umwandlungsneigung austenitischer Stähle wird meistens die Temperatur bestimmt, bei der sich nach 30 % Kaltverformung höchstens 50 % Martensit gebildet haben:

$$M_d 30 \, [°C] = 413 - 462 \, (\%C + \%N) - 9{,}2 \, (\% \text{Si}) - 8{,}1 \, (\% \text{Mn}) - 13{,}7 \, (\% \text{Cr}) - 9{,}5 \, (\% \text{Ni}) - 18{,}5 \, (\% \text{Mo}).$$

2.7.6   Feinkornbaustähle

Höhere Werkstoffbeanspruchungen (Maschinen-, Fahrzeug-, Leichtbau) und eine zunehmende Ausrichtung der konstruktiven Gestaltung zum Leichtbau erfordern Stähle mit höherer Festigkeit. Sie müssen ähnlich gut verarbeitbar sein wie die konventionellen Stähle, d.h. als wichtigste technologische Eigenschaft eine ausreichende **Schweißeignung** besitzen (Abschn. 3.2).

Als Ergebnis einer in den Fünfziger Jahren begonnenen Entwicklung zeichnen sich drei Gruppen schweißgeeigneter Feinkornbaustähle ab:

❏ **Gruppe 1:**
Normalgeglühte und(oder) *thermomechanisch behandelte Stähle* mit Streckgrenzen bis etwa 500 N/mm². Wegen der geringen Mengen typischer Legierungselemente (Carbid/Nitridbildner z.B. Al, Ti, V, Nb) werden diese Stähle als *mikrolegiert*, die Elemente als **Mikrolegierungselemente** bezeichnet.

❏ **Gruppe 2:**
Wasser-, seltener *ölvergütete Stähle* mit

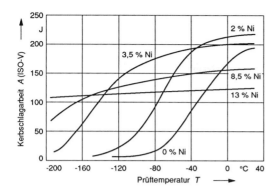

Bild 2-45
Einfluß des Nickelgehalts auf den Verlauf der Kerbschlagarbeit-Temperatur-Abhängigkeit verschiedener Stähle:
Stähle mit 3,5 % bis 13 % Ni, 0,01 % C,
Stahl mit 2 % Ni, 0,15 % C,
Stahl mit 0 % Ni, 0,20 % C, nach ARMSTRONG.

Streckgrenzen bis etwa 1400 N/mm² (Zugfestigkeit bis etwa 1600 N/mm²).

□ **Gruppe 3:**

Ultrahochfeste Stähle, deren Festigkeits- und Zähigkeitseigenschaften auf der Wirksamkeit verschiedener Festigkeitsmechanismen beruhen. Die wichtigsten sind neben der Korngrenzenhärtung die Martensithärtung, Ausscheidungshärtung und das Martensitformhärten.

Hochfeste Stähle bieten folgende Vorteile:

– größere zulässige Querschnittsbelastung,

– geringere Werkstückdicken (geringere Eigenspannungen),

– geringeres Bauteilgewicht,

– geringere Kosten für den Werkstofftransport,

– erhöhte Sprödbruchsicherheit.

Ihr technisch sinnvoller Einsatz ist aber an verschiedene Voraussetzungen gebunden, bzw. erfordert die Beachtung folgender Besonderheiten:

– Die Bauteile sollten möglichst nur auf *Zug* beansprucht werden. Das *Stabili-*

tätsverhalten wird außer von der Streckgrenze, in erster Linie vom E-Modul bestimmt, der nahzu unabhängig von der Stahlart ist.

– *Der Verringerung der Wanddicke* sind durch Witterungseinflüsse Grenzen gesetzt. Die Abrostrate dieser Stähle entspricht der der konventionellen. Die wetterfesten Stähle werden daher in Zukunft stärker an Bedeutung gewinnen.

– Die *Dauerfestigkeit* steigt nicht proportional (u.U. überhaupt nicht!) mit der Streckgrenze. Wegen der mit zunehmender Festigkeit zunehmenden Kerbempfindlichkeit wirken selbst kleinste Kerben bzw. Defekte (Korngrenzen, Poren, Einschlüsse usw.) rißbegünstigend, d.h., die Dauerfestigkeit nimmt ab. Die größere Streckgrenze läßt sich bei dynamischer Beanspruchung vor allem bei zunehmendem *Spannungsverhältnis* $\kappa =$ Oberspannung/Unterspannung ($\kappa = \sigma_o / \sigma_u$) der Belastung ausnutzen, Bild 2-46. Außerdem müssen innere und äußere Kerben im Bereich der Schweißnaht möglichst vollständig beseitigt werden. Günstig sind Beanspruchungen im hohen Zeitfestigkeitsgebiet mit nur geringen dynamischen Spannungsamplituden ("quasistatisch").

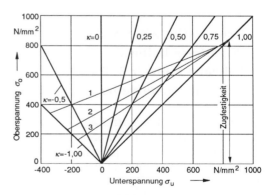

1: Grundwerkstoff geschliffen
2: Grundwerkstoff mit Walzhaut
3: Stumpfnahtschweißverbindung, überschliffen

Bild 2-46
Dauerfestigkeitsverhalten des Stahles StE 690, nach Beratungungsst. f. Stahlverw.

2.7.6.1   Normalgeglühte Feinkornbaustähle

Die Vielzahl der angebotenen Stahlqualitäten sind in den verschiedenen nationalen und internationalen Normen- und Regelwerken beschrieben. In Tabelle 2-11 sind die nach den gültigen Regelwerken genormten normalgeglühten, thermomechanisch behandelten und einige vergüteten aufgeführt. Die DIN 17 102 ist die z.Z. wichtigste nationale Norm. Sie gilt für Flach- und Profilerzeugnisse in Dicken bis 150 mm, aus Stählen mit Mindeststreckgrenzen von 255 N/mm². Vorläufer dieser Norm war das Stahl-Eisen-Werkstoffblatt SEW 089.

Feinkornstähle sind grundsätzlich **vollberuhigt** und durch ihren Gehalt an Elementen gekennzeichnet, die fein verteilte, erst bei hohen Temperaturen in Lösung gehende Ausscheidungen, vor allem von *Nitriden* und(oder) *Carbiden*, enthalten. Diese Feinausscheidungen behindern das Wachstum der Austenitkörner und führen zu feinem Korn im Anlieferzustand (ASTM-Ferritkorngröße i.a. 7 bis 11). Deshalb weisen diese Stähle eine hohe **Sprödbruchsicherheit** auf. Die normalgeglühten Feinkornbaustähle werden abhängig von der Art der Betriebsbeanspruchung in vier *Reihen* geliefert:

– **Grundreihe**, z.B. StE 255,
– **Warmfeste Reihe**, z.B. WStE 380,
– **kaltzähe Reihe**, z.B. TStE 420,
– **kaltzähe Sonderreihe**, z.B. EStE 460.

Die im Zugversuch ermittelten Festigkeitseigenschaften bei Raumtemperatur (R_m, R_{eH}, A_5, Biegewinkel) gelten jeweils für sämtliche Stähle mit gleicher gewährleisteter Mindeststreckgrenze (z.B. StE 255, WStE 255, TStE 255, EStE 255). Die Gewährleistungswerte für die 0,2%-Dehngrenze bei erhöhten Temperaturen (warmfeste Reihe) und für die Kerbschlagzähigkeit unterscheiden sich aber erheblich. Während für die Stähle der Grundreihe und der warmfesten Reihe die Mindestwerte der Kerbschlagarbeit nur

zwischen +20 °C und –20 °C garantiert werden, werden für die der kaltzähen Reihe Mindestwerte bis –50 °C und für die der kaltzähen Sonderreihe sogar bis –60 °C gewährleistet.

Die Stähle der kaltzähen Sonderreihe werden vorwiegend für Offshore-Konstruktionen verwendet, an die sehr hohe Zähigkeitsanforderungen gestellt werden. Im wesentlichen müssen diese Stähle einen sehr geringen Schwefel- und Phosphorgehalt haben und entgast sein. In erster Linie wird durch diese Maßnahmen die Gefahr des Terrassenbruchs (Kreuzstöße!) verringert und die Zähigkeitswerte in Längs- und Querrichtung erheblich verbessert, Tabelle 2-12.

Terrassenbruch

Diese besonders beruhigten Stähle besitzen einen relativ hohen Gehalt nichtmetallischer Einschlüsse, das sind im wesentlichen die Reaktionsprodukte der Desoxidationsvorgänge. Die Schlackenmenge ist daher relativ groß, obwohl der Gehalt der atomar gelösten die Schlagzähigkeit erheblich herabsetzenden Verunreinigungen (z.B. P, N) viel niedriger ist als bei den konventionellen Stählen. Durch die Vakuum-Metallurgie (Abschn. 2.3.1.1) werden die Verunreinigungen soweit verringert, daß die Anfäl-

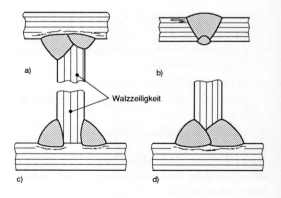

Bild 2-47
Einige Schweißverbindungen, bei denen die Gefahr des Terrassenbruchs besteht.

Stahlsorten	Proben-richtung	Mindestwerte der Kerbschlagarbeit A_v (J) folgender Reihen für Erzeugnisdicken $10 \leq s \leq 150$ mm [1), 2), 3)] bei Prüftemperaturen in °C								
		−60	−50	−40	−30	−20	−10	0	+10	+20
Grundreihe und	längs	–	–	–	–	39	43	47	51	55
warmfeste Reihe	quer [4)]	–	–	–	–	21	24	31	31	31
Kaltzähe Reihe	längs	–	27	31	39	47	51	55	59	63
	quer [4)]	–	16	20	24	27	31	31	35	39
Kaltzähe	längs	25	30	40	50	65	80	90	95	100
Sonderreihe	quer [4)]	20	27	30	35	45	60	70	75	80

1) Für Dicken über 150 mm sind die Werte zu vereinbaren.
2) Als Prüfergebnis gilt der Mittelwert aus drei Versuchen. Der Mindestmittelwert darf dabei nur von einem Einzelwert, und zwar höchstens um 30 % unterschritten werden.
3) Bei Erzeugnisdicken unter 10 mm gelten die Angaben in Abschnitt 7.4.1.5.2 der DIN 17 102.
4) Nur für Blech und Band in Walzbreiten > 600 mm; für Breitflach- und Formstahl siehe Abschnitt 7.4.1.5.1 der DIN 17 102.

Tabelle 2-11
Mindestwerte für die Kerbschlagarbeit an ISO-V-Proben der Stahlsorten der verschiedenen Reihen der DIN 17 102.

ligkeit gegen Terrassenbruch weitgehend beseitigt ist.

Die Schlacken sind wegen der sehr geringen Korngröße dieser Stähle meistens in *Zeilenform* angeordnet. Verbunden mit einer geringen Zähigkeit in Dickenrichtung ist diese Gefügebesonderheit bei dickwandigen geschweißten Konstruktionen ($t \geq 20$ mm...30 mm) häufig Ursache für die Schadensform **Terrassenbruch** (*lamellar tearing*). Die Bezeichnung beschreibt die Erscheinungsform der Risse: längere, parallel zur Oberfläche verlaufende Rißteile (*terrace fracture*) werden von kürzeren annähernd senkrecht zu diesen verlaufenden Rißsprüngen (*shear walls*) unterbrochen. Bild 2-47 zeigt einige terrassenbruchempfindliche Verbindungsformen. Da diese Rißart meist *außerhalb* der WEZ auftritt, ist Wasserstoff als Ursache auszuschließen.

Der Terrassenbruch läßt sich mit verschiedenen Möglichkeiten bekämpfen:

— Die *werkstofflichen Maßnahmen* beruhen im wesentlichen darauf, die Desoxidationsprodukte nicht in der gefährli-

chen *flächigen* Form, sondern als *rundliche* Einschlüsse zu erzeugen (Abschn. 4.3.2.2 Eigenschaften und Verarbeitung). Das Ergebnis dieser Behandlung ist eine in Dickenrichtung wesentlich verbesserte Zähigkeit. Nach den Stahl-Eisen-Lieferbedingungen 096 werden drei Güteklassen mit unterschiedlichen gewährleisteten Brucheinschnürungen Z (Z_{mittel} = 15 %, 25 %, 35 %, in der Kerntechnik 45 %) in Dickenrichtung angeboten. Bei Werten $Z \geq 25$ % ist erfahrungsgemäß die Terrassenbruchneigung gering.

— Die *konstruktiven Maßnahmen* sollten grundsätzlich ergriffen werden. Dabei sind die Schweißnähte so anzuordnen, daß die (Eigen-)Spannung senkrecht zur Blechoberfläche d.h., die Verformung in Dickenrichtung möglichst gering bleibt, Bild 2-48. Das gelingt durch Anschluß *aller* "Schichten" des Erzeugnisses. Die Schmelzgrenzen müssen daher möglichst "senkrecht" zum Zeilenverlauf liegen, Bild 2-48a2, nie "parallel" zu ihnen, Bild 2-48a1. Ein kleineres Nahtvolumen erzeugt geringere Schrumpfwege, d.h. erfordert vom Werkstoff geringere Form-

Mindeststreck-grenze N/mm²	DIN 17 102 Lieferzustand N [1]	DIN 17 172 Lieferzustand N bzw. TM [1]	SEW 092 Lieferzustand N bzw. TM [1]	SEW 0833 Lieferzustand TM [1]	Euronorm 113 Lieferzustand N bzw. TM [1]	Euronorm 131 Lieferzustand V [1]	Sonstige Lieferzustand N, TM, V [1]	Tiefste Betriebs-Temperatur °C
235							WT St 37-3	–
255/260	StE 255 WStE 255 TStE 255 EStE 255		QStE 260 N		FeE 255 KG FeE 255 KW FeE 255 KT			−20 −20 −50 −60
285/290	StE 285 WStE 285 TStE 285 EStE 285	StE 290.1 TM			FeE 285 KG FeE 285 KW FeE 285 KT		11 MnNi 53	±0 −20 −20 −50 −60 −40
295							WT St 52-3	–
315/320	StE 315 WStE 315 TStE 315 EStE 315	StE 320.7 TM			FeE 315 KG FeE 315 KW FeE 315 KT		DH 32 12 MnNi 63 EH 32	±0 −20 −20 −50 −60 −40 −40
340			QStE 340 N/...TM				13 MnNi 63	−20 −40
355/360/370	StE 355 WStE 355 TStE 355 WStE 355	StE 360.7/...TM		BStE 355 TM BTStE 355 TM BEStE 355 TM	FeE 355 KG FeE 355 KW FeE 355 KT		10 Ni 14 15 MnNi 63	±0 −20 −20 −50 −60 −40
380/385/390	StE 380 WStE 380 TStE 380 EStE 380	StE 385.7/...TM	QStE 385 N/...TM		FeE 390 KG FeE 390 KW FeE 390 KT		EH 36	±0 −20 −20 −50 −60

Mindeststreck-grenze N/mm²	DIN 17 102 Lieferzustand¹⁾ N	DIN 17 172 Lieferzustand¹⁾ N bzw. TM	SEW 092 Lieferzustand¹⁾ N bzw. TM	SEW 0833 Lieferzustand¹⁾ TM	Euronorm 113 Lieferzustand¹⁾ N bzw. TM	Euronorm 131 Lieferzustand¹⁾ V	Sonstige Lieferzustand¹⁾ N, TM, V	Tiefste Betriebs-Temperatur °C
415/420	StE 420 WStE 420 TStE 420 EStE 420	StE 415.7/...TM	QStE 420 N/...TM	BStE 420 TM BTStE 420 TM BEStE 420 TM	FeE 420 KG FeE 420 KW FeE 420 KT			±0 –20 –20 –50 –60
445/460	StE 460 WStE 460 TStE 460 EStE 460	StE 445.7 TM	QStE 460 N/...TM	BStE 460 TM BTStE 460 TM BEStE 460 TM	FeE 460 KG FeE 460 KW FeE 460 KT	FeE 460 V/...KG FeE 460 V KW FeE 460 V KT	20 MnMoNi 55	±0 –20 –20 –50 –60
480		StE 445.7 TM						±0
500	StE 500 WStE 500 TStE 500 EStE 500		QStE 500 N/...TM	BStE 500 TM BTStE 500 TM BEStE 500 TM		FeE 500 V/...KG FeE 500 V KW FeE 500 V KT		–20 –20 –50 –60
550			QStE 550 TM	BStE 550 TM BTStE 550 TM BEStE 550 TM		FeE 550 V/...KG FeE 550 V KW FeE 550 V KT		–20 –20 –50 –60
620						FeE 620 V/...KG FeE 620 V KW FeE 620 V KT		–20 –20 –60
690						FeE 690 V/...KG FeE 690 V KW FeE 690 V KT		–20 –20 –60

1) Lieferzustand:
N = normalgeglüht, TM = thermomechanisch behandelt, V = vergütet

Tabelle 2-12
Zusammenstellung der wichtigsten Feinkornbaustähle nach verschiedenen Normen und Regelwerken.

änderungen.

– Bei den *fertigungstechnischen Maßnahmen* wird mit zähen Pufferlagen, Bild 2-48b2, bzw. wirtschaftlicher mit einer Raupenfolge gearbeitet, die einem örtlichen Puffern entspricht. Die zähe Pufferschicht ist in der Lage, die gefährlichen Eigenspannungen wenigstens z.T. durch plastische Verformung abzubauen.

Bild 2-49 zeigt einen typischen Terrassenbruch.

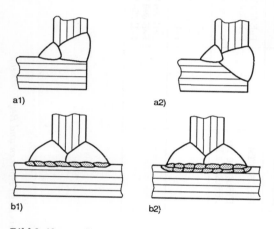

a1)   a2)

b1)   b2)

Bild 2-48
Maßnahmen zum Vermeiden des Terrassenbruchs.
a1) Schmelzgrenze ist etwa "parallel" zur Blechoberfläche, ungünstig, da große Schweißeigenspannungen,
a2) Schmelzgrenze etwa "senkrecht" zur Blechoberfläche, optimal,
b1) Besondere Schweißtechnologie (Pufferlagentechnik),
b2) Pufferlagen mit zähem Zusatzwerkstoff.

2.7.6.2   Thermomechanisch behandelte Feinkornbaustähle

Die wichtige Forderung einer hinreichend gute Schweißeignung wird im wesentlichen durch einen geringen C-Gehalt (C ≤ 0,2 %) und möglichst geringe Gehalte der Verunreinigungen (P, S, N, As, u.a) erreicht. Gleichmäßigkeit der Werkstoffeigenschaften (z.B. Zähigkeitseigenschaften in Längs- und Querrichtung) sind besonders bei Erzeugnissen der Massenfertigung erforderlich.

Bild 2-49
Makroaufnahme einer Terrassenbruchfläche in einer geschweißten Kreuzzugprobe aus einem niedriglegierten Feinkornbaustahl, nach BAM 6.1.

Ausreichende mechanische Gütewerte sollten bei unlegierten Baustählen aus Kostengründen bereits im *Walzzustand* oder nach einem *Normalglühen* erreichbar sein. Bei den thermomechanisch behandelten Stählen werden außerdem die festigkeitserhöhenden Mechanismen **Korngrenzenhärtung** (*Kornfeinung*) und **Aushärtung** ausgenutzt.

Metallkundliche Grundlagen; Stahlherstellung

Die mechanischen Gütewerte dieser Stähle werden durch das feine Ferritkorn und Ausscheidungen unterschiedlichster Art bestimmt, die durch Zugabe geeigneter Legierungselemente in i.a. geringer Menge und einer sehr genau einzuhaltenden Wärmebehandlung erzeugt werden (Abschn. 1.1.5 und 1.1.6). Die wichtigsten Elemente sind Nb, V, Ti. Mit Niob wird Kornfeinung *und* eine Ausscheidungshärtung erreicht, mit V im wesentlichen nur die Ausscheidungshärtung.

Mn, Si, Cr, Ni wirken durch Mischkristallverfestigung. Ihre streckgrenzenerhöhende Wirkung ist relativ gering.

Die Verbindungsneigung der Elemente z.B. Ti, V zu C, N, O (Carbide, Nitride, Oxide) wird durch die Bildungsenthalpien der Verbindungen abgeschätzt. Danach kann V unberuhigten Stählen zugesetzt werden, da es nur eine sehr geringe Oxidationsneigung hat, d.h. für die Bildung der festigkeitssteigernden Ausscheidungen vollständig zur Verfügung steht. Niob kann in halbberuhigten, Titan muß in vollberuhigten Stählen verwendet werden. Wegen der Ähnlichkeit und der gegenseitigen Löslichkeit zwischen Carbiden und Nitriden bilden sich Carbonitride.

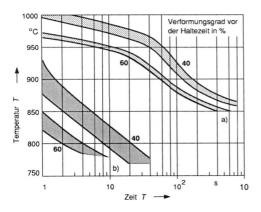

Bild 2-50
Linien beginnender Rekristallisation in Abhängigkeit vom Verformungsgrad für isotherme Versuchsführung bei Baustahl mit/ohne Niob.
a) 0,18 % C, 0,33 % Si, 1,49 % Mn, 0,042 % Nb,
b) 0,18 % C, 0,33 % Si, 1,51 % Mn, nach IRSID.

Größe, Form und Verteilung der Ausscheidungen bestimmen weitgehend die mechanischen Gütewerte (Abschn. 2.6). Die bei hohen Temperaturen im γ-Mk ausgeschiedenen inkohärenten Carbonitride sind relativ groß. Ihre verfestigende Wirkung ist daher gering. Die während und nach der $\gamma \rightarrow \alpha$-Umwandlung ausgeschiedenen Teilchen sind mit der α-Matrix kohärent. Sie sind neben der Korngrenzenhärtung entscheidend für die Festigkeit dieser Werkstoffe.

Ein weiterer wesentlicher Einfluß der Mikrolegierungselemente ist die Verzögerung der

Rekristallisation durch gelöstes Nb und (oder) feinste Nb(CN)-Teilchen bei der Warmformgebung, Bild 2-50. Man erkennt, daß bei 900 °C eine zeitliche Verzögerung der Rekristallisation um den Faktor 100 im Vergleich zu üblichen C-Mn-Stählen eintritt. Die Rekristallisation kann soweit verzögert werden, daß die Kornneubildung mit der Austenitumwandlung zusammenfällt. Dadurch wird eine hohe Störstellendichte im Austenit erzeugt. Ein sehr feines Umwandlungsgefüge ist die Folge dieser "Quasi-Kaltverformung" des γ-Korns.

Wesentlich für die mechanischen Gütewerte sind *Vorausscheidungsvorgänge* (Clusterbildung) im Temperaturbereich zwischen 550 °C und 650 °C. Diese mit der Matrix kohärenten "Bereiche" führen i.a. zu höchsten Festigkeitswerten, verbunden mit guter Zähigkeit (Abschn. 2.6.3.3).

Die Erscheinungsform des Niobs im Stahl bestimmt weitgehend dessen mechanische Gütewerte. Niob kann im Stahl in folgenden Formen vorliegen:

– im Austenit gelöst,

– als Vorausscheidungszustand (Cluster) im Ferrit und(oder)

– als inkohärente Nb(CN)-Ausscheidungen.

Die (Ferrit-)Korngröße bestimmt entscheidend die mechanischen Gütewerte (Abschn. 1.3). Durch inkohärente Teilchen (1000 nm bis 2000 nm) wird das Austenitkorn verfeinert bzw. im Wachstum behindert. Bild 2-51 zeigt die stark kornfeinende Wirkung des Niobs auf die Ferritkorngröße. Zusätzlich kann eine Kornfeinung durch Legierungselemente (z.B. Mk-bildende wie Ni, Mn) erreicht werden. Die Austenitumwandlung wird durch sie verzögert, d.h. die $\gamma \rightarrow \alpha$-Umwandlungstemperatur gesenkt. Dieser Mechanismus ist aber nur wirksam, wenn die Elemente (Mn, Ni und z.B. Nb) im Austenit gelöst sind. Die Festigkeitserhöhung durch Kornfeinen mit inkohärenten Ausscheidungen (Nb liegt gebunden vor, es ist *nicht* gelöst!) und die durch gelöste Legierungselemente schließen sich also gegenseitig aus.

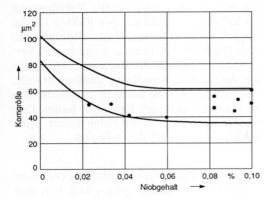

Bild 2-51
Ausmaß der Kornfeinung in normalgeglühten niob-
legierten Stählen mit 0,08 % C, 0...0,4 % Si, 0,9 % Mn,
0,08 % Al, 0,0023 %...0,006 % N, nach MEYER *u.a.*

Die komplexen werkstofflichen Vorgänge in diesen thermomechanisch behandelten Stählen erfordern bei ihrer Herstellung eine genaue Verformungs- und Temperatur-Zeitfolge, die nachstehend näher erläutert wird, Bild 2-52:

– Vorwärmen der Bramme im Stoßofen auf so hohe Temperaturen, daß ausreichend viel Niob gelöst wird. Zu hohe Temperaturen sind allerdings wegen der unerwünschten Vergröberung des Austenitkornes in der Bramme ungünstig. Nicht gelöste Carbidreste wirken außerdem kornwachstumshemmend.

– Vorwalzen bei höheren Temperaturen (≥ 950 °C). Wegen der dann nur geringen Ausscheidungsneigung erfolgt spontanes und gleichmäßiges Rekristallisieren vor Beginn des Fertigwalzens.

– Unterbrechen des Walzens und Halten an Luft zum Erreichen des rekristallisationsträgen Bereiches.

– Abkühlung auf Haspeltemperatur (550 °C bis 650 °C) erzeugt die gewünschten kohärenten Ausscheidung. Diese Walzbedingungen sind im Gegensatz zu den betrieblich meist vorgegebenen Größen

(Stoßofentemperatur, Endverformungsgrad) weitgehend veränderbar.

– Fertigwalzen im rekristallisationsträgen Bereich (800 °C bis 900 °C) bei erhöhter Verformung. Diese "Quasi-Kaltverformung" führt zu einem sehr feinkörnigen zeilenförmig angeordneten Austenit. Die anschließende Umwandlung ergibt wegen des feinen Austenitkornes und der starken Gitterverzerrung ein extrem feinkörniges Endgefüge. Es ist anzunehmen, daß als Folge der starken Gitterverspannung die Austenitumwandlung, die Rekristallisation und die Ausscheidung der Nb(CN)-Teilchen etwa gleichzeitig ablaufen.

Eigenschaften und Verarbeitung

Die Einstellung des optimalen Vorausscheidungszustandes (Cluster) ist großtechnisch nur bei Beachtung verschiedener Bedingungen realisierbar. Grundsätzlich ähnlich wie Niob wirkt auch Vanadium und Titan, nur ihre verfestigende Wirkung ist geringer. Andererseits ist die durch eine Aushärtungsbehandlung maximal erreichbare Festigkeitserhöhung wegen der damit verbundenen merklichen Zunahme der Sprödbruchempfindlichkeit nicht nutzbar.

Die Methoden zum Erhöhen der Festigkeit sind daher nicht nur im Hinblick auf ihre streckgrenzenerhöhende Wirkung zu bewerten, sondern vor allem auf ihre Wirkung auf die Übergangstemperatur. Als Maßstab hierfür ist die Versprödungskennzahl K geeignet:

$$K = \Delta T_{\ddot{u}}/\Delta R_{p0,2}$$

$\Delta T_{\ddot{u}}$ = Veränderung der Übergangstemperatur durch festigkeitserhöhende Maßnahme, die zu der Streckgrenzenerhöhung $\Delta R_{p0,2}$ führt.

K [°C/(N/mm²)] bewegt sich zwischen etwa

– – 60 bei der Kornfeinung

– + 35 bei der Aushärtung.

K-Werte > 1 weisen auf erhöhte Sprödbruchanfälligkeit hin, Werte < 1 bedeuten zunehmende Sicherheit gegen spröde Brüche. Eine Streckgrenzenerhöhung ist dann sinnvoll, wenn die Sprödbruchsicherheit nicht verringert wird. Die stark kornfeinende Wirkung des Niobs im Vergleich zu anderen Mikrolegierungselementen ist eine wichtige Ursache für die Überlegenheit der thermomechanisch behandelten Stähle.

Hohe Sprödbruchunempfindlichkeit bedeutet nicht zwangsläufig auch eine große plastische Verformbarkeit wie sie z.B. mit dem Zugversuch oder anderen technologischen Prüfverfahren (z.B. der Tiefziehversuch nach ERICHSSON) gemessen werden kann. Für die spanlose Verformung (Ziehen, Drücken, Stauchen usw.) ist vor allem eine ausreichend hohe KaltUmformbarkeit erforderlich, eine Eigenschaft, die die Fähigkeit kennzeichnet, Kaltumformungen rißfrei zu ertragen (Duktilität). Die spanlosen Fertigungsverfahren sind gekennzeichnet durch:

– Große Umformungsgrade und den

– Übergang von der diskontinuierlichen zu der kontinuierlichen Fertigung von (Warm-)Band.

Aufgrund der guten mechanischen Gütewerte und der guten Schweißeignung werden diese Stähle vor allem im Fahrzeugbau (kaltumgeformte Träger, Streben, Radschüsseln, Hinterachstrichter) und im Großrohrleitungsbau verwendet. Eine weitere wesentliche Eigenschaft dieser Stähle ist ihre hervorragende *Feinschneidbarkeit*. Mit bestimmten Werkzeugbauarten können vollkommen glatte Schnittflächen erzeugt werden. Als Ursache werden die hervorragende Kaltumformbarkeit und der sehr geringe Perlitanteil angesehen.

In der Zwischenzeit sind für viele Bereiche thermomechanisch behandelte Stähle ent

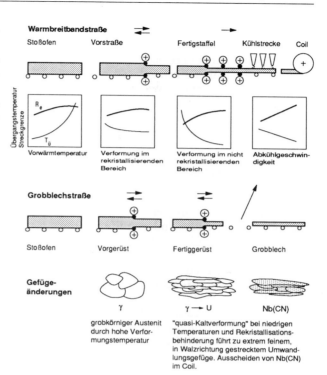

Bild 2-52
Vorgänge beim thermodynamischen Walzen (Warmbreitband- und Grobblechstraße).

wickelt, zugelassen und genormt worden, Tabelle 2-11.

Alle Prüfverfahren, die die Grenze der rißfreien Umformung festzustellen gestatten, sind grundsätzlich zur Kennzeichnung der Umformbarkeit geeignet. Bewährt haben sich z.B. Kerbschlagbiegeproben, entnommen quer zur Walzrichtung, die auf den abnehmenden Perlitanteil oder eine kürzere Sulfidlänge empfindlich reagieren.

Das kontinuierlich gewalzte Band zeigt wegen seiner streng einsinnigen Verformung bei der Herstellung eine ausgeprägte Zeilenanordnung (Zeiligkeit), und die in Walzrichtung gestreckten carbidischen, oxidischen oder sulfidischen Bestandteile führen zu unerwünschter Anisotropie der Zähigkeitseigenschaften in Längs- und Querrichtung. Die Verringerung des Schwefelge

haltes ist i.a. unwirtschaftlich, da die Kerbschlagzähigkeit in Querrichtung erst bei S
≤ 0,01 % wesentlich verbessert wird. Wirksamer ist die Zugabe schwefelaffiner Elemente, die nicht verformbare, rundliche sulfidische Einschlüsse ergeben. Zirkon, Cer,
Titan und andere seltene Erden werden für
die Sulfideinformung weitgehend eingesetzt.

SEW 092 Warmgewalzte Feinkornbau-stähle zum Kaltumformen

Die ausgeprägte Feinkörnigkeit und die
Zugabe von Titan oder anderen Elementen
erzeugt eine für die Kaltumformbarkeit
günstige Sulfidform und (oder) führt zu
einem besonders niedrigen Schwefelgehalt.
Die im normalgeglühten Zustand gelieferten
Stähle dieser Norm lassen sich warmumfor-
men und warmrichten, die thermomechanisch behandelten dagegen nicht. Lediglich
ein Spannungsarmglühen zwischen 530 °C
und 580 °C ist zulässig.

Die Schweißeignung der Stähle hängt von
ihrem Gehalt an Kohlenstoff und den wirksamen Verunreinigungen Phosphor und
Schwefel (maximal je 0,03 %) ab. Der C-Gehalt der normalgeglühten Stähle dieser
Norm ist wesentlich größer als der der thermomechanisch behandelten (Tabelle 4-22).
Er reicht von 0,16 % (QStE 260 N) bis 0,22
% (QStE 500 N) bei den normalgeglühten
bzw. beträgt bei den TM-Qualitäten maximal 0,12 %. Die unterschiedlichen Festigkeiten werden durch unterschiedliche Mangangehalte (1,3 % bis 1,8 %) eingestellt. Die
Schweißeignung aller hier genannten TM-
Stähle ist ausgezeichnet.

SEW 083/084 Schweißgeeignete Feinkornbaustähle, thermomechanisch umgeformt.

Die Mindeststreckgrenze der Stähle dieser
Norm liegen zwischen 355 N/mm² und 550
N/mm². Die Bezeichnung der Stahlsorten
für Erzeugnisse aus

– Blech, Band und Breitflachstahl lautet
z.B.: *BStE 355 TM*.

– Form- und Stabstahl lautet z.B.:
FStE 460 TM.

Sie werden in drei (bzw. zwei) Reihen unterteilt:

– **Grundreihe**
z.B. *BStE 460 TM, FStE 315 TM,*

– **Kaltzähe Reihe**
z.B. *BTStE 500 TM, FStE 355 TM,* mit
Mindestwerten für Kerbschlagarbeit bis
zu Temperaturen von –50 °C,

– **Kaltzähe Sonderreihe**
z.B. *BEStE 420 TM* (diese Qualität existiert nicht für Form- und Stabstahl), mit
Mindestwerten für die Kerbschlagarbeit
bis zu Temperaturen von –60 °C.

DIN 17 172 Stahlrohre für Fernleitungen für brennbare Flüssigkeiten und Gase.

Bis auf die beruhigten Stähle StE 210.7 und
StE 240.7 sind alle weiteren normalgeglüht
und besonders beruhigt (z.B. StE 385.7)
bzw. besonders beruhigt und thermomechanisch behandelt (z.B. StE 445.7 TM).
Der maximale C-Gehalt der normalgeglühten Stähle beträgt 0,23 % (StE 415.7), der
der thermomechanisch behandelten nur 0,16
% (StE 480.7 TM). Die Stähle dienen zum
Bau von Leitungen für brennbare Flüssigkeiten (z.B. für Erdöl und Erdölerzeugnisse)
sowie für verdichtete und verflüssigte brennbare Gase.

2.7.6.3　Vergütete Feinkornbaustähle

Stähle mit Streckgrenzen über etwa 510 N/
mm² werden i.a. durch Vergüten erzeugt.
Das martensitische Gefüge besitzt die maximal erreichbaren Festigkeitswerte metallischer Werkstoffe, siehe Tabelle 2-11. **Niedriggekohlter Martensit** ist wegen seiner ausgezeichneten Festigkeits- *und* Zähigkeitseigenschaften das Gefüge, das bis zu
höchsten Werkstofestigkeiten angewendet
wird. Sogar die Sprödbruchunempfindlichkeit dieser Stähle ist größer als die der
ferritisch-perlitischen C-Mn-Stähle. Diese

Eigenschaften beruhen auf folgenden Ursachen:

– Der Bruch entsteht bei Schlagbeanspruchung hauptsächlich im Ferrit.

– Die Kerbschlagzähigkeit steigt i.a. mit abnehmender Größe der "Struktureinheit" (z.B. Korngröße, Paketbreite, Größe/Breite der Martensitnadeln usw.).

– Mit abnehmendem C-Gehalt werden die während der Martensitbildung entstehenden rißbegünstigenden Umwandlungsspannungen geringer.

– Mit abnehmendem C-Gehalt steigt die kritische Abkühlgeschwindigkeit, d.h., die Martensitbildung beim Schweißen wird zunehmend erschwert, und die Martensithärte nimmt ab.

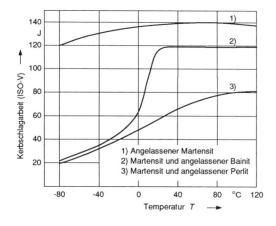

Bild 2-53
Einfluß des Gefüges auf die Kerbschlagzähigkeit eines niedriggekohlten Vergütungsstahles, der durch unterschiedliche Wärmebehandlungen erzeugt wurde.

Mit der gewählten Temperatur-Zeit-Führung der Wärmebehandlung (z.B. bei der Herstellung des Stahles oder beim Schweißen!) muß ein martensitisches bzw. martensitisch-bainitisches Gefüge erzeugbar sein. Das Entstehen voreutektoiden Ferrits muß in jedem Fall verhindert werden, da dieser die Zähigkeitseigenschaften entscheidend verschlechtert. Bild 2-53 zeigt anschaulich die hervorragenden Zähigkeitswerte

vergüteter Stähle. Sie sind aber nur vorhanden, wenn das Gefüge vollständig aus angelassenem Martensit besteht.

Ein weiterer Vorteil niedriggekohlter Vergütungsstähle besteht darin, daß wegen des niedrigen C-Gehaltes und der begrenzten Legierungsmenge die M_s-Temperatur dieser Stähle relativ hoch liegt. Dadurch erfolgt beim Abkühlen von der weit über A_{c3} liegenden Temperatur der schmelzgrenzennahen Bereiche nach Unterschreiten der M_s-Temperatur ein **Selbstanlassen** (Abschn. 2.5.2.1). Die feinstdispersen Carbidausscheidungen verringern die Gitterspannung und damit die Rißneigung. Damit ergibt sich die Forderung nach einer möglichst hohen M_s-Temperatur. Der Selbstanlaßeffekt ist zwar sehr wünschenswert, er sollte aber nicht überbewertet werden, Bild 4-58.

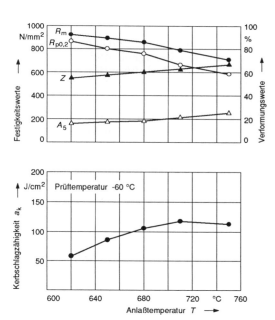

Bild 2-54
Vergütungsschaubild eines niedriglegierten wasservergüteten Feinkornbaustahles StE 690.

Aus wirtschaftlichen Gründen werden diese Stähle wasservergütet. Da sie zur Sicherung einer ausreichenden Schweißeignung einen niedrigen C-Gehalt (C ≤ 0,2 %) besitzen müssen, wird die erforderliche niedrige kritische Abkühlgeschwindigkeit durch Zugabe geeigneter Legierungselemente erreicht. Bei diesen Werkstoffen macht sich also ein deutlicher Wanddickeneinfluß bemerkbar, im Gegensatz zu den normalisierten Feinkornbaustähle, deren Eigenschaften durch Abkühlen an Luft nach dem Walzen oder einem Normalglühen bestimmt werden.

Diese bemerkenswerten Eigenschaften besitzen die Stähle allerdings erst im vergüteten Zustand. Sie werden zwischen 620 °C und 720 °C angelassen, also bei deutlich höheren Temperaturen als die üblichen Vergütungsstähle z.B. nach DIN 17 200 (Abschn. 2.7.3.1). Die selbst bei niedrigeren Anlaßtemperaturen hervorragenden Zähigkeitseigenschaften der niedriglegierten wasservergüteten Feinkornbaustähle zeigt das Vergütungsschaubild Bild 2-54.

Den Legierungselementen kommt außer der Erhöhung der Festigkeit und Zähigkeit die Aufgabe zu, die **Anlaßbeständigkeit** so zu verbessern, daß in den beim Schweißen über die Anlaßtemperatur erwärmten Bereichen der WEZ kein unzulässiger "Härtesack" entsteht. Optimale Eigenschaften sind von den Elementen zu erwarten, die eine maximale Anlaßbeständigkeit mit geringstem Abfall der M_s-Temperatur verbinden. Daraus ergibt sich folgende Reihenfolge zunehmender Eignung:

Cr - Mn - Ni - Mo.

Die werkstofflichen und schweißtechnischen Besonderheiten der wasservergüteten Feinkornbaustähle lassen sich wie folgt zusammenfassen:

◻ **C-Gehalt**
Der niedrige C-Gehalt ($C \leq 0,2$ %) verbunden mit einem relativ geringen Legierungsgehalt (i.a. deutlich unter 5 %) ergibt eine M_s-Temperatur von 400 °C. Die Schweißeignung ist daher gut, weil der entstehende Martensit wenig verspannt und bemerkenswert zäh ist. Die Neigung zur Kaltrissigkeit ist bei Beach-

tung verschiedener Vorsichtsmaßnahmen beherrschbar (Abschn. 4.3.2). Wie bei jedem martensitischem Gefüge ist aber die schädliche Wirkung selbst geringer Mengen Wasserstoff zu beachten.

◻ **Chemische Zusammensetzung**
Legierungselemente sollen:

– für eine angemessene *Durchhärtung* sorgen, d.h. die *kritische Abkühlgeschwindigkeit* verringern,

– die *Anlaßbeständigkeit* verbessern und

– die M_s-*Temperatur* möglichst wenig senken.

Außerdem muß sichergestellt sein, daß bei praxisnahen Schweißbedingungen die austenitisierten Bereiche der WEZ beim Abkühlen in Martensit oder Martensit und Bainit umwandeln können.

2.8   Korrosionsbeständige Stähle

Korrosionsbeständige Stähle enthalten mindestens 12 % Chrom, die in der Matrix (krz oder kfz Gitter) gelöst (nicht abgebunden z.B. in Form von Chromcarbid!) sein müssen. Mit zunehmendem Cr-Gehalt wird der chemische Angriff auf einen oft vernachlässigbaren Wert herabgesetzt. Mit weiteren Legierungselementen, wie z.B. Nickel, Molybdän, Kupfer u.a., werden die vielfältigsten Gebrauchseigenschaften eingestellt.

Diese legierungstechnischen Maßnahmen machen sie gegen Angriffsmedien wie z.B.

– Luftsauerstoff,

– Wässer aller Art (belüftete, unbelüftete Wässer, Brackwasser),

– chemische Produkte (Säuren, Alkalien) "beständig".

Die chemische Beständigkeit beruht auf der Bildung einer extrem dünnen (1 bis 20 nm), porenfreien, sich sehr langsam auflösenden Chromoxidschicht auf der Oberfläche, die diese Stähle chemisch resistent macht [24] Der *aktive* Zustand des Metalls geht dadurch in den beständigen *passiven* über. Die Korrosionsbeständigkeit erfordert also die ständige Bildung der schützenden Chromoxid-Deckschicht, was nur bei einem ausreichenden Sauerstoff-Angebot möglich ist. Unter reduzierenden Bedingungen, z.B. Schwefelsäure, Salzsäure, Phosphorsäure, ist der Aufbau der Deckschicht erschwert oder u.U. unmöglich. Der Angriff erfolgt dann in diesen Fällen flächenmäßig.

Eine allumfassende Korrosionsbeständigkeit im Sinne des Wortes ist allerdings nie gegeben. Ein Werkstoff ist bestenfalls gegenüber einigen wenigen Medien oder Mediengruppen beständig. In vielen Fällen gilt dies auch nur bei bestimmten Betriebs- und Korrosionsbedingungen:

– Betriebs-Temperatur und -Druck,

– mechanische Beanspruchung,

– Konzentration des Mediums.

Häufig führen nur geringfügig geänderte Angriffs- bzw. Umgebungsbedingungen zu einer drastischen Abnahme oder Zunahme der Korrosionsbeständigkeit

Unter einem mehr praxisbezogenen Gesichtspunkt können die Anforderungen an die chemische Beständigkeit der Werkstoffe technisch sinnvoller formuliert werden:

– Das Abtragen des Werkstoffs soll *gleichmäßig*, *berechenbar* und in *flächenförmiger* Form erfolgen, wenn Korrosionserscheinungen nicht oder nur mit einem nicht vertretbaren Aufwand vermieden werden können. Jeder selektive, also begrenzte Angriff, beeinträchtigt die Sicherheit und die Betriebsbereitschaft des Bauteils (Abschn. 1.7).

Abgesehen von den extrem gefährlichen selektiven Korrosionsformen, gilt ein Stahl bei flächenförmigem Angriff als chemisch beständig, wenn die Abtragrate die Richtgröße 0,3 g/m²h nicht überschreitet. In besonderen Fällen (Lebensmittelindustrie, Pharmazie, hochreine Chemikalien) sind allerdings selbst geringste Mengen Metallionen unzulässig.

Das Korrosionsverhalten der Stähle ist nicht nur abhängig von

– ihrer chemischen Zusammensetzung,

– ihrem durch eine Wärmebehandlung häufig beeinflußbaren Gefügezustand, sondern auch von

– einem möglichst homogenen, gleichgewichtsnahen Zustand des Gefüges und der Oberflächengüte des Stahles.

Ein homogenes Gefüge ist praktisch kaum erreichbar:

❑ Das Gefüge ist weitgehend *heterogen*, d.h., es besteht aus mehreren Phasen oder Phase(n) und unerwünschten Einschlüssen/ Ausscheidungen, z.B.

– austenitischer CrNi-Stahl mit geringen δ-Ferritanteilen,

– ferritischer Cr-Stahl mit Anteilen von σ-Phase.

❑ Das Gefüge ist *inhomogen* bzw. befindet sich nicht im thermodynamischen Gleichgewichtszustand, z.B.

– Seigerungen im Grundwerkstoff oder wesentlich häufiger, kritischer und in der Praxis kaum vermeidbar, Entmischungen im Schweißgut. Elektrochemische Korrosionserscheinungen können die Folge sein.

– Kaltverformungen begünstigen die gefährliche Spannungsrißkorrosion (Abschn. 1.7.2.4.2). In bestimmten Fällen kann durch Verformen austenitischer Stähle Martensit (krz!), d.h. ein zweiphasiges Gefüge entstehen.

❑ Besonders wichtig, und in der Praxis häufig nicht genügend beachtet ist der

---

[24] Eine andere Theorie besagt, daß durch Sättigen der freien Valenzen der Oberflächenatome mit Sauerstoff das Metall Edelmetall-Charakter annimmt und dadurch unlöslich wird.

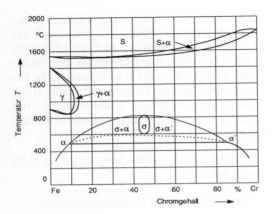

Bild 2-55
Das Zustandsschaubild Fe-Cr, nach KUBASCHEWSKI.

Oberflächenzustand des Werkstoffs.
Grundsätzlich ist die Korrosionsbeständigkeit bei höchster Oberflächengüte,
also in poliertem Zustand, am besten:

– Riefen, Kratzer, Oberflächenschichten ((Anlauf-)Farben, Beläge aller
Art), aber auch

– Fremdstoffe, z.B. in die Oberfläche
eingepreßte Metallspäne begünstigen
den selektiven Angriff, z.B. durch Bilden von Belüftungselementen oder
Entstehen der Kontaktkorrosion.

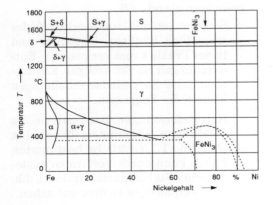

Bild 2-56
Das Zustandsschaubild Fe-Ni, nach KUBASCHEWSKI.

2.8.1   Werkstoffliche Grundlagen

Einige wichtige Informationen über die z.T.
komplexen werkstofflichen Vorgänge lassen sich aus den üblichen Zwei- und Dreistoff-Schaubildern ableiten. Da die Stähle
aber meistens hoch und mit mehreren Elementen legiert sind, ist die Aussagefähigkeit dieser Gleichgewichts-Schaubilder
deutlich begrenzt.

2.8.1.1   Die Zustands-Schaubilder Fe-Cr, Fe-Ni

Die für das Verständnis der werkstofflichen
Zusammenhänge grundlegenden Systeme
sind das Fe-Cr- und das Fe-Ni-Schaubild,
Bild 2-55 und 2-56. Gemäß Fe-Cr-Schaubild, Bild 2-55, wird bei mehr als 12 %
Chrom das γ-Gebiet vollständig abgeschnürt,
eine γ/α-Umwandlung kann also nicht mehr
stattfinden. Chrom gehört demnach zu den
ferritstabilisierenden Elementen, Bild 2-39. Diese bis unter Raumtemperatur umwandlungsfreien Stähle werden **ferritische
Cr-Stähle** genannt.

Üblicherweise bezeichnet man den sich aus
der Schmelze und aus dem Austenit bildenden
Ferrit als δ-Ferrit. Aus verschiedenen Gründen sollte der aus der peritektischen Reaktion
entstehende δ-Ferrit, der aus dem Austenit
entstehende α-Ferrit genannt werden.

Unter 820 °C beginnt sich bei höheren Cr-Gehalten aus dem $\delta(\alpha$-)Ferrit die spröde intermediäre σ-Phase auszuscheiden (Abschn.
2.8.1.4.3). Da sie etwa 45 % Cr enthält, kann
außer einer gefährlichen Werkstoffversprödung an der Phasengrenze Matrix/Ausscheidung auch eine unerwünschte Cr-Verarmung entstehen. In Legierungen mit Cr-Gehalten zwischen etwa 10 % und 85 % entmischt sich der Ferrit bei Temperaturen
unter 600 °C . Es entstehen sehr chromreiche α'-MK und chromarme α-MK. Auf diesem Vorgang beruht die sogenannte *475 °C-Versprödung* ferrithaltiger korrosionsbeständiger Stähle (Abschn. 2.8.1.4.3).

Eine weitere Unzulänglichkeit der Zweistoff-Schaubilder besteht darin, daß der Einfluß des wichtigen Legierungselementes
Kohlenstoff (und auch jedes anderen) nicht
quantitativ erfaßbar ist. Hierfür sind sogar
die relativ komplizierten Dreistoff-Schau-
bilder nur bedingt geeignet (Abschn. 1.6.5).

Die Anwesenheit selbst geringer C-Mengen
(C ≤ 0,1 %) beeinflußt das Umwandlungsgeschehen aber stärker als jedes andere Legierungselement. Aus den hochlegierten γ-
MKen entsteht durch die sekundäre Umwandlung ein kohlenstoffhaltiges α-Gefüge
mit krz Gitteraufbau. Das sind die **korrosionsbeständigen** (lufthärtenden) **martensitischen Stähle**.

Im Gegensatz zu Chrom erweitert Nickel
den Austenitbereich sehr stark, wie das Fe-

Ni-Zustandsschaubild Bild 2-56 zeigt. Hierauf beruht die Möglichkeit, **korrosionsbeständige austenitische Stähle** herzustellen. Sie sind ähnlich wie die ferritischen
über den gesamten Temperaturbereich umwandlungsfrei und damit im klassischen
Sinne nicht mehr wärmebehandelbar, d.h.
weder härtbar noch normalglühbar.

2.8.1.2 Das Fe-Cr-Ni-Schaubild

Dieses Dreistoffsystem ist für das Verständnis
der werkstofflichen Vorgänge ein sehr nützli-
ches Hilfsmittel, Bild 2-57. Aus den Teil-Zweistoff-Schaubildern Fe-Cr, Fe-Ni und Ni-Cr

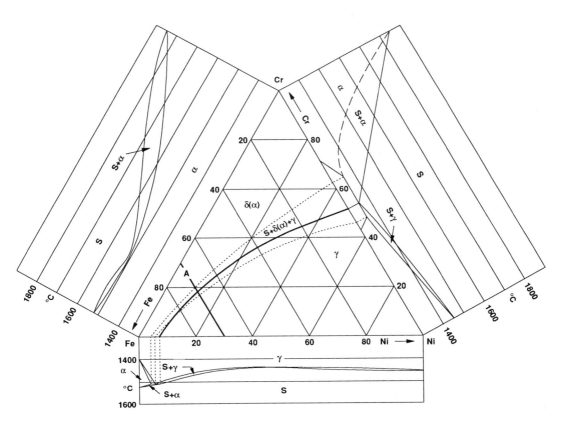

Bild 2-57
Ternäres Fe-Cr-Ni-Schaubild mit eingezeichneten Teil-Zweistoff-Schaubildern Fe-Ni, Fe-Cr, Ni-Cr.

wird der Verlauf der wichtigen eutektischen Rinne verständlich. Oberhalb dieser Phasengrenze scheiden sich beim Durchstoßen der Liquidusfläche aus der Schmelze primäre δ(α)-Kristalle aus, unterhalb primäre γ-Kristalle. Der Existenzbereich dieser beiden Mischkristallarten ist durch einen Dreiphasenraum ("Dreikantröhre", siehe Absch. 1.6.5) getrennt, in dem δ(α), γ und Schmelze gleichzeitig existieren.

Der Verlauf der beiden Teil-Liquidus- bzw. Solidusflächen ist für die Neigung zur Heißrißbildung der Stähle (Schweißgut) von entscheidender Bedeutung. Bild 2-57 macht deutlich, daß der Temperaturgradient beider Flächen im Bereich der primären δ(α)-Ausscheidung wesentlich steiler verläuft als im Gebiet der primären γ-Ausscheidung. Diese Erscheinung ist eine wichtige Ursache für die Entstehung geseigerter Mischkristalle. Bild 4-7 zeigt, daß außerdem die an den Korngrenzen vorhandene niedrigschmelzende Restschmelze zu einer ausgeprägten Heißrißbildung führt. Zum Verhindern dieser gefährlichen Schadensform muß z.B. die Zusammensetzung austenitischer Stähle so beschaffen sein, daß sich *primärer* δ(α)-Ferrit aus der Schmelze ausscheiden kann. Der aus Gründen einer besseren Heißrißbeständigkeit erforderliche geringe Ferritanteil darf also nicht durch eine Sekundärkristallisation aus den γ-Mischkristallen entstanden sein, (Absch. 4.3.6.5).

2.8.1.3   Einfluß wichtiger Legierungselemente

2.8.1.3.1 Nickel

Nickel ist ein starker Austenitbildner, d.h., es erniedrigt die A_3- und erhöht A_4-Temperatur, Bild 2-39. Es ist neben Chrom das wichtigste Legierungselement und in austenitischen CrNi-Stählen zwischen 8 % und 30 % enthalten. In erster Linie verbessert Ni die Korrosionsbeständigkeit und die Warmfestigkeit, die Beständigkeit gegen-

über Schwefel und schwefelhaltigen Medien ist geringer.

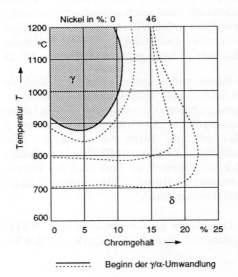

Bild 2-58
Einfluß, des Nickels auf die Form der γ- bzw. (γ+α)-Schleife im System Fe-Cr, nach KUNZE.

Technisch bedeutsam ist die durch Nickel verursachte Änderung der Form des γ-Raumes. Mit zunehmendem Nickelgehalt wird er zu größeren Cr-Gehalten und tieferen Temperaturen verschoben, Bild 2-58. Dieses Werkstoffverhalten zusammen mit sehr geringen C-Gehalten ($\leq 0,05 \%$) ermöglichte die Entwicklung der gut schweißgeeigneten, praktisch deltaferritfreien **weichmartensitischen Stähle**

2.8.1.3.2 Kohlenstoff

Kohlenstoff begünstigt ähnlich wie Stickstoff sehr wirksam den austenitischen Zustand. Selbst geringste Mengen erweitern die (γ+δ)-Schleife des Fe-Cr-Schaubildes erheblich, Bild 2-59. Legierungen, deren Zusammensetzung zwischen der γ- und (γ+δ)-Linie liegt, wandeln daher in einen aus Ferrit und Umwandlungsgefüge bestehenden Stahl um, der auch als **halbferriti-**

scher Stahl bezeichnet wird (Abschn. 2.8.2.2).

Mit zunehmendem C-Gehalt scheiden sich bei ferritischen Cr-Stählen bereits ab 0,01 % C Carbide aus, deren Cr-Gehalt zwischen 40 % und 65 % liegen kann. Die dadurch erzwungene *Chromverarmung* der Matrix ist die Ursache für die Entstehung der interkristallinen Korrosion (Abschn. 2.8.1.4.1). Die Carbidbildung ist wegen der sehr großen Affinität des Chroms zu Kohlenstoff nahezu unvermeidlich.

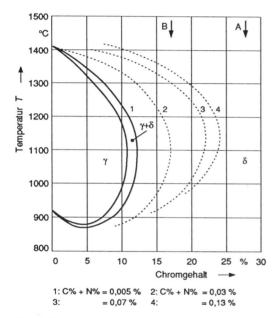

Bild 2-59
Einfluß des Kohlenstoffs und Stickstoffs auf Lage und Ausdehnung des (γ+δ)-Raumes im System Fe-Cr, nach SCHMIDT *und* JARLEBORG.

Im Gegensatz zum unlegierten Austenit löst der CrNi-legierte erheblich weniger Kohlenstoff (< 0,01 % bei Raumtemperatur), d.h., auch austenitische Stähle scheiden noch bei C-Gehalten, die ähnlich gering sind wie die der ferritischen Cr-Carbide aus. Die Ausscheidungskinetik ist aber auf Grund der unterschiedlichen Lösungsfähigkeit und Diffusionseigenschaften der Gittertypen sehr unterschiedlich.

Die Diffusionsgeschwindigkeit des Kohlenstoffs im Ferrit ist etwa um den Faktor 100 bis 1000 größer als im Austenit, seine Löslichkeit dagegen wesentlich geringer. Beide Faktoren begünstigen die Carbidausscheidung aus dem Ferrit und erschweren sie aus dem Austenit. Die ferritische Matrix ist damit thermisch sehr viel unbeständiger als die austenitische und neigt in größerem Maße zu Ausscheidungen aller Art. Hochwarmfeste Stähle besitzen daher ein austenitisches Gefüge (Abschn. 2.7.4).

2.8.1.3.3 Stickstoff

Ähnlich wie Nickel und Kohlenstoff ist Stickstoff ein sehr starker Austenitbildner und beeinflußt daher weitgehend die Art der Austenitumwandlung. Die Löslichkeit dieses bei un- und niedriglegierten Stählen unerwünschten "Stahlschädlings" im hochlegierten Austenit ist wesentlich größer als die des Kohlenstoffs. Die Folge ist eine sehr geringe Neigung zu gütevermindernden Ausscheidungen. Diese Eigenschaft ist vor allem bei Austeniten, die mit Molybdän, Silicium und anderen Elementen legiert sind, von großer Bedeutung. Diese Stähle neigen i.a. zum Ausscheiden einer Anzahl sehr unerwünschter Phasen (z.B. die sog. *Chi*- und *Laves-Phase*).

Der entscheidende Vorteil stickstofflegierter austenitischer Stähle ist aber die deutliche Erhöhung der jeder Bauteilberechnung zugrunde liegenden Streckgrenze bei nur geringfügig verminderten Zähigkeitseigenschaften. Die Korrosionsbeständigkeit und die Schweißeignung dieser Stähle sind gut, Tabelle 2-13.

Der Stickstoff scheidet sich in Form von Cr_2N aus. Der Beginn aller Ausscheidungen, die *keinen* Stickstoff lösen können, z.B. σ-Phase, das Carbid $M_{23}C_6$, wird grundsätzlich behindert. Diese allgemein gültige Gesetzmäßigkeit beruht darauf, daß die Bildung der Ausscheidung erst dann erfolgen kann, wenn in dem entsprechenden Gefügebereich kein gelöster Stickstoff mehr vorliegt. Dieser diffusionskontrollierte Vorgang erfordert längere Zeiten.

2.8.1.3.4 Molybdän

Dieses wichtige Legierungselement begünstigt die Ferritbildung, erhöht die Lochfraßbeständigkeit und den Angriff gegenüber reduzierenden Bedingungen, verbessert die Festigkeitseigenschaften bei höheren Temperaturen, bildet aber mit Eisen einige intermediäre Phasen. Die wichtigste ist die *Laves-Phase* Fe_2Mo, die etwa 45 % Mo enthält. Mit deren Auftreten bei mehr als 2 % ...

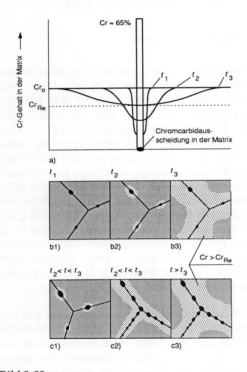

Bild 2-60
Zum Mechanismus der Chromverarmungstheorie.
a) Chromprofil in der Nähe der Chromcarbidausscheidung bei verschiedenen Haltezeiten t_i.
b) Direkt nach Bildung des Carbids (t_1, t_2) ist die Chromverarmung der Matrix gering. Eine zusammenhängende, chromverarmte Zone entlang der Korngrenzen kann nicht entstehen. Nach Ablauf der Zeit t_3 sind diese Bereiche mit aus dem Korninneren nachströmendem Cr auf Werte über der Resistenzgrenze aufgefüllt. Kornzerfall kann nicht entstehen.
c) Bei höherem C-Gehalt scheiden sich die Chromcarbide perlschnurartig aus. Bei einer Verweilzeit $t_2 < t < t_3$ sinkt der Cr-Gehalt im Bereich der Korngrenzen unter 12 %. Kornzerfall kann entstehen.

3 % Mo gerechnet werden muß. Höhere Temperaturen und längeren Zeiten begünstigen das Auftreten dieser Phase.

2.8.1.3.5 Silicium

Silicium (4 %...5 %) erhöht die Beständigkeit austenitischer CrNi-Stähle gegenüber konzentrierter Salpetersäure und verbessert erheblich die Zunderbeständigkeit. Die Neigung zur Sigmaphasenbildung wird allerdings deutlich vergrößert ebenso wie die Bildung niedrigschmelzender Phasen. Die Heißrißgefahr vor allem der vollaustenitischen Stähle wird dadurch erheblich vergrößert (Abschn. 2.8.2.3).

2.8.1.4 Ausscheidungs- und Entmischungsvorgänge

2.8.1.4.1 Interkristalline Korrosion (IK)

Die mehrfach legierten korrosionsbeständigen Stähle besitzen abhängig von der Legierungsart und -menge und ihrem Gittertyp eine ausgeprägte Neigung zu unerwünschten Ausscheidungen.

Die weitaus gefährlichste Form der Ausscheidung sind Chromcarbide, die die Ursache der interkristallinen Korrosion ("Kornzerfall") sind. Die austenitischen Stähle werden daher grundsätzlich im *lösungsgeglühten* und *abgeschreckten* Zustand geliefert. Durch ein Erwärmen auf 1050 °C bis 1150 °C mit nachfolgendem raschem Abkühlen bleiben die Elemente zwangsgelöst, d.h., ein Ausscheiden dieser Phasen unterbleibt. Eine Wärmebehandlung (z.B. Schweißen) kann in diesem Ungleichgewichtszustand aber erneut Diffusionsvorgänge auslösen, die wiederum zu Ausscheidungen führt.

Die C-Löslichkeit der austenitischen (≤0,006 % bei Raumtemperatur) Stähle ist gering, die der ferritischen Cr-Stähle noch geringer. Der die Löslichkeitsgrenze übersteigende Kohlenstoff wird als Chromcarbid ausgeschieden, das bis zu 65 % Chrom enthalten kann. Dadurch sinkt in der umgebenden Matrix u.U. der Chromgehalt unter die Resistenzgrenze, und der Stahl wird korrosionsanfällig. Zum Verständnis dieses für die hochlegierten Stähle wichtigen Mechanismus muß die sehr unterschiedliche Diffusionsfähigkeit der C- und Cr-Atome berücksichtigt werden [25].

Bild 2-60 zeigt schematisch die bei der Ausscheidung von Chromcarbiden ablaufenden Vorgänge. Das für die Carbidbildung erforderliche Chrom wird zunächst der unmittelbaren Nähe der Ausscheidung entzogen, d.h., die Cr-Verteilung in der Matrix zeigt den in Bild 2-60a gezeigten muldenförmigen Verlauf. Das Nachströmen der sehr trägen Cr-Atome aus dem Korninneren ist ein diffusionskontrollierter Prozeß, d.h. temperatur- und zeitabhängig. Unterschreitet der Cr-Gehalt in der "Mulde" den für die Passivität erforderlichen Wert von 12 %, dann wird der Stahl in diesem Bereich korrosionsanfällig. Diese Vorgänge finden überwiegend an den energiereichen "Störstellen" Korngrenzen statt. Entstehen hier nichtzusammenhängende Ausscheidungen, ist der chemische Angriff i.a. vernachlässigbar, Bild 2-60b.

Wenn die Resistenzgrenze durch eine kontinuierliche Folge von Ausscheidungen in der unmittelbaren Nähe der Korngrenzen unterschritten wurde, wird dieser Bereich durch einen Korrosionsangriff zerstört, der Kornverbund zerfällt. Diese nur auf die Korngrenzenbereiche beschränkte Korrosionsform wird **interkristalline Korrosion (IK)** oder auch anschaulich **Kornzerfall** genannt. Bemerkenswert ist, daß die Ursache der IK nicht die *Menge* ausgeschiedener Carbide ist, sondern ein bestimmter Ausscheidungszustand, bei dem die Chromverarmung der Matrix ein Maximum erreicht. Daher bezeichnet man die der IK zugrunde liegenden werkstofflichen Vorgänge als *Chromverarmungstheorie.*

Die bisher geschilderten Ausscheidungsvorgänge lassen sich sehr anschaulich in Zeit-Temperatur-Ausscheidungs-Schaubildern darstellen, Bild 2-61. Die Ausscheidung von Chromcarbiden (Linie 1 und 4) ist noch nicht gleichbedeutend mit der Neigung zum Kornzerfall. Dies geschieht erst dann, wenn der in Bild 2-60b skizzierte Zustand erreicht ist. Bei Temperaturen oberhalb der vom C-Gehalt abhängigen Löslichkeitstemperatur T_L ist eine Carbidausscheidung nicht mehr möglich.

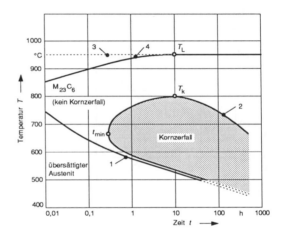

Bild 2-61
Zeit-Temperatur-Ausscheidungs-Schaubild ($M_{23}C_6$) und der Bereich des Kornzerfalls eines austenitischen CrNi-Stahles X 5 CrNi 18 9. Wärmebehandlung: Lösungsglühen 1050 °C / Abschrecken, nach HERBSLEB, SCHÜLLER *und* SCHWAAB.

Die IK-Anfälligkeit kann durch Auffüllen der "Chromsenke" in den Korngrenzenbereichen auf über 12 % beseitigt werden, wie Bild 2-60c schematisch zeigt. Die hierfür erforderlichen Temperaturen und Zeiten sind in erster Linie vom Gittertyp des Stahles abhängig:

– Bei den thermisch relativ unstabilen *krz Stählen* ist ein Glühen bei 750 °C/1h

---

[25] Bei 800 °C beträgt der Diffusionskoeffizient von Chrom im γ-Eisen nur 10^{-18} cm²/s, von Kohlenstoff aber 10^{-8} cm²/s.

ausreichend. Das Auffüllen der Chrom-senken geschieht wegen des sehr großen Diffusionskoeffizienten D_{Cr} (siehe Fuß-note 25) sehr rasch.

– Es könnte den Anschein haben, als ob IK-Anfälligkeit der *kfz Stähle* eine ande-re Ursache hätte, da bei diesen ein Glü-hen im Bereich 600 °C bis 800 °C den Stahl am schnellsten sensibilisiert, also anfällig für die IK macht.

Dieses sehr unterschiedliche Verhalten ist aber lediglich eine Folge der unterschiedli-chen Diffusions- und Löslichkeitsbedingun-gen in den krz und kfz Gittern. Bild 2-62 zeigt schematisch die temperatur- und zeit-abhängige Ausscheidung der Chromcarbi-de aus einem ferritischen Cr-Stahl und ei-nem austenitischen CrNi-Stahl.

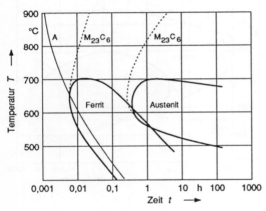

Bild 2-62
Einfluß der Gitterform auf die $M_{23}C_6$-Ausscheidung und die IK-Anfälligkeit eines ferritischen Cr-Stah-les (C = 0,05 %, Cr = 17 %) und eines austenitischen CrNi-Stahles (C = 0,05 %, Cr = 18 %, Ni = 8 %), ge-prüft im STRAUß-*Test. Die eingetragene Abkühlkurve A entspricht den Schweißbedingungen: Strecken-energie 5 kJ/cm, Blechdicke 20 mm, Vorwärmtem-peratur 300 °C, nach* BÄUMEL.

Der eingezeichnete für eine Lichtbogen-schweißung typische Abkühl-Verlauf (Li-nie "A") gibt die Unterschiede sehr deutlich wieder. Beim Schweißen des ferritischen Stahles ist die Carbidausscheidung beim Abkühlen nicht unterdrückbar, der Stahl wird also sofort kornzerfallsanfällig. Der

gleiche Vorgang erfordert bei den austeniti-schen Stählen eine sehr viel längere Zeit, der aber sehr stark von der Menge an Koh-lenstoff und anderen Legierungselementen abhängig ist, Bild 2-63. Ein Kornzerfall direkt nach dem Schweißen ist unwahr-scheinlich.

Gegenmaßnahmen

Zum Abwenden der gefährlichen IK ist eine Reihe von Maßnahmen bekannt, deren Wirk-samkeit z.T. von der Stahlsorte abhängt. Folgende Möglichkeiten werden in der Pra-xis angewendet.

– *Lösungsglühen und Abschrecken.* Die Aus-scheidungen werden gelöst und ihr Wie-derausscheiden durch rasches Abkühlen verhindert. Diese Methode wird aber in der Praxis kaum (wohl aber vom Stahl-hersteller!) angewendet. Die erforderli-chen hohen Temperaturen führen zu er-heblichen Bauteilverzügen (Festigkeit ist gering!) schlechten Oberflächen (verzun-dert) und verursachen erhebliche Ko-sten.

– *Absenken des C-Gehalts unter der tempe-raturabhängigen Löslichkeitsgrenze des Stahles.* Dieser C-Gehalt beträgt etwa bei den
ferritischen Cr-Stählen < 0,01 %, bzw. C+N < 0,015 %.
Sie werden daher auch **ELI-Stähle** [26] genannt. Wegen der größeren C-Löslich-keit bei den
austenitischen Stählen ≤ 0,03 %.
Bei höheren als den angegebenen Antei-len, scheidet sich der überschüssige Koh-lenstoff als $M_{23}C_6$ aus. Das Einstellen dieser extrem geringen C-Gehalte ge-lang erst mit dem Aufkommen neuerer Stahlherstellungsverfahren (Abschn. 2.3). Diese austenitischen Werkstoffe be-

---

[26]   **ELI** = Extra Low Interstitial, d.h. ein Stahl mit einem extra geringen Gehalt interstitiell gelö-ster Elemente.

zeichnet man auch als **ELC-Stähle** [27].

– *Zugabe von Elementen, die Sondercarbide bilden.* Die sehr große Affinität der Elemente Ti, Ta, Nb führt zum Abbinden des Kohlenstoffs in Form stabiler Carbide als TiC, NbC, TaC. Der Kohlenstoff wird *stabilisiert.* Die weniger stabilen, unerwünschten Chromcarbide können sich nicht mehr bilden, d.h., Kornzerfall ist weitgehend ausgeschlossen. Abhängig vom Kohlenstoffgehalt des Stahles beträgt die Menge der erforderlichen **Stabilisatoren** genannten Sondercarbidbildner:

$$Ti \geq 5 \cdot C \qquad Nb \geq (10 \dots 12) \cdot C.$$

Diese Mengen sind größer als dem stöchiometrischen Verhältnis entspricht, weil sie als stickstoffaffine Elemente auch den im Stahl immer enthaltenen Stickstoff abbinden.

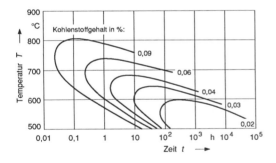

Bild 2-63
Einfluß des Kohlenstoffgehalts auf die IK-Anfälligkeit eines nichtstabilisierten austenitischen CrNi-18-9-Stahles, nach ROCHA.

Weil in den so behandelten Werkstoffen der Kohlenstoff fest (stabil) abgebunden ist, werden sie **stabilisierte Stähle** genannt.

---

[27] **ELC** = Extra Low Carbon, also ein Stahl mit einem sehr geringen Kohlenstoffgehalt.

2.8.1.4.2   Sigma-Phase (σ-Phase)

Sämtliche Ausscheidungsvorgänge im Gefüge der hochlegierten Stähle entstehen im festen Zustand. Sie erfordern daher meistens sehr lange Zeiten bzw. beginnen erst bei höheren Temperaturen. Es entstehen meistens intermediäre Verbindungen, die die

– *mechanischen Gütewerte*, insbesondere die *Zähigkeitseigenschaften* und die

– *Korrosionsbeständigkeit* z.T. extrem verschlechtern.

Die σ-Phase ist eine intermediäre Verbindung mit der Näherungsformel FeCr. Sie setzt die Zähigkeit, häufig auch die Korrosionsbeständigkeit herab. Bild 2-55 zeigt, daß in reinen Fe-Cr-Legierungen ab 15 % Cr unter 800 °C die Ausscheidung der σ-Phase beginnt. Ihre Bildung wird u.a. durch Mo, Nb, Si, Ti, V begünstigt, durch Ni und Co erschwert.

Die Ausscheidungskinetik der σ-Phase ist wegen der unterschiedlichen Lösungsfähigkeit für bestimmte Legierungselemente und ihrer unterschiedlichen Diffusionsmöglichkeit im kfz bzw. krz Gitter sehr stark vom Gittertyp abhängig. Kohlenstoff und Stickstoff verzögern die Bildung der σ-Phase stark, da sie beide Elemente nicht lösen kann. Die Ausscheidung kann daher erst dann erfolgen, wenn der Gehalt dieser Elemente an bestimmten Orten der Matrix gegen Null geht. Kohlenstoff scheidet sich im Gegensatz zu Stickstoff relativ leicht in Form von Carbiden aus. Da die Löslichkeit des N im (hochlegierten) kfz Gitter deutlich größer ist als die des C, ist auch seine ausscheidungshemmende Wirkung wesentlich größer.

Diese Phase scheidet sich aus Ferrit grundsätzlich wesentlich schneller aus als aus Austenit. Besonders nachteilig ist ihre Bildung in austenitisch-ferritischen Stählen, die bis zu 10 % δ-Ferrit enthalten. Sie scheidet sich im Temperaturbereich zwischen 600 °C und 900 °C aus dem δ-Ferrit aus und führt zu einer sehr erheblichen Versprödung. Durch Glühen bei 950 °C wird diese Phase gelöst und ihre versprödende Wirkung beseitigt.

2.8.1.4.3 475- °C-Versprödung

Diese Versprödung beruht auf einer Nahentmischung des δ-Ferrits, der sich in Stählen mit mehr als 12 % Chrom und sehr langen Glühzeiten unterhalb 500 °C in eine sehr Cr-reiche α'- und eine Cr-arme α-Phase entmischt. Diese Vorgänge sind im Zweistoff-System Fe-Cr schematisch dargestellt, Bild 2-54.

Mit zunehmendem Cr-Gehalt wird dieser Entmischungsvorgang stark beschleunigt und seine versprödende Wirkung größer. In ferritfreien Stählen tritt diese Erscheinung nicht auf.

2.8.2 Einteilung und Stahlsorten

Je nach chemischer Zusammensetzung werden eine Vielzahl korrosionsbeständiger Stähle mit unterschiedlichsten Gefügen und Anwendungsbereichen hergestellt. In Tabelle 2-13 sind einige Stahlsorten mit ihren kennzeichnenden mechanischen Eigenschaften zusammengestellt.

Das Entstehen der möglichen Gefügeformen der Stähle läßt sich vereinfacht mit den Zweistoff-Schaubildern Fe-Cr und Fe-Ni darstellen. Die Legierung A (B) in Bild 2-59 erstarrt bei einem C-Gehalt ≤ 0,13 % (≤ 0,03 %) rein ferritisch. Ist die Menge des stark austenitstabilisierenden Kohlenstoffs gering (C ≤ 0,1 %), dann bilden sich überwiegend ferritische Stähle mit i.a. geringen Anteilen von Umwandlungsprodukten ("halbferritisch"). Bei größeren C-Gehalten (C > 0,15 %...0,20 %) entstehen nach der γ-Umwandlung martensitische (Vergütungs-) Stähle.

Austenitische bzw. austenitisch-ferritische Stähle können nur entstehen, wenn außer dem aus Gründen der Korrosionsbestän-

digkeit immer erforderlichen Chrom weitere austenitstabilisierende Elemente vorhanden sind. In jedem Fall wird hierfür Nickel (neben anderen) verwendet.

Die Art des entstehenden Gefüges dieser Stähle hängt in komplizierter Weise von ihrem Legierungssystem ab. Als Gedächtnishilfe können folgende selbstverständlich erscheinende Hinweise dienen:

– Das Gefüge der nur 12 % bis 13 % enthaltenden Stähle ist ferritisch (ferritisch-martensitisch) bzw. bei höherem C-Gehalt martensitisch. Die Zugabe weiterer Legierungselemente "verschiebt" das Gefüge dieses "Standardstahles" in eine von ihrer austenit- bzw. ferritbegünstigenden Wirkung abhängigen Richtung.

Die ferrit- bzw. austenitbildende Fähigkeit der Elemente wird häufig in Form von "Wirksummen" festgestellt. Das bekannteste Beispiel ist das von SCHAEFFLER entwickelte **Chrom-** bzw. **Nickeläquivalent** (Abschn. 4.3.6.2).

Danach wird die folgende Einteilung der korrosionsbeständigen Stähle verständlich:

❒ **perlitisch-martensitische Chrom-Stähle**. Stähle mit C ≥ 0,40 % sind i.a. Luft- bzw. Ölhärter.

Cr = 12 % bis 18 %, C = 0,15 % bis 1,2 %.

❒ **ferritische und halbferritische Chrom-Stähle**

Cr = 12 % bis 30 %, C ≤ 0,2 %. Die Zusammensetzung dieser Stähle ist so beschaffen, daß sie während der Abkühlung den (γ+δ)-Raum durchlaufen, z.B. Legierung A in Bild 2-60. Das aus der γ-Umwandlung entstehende ferritisch-martensitische Gefüge ist der Grund für diese Bezeichnung.

❒ **austenitisch-ferritische Stähle (Duplex-Stähle)**

Cr = 20 % bis 25 %, Ni = 5 % bis 7 %, oft bis 3 % Mo. Das Gefüge dieser Stähle besteht aus etwa 50 % Ferrit und 50 % Austenit.

❒ **austenitische Stähle** (oft mit 10 % Ferrit)

Cr = 14 % bis 30 %, Ni = 6 % bis 36 %, C ≤ 0,1 %

2.8.2.1 Martensitische Chromstähle

Im gehärteten Zustand ist die Korrosionsbeständigkeit dieser Stähle am besten. Nach einer Anlaßbehandlung liegt ein Teil des ausgeschiedenen Kohlenstoffs als Chromcarbid vor, wodurch die Entstehung der *interkristallinen Korrosion* sehr begünstigt wird (Abschn. 2.8.1.4.1). Gemäß den Ergebnissen der Chromverarmungstheorie ist die IK eine Folge der Chromcarbidausscheidungen, des Umfangs der damit verbundenen Cr-Verarmung der Matrix und der Möglichkeit des zeit- und temperaturabhängigen Nachströmens des Chroms aus der Umgebung.

Bild 2-64 zeigt die Verhältnisse für den Messerstahl X 40 Cr 13. Der Verlauf der Massenverlustkurven (g/m²h) zeigt die typischen Werkstoffänderungen beim Anlassen. Mit zunehmender Anlaßtemperatur wird das Maximum der Abtragrate in immer kürzeren Zeiten erreicht. Bei noch längeren Zeiten werden die "Mulden" von aus der Matrix nachströmendem Chrom aufgefüllt, die Chromanreicherung im Carbid kommt zum Stillstand, d.h., der Gewichtsverlust nimmt wieder ab.

Die Schweißeignung dieser höhergekohlten Cr-Stähle ist extrem schlecht. Von einem Schweißen ist grundsätzlich abzura-

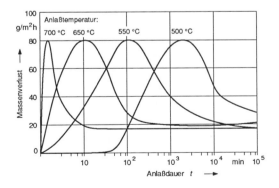

Bild 2-64
Korrosionsverhalten des Stahles X 40 Cr 13 in Abhängigkeit von der Anlaßtemperatur in siedender 5 %iger Essigsäure, nach BÄUMEL.

ten. Die Schweißeigenschaften und vor allem die Zähigkeit lassen sich aber durch Herabsetzen des C- und Anheben des Ni-Gehaltes auf 4 % bis 6 % erheblich verbessern. Diese Entwicklung führte zu den niedriggekohlten (C ≤ 0,05 %, siehe Tabelle 2-13) **weichmar-tensitischen Stählen**, die stets im angelassenen Zustand eingesetzt werden. Die große thermische Hysterese des Ac_3-Punktes beim Aufheizen bzw. Abkühlen dieser Nickelmartensite erleichtern ihr einfaches und sehr wirksames Aushärten. Ein weiterer Vorteil ist das nahezu δ-ferritfreie Vergütungsgefüge dieser Stähle, wenn ihre chemische Zusammensetzung genau abgestimmt wird.

2.8.2.2 Ferritische Chromstähle

Wegen ihrer gegenüber vielen Angriffsmedien ausreichenden Korrosionsbeständigkeit werden die rein ferritischen Cr-Stähle mit 12 % bis 17 % Cr und C ≤ 0,1 % für nicht allzu aggressiv beanspruchte Bauteile häufig verwendet. Ihre Streckgrenzen sind im Vergleich zu den austenitischen CrNi-Stählen deutlich höher und können durch geeignete Wärmebehandlungen in weiten Grenzen eingestellt werden. Die Übergangstemperatur liegt in den meisten Fällen über der Raumtemperatur, ihre Zähigkeitseigenschaften und damit ihre Schweißeignung sind daher erwartungsgemäß sehr schlecht. Ein entscheidender Vorteil ist ihre Beständigkeit gegen die durch chlorionenhaltige Angriffsmittel hervorgerufene Spannungsrißkorrosion. Bild 2-65 zeigt das Mikrogefüge eines ferritischen Cr-Stahles.

Sie werden grundsätzlich im geglühten Zustand 750 °C/1...2h/Luft eingesetzt. Diese Wärmebehandlung sorgt für das Auffüllen der Cr-Senken und macht den Stahl IK-beständig. Das Gefüge besteht aus Ferrit mit eingelagerten Carbiden. Als Folge der geringen Löslichkeit und der um ein Vielfaches größeren Diffusionskoeffizienten der Elemente im krz Gitter ist der Ferrit thermisch sehr instabil, d.h., die Stähle neigen zu Ausscheidungen aller Art.

Stahlsorte		Wärmebehandlungszustand	0,2%-Dehngrenze	Zugfestigkeit	Bruchdehnung, längs	Härte	A_v (ISO-V Proben), längs	Gefüge [1]
Kurzname	Werkstoff-Nr.		N/mm²	N/mm²	%	HB, HV, (HRC)	J	
Ferritische Stähle								
X 2 Cr 11 [2]	1.4003	geglüht	320	450...600	20	≤ 180	-	F
X 6 Cr Ti 12 [2]	1.4512	geglüht	220	390...560	20	≤ 180	-	F
X 1 CrTi 15 [2]	1.4520	geglüht	220	380...530	24	≤ 180	-	F
X 2 CrMoNb 18 2 [2]	1.4521	geglüht	320	450...650	20	≤ 200	-	F
X 6 Cr 13	1.4000	geglüht	250	400...600	20	≤ 185	-	F (HF)
X 6 CrAl 13	1.4002	geglüht	250	400...600	20	≤ 185	-	F (FH)
X 6 Cr 17	1.4016	geglüht	270	450...600	20	≤ 185	-	F (FH)
X 6 CrTi 17	1.4510	geglüht	270	450...600	20	≤ 185	-	F
X 4 CrMoS 18	1.4105	geglüht	270	450...650	-	≤ 200	-	F
Martensitische Stähle								
X 10 Cr 13	1.4006	vergütet	420	600...800	16	-	-	V (TM)
X 15 Cr 13	1.4024	vergütet	450	650...800	14	-	30	V (TM)
X 20 Cr 13	1.4021	vergütet	550	750...900	14	≤ 240	30	M
X 20 CrMo 13 [2]	1.4120	vergütet	550	750...900	14	220...280	28	M
X 20 CrNi 17 2	1.4057	vergütet	550	750...950	14	-	20	M
X 30 Cr 13	1.4028	vergütet	600	800...1000	-	-	-	M
X 38 Cr 13	1.4031	geglüht	-	≤ 800	-	250	-	M
X 46 Cr 13	1.4034	geglüht	-	≤ 800	-	250	-	M
X 45 CrMoV 15	1.4116	geglüht	-	≤ 900	-	280	-	M
X 90 CrMoV 18 [2]	1.4112	geglüht	-	-	-	≤ 265	-	M
Weichmartensitische Stähle								
X 4 CrNi 13 4		vergütet	550	760...900	17	240...290	90	NM
X 4 CrNiMo 16 5		vergütet	580	830...1030	16	260...325	90	NM
Martensitaushärtbare Stähle								
X 5 CrNiCuNb 15 5		ausgehärtet	790...1170	960...1310	9...12	311...450	20...34	NM
X 7 CrNiMoAl 15 7		ausgehärtet	700...1200	950...1350	5...15	311...450		AM

| Stahlsorte | | Wärmebehandlungszustand | 0,2%-Dehngrenze N/mm² | Zugfestigkeit N/mm² | Bruchdehnung, längs % | Härte HB, HV, (HRC) | A$_v$ (ISO-V Proben), längs J | Gefüge [1] |
Kurzname	Werkstoff-Nr.							
Austenitische Stähle								
X 5 CrNi 18 10	1.4301	abgeschreckt	195	500...700	40	-	85	A
X 5 CrNi 18 12	1.4303	abgeschreckt	185	490...690	40	-	85	A
X 10 CrNiS 18 9	1.4303	abgeschreckt	195	500...700	35	-	-	A
X 2 CrNi 19 11	1.4306	abgeschreckt	180	460...680	40	-	85	A
X 12 CrNi 17 7 [2]	1.4310	abgeschreckt	260	600...950	35	-	-	A
X 2 CrNiN 18 10	1.4311	abgeschreckt	270	550...760	35	-	85	A
X 2 CrNiN 18 7 [2]	1.4318	abgeschreckt	350	600...900	40	-	-	A
X 6 CrNiTi 18 10	1.4541	abgeschreckt	200	500...730	35	-	85	A
X 6 CrNiNb 18 10	1.4550	abgeschreckt	205	510...740	30	-	85	A
X 1 CrNiMoTi 18 13 2	1.4561	abgeschreckt	190	490...690	40	-	120	A
X 1 CrNi 25 21	1.4335	abgeschreckt	180	470...670	-	-	120	A
X 1 NiCrMoCuN 25 20 6	1.4529	abgeschreckt	270	600...800	40	-	120	A
X 1 NiCrMoCuN 25 20 5	1.4539	abgeschreckt	220	520...720	40	-	120	A
X 5 CrNiMo 17 12 2	1.4401	abgeschreckt	205	510...710	40	-	85	A
X 2 CrNiMo 17 13 2	1.4404	abgeschreckt	190	490...690	40	-	85	A
X 2 CrNiMoN 17 12 2	1.4406	abgeschreckt	280	580...800	35	-	85	A
X 4 NiCrMoCuN 20 18 2	1.4505	abgeschreckt	225	490...740	40	-	120	A
X 6 CrNiMoTi 17 12 2	1.4571	abgeschreckt	210	500...730	35	-	85	A
X 6 CrNiMoNb 17 12 2	1.4580	abgeschreckt	215	510...740	30	-	85	A
X 2 CrNiMoN 17 13 3	1.4429	abgeschreckt	295	580...800	35	-	85	A
X 2 CrNiMoN 17 13 5	1.4439	abgeschreckt	285	580...800	35	-	85	A
Ferritisch-austenitische Stähle (Duplex-Stähle)								
X 4 CrNiMoN 27 5 2	1.4460	abgeschreckt	450	600...800	20	-	55	AF
X 2 CrNiMoN 22 5 3	1.4462	abgeschreckt	450	640...900	30	-	120	AF
X 2 CrNiN 23 4	1.4362	abgeschreckt	400	600...820	25	-	85	AF

1) A = austenitisch, AF = austenitisch-ferritisch, AM = austenitisch-martensitisch, HF = halbferritisch, V = vergütet, TM = teilmartensitisch, M = martensitisch, NM = nickelmartensitisch.

2) Stähle nach SEW 400, die nicht gekennzeichneten nach DIN 17 440.

Tabelle 2-13
Mechanische Eigenschaften ausgewählter nichtrostender Stähle, nach DIN 17 440, Tabellen 3, 4, 5 (Juli 1985) und SEW 400, Tafel 1 (Feb. 1991, Auszug).

Je nach Zusammensetzung sind sie

- **rein ferritisch**, d.h., die Summe der ferrit- und austenitstabilisierenden Elemente verschiebt die Legierung in den reinen Ferritbereich, z.B. Legierung A in Bild 2-60. Sie sind umwandlungsfrei.

- **halbferritisch**, d.h., sie durchlaufen beim Abkühlen den (γ+δ)-Raum. Ein meistens geringer Teil des γ-MK wandelt in Martensit (oder Bainit, Perlit) um, z.B. Legierung B in Bild 2-59, wenn C > 0,03 % ist.

Die ferritischen Stähle werden durch Chrom und in noch größerem Umfang durch Molybdän versprödet. Die Ursache ist die Ausscheidung der Sigma-Phase oberhalb 550 °C und die 475 °C-Versprödung unterhalb 550 °C (Abschn. 2.8.1.4.2). Bei unstabilisierten Stählen kommt außer der IK-Anfälligkeit auch noch die Versprödung durch Carbid- bzw. Nitridbildung hinzu. Wegen dieser temperaturabhängigen Versprödungserscheinungen sollte die Betriebstemperatur von aus diesen Stählen hergestellten Bauteilen auf etwa 250 °C begrenzt werden.

Die Korrosionsvorgänge sind bei den 17%igen ferritischen Chrom-Stählen durch verschiedene werkstoffliche Besonderheiten sehr unübersichtlich. Wie Bild 2-59 zeigt, durchlaufen die Stähle bei einer Wärmebe-

handlung (z.B. Schweißen, Abschn.4.3.6.3) das Zweiphasenfeld (γ+δ). Aus Bild 2-66 erkennt man, daß sich oberhalb von 900 °C Austenit zu bilden beginnt, dessen Menge bis etwa 1100 °C zunimmt. Mit steigender Temperatur geht ein Teil der Carbide in Lösung. Der freiwerdende Kohlenstoff wird bevorzugt vom Austenit aufgenommen, da er eine wesentlich größere Lösungsfähigkeit für dieses Element besitzt. Im Bereich des Zweiphasenfeldes existieren also gleichzeitig der *chromärmere Austenit* und der wesentlich *chromreichere δ–Ferrit*. Durch rasches Abkühlen wandelt der Stahl in kohlenstoffreichen Martensit und kohlenstoffarmen, chromreichen δ–Ferrit um, der nicht zu Chromcarbidausscheidungen neigt. In einem korrosiven Medium wird daher nur der Martensit nahezu *flächenförmig* (ungefährlicher!) angegriffen. Die Stärke des Korrosionsangriffs nimmt daher mit zunehmender Wärmebehandlungstemperatur stark zu. Oberhalb 1100 °C wird der Austenitanteil zunehmend geringer, d.h., der δ–Ferritanteil nimmt zu. Die sich aus dem Ferrit an den Korngrenzen ausscheidenden Carbide

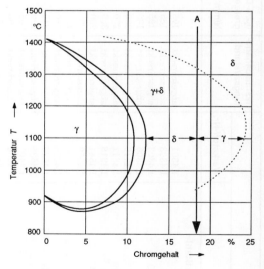

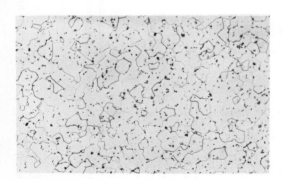

Bild 2-65
Mikrogefüge eines ferritischen Chrom-Stahles X 6 CrTi 17, V = 500:1, Vilella-Ätzung.

Bild 2-66
Vorgänge bei der Wärmebehandlung 17%iger Chromstähle, Legierung A mit etwa 17 % Cr (siehe Bild 2-60). Bei 1100 °C besteht der Stahl aus γ und δ-Ferrit mit Anteilen gemäß den eingezeichneten Hebelarmen.

verstärken den Korrosionsangriff entscheidend. Diese Vorgänge sind auch beim Schweißen zu beachten.

Dieser Zusammenhang ist die Ursache für die komplizierte Abhängigkeit der IK von der Höhe des Kohlenstoffgehalts bei den 17%igen Chrom-Stählen. Bei den einphasigen austenitischen und ferritischen Stählen ist die Neigung zur IK direkt proportional der Höhe des Kohlenstoffgehalts. Die IK-Anfälligkeit der 17%igen Chrom-Stähle ist in einem weiten Bereich (bis etwa $C \leq 0,2$ %) nahezu unabhängig vom Kohlenstoffgehalt.

Zum *Stabilisieren* dieser Stähle werden die Elemente verwendet (Abschn. 2.8.1.4):

- $Ti \geq 5 \cdot C$
- $Nb(Ta) \geq 10 \cdot C$.

2.8.2.3 Austenitische Chrom-Nickel-Stähle

Diese Stähle sind bei weitem die wichtigsten korrosionsbeständigen Werkstoffe. Sie sind unmagnetisch, umwandlungsfrei und bei höchsten Korrosionsbeanspruchungen einsetzbar, Bild 2-67. Im Vergleich zu den ferritischen Cr-Stählen sind sie aber gegen schwefelhaltige Gase unter reduzierenden Bedingungen oberhalb 650 °C weitaus empfindlicher. Sie besitzen eine relativ geringe Streckgrenze von etwa 200 N/mm² bis 250 N/mm², hervorragende Zähigkeitseigen-

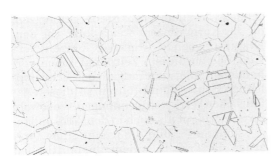

Bild 2-67
Mikrogefüge eines austenitischen CrNi-Stahles, V = 400:1, Mischsäure.

schaften, vor allem bei tiefen Temperaturen, siehe Tabelle 2-13, und sind auf grund ihres Gitteraufbaus sehr stark kaltverfestigbar. Diese Möglichkeit der Festigkeitserhöhung kann wegen der Gefahr der *Spannungsrißkorrosion* (Abschn. 1.7.2.4.2) in den seltensten Fällen genutzt werden.

Werkstoffe mit einem kfz Gitter sind thermisch am stabilsten. Sie sind daher grundsätzlich für Beanspruchungen bei hohen Temperaturen einzusetzen.

Die für das Schweißverhalten wichtigen physikalischen Eigenschaften *Wärmeausdehnungskoeffizient* α und *thermische Leitfähigkeit* λ unterscheiden sich ganz erheblich von denen der unlegierten Baustähle, wie Tabelle 2-14 zeigt. Insbesondere der 60 % größere Wärmeausdehnungskoeffizient muß beachtet werden. Er ist die Ursache für den erheblichen Verzug geschweißter Bauteile.

Werkstoff	Wärmeleit-fähigkeit λ [W/mK]	Wärmeausdeh-nungskoeffizient α [10^{-6} m/m °C]
unleg. Stahl	50	10...12
ferrit. Cr-Stahl	30	10...12
austenit. CrNi-Stahl	15	16...19

Tabelle 2-14
Physikalische Eigenschaften hochlegierter Stähle im Vergleich zum unlegierten Stahl.

Die Festigkeit kann sehr wirksam vor allem durch einlagerungsmischkristallbildende Elemente erhöht werden. Außer Kohlenstoff, der wegen seiner Neigung zur IK nicht in Frage kommt, wird vorzugsweise Stickstoff verwendet. Diese *stickstofflegierten austenitischen Stähle* enthalten im lösungsgeglühten und abgeschreckten Zustand 0,4 % N. Ihre 0,2 %-Dehngrenze ist bei Raumtemperatur größer als 500 N/mm².

Zum Verbessern der allgemeinen Korrosionseigenschaften werden dem Stahl eine Vielzahl weiterer Legierungselemente zugesetzt. Bild 2-68 zeigt schematisch ihre Wirkung auf einige Formen der Korrosionserscheinungen. Die wichtigsten Ergebnisse sind:

– Erhöhen des Cr-Gehaltes verbessert grundsätzlich die Korrosionsbeständigkeit.

– Verringern des C-Gehaltes (C < 0,03 %) oder(und) Abbinden an Stabilisatoren (Ti, Nb) erhöht die IK-Beständigkeit.

– Ni verbessert die Beständigkeit gegenüber Spannungsrißkorrosion, vor allem in chloridhaltigen Medien.

Zu beachten ist aber, daß mit zunehmendem Legierungsgehalt i.a. weitere (vor allem Mo- und Nb-haltige) Ausscheidungen entstehen. Das Schweißverhalten wird ungünstiger und die Langzeitbeanspruchung bei höheren Temperaturen geringer.

Die zulässigen maximalen Betriebstemperaturen werden durch die mögliche Entstehung der IK bestimmt. Danach können stabilisierte austenitische Stähle bis etwa 400 °C, niedriggekohlte (C ≤ 0,05 %) bis etwa 300 ≤ °C langzeitig beansprucht werden.

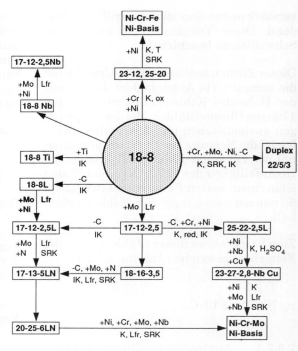

Bild 2-68
Wirkung wichtiger Legierungselemente auf die Korrosionsbeständigkeit des 18 8 CrNi-Stahles. Die Zahlenfolgen x-y-z geben die Elemente in der Reihenfolge Cr-Ni-Mo an. (K) = erhöhte Korrosionsbeständikeit in (ox) = oxidierender, in (red) reduzierender Umgebung. Die Menge des Elementes wird erhöht (+) bzw. verringert (–). Beständigkeit gegen folgende Korrosionsformen wird erhöht: Lfr = Lochfraß, IK = interkristalline Korrosion, SRK = Spannungsrißkorrosion, T = erhöhte Temperatur. L = C < 0,03 %, N = Stickstofflegiert, nach FOLKHARD.

Je nach dem Gefüge unterscheidet man den

– **stabilen Austenit** (Vollaustenit), der vollständig aus γ-Mischkristallen besteht und den

– **labilen Austenit (metastabil)**, der einen δ-Ferritanteil bis zu etwa 10 % enthält.

Vollaustenitische Stähle sind extrem verformbar und korrosionsbeständig, neigen aber vor allem bei den thermischen Bedingungen des Schweißens zu ausgeprägter Heißrißbildung.

Nach den in Abschn. 1.6.2.1 besprochenen Grundlagen sind die Urache niedrigschmelzende, vor allem eutektische Schmelzen, die im Korngrenzenbereich kurz vor dem Erstarrungsende filmartig konzentriert sind. Die zu diesem Zeitpunkt schon vorhandenen Zugspannungen des schrumpfenden Schweißguts führen zu diesen gefährlichen Werkstofftrennungen, die sowohl im Schweißgut als auch in der WEZ auftreten können [28]. Bild 4-83 zeigt einen typischen Heißriß in einem austenitischen Schweißgut. Weitere Einzelheiten zu den die Schweißmetallurgie betreffenden Fragen findet man in Abschn. 4.3.6.5.

Ebenso wie die ferritischen Cr-Stähle neigen auch die austenitischen zur Chromcarbidausscheidung und damit zur IK bei Temperaturen zwischen 500 °C und 850 °C. Die Gegenmaßnahmen wurden bereits in Abschn. 2.8.1.4.1 besprochen.

Stickstofflegierte austenitische Stähle

Ein gravierender Nachteil der austenitischen CrNi-Stähle ist ihre verhältnismäßig niedrige 0,2 %-Dehngrenze von 190 N/mm² bis 220 N/mm², Tabelle 2-13. Sie können bis 0,4 % N interstitiell lösen, wodurch die Dehngrenze auf etwa 300 N/mm² erhöht, die Zähigkeit aber nur geringfügig verringert wird. Stickstoff ist ein sehr wirksamer Austenitbildner und behindert daher intensiv die Ausscheidung der unerwünschten Sigma-Phase und des Chromcarbids (Abschn. 2.8.1.4.2).

2.8.2.4 Austenitisch-ferritische Stähle (Duplex-Stähle)

Die austenitischen CrNi-Stähle ändern bei der Wärmebehandlung und den erforderlichen Fertigungsmaßnahmen im Vergleich zu den thermisch wenig stabilen ferritischen Cr-Stählen ihre Eigenschaften nur wenig. Andererseits besitzen sie einige bemerkenswerte Nachteile:

– In chloridionenhaltigen Lösungen neigen auf Zug beanspruchte Bauteile zur *Spannungsrißkorrosion*.

– Die *0,2 %-Dehngrenze* ist mit maximal 250 N/mm² verhältnismäßig niedrig.

[28] Die auch Wiederaufschmelzungsrisse genannten Trennungen in der WEZ entstehen unmittelbar neben der Schmelzgrenze in dem partiell aufgeschmolzenen Bereich durch Anreichern der flüssigen Phase an den Korngrenzen der i.a. groben Körner. Sie sind i.a. nur einige Zehntel mm lang.

Diese Eigenschaften ermöglichte die Entwicklung der niedriggekohlten hochlegierten Stähle, deren Gefüge aus etwa 50 % Ferrit und 50 % Austenit besteht, Bild 2-69. Diese *zweiphasigen* Stähle (*"Duplex"*) besitzen 0,2 %-Dehngrenzen von über 450 N/mm², bei Zähigkeitseigenschaften, die den austenitischen vergleichbar sind und einem Korrosionsverhalten, das ihnen meistens überlegen ist, Tabelle 2-13.

Die verhältnismäßig komplexen Gefügeänderungen bei diesen Stählen lassen sich näherungsweise mit dem Vertikalschnitt des Fe-Cr-Ni-Schaubildes bei 70 % Eisen erklären, Bild 2-70. Die Legierung 25 % Cr, 5 % Ni und 70 % Fe entspricht genügend genau dem Zweiphasen-Stahl X 2 CrNiMoN 22 5. Der stark austenitisierende N wird allerdings nicht berücksichtigt.

Bild 2-69
Mikrogefüge eines austenitisch-ferritischen hochlegierten Stahles, V = 200:1.

Aus dem durch die Primärkristallisation entstandenen Ferrit scheidet sich unterhalb 1250 °C in den Körnern, vor allem aber an den Korngrenzen Austenit aus, dessen Anteil mit abnehmender Temperatur zunimmt. Bei Raumtemperatur ist das gewünschte Gefüge vorhanden, bestehend aus etwa 50 % Austenit und 50 % Ferrit. Diese im festen Zustand ablaufenden Vorgänge sind stark unterkühlbar. Die mit zunehmender Abkühlgeschwindigkeit zunehmende Behinderung der Diffusionsvorgänge führt zu immer geringeren Austenitmengen. Bild 2-71 zeigt beispielhaft den großen Einfluß der Abkühlgeschwindigkeit für zwei austenitisch-ferritische Stähle.

Der für die mechanischen und Korrosionseigenschaften dieser Stähle entscheidende Austenitanteil bildet sich überwiegend im Temperaturbereich zwischen 1200 °C und 800 °C. Aus diesem Grunde wird die Abkühlzeit $t_{12/8}$ bei allen Wärmebehandlungen als charakteristischer Kennwert verwendet.

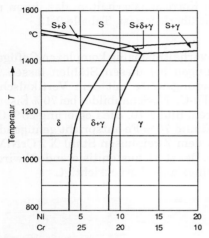

Bild 2-70
Konzentrationsschnitt im Dreistoff-Schaubild Fe-Cr-Ni bei 70 % Fe (Linie A in Bild 2-57).

Der hohe Ferritanteil dieser Stähle erfordert eine sehr sorgfältige und überlegte Temperatur-Zeit-Führung beim Wärmebehandeln und Schweißen. Andernfalls muß mit den für den Ferrit typischen Versprödungserscheinungen *475 °C-Versprödung* und σ-*Phase* gerechnet werden. Aus diesen Gründen sind diese Stähle nur für Betriebstemperaturen bis 280 °C zugelassen.

Wegen der wesentlich größeren C- und N-Löslichkeit des Austenits sind diese Elemente bei den Duplex-Stählen überwiegend im Austenit gelöst. Carbide ($M_{23}C_6$) bzw. Nitride (Cr_2N) werden also aus dieser Phase nach längerem Glühen im Temperaturbereich zwischen 550 °C und 850 °C ausgeschieden. Aus dem Ferrit scheiden sie sich nur in sehr geringer Menge, aber extrem schnell aus. Eine Zunahme der Ferritmenge führt daher zu einer Erhöhung des N-und C-Gehaltes im Austenit. Wird dessen

Lösungsfähigkeit überschritten, dann lösen sich diese Elemente im Ferrit. Die Folge sind dann selbst nach schroffster Abkühlung nicht unterdrückbare Nitrid- bzw. Carbidausscheidungen aus der ferritischen Phase.

Die ferritstabilisierenden Elemente Chrom-und Molybdän scheiden sich dagegen aus dem Ferrit bereits nach relativ kurzen Zeiten in Form der Sigma- und der Chi-Phase aus. Beide Elemente sind in der Sigma-

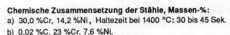

Chemische Zusammensetzung der Stähle, Massen-%:
a) 30,0 %Cr, 14,2 %Ni, Haltezeit bei 1400 °C: 30 bis 45 Sek.
b) 0,02 %C, 23 %Cr, 7,6 %Ni,

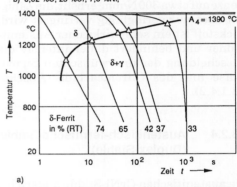

a)

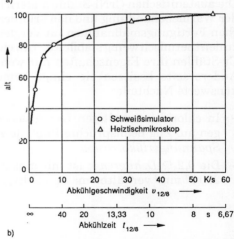

b)

Bild 2-71
Einfluß der Abkühlgeschwindigkeit bzw. der Abkühlzeit $t_{12/5}$ auf den δ-Ferritgehalt austenitisch-ferritischer Stähle.
a) *ZTU-Schaubild mit beginnender (γ+δ)-Umwandlung,*
b) *Abhängigkeit des δ-Ferritgehaltes von der Abkühlzeit $t_{12/5}$, nach* MUNDT *und* HOFFMEISTER.

Phase löslich und erweitern deren Existenz- bereich hinsichtlich der Konzentration und der Temperatur. Die Bildung dieser Phase erfolgt daher schneller als in den reinen

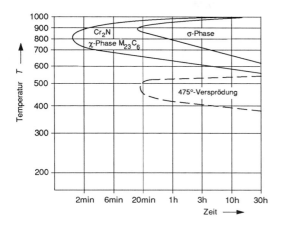

Bild 2-72
Zeit-Temperatur-Ausscheidungsschaubild des Stah- les X 2 CrNiMoN 22 5 (Wkst. Nr.:1.4462), nach SCHWAAB.

ferritischen Cr-Stählen. Danach führt eine Wärmebehandlung (auch Schweißen!) im Temperaturbereich zwischen 700 °C und 900 °C sehr rasch zur Bildung dieser stark versprödenden Ausscheidungen. Nach NOR- STRÖM bewirkt bereits 1 % Sigmaphase im Gefüge einen Abfall der Kerbschlagzähig- keit um etwa 50 %. Bild 2-72 zeigt die drei Ausscheidungsbereiche dieser Stähle.

Ergänzende und weiterführende Literatur

Verein Deutscher Eisenhüttenleute (Hrsg.): Werkstoffkunde Stahl, Band 2, Springer- Verlag, Berlin, Heidelberg, New York, To- kyo, Verlag Stahleisen m.b.H., Düsseldorf, 1984.

Dahl, W.: Werkstoffliche Grundlagen zum Verhalten von Schwefel im Stahl. Stahl u. Eisen 97(1977), S. 402/409.

Atlas zur Wärmebehandlung der Stähle, herausgegeben vom Max-Planck-Inst. f. Ei- senforschung in Zusammenarbeit mit dem VDEh. Düsseldorf: Stahleisen 1954/1976.

Bäumel, A, E.-M. Horn u. G. Siebers: Entwik- klung, Verarbeitung und Einsatz des stick- stofflegierten, hochmolybdänhaltigen Stahles X 3 CrNiMoN 17 13 5. Werkst. u. Korr. 23 (1972), S. 973/983.

Beckert, M. u. H. Stein: Experimentelle Un- tersuchungen zur Anwendbarkeit von ZTU- Schaubildern bei Stahlschweißungen. Indu- striebl. 62 (1962), S. 61/69.

Brezina, P: Martensitische Chrom-Nickel- Stähle mit tiefem Kohlenstoffgehalt. Escher Wyss Mitt. (1980), S. 218/236, Zürich.

DASt 014 Empfehlungen zum Vermeiden von Terrassenbrüchen an geschweißten Kon-struktionen. Stahlbauverlag Köln, 1981.

Degenkolbe, J. u. B. Müsgen: Schweißen hochfester vergüteter Baustähle - Untersuchungen an Chrom-Molybdän-Zirkon-legierten Stählen. Schw. u. Schn. 17 (1965), S. 343/353.

Dittrich, S.: Problemgerechtes Schweißen von druckwasserstoffbeständigen Stählen für höchste Qualitätsanforderungen. Schweißtechn. (Wien) 41 (1987), S. 190/94.

Düren, C. u. W. Schönherr: Verhalten von Metallen beim Schweißen. DVS-Berichte, Band 85, DVS-Verlag Düsseldorf, 1988.

DVS-Merkblatt Unterpulverschweißen von Feinkornbaustählen 0918. DVS-Verlag Düsseldorf, 1988.

Eckstein, H.J.: Wärmebehandlung von Stahl. VEB Deutscher Verlag für Grundstoffindustrie, Leipzig, 1973.

3 Einfluß des Schweißprozesses auf das Verhalten und die Eigenschaften der Verbindung

Der typische Temperatur-Zeit-Zyklus beim Schweißen ist gekennzeichnet durch:

– Extreme Aufheiz- (400 bis 1000 K/s) und Abkühlgeschwindigkeiten (einige Hundert K/s), Bild 1-1. Die Folge sind abhängig von der Werkstückdicke hohe (dreiachsige) Spannungszustände.

– Die Werkstoffbereiche neben der Schmelzgrenze werden auf dicht unter Solidus liegende Temperaturen erwärmt.

– Das Entstehen von Gleichgewichtsgefügen ist unmöglich. Grobkörnige, oft harte und spröde Gefügebestandteile sind für die WEZ typisch, dendritisches, meistens geseigertes Gußgefüge ist kennzeichnend für das Schweißgut.

Diese extreme Wärmebehandlung ist die Ursache für die in den meisten Fällen stattfindende Verschlechterung der mechanischen Gütewerte der WEZ und des Schweißguts. Die Abnahme des Verformungsvermögens ist der für die Bauteilsicherheit entscheidende Vorgang. Der Umfang der Zähigkeitsabnahme ist bei den verschiedenen Werkstoffen unterschiedlich. Sie sind daher zum Schweißen unterschiedlich gut geeignet.

3.1 Schweißbarkeit - Begriff und Definition

Der sehr komplexe Begriff **Schweißbarkeit** wird in der DIN 8528 T1 (Juni 1973) wie folgt beschrieben:

Die Schweißbarkeit eines Bauteils aus metallischem Werkstoff ist vorhanden, wenn der Stoffschluß durch Schweißen mit einem gegebenen Schweißverfahren bei Beachtung eines geeigneten Fertigungsablaufes er-

reicht werden kann. Dabei müssen die Schweißungen hinsichtlich ihrer örtlichen Eigenschaften und ihres Einflusses auf die Konstruktion, deren Teil sie sind, die gestellten Anforderungen erfüllen [29].

Bild 3-1
Abhängigkeit des Oberbegriffes Schweißbarkeit von den Teilproblemen Werkstoff (Schweißeignung), Konstruktion (Schweißsicherheit) und Fertigung (Schweißmöglichkeit), nach DIN 8528.

Der gedanklich unscharfe und teilweise nicht genau definierte Begriff Schweißbarkeit wird durch die leichter überschaubaren Teileigenschaften

– Schweißeignung,
– Schweißsicherheit und
– Schweißmöglichkeit

ersetzt und beschrieben, Bild 3-1.

3.1.1 Schweißeignung

Diese Teileigenschaft ist überwiegend *werkstoffabhängig*. Sie ist vorhanden, wenn bei der Fertigung aufgrund der werkstoffgegebenen chemischen, metallurgischen und physikalischen Eigenschaften eine den jeweils gestellten Anforderungen entsprechende Schweißung hergestellt werden kann.

---

[29]   Dieser Text stimmt mit der ISO-Empfehlung R 581-1967 sinngemäß überein.

Die Schweißeignung eines Werkstoffs ist um so besser, je weniger die werkstoffbedingten Faktoren bei der schweißtechnischen Fertigung einer Konstruktion beachtet werden müssen.

Die Schweißeignung wird in der Hauptsache von folgenden Faktoren bestimmt:

☐ **chemische Zusammensetzung**, beeinflußt z.B.:

– Sprödbruchneigung,
– Alterungsneigung,
– Härteneigung,
– Heißrißneigung,
– Löslichkeit und Diffusion von Gasen,
– Schmelzbadverhalten.

☐ **metallurgische Eigenschaften** (bedingt durch Herstellverfahren, Desoxidationsart, Wärmebehandlung) beeinflussen z.B.:

– Seigerungen,
– Art, Form und Verteilung von Einschlüssen,
– Anisotropie der mechanischen Gütewerte,
– Korngröße,
– Gefügeausbildung.

☐ **Physikalische Eigenschaften**, z.B.:

– Ausdehnungsverhalten,
– Wärmeleitfähigkeit,
– Erstarrungsintervall von Legierungen.

3.1.2   Schweißsicherheit

Die Schweißsicherheit (*konstruktionsbedingte Schweißsicherheit*) wird nur in geringem Umfang vom Werkstoff bestimmt. Sie hängt weitgehend von der *schweißgerechten Konstruktion* ab. Diese Eigenschaft ist vorhanden, wenn mit dem verwendeten Werkstoff das Bauteil aufgrund seiner konstruktiven Gestaltung unter den vorgesehenen Betriebsbedingungen funktionsfähig bleibt.

Die Schweißsicherheit der Konstruktion eines bestimmten Bauwerks oder Bauteils ist um so größer, je weniger die konstruktionsbedingten Faktoren bei der Auswahl des Werkstoffs für eine bestimmte schweißtechnische Fertigung beachtet werden müssen.

Diese konstruktionsabhängige Schweißsicherheit wird u.a. von folgenden Faktoren beeinflußt:

– *Konstruktive Gestaltung* (z.B. Kraftfluß, Werkstückdicke, Kerben aller Art),
– *Beanspruchungszustand* (z.B. Art und Größe der Spannungen im Bauteil, Mehrachsigkeitsgrad der Spannungen, Beanspruchungsgeschwindigkeit),
– *Betriebstemperatur*.

3.1.3   Schweißmöglichkeit

Die Schweißmöglichkeit (*fertigungsbedingte Schweißsicherheit*) in einer schweißtechnischen Fertigung ist vorhanden, wenn die an einer Konstruktion vorgesehenen Schweißarbeiten unter den gewählten Fertigungsbedingungen hergestellt werden können.

Die Schweißmöglichkeit einer für ein bestimmtes Bauwerk oder Bauteil vorgesehenen Fertigung ist um so besser, je weniger die fertigungsbedingten Faktoren beim Entwurf der Konstruktion für einen bestimmten Werkstoff beachtet werden müssen.

Die Schweißmöglichkeit wird u.a. von folgenden Faktoren beeinflußt:

☐ *Vorbereitung zum Schweißen:* z.B. Schweißverfahren, Art der Zusatzwerkstoffe und Hilfsstoffe, Stoßarten, Fugenformen, Vorwärmen.

☐ *Ausführen der Schweißarbeiten:* z.B. Lagenaufbau, Wärmeführung, Wärmeeinbringen, Schweißfolge.

☐ *Nachbehandlung:* z.B. Wärmenachbehandlung, Beizen.

3.1.4 Bewertung und Folgerungen

Anders als bei jedem anderen Fertigungsverfahren der Praxis ist für die Herstellung betriebssicherer geschweißter Konstruktionen die Zusammenarbeit einer Vielzahl von Fachleuten erforderlich. Der Schweißingenieur als Repräsentant des Herstellers muß den gesamten Herstellprozeß mit dem Werkstoffachmann, dem Konstrukteur und u.U. dem Fertigungsspezialisten festlegen.

Die naheliegende Überlegung, die Teileigenschaften Schweißeignung, Schweißsicherheit und Schweißmöglichkeit zahlenmäßig zu bewerten, ist aus verschiedenen Gründen nicht zweckmäßig. Verschiedene Einflußfaktoren, die z.B. für die Schweißeignung unlegierter Stähle entscheidend sind (Härteneigung), spielen bei hochlegierten austenitischen keine Rolle.

Die für den Verwendungszweck ausreichend belastbare und sichere Konstruktion muß mit geringsten Kosten herstellbar sein. Das "richtige" Zusammenwirken der drei Teileigenschaften bestimmt die Bauteilsicherheit. Dies ist i.a. nur bei ihrer ausgewogenen Wahl wirtschaftlich möglich. Es ist demnach unsinnig, die Schweißbarkeit durch einen hervorragend schweißgeeigneten Werkstoff zu verbessern, um sie durch eine nicht schweißgerechte Konstruktion gleichzeitig zu verringern.

3.2 Schweißeignung der Stähle

3.2.1 Unlegierte Stähle

Die wichtigsten Eigenschaften eines schweißgeeigneten Stahles sind:

- Eine geringe Aufhärtungsneigung in der WEZ. Sie verhindert die gefährliche **Kaltrißbildung** (Abschn. 3.5.1.6).
- Eine geringe Neigung zur Entstehung spröder, rißanfälliger Gefüge. Dieses Verhalten ist die für eine gute Schweißeignung entscheidende Eigenschaft.

Die Schweißeignung der unlegierten Baustähle, z.B. der nach EN 10 025, ist der wichtigste Werkstoffkennwert dieser überwiegend durch Schweißen weiterverarbeiteter Stähle. Sie wird entscheidend bestimmt von der Art der *Stahlherstellung* und der *chemischen Zusammensetzung des Stahles*.

Die Grundlagen der Stahlherstellung und die Eigenschaften der wichtigsten Stähle sind in Abschn. 2.3 und 4.1.3.2.3 beschrieben. Hier sollen nur einige Besonderheiten der schweißtechnischen Verarbeitung dargestellt werden.

3.2.1.1 Erschmelzungs- und Vergießungsart

Das *Sauerstoffaufblasverfahren* und die *Elektrostahlverfahren* sind in der Bundesrepublik Deutschland die wichtigsten Stahlherstellungsverfahren. Der Gehalt und die Art der Verunreinigungen sind in gewissen Grenzen von der Erschmelzungsart abhängig. Die Qualität der Stähle kann aber nicht zuverlässig der Erschmelzungsart zugeordnet werden. Entscheidend ist der gesamte Herstellprozeß einschließlich der Qualität der Erze und des (Rücklauf-)Schrotts. Als zuverlässiger Maßstab für die metallurgische Qualität der unlegierten Baustähle haben sich z.B. die *Gütegruppen* erwiesen (Abschn. 4.3.1.1).

Der erzeugte Stahl wird seit einigen Jahren überwiegend im Strangguß vergossen. Diese Technik erfordert aus verschiedenen Gründen ein Beruhigen der Schmelze. Die üblichen Blockseigerungen und die damit verbundenen Probleme beim Schweißen entstehen also nicht.

Das Schweißverhalten der *beruhigten* (Mn- und Si-Zugaben) und vor allem der *besonders beruhigten* Stähle (Mn-, Si- und z.B. Al-Zugaben) ist daher i.a. gut. Ihr Gehalt an Sauerstoff ist gering. Die besonders beruhigten Stähle sind darüberhinaus noch weitgehend alterungsbeständig, weil der Stickstoff als ungefährliches AlN abgebunden vorliegt. Ein weiterer Vorteil ist die durch AlN bewirkte *Feinkörnigkeit* des Sekundärgefüges, die zu einem Ansteigen des Verformungsvermögens und der Schlagzähigkeit führt. Als Folge der erhöhten Umwandlungsneigung des Austenits (siehe z.B. Bild 2-21) entstehen in der Wärmeeinflußzone zähere, rißsicherere Gefüge. Bild 3-2 zeigt sehr anschaulich den Einfluß der Korngröße auf die Maximalhärte in der WEZ von Auftragschweißungen an einem normalen (feinkörnigen) Fe 510 D1 (St 52-3N) und einem nicht mit Al desoxidierten (also nicht feinkörnigen) Stahl.

Da der Gehalt an Verunreinigungen ebenfalls gering ist (z.B. P und S je max 0,035 % nach EN 10 025, siehe auch Tabelle 4-20), ist die Schweißeignung der besonders beruhigten Stähle i.a. sehr gut.

3.2.1.2 Chemische Zusammensetzung

Die Stahleigenschaften und damit auch die Schweißeignung hängen in der Hauptsache ab von:

- *Kohlenstoff*, der die Neigung zur Aufhärtung, d.h. zur Bildung von Härterissen bestimmt.
- *Verunreinigungen* (z.B. P, S, O, N, H), die die Zähigkeitseigenschaften stark beeinträchtigen.

Erfahrungsgemäß sind unlegierte Stähle mit einem **Kohlenstoffgehalt** ≤ **0,2** % gut schweißgeeignet (Abschn. 4.1.3). Die Maximalhärte in der aufgehärteten Zone beträgt dann bei einer angenommenen Martensitmenge von 50 % etwa 300 HV. Rißbildung durch spröde Gefügebestandteile ist nicht zu befürchten. Selbst die für Zündstellen typischen extremen Aufheiz- und Abkühlbedingungen führen bei diesen niedriggekohlten C-Stählen i.a. nicht zur Rißbildung. Die Ursache ist die sehr große kritische

Abkühlgeschwindigkeit dieser niedriggekohlten Stähle, die etwa 800...1000 K/s beträgt. Bei einer annähernd fachgerechten Schweißausführung und Einhalten der üblichen Bedingungen für eine fachgerechte Fertigung kühlen die austenitisierten Bereiche der WEZ mit wesentlich geringeren Geschwindigkeiten ab.

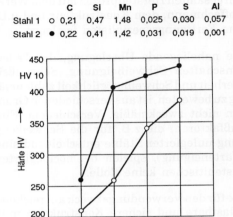

	C	Si	Mn	P	S	Al
Stahl 1 ○	0,21	0,47	1,48	0,025	0,030	0,057
Stahl 2 ●	0,22	0,41	1,42	0,031	0,019	0,001

Bild 3-2
Einfluß der Korngröße auf die Maximalhärte in der WEZ von Einlagenauftragschweißungen (Stabelektrode 5 mm in Abhängigkeit von der Blechdicke. Verglichen wird ein Fe 510 D1 (St 52-3) mit einem nur beruhigten Stahl sehr ähnlicher Zusammensetzung, nach FOLKHARD.

Stähle mit einem deutlich über 0,2 % liegenden C-Gehalt erfordern für die Herstellung ausreichend betriebssicherer Bauteile z.T. aufwendige schweiß- und fertigungstechnische Maßnahmen. Dazu gehören alle Methoden, die

☐ die Abkühlgeschwindigkeit herabsetzen, z.B. durch *Vorwärmen* oder(und) Schweißen mit erhöhter *Streckenenergie Q*. Darunter versteht man die von der Wärmequelle jedem Zentimeter Schweißnaht zugeführte Energie. Mit diesem für elektrische Schweißverfahren einfach berechenbaren Ausdruck läßt sich die thermische Beeinflussung des Werkstoffs durch den Schweißprozeß hinreichend genau beschreiben. Für elektrische

Schweißverfahren wird Q nach folgender Beziehung berechnet:

$$Q = \frac{U \cdot I}{v_s} \quad \left[\frac{V \cdot A \cdot s}{cm} = \frac{J}{cm} \right]. \qquad [3\text{-}1]$$

Es bedeuten:

U = Schweißspannung [V], I = Schweißstrom [A], v_s = Vorschubgeschwindigkeit der Wärmequelle [cm/s].

❏ die Rißsicherheit der Gefüge verbessern, z.B. durch

– Wärmenachbehandlung oder(und)

– geeigneten Nahtaufbau (z.B. Pendellagen-, Vergütungslagentechnik).

❏ die Verformbarkeit des Schweißgutes erhöhen. Die spröden Bereiche der WEZ werden durch ein zähes Schweißgut entlastet. Die Rißbildung wird so wirksam unterdrückt. Besonders geeignet sind die basischen Stabelektroden mit denen sehr zähe Schweißgüter herstellbar sind (Abschn. 4.2.1.2.3).

Schwefel bildet mit Eisen das bei 988 °C schmelzende entartete Fe-FeS-Eutektikum. Kurz vor der Erstarrung der Legierung besteht die Korngrenzensubstanz aus der noch flüssigen niedrigschmelzenden Phase FeS. Verformungen des Werkstoffs zu diesem Zeitpunkt z.B. durch

– Eigenspannungen, die beim Schweißen entstehen oder durch eine

– Warmformgebung in diesem Temperaturbereich

führen zur Bildung von *Heißrissen* (z.B. Abschn. 1.6.1.1 und 3.5.1.6).

Schwefel erzeugt eine ausgeprägte Anisotropie der Zähigkeitseigenschaften und verringert die Kerbschlagzähigkeit (Abschn. 2.7.5.2). Bei den gut schweißgeeigneten Qualitätsstählen nach EN 10 025 ist der Schwefelgehalt auf 0,035 % begrenzt. Bei der Mehrzahl der höherfesten niedriglegierten Stähle beträgt er sogar ≤ 0,015 %.

Bei den höherfesten Feinkornbaustählen ist die Brucheinschnürung von in Dickenrichtung entnommenen Zugproben ein wichtiges Kriterium für ihre Neigung zum *Terrassenbruch*. Die wirksamste Maßnahme zum Erhöhen dieses Kennwertes besteht darin, die Bildung der durch den Walzvorgang langgestreckten, verformbaren MnS-Einschlüsse zu vermeiden (Abschn. 2.7.5.2). Metallurgisch ist dieses Ziel auf unterschiedliche Weise erreichbar:

– Begrenzen des Schwefelgehaltes auf sehr geringe Werte (≤ 0,01 %).

– Entschwefeln mit Cer, Calcium oder Zirkon führt gleichzeitig zu einer günstigen Beeinflussung der Sulfidform. Die Sulfide liegen nicht mehr in der schädlichen ausgewalzten Form vor, sondern als harte, nicht verformbare Einschlüsse.

Phosphor ist einer der gefährlichsten Stahlbegleiter. Durch ihn werden insbesondere die Zähigkeitseigenschaften sehr verschlechtert. Die Übergangstemperatur der Kerbschlagzähigkeit wird um etwa 400 °C/Atomprozent Phosphor erhöht. Die Ursache dieser extremen Versprödung scheint auf einer entsprechenden Abnahme der Korngrenzen-Oberflächenenergie d.h. der Kohäsion zu beruhen.

Der durch Phosphor verursachte Bruch ist verformungsarm (kaltspröder Werkstoff) und entsteht vorzugsweise bei tieferen Temperaturen. Phosphor begünstigt also die Kaltrißneigung des Stahles.

Die starke *Seigerungsneigung* ist eine weitere unangenehme Eigenschaft des Phosphors, die bei Schweißarbeiten an unberuhigten Stählen berücksichtigt werden muß. Mit basischen Stabelektroden wird der Phosphoranteil im Schweißgut wegen ihres hohen Calciumgehalts in der Umhüllung weitgehend verschlackt.

Ähnlich wie bei Schwefel ist der Höchstgehalt des Phosphors im Stahl zu begrenzen. Die zugelassenen Grenzwerte entsprechen i.a. denen des Schwefels.

Gelöster **Stickstoff** ist die Ursache für die *Abschreck-* und *Verformungsalterung*, deren Wirkung durch Kohlenstoff möglicherweise unterstützt wird. Die Abschreckalterung entsteht nach raschem Abkühlen eines stickstoffhaltigen Stahls von Temperaturen um Ac_1. Im Gegensatz zur Verformungsalterung ist die Abschreckalterung verhältnismäßig ungefährlich. Durch Zusatz von etwa 0,5 % Mangan läßt sich ihre leicht versprödende Wirkung einfach beseitigen. Die Verformungsalterung entsteht durch die Wanderung des interstitiell gelösten Stickstoffs in die Versetzungskerne des kaltverformten Werkstoffs (Abschn. 1.5.1). Die dadurch blockierten Versetzungen führen zu einer empfindlichen Abnahme der Zähigkeit und einer erheblichen Zunahme der Übergangstemperatur.

Bild 3-3 zeigt den Einfluß des Gehalts an nicht gebundenem Stickstoff auf den Anstieg der Übergangstemperatur.

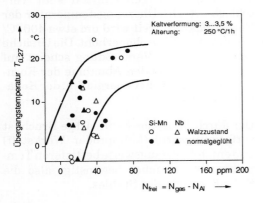

Bild 3-3
Einfluß des Gehalts an ungebundenem Stickstoff auf den Anstieg der Übergangstemperatur der Kerbschlagarbeit (ISO-V-Proben), nach DÜREN *und* SCHÖNHERR.

Nach einem Abbinden des Stickstoffs mit starken Nitridbildnern (z.B. Al, Ti, Nb) entstehen die alterungsunempfindlichen besonders beruhigten Feinkornstähle. Der als Nitrid gebundene Stickstoff (z.B. AlN, TiN) kann aber im hocherhitzten Bereich der WEZ z.T. wieder gelöst werden.

Der Stickstoffgehalt wird daher bei den unberuhigten und beruhigten Stählen be-

grenzt. Nach EN 10 025 wird für diese Stähle ein Höchstgehalt von 0,011 % zugelassen.

Die Löslichkeit des **Sauerstoffs** im festen Eisen ist sehr gering. Sie hängt offenbar sehr stark vom Reinheitsgrad des Werkstoffs ab. Sauerstoff kann im Stahl atomar gelöst oder in Form von Oxideinschlüssen vorliegen (Abschn. 3.5.1.1). Ähnlich wie andere Gase wirkt Sauerstoff versprödend. Er begünstigt außerdem die Bildung des unerwünschten groben, polygonalen Hochtemperaturferrits, der ebenfalls versprödend wirkt. Die Folge ist eine merkliche Verringerung der Kerbschlagarbeit bei gleichzeitiger Zunahme der Übergangstemperatur.

Bei großvolumigen Schweißgütern, wie sie z.B. beim UP-Schweißen entstehen, sind allerdings bestimmte Mindest-Sauerstoffgehalte erforderlich. Die für das gewünschte feinkörnige Nadelferritgefüge erforderlichen heterogenen, oxidischen Keime fehlen (Abschn. 4.2.1.2). Die Erfahrung zeigt, daß der Sauerstoffgehalt im Schweißgut etwa 300 ppm betragen sollte.

Die schädliche Wirkung des Sauerstoffs läßt sich durch Desoxidation mit sauerstoffaffinen Elementen beseitigen. Hierfür wird z.B. Silicium und Aluminium verwendet. Die entstehenden silikatischen Oxide verursachen abhängig von ihrer Größe und Verteilung ebenfalls eine Abnahme der Verformbarkeit.

Die Erscheinungsformen der durch **Wasserstoff** verursachten oder begünstigten Schäden sind außerordentlich vielfältig. Eine Ursache ist sicherlich sein sehr geringer Atomdurchmesser. Die Beweglichkeit der Wasserstoffatome in der Matrix ist um einige Zehnerpotenzen größer als die jedes anderen Legierungselementes. Wasserstoff kann daher schon bei niedrigen Temperaturen und kurzen Zeiten große Werkstoffbereiche durchdringen d.h. schädigen.

Die wasserstoffinduzierten Kaltrisse sind die bei weitem gefährlichste Schädigungsform des Wasserstoffs (Abschn. 3.5.1.6). Mit zunehmender Werkstoffestigkeit nimmt die

Kaltrißneigung zu. Beim Schweißen der martensitischen Feinkornbaustähle (Abschn. 4.3.2.6) ist der Wasserstoffgehalt des Schweißguts zwingend auf Werte unter 5 ppm zu begrenzen.

Der Wasserstoffgehalt hochwertiger Stähle kann auf etwa 5 ppm eingestellt werden. Der Wasserstoffgehalt der mit *trockenen* basischen Stabelektroden hergestellten Schweißgütern liegt unter 5 ppm, der mit dem WIG Verfahren bei 1 ppm und der mit zelluloseumhüllten Stabelektroden bei 40 ppm bis 50 ppm (Abschn. 4.2.1.2.5).

3.2.2 Legierte Stähle

Die Schweißeignung legierter Stähle ist grundsätzlich schlechter als die der unlegierten. Für eine werkstofflich begründete Aussage ist die Einteilung in niedrig- und hochlegierte Stähle sinnvoll.

Niedriglegierte Stähle werden meistens im wärmebehandelten Zustand verwendet. Vielfach werden sie vergütet oder in definierter Weise *wärmebehandelt* (z.B. Bainitisieren, oder mit einem anderen gewünschten Gefüge). Vergütungsstähle enthalten Elemente, die die Durchhärtbarkeit (z.B. Cr, Mo), die Anlaßbeständigkeit (z.B. Mo) und die mechanischen Gütewerte verbessern (z.B. Ni). Wegen des erforderlichen genauen Ansprechens auf die Wärmebehandlung sind sie u.a. gekennzeichnet durch einen sehr hohen Reinheitsgrad, eine vorgeschriebene chemische Zusammensetzung, eine sehr gleichmäßige Korngröße und eine ausreichend geringe Überhitzungsempfindlichkeit (Abschn. 2.7.3.1).

Legierungselemente bewirken:

– Herabsetzen der kritischen Abkühlgeschwindigkeit. Sie beeinflussen in hohem Maße das Umwandlungsverhalten der Stähle (Abschn. 2.5.3). Bei gleichen Schweißbedingungen und gleichem C-Gehalt ist die Maximalhärte in der WEZ des legierten Stahles also merklich größer als in der des unlegierten. Die Härtbarkeit wird verbessert, die Schweißeignung also verschlechtert. Die mit zunehmender Legierungsmenge entstehenden Lufthärter lassen sich nur bei Beachtung verschiedener Vorsichtsmaßnahmen zufriedenstellend schweißen. Dazu gehören z.B. hohe Vorwärmtemperaturen und Zusatzwerkstoffe, mit denen zähe Schweißgüter herstellbar sind. In den meisten Fällen ist außerdem eine Wärmenachbehandlung erforderlich. Beispiele sind die hochlegierten martensitischen Chromstähle (Abschn. 2.8.2.1 und 4.3.6.2).

– Die Festigkeitswerte werden durch geändertes Umwandlungsverhalten, durch Ausscheidungshärtung, Carbidbildung und(oder) Mischkristallbildung erhöht.

– Die thermische Leitfähigkeit wird z.T. erheblich verringert. Bei einer zu geringen Vorwärmtemperatur oder einem zu schnellen Vorwärmen (Abkühlen) können die großen Temperaturdifferenzen zwischen Rand und Kern des Bauteils dann Risse erzeugen.

Bei den hochlegierten Stählen sind allgemeingültige Aussagen zur Schweißeignung nicht möglich. Lediglich für die hochlegierten Vergütungsstähle (Lufthärter) kann i.a. eine so extrem schlechte Schweißeignung angenommen werden, daß von einem Schweißen abgeraten werden muß. Das Ausmaß der Rißbildung beim Schweißen ist aber in erster Linie vom C-Gehalt des Stahles d.h. von dem im Martensitgitter eingelagerten Kohlenstoff abhängig.

Die schweißtechnischen Probleme der *korrosionsbeständigen Stähle* sind äußerst vielfältig und komplex. Sie werden i.a. in wesentlich geringerem Umfang durch den Kohlenstoffgehalt bestimmt. Die spezifischen Besonderheiten werden im Abschnitt 4.3.6 ausführlich besprochen. Im folgenden sollen beispielhaft nur einige grundsätzliche Hinweise gegeben werden.

❑ Austenitische Cr-Ni-Stähle:

– Möglichkeit der *Chromcarbidbildung* im Schweißgut und der WEZ bei gleichzeitigem weitgehendem Verlust der Korrosionsbeständigkeit.

- Ausgeprägte Gefahr der *Heißrißbildung* durch verschiedene Verunreinigungen (z.B. P, S) bereits in sehr geringer Menge.

- *Seigerungsneigung* z.B. der Elemente Molybdän und Chrom: die Korrosionsanfälligkeit wird stark begünstigt.

❏ **Ferritische Cr-Stähle:**

- schlechte *Zähigkeitseigenschaften* durch ihr krz Gitter.

- Chromcarbidausscheidungen sind in der WEZ unvermeidbar, wenn nicht gebundener C vorhanden ist.

❏ **Martensitische Cr-Stähle:**

- Je nach C-Gehalt extrem schlecht schweißgeeignet.

- Nach dem Anlassen verringerte Korrosionsbeständigkeit.

3.3　Wirkung der Wärmequelle

Die verwendete Wärmequelle bewirkt während des Schweißens eine Reihe von werkstofflichen Änderungen der Schweißverbindung und maßlichen Abweichungen des Bauteils. Werkstoffänderungen treten in großem Umfang nur bei den Schmelzschweißverfahren auf. Sämtliche Änderungen sind nachteilig für das Bauteil. Die Ursache ist der für den Schweißprozeß charakterisitische extreme Temperatur-Zeit-Verlauf. Er ist gekennzeichnet durch, Bild 1-1:

- Große *Aufheizgeschwindigkeit*. Sie beträgt einige 100K/s.

- Große *Abkühlgeschwindigkeit*. Werte bis zu 600 K/s werden erreicht.

- Geringe *Austenitisierungsdauer*. Sie liegt im Bereich einiger Sekunden.

Der Temperatur-Zeit-Verlauf beim Schweißen ist damit die Ursache für:

- *Werkstoffliche Änderungen*. Art und Umfang werden ausführlich im Abschnitt 4.1 beschrieben.

- *Maßänderungen* der geschweißten Verbindung (Konstruktion). Sie entstehen als Folge der durch Temperaturdifferenzen hervorgerufenen Eigenspannungen.

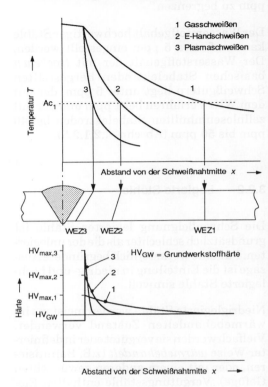

Bild 3-4
Einfluß der Leistungsdichte unterschiedlicher Schweißverfahren auf die Maximalhärte in der WEZ und auf ihre Breite, dargestellt für unwandlungsfähige Stähle. Stark schematisiert.

3.3.1　Temperatur-Zeit-Verlauf

Die Leistungsdichte des Schweißverfahrens bestimmt den T-t-Verlauf, Tabelle 3-1.

Bei sonst gleichbleibenden Bedingungen nimmt mit zunehmender Leistungsdichte die Abkühlgeschwindigkeit zu, die Breite der WEZ ab und die Maximalhärte in der WEZ zu, Bild 3-4.

Schweißverfahren	Leistungsdichte W/cm² in 10³
E-Handschweißen	4 ... 5
Schutzgasschweißen	5 ... 6
UP-Schweißen	5 ... 6
Elektronenstrahlschweißen	7 ... 8
Lichtstrahlschweißen (Laser)	8 ... 9

Tabelle 3-1
Leistungsdichtenbereich bekannter Schweißverfahren.

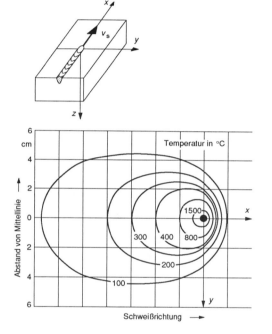

Bild 3-5
Verlauf der Isothermen beim Lichtbogenhandschweißen (Q = 42 kJ / cm), nach RYKALIN.

Verfahren mit großer Leistungsdichte erzeugen eine sehr schmale Wärmeeinflußzone und führen nur zu einem sehr geringen Bauteilverzug. Der oft entscheidende Nachteil ist aber die sehr große Maximalhärte in der WEZ von Stahlschweißungen als Folge der sehr hohen Abkühlgeschwindigkeit.

Das entstehende Temperatur-Zeit-Feld ist von der Leistungsdichte der Wärmequelle abhängig. Als kennzeichnender Wert der

thermischen Beeinflussung ist die mit Gl. [3-1] eingeführte Streckenenergie Q hinreichend gut geeignet.

Der Verlauf der Isothermen in der Blechebene für einen bestimmten Zeitpunkt ist in Bild 3-5 dargestellt. Bild 3-6 zeigt schematisch den Verlauf von vier Temperaturzyklen, die mit unterschiedlich weit von der Schmelzlinie angebrachten Thermoelementen gemessen wurden. Die jeweils erreichte höchste Temperatur wird *Spitzentemperatur* genannt.

Der Temperaturverlauf kann experimentell und mit einigen Vereinfachungen und Annahmen auch berechnet werden.

Es ist deutlich die Unmöglichkeit zu erkennen, *eine* Abkühlgeschwindigkeit anzugeben. Je nach Temperatur-Zyklus und Bezugs-Temperatur lassen sich beliebig viele sehr unterschiedliche Werte angeben. Es erweist sich in der Praxis auch nicht als sinnvoll, die Abkühlgeschwindigkeit durch die sehr fehlerträchtige Tangentenkonstruktion (dT/dt) zu bestimmen. Das Abkühlverhalten wird einfach und genügend genau durch die *Abkühlzeit* $t_{8/5}$ zwischen 800 °C und 500 °C (bzw. A$_{c3}$ und 500 °C) angegeben, Bild 3-7. In dem angegebenen Temperaturbereich finden bei Stählen die wichtigsten Gefügeumwandlungen statt. In manchen

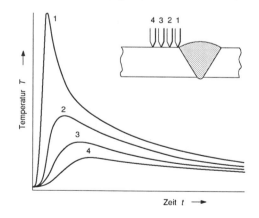

Bild 3-6
Temperatur-Zeit-Verlauf an vier unterschiedlich weit von der Schmelzlinie entfernten Orten, gemessen mit Thermoelementen 1, 2, 3, 4.

werkstofflichen Situationen erweisen sich andere Abkühlzeiten als aussagefähiger. Für Untersuchungen des Kaltrißverhaltens wird z.B. die Abkühlzeit $t_{3/1}$ vorgezogen, weil die Bildung und der Fortschritt der Kaltrisse unterhalb 300 °C erfolgt.

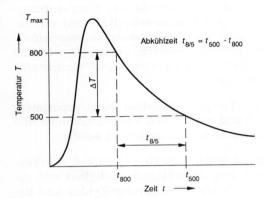

Bild 3-7
Zur Definition der Abkühlzeit $t_{8/5}$.

Die Messung des Gradienten Abkühlgeschwindigkeit v_{ab} wird durch die leichter bestimmbare Größe Zeit $t_{8/5}$ ersetzt:

$$v_{ab} = \frac{\Delta T}{t_{8/5}} = \frac{300}{t_{8/5}} \left[\frac{°C}{s} \right] \sim \frac{1}{t_{8/5}} \left[\frac{°C}{s} \right] \qquad [3\text{-}2]$$

Eine vollständige Beschreibung der thermischen Ereignisse beim Schweißen ist aber durch die alleinige Angabe der Abkühlzeit $t_{8/5}$ *nicht* möglich. Bild 3-7 (siehe auch Bild 2-8) zeigt schematisch die wichtigsten Zusammenhänge:

– Durch das rasche Aufheizen werden die Gefügebestandteile nicht vollständig aufgelöst. Die zurückbleibenden Carbidreste behindern das Wachstum der Austenitkörner. Die nicht gelösten Legierungselemente verändern das Umwandlungsverhalten des heterogenen (und inhomogenen) Austenits.

– Als Folge der extremen Spitzentemperatur unmittelbar neben der Schmelzgrenze entsteht ein von anderen technischen Wärmebehandlungen nicht bekanntes unerwünschtes, grobes Austenitkorn.

– Die geringe Haltezeit im Austenitgebiet begünstigt zusätzlich die Austenitheterogenität.

In vielen Fällen ist die rechnerische Ermittlung der Abkühlgeschwindigkeit bzw. -zeit der aufwendigen meßtechnischen vorzuziehen. Die von RYKALIN entwickelten Beziehungen beruhen auf folgenden Annahmen:

– Eine punktförmige Wärmequelle bewegt sich mit konstanter Geschwindigkeit v über die Blechoberfläche.

– Die physikalischen Eigenschaften, wie Wärmeleitfähigkeit λ, spezifische Wärme c_p sind temperaturunabhängig.

– Ein Wärmeaustausch Blech-Umgebung darf nicht stattfinden, d.h., das System verhält sich adiabatisch,.

– Die Plattenabmessungen müssen thermisch "unendlich" groß sein, d.h., die Wärme kann radial in alle Richtungen gleichmäßig abfließen.

Die Erfahrung zeigt, daß die rechnerisch ermittelten Abkühlzeiten bzw. -geschwin-

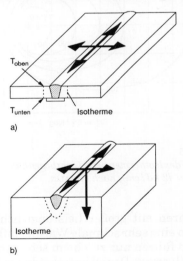

Bild 3-8
Möglichkeiten des Wärmeflusses.
a) zweidimensionaler Wärmefluß ("dünne" Bleche), Isothermen verlaufen theoretisch senkrecht zur Blechoberfläche: $T_{oben} = T_{unten}$,
b) dreidimensionaler Wärmefluß (thermisch "unendlich" dickes Blech). Beachte den geänderten Verlauf der Isothermen.

digkeiten trotz der in der Schweißpraxis oft nicht zutreffenden Annahmen genügend genau sind.

Nach der Art der Wärmeabführung unterscheidet man, Bild 3-8:

- den **zweidimensionalen Wärmefluß,** d.h., die Wärme fließt nur in der Blechebene ab, *nicht* in Dickenrichtung. Die Temperaturverteilung über der Blechdicke muß also annähernd konstant sein. Diese Situation trifft z.B. für dünne Werkstücke und beim Brennschneiden zu.

- den **dreidimensionalen Wärmefluß,** d.h., die Wärme kann in alle Richtungen abfließen. Diese Bedingungen liegen bei dicken Blechen vor.

Für den dreidimensionalen Wärmefluß ergibt sich die Abkühlgeschwindigkeit zu:

$$\frac{\mathrm{d}T}{\mathrm{d}t} = \frac{2\pi\lambda}{Q}(T - T_0)^2 \qquad [3\text{-}3]$$

$\mathrm{d}T/\mathrm{d}t$ Abkühlgeschwindigkeit in der Mittellinie der Schweißnaht,

λ Wärmeleitfähigkeit [W/mK],

Q Streckenenergie: *UI/v* [Wh/m], diese unüblichen Einheiten resultieren aus der Tatsache, daß die Vorschubgeschwindigkeit der Wärmequelle v_{s} in [m/h] angegeben wird.

T_0 Werkstücktemperatur, z.B. Vorwärm- oder Raumtemperatur [K].

Die Abkühlgeschwindigkeit bei dreidimensionalem Wärmefluß ist unabhängig von der Werkstückdicke. Dieses Ergebnis darf nicht zu dem Schluß verleiten, daß mit weiter steigender Blechdicke auch keine Eigenschaftsänderungen mehr stattfinden. Natürlich können die von der Abkühlgeschwindigkeit abhängigen *werkstofflichen* Änderungen nicht auftreten. Der schärfere Eigenspannungszustand begünstigt aber die Rißneigung und fördert die Werkstoffversprödung (Spannungsversprödung, Abschn. 3.4.1).

Für thermisch dünne Bleche gilt:

$$\frac{\mathrm{d}T}{\mathrm{d}t} = 2\pi\lambda\rho c_{\mathrm{p}}\left(\frac{d}{Q}\right)^2 (T - T_0)^3 \qquad [3\text{-}4]$$

ρ Dichte des Werkstoffs [kg/m³],

c_{p} spezifische Wärme [J/kg K],

d Werkstückdicke [m].

Wie bereits erwähnt, wird die Abkühlzeit als Maßstab für die Abkühlgeschwindigkeit in den meisten Fällen vorgezogen. Hierfür ergeben sich für den dreidimensionalen Wärmefluß:

$$t_{8/5} = \frac{Q}{2\pi\lambda}\left(\frac{1}{500 - T_0} - \frac{1}{800 - T_0}\right) \qquad [3\text{-}5]$$

und für den zweidimen
sionalen, Gl. [3-6]:

$$t_{8/5} = \frac{1}{4\pi\lambda c_{\mathrm{p}}\rho}\left(\frac{Q}{d}\right)^2\left[\left(\frac{1}{500 - T_0}\right)^2 - \left(\frac{1}{800 - T_0}\right)^2\right]$$

Der Übergang vom zwei- zum dreidimensionalen Wärmefluß geschieht bei der *Übergangsblechdicke* $d_{\mathrm{ü}}$, die durch Gleichsetzen der Beziehungen [3-5] und [3-6] ermittelt wird:

$$d_{\mathrm{ü}} = \sqrt{\frac{Q}{2c_{\mathrm{p}}\rho}\left(\frac{1}{500 - T_0} + \frac{1}{800 - T_0}\right)} \qquad [3\text{-}7]$$

Das Konzept der Abkühlzeiten erweist sich bei den höherfesten Feinkornbaustählen als zuverlässiges Mittel zum Bestimmen bzw. Festlegen der zulässigen Abkühlbedingungen. Für diese Stähle bestehen Beziehungen, in denen die physikalischen Eigenschaften bereits zahlenmäßig berücksichtigt sind (Abschn. 4.3.2.2). Die Berechnung wird einfach und übersichtlich.

3.3.2 Eigenspannung; Schrumpfung, Verzug

Die Ursache und die Art der werkstofflichen Änderungen beruhen auf dem typischen Temperatur-Zeit-Verlauf beim Schweißen. Die punktförmige und leistungs-

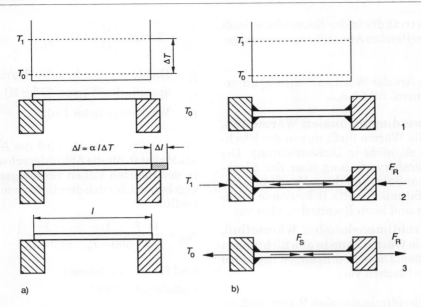

Bild 3-9
Ausdehnung eines gleichmäßig erwärmten Stabes.
*a) Stab bei **unbehinderter Ausdehnung** wird beim Erwärmen um $\Delta l = \alpha\, l\,(T_1 - T_0)$ länger, beim Abkühlen um den gleichen Betrag kürzer. Der Stab bleibt völlig spannungsfrei.*
*b) Stab bei **behinderter Ausdehnung** dehnt sich aus und versucht die Widerlager wegzuschieben. Diese müssen die dadurch entstehenden Reaktionskräfte $-F_R$ aufnehmen. Beim Abkühlen auf T_0 zieht sich der Stab um den gleichen Betrag $\Delta l = \Delta l_{el} + \Delta l_{pl}$ zusammen. Der plastische Anteil der Verformung erzeugt gemäß Beziehung [3-8] die Reaktionskraft $+F_R$ und die gleichgroße Stabkraft F_S.*

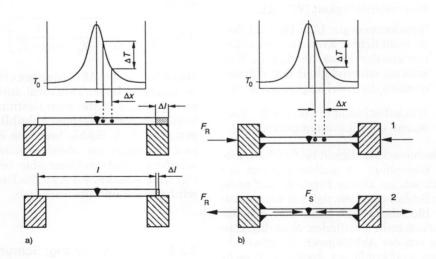

Bild 3-10
Ausdehnung einer geschweißten Verbindung.
a) Die frei aufliegende Schweißverbindung kann sich nicht frei ausdehnen, weil bei konstanten Wegdifferenzen Δx unterschiedliche Temperaturdifferenzen ΔT und damit unterschiedliche Verformungen entstehen. Die ungleichmäßige Temperaturverteilung ist auch die Ursache für das Entstehen der Eigenspannungen.
b) Bei der eingespannten Schweißverbindung entstehen zusätzlich Reaktionskräfte F_R, die sich den Eigenspannungen überlagern

dichte Wärmequelle erzwingt Eigenspannungen und Änderungen der Bauteilabmessungen Δl. Eigenspannungen entstehen nicht wie Lastspannungen durch die Einwirkung *äußerer* Kräfte und Momente, sondern durch eine Reihe von Faktoren, die zu ungleichmäßig verteilten plastischen Verformungen im Bauteil führen:

- *Temperaturdifferenzen* ΔT,
- *Umwandlungsvorgänge*, z.B. $\gamma \rightarrow$ Martensit,
- *plastisches Verformen*,
- *Änderung des Stoffschlusses*, z.B. durch unterschiedliche Wärmeausdehnungskoeffizienten der zu verbindenden Werkstoffe.

Die *Temperaturdifferenzen* sind die wichtigste Ursache für die im geschweißten Bauteil entstehenden Eigenspannungen bzw. Deformationen.

Ein frei beweglicher Stab der Länge l und dem Wärmeausdehnungskoeffizienten α wird nach einer Erwärmung um ΔT um den Betrag $\Delta l = \alpha l \Delta T$ länger. Wird die Ausdehnung vollständig behindert, dann entsteht im Stab nach dem HOOKEschen Gesetz folgende Spannung:

$$\sigma = \varepsilon\,E = \frac{\Delta l}{l}\,E = \frac{\alpha\,l\,\Delta T}{l}\,E = \alpha\,\Delta T\,E. \qquad [3\text{-}8]$$

Die Verhältnisse bei einem auf die konstante Temperatur T_1 erwärmten frei beweglichen Körper zeigt Bild 3-9a. Beim Erwärmen wird der Stab kräftefrei um Δl länger, beim Abkühlen auf T_0 um den gleichen Betrag kürzer. Er ist nach dem Abkühlen völlig spannungslos.

Die Ausdehnung des erwärmten fest eingespannten Stabes $\Delta l = \Delta l_{el} + \Delta l_{pl}$ erfolgt zunächst elastisch (Δl_{el}), dann plastisch (Δl_{pl}). Für die folgenden Betrachtungen soll angenommen werden, daß der Stab frei von mechanischen Instabilitäten (z.B. Ausknicken) bleibt. Die Ausdehnung des Stabes erzeugt in den Widerlagern die Reaktionskraft F_R (Druck). Beim anschließenden Abkühlen versucht der Stab um Δl kürzer zu werden.

Bei der vorausgesetzten festen Einspannung erzeugt der plastische Anteil gemäß der Beziehung Gl. [3-8] im Auflager die Reaktionskraft $F_R = \varepsilon_{pl}\,E\,A$, die die gleiche Größe wie die Stabkraft F_S hat.

In Schweißverbindungen entstehen auf Grund der nicht mehr konstanten Temperaturverteilung bei konstanten Wegstrecken Δx unterschiedliche Temperaturdifferenzen ΔT, d.h. auch unterschiedliche Verformungen, Bild 3-10. Diese ungleichmäßige Verformungsverteilung ist die Ursache der Eigenspannungen im Schweißteil. In der Nähe der Schweißnaht entstehen wegen der hohen Temperaturen überwiegend plastische Verformungen.

In eingespannten Schweißverbindungen entstehen zusätzlich *Reaktionsspannungen*, deren Größe vom Grad der Einspannung abhängt, Bild 3-10b. Bei fester Einspannung bildet sich durch das Zusammenwirken der Eigen- Last- und Reaktionsspannungen ein sehr stark rißbegünstigender Beanspruchungszustand aus. Außerdem wird durch den Mechanismus der Spannungsversprödung die Entstehung spröder Brüche erleichtert.

Werkstückdicke und Verformbarkeit des Werkstoffs bestimmen neben dem Grad der Einspannung in hohem Maße die Größe der Eigen- und Reaktionsspannungen. Dünnere Werkstücke können der Last leichter durch Beulen, Knicken oder plastische Verformung ausweichen als dickere. Gefährliche Spannungszustände im Schweißteil entstehen i.a. nicht. Allerdings ist das Bauteil deutlich stärker verformt. Je größer die Werkstoffzähigkeit ist, desto leichter werden Spannungen durch plastische Verformungen abgebaut.

Damit ergibt sich folgender wichtiger Zusammenhang:

❏ Größe und Verteilung der Eigenspannungen werden ausschließlich von der Temperaturverteilung in der Schweißverbindung und der Steifigkeit der Konstruktion bestimmt. Die Temperaturdifferenzen nehmen mit zunehmender Leistungsdichte des Schweißverfahrens zu. Der Eigenspannungszustand läßt sich demnach nur verringern durch

- Vorwärmen der Fügeteile,
- Wahl eines weniger leistungsdichten Verfahrens,
- einen Werkstoff, der die Spannungen durch Verformen abbauen kann und (oder)
- Verringern der Konstruktionssteifigkeit.

❏ Die Reaktionsspannungen werden nur von der Größe der Verformungsbehinderung Δl und der Steifigkeit der Konstruktion bestimmt.

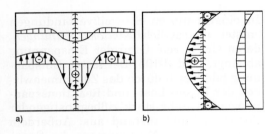

a)   b)

Bild 3-11
Verteilung der Eigenspannungen in einer Stumpf-naht.
a) Quereigenspannungen,
b) Längseigenspannungen.

Grundsätzlich gilt, daß eine geschweißte Konstruktion weder eigenspannungsfrei noch verzugsfrei hergestellt werden kann. Die Ursache beider Erscheinungen ist die nicht verhinderbare Schrumpfung Δl. Es gilt offenbar:

In dünnwandigen Konstruktionen entsteht durch die Schrumpfung überwiegend Verzug. Eigenspannungen können sich nicht aufbauen. Dickwandige sind so steif, daß die Schrumpfbewegung Δl nicht entstehen kann. Nach HOOKE wird Δl vollständig in Spannung "umgesetzt".

Der Verzug ist bei dünnwandigen Teilen durch entsprechend festes Einspannen und einer geeigneten Schweißfolge weitgehend vermeidbar. Das Entstehen von Eigenspan-

nungen kann prinzipiell nicht verhindert werden. Mit folgenden praxiserprobten Methoden lassen sich ihre Wirkungen beseitigen bzw. klein halten:

- Wahl von Zusatzwerkstoffen, die ein zähes, rißsicheres Schweißgut ergeben. Die Schweißeigenspannungen werden durch Verformung abgebaut.
- Spannungsarmglühen ist das wirksamste, aber auch ein verhältnismäßig teures Verfahren.

Die Verteilung der im Werkstück entstehenden Eigenspannungen zeigt einige Besonderheiten, Bild 3-11. Wichtiges Kennzeichen ist das Spannungs- und Momentengleichgewicht im Bauteil. Eine Störung des Gleichgewichts z.B. durch spangebende Bearbeitung entfernt zusammenhängende Volumenbereiche, in denen Zug- oder Druckeigenspannungen wirken. Durch das nun gestörte Gleichgewicht wird das Bauteil verzogen. Bei hohen Anforderungen an die Maßgenauigkeit müssen daher Schweißkonstruktionen vor der spangebenden Bearbeitung spannungsarmgeglüht werden.

Eigenspannungen in Dickenrichtung entstehen erst bei größeren Werkstückdicken. Der dann vorliegende dreiachsige Eigenspannungszustand ist wegen seiner versprödenden Wirkung gefürchtet (Abschn. 3.4.1). Ein Spannungsarmglühen ist meistens unverzichtbar.

Nahtvorbereitung für
konventionelle, und z.B. Els-Verfahren

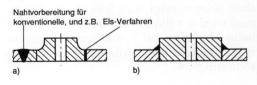

a)   b)

Bild 3-12
Konstruktive Möglichkeiten einer Bohrungsver-stärkung für a) Schweißverfahren mit hoher Leistungsdichte (z.B. Elektronenstrahlschweißen) und b) konventionelle Verfahren.

Reaktionsspannungen entstehen durch *äußere Einspannungen*, die das Bauteil an der Schrumpfbewegung hindern (z.B. Rippen, Aussteifungen) wie bereits in Bild 3-10 erläutert wurde. Wenn die einzelnen Schweiß- bzw. Fügeteile durch eine geeignete Schweißfolge frei schrumpfen können, werden die Reaktionsspannungen entsprechend klein sein. Konstrukteur und Fertigungsingenieur beeinflussen durch die Gestaltung und der Auswahl der Fugenform die Höhe der Reaktionsspannungen. Bei der Bohrungsverstärkung, Bild 3-12, einer klassischen festen Einspannung im Sinne der technischen Mechanik, treten bei der Variante a) links, Reaktionsspannungen in der Stumpfnaht auf, Bild 3-12a, deren Größe mit dem Schweißgutvolumen zunimmt. Die Anwendung sehr leistungsdichter Verfahren z.B. dem Plasma- oder Elektronenstrahlschweißverfahren führt bei der Konstruktion zu einer Verringerung der Reaktionsspannungen, Bild 3-12a, rechts. Bei konventionellen Verfahren ist häufig die konstruktive Anpassung an ihre Möglichkeiten erforderlich, Bild 3-12b.

Die nahezu vollständige Durchwärmung des schwächeren Gurtes a) durch die Halsnaht und damit schnellere Auslösung von plastischen Verformungen im Wurzelbereich des Steges führen mit dem größeren Hebelarm zu konkaven Krümmungen. Dementgegen erwärmt sich der dickwandige Gurt b) langsamer und stellt im Verhältnis zum Stegblech einen größeren Verformungswiderstand dar, die Krümmung ist konvex.

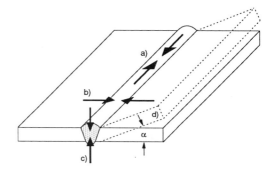

Bild 3-14
Richtungen der Schrumpfvorgänge in einer Schweißverbindung, a) Längsschrumpfung, b) Querschrumpfung, c) Dickenschrumpfung, d) Winkelschrumpfung α.

Je nach der Richtung der Schrumpfvorgänge unterscheidet man die Längs-, Quer-, Dicken- und Winkelschrumpfung, Bild 3-14. Das Schrumpfen beeinträchtigt kaum die Bauteilsicherheit, wohl aber die Gebrauchseigenschaften der Konstruktion. In diesem Fall muß der Verzug durch meist aufwendige Maßnahmen beseitigt werden.

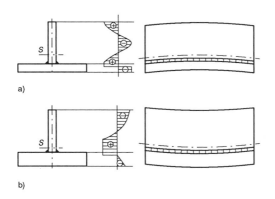

Bild 3-13
Modellvorstellung von der Ausbildung von Schrumpfungen und Spannungen bei unterschiedlichen Ausführungsformen eines T-Trägers.

3.3.2.1 Querschrumpfung

Unabhängig von der gewählten Schweißtechnologie besteht in großen Nahtbereichen eine ausgeprägte *Spannungsinhomogenität*. Bei unsymmetrischen Profilen bestimmen dann die Steifigkeitsverhältnisse der einzelnen Bauelemente und die Lage ihrer Schwerachse (S) im geschweißten Bauteil die Verteilung der Längsspannungsanteile im Gesamtsystem, Bild 3-13.

Die Querschrumpfung erfolgt senkrecht zur Schweißnaht. Den Hauptanteil an der Gesamtschrumpfung, etwa 85 bis 90%, haben die Werkstoffbereiche, die unmittelbar neben, d.h. parallel zur Schmelzlinie verlaufen. Der Rest geht auf das Schwinden des Schweißgutes zurück. Man spricht auch von Parallelschrumpfung. Die absolute Größe der Querschrumpfung ist von Nahtquerschnitt, Nahtform, Nahtlänge, Schweißverfahren und Schweißtechnologie abhängig. Zu dick ausgeführte oder bei der Wurzellage nicht genügend durchgewärmte Heftstellen können der Querschrumpfung entgegenwirken und Unternahtrissigkeit begünstigen. Der dominierende Einfluß der Naht- oder Blechdicke bei Stumpfnähten geht aus Experimenten von MALISIUS hervor, Bild 3-15.

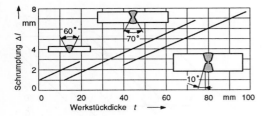

Bild 3-15
Querschrumpfung in Abhängigkeit der Werkstückdicke, nach MALISIUS.

Die Querschrumpfung von Bauteilen, die durch Kehlnähte an Rippen oder Aussteifungen quer zur Richtung der Kehlnaht hervorgerufen wird, ist hauptsächlich vom Verhältnis Nahtdicke zu Werkstückdicke a/t abhängig. Mit wachsendem Verhältnis a/t wird die Querschrumpfung größer, Bild 3-16. Ursächlich hängt sie mit der Wärmewirkung des abgeschmolzenen Schweißgutes zusammen. Um die Querschrumpfung gering zu halten, muß entsprechend der Werkstückdicke die günstigste Nahtdicke festgelgt werden, s.a. Abschn. 5.1.7.3.

3.3.2.2   Winkelschrumpfung

Mit der Querschrumpfung ist auch immer eine Winkelschrumpfung verbunden. Der unsymmetrische Nahtaufbau und das sich daraus entwickelnde Temperaturfeld lösen nach dem Erkalten außermittige Schrumpfkräfte aus, die je nach Steifigkeit eine Winkeländerung bewirken. Das *einlagige* Schweißen von Kehlnähten größerer Dicke sollte in diesem Fall der *Mehrlagentechnik* vorgezogen werden. Im Dünnblechbereich,

bei dem im allgemeinen eine gute Durchwärmung erreicht wird, ist die Winkelschrumpfung kleiner. Auch hier entscheidet das Verhältnis Nahtdicke zu Werkstückdicke über die Höhe der Winkelschrupfung.

Bei Stumpfnähten sind dagegen Nahtöffnungswinkel, Nahtdicke und Lagenanzahl die entscheidenden Einflußgrößen, Bild 3-17.

3.3.2.3   Längsschrumpfung

Die Größe der Längsschrumpfungen ist in erster Linie von der Gesamtsteifigkeit der Konstruktion abhängig. Je nach dem Verhältnis Gesamtquerschnitt der Konstruktion zu Schweißnahtquerschnitt kann die Längsschrumpfung folgende geometrischen Änderungen des Bauteils erzeugen:

– Kürzung,
– Krümmung,
– Verwerfungen und Beulung.

Eine Bauteilverkürzung (im allgemeinen rechnet man 0,1 bis 0,3 mm/m) ist besonders bei symmetrisch angordneten sehr langen Nähten zu beobachten. Einlagig und *durchgehend* geschweißte Halsnähte, z.B. von I-Trägern, ergeben größere Längenverkürzung als *unterbrochene* oder mehrlagig geschweißte Nähte. Bei letzteren wirkt sich die bessere Durchwärmung günstiger auf die Schrumpfwirkung aus.

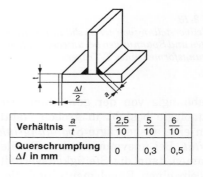

Verhältnis $\dfrac{a}{t}$	$\dfrac{2{,}5}{10}$	$\dfrac{5}{10}$	$\dfrac{6}{10}$
Querschrumpfung Δl in mm	0	0,3	0,5

Bild 3-16
Querschrumpfung durch Kehlnähte unterschiedlicher Auslegungsart.

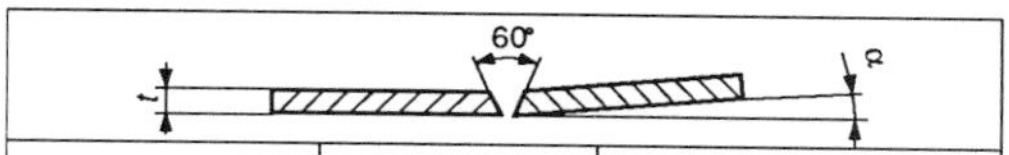

Werkstückdicke t in mm	Elektrodenart Lagenzahl	Schrumpfungswinkel α in Grad
6	umhüllt 2 Lagen	1
12	dünnumhüllt 3 Lagen	1
12	umhüllt 5 Lagen	3,5
18	umhüllt 7 Lagen	6

Bild 3-17
Darstellung der Zusammenhänge von Werkstückdicke, Lagenanzahl und Schrumpfwinkel bei Stumpfnähten.

Außermittig liegende Schweißnähte bei unsymmetrischen Profilen können eine Krümmung des Konstruktionselementes hervorrufen, wenn der Verformungswiderstand der Konstruktion zu gering ist. Die Krümmungen (Abschn. 5.1.7.3) können durch gegenüberliegende oder unterbrochen angeordnete Schweißnähte verringert werden.

3.3.2.4 Haupteinflüsse auf Schrumpfungen und Spannungen

3.3.2.4.1 Wärmemenge und Schweißverfahren

Den größten Einfluß auf Dehnungen und Schrumpfungen hat die in das Bauteil eingebrachte *Wärmemenge*. Schweißverfahren mit geringer Leistungsdichte haben ein breites Temperaturfeld, der interessierende Isothermenbereich (bis 600 °C) ist besonders groß. Beim Gasschweißen z.B. wandert der größte Teil der Wärme in den Werkstoff ab, Schrumpfungen und Spannungen entwickeln sich deshalb stärker als beim E-Schweißverfahren, Bild 3-5.

Mit der Änderung der Elektrodenpolung ändert sich auch die Temperatur am Lichtbogenbrennfleck um einige Hundert °C und folglich auch die Schrumpfungen und Spannungen.

Die Größe des Temperaturfeldes wird auch durch die Schweißgeschwindigkeit bestimmt. Nimmt sie zu, dann verkleinert sich das Isothermenfeld und somit die Größe der Schrumpfungen. Die Eigenspannungen nehmen wegen des größeren Temperaturgradienten zu, ihre Wirkung ist allerdings i.a. geringer, weil sie nur in kleineren Werkstoffbereichen wirksam sind. Hier zeigt sich das günstigere Schrumpfungsverhalten der mechanischen bzw. der Hochleistungsverfahren mit größerer Abschmelzmenge je Zeiteinheit. Bei den *Impulsschweißverfahren* ist neben dem verbesserten Tropfenübergang und weitgehender Spritzerfreiheit deshalb vor allen Dingen die Reduzierung der eingebrachten Wärmemenge (bis zu 30 %) deshalb als besonderer Vorteil zu nennen.

3.3.2.4.2 Werkstoffeinfluß

Die unterschiedlichen Schrumpfungs- und Spannungsreaktionen der Werkstoffe lassen sich mit ihren physikalischen Eigenschaften erklären. Zu ihnen gehören u.a. die temperaturabhängigen Größen wie spezifische Wärmekapazität, Dichte, Wärmeleitzahl und Wärmeausdehnungskoeffizient, von denen die letzten beiden für die genannten Prozesse die größte Bedeutung haben. Vergleicht man das Schrumpfungs- und Spannungsverhalten wichtiger Werkstoffgruppen mit dem von unlegierten Baustählen, dann findet man diese Tatsache bestätigt, Tabelle 2-14

Wegen ihres höheren Wärmeausdehnungskoeffizienten schrumpfen *hochlegierte Stähle* wesentlich stärker als unlegierte Baustähle. Neben den bekannten metallurgischen Gründen (Abschn. 4.3.6) sind derartige Werkstoffgruppen deshalb "kälter" zu schweißen. Das gleiche gilt für *Aluminium* und seinen Legierungen vor allem dann, wenn die Schweißarbeiten an "geschlossenen" Bauteilgruppen, wie Rippen oder Gehäusewänden ausgeführt werden. Abgesehen davon, daß wegen der höheren spezifischen Wärmekapazität und der Wärmeleitfähigkeit bei Blechdicken ab 6 mm bereits ein Vorwärmen erforderlich ist, entstehen nicht selten Spannungsrisse als Folge der intensiveren Schrumpfungsvorgänge.

Für Stähle gilt ganz allgemein, daß mit der Streckgrenze des Werkstoffs auch die Größe der Schrumpfungen und Eigenspannungen ansteigt.

3.3.2.4.3 Konstruktionseinfluß

Die Entstehung und Wirkung der Schrumpfungen und Eigenspannungen wird in hohem Maße von der Art der Konstruktion bestimmt. Folgende wechselwirkende Einflüsse sind zu nennen:

- Steifigkeit der Konstruktionselemente,
- ihr Einspannungsverhältnis untereinander,
- ihr Verformungs- und Dehnungsvermögen,
- Nahtdicke, -Lage, -Länge sowie Nahtgeometrie,
- Ausführungsreihenfolge der Nähte, Einsatz von Schweißvorrichtungen.

Die Minimierung von Schrumpfungen und Spannungen ist daher für die technische Bewährung des Bauteils von großer Bedeutung. Die analytische Beschreibung der Schrumpfungseffekte ist, sofern überhaupt vorhanden, sehr ungenau. Den meisten Kenntnissen liegen experimentelle Ergebnisse auf der Basis von optimalen Schweißparametern zugrunde. Eine Abschätzung der zu erwartenden Schrumpfungen und Spannungen muß deshalb bei jeder Konstruktion immer wieder von Fall zu Fall vorgenommen werden.

3.4   Das Sprödbruchproblem

3.4.1   Werkstoffmechanische Grundlagen

Eine Reihe spektakulärer Schadensfälle an geschweißten Konstruktionen in den Dreißiger und Vierziger Jahren machte auf eine bis dahin nicht oder nicht in diesem Umfang bekannte Schadensform aufmerksam [30]. Kennzeichen dieser Versagensform ist ein weitgehend verformungsloser Bruch, entstanden durch die Wirkung von Normalspannungen bei sehr geringen Nennspannungen ($30...50$ N/mm²). Die *Rißfortschrittsgeschwindigkeit* beträgt hierbei i.a. einige

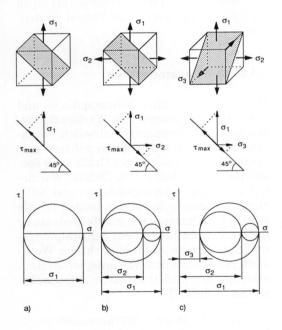

Bild 3-18
Darstellung verschiedener Spannungszustände und der mit ihnen verbundenen maximalen Schubspannungen mit Hilfe des MOHRschen Spannungskreises.
a) einachsige Zugbeanspruchung, $\tau_{max} = \sigma_1/2$
b) zweiachsige Zugbeanspruchung, $\tau_{max} = (\sigma_1+\sigma_2)/2$
c) dreiachsige Zugbeanspruchung, $\tau_{max} = (\sigma_1+\sigma_3)/2$.

[30]   Die bekanntesten Schadenfälle sind die Brüche an der Berliner Brücke am Bahnhof Zoo und die extensiven Brucherscheinungen an den Schiffen der amerikanischen Handelsflotte (Liberty-Klasse) im zweiten Weltkrieg.

1000 m/s, d.h., Sicherheitsmaßnahmen jeder Art können nicht mehr veranlaßt werden. Im englischen Schrifttum wird diese Versagensform daher auch sehr anschaulich und treffend *catastrophic failure* genannt. Diese Bruchform wird als *Sprödbruch* oder *Trennbruch* bezeichnet.

Als Ursache dieser meist nur auf Schweißkonstruktionen beschränkten Bruchform sind die durch den Schweißprozeß erzeugten *Schweißeigenspannungen* anzusehen. Diese lassen sich nur relativ unzuverlässig im Oberflächenbereich des Werkstücks durch aufwendige, teure und damit in der Praxis kaum anwendbare Methoden (z.B. Röntgenfeinstrukturuntersuchungen) feststellen. Selbst wenn ihr Verlauf hinreichend bekannt wäre, existiert z.Z. keine verläßliche Methode, diese mehrachsigen Spannungen im Festigkeitsnachweis zu berücksichtigen.

Für die Entstehung des Sprödbruchs ist der mehrachsige (Eigen-)Spannungszustand eine entscheidende Voraussetzung, der wie im folgenden beschrieben zu einer vollständigen Versprödung des Werkstoffs bzw. des Bauteils führen kann.

Der Werkstoff verformt sich plastisch, wenn die in einer bestimmten Gleitebene vorhandene äußere Schubspannung τ größer ist als die kritische τ_0 (Abschn. 1.3, Bild 1-18). Bei einer einachsigen Beanspruchung (σ_1) ist die unter 45° zur Last wirkende Schubspannung maximal und beträgt:

$$\tau_{max}^{'1'} = \tau_{\varphi=45°} = \frac{\sigma_1}{2}. \qquad [3\text{-}9]$$

Plastische Verformungen finden statt, wenn

$$\tau_{max}^{'1'} = \frac{\sigma_1}{2} > \tau_0 \qquad [3\text{-}10]$$

wird. Bei einer mehrachsigen Beanspruchung (σ_1, σ_3) kann die für eine plastische Verformung erforderliche Schubspannung so klein werden, daß die Gleitbedingung $\tau_\varphi > \tau_0$ nicht mehr erfüllbar ist. Für die gefährlichste dreiachsige Beanspruchung gilt:

$$\tau_{max}^{'3'} = \tau_{\varphi=45°} = \frac{\sigma_1 - \sigma_3}{2}. \qquad [3\text{-}11]$$

Die Verformung des Bauteils ist nicht mehr möglich, seine Zerstörung daher nur durch

Normalspannungen möglich. Diese Erscheinung wird als *Spannungsversprödung* bezeichnet. Sie ist Voraussetzung für das Entstehen spröder Brüche. In Bild 3-18 sind schematisch die verschiedenen Beanspruchungszustände mit Hilfe des anschaulichen MOHRschen Spannungskreises beschrieben.

Die Werkstoffbeanspruchung in Form der MOHRschen Spannungskreise läßt sich übersichtlich mit Hilfe der LEONschen Hüllparabel darstellen. Danach führen alle Spannungszustände nicht zum Versagen, deren Kreise innerhalb dieser parabolischen Hüllkurve liegen, Bild 3-19. Voraussetzung ist die Gültigkeit der *Hauptschubspannungshypothese*.

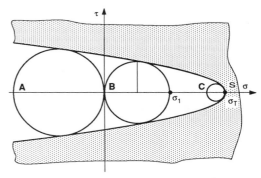

A: einachsiger Druck   B: einachsiger Zug, $\tau_{max} = \dfrac{\sigma_1}{2}$
C: zweiachsiger Zug mit $\sigma_1 = \sigma_T$

Bild 3-19
Verschiedene Spannungszustände in der MOHRschen *Darstellung, eingeschrieben in die* LEONsche *Hüllparabel.*

Mit zunehmendem Mehrachsigkeitsgrad ("Räumlichkeit") der Spannungen, der durch die Beziehung

$$M = \left\{ \frac{\sigma_3}{\sigma_1} ; \frac{\sigma_2}{\sigma_1} ; 1 \right\} \qquad [3\text{-}12]$$

angegeben wird, werden die Hauptnormalspannungen σ_i zunehmend größer. Der durch sie repräsentierte MOHRsche Spannungskreis, z.B. C in Bild 3-19, wandert auf der Abszisse in Richtung Scheitelpunkt S der LEONschen Hüllparabel. Mit dieser Darstellung lassen sich diese Beanspruchungsdingungen sehr anschaulich deuten. Nach Erreichen des Punktes A ist die die plastische Verformung auslösende Schubspannung Null, und es wird $\sigma_1 = \sigma_2 = \sigma_3 = \sigma_T$. Die **Trennfestigkeit σ_T** beträgt etwa:

$$\sigma_T = (2 \ldots 3) R_m. \qquad [3\text{-}13]$$

Hierbei ist R_m die im (einachsigen) Zugversuch festgestellte Zugfestigkeit. Die Zerstörung des Bauteils unter diesen Spannungsbedingungen erfolgt ausschließlich durch Normalspannungen. Die Werkstoffbereiche in der Nähe der Rißufer zeigen keinerlei Verformungen, der Makro-Bruchverlauf ist spröde. Die zur Bruchentstehung erforderliche Normalspannung liegt zwischen einigen 10 N/mm² und höchstens der Trennfestigkeit des Werkstoffs. Der Bruch in einem (geschweißten) Bauteil kann also in einem extrem großen Spannungsbereich entstehen.

3.4.2 Probleme konventioneller Berechnungskonzepte

Unter Bedingungen, die zu spröden Brüchen führen können, zeigen die konventionellen Berechnungskonzepte bemerkenswerte Unzulänglichkeiten. I.a. geht man von folgenden Voraussetzungen aus:

– *Gestaltänderungen* des Bauteils treten nicht auf, da die Beanspruchung im Bauteil unter der Fließgrenze $R_{po,2}$ bleibt.
– *Örtliches Fließen* in der Nähe von Diskontinuitäten (Kerben, Poren, Einschlüsse, Werkstoffungänzen, z.B. Korngrenzen) wird zugelassen.

In jedem Fall wird angenommen, daß die Bruchfestigkeit R_m größer ist als die Fließgrenze $R_{po,2}$, Bild 3-20a. Diese Annahme trifft für die meisten zähen Werkstoffe zu, für sprödbruchanfällige Konstruktionen allerdings nicht mehr. Kennzeichen dieser nahezu verformungslosen, instabilen Brüche ist ihr Entstehen bei Spannungen weit unterhalb der Fließgrenze, Bild 3-20b.

Bei einachsiger Beanspruchung und hinreichend zähen Werkstoffen tritt der Bruch bei $R_{Br} > R_{p0,2}$ ein, Bild 3-21 [31]. Die Bruchverformung ε_1 ist groß und zum größten Teil plastisch. Diese Situation (des Werkstoffs und der Spannungsverhältnisse im Bauteil) ist mit den konventionellen Berechnungsmethoden zweifelsfrei bestimmbar.

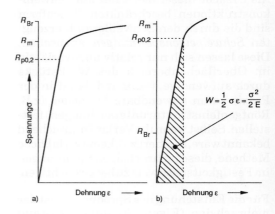

Bild 3-20
Spannungsverhältnisse beim Bruch.
a) zäher Werkstoff: $R_{Br} \gg R_{po,2}$,
b) spröder Werkstoff: $R_{Br} < R_{po,2}$.

Die Vorgänge bei einer mehrachsigen Beanspruchung lassen sich anschaulich mit der *Hauptschubspannungshypothese* beschreiben. Danach tritt Versagen ein, wenn die Schubspannung bei dreiachsiger Beanspruchung gleich der bei einachsiger Belastung als kritisch erkannten ist:

$$\tau_{max}^{'1'} = \tau_{max}^{'3'}. \qquad [3\text{-}14]$$

Durch Gleichsetzen der Beziehungen [3-10] und [3-11] folgt:

$$\frac{R_{p0,2}^{'1'}}{2} = \frac{R_{p0,2}^{'3'} - \sigma_3}{2}. \qquad [3\text{-}15]$$

---

[31] Die Bruchspannung R_{Br} darf nicht mit der im Zugversuch ermittelten Zugfestigkeit R_m verwechselt werden. R_{Br} ist die zum Entstehen des Risses erforderliche Spannung. R_m hat mit dem metallphysikalischen Prozeß der Rißentstehung nichts zu tun. Dieser Wert ist lediglich Ausdruck einer unter bestimmten Versuchsbedingungen ermittelten Spannung.

Daraus ergibt sich die Streckgrenze bei drei-achsiger Beanspruchung (TRESCA-Kriterium) zu:

$$R_{p0,2}^{'3'} = R_{p0,2}^{'1'} + \sigma_3. \qquad [3\text{-}16]$$

Die Verformung bei Brucheintritt ist rein elastisch und viel geringer als bei einachsiger Belastung: $\varepsilon_3 \ll \varepsilon_1$, Bild 3-21. Die die Plastizität u.U. völlig erschöpfenden Eigenspannungszustände entstehen insbesondere beim Schweißen dickwandiger Bauteile.

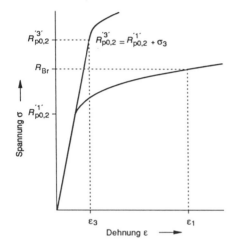

Bild 3-21
Einfluß dreiachsiger Spannungszustände auf das Verformungsverhalten (dargestellt durch die im Zugversuch ermittelten Dehnung).

Der Konstrukteur sollte daher beachten:

– Der Werkstoff kann durch verschiedene Vorgänge (z.B. Spannungsversprödung) verspröden. Ein Festigkeitsnachweis mit konventionellen Berechnungsmethoden ist dann nicht möglich, weil mit ihnen die Versagensform Sprödbruch nicht ausgeschlossen werden kann.

– Eine sichere Maßnahme, den Sprödbruch in geschweißten, mit mehrachsigen Eigenspannungen behafteten Konstruktionen zu vermeiden, besteht in der Wahl zäher, verformbarer Werkstoffe. Diese Möglichkeit der "Selbsthilfe" zäher Werkstoffe wird vom Konstrukteur oft nicht genügend beachtet.

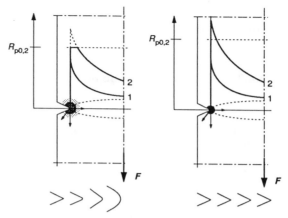

Der Radius der Kerbe wird mit zunehmender Last *F*

abgestumpft ("blunting") nicht abgestumpft

Der Riß entsteht bzw. pflanzt sich nur fort, wenn durch Lasterhöhung die plastische Verformung in Kerbgrundnähe ständig erhöht wird.

Nach Überschreiten einer oft geringen Beanspruchung entsteht der spröde, instabile Sprödbruch, der sich mit einigen 1000 m/s ausbreitet. Das Bauteil wird i.a. durchschlagen.

a) b)

Bild 3-22
Einfluß der Werkstoffzähigkeit auf Rißart bei a) einem zähen, b) spröden Werkstoff, sehr vereinfacht.

Bild 3-22 zeigt schematisch und sehr vereinfacht den Einfluß der Werkstoffzähigkeit auf das Bruchgeschehen zäher und spröder Werkstoffe. Der gekerbte Stab aus einem zähen Werkstoff kann die Rißgefahr durch Plastifizieren des Querschnitts und Abstumpfen des Kerbradius (*"Blunting"*) sehr wirksam behindern. Im spröden (oder durch den Schweißprozeß versprödeten) Werkstoff läuft der Riß nach seiner Entstehung instabil und mit großer Geschwindigkeit durch das Bauteil.

Die Größe der Rißfortschrittsgeschwindigkeit wird u.a. von der zum Erzeugen neuer Rißoberflächen verfügbaren Energie bestimmt. In geschweißten Bauteilen ist die Rißfortschrittsenergie im wesentlichen die gespeicherte elastische Energie der Eigenspannungen. Ihr maximaler Wert W_{max} wird gemäß Bild 3-20 für $\sigma = R_{p0,2}$ erreicht:

$$W_{max} = \frac{\varepsilon \cdot \sigma}{2} = \frac{\sigma^2}{2 \cdot E} = \frac{R_{p0,2}^2}{2 \cdot E}. \qquad [3\text{-}17]$$

Die Rißfortschrittsenergie nimmt mit dem Quadrat der Streckgrenze zu.

3.4.3 Sprödbruchbegünstigende Faktoren

Das Entstehen des Sprödbruchs wird begünstigt durch

– *werkstoffliche* und
– *konstruktive* Faktoren.

Für seine Auslösung müssen eine Reihe von Voraussetzungen erfüllt sein:

❏ der Werkstoff muß versprödbar sein. Alle krz Metalle verspröden beim Erreichen bestimmter Betriebs- bzw. Werkstoffbedingungen nahezu schlagartig:

  – Die *Betriebstemperatur* ist kleiner als die nach verschiedenen Prüfverfahren feststellbare Übergangstemperatur der Zähigkeit.
  – Der vorhandene *Spannungszustand* führt zur Spannungsversprödung.
  – Die zu geringe *Zähigkeit* des Grundwerkstoffs ist Ursache für das Verspröden der WEZ und damit der Verbindung.

❏ Der Werkstoff muß die für die Entstehung des Sprödbruchs erforderlichen mechanischen oder metallurgischen Kerben enthalten.

❏ Die im Bauteil *gespeicherte Energie* muß für die instabile Fortpflanzung des Risses ausreichend sein.

3.4.3.1 Werkstoffliche Faktoren

Ausreichende Zähigkeitseigenschaften des Werkstoffs sind Voraussetzungen für sprödbruchsichere Konstruktionen. Alle Vorgänge, die die Verformbarkeit der wärmebeeinflußten Zone verringern, begünstigen grundsätzlich den Sprödbruch.

Die Sprödbruchempfindlichkeit kann erfahrungsgemäß nicht mit Prüfverfahren beurteilt werden, die *statische* Zähigkeitseigenschaften feststellen. Das gilt z.B. für die im Zugversuch ermittelten Werte für die Bruchdehnung und Einschnürung.

Die Sprödbruchneigung des Bauteils kann bisher nicht zuverlässig bestimmt werden. Die Vielzahl der existierenden Verfahren kann nur bestimmte Teilaspekte dieser komplexen Eigenschaft feststellen. In der Praxis hat sich der *Kerbschlagbiegeversuch* zum Bestimmen der Sprödbruchempfindlichkeit des Grundwerkstoffs bewährt (Abschn. 6.3.2.3.1). Dieser Versuch verbindet die scharfen sprödbruchbegünstigenden Beanspruchungen

– mehrachsige Beanspruchung durch gekerbte Proben,
– schlagartige Beanspruchung und
– Prüfen bei beliebig tiefen Temperaturen

mit Praxisnähe und Wirtschaftlichkeit.

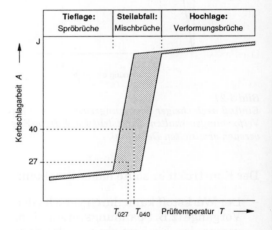

Bild 3-23
Typischer Verlauf einer Kerbschlagarbeit-Temperatur-Kurve mit den charakteristischen Bewertungskriterien Mindestarbeit (z.B. 27 J und 40 J) und Übergangstemperatur (z.B. $T_{ü27}$ und $T_{ü40}$).

Das Ergebnis einer Auswertung zeigt Bild 3-23. Als Bewertungskriterien werden verwendet:

– Die *Übergangstemperatur* z.B. $T_{ü27}$ oder $T_{ü40}$,
– die *Kerbschlagarbeit* in der Hochlage A_v.

Die Erfahrung zeigt, daß zum Vermeiden eines spröden Bruches eine Mindest-Kerbschlagarbeit von 27 J, bei höheren Anforderungen 40 J erforderlich ist. Die zugehörigen Prüftemperaturen werden Übergangstemperaturen $T_{ü27}$ bzw. $T_{ü40}$ genannt. Diese sind mit der Versprödungstemperatur geschweißter Bauteile *nicht* identisch wegen ihrer im Vergleich zur Probe völlig andersartigen Beanspruchung, Werkstückdicke und Größe. Trotzdem erlaubt der Kerbschlagbiegeversuch eine zuverlässige bewertende Einordnung der Stähle hinsichtlich ihrer Sprödbruchsicherheit. Als Bewertungsmaßstab ist die Übergangstemperatur grundsätzlich besser geeignet als die Kerbschlagarbeit in der Hochlage, Bild 3-23.

Die hohe metallurgische Qualität der heutigen Stähle macht ein Versagen durch Sprödbruch selten, wenn die bekannten Standards und Empfehlungen beachtet werden. Große Vorsicht ist allerdings bei Reparaturschweißungen an Bauteilen aus früheren Jahren geboten.

Die Sprödbruchanfälligkeit wird durch alle Faktoren größer, die auch die Schweißeignung verschlechtern. In erster Linie sind zu nennen:

– Die Elemente P, N und C begünstigen die Versprödung (P, N) bzw. Aufhärtung (C). In diesem Sinn müssen auch die (angeschnittenen) Seigerungen in unberuhigten Stählen beachtet werden.

– Korngröße, Art, Menge und Anordnung der Korngrenzensubstanz. Das Gefüge der WEZ ist häufig grobkörnig und daher meist deutlich weniger verformbar als der Grundwerkstoff. Ausscheidungen innerhalb der Körner oder - gefährlicher - auf den Korngrenzen sind für manche Stähle typisch.

– Kaltverformte Bauteile können nach dem Schweißen altern und grobkörnig werden, wenn im Bereich des kritischen Verformungsgrad (etwa 3%...10%) kaltverformt wurde. Es sind hierzu die Richtlinien gemäß DIN 18 800 T1 zu beachten (Abschn. 4.1.3.2.3).

Die Schweißeignung und die Sprödbruchunempfindlichkeit läßt sich relativ zuverlässig durch Angabe der Mindestkerbschlagzähigkeit oder besser der Übergangstemperatur der Stähle angeben. Darauf beruht das Konzept der **Gütegruppen,** Abschn. 3.3.4.

3.4.3.2 Konstruktive Faktoren

Die gespeicherte elastische Energie der mehrachsigen Eigenspannungen sind nach dem Stand unserer Kenntnisse Hauptursache für das Entstehen des Sprödbruchs in geschweißten Konstruktionen. Sie begünstigt nicht nur die Werkstoffversprödung, sondern liefert auch die erforderliche (große) Rißfortschrittsenergie.

Danach sind die folgenden vom Konstrukteur beeinflußbaren Faktoren zu beachten:

– Im Bereich scharfer geometrischer oder metallurgischer Kerben entstehen örtliche *Spannungskonzentrationen* mit einem hohen Grad der Mehrachsigkeit.

– Mit zunehmender Wanddicke wird der Eigenspannungszustand und seine Schärfe *(Mehrachsigkeitsgrad)* größer. Gemäß Bild 3-22 kann ein zäher Werkstoff die Spannungen durch Verformung abbauen. Darauf beruht die Überlegenheit verformbarer Stähle. Das Entstehen spröder Brüche ist bei ihnen nahezu ausgeschlossen. Ein anschließendes *Spannungsarmglühen* hat die gleiche Wirkung, weil die Eigenspannungen weitgehend beseitigt werden.

– Der Einfluß der *Betriebstemperatur* ist nach Bild 3-23 bei versprödbaren Werkstoffen außerordentlich. Ein Betreiben der Konstruktion unterhalb ihrer Übergangstemperatur führt schon bei geringsten Beanspruchungen (20 N/mm² bis etwa 50 N/mm²) unweigerlich zum Sprödbruch.

– Der Werkstoff kann nur dann plastisch verformt werden, wenn die *Geschwindigkeit der Lastaufbringung* kleiner ist als die Verformungsgeschwindigkeit. Die

Gleitbewegungen verlaufen im Gegensatz zur Zwillingsverformung verhältnismäßig langsam. Ist diese Bedingung nicht erfüllt, ist der Sprödbruch unvermeidlich.

3.4.4   Maßnahmen zum Abwenden des Sprödbruchs

Das Entstehen des Sprödbruchs wird in erster Linie durch Wahl ausreichend zäher Werkstoffe vermieden. Darüber hinaus stehen dem Konstrukteur und dem Verarbeiter eine Reihe wirkungsvoller Maßnahmen zur Verfügung, die beachtet werden sollten.

Der Konstrukteur kann die bauteilabhängigen Betriebsbedingungen nicht ändern. Lediglich das Entstehen ungünstiger (dreiachsiger) Spannungszustände kann er begrenzen. Dazu gehören folgende Maßnahmen:

- *Kerben,* d.h. *Steifigkeitssprünge* vermeiden.
- *Wanddicken* begrenzen oder Fügeteil(e) in dünnere Lamellen auflösen.
- *Kaltverformungen* vermeiden oder geeignete Stahlqualitäten wählen (z.B. TM-Stähle oder KQ-Qualitäten nach EN 10 025).
- *Nachgiebig konstruieren.* Starres Einspannen der Fügeteile vermeiden.
- *Kräfte "breitbandig", nicht punktförmig einleiten,* vgl. Stab- und Flächentragwerke.
- *Anhäufen von Schweißnähten vermeiden,* z.B. Nahtkreuzungen oder "Angstlaschen".

Die Aufgabe des Schweißingenieurs besteht u.a. darin, die Verformbarkeit des Werkstoffs durch den Schweißprozeß möglichst wenig herabzusetzen. Hierzu gehört u.a.:

- *Seigerungszonen* nicht anschmelzen oder geeignete Zusatzwerkstoffe wählen, z.B. basischumhüllte Stabelektroden.
- Bei *Temperaturen* größer als +5 °C schweißen.

- Bei großen *Wanddicken* vorwärmen.
- Fügeteile *nicht starr einspannen,* d.h., eine Schweißfolge wählen, die sie möglichst lange frei beweglich lassen.

3.5   Fehler in der Schweißverbindung

Die in einer Schweißverbindung vorhandenen Fehler können sehr unterschiedliche Ursachen haben. Im folgenden sollen lediglich einige grundlegende Tatsachen mitgeteilt werden, eine auch nur annähernd vollständige Darstellung ist nicht möglich.

Die in Schweißverbindungen aus metallischen Werkstoffen vorkommenden Fehler sind in der DIN 8524 zusammengestellt und klassifiziert. Eine Bewertung der Fehler hinsichtlich ihrer möglichen Auswirkungen auf das Bauteilverhalten erfolgt nicht. Abhängig von der Art und dem Zeitpunkt der Fehlerentstehung während des Herstellprozesses des Bauteils unterscheidet man folgende Fehlerarten:

- ❐ **Fertigungsfehler.** Das sind im wesentlichen Handhabungsfehler, deren Auftreten und Größe allerdings von fertigungstechnischen und werkstofflichen Besonderheiten sowie von konstruktiven Mängeln beeinflußt werden. Für die folgende Diskussion werden sie in mechanische und metallurgische Fehler eingeteilt. Man unterscheidet z.B.:
  - Naht- bzw. Wurzelüberhöhung.
  - Poren, Porosität, Porennester, Schlauchporen.
  - Risse (Heiß-, Kalt-, Endkraterrisse im Schweißgut und der WEZ), Bindefehler, Kaltstellen. Sie entstehen i.a. auf Grund mangelhafter Handfertigkeit des Schweißers, können aber oft bei einem entsprechend schlecht schweißgeeigneten Werkstoff mit einem wirtschaftlich vertretbaren Aufwand kaum vermieden werden. Diese planaren Fehler beeinträchtigen

die Tragfähigkeit stärker als jeder andere, sie müssen daher in jedem Fall fachgerecht beseitigt werden.

– Zündstellen, Heftnähte, Einbrandkerben, Wurzelfehler, Kantenversatz sind häufig Bereiche mit starker geometrischer bzw. metallurgischer Kerbwirkung. Sie sind meistens die Folge einer nicht verantwortungsbewußten (häufig schlampigen) Arbeitsweise des Schweißers und einer nicht kontrollierten schweißgerechten Fertigung.

❑ **Werkstoffehler.** Vor dieser Fehlergruppe kann sich der Anwender hinreichend sicher durch Wahl eines für den Verwendungszweck geeigneten Werkstoffs schützen. Die hierfür entscheidende Eigenschaft ist eine ausreichende Schweißeignung. Trotzdem müssen nachstehende Probleme grundsätzlich beachtet werden:

– *Terrassenbruchempfindlichkeit* der Feinkornbaustähle (Abschn. 2.7.6.1),

– *Heißrißempfindlichkeit,*

– *Kaltrißempfindlichkeit.*

❑ **Konstruktive Fehler.** Durch ungeeignete Nahtformen oder eine unzweckmäßige Gestaltung können hohe Eigenspannungszustände und (oder) große Bauteilverzüge entstehen (Abschn. 5).

Der Anwender sollte sich aber bewußt sein, daß nicht jede geometrische Abweichung der Schweißnaht bzw. der Schweißnahtverbindung von dem "Ideal" der Zeichnung ein Fehler in dem beschriebenen Sinn darstellt. Gemäß den Grundlagen der statistischen Qualitätskontrolle wird aus einer "Diskontinuität" erst nach Überschreiten einer festgelegten oder vereinbarten Toleranzgrenze ein zu beseitigender Fehler. Im übrigen führt das Reparieren "fehlerbehafteter" Schweißverbindungen häufig nicht zu der beabsichtigten Fehlerfreiheit, sondern zu weiteren eventuell sehr viel schwerwiegenderen Defekten. Der wichtigste Grund sind die abhängig von der Werkstückdicke entstehenden erheblichen Eigenspannungszustände, die bei nicht fachgerechter Ausführung zur Rißbildung führen können.

3.5.1 Metallurgische Fehler

Eine eindeutige Unterscheidung zwischen metallurgischen und mechanischen Fehlern ist kaum möglich, in den meisten Fällen auch nicht erforderlich. Eine größere Anzahl der verschiedensten vorwiegend auf werkstofflichen Besonderheiten beruhenden Fehlern werden in den verschiedenen Abschnitten schon ausführlicher besprochen. An dieser Stelle sollen nur einige Hinweise auf den Mechanismus der Porenbildung, zum Einfluß des Wasserstoffs und einiger typischer metallurgischer Fehler gegeben werden.

3.5.1.1 Die Wirkung der Gase

Die Gase können im Werkstoff in atomarer oder molekularer Form vorhanden sein und die Werkstoffeigenschaften in sehr unterschiedlicher Weise beeinflussen:

– das atomar im Gitter gelöste Gas beeinträchtigt die mechanischen Gütewerte in der Regel sehr viel stärker als das Gas in molekularer Form. In erster Linie wird die (Bruch-)Zähigkeit z.T. extrem vermindert. Dieses komplexe Verhalten trifft vor allem für das in vielen Beziehungen gefährlichste Gas Wasserstoff zu.

– das gelöste Gas kann bei Löslichkeitssprüngen (z.B. Gitterumwandlung, Übergang flüssig/fest) den Werkstoff nicht verlassen und rekombiniert überwiegend an Gitterstörstellen zu molekularem Gas. Es bilden sich *Poren.* Bild 3-24 zeigt eine sich über die gesamte Länge einer UPgeschweißten Wurzel ausdehnende Schlauchpore. Ihre Entstehung kann darauf zurückgeführt werden, daß die nachfließende Schweißgutmenge geringer war, als das durch die hohe Schweißgeschwindigkeit geschaffene aufzufüllende Schweißgutvolumen.

Die molekularen Gase (N_2, H_2, O_2) können in den Werkstoff nur in *atomarer* Form eindringen. Die Löslichkeit nimmt praktisch unabhängig von der Art des Gases mit der Temperatur stark zu. Bild 3-25 zeigt beispielhaft den Verlauf der Wasserstoff-Löslichkeit von Eisen in Abhängigkeit von der Temperatur. Bemerkenswert ist das sehr unterschiedliche Lösungsvermögen der verschiedenen Eisenmodifikationen, das vor allem im schmelzflüssigen Zustand des Werkstoffs bei allen Gasen extrem groß ist. Bei seinem Schmelzpunkt (1536 °C) können 100 g Eisen 6 cm³ Wasserstoff lösen. Beim Erstarren einer Eisenschmelze, die $\geq$ 6 cm³/100 g Wasserstoff enthalten, muß sich also der überschüssige Wasserstoff in Form von Blasen (Poren) ausscheiden, wenn die Kristallisationsgeschwindigkeit der Schmelze nicht größer ist als die "Aufstiegsgeschwindigkeit" des Wasserstoffs. In den i.a. sehr rasch erstarrenden Schweißschmelzen verbleibt aber je nach ihrem Diffusionsvermögen ein Teil des Gases zwangsgelöst im Gitter oder an Werkstoffehlstellen (z.B. Einschlüssen, Korngrenzen, Versetzungen, Mikrorissen) meistens in molekularer Form.

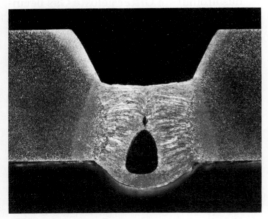

Bild 3-24
Schlauchpore in einer UP geschweißten Wurzel.

Die Wirkung auf das mechanische Verhalten der Werkstoffe hängt von einer Reihe physikalischer und chemischer Eigenschaften der Gase ab:

– Der Größe der *Löslichkeit* des Gases im Werkstoff. Mit zunehmender Menge des gelösten Gases nimmt die Wahrscheinlichkeit der Porenbildung ebenso zu wie der im festen Werkstoff zwangsgelöste Anteil.

– Der Größe des *Diffusionskoeffizienten*. Je schneller sich das Gas bewegen kann, desto größer ist i.a. der durch ihn geschädigte Werkstoffbereich. Allerdings ist diese große Beweglichkeit auch nützlich, weil sich das Gas schon bei verhältnismäßig niedrigen Temperaturen leicht aus dem Werkstoff austreiben läßt. Wasserstoff mit dem kleinsten Atomdurchmesser aller Gase zeigt dieses Verhalten in typischer Weise.

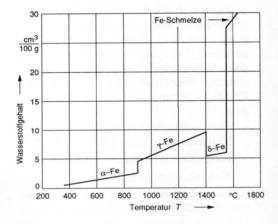

Bild 3-25
Abhängigkeit der Löslichkeit von Wasserstoff in festem und flüssigen Eisen bei p = 1 bar.

– Der Fähigkeit, *Verbindungen* zu bilden. In gebundener Form, d.h., in Form von Schlacken und Einschlüsse wirken die Gase hauptsächlich als mechanische Kerben. Ihr Einfluß auf die mechanischen Gütewerte ist relativ gering und hängt vorwiegend von der Größe, Art und Verteilung der Einschlüsse ab. Sauerstoff und Stickstoff werden leicht von entsprechenden desoxidierenden bzw. denitrierenden Elementen (z.B. Mn, Si, Al, Ti, Nb) gebunden, die Verbindungsneigung von Wasserstoff ist dagegen deutlich geringer.

Wegen der großen Bedeutung für die Werkstoffgruppe Stahl (insbesondere hochfeste Stähle, Abschn. 4.3.2) und der einschneidenden Änderungen vor allem der Zähigkeitseigenschaften, soll im folgenden nur über den Wasserstoff berichtet werden. Die Wirkung der Gase Sauerstoff und Stickstoff wurde bereits ausführlicher an verschiedenen Stellen dieses Buches besprochen.

Wasserstoff

Wasserstoff kann auf vielfältige Weise in den Werkstoff gelangen:

❏ Während des metallurgischen Prozesses der *Herstellung*,

❏ während des Schweißens:

- Das hocherhitzte Schweißgut kann aus der *Atmosphäre*, aus

- *Oberflächenablagerungen*, wie z.B. Fett, Farbe, Öl, Rost, andere vergasbare Substanzen, aus

- *Schweißpulvern, Stabelektrodenumhüllungen, Schutzgasen, Verunreinigungen, metallischen Überzügen* von Drahtelektroden und Schweißstäben Wasserstoff aufnehmen,

❏ unter bestimmten *Betriebs- und Verarbeitungsbedingungen*, wie z.B. in wasserstoffhaltiger Umgebung, beim Beizen in säurehaltiger Medien, bei Korrosionsvorgängen in wäßrigen Elektrolyten, bei bestimmten Oberflächenbehandlungen (z.B. Verzinken, Elektroplattieren).

Nach dem Dissozieren und Adsorbieren des molekularen Wasserstoffs an der Werkstückoberfläche gemäß

$$H_2 \rightarrow 2\,H_{ad} \qquad\qquad [3\text{-}18]$$

wird der atomare Wasserstoff im Kristallgitter absorbiert (gelöst):

$$H_{ad} \rightarrow H_{ab}. \qquad\qquad [3\text{-}19]$$

Im thermodynamischen Gleichgewicht besteht zwischen dem im Gitter gelösten und dem molekularen Wasserstoff an der Phasengrenze Werkstoff/Umgebung die Beziehung nach SIEVERT:

$$[H] = K \cdot \sqrt{p_{H_2}}\,. \qquad\qquad [3\text{-}20]$$

[H] [mol/cm³] = Konzentration des gelösten Wasserstoffs,

p_{H_2} [bar] = Wasserstoffdruck in der Umgebung,

K = Gleichgewichtskonstante.

Sie bestätigt, daß der Wasserstoff nur im atomaren Zustand gelöst wird. Die Beziehung läßt ebenfalls erkennen, daß in einem System der Druck des molekularen Wasserstoffs proportional dem Quadrat des atomaren ist. Der Druck z.B. im Inneren einer mit molekularem Wasserstoff gefüllten Pore kann also beträchtliche Werte erreichen. Diese Zusammenhänge bilden die Grundlagen der *Drucktheorie*, mit der z.B. die Bildung der Beizblasen und Fischaugen durch Wasserstoff zufriedenstellend erklärt werden kann.

Die Wasserstoffaufnahme hängt außer vom Zustand der Werkstückoberfläche (Verunreinigungen!) von der Zusammensetzung des Gases ab. Gasbestandteile mit einer höheren Affinität zu Eisen als Wasserstoff (z.B. Sauerstoff, Schwefeldioxid, Wasserdampf) verdrängen ihn und verhindern damit seine Adsorption.

Stahl kann ebenfalls bei der Korrosion in neutralen und sauren Medien durch die kathodische Abscheidung Wasserstoff aufnehmen. Die sich an der Stahloberfläche einstellende Wasserstoffaktivität steigt mit zunehmender Wasserstoffionenkonzentration d.h. fallendem pH-Wert. Durch Hydrolyse des anodisch in Lösung gegangenen Metalls (z.B. Eisen, Chrom; Abschn. 1.7.2.4.1) kann in Spalten der pH-Wert bis auf 3 bis 4 fallen und zu unterkritischem Rißwachstum führen.

Zwischen dem im Gitter gelösten Wasserstoff und den Spannungsfeldern der Gitterfehlstellen (z.B. Versetzungen, Leerstellen, Ausscheidungen) bestehen erhebliche Wechselwirkungen. Diese Orte stellen für den wandernden Wasserstoff "Fallen" (*Traps*) dar, die seine Diffusion durch das Gitter empfindlich behindern. In stark kaltverformtem Eisen wird durch die große Versetzungsdichte die Diffusion des Wasserstoffs erheblich erschwert und damit seine Aufenthaltsdauer im Gitter (= Schädigungsdauer) verlängert. Die Folge sind deutliche Versprödungserscheinungen. Die Voraussetzung für jede durch Wasserstoff hervorgerufene Schädigung ist eine lokal ausreichend hohe Konzentration im Gitter. Daher sind Gitterfehlordnungen jeder Art für den Schädigungsmechanismus erforderlich.

Die weitaus größte und für die Eigenschaftsänderungen entscheidende Wechselwirkung zeigt der Wasserstoff aber mit inneren "Oberflächen", wie z.B. Poren, Rissen und Phasengrenzflächen. Hier wird er chemisorbiert, er ist also an chemischen Reaktionen beteiligt, wodurch die Oberflächenspannung und damit die Trennfestigkeit erniedrigt wird. Diese Tatsachen sind die Grundlage der *Dekohäsionstheorie* von ORIANI. Sie ist die Grundlage zum Verständnis der wasserstoffinduzierten Kaltrisse (Abschn. 3.5.1.6).

Wasserstoff schädigt den Werkstoff in einer komplexen, heute immer noch nicht ganz verstandenen sehr vielfältigen Weise. Das Ausmaß hängt entscheidend von der Gefügeart und Form ab, in der er im Gitter vorliegt:

- Mit zunehmender Werkstoffestigkeit nimmt die versprödende Wirkung in Form der wasserstoffinduzierten Kaltrisse sehr stark zu. Besonders gefährdet ist das martensitische Gefüge. Die hochfesten schweißgeeigneten Vergütungsstähle (Abschn. 2.7.7 und 4.3.2.6) und die höhergekohlten Vergütungsstähle sind typische Beispiele.

- Gelöst auf Zwischengitterplätzen.

- Wechselwirkend mit Gitterdefekten oder

- in Hohlräumen als molekularer Wasserstoff ausgeschieden (z.B. Poren, Schlakken).

Im folgenden sollen die daraus ableitbaren wichtigsten Schädigungserscheinungen (Kaltrisse, siehe Abschn. 3.5.1.6) angedeutet werden. Es existieren eine Reihe verschiedener Theorien, von denen aber keine alle Erscheinungen beschreiben kann.

In weichen, unlegierten Stählen kann atomarer Wasserstoff eindiffundieren und sich an dicht unter der Oberfläche liegenden Poren oder Mikrorissen molekular ausscheiden. Der dabei gemäß der Beziehung von SIEVERT entstehende sehr hohe innere Druck führt an der Rißspitze zu einer großen mehrachsigen Beanspruchung, die zum weiteren Rißfortschrittschritt bzw. zum Aufreißen der "Blase" führt. Der Mechanismus der Blasenbildung und die Erscheinung der weiter unten beschriebenen Fischaugen lassen sich mit dieser *Drucktheorie* genannten Modellvorstellung zutreffend beschreiben.

Diese Blasenbildung kann beim *Beizen* von Halbzeugen entstehen und ist deshalb in der Praxis als *Beizsprödigkeit* bekannt. Die Rißflächen zeigen i.a. ein überwiegend duktiles Bruchverhalten. Die Wirkung des Wasserstoffs wird häufig mit dem strapazierten Begriff *Wasserstoffversprödung* beschrieben. Diese Einschätzung ist metallphysikalisch nicht korrekt und sollte daher nicht verwendet werden.

Auf dem gleichen Mechanismus beruht auch die Erscheinung der *Fischaugen* [32] in Schweißgütern von Schweißverbindungen aus weichen Stählen. Der an Poren und Schlacken in molekularer Form ausgeschiedene Wasserstoff erzeugt in einen etwa kugelförmigen Volumen um die Fehlstelle einen hohen Eigenspannungszustand. Dieser führt aber nur selten zu einem Aufreißen dieses im Inneren des Schweißguts liegenden dreiachsig beanspruchten hinreichend verformbaren Werkstoffbereichs. Durch äußere zum Bruch des Bauteils führenden Belastungen entsteht eine Bruchfläche, in der sich der mehrachsig beanspruchte relativ kleine Bereich als helle, glänzende, kreisförmige Fläche mit der in ihrem Zentrum liegenden Pore/Schlacke abzeichnet. Dieses einem Auge gleichende Bruchbild hat zu der Bezeichnung Fischauge geführt. Wird wie üblich die Beanspru-

---

[32]   im englischen Sprachraum wird diese Erscheinung *birdeye*, im amerikanischen meistens *fisheye* genannt.

wie üblich die Beanspruchung beim Ziehen oder Biegen genügend rasch aufgebracht, dann kann der Wasserstoff nicht schnell genug nachdiffundieren, die Auswirkung auf die Bauteilsicherheit ist dann als gering einzuschätzen. Trotzdem kommt es verschiedentlich zu Mikrorissen im Schweißgut, vor allem wenn nicht basische Stabelektroden verwendet werden. Diese Erscheinung wird in der Praxis daher häufig nur als Indiz dafür gewertet, daß die Schweißarbeiten hinsichtlich der Wasserstoffaufnahme sorglos durchgeführt wurden.

Verhindern der Gasaufnahme

Mit zunehmender Festigkeit und zunehmendem Kohlenstoffgehalt des Werkstoffs ist die rigorose Begrenzung des in das Schweißgut gelangenden Wasserstoffs und der anderen Gase zwingend erforderlich.

Folgende Möglichkeiten der Gasaufnahme sind in der Schweißpraxis bedeutsam und sollten beachtet und kontrolliert werden:

❑ Luftfeuchte oder mit Schichten aller Art bedeckte Blechoberflächen. Öl, Rost, Farbe, Feuchtigkeit sind vergasbare Bestandteile, die erhebliche Gasmengen erzeugen können. Sie lassen sich durch Anwärmen, geeignete Lösungsmittel oder mechanische Verfahren (z.B. Schleifen, Bürsten) beseitigen.

❑ Ziehfettrückstände, Rost oder andere Verunreinigungen auf den Oberflächen von Drahtelektroden und Schweißstäben.

❑ Feuchtigkeit in Schutzgasen, Stabelektroden und Schweißpulvern.

❑ Falsche Handhabung und eine nicht fachgerechte Schweißtechnologie. Hierzu gehören z.B.:

– zu langer Lichtbogen: Luft kann in den Lichtbogenraum gelangen,

– falsche Führung des Schweißbrenners beim Gas- und Schutzgasschweißen: Anstellwinkel zu groß/klein; helleuchtender Kegel der Gasflamme taucht in die Schmelze ein, die Kohlenstoff und Wasserstoff aufnimmt,

– falsche Einstellwerte: zu große Vorschubgeschwindigkeit der Wärmequelle erschwert sehr stark das Ausgasen des Schweißguts und wird häufig als Ursache für eine ausgeprägte Porenbildung unterschätzt.

Die Viskosität der Schmelze wird in erster Linie durch ihren Sauerstoffgehalt bestimmt, sie ist also von der chemischen Charakteristik der Stabelektrodenumhüllung und der Schweißpulver abhängig.

Der wichtigste Wasserstofflieferant ist zweifellos das von den Umhüllungen und Schweißpulvern aufgenommene und in ihnen chemisch gebundene Kristall- bzw. Konstitutionswasser (OH-Gruppen). Grundsätzlich sollte der Feuchtegehalt in basischen Stabelektroden (basischen Schweißpulvern), die zum Schweißen höherfester Vergütungsstähle verwendet werden, möglichst gering sein. Diese Behandlung gilt nur für basische Stabelektroden. Die Umhüllung jeder anderen Stabelektrodenart muß zum Stabilisieren des Lichtbogens und für einen gerichteten Werkstoffübergang einen bestimmten Feuchtegehalt aufweisen. Zelluloseumhüllte Stabelektroden enthalten beispielsweise bis 4 % Feuchtigkeit. Weitere Einzelheiten sind im Abschn 4.2.1.2.5 zu finden.

3.5.1.2 Fehler beim Schweißbeginn und -ende

Bei einigen Zusatzwerkstoffen - vor allem Stabelektroden - besteht die Neigung, zu Beginn der Schweißarbeiten im *Anfangskrater* (Ansatzstelle) des Schweißguts eine deutliche Porenbildung zu erzeugen. Die Ursache ist eine unzureichende Desoxidation der Schmelze. Die notwendige metallurgische Reinigung der Schmelze muß mit Desoxidationselementen in der Umhüllung erfolgen, weil der Kernstab von Stabelektroden für unlegierte Stähle unberuhigt ist. Kernstäbe für Stabelektroden, die zum Schweißen der hochfesten Stähle geeignet sind, enthalten geringe Mengen Silicium.

Die Menge des in der Umhüllung enthaltenen Ferrosiliciums ist aber begünstigt durch die bei Schweißbeginn zur Verfügung stehende kurze Reaktionszeit für eine vollständige Desoxidation zu gering und Porenbildung dann unvermeidlich, Bild 3-26a.

Diese Erscheinung kann durch eine besondere Schweißtechnologie sicher vermieden werden:

– *Verwenden von Vorschweißblechen.* Der Anfangskrater, d.h., die ersten 2 cm bis 3 cm der Schweißnaht wird nach dem Schweißen abgetrennt, Bild 3-26b.

– *Wählen einer besonderen Elektrodenführung.* Die Elektrode wird etwa 2 cm bis 3 cm in der Fuge (also *vor* dem Nahtende) gezündet und in Richtung des Nahtendes geführt. Nach dessen Aufschmelzen wird die Schweißrichtung umgekehrt und dadurch der eigentliche Nahtbeginn er-

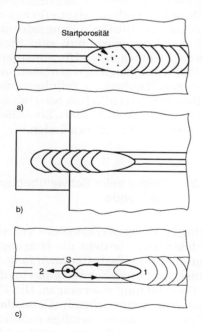

Bild 3-26
Fertigungstechnische Möglichkeiten zum Vermeiden der "Startporosität"
a) Poren im Anfangskrater,
b) Verwenden von Vorschweißblechen,
c) Spezielle Elektrodenführung.

neut aufgeschmolzen. Durch die jetzt höhere Reaktionstemperatur, die verlängerte Reaktionszeit und die größere zur Verfügung stehende Siliciummenge wird dieser Bereich vollständig desoxidiert und damit die Porenbildung unterbunden, Bild 3-26c.

Ähnliche metallurgische Probleme wie bei den Naht-Ansatzstellen findet man auch im Bereich des *Endkraters.* Sie entstehen vor allem bei den Handschweißverfahren mit ihrem häufigen Stabelektroden- bzw. Schweißstabwechsel.

Folgende metallurgische Fehler treten am Nahtende auf, wenn die Wärmequelle schlagartig fortgerissen wird:

– *Endkraterrisse, Endkraterporen.* Das Nahtende kühlt wegen der fehlenden Wärmezufuhr der Wärmequelle sehr rasch ab, und die Zufuhr flüssigen Zusatzwerkstoffs unterbleibt schlagartig. Die Folge ist ein eingefallenes (Endkrater), schlecht desoxidiertes Nahtende (Poren), in dem sich wegen der hohen thermischen Spannungen häufig heißrißähnliche Werkstofftrennungen bilden (Endkraterrisse).

– *Aufnahme atmosphärischer Gase* durch den weitgehend fehlenden Schutzgasschleier.

Vor allem in *Legierungen* und in anderen zum Heißriß neigenden Werkstoffen entstehen bevorzugt Endkraterrisse. Auch diese Defekte lassen sich durch geeignete Führung des Zusatzwerkstoffs und apparative Ergänzungen der Schweißeinrichtung vermeiden. In erster Linie sind zu nennen:

– *Verwenden einer Kraterfülleinrichtung* bei Schutzgasschweißverfahren. Diese Einrichtung schaltet den Schweißstrom nicht sofort ab. Der Strom fällt kontinuierlich oder wird mit Hilfe geeigneter Regeleinrichtungen nach Maßgabe bestimmter, einstellbarer Strom-Zeit-Folgen ausgeschaltet. Die Zugabe des flüssigen Zusatzwerkstoffs wird somit allmählich beendet. Die Abkühlgeschwindigkeit ist geringer, der Endkrater aufgefüllt, d.h., die Rißneigung wird wirksam behindert.

– *Geeignete Führung der Zusatzwerkstoffe.* Beim Lichtbogenhandschweißen wird der Lichtbogen vom Endkrater auf die Flanke geführt und im "Kurzschluß ausgedrückt". Für bestimmte hochlegierte Stähle ist diese Maßnahme häufig auch nicht ausreichend. Ein sorgfältiges Ausschleifen des Endkraters ist dann unumgänglich.

– *Verwenden von Auslaufblechen.* Die Schweißnaht wird auf ein außerhalb der Naht liegendes angeheftetes Blech geführt und nach dem Ende der Schweißarbeiten abgetrennt.

3.5.1.3 Probleme des Einbrands

In den meisten Fällen ist ein tiefer *Einbrand* aus werkstofflichen Gründen unerwünscht (Abschn. 4.1.1), Bild 3-27a. Die entscheidenden Nachteile sind die ungünstige die Heißrißbildung stark begünstigende Form der Primärkristallisation des Schweißguts (Bild 4-7) und der große *Aufschmelzgrad*, d.h. der Umfang der Vermischung von Grundwerkstoff und Zusatzwerkstoff, Bild 3-27b. Das Verformungsvermögen des Schweißguts nimmt i.a. mit zunehmendem Grundwerkstoffanteil ab, weil die metallurgische Reinheit der Zusatzwerkstoffe - zumindest bei konventionellen Stählen - deutlich größer ist als die der Grundwerkstoffe.

Aus technischen Gründen ist eine große Einbrandtiefe nicht erforderlich, sie wird aber in der Schweißpraxis oft wegen ihrer Fähigkeit geschätzt, Anpaßungenauigkeiten der Nahtvorbereitung "auszugleichen". Insbesondere beim Verbindungs- und Auftragschweißen unterschiedlicher Werkstoffe ist wegen der zu erwartenden metallurgischen Unverträglichkeiten ein möglichst geringer *Aufschmelzgrad* erforderlich (Abschn. 4.1.1).

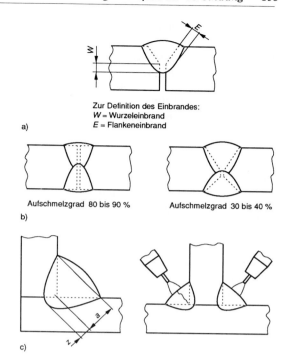

Zur Definition des Einbrandes:
W = Wurzeleinbrand
E = Flankeneinbrand

a)

Aufschmelzgrad 80 bis 90 %   Aufschmelzgrad 30 bis 40 %

b)

c)

Bild 3-27
Einbrandverhältnisse bei Stumpf- und Kehlnähten.
a) Zur Definition des Einbrandes,
b) Einfluß der Fugenform auf den Aufschmelzgrad,
c) zusätzlicher Einbrand z bei Kehlnähten und Heißrißneigung doppelseitig geschweißter Kehlnähte.

Im Stahlbau und im Schiffbau werden häufig in einer Lage hergestellte Kehlnähte mit sehr tiefem Einbrand verwendet, weil unter bestimmten Umständen die Hälfte der "zusätzlichen" Einbrandtiefe z in der statischen Berechnung berücksichtigt werden darf, Bild 3-27c. Wegen der hohen Abkühlgeschwindigkeit (siehe z.B. Bild 4-18) und der ungünstigen Kristallisationsbedingungen sollte die Unbedenklichkeit dieser Technik durch Versuche nachgewiesen werden. Bei der z.B. im Schiffbau vielfach angewendeten Doppel-Kehlnahtschweißung, Bild 3-27c, kann durch das *gleichzeitige* Schweißen der Kehlnähte mit Automaten der Steg in *keine* Richtung schrumpfen. Dieses durchaus beabsichtigte Ergebnis führt aber zu großen Schrumpfspannungen in den erstarrenden Nähten und damit zur Heißrißbildung.

3.5.1.4   Einschlüsse; Schlacken

Nach der Art ihrer Entstehung im Schweißgut unterscheidet man die

– exogenen und die
– endogenen Schlacken.

Exogene Schlacken gelangen durch Handhabungsfehler des Schweißers in die Schmelze. Das kann beispielsweise durch in die Schmelze gelangende abgeplatzte Teile der Umhüllung oder durch Einschwemmen geschmolzener Schlacke in das Metallbad als Folge einer fehlerhaften Elektrodenführung geschehen. Aber auch die unkontrollierte Reaktion beliebiger Verunreinigungen in Fugennähe kann zu unerwünschten festen (gasförmigen) Schlacken führen, die nicht in die Schlackendecke aufsteigen können.

Kaltstellen entstehen bei Handschweiß-Verfahren,
Schlackeneinschlüsse bei tiefeinbrennenden Schweiß-Verfahren weil:

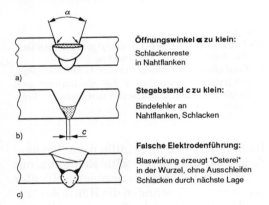

Öffnungswinkel α zu klein:

Schlackenreste
in Nahtflanken

a)

Stegabstand c zu klein:

Bindefehler an
Nahtflanken, Schlacken

b)

Falsche Elektrodenführung:

Blaswirkung erzeugt "Osterei"
in der Wurzel, ohne Ausschleifen
Schlacken durch nächste Lage

c)

Bild 3-28
Einfluß der Nahtvorbereitung und der Elektrodenführung auf die Entstehung von Schlacken und Kaltstellen im Schweißgut.
a) Einfluß des Öffnungswinkels und des Schweißverfahrens,
b) Einfluß des Stegabstands,
c) Einfluß falscher Elektrodenführung beim Schweißen der Wurzel.

Endogene Schlacken sind das erwünschte Ergebnis der Reaktionen der Desoxidationsmittel (z.B. Mn, Si, Al, siehe Abschn. 2.3) mit den zu beseitigenden Verunreinigungen (z.B. O, N, S, P). Wegen der hohen Reaktionstemperaturen in der Schmelze und ihrer großen Abkühlgeschwindigkeit sind sie i.a. sehr klein. Eine Beeinträchtigung der mechanischen Gütewerte durch diese Schlacken ist ebensowenig zu erwarten wie bei desoxidierten Grundwerkstoffen. Diese Aussage gilt uneingeschränkt allerdings nur für konventionelle niedrigfeste Stähle. Mit zunehmender Werkstoffestigkeit wirken auch kleinere Schlacken (Poren) zunehmend tragfähigkeitsvermindernd.

Die durch fehlerhafte Handhabung entstandenen exogenen Einschlüsse sind in den meisten Fällen wesentlich größer als die endogenen. Sie sind also wesentlich gefährlicher und ihre Beseitigung ist daher im Gegensatz zu den endogenen meistens erforderlich bzw. nach den Regelwerken bindend vorgeschrieben.

"Vermeidbare" Schlacken und Schlackennester sind auch häufig die Folge einer falschen Elektrodenführung, dem Schweißen in bestimmten Positionen und einer fehlerhaften Nahtvorbereitung. Die wichtigsten Ursachen sind danach:

– Die beim Schweißen der Wurzel besonders starke *Blaswirkung* wird vom Schweißer nicht berücksichtigt, Bild 3-28c. Die Schmelze wird bei falscher Elektrodenhaltung auf die bereits geschweißte Naht "geblasen" und erstarrt dann in der charakteristischen Eiform (*"Osterei"*). Mit der Wärme der nachfolgenden Lage können die an den Fugenflanken i.a. fest verkrallten Schlackenreste nicht zuverlässig aufgeschmolzen werden. Einschlüsse sind nur vermeidbar, wenn die Schlackenreste vorher ausgeschliffen wurden. Ähnliche Probleme ergeben sich bei Schweißnähten mit geringem Öffnungswinkel, die mit Hochleistungsverfahren hergestellt werden. Die Schlacke der weit in die Nahtflanken einbrennenden Naht läßt sich i.a. nur durch intensives Schleifen beseitigen. Unterbleibt dieser Arbeitsschritt oder wird die festgeklammerte Schlacke nicht restlos entfernt, dann entstehen Schlackeneinschlüsse.

– *Der Stegabstand ist zu gering.* Neben der größeren Gefahr der Bildung von *Bindefehlern*, Bild 3-28b, muß auch mit Schlakkeneinschlüssen gerechnet werden.

– *Schweißen in bestimmten Positionen.* Beim Schweißen z.B. in der ü-Position ist das Aufsteigen der Reaktionsschlakken und evtl. Gase grundsätzlich erschwert. Schlackeneinschlüsse und eine gewisse Porigkeit ist daher charakteristisch für diese Schweißtechnologie.

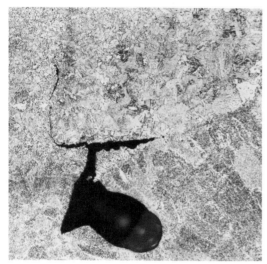

Bild 3-29
Mikroaufnahme eines durch einen Einschluß in einer 30 mm dicken Schweißverbindung aus dem Stahl 15 Mn 3 entstandenen Riß, V = 100:1.

Die Mikroaufnahme Bild 3-29 zeigt sehr anschaulich die rißauslösende Wirkung einer im Bereich der Schmelzgrenze entstandenen Schlacke.

3.5.1.5   Zündstellen

Dieser Fehler entsteht beim Zünden des Lichtbogens *neben* der Schweißnahtfuge überwiegend bei Handschweißverfahren. Seine Ursache ist also nicht eine mangelhafte Handfertigung, sondern Nachlässigkeit und(oder) unzureichende Kontrolle des Schweißers.

Der Bereich der etwa kreisförmigen Zündstelle besteht aus einer geringen Menge extrem schnell erstarrten flüssigen Werkstoffs umgeben von einer sehr schnell abgekühlten WEZ. In dem häufig in Martensit umgewandelten austenitisierten Teilbereich entstehen bei größeren Kohlenstoffgehalten des Grundwerkstoffs leicht Risse, begünstigt durch den scharfen Eigenspannungszustand. Schleifspuren neben Schweißnähten sind häufig nur oberflächlich beseitigte Zündstellen, die immer noch "zugeschmierte" Risse enthalten. Eine Prüfung mit dem Farbeindringverfahren oder anderen geeigneten Verfahren ist daher sehr empfehlenswert.

3.5.1.6   Rißbildung im Schweißgut und der WEZ

Rißbildung im Schweißgut und der WEZ ist die wohl gefürchtetste und am schwersten gezielt zu vermeidende Fehlerart. Eine Reparatur ist unumgänglich. Die Rißbildungsmechanismen sind i.a. sehr komplex und die Rißursachen häufig nicht genügend bekannt oder nur mit großem Aufwand feststellbar. Damit ist die Wahl entsprechender Gegenmaßnahmen erschwert und oft nur mit begründeter Erfahrung und ohne Garantie für eine erneute Rißbildung möglich.

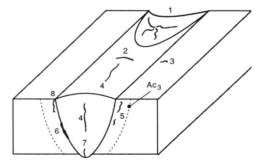

1 Endkraterriß	5 Kaltriß in der WEZ
2 Querriß im Schweißgut	6 Bindefehler
3 Querriß in der WEZ	7 Wurzelriß
4 Längsriß im Schweißgut	8 Kantenriß

Bild 3-30
Einteilung der Rißarten nach dem Ort der Entstehung in Schweißverbindungen, schematisch.

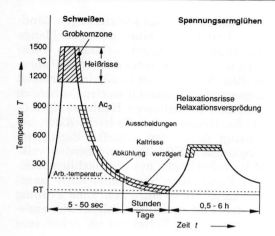

Bild 3-31
Rißbildung beim Schmelzschweißen, nach MPA
Stuttgart.

Risse entstehen nach örtlicher Überschreitung der Festigkeit durch eine irreversible Trennung des atomaren Zusammenhalts unter Bildung von Rißoberflächen.

Abhängig vom Entstehungsort der Risse in Schweißverbindungen unterscheidet man:

– Risse im *Schweißgut*,
– Risse im Bereich der *Schmelzgrenze* und
– Risse im restlichen Bereich der *WEZ*.

Bild 3-30 zeigt die wichtigsten Rißentstehungsorte in einer schematischen Übersicht.

Für die Zwecke dieses Buches sollen nachstehende Definitionen und Klassifizierungen der Rißarten verwendet werden, Bild 3-31:

❏ In Abhängigkeit von dem Temperaturbereich, in dem die Rißbildung erfolgt unterscheidet man

  – *Heißrisse* und
  – *Kaltrisse*. Nach der DIN 8524 werden Kaltrisse in Schweißverbindungen nach Rißlage und und Ausbildungsform eingeteilt in Aufhärtungs-,

Wurzel-, Kerb-, Schrumpf-, und Lamellenrisse (Terrassenbruch, Abschn. 2.7.6.1). Bild 3-32 gibt einige Hinweise zur Klassifikation der Kaltrisse.

❏ Je nach der Rißlänge unterscheidet man

  – *Mikrorisse*, deren Länge häufig im Bereich eines Korndurchmessers liegt und daher nur mit metallografischen Methoden feststellbar sind und die

  – *Makrorisse*, die mit unbewaffnetem Auge erkennbar sind.

❏ *Gewaltbrüche* treten als

  – *Verformungsbrüche* und

  – *Sprödbrüche* auf. Sie verlaufen kristallin oder interkristallin und entstehen durch Spalten (Trennen) der Kristallebenen im Korn (Spaltbruch, Trennbruch). Makroskopisch erscheint er verformungslos, obwohl seine Entstehung eine bestimmte mikroskopische Plastizität voraussetzt (Mikroplastizität).

Die gefährlichste Schadensform für die Schweißpraxis ist der *wasserstoffinduzierte Kaltriß* (siehe auch 3.5.1.1). Da er nach der Wasserstoffbeladung u.U. erst nach Tagen entsteht, wird er im englischen Sprachraum als *delayed* (delayed; engl. verzögert) *fracture* bezeichnet. Daher wird auch gelegentlich die Bezeichnung *verzögerter Riß* verwendet. Bild 3-33 zeigt die Bruchfläche eines typischen Kaltrisses in makroskopischer und rasterelektronenmikroskopischer Darstellung.

Rißart	Entstehungsort(e)	Rißverlauf	Skizze
Aufhärtungsriß Unternahtriß	WEZ	transkristallin	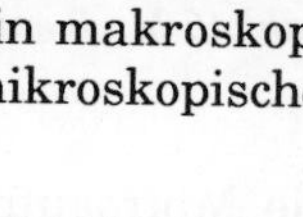 $\gamma \rightarrow M$ Riß
wasserstoff-induzierter Riß	WEZ und Schweißgut	transkristallin und(oder) inter-kristallin	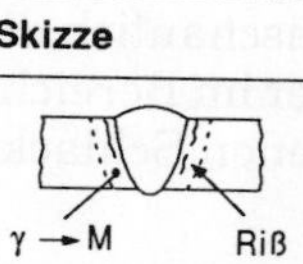 Riß
Terrassenbruch	WEZ	parallel zur Walzrichtung	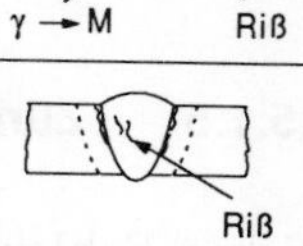 Riß

Bild 3-32
Klassifizierung des Schweißfehlers Kaltriß.

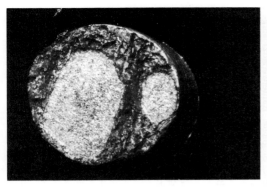

a)

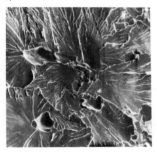

b)

Bild 3-33
Bruchflächenaufnahmen eines wasserstoffinduzier-
ten Kaltrisses in einer Implantprobe aus dem Werk-
stoff C 15.
a) Makroaufnahme, die helleren Flächen sind die
   Kaltbruchflächen,
b) REM-Aufnahme. Die Bruchfläche zeigt außer
   sprödflächigen Anteilen auch Bereiche mit deutli-
   cher Mikroplastizität.

Die Bildung der Kaltrisse erfolgt in folgenden Schritten:

– Entstehung von Mikrorissen an Gitterdefekten nach einer bestimmten Inkubationszeit. Sie sind im Lichtmikroskop nicht nachweisbar.

– Langsames Wachsen der Mikrorisse bis eine kritische Länge erreicht ist. Dabei sammelt sich zeitabhängig atomarer (diffusibler) Wasserstoff an. Anschließend entsteht durch Verminderung der Kohäsionskräfte der Übergang zum

– instabilen Rißfortschritt.

Der im Werkstoff vorhandene atomare Wasserstoff diffundiert offenbar begünstigt

durch Spannungsgradienten in Bereiche mit hoher Fehlstellendichte, die i.a. bereits Zonen erniedrigter Trennfestigkeit sind. Der Wasserstoff reichert sich in dem durch die Wirkung des dreiachsigen Spannungszustandes hydrostatisch gedehnten Bereiches vor der "Rißspitze" an. Dadurch wird die Trennfestigkeit soweit erniedrigt, daß sich Mikrorisse bilden. Das ist die Grundlage der *Dekohäsionstheorie,* mit der der Mechanismus der Rißentstehung beschrieben wird.

Der Riß läuft in der Regel durch Werkstoffbereiche mit kritischer Wasserstoffkonzentration und bleibt dann stehen. Ein Weiterwachsen kann erst dann erfolgen, wenn an seiner Rißspitze erneut die kritische Wasserstoffkonzentration und der kritische Spannungszustand erreicht ist. Der Fortschritt des Risses erfordert daher längere Zeiten, d.h., der vollständige Bruch tritt erst Stunden bzw. einigen Tagen auf.

Die Auslösung des Schadens hängt von der Möglichkeit ab, daß sich am Rißort eine kritische Kombination von Beanspruchung und Wasserstoffgehalt einstellen kann. Das Ausmaß der Versprödung wird daher sehr stark von der Betriebstemperatur bestimmt. Bei hohen Temperaturen kann sich wegen der verbesserten Diffusionsbedingungen kein kritischer Wasserstoffgehalt einstellen, bei niedrigen sehr spät oder überhaupt nicht. Die Temperatur maximaler Schädigung liegt etwa im Bereich üblicher Umgebungstemperaturen (–30 °C bis +30 °C).

Bei großen Beanspruchungsgeschwindigkeiten kann der Wasserstoff ebenfalls nicht genügend rasch diffundieren, d.h., ein entstehender Bruch kann nur die Folge einer zu großen mechanischen Belastung sein, nicht aber auf der Wirkung des Wasserstoffs beruhen. Aus diesem Grunde kann diese Form der Werkstoffversprödung auch nicht mit dem Kerbschlagbiegeversuch nachgewiesen werden. Hierfür sind grundsätzlich Prüfverfahren erforderlich, mit denen die Last ausreichend *langsam* aufgebracht werden kann. Der Zugversuch mit scharfgekerbten Proben und geringer Belastungsgeschwindigkeit oder besser der in

Fehlerart	Entstehung	Maßnahmen zu ihrer Vermeidung
Poren	Das gelöste Gas kann wegen der raschen Abkühlung nicht das Schweißgut verlassen, sondern scheidet sich im Werkstoff in molekularer Form als **Poren** aus. Umgebungsfeuchtigkeit oder vergasbare Ablagerungen auf den Werkstückoberflächen, wie z.B.: **Feuchte, Rost, Farben, metallische Überzüge (z.B. Zink).** Schweißspezifische Feuchtelieferanten, wie z.B.: **Feuchtigkeit in Schweißgasen, Kristall- und Konstitutionswasser in Elektroden-Umhüllungen und Schweißpulvern, Ablagerungen auf Stab- und Drahtelektroden, Schweißstäben.** Fertigungsfehler, wie z.B.: **falsche Einstellwerte, Lichtbogen zu lang, Vorschubgeschwindigkeit der Wärmequelle zu groß.**	Saubere, trockene Werkstückoberflächen z.B. durch mechanische Verfahren im Bereich der Schweißnaht und Anwärmen auf etwa 100 °C (Adsorptionswasser wird beseitigt!) erzeugen. Zusatzwerkstoffe nach Herstellervorschrift trocknen (Stabelektroden, Schweißpulver, Schutzgase). Naht sorgfältig vorbereiten (Öffnungswinkel, Stegabstand, Steghöhe, Kantenversatz), dadurch werden handhabungsbedingte Mängel ausgeschlossen bzw. verringert. Schweißstelle mit Windschutz versehen. Einfluß der Poren wird nach Regelwerk häufig zu konventionell beurteilt. Bei statischer Beanspruchung sind mindestens 6 % Poren zulässig. Reparaturen erzeugen häufig noch schwerwiegendere Fehler: hoher Eigenspannungszustand, Kerben, neue Fehler, Risse.
Schlacken	Unterscheide: **exogene** (von außen i.a. durch Handhabungsfehler in die Schmelze gelangende **Schlacke**, z.B. Umhüllungsbestandteile werden in die Schmelze geschwemmt) und **endogene** Schlacken, die durch die notwendigen Desoxidationsreaktionen entstehen müssen, da sie den ordnungsgemäßen Ablauf der Desoxidation bestätigen. Es entstehen meistens rundliche, sehr kleine nichtmetallische Verbindungen, die z.T. in der Schlacke steigen, z.T. im erstarrenden Schweißgut eingeschlossen werden. Die als Folge der notwendigen Desoxidation entstehenden Schlacken beeinträchtigen i.a. die Tragfähigkeit in einem nur geringen Umfang. Sie entstehen in einem nicht tolerierbaren Umfang meistens durch unzureichende Handfertigkeit des Schweißers und Fertigungsfehler, z.B. **Ungeeignete Elektrodenführung ("Osterei" in der Wurzel) und Schweißbrennerhaltung,** **Öffnungswinkel und(oder) Stegabstand zu klein.**	nur exogene Schlacken sind i.a. bedenklich, sie müssen häufig beseitigt werden. Nahtvorbereitung (Öffnungswinkel, Stegabstand, Steghöhe, Kantenversatz) sorgfältig durchführen, dadurch werden handhabungsbedingte Mängel ausgeschlossen bzw. verringert. Zwischenlagen, vor allem bei "Baustellenfertigung" überschleifen. **Ausbildung der Schweißer und laufende Qualitätskontrolle ist Voraussetzung für eine kontrollierte Fertigung.** Kaltstellen entstehen bei Handschweiß-Verfahren, Schlackeneinschlüsse bei tiefeinbrennenden Schweiß-Verfahren weil: **Öffnungswinkel α zu klein** Schlackenreste in Nahtflanken **Stegabstand c zu klein** Bindefehler an Nahtflanken **falsche Elektrodenführung:** Blaswirkung, "Osterei"
Zündstellen	Zünden des Lichtbogens außerhalb der Schweißnaht erzeugt **Zündstellen.** Abhängig vom Kohlenstoffgehalt, der Werkstückdicke und Abkühlgeschwindigkeit entsteht aus dem austenitisierten Bereich der WEZ harter, spröder rißanfälliger Martensit. Hohe Eigenspannungszustände begünstigen die Rißbildung selbst bei gut schweißgeeigneten Stählen.	Ein Problem der Qualifikation des Schweißers und seines Verantwortungsbewußtseins, der Qualitätskontrolle und der Schweißaufsicht.. Es ist besonders auf angeschliffene Bereiche der Oberfläche zu achten: Durch das Schleifen nicht beseitigte, sondern nur "verschmierte" Risse können Probleme bereiten. Farbeindringprobe verwenden. **Daher nur in der Naht zünden.**

Fehlerart	Entstehung	Maßnahmen zu ihrer Vermeidung
"Startporosität"	Beim Beginn der Schweißarbeiten kann insbesondere bei verschiedenen Stabelektrodentypen eine ausgeprägte **Porosität** im Anfangskrater bzw. Endkrater entstehen. Die Ursache sind die nur begrenzten Mengen Ferrosilicium in der Umhüllung (der Kernstab ist bei unlegierten Stählen unberuhigt!), weil $Si > 0{,}35\,\%$ im Schweißgut die Zähigkeitseigenschaften vermindert. Zu Beginn sind die zur Verfügung stehenden Reaktionszeiten zu gering, die Temperatur noch nicht hoch genug, die Desoxidation also noch unvollständig. Ähnliches gilt für den Endkrater, wenn der Lichtbogen plötzlich erlischt	Abhilfe prinzipiell durch Verlängern der für die vollständige Desoxidation erforderlichen Reaktionszeit möglich. Die sicherste Methode ist eine bei empfindlichen Werkstoffen besondere Schweißtechnologie. Starten etwa 1 bis 2 cm vor dem eigentlichen Schweißbeginn (S), Elektrode in Richtung Nahtbeginn (1) führen und Schweißrichtung umkehren. *Startporosität* *Schweißbeginn bei S bis 1, zurück nach 2, S wird erneut aufgeschmolzen*
Einbrandtiefe	Kein Fehler im eigentlichen Sinn, ein zu großer **Einbrand** kann aber zu erheblichen metallurgischen Problemen führen. In **Einlagenschweißungen** mit einer großen Einbrandtiefe kristallisiert das Schweißgut in einer sehr unerwünschten Weise. Der ungünstige Nahtformfaktor erleichtert die Heißrißneigung erheblich. Bei tiefeinbrennenden Schweißverfahren (z.B. UP) wird daher häufig die hohe Vorschubgeschwindigkeit, nicht so sehr die große Abschmelzleistung genutzt. Aus werkstofflichen Gründen wäre ein Schweißverfahren mit der Einbrandtiefe "Null" optimal und festigkeitsmäßig völlig ausreichend. Metallurgische Probleme beim Verbindungsschweißen unterschiedlicher Werkstoffe sind dann ausgeschlossen.	Vor allem bei mechanisierten Verfahren mit ihrem i.a. großen Einbrand und ihrer großen Abschmelzleistung ist die Kontrolle der **Einbrandtiefe** bzw. des **Nahtformverhältnisses** wichtig. Das kann einfach und zuverlässig mit metallografischen Methoden geschehen. Ein größerer Einbrand ist in der Praxis häufig erwünscht, da die Anpaßungenauigkeiten der Nahtvorbereitung leichter "ausgeglichen" werden können. Bei Verbindungs- oder Auftragschweißungen sollte der Einbrand so klein wie nötig sein. *Nahtformverhältnis φ: $\varphi = b/t$* *$\varphi \ll 1$ Heißriß wahrscheinlich* *$\varphi > 1$ Heißriß unwahrscheinlich, Verunreinigungen steigen in die Schlacke* *zu geringer Einbrand führt zu Binde- und Wurzelfehlern (K)*
Risse	**Risse** sind die gefährlichste und am unzuverlässigsten zu vermeidende Fehlerart. Sie entstehen durch Last- oder Eigenspannungen durch örtliches Überschreiten der Festigkeit durch irreversible Trennung des atomaren Zusammenhalts. Man unterscheidet **Mikrorisse** (Rißlänge im Bereich der Korndurchmesser, meistens nicht mit bloßem Auge erkennbar) und **Makrorisse.** Abhängig vom Temperaturbereich der Rißentstehung unterscheidet man **Kaltrisse** (wichtigstes rißauslösendes Element ist der Wasserstoff) und **Heißrisse** (entstehen durch niedrigschmelzende, meist eutektische, flüssige Filme an den Korngrenzen, d.h. interkristalliner Rißverlauf).	Vermeiden der Heißrisse ist einfacher: **Verunreinigungen** auf Blechoberfläche beseitigen, **Nahtformverhältnis** beachten, **Zusatzwerkstoffe** wählen, die niedrigschmelzende Verunreinigungen verschlacken können (z.B. B-Elektroden), **Kalt** und **schnell** schweißen 1 Endkraterriß 2 Querriß in S 3 Querriß in WEZ 4 Längsriß im S 5 Kaltriß in WEZ 6 Bindefehler 7 Wurzelriß S Schweißgut

Fehlerart	Entstehung	Maßnahmen zu ihrer Vermeidung
Risse	**Kaltrisse** gelten als die gefährlichste Rißform. Sie entstehen überwiegend durch Wasserstoff, begünstigt durch große Härte des Gefüges: **wasserstoffinduzierte Kaltrisse.** Bei Maximalhärten in der WEZ HV über 350 ... 400 ist ihre Bildung wahrscheinlich. Nach der Lage der Risse werden sie auch manchmal als **Unternahtrisse** (neben der Schmelzlinie in der WEZ) bezeichnet. Der Rißverlauf kann trans- oder interkristallin sein. Mit zunehmendem C-Gehalt nimmt die Rißbildungswahrscheinlichkeit grundsätzlich zu, da Härte und Rißempfindlichkeit des extrem fehlgeordneten Martensits (Versetzungen, Zwillinge) stark zunehmen. Kaltrisse können sofort nach dem Schweißen oder erst nach einigen Tagen entstehen. Ihr Nachweis mit zerstörungsfreien Prüfverfahren ist nicht immer zuverlässig möglich. Nach DIN 8524 unterscheidet man in Schweißverbindungen nach Rißlage und Ausbildungsform die Kaltrissarten **Aufhärtungs-, Schrumpf-, Kerb- und Lamellenrisse (Terrassenbruch)** In Schweißverbindungen aus bestimmten ausscheidungshärtbaren (warmfesten) Stählen können in der WEZ beim Spannungsarmglühen **Relaxationsrisse** auftreten. Dies sind Mikrorisse, die überwiegend interkristallin verlaufen. Sie entstehen durch Korngrenzengleitung als Folge der "Versteifung" der Körner durch Ausscheidungen, die sich beim Spannungsarmglühen gebildet haben.	Mit zunehmender **Werkstoffestigkeit** (d.h. Martensitanteil) nimmt die durch Wasserstoff verursachte Kaltrißneigung extrem zu. In den meisten Fällen sind nur einige cm³ H/100 g Schweißgut erforderlich, um ihn auszulösen. Die wichtigste, sehr rigoros einzuhaltende Fertigungsmaßnahme besteht darin, alle wasserstoffhaltigen Substanzen dem Schmelzbad möglichst vollständig fernzuhalten. Neben der Luftfeuchtigkeit und anderen vergasbaren Substanzen auf der Werkstückoberfläche ist das in die Zusatzwerkstoffe (Stabelektroden-Umhüllung, Schweißpulver) **adsorptiv** eingedrungene und das **chemisch gebundene Wasser** (Kristall- und Konstitutionswasser) die entscheidenden Wasserstofflieferanten. Die Verwendung wasserstoffkontrollierter basischumhüllter Stabelektroden ist zwingend. Ihre Verarbeitung erfordert aber Schweißer, die mit den Besonderheiten vertraut sind. Stabelektroden und Schweißpulver müssen vor dem Verschweißen nach den Angaben der Hersteller sorgfältig **getrocknet** werden. Meistens wird nach dem Schweißen das Bauteil mindestens bei 250 °C bis 350 °C/2h **wasserstoffarmgeglüht** ("Soaken"), besser ist ein **Spannungsarmglühen.** Eigenspannungen und Kerben aller Art (konstruktiv bedingte, vom Schweißer erzeugte mechanische Fehler, wie z.B. Nahtüberhöhung, Kantenversatz, Schlacken, Poren, Zündstellen) begünstigen grundsätzlich die Rißentstehung. Mit zunehmender Werkstoffestigkeit müssen daher auch "harmlos" erscheinende Fehler beseitigt werden.
Grobkorn in der WEZ	Schweißspezifischer "Fehler", der in Schmelzgrenzennähe (Grobkornzone) der WEZ als Folge der extrem hohen Temperatur unvermeidlich ist und nur bei umwandlungsfähigen Stählen durch eine Wärmebehandlung beseitigt werden kann. **Die Korngröße** nimmt zu mit der **Wärmezufuhr Q,** der Höhe der **Vorwärmtemperatur** T_v. Das Kornwachstum ist bei krz Werkstoffen bei gleichen Bedingungen stärker als bei kfz Metallen. Mit zunehmender Korngröße nimmt die Festigkeit und Zähigkeit ab.	Die Korngröße läßt sich bei umwandlungsfähigen Stählen sehr wirksam durch die **Pendelagententechnik** beeinflussen. In kritischen Fällen ist die Wärmezufuhr und Vorwärmtemperatur zu begrenzen.

Tabelle 3-2
Zusammenstellung wichtiger metallurgischer Fehler beim Schweißen.

Abschn. 6.3.2.2 besprochene Implant-Versuch sind geeignete Prüftechniken zum Nachweis der Wasserstoffversprödung.

Der wasserstoffinduzierte Kaltriß ist beim Schweißen hochfester Vergütungsstähle eine der gefährlichsten Schadensformen. Abhängig von der Werkstoffestigkeit ist mit seinem Auftreten schon bei Wasserstoffgehalten von 2 cm³/100 g zu rechnen. Der sich in der WEZ bildende Martensit ist die für diese Rißart empfindlichste Gefügeform, Bild 4-54. Risse entstehen dann bei Beanspruchungen weit unterhalb der Trennfestigkeit. Aus diesem Grunde wird durch Wahl geeigneter Schweißbedingungen angestrebt, daß das Gefüge der rißgefährdeten WEZ von Schweißverbindungen aus diesen Stählen aus Bainit und Martensit besteht (Abschn. 4.3.2.6). Mit zunehmender Härte des Gefüges, also zunehmendem Martensitgehalt, wird die Kaltrißbildung daher grundsätzlich begünstigt (Bild 4-47).

Der Wirkmechanismus dieser Rißart macht gleichzeitig eine in der Schweißpraxis häufig verwendete Abwehrmaßnahme verständlich. Der atomar an Gitterstörstellen örtlich konzentrierte Wasserstoff wird durch das bei nur 250 °C...350 °C/1h...2h durchgeführte *Wasserstoffarmglühen ("Soaken")* aus dem Werkstoff nahezu vollständig ausgetrieben. Die Bildung von Kaltrissen ist nicht mehr möglich.

Tabelle 3-2 zeigt in einer zusammenfassenden Übersicht Hinweise zur Entstehung und Vermeidung der wichtigsten metallurgischen Fehler beim Schweißen.

3.5.2   Bewertung der Fehler

Die Bewertung von Unregelmäßigkeiten in Lichtbogenschweißverbindungen aus unlegiertem und legiertem Stahl erfolgt mit der in der Praxis weitgehend eingeführten DIN 8563 T3. Sie hat die Funktion einer *Referenznorm*, mit der "Festlegungen zum Bewerten von Schweißnähten sowohl für die verschiedenen Anwendungsgebiete, z.B. für Stahl-

bau, Druckbehälterbau, als auch für Prüfungsnachweise, z.B. für die Prüfung der Schweißer, Verfahrensprüfung" geschaffen werden. Damit wird auch der Festlegung anwendungsbezogener, in Umfang, Auswahl und Bewertung abweichender, die Fertigung belastender Regelungen vorgebeugt (DIN 8563).

Die mechanischen "Fehler" werden in dieser Norm als Unregelmäßigkeiten bezeichnet. Mit dieser Benennung wird der falschen Vorstellung vorgebeugt, daß jede Abweichung von den Zeichnungsmaßen ein zu beseitigender Fehler darstellt. In der Norm werden drei mit D, C und B bezeichnete Bewertungsgruppen für die Unregelmäßigkeiten an Schweißverbindungen aus Werkstoffen im Dickenbereich von 3 mm bis 63 mm festgelegt. Die Größe der zulässigen Unregelmäßigkeiten ist in der Gruppe D am höchsten, in der Gruppe B am geringsten.

Die Bewertungsgruppen decken die Mehrzahl der praktischen Anwendungen ab. Sie werden durch die Anwendernorm oder den verantwortlichen Konstrukteur zusammen mit dem Hersteller (Betreiber) festgelegt und beziehen sich nur auf die Art der Qualitätsüberwachung im Fertigungsbetrieb und *nicht* auf die Gebrauchstauglichkeit der geschweißten Bauteile. In Sonderfällen der Beanspruchung, z.B. dynamische Belastung oder bei geforderter Lecksicherheit, können zusätzliche Anforderungen spezifiziert werden. Grundsätzlich gelten alle Hinweise nur für das "Maschinenelement" Schweißverbindung, objektspezifische Besonderheiten (z.B. Belastung, Betriebstemperatur, Schadensgefährlichkeit, Werkstückdicke und Eigenspannungszustand) müssen durch Wahl der entsprechenden Bewertungsgruppe berücksichtigt werden.

Bei der Angabe der Grenzwerte für die Unregelmäßigkeiten unterscheidet man die

– *kurze Unregelmäßigkeit:* eine oder mehrere Unregelmäßigkeiten mit einer Gesamtlänge nicht größer als 25 mm, bezogen auf 100 mm Nahtlänge, oder mit

Nr.	Unregelmäßigkeit Benennung	Ordn. Nr nach ISO 6520	Bemerkungen	Grenzwerte für die Unregelmäßigkeiten bei Bewertungsgruppe		
				Niedrig D	mittel C	hoch B
1	Risse	100	Alle Arten von Rissen, ausgenommen Kraterrisse	nicht zulässig		
2	Endkraterrisse	104		zulässig, aber nur unterbrochene	nicht zulässig	
3	Poren und Porosität	2011 2012 2014 2017	Geprüft wird die Abbildung auf einer zur Oberfläche der Abbildung parallelen Ebene. Für jeden beeinflußten Bereich [*]) sollte eine getrennte Beurteilung durchgeführt werden. Die Porendichte sollte aus der Projektion auf einer Fläche parallel zur Schweißnahtoberfläche, wie sie auf einer Durchstrahlungsaufnahme erkennbar ist, ermittelt werden.	Größter Durchmesser einer Einzelpore		
				$d \leq 0,5\,t$ max. 5 mm	$d \leq 0,4\,t$ max. 4 mm	$d \leq 0,3\,t$ max. 3 mm
4	Porennest	2013	Der gesamte Porenbereich [*]) innerhalb eines Nestes sollte zusammengefaßt und in Prozent aus den größeren der beiden Werte ermittelt werden:	von der abgebildeten Fläche nicht mehr als		
				16 %	8 %	4 %
			Hüllkurve, die alle Poren umfaßt, Kreis mit einem Durchmesser, der der Schweißnaht entspricht. Der Zulässige Porenbereich sollte örtlich begrenzt sein. Die Möglichkeit, daß andere Unregelmäßigkeiten verdeckt sind, sollte beachtet werden.	Größter Durchmesser einer Einzelpore		
				$d \leq 4$ mm	$d \leq 3$ mm	$d \leq 2$ mm

[*]) Für die Festlegung der Porosität, deren Bereich auf der Durchstrahlungsaufnahme abgebildet wird, gilt: Länge der beeinflußten Schweißnaht multipliziert mit ihrer größten Breite.

Nr.	Unregelmäßigkeit Benennung	Ordn. Nr nach ISO 6520	Bemerkungen	Niedrig D	mittel C	hoch B
7	Kupfereinschlüsse	3042		nicht zulässig		
8	Bindefehler	401		zulässig, aber nur unterbrochene und keine bis zur Oberfläche	nicht zulässig	
11	Einbrandkerbe	5011 5012	Weicher Übergang wird verlangt	$h \leq 1,5$ mm	$h \leq 1$ mm	$h \leq 0,5$ mm

Nr.	Unregelmäßigkeit Benennung	Ordn. Nr nach ISO 6520	Bemerkungen	Grenzwerte für die Unregelmäßigkeiten bei Bewertungsgruppe		
				Niedrig D	mittel C	hoch B
12	Zu große Nahtüberhöhung (Stumpfnaht)	502	Weicher Übergang wird verlangt.	$h \leq 1\,mm + 0{,}25\,b$ max. 10 mm	$h \leq 1\,mm + 0{,}15\,b$ max. 7 mm	$h \leq 1\,mm + 0{,}1\,b$ max. 5 mm
13	Zu große Nahtüberhöhung (Kehlnaht)	-		$h \leq 1\,mm + 0{,}25\,b$	$h \leq 1\,mm + 0{,}15\,b$	$h \leq 1\,mm + 0{,}1\,b$
16	Zu große Wurzelüberhöhung	5041		$h \leq 1\,mm + 1{,}2\,b$ max. 5 mm	$h \leq 1\,mm + 0{,}6\,b$ max. 4 mm	$h \leq 1\,mm + 0{,}3\,b$ max. 3 mm
18	Kantenversatz	507	Die Grenzwerte für die Abweichungen beziehen sich auf die einwandfreie Lage. Wenn nicht anderweitig vorgeschrieben, ist die einwandfreie Lage gegeben, wenn die Mittellinien übereinstimmen. *t* bezieht sich auf die geringere Dicke. Bild A - Bleche Bild B - Rohre	Bild A: $h \leq 0{,}25\,t$ max. 5 mm Bild B: $h \leq 0{,}5\,t$ max. 4 mm	$h \leq 0{,}15\,t$ max. 4 mm $h \leq 0{,}5\,t$ max. 3 mm	$h \leq 0{,}1\,t$ max. 3 mm $h \leq 0{,}5\,t$ max. 2 mm

Tabelle 3-4
Grenzwerte für nachweisbare Unregelmäßigkeiten, nach DIN 8563 T3, Tabelle 2, Auszug (Entwurf Januar 1991).

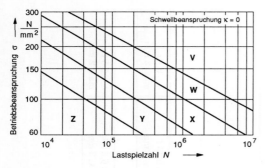

Bild 3-34
Einfluß der Porenmenge - dargestellt durch die Qualitätsbereiche V, W, X, Y, Z - auf die ertragbare Lebensdauer von Schweißverbindungen aus Stahl mit Zugfestigkeiten bis 780 N/mm², nach HARRISON *und* YOUNG.

einem Größtmaß von 25 % der Gesamtlänge bei Schweißnähten, die kürzer als 100 mm lang sind.

– *lange Unregelmäßigkeit:* eine oder mehrere Unregelmäßigkeiten mit einer Gesamtlänge *größer* als 25 mm, bezogen auf 100 mm Nahtlänge, oder mit einem Kleinstmaß von 25 % der Gesamtlänge bei Schweißnähten, die kürzer als 100 mm lang sind.

Diese Norm wird als Qualitätssicherungssystem zum Herstellen von Schweißverbindungen mit gewünschten oder geforderten Eigenschaften vorteilhaft verwendet. Über den tatsächlichen Einfluß einer bestimmten Unregelmäßigkeit auf die Tragfähigkeit eines geschweißten Bauteils sind natürlich keine Informationen möglich, da sie bauteilspezifisch sind und durch Experiment festgestellt werden müssen. Bild 3-34 zeigt beispielhaft den Einfluß der Porenmenge, dargestellt durch die Qualitätsbereiche V, W, X, Y und Z, auf die zulässige dynamische Betriebsbeanspruchung bei κ = 0 (Schwellbelastung) für Stahl nach HARRISON und YOUNG. Tabelle 3-3 zeigt die Zuordnung der zulässigen Porenmenge zum Qualitätsbereich.

Bei einer erforderlichen Lebensdauer von z.B. $N = 4 \cdot 10^5$ Lastspielen und einer Schwellbeanspruchung von σ = 150 N/mm² ist nach Tabelle 3-3 der Qualitätsbereich W erforderlich.

In der Tabelle 3-4 sind für einige Unregelmäßigkeiten die Grenzwerte nach DIN 8563 T3 angegeben.

Qualität	Zulässige Porosität Vol-%	Zulässige Länge von Schlackeneinschlüssen in mm		
		R-Elektrode	B-Elektrode	spannungsarmgeglüht
V	0	0	0	0
W	3	1,5	5	5
X	8	10	25	keine Begrenzung
Y	20	keine Begrenzung	keine Begrenzung	keine Begrenzung
Z	20	keine Begrenzung	keine Begrenzung	keine Begrenzung

Tabelle 3-3
Zuordnung der zulässigen Porenmenge zu den Qualitätsbereichen V, W, X, Y, Z, nach HARRISON *und* YOUNG.

Ergänzende und weiterführende Literatur

Campbell, W. P.: Experiences with HAZ Cold Cracking Tests on a C-Mn Structural Steel. Weld. J. Res. Suppl. 55(1976), S. 135s/43s.

Düren, C. u. J. Korkhaus: Zum Einfluß des Reinheitsgrades im Stahl auf die Neigung zur Bildung von wasserstoffinduzierten Kaltrissen in der Wärmeeinflußzone von Schweißverbindungen. Sch. u. Schn. 39 (1987), H. 2, S. 87/89.

Harrison, J. D. u. J. G. Young: A Rational Approach to Weld Defect Acceptance Levels and Quality Control. Public Session Int. Inst. Weld. Ann. Assembly 1972.

Haumann, W. u. a.: Der Einfluß von Wasserstoff auf die Gebrauchseigenschaften von unlegierten und niedriglegierten Stählen. Stahl. u. Eisen 107 (1987), S. 585/594.

Kihara, H.: Welding Cracks and Notch-Toughness of Heat-Affected Zone in High-Strength Steels. Houdremont Lecture 1968.

Rosenthal, D.: Mathematical Theory of Heat Distribution during Welding and Cutting. Weld. J. Res. Suppl. 20 (1941), S. 220s/225s.

Ruge, J.: Handbuch der Schweißtechnik, Band 1: Werkstoffe, Springer-Verlag, Berlin, Heidelberg, New York, London, Paris, 1991.

Tetelmannn, A. S. u. A. J. McEvily: Bruchverhalten technischer Werkstoffe. Verlag Stahleisen, Düsseldorf, 1971.

Uwer, D. u. J. Degenkolbe: Kennzeichnungen von Schweißtemperaturzyklen beim Lichtbogenschweißen, Einfluß des Wärmebehandlungszustandes und der chemischen Zusammensetzung von Stählen auf die Abkühlzeit. Schw. u. Schn. 27 (1975), S. 303/306.

4 Metallurgie der Stahlschweißung

Die zum Schweißen verwendeten nahezu punktförmig einwirkenden, konzentrierten Wärmequellen beeinflussen und verändern in charakteristischer Weise das Schweißgut und einen i.a. nur höchstens einige Millimeter breiten Bereich des Grundwerkstoffes unmittelbar neben der Schmelzgrenze, die Wärmeeinflußzone (WEZ). Das Ausmaß der Gefügeänderungen und damit der Eigenschaftsänderungen in den schmelzgrenzennahen Bereichen ist im wesentlichen abhängig von:

- Dem *Temperatur-Zeit-Verlauf* in diesen Bereichen, d.h. von dem gewählten Schweißverfahren, den Einstellwerten (Schweißstrom, -spannung und Vorschubgeschwindigkeit der Wärmequelle) und der Höhe der Vorwärmtemperatur.

- Der Art des *Nahtaufbaus* (Ein-, Mehrlagentechnik, Pendellagen, Zugraupen).

Die Folge sind Eigenschaftsänderungen in der WEZ und dem Schweißgut, die bis zur völligen Unbrauchbarkeit der Schweißverbindung führen können, z.B.:

- Extreme *Grobkornbildung* im Bereich der Schmelzgrenze, abhängig von der Art des Grundwerkstoffs.

- Aufnahme *atmosphärischer Gase* bei verschiedenen hochreaktiven Werkstoffen mit der Folge einer vollständigen Versprödung (z.B. Titan, Zirkon, Molybdän).

- *Aufhärtung* der schmelzgrenzennahen Bereiche der WEZ bei umwandlungsfähigen, insbesondere höhergekohlten Stählen.

- Abnahme der *Korrosionsbeständigkeit* durch geseigertes Schweißgut und(oder) andere metallurgische Veränderungen in der WEZ (z.B. Chromcarbidbildung).

Die im Schmelzbad ablaufenden metallurgischen Vorgänge sind identisch mit denen bei der Stahlherstellung. Die zur Verfügung stehende Reaktionszeit beträgt aber beim Schmelzschweißprozeß nur einige Sekunden, bei der Stahlherstellung mindestens zehn Minuten. Nach dem Massenwirkungsgesetz muß für ein gleichartiges metallurgisches Ergebnis die fehlende Reaktionszeit durch eine vergrößerte Masse der Reaktionspartner ausgeglichen werden. Damit ergeben sich erhebliche qualitative und quantitative Unterschiede im Vergleich zur Metallurgie der Stahlherstellung.

4.1 Aufbau der Schweißverbindung

Die für Schmelzschweißverfahren typischen sehr intensiven, nahezu punktförmig wirkenden Wärmequellen (z.B. Lichtbogen, Plasma, Elektronenstrahl) führen zu großen Abkühlgeschwindigkeiten der Schweißnaht und der benachbarten hocherhitzten Bereiche. Die Folge dieser "Wärmebehandlung" sind eine Reihe von Eigenschaftsänderungen, die die Sicherheit der geschweißten Konstruktion erheblich beeinträchtigen können.

Die mechanischen Gütewerte und die Bauteilsicherheit von Schweißverbindungen werden bestimmt durch:

- Die *chemische Zusammensetzung des Schweißgutes*, die von der Art der Zusatzstoffe (Drahtelektrode, Schweißstab, Pulver, Schutzgas), dem Grundwerkstoff (abhängig von der Art der Nahtvorbereitung und dem gewählten Schweißverfahren, dem Aufschmelzgrad, d.h. der Vermischung mit dem Grundwerkstoff) abhängig ist.

- *Die in der WEZ und im Schweißgut entstehenden Gefüge.* Sie werden im wesentlichen von verfahrensabhängigen Parametern (bestimmen weitgehend die Abkühlgeschwindigkeit: Verfahren, Nahtvorbereitung, Einstellwerte, Pendel-, Zugraupentechnik Wärmevor- bzw. nachbehandlung) und der chemischen

Zusammensetzung von Grund- und Zusatzwerkstoff bestimmt.

- Den Möglichkeiten der erwünschten, aber meistens nicht gezielt einsetzbaren *"Wärmebehandlung"* durch die Mehrlagentechnik vor allem bei Stahlschweißungen (Abschn. 4.1.3.1). Ein Teil des unerwünschten Primärgefüges (Gußgefüge) wird dabei durch "Umkörnen" beseitigt. Darunter versteht man die stark kornfeinende Wirkung der beim Erwärmen über Ac_3 erfolgenden doppelten Umkristallisation:
$\alpha \rightarrow \gamma, \gamma \rightarrow \alpha$.

- Dem durch die typischen extremen *Temperaturgradienten* in der WEZ und dem Schweißgut entstehenden *Eigenspannungszustand*, der Verzug und die gefährliche Spannungsversprödung hervorruft.

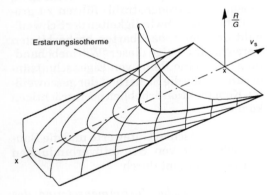

Bild 4-1
Verteilung des Parameters R / G entlang der Erstarrungsisotherme eines Schweißbades, nach WITTKE.

- Der *hohen Temperatur* in den schmelzgrenzennahen Bereichen, die dicht unter der Solidustemperatur liegt. Die Folgen sind unabhängig von der Art des zu schweißenden Werkstoffs die Bildung einer ausgeprägten *Grobkornzone*. Bei Stahlwerkstoffen können u.U. *rißanfällige* (martensitische) Zonen entstehen, bei hochlegierten Stählen kann der *Verlust der Korrosionsbeständigkeit* die Folge sein.

- Die *Art, Menge und Verteilung* der exogenen und endogenen *Verunreinigungen* im Schweißgut (Abschn. 3.6.1.4).

- Die *manuelle* Fertigkeit und dem Verantwortungsbewußtsein des ausführenden Schweißers. Bindefehler, Schlackeneinschlüsse, Poren, Kantenversatz, unzulässige Naht- und Wurzelüberhöhung, Zündstellen usw. sind weitgehend vermeidbare "Diskontinuitäten".

4.1.1   Die Primärkristallisation des Schweißguts

Das aus Grund- und Zusatzwerkstoff bestehende Schweißbad kühlt von hohen Temperaturen vorwiegend durch Wärmeleitung mit sehr großer Geschwindigkeit (einige Hundert Grad Kelvin in der Sekunde) ab.

Wie fast jede Phasenänderung besteht auch die Kristallisation aus zwei Teilvorgängen, der *Keimbildung* und dem anschließenden *Kristallwachstum* (Abschn. 1.4). Das Entstehen homogener Keime durch die spontane Bildung wachstumsfähiger Teilchen als Folge einer Schmelzenunterkühlung ist unwahrscheinlich. Arteigene Keime und Fremdkeime, d.h., die Bedingungen für die *heterogene Keimbildung* sind in der Schweißschmelze vorhanden.

Als wirksame arteigene Keime bieten sich die aufgeschmolzenen Körner der Schmelzgrenze (Phasengrenze flüssig/fest) an. Die Bildung heterogener Keime erfordert eine ausreichend große konstitutionelle Unterkühlung. Die Erstarrung des Schweißguts und die Art des entstehenden Primärgefüges wird von der Größe der konstitutionellen Unterkühlung gekennzeichnet, die durch den Temperaturgradienten G, der Kristallisationsgeschwindigkeit R und der Menge der in der Schmelze gelösten Legierungselemente bestimmt wird, wie Bild 1-32a zeigt (siehe auch Abschn. 1.4.2). G ist an der Schmelzgrenze am größten, in Schweißnahtmitte am kleinsten. R steigt dagegen von der Schmelzgrenze bis Schweißnahtmitte auf einen Wert, der etwa der Vorschubgeschwindigkeit der Wärmequelle entspricht. Daraus läßt sich für die Schweißnahtoberfläche entlang der Erstarrungsisothermen die Verteilung des der konstitutionellen Unterkühlung entsprechenden Parameters R/G berechnen, Bild 4-1.

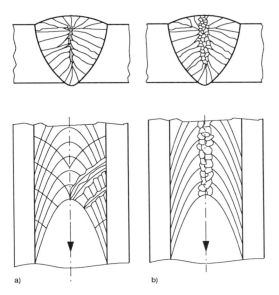

a)   b)

Bild 4-2
Das Erstarrungsgefüge von Schweißschmelzen ist abhängig von der Größe der konstitutionellen Unterkühlung bzw. der Größe des Verhältnisses R/G, siehe Bild 1-32a.
a) Stengelkristalle, die senkrecht zur Richtung der Erstarrungsisothermen wachsen.
b) Überwiegend Stengelkristalle und als Folge einer zweiten Erstarrungsfront, entstanden durch eine sehr große konstitutionelle Unterkühlung (bewirkt intensive Keimbildung), eine feinkörnige "Rippe" in Nahtmitte.

Die Kristallisation beginnt an den Orten höchster Abkühlgeschwindigkeit, also an der Schmelzgrenze. Das ist die Phasengrenze flüssig/fest. Die Kristalle wachsen wegen der stark gerichteten Wärmeabfuhr bevorzugt senkrecht zur Schmelzgrenze (d.h. senkrecht zu den Erstarrungs-Isothermen) in Richtung der sich mit Schweißgeschwindigkeit vorwärtsbewegenden Wärmequelle, Bild 4-2. [33]

Bei manchen Werkstoffen (vor allem kfz!) erfolgt das Kristallwachstum an den

Schmelzgrenzen entsprechend der Orientierung der Gitterebenen der hier angeschmolzenen Körner. Dieser Mechanismus wird als *epitaktisches Wachstum* bezeichnet. Bild 4-3 zeigt ein Beispiel für diese bei der Kristallisation von Schweißschmelzen häufig auftretenden Erstarrungsform.

Die mechanischen Eigenschaften von Gefügen mit stengelförmigen Dendriten sind stark anisotrop. Außerdem ist die sehr ungleichmäßige Verteilung der Legierungselemente innerhalb der dendritischen Stengelkristalle (im Unterschied zu den Zellstrukturen, Bild 1-30c) nachteilig, Bild 1-30b.

Bild 4-3
Mikroaufnahme einer gasgeschweißten Verbindung aus SF-Cu im Bereich der Schmelzgrenze. Beachte die epitaktische Kristallisation des Schweißguts (im Bild unten rechts) auf die vom festen Werkstoff vorgegebenen Wachstumsebenen und Richtungen.

---

[33] Die Temperatur fällt rasch, beginnend an der Schmelzgrenze in Richtung Schweißnahtmitte, auf Linien mit äquidistanten Abstand von der Schmelzgrenze (Isothermen) dagegen wesentlich langsamer. Es ergibt sich damit ein extrem großes Temperaturgefälle senkrecht zur Richtung der Schmelzgrenze. Die Kristallisationsgeschwindigkeit ist daher in dieser Richtung erheblich größer als senkrecht zu ihr. Die entstehenden "Körner" sind ausgeprägte Stengelkristalle.

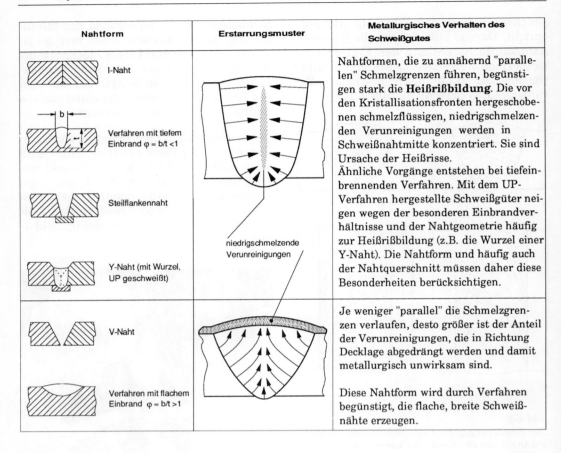

Nahtform	Erstarrungsmuster	Metallurgisches Verhalten des Schweißgutes
I-Naht		Nahtformen, die zu annähernd "parallelen" Schmelzgrenzen führen, begünstigen stark die **Heißrißbildung**. Die vor den Kristallisationsfronten hergeschobenen schmelzflüssigen, niedrigschmelzenden Verunreinigungen werden in Schweißnahtmitte konzentriert. Sie sind Ursache der Heißrisse. Ähnliche Vorgänge entstehen bei tiefeinbrennenden Verfahren. Mit dem UP-Verfahren hergestellte Schweißgüter neigen wegen der besonderen Einbrandverhältnisse und der Nahtgeometrie häufig zur Heißrißbildung (z.B. die Wurzel einer Y-Naht). Die Nahtform und häufig auch der Nahtquerschnitt müssen daher diese Besonderheiten berücksichtigen.
Verfahren mit tiefem Einbrand $\varphi = b/t < 1$		
Steilflankennaht	niedrigschmelzende Verunreinigungen	
Y-Naht (mit Wurzel, UP geschweißt)		
V-Naht		Je weniger "parallel" die Schmelzgrenzen verlaufen, desto größer ist der Anteil der Verunreinigungen, die in Richtung Decklage abgedrängt werden und damit metallurgisch unwirksam sind. Diese Nahtform wird durch Verfahren begünstigt, die flache, breite Schweißnähte erzeugen.
Verfahren mit flachem Einbrand $\varphi = b/t > 1$		

Bild 4-4
Zur Primärkristallisation einlagiger Schweißnähte. Es wird schematisch der Einfluß des Schweißverfahrens und der Nahtvorbereitung auf die Art der Erstarrung gezeigt.

Als Ergebnis der Kristallisation entstehen bei krz Metallen häufig längliche, schmale *Stengelkristalle*, deren Kristallisationsfronten in der Nahtmitte aufeinandertreffen. Die hier erstarrende Restschmelze enthält den größten Anteil der im Stahl bereits vorhandenen niedrigschmelzenden nichtlöslichen Verunreinigungen (insbesondere Schwefel- und Phosphorverbindungen, mit einer Erstarrungstemperatur von etwa 1000 °C) oder solche, die durch metallurgische Reaktionen während des Schweißens entstanden. Während der weiteren Abkühlung können in ungünstigen Fällen die Schrumpfspannungen **Heißrisse** in Schweißnahtmitte im Bereich der Restschmelze erzeugen, Bild 4-4. Man unterscheidet dabei die

im Schweißgut entstehenden **Erstarrungsrisse** und die sich in der Wärmeeinflußzone unmittelbar neben der Schmelzgrenze bildenden **Aufschmelzungsrisse**.

Die Heißrißanfälligkeit ist vor allem bei Einlagenschweißungen und Werkstoffen mit einem hohen Gehalt an Verunreinigungen (z.B. die Seigerungszonen unberuhigter Stähle) ein gravierendes Problem, das sorgfältig beachtet werden muß.

Die Heißrißanfälligkeit nimmt zu mit:

– Abnehmender Zahl und zunehmendem Querschnitt der *Schweißlagen*. Großvolumige Schweißgüter zeigen in besonders hohem Maße "Gußeigenschaften".

- Dem *Gehalt an Verunreinigungen*, die aus dem aufgeschmolzenen Grundwerkstoff oder von außen in die Schmelze gelangen. Der Aufschmelzgrad, d.h., das Maß der Vermischung des sehr reinen Zusatzwerkstoffs mit dem Grundwerkstoff ist abhängig von dem Schweißverfahren, den Einstellwerten und der Art der Nahtvorbereitung (z.B. I-Naht mit einem Aufschmelzgrad von etwa 70 % bis 80 % oder V-Naht mit 25 % bis 35 %), Bild 4-4.

- Zunehmender "Parallelität" der Schmelzgrenzen. Die in Richtung der Schweißgutmitte wachsenden Dendriten stoßen senkrecht aufeinander, Bild 4-4. Die vor den Kristallisationsfronten vorhandenen filmartigen Verunreinigungen können nicht in Richtung der Nahtoberfläche in die Schlackendecke geschwemmt werden, Bild 1-57.

- Der Schärfe des mechanischen *Beanspruchungszustandes* (Last-, Eigen-Schrumpfspannungen), der mit der Werkstückdicke erheblich zunimmt,

- Der Breite des *Erstarrungsintervalls*, dessen Einfluß bei un- und niedriglegierten Stählen leicht beherrschbar ist, bei hochlegierten austenitischen Stählen aber sehr kritisch werden kann (Abschn. 4.3.6.5).

- Der *Schweißgeschwindigkeit*.

Bild 4-5 zeigt schematisch den Einfluß des Erstarrungsintervalls auf die Neigung zur (Kristall-)Seigerung und Heißrißbildung. Bei sonst gleichen thermischen Bedingungen ist die Verweilzeit im Erstarrungsintervall und die mögliche Spannweite der Konzentrationen $\Delta c = (c_{max} - c_1)$ ein Maßstab für das Ausmaß der Kristallseigerung und der Heißrißneigung.

Die Heißrißneigung hängt außerdem in hohem Maße von der Schweißgeschwindigkeit ab. Bild 4-6 zeigt die Orientierung der wachsenden Kristallite bezüglich der Schmelzlinie. Wachsen die Kristallite mit zunehmender Krümmung in Richtung Nahtmitte, dann werden die niedrigschmelzenden Verunreinigungen in die Schmelze abgedrängt, sammeln sich in der Schlacke und sind dann metallurgisch weitgehend unwirksam, Bild 4-6a. Diese Möglichkeit besteht bei großen Schweißgeschwindigkeiten nicht, Bild 4-6b. Die nichtmetallischen Verunreinigungen sammeln sich in Nahtmitte und begünstigen den Heißriß. Diese Verhältnisse findet man häufig bei großvolumigen UP-Schweißgütern, die mit großen Vorschubgeschwindigkeiten hergestellt wurden.

Um die Heißrißbildung zu vermeiden, muß also aus metallurgischen Gründen die Wanddicke für in einer Lage auszuführende Schweißarbeiten begrenzt werden. In der Praxis liegt der Grenzwert für diese sehr "wirtschaftliche" Schweißtechnologie

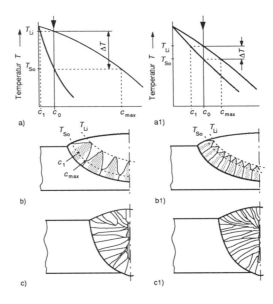

Bild 4-5
Einfluß der Größe des Erstarrungsintervalls ΔT auf die Primärkristallisation einlagig geschweißter Verbindungen, schematisch.
a) Zustandsschaubild mit großem ΔT und b) zugeordnetem Erstarrungsmuster: dendritische Erstarrung mit ausgeprägter Kristallseigerung und c) Heißrißentstehung in Nahtmitte.
a1) Zustandsschaubild mit kleinem ΔT und b) zugeordnetem Erstarrungsmuster: dendritische Erstarrung mit deutlich geringerer Kristallseigerung und c1) Heißrißneigung. Beachte aber auch Bild 4-4.

bei etwa 8 mm bis 10 mm. Je geringer der Gehalt an Verunreinigungen im Stahl ist, desto unbesorgter kann diese Technik angewendet werden. In jedem Fall darf die Einlagenschweißung nicht für hochbeanspruchte Bauteile angewendet werden. Die Kerbschlagzähigkeit (gemessen mit Kerblage in Schweißnahtmitte) ist meistens selbst bei geringen Anforderungen unzureichend.

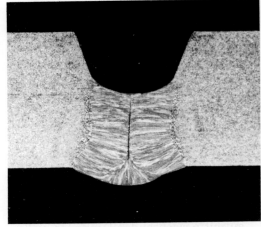

a)

Bewegung der Schmelzlinien mit der Zeit

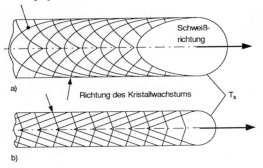

a)

Richtung des Kristallwachstums

Schweißrichtung

T_s

b)

Bild 4-6
Einfluß der Schweißgeschwindigkeit auf die Heißrißneigung.
a) Die Kristallite wachsen mit zunehmender Krümmung in Schweißrichtung. Die Verunreinigungen werden in das Schmelzbad gedrückt und können in die Schlacke steigen.
b) Bei großer Schweißgeschwindigkeit prallen die Kristallisationsfronten in Nahtmitte zusammen. Die niedrigschschmelzenden Verunreinigungen konzentrieren sich in Nahtmitte und begünstigen so den Heißriß.

Erfahrungsgemäß neigen die mit dem Unterpulverschweißen hergestellten *großvolumigen* Schweißgüter zur Heißrißbildung. Bild 4-7a zeigt einen Heißriß in der Mitte einer UP-geschweißten Wurzel. Die REM-Aufnahme, Bild 4-7b, der Bruchfläche einer aus Schweißnahtmitte entnommenen Kerbschlagbiegeprobe einer nicht gerissenen einlagig geschweißten Verbindung enthüllt die typische glatte Rißfläche und den charakteristischen interkristallinen Rißverlauf. Die sehr geringe Kerbschlagarbeit konnte kaum ermittelt werden. Die "Güte" dieser Verbindung kommt der einer schlechten Klebverbindung sehr nahe! Selbstverständlich kann

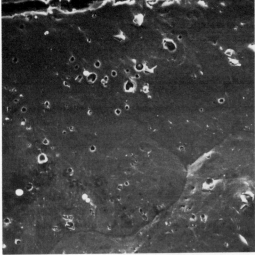

b)

Bild 4-7
Heißriß in einer UP-geschweißten Verbindung, Werkstückdicke t = 25 mm.
a) Makroaufnahme der Wurzel. Die von der Schmelzgrenze aus wachsenden Stengelkristalle schieben die niedrigschmelzenden Verunreinigungen vor sich her und treffen in Nahtmitte zusammen, V = 2:1.
b) REM-Aufnahme der Bruchfläche einer Kerbschlagbiegeprobe, entnommen aus Schweißnahtmitte einer UP-geschweißten Verbindung. Beachte den glatten Rißverlauf und die Struktur der Körner und Korngrenzen, V = 2000:1.

durch Wahl eines geeigneten Nahtaufbaus und entsprechender Einstellwerte die Heißrißbildung UP-geschweißter Verbindungen beseitigt werden, ohne allerdings die Heißrißneigung vollständig zu unterdrücken.

Bild 4-4 zeigt, daß mit fertigungstechnischen Mitteln (Wahl des Schweißverfahrens, der Nahtvorbereitung, der Einstellwerte) die Heißrißbildung verhindert, in jedem Fall aber gemindert werden kann. Die wirksamste Gegenmaßnahme besteht in der Wahl von Zusatzwerkstoffen, die die niedrigschmelzenden, eutektischen Filme metallurgisch unschädlich machen, d.h. "verschlacken" können. Der basische Elektrodentyp (Abschn. 4.2.1.2.3) erweist sich als besonders gut geeignet. Eine sorgfältige visuelle Prüfung auf Heißrißfreiheit der Verbindung, verbunden mit einer zerstörenden Prüfung (z.B. Falt-, Biege-, Zug-, Kerbschlagproben, siehe Abschn. 6.3.2.1) ist in jedem Fall anzuraten.

❑ Als Folge der sehr hohem Temperatur entsteht in den schmelzgrenzennahen Werkstoffbereichen ein ausgeprägtes *Kornwachstum*. Mit zunehmender Korngröße dieser "Grobkornzone" werden die mechanischen Gütewerte (vor allem die Schlagzähigkeit, Abschn. 1.3.4) ungünstiger. Das Ausmaß des Kornwachstums ist abhängig von

– den *Diffusionsbedingungen*, d.h. der Verweildauer (die maximale Temperatur ist nahezu konstant und liegt im Bereich der Schmelztemperatur),

– der *Streckenenergie Q*, der *Vorwärmtemperatur* T_v. Beide Faktoren verlängern die Verweildauer, d.h. erleichtern die Diffusion,

– der *Gitterstruktur*. Die thermisch beständigen kfz Metalle (Abschn. 2.8.2.3) neigen mit zunehmender Temperatur

4.1.2 Werkstoffliche Vorgänge in der WEZ

Die Eigenschaften der Wärmeeinflußzonen von Schmelzschweißverbindungen und jede hier stattfindende Werkstoffänderung sind im wesentlichen von dem charakteristischen Temperatur-Zeit-Verlauf abhängig, mit dem diese Gefügebereiche während des Schweißens "wärmebehandelt" wurden. Das Ausmaß der Veränderungen in der WEZ hängt von vielen Faktoren ab. Die wichtigsten sind die Werkstückabmessungen, die Geometrie der Nahtform und die chemische Zusammensetzung des Grund- und Zusatzwerkstoffs. Bild 4-8 zeigt vereinfacht die wichtigsten in der WEZ entstehenden Werkstoff- bzw. Eigenschaftsänderungen.

Unabhängig von der chemischen Zusammensetzung des Werkstoffs und seinem Wärmebehandlungszustand ist prinzipiell mit den nachstehenden Änderungen des Werkstoffs in der WEZ zu rechnen:

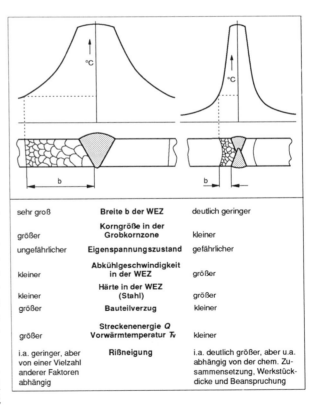

sehr groß	Breite b der WEZ	deutlich geringer
größer	Korngröße in der Grobkornzone	kleiner
ungefährlicher	Eigenspannungszustand	gefährlicher
kleiner	Abkühlgeschwindigkeit in der WEZ	größer
kleiner	Härte in der WEZ (Stahl)	größer
größer	Bauteilverzug	kleiner
größer	Streckenenergie Q Vorwärmtemperatur T_v	kleiner
i.a. geringer, aber von einer Vielzahl anderer Faktoren abhängig	Rißneigung	i.a. deutlich größer, aber u.a. abhängig von der chem. Zusammensetzung, Werkstückdicke und Beanspruchung

Bild 4-8
Einfluß der Schweißparameter und Fertigungsbedingungen auf die Eigenschaften der WEZ, sehr vereinfacht.

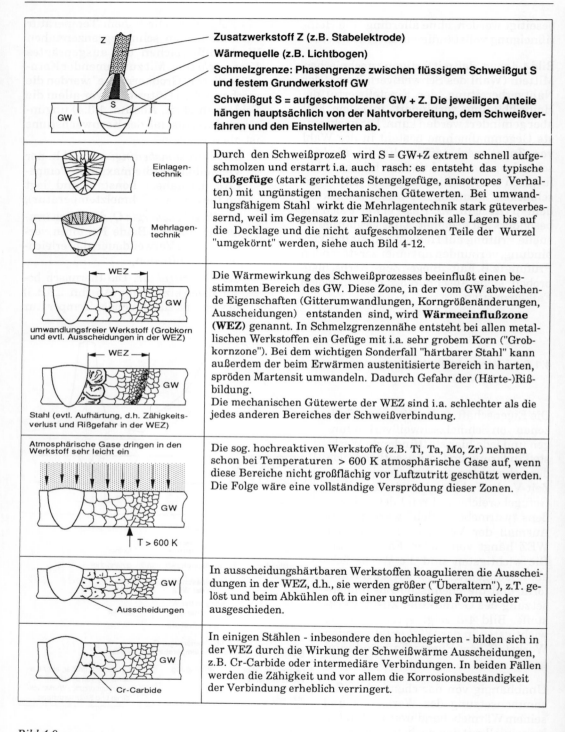

Z		**Zusatzwerkstoff Z (z.B. Stabelektrode)**
		Wärmequelle (z.B. Lichtbogen)
	S	**Schmelzgrenze: Phasengrenze zwischen flüssigem Schweißgut S und festem Grundwerkstoff GW**
GW		**Schweißgut S = aufgeschmolzener GW + Z.** Die jeweiligen Anteile hängen hauptsächlich von der Nahtvorbereitung, dem Schweißverfahren und den Einstellwerten ab.
	Einlagen-technik / Mehrlagen-technik	Durch den Schweißprozeß wird S = GW+Z extrem schnell aufgeschmolzen und erstarrt i.a. auch rasch: es entsteht das typische **Gußgefüge** (stark gerichtetes Stengelgefüge, anisotropes Verhalten) mit ungünstigen mechanischen Gütewerten. Bei umwandlungsfähigem Stahl wirkt die Mehrlagentechnik stark güteverbessernd, weil im Gegensatz zur Einlagentechnik alle Lagen bis auf die Decklage und die nicht aufgeschmolzenen Teile der Wurzel "umgekörnt" werden, siehe auch Bild 4-12.
WEZ / GW — umwandlungsfreier Werkstoff (Grobkorn und evtl. Ausscheidungen in der WEZ)	WEZ / GW — Stahl (evtl. Aufhärtung, d.h. Zähigkeitsverlust und Rißgefahr in der WEZ)	Die Wärmewirkung des Schweißprozesses beeinflußt einen bestimmten Bereich des GW. Diese Zone, in der vom GW abweichende Eigenschaften (Gitterumwandlungen, Korngrößenänderungen, Ausscheidungen) entstanden sind, wird **Wärmeeinflußzone (WEZ)** genannt. In Schmelzgrenzennähe entsteht bei allen metallischen Werkstoffen ein Gefüge mit i.a. sehr grobem Korn ("Grobkornzone"). Bei dem wichtigen Sonderfall "härtbarer Stahl" kann außerdem der beim Erwärmen austenitisierte Bereich in harten, spröden Martensit umwandeln. Dadurch Gefahr der (Härte-)Rißbildung. Die mechanischen Gütewerte der WEZ sind i.a. schlechter als die jedes anderen Bereiches der Schweißverbindung.
Atmosphärische Gase dringen in den Werkstoff sehr leicht ein / GW / T > 600 K		Die sog. hochreaktiven Werkstoffe (z.B. Ti, Ta, Mo, Zr) nehmen schon bei Temperaturen > 600 K atmosphärische Gase auf, wenn diese Bereiche nicht großflächig vor Luftzutritt geschützt werden. Die Folge wäre eine vollständige Versprödung dieser Zonen.
GW — Ausscheidungen		In ausscheidungshärtbaren Werkstoffen koagulieren die Ausscheidungen in der WEZ, d.h., sie werden größer ("Überaltern"), z.T. gelöst und beim Abkühlen oft in einer ungünstigen Form wieder ausgeschieden.
GW — Cr-Carbide		In einigen Stählen - inbesondere den hochlegierten - bilden sich in der WEZ durch die Wirkung der Schweißwärme Ausscheidungen, z.B. Cr-Carbide oder intermediäre Verbindungen. In beiden Fällen werden die Zähigkeit und vor allem die Korrosionsbeständigkeit der Verbindung erheblich verringert.

Bild 4-9
Typische Werkstoffänderungen im Schweißgut und der WEZ von Schmelzschweißverbindungen, schematisch.

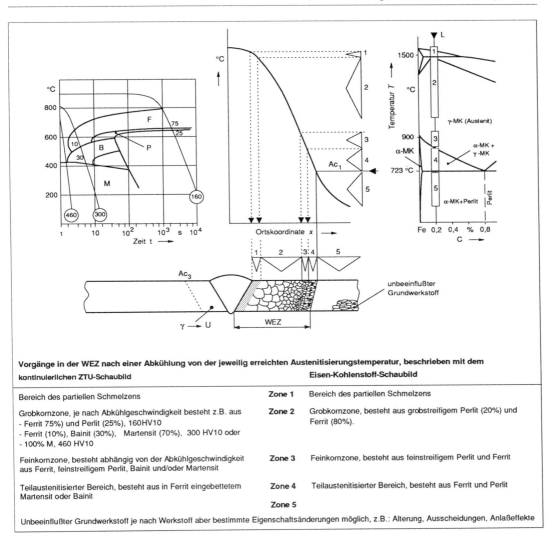

Vorgänge in der WEZ nach einer Abkühlung von der jeweilig erreichten Austenitisierungstemperatur, beschrieben mit dem

kontinuierlichen ZTU-Schaubild		Eisen-Kohlenstoff-Schaubild
Bereich des partiellen Schmelzens	Zone 1	Bereich des partiellen Schmelzens
Grobkornzone, je nach Abkühlgeschwindigkeit besteht z.B. aus - Ferrit 75%) und Perlit (25%), 160HV10 - Ferrit (10%), Bainit (30%), Martensit (70%), 300 HV10 oder - 100% M, 460 HV10	Zone 2	Grobkornzone, besteht aus grobstreifigem Perlit (20%) und Ferrit (80%).
Feinkornzone, besteht abhängig von der Abkühlgeschwindigkeit aus Ferrit, feinstreifigem Perlit, Bainit und/oder Martensit	Zone 3	Feinkornzone, besteht aus feinstreifigem Perlit und Ferrit
Teilaustenitisierter Bereich, besteht aus in Ferrit eingebettetem Martensit oder Bainit	Zone 4	Teilaustenitisierter Bereich, besteht aus Ferrit und Perlit
	Zone 5	
Unbeeinflußter Grundwerkstoff je nach Werkstoff aber bestimmte Eigenschaftsänderungen möglich, z.B.: Alterung, Ausscheidungen, Anlaßeffekte		

Bild 4-10
Vorgänge in der WEZ von Schweißverbindungen aus unwandlungsfähigem Stahl, (St 52-3) dargestellt in ei-nem schematischen ZTU-Schaubild und dem Eisen-Kohlenstoff-Schaubild für eine Fe-C-Legierung L mit 0,2 % C.

zu einem deutlich geringeren Kornwachstum als die krz Metalle.

◻ Die Abkühlgeschwindigkeit ist oft ex-

trem groß, (einige Hundert K/s sind verfahrenstypisch!) und der *Temperaturgradient* [34] sehr steil. Eine Reihe von speziellen Problemen sind die Folge:

– Je nach der Werkstückdicke können sehr hohe und vor allem *dreiachsige Spannungszustände* entstehen, die zu Änderungen der Bauteilabmessungen (Verzug, Schrumpfen) und Zähigkeitsverlust(Spannungsversprödung, Spröd-

---

[34] Der **Temperaturgradient** beschreibt die Temperaturänderung bezogen auf eine Ortskoordinate mit der Maßeinheit [K/cm], die **Abkühlgeschwindigkeit** bezogen auf die Zeit mit der Maßeinheit [K/s].

bruchneigung, Abschn. 3.4) führen.

- Der austenitisierte Bereich der WEZ *umwandlungsfähiger Stähle* härtet erheblich auf, wodurch i.a. die Verformbarkeit und die Schlagzähigkeit empfindlich abnimmt. Nach Überschreiten der oberen kritischen Abkühlgeschwindigkeit entsteht ein rein martensitisches Gefüge.

- Zähigkeitsverlust bzw. Zunahme der Sprödbruchneigung durch hohen Mehrachsigkeitsgrad der Spannungen.

- Aufhärtung des austenitisierten Bereichs der WEZ umwandlungsfähiger Stähle. Die Verformbarkeit nimmt dadurch empfindlich ab.

Die Rißanfälligkeit ist allerdings in hohem Maße vom Kohlenstoffgehalt abhängig. Die besondere Art der Wärmeführung erzeugt bei verschiedenen Werkstoffen eine Reihe von spezifischen Eigenschaftsänderungen in der WEZ und im Schweißgut:

- Lösen und Wiederausscheiden von Teilchen aller Art. In den meisten Fällen sind ein Zähigkeitsverlust und(oder) eine verringerte Korrosionsbeständigkeit die Folge, Bild 4-9.

- Verschiedene hochreaktive Werkstoffe, wie Titan, Molybdän u.a nehmen schon bei Temperaturen im Bereich um 250 °C ... 300 °C atmosphärische Gase auf, die zu einer vollständigen Versprödung dieser Zonen führen (Abschn. 4.1.4.4).

Zusammenfassend kann man sagen, daß durch den Schweißprozeß die Werkstoffeigenschaften der WEZ und damit das Bauteilverhalten grundsätzlich *nachteilig* geändert werden. Bild 4-8 zeigt vereinfacht die Wirkung der wichtigsten Schweißparameter und Fertigungsbedingungen auf einige Eigenschaften der WEZ.

---

[35] Man beachte, daß die aus dem Eisen-Kohlenstoff-Schaubild ablesbaren Informationen nur für eine "unendlich" langsame Abkühlung gelten. Dieser Zustand kann näherungsweise z.B. durch das Gasschweißen als erreicht angesehen werden.

4.1.3   Die WEZ bei Eisenwerkstoffen

Die werkstofflichen Vorgänge bei der Entstehung der WEZ von Schweißverbindungen aus Stahl sind verhältnismäßig komplex und wegen der vielfältigen Phasenänderungen z.T. unübersichtlich. Als Folge der leichten Austenitunterkühlbarkeit kann eine große Anzahl unterschiedlicher Gefüge entstehen, die die Interpretation weiter erschwert.

Bei Schweißverbindungen aus unlegierten Stählen gibt das Eisen-Kohlenstoff-Schaubild grundsätzliche Hinweise. Allerdings sind die Auskünfte von begrenztem Wert, da sie nur die Phasenänderungen beschreiben, die dem thermodynamischen Gleichgewicht entsprechen.

In Bild 4-10 sind die Gefügeänderungen in der WEZ bei einer

- sehr gleichgewichtsnahen Abkühlung (die Vorgänge werden mit dem Eisen-Kohlenstoff-Schaubild beschrieben [35],
- und einer für Schweißbedingungen realistischeren Abkühlung (ZTU-Schaubild mit drei unterschiedlichen Abkühlkurven)

dargestellt.

Je nach der Höhe der neben der Schweißverbindung erreichten "Austenitisierungstemperatur" lassen sich bei Stahlwerkstoffen mit dem unzureichenden Hilfsmittel Eisen-Kohlenstoff-Schaubild fünf unterschiedlich beeinflußte Bereiche der WEZ unterscheiden, Bild 4-10.

Bereich 1 ($T_{So} \leq T \geq T_{Li}$)

Die unmittelbar an die Schmelzgrenze anschließende Zone wird partiell aufgeschmolzen, d.h., die Temperatur lag zwischen der Solidus- und Liquidustemperatur. Wie Bild 1-57 zeigt, enthält vor allem nach einem raschen Abkühlen die zuletzt erstarrte Restschmelze (S_4 in Bild 1-57) den Großteil der niedrigschmelzenden Phasen, die sich im Bereich der Korngrenzen konzentrieren.

Diese seigerungsähnliche "Entmischung" kann in bestimmten Fällen die Heißrißneigung begünstigen. Die Breite dieser Zone beträgt i.a nur einige 1/100 mm.

Bereich 2 ($T \gg Ac_3$), Grobkornzone

Trotz der nur geringen Haltezeit ist mit einem extremen Kornwachstum zu rechnen, da die Temperaturen in diesem Bereich Werte bis T_{So} (etwa 1450 °C) erreichen. Da die Abkühlgeschwindigkeit an der Phasengrenze flüssig/fest ebenfalls einen Maximalwert erreicht, ist dieses Gefüge gekennzeichnet durch die Eigenschaften:

– Gefügekontinuum mit in Richtung der Schmelzgrenze extrem zunehmender Korngröße.
– Größte Härte i.a verbunden mit geringer Zähigkeit (Abschn. 4.1.3.2.1).

Die mechanischen Gütewerte der Grobkornzone sind daher ungünstiger als die jedes anderen Gefüges der WEZ. Bild 4-11 zeigt schematisch die werkstofflichen Änderun-

gen in diesem Bereich der WEZ während des Aufheizens und Abkühlens. Der Darstellung liegt die Annahme zugrunde, daß dieser Bereich mit $v_{ab} \geq v_{ok}$ abgekühlt wurde.

Bereich 3 ($T \geq Ac_3$), Feinkornzone

In diesem Bereich der WEZ wurde etwa die Normalglüh-Temperatur erreicht. Trotz der sehr geringen Haltezeit, siehe z.B. Bild 2-12, bewirkt das doppelte Umkristallisieren eine erhebliche Kornfeinung. Diese Möglichkeit der Umkörnung ist bei umwandlungsfähigen Stählen eine wirksame Methode, um mit der Mehrlagentechnik die Grobkornzonen der einzelnen Lagen ohne eine aufwendige Wärmebehandlung weitgehend zu beseitigen (Abschn. 4.1.3.1).

Bereich 4 ($Ac_3 \leq T \leq Ac_1$), teilaustenitisierte Zone

Die Vorgänge sind verhältnismäßig unübersichtlich und hängen stark von den Aufheiz- bzw. Abkühlbedingungen ab. Das Bild 4-12 zeigt schematisch die Gefügeänderungen für einen knapp über Ac_1 erwärmten Bereich, der rasch (Kurve 1) bzw. langsam (Kurve 2) abkühlte. Beim Erwärmen werden die Perlitkolonien in eine Vielzahl (Keimwirkung der Zementitlamellen!) γ-Körner der Zusammensetzung γ_1 umgewandelt. Abhängig von der Abkühlgeschwindigkeit entsteht aus den sehr C-reichen γ_1-Körnern erneut Perlit oder Martensit. Die in die weiche Ferritmatrix eingebetteten harten Bestandteile beeinträchtigen die Bauteilsicherheit offenbar nicht.

Bereich 5 ($T \leq Ac_1$),

Gefügeänderungen sind nach dem Fe-C-Schaubild unter Ac_1 nicht mehr möglich. Trotzdem können bei bestimmten Stählen bzw. Wärmebehandlungszuständen folgende Veränderungen des Gefüges entstehen:

❑ Durch Rekristallisieren kaltverformter Fügeteile im Temperaturbereich $T_{Rk} \approx$ 650 °C. Die Folgen sind unerwünschte

– *Entfestigung und Grobkornbildung,*

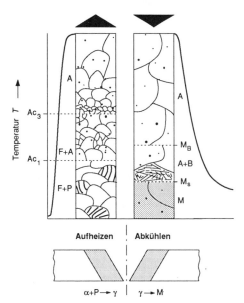

Bild 4-11
Zeit-Temperatur-Verlauf in der Grobkornzone der WEZ einer Stahlschweißverbindung mit Zuordnung der Gefügeänderungen beim Aufheizen und Abkühlen. Die Abkühlung dieser Einlagenschweißung erfolgte mit $v_{ab} \geq v_{ok}$.

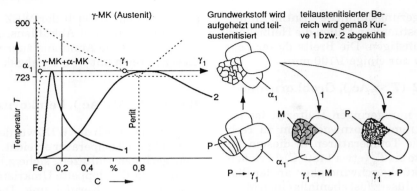

Bild 4-12
Gefügeänderungen in Bereichen der WEZ von Stahlschweißungen, die beim Schweißen auf Temperaturen knapp über der Ac₁-Temperatur erwärmt wurde. Schematisch dargestellt sind die Vorgänge für Schweißverfahren mit großer (Kurve 1), geringer (Kurve 2) Leistungsdichte.

wenn im Bereich des kritischen Verformungsgrades verformt wurde oder (und)

– *Alterungs*neigung, vor allem bei N-haltigen Stählen (Abschn. 3.2.1.2). Bei der Qualität der heute hergestellten Stähle ist die Auswirkung einer evtl. Alterung als vergleichsweise gering einzuschätzen. Nach DIN 18 800 T1 müssen allerdings bestimmte Voraussetzungen erfüllt sein, wenn in kaltverformten Bereichen geschweißt wird (Abschn. 4.1.3.2.3). Deshalb sind Reparaturarbeiten an den T-Stählen mit ihren hohen Stickstoffgehalten sehr sorgfältig durchzuführen.

Das Ausmaß dieser diffusionskontrollierten Eigenschaftsänderungen ist temperatur- und zeitabhängig. Lange Verweilzeiten (z.B. Gasschweißen) begünstigen die Entfestigung und Alterung.

❑ Beim Schweißen vergüteter Stähle können die über Anlaßtemperatur erwärmten Bereiche zusätzlich erweichen. Diese ungewollte Anlaßwirkung wird von der Anlaßbeständigkeit des Stahles und der Länge der Einwirkzeit bestimmt.

❑ Bildung und Wachstum von Ausscheidungen vor allem bei mehrfach legierten Stählen, die sich güternindernd auswirken können.

Wie in Bild 4-10 dargestellt, können mit ZTU-Schaubildern die Umwandlungsvorgänge in der WEZ ausschließlich für die *vollständig* austenitisierten Bereiche der WEZ beschrieben werden (Abschn. 2.5.3.4). In dem vereinfachten für Härtereizwecke entwickelten ZTU-Schaubild für einen Stahl St 52-3, sind drei charakteristische, realistische Abkühlkurven eingetragen. Mit folgenden Umwandlungsgefügen U_i ist zu rechnen:

U_1: 75 % Ferrit, 25 % Perlit mit einer Härte von 160 HV10. Dieses Umwandlungsgefüge, entstanden nach einer $t_{8/5}$-Zeit von etwa 3000 s, entspricht etwa dem nach dem Fe-C-Schaubild zu erwartenden Gleichgewichtsgefüge.

U_2: 10 % Ferrit, 30 % Bainit, 70 % Martensit, Härte 300 HV10, $t_{8/5}$-Zeit etwa 6 s. Das Gefüge der WEZ realer Schweißverbindungen entspricht etwa den durch diese Abkühlbedingungen sich bildenden.

U_3: 100 % Martensit, Härte 460 HV10, $t_{8/5}$-Zeit etwa 1 s. Schweißbedingungen, die zu einem harten martensitischen Gefüge führen, sind aus Gründen einer ausreichenden Rißsicherheit zu vermeiden. Dies gelingt einfach und zuverlässig durch ein Vorwärmen der Fügeteile. Durch diese Maßnahme wird die Abkühlgeschwindigkeit herabgesetzt und die Bildung weicherer Gefügebestandteile ermöglicht, siehe ZTU-Schaubilder 2.5.3.

Die Bildfolge 4-13 zeigt Mikroaufnahmen typischer Gefüge der WEZ einer Schweißverbindung aus dem Stahl St 52.3.

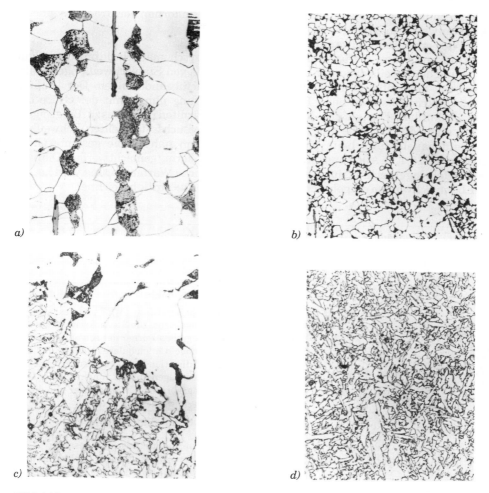

Bild 4-13
Mikroaufnahmen typischer Gefüge der WEZ von Stahlschweißungen, Werkstoff St 52-3, V = 800:1, 2% HNO₃.

a) *Grundwerkstoff, V = 800:1. Beachte die ausgewalzten MnS-Einschlüsse im Ferrit.*

b) *Um Ac₁ erwärmter Bereich. Die stattgefundene Perlitauflösung und anschließende Wiederbildung ("retrans-formierter Perlit") ist ebenso wie die beginnende Feinkornbildung deutlich zu erkennen. Siehe auch Bild 4-12, V = 400:1.*

c) *Gefüge im Bereich der Schmelzgrenze. Im oberen Bildbereich erkennt man das Schweißgut, im unteren die Grobkornzone.*

d) *Umgekörntes vorwiegend bainitisches Schweißgutgefüge mit Ferritbändern aus dem Bereich der Wurzellage.*

4.1.3.1   Der Einfluß des Nahtaufbaus; Einlagen- Mehrlagentechnik

Der durch den z.T. extremen Temperatur-Zeit-Verlauf beim Schweißen entstehende ungünstige Gefügezustand der WEZ läßt sich mit der **Mehrlagentechnik** erheblich verbessern. Dies trifft allerdings nur für die umwandlungsfähigen Stähle zu. Werkstoffe, die nicht die Erscheinung der allotropen Modifikationen zeigen, sind durch keine Wärmebehandlung gefügemäßig veränderbar. Die nicht umwandlungsfähigen austenitischen CrNi- oder ferritischen Cr-Stähle sind bekannte Beispiele für derartige Werkstoffe (Abschn. 2.8).

Die güteverbessernde Wirkung der Mehrlagentechnik bei umwandlungsfähigen Stählen beruht auf der erneuten Umwandlung und der Kornfeinung des Gefüges der Grobkornzone und der jeweils darunter liegenden Lagen des Schweißguts als Folge der doppelten Umkristallisation beim Erwärmen bzw. Abkühlen. Der gleiche Mechanismus ist auch die Ursache für die feinkörnige Gefügeausbildung beim Normalglühen (Abschn. 2.5.1.2). Allerdings sind die Vorteile der Mehrlagentechnik nur nutzbar, wenn die beim Schweißen eingebrachte

Wärme ein Umkörnen der Grobkornzone(n) erlaubt.

Bild 4-14 zeigt schematisch die im Schweißgut und der WEZ von Stahlschweißungen stattfindenden Gefügeänderungen. Der Umfang der Kornfeinung nimmt mit der Größe des über Ac_3 erwärmten Bereiches zu. Bei geeigneten (durch Versuch festgestellten) Schweißparametern kann nahezu die gesamte Grobkornzone feinkörnig gemacht werden. Die hierfür erforderliche Wärmeführung wird i.a. als **Pendellagentechnik** bezeichnet.

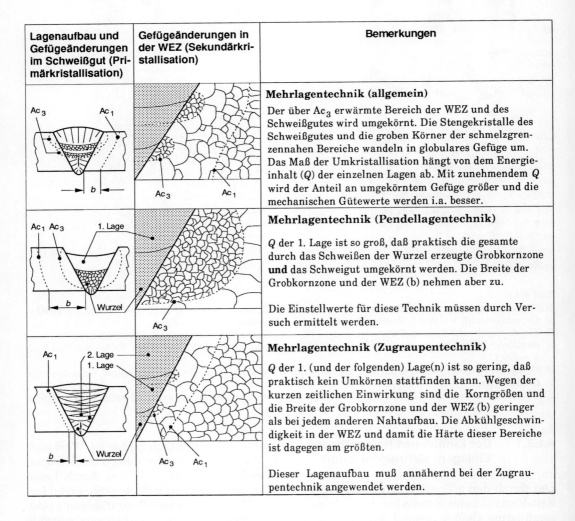

Lagenaufbau und Gefügeänderungen im Schweißgut (Primärkristallisation)	Gefügeänderungen in der WEZ (Sekundärkristallisation)	Bemerkungen
		Mehrlagentechnik (allgemein) Der über Ac_3 erwärmte Bereich der WEZ und des Schweißgutes wird umgekörnt. Die Stengelkristalle des Schweißgutes und die groben Körner der schmelzgrenzennahen Bereiche wandeln in globulares Gefüge um. Das Maß der Umkristallisation hängt von dem Energieinhalt (Q) der einzelnen Lagen ab. Mit zunehmendem Q wird der Anteil an umgekörntem Gefüge größer und die mechanischen Gütewerte werden i.a. besser.
		Mehrlagentechnik (Pendellagentechnik) Q der 1. Lage ist so groß, daß praktisch die gesamte durch das Schweißen der Wurzel erzeugte Grobkornzone **und** das Schweigut umgekörnt werden. Die Breite der Grobkornzone und der WEZ (b) nehmen aber zu. Die Einstellwerte für diese Technik müssen durch Versuch ermittelt werden.
		Mehrlagentechnik (Zugraupentechnik) Q der 1. (und der folgenden) Lage(n) ist so gering, daß praktisch kein Umkörnen stattfinden kann. Wegen der kurzen zeitlichen Einwirkung sind die Korngrößen und die Breite der Grobkornzone und der WEZ (b) geringer als bei jedem anderen Nahtaufbau. Die Abkühlgeschwindigkeit in der WEZ und damit die Härte dieser Bereiche ist dagegen am größten. Dieser Lagenaufbau muß annähernd bei der Zugraupentechnik angewendet werden.

Bild 4-14
Schematische Darstellung der Gefügeänderungen im Schweißgut und der WEZ von Stahlschweißverbindungen bei der Mehrlagentechnik (Pendellagen- und Zugraupentechnik).

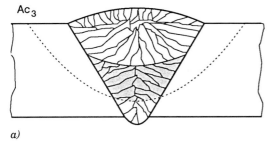

a)

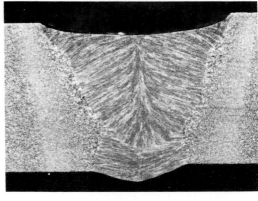

b)

Bild 4-15
Ein zeitlich zu geringer Abstand der zweiten Drahtelektrode (z.B. beim UP-Tandem-Schweißen) von der ersten hat zur Folge, daß durch sie keine Umkörnung des über Ac₃ erwärmten Bereiches der Wurzellage erfolgen kann, weil das Gefüge sich noch im austenitischen Zustand befindet. Die Wärme der zweiten Lage erreichte die erste, als sie sich noch im austenitischen Zustand befand. a) schematische Skizze, b) Makroaufnahme einer UP-Tandem-Schweißverbindung.

Diese Technik des Nahtaufbaus ist *nicht* mit der **Zugraupentechnik** zu verwechseln. Bei dieser Methode wird mit so geringen Streckenenergien gearbeitet, daß ein merkliches Umkörnen oder Umschmelzen der darunterliegenden Lage *nicht* erfolgen kann. Diese unwirtschaftliche Arbeitsweise muß aber bei allen Schweißaufgaben angewendet werden, die ein kleines Schmelzbadvolumen erfordern, z.B.:

– Wurzeln in Stumpfnähten,
– Dünnblechschweißen,
– Zwangslagenschweißen,
– Auftragschweißen.

Bild 4-15 zeigt einen fertigungstechnischen Sonderfall der Pendellagentechnik, der z.B. beim UP-Tandem-Schweißen auftreten kann. Die von der "hinteren" Drahtelektrode beim Schweißen der zweiten Lage erzeugte Ac₃-Isotherme erreicht Schweißgut und WEZ der ersten Lage (Wurzel) noch im *austenitischen* Zustand, d.h., ein Umkörnen der grau angelegten über Ac₃ erwärmten Zone in der Wurzellage, 4-15a, kann nicht stattfinden. Diese Vorgänge sind in der Makroaufnahme, Bild 4-15b deutlich zu erkennen.

4.1.3.2 Eigenschaften und mechanische Gütewerte

Die Bauteilsicherheit geschweißter Konstruktionen wird außer von den Grundwerkstoffeigenschaften von den Eigenschaften und dem Verhalten des Gefügekontinuums

GW - WEZ - Schweißgut - WEZ - GW

bestimmt. Folgende Eigenschaftsänderungen bzw. verfahrenstechnischen Besonderheiten können abhängig von der Werkstoffart, der Schweißtechnologie (Verfahren, Einstellwerte, Wärmevor- bzw. nachbehandlung, Zusatzwerkstoffe) in unterschiedlichem Umfang mit unterschiedlicher Wirkung auftreten:

❏ *Art* und *Umfang* der *werkstofflichen Änderungen*:
  – Entstehen harter, spröder Umwandlungsgefüge (z.B. Martensit, intermediäre Phasen).
  – Durch Gasaufnahme aus der Atmosphäre Verspröden bestimmter Teilbereiche.
  – Ausscheidungen bzw. versprödende Phasen.

□ *Korngröße* und *Korngrößenverteilung* vor allem in der Grobkornzone.

□ *Breite* der thermisch beeinflußten Zone. Sie ist abhängig von der Größe der Strekkenenergie Q und der Vorwärmtemperatur T_V.

□ *Eigenschaften des Schweißguts* und dessen Beeinflußbarkeit durch den Schweißprozeß sind abhängig von:

  – der chemischen Zusammensetzung des *Zusatzwerkstoffs* und des *Grundwerkstoffs*,

  – vom Grad der *Aufmischung* zwischen Grundwerkstoff und und abgeschmolzenem Zusatzwerkstoff: Der Gehalt der Verunreinigungen im Grundwerkstoff ist häufig der qualitätsbestimmende Faktor

  – vom *Lagenaufbau* (Einlagen-, Mehrlagentechnik),

  – von der *Menge* und *Ausbildung* des dendritischen *Gußgefüges*: Umfang der Umkörnung, Größe der Dendriten.

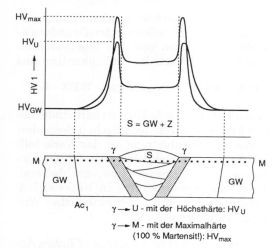

Bild 4-16
Härteverteilung quer zu einer mehrlagigen Schweißverbindung aus einem umwandlungsfähigen Stahl. Die Höchstwerte der Härte sind abhängig von der Abkühlgeschwindigkeit der austenitisierten Bereiche der WEZ. Sie liegen zwischen der maximal möglichen HV_{max} (=100 % Martensit!) und der des von der jeweiligen Abkühlgeschwindigkeit abhängigen Umwandlungsgefüges U: HV_U. M-M ist die Meßgerade für die Härtemessung, schematisch. Der angelegte Bereich ist die vollständig austenitisierte Zone der WEZ.

4.1.3.2.1   Härteverteilung

Während des Aufheizens wird ein schmaler Bereich neben der Schmelzgrenze der Schweißnaht vollständig austenitisiert. Abhängig von der Abkühlgeschwindigkeit wandelt dieser Austenit in ein merklich härteres Umwandlungsgefüge (U) um. Wird die kritische Abkühlgeschwindigkeit überschritten, dann entsteht sogar der in den meisten Fällen unerwünschte Martensit, Bild 4-16.

Die Abkühlgeschwindigkeit ist an der Phasengrenze flüssig/fest am größten, d.h., die Härte des sich hier bildenden Umwandlungsgefüges ist größer als die jeder anderen Zone der Schweißverbindung.

Die Maximalhärte in der WEZ ist bei konventionellen Stählen ein Maß für die Rißneigung dieser Bereiche. Bei den hoch- und höherfesten Stählen sind andere Eigenschaften wichtiger (Abschn. 4.3.2). Die die Rißbildung begünstigenden und untereinander wechselwirkenden Faktoren sind:

– der *C-Gehalt,* d.h. die von ihm abhängige Maximalhärte des Werkstoffs. Sie kann z.B. mit folgender Näherungsformel berechnet werden (Bild 1-37):

  $HV_{max} = 930\ \%C + 283.$

  Mit zunehmender Härte wird die Wahrscheinlichkeit der Rißbildung größer.

– Die *Eigenspannungen* oder äußere Beanspruchungen sind notwendig, um die für die Bildung der Rißoberflächen erforderliche Bruchflächen-Energie bereitzustellen.

– Der *Wasserstoff,* er ist entscheidend für die vor allem bei vergüteten Feinkornbaustählen auftretende Kaltrißneigung. Diese Rißform wird daher auch wasserstoffinduzierter Kaltriß genannt.

Die Höhe der Höchsthärte in der WEZ wird damit zumindest für konventionelle C-Mn-Stähle in der Praxis als erprobter und oft verwendeter Maßstab für die Neigung zur *Kaltrißbildung* verwendet. Nach verschiedenen Regelwerken und Spezifikationen muß

Kaltrißneigung	Höchsthärte HV10
Kaltrißbildung wahrscheinlich	400
Kaltrißbildung möglich	350 ... 400
Kaltrißbildung unwahrscheinlich	< 350
genügende Betriebssicherheit ohne Wärmebehandlung vorhanden	< 280

Tabelle 4-1
Zusammenhang zwischen der Höchsthärte in der WEZ und der Kaltrißneigung bei un- und niedriglegierten Stählen, nach R. MÜLLER.

die Höchsthärte für eine genügende Betriebssicherheit der geschweißten Konstruktion daher auf bestimmte zulässige Maximalwerte begrenzt werden. Tabelle 4-1 zeigt die i.a. anerkannten zulässigen Höchstwerte für verschiedene "Betriebszustände".

Die von der Höchsthärte abhängige Kaltrißneigung ist auch der Grund für die nachstehenden "Schweißempfehlungen":

– **"Zündstellen"** sind vom Lichtbogen auf der Werkstückoberfläche durch Antippen erzeugte extrem schnell aufgeheizte und abgekühlte kleinste Werkstoffbereiche. Ihre WEZ kann (abhängig vom C-Gehalt des Werkstoffs) aus hartem, sprödem, rißanfälligem Martensit bestehen.
– Die gleiche Wirkung haben zu kurze **Heftstellen.**

Mit einer geeigneten Wärmeführung beim Schweißen können die nachteiligen Eigen-

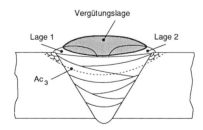

Bild 4-17
Schematische Darstellung der Vergütungslagentechnik.

schaften aufgehärteter Gefüge der Wärmeeinflußzonen im Decklagenbereich weitgehend beseitigt werden. Entsprechende Maßnahmen sind insbesondere beim Schweißen vergüteter Stähle (z.B. niedriggekohlter schweißgeeigneter Vergütungsstähle) sinnvoll, da ohne eine anschließende Wärmebehandlung im Schmelzgrenzenbereich leicht ein vollständig martensitisches Gefüge entstehen kann. Die hierfür erforderliche Schweißtechnologie wird i.a. als **Vergütungslagentechnik** bezeichnet. Bild 4-17 läßt erkennen, daß insbesondere die Lage der Schweißraupen von Bedeutung ist.

Die Wirksamkeit dieser speziellen Schweißfolge beruht darauf, daß bei geeigneten Einstellwerten die von der Vergütungslage erzeugte Ac_3-Isotherme die aufgehärteten, grobkörnigen Bereiche in den Wärmeeinflußzonen der Lagen 1 und 2 in ein feinkörniges Gefüge umkörnen, das meist eine höhere Zähigkeit aufweist.

Die maximal mögliche Höchsthärte in der WEZ ist nur vom C-Gehalt, die tatsächlich erreichte aber abhängig vom:

– C-Gehalt und der chemischen Zusammensetzung des Stahles und der
– Abkühlgeschwindigkeit (bzw. Abkühlzeit $t_{8/5}$). Sie wird von der
– Werkstückdicke, der Vorwärmtemperatur, den Schweißparametern (I, U, v), der Anordnung der Fügeteile, und der Wärmeleitfähigkeit des Stahles bestimmt.
– Nahtaufbau (Einlagen- Mehrlagentechnik). Die Härte der WEZ von mehrlagig geschweißten Verbindungen ist deutlich geringer als die von einlagig geschweißten. Die Ursachen sind die wiederholte Umkörnung (Austenitisierung) der einzelnen Lagen und ihre "Anlaßbehandlung" der jeweiligen darunter liegenden Lagen.

Bild 4-18 zeigt, daß bei gleicher Werkstückdicke eine Kehlnaht merklich schneller abkühlt als eine Stumpfnaht. Bei gleichen Bedingungen sind die Maximalhärten in der WEZ von Stumpfnähten daher deutlich geringer.

In der Praxis kann durch Wahl geeigneter Schweißbedingungen und Schweißtechnologien die Abkühlgeschwindigkeit in der Regel auf unkritische Werte herabgesetzt werden. Die wichtigsten Maßnahmen sind das im nächsten Abschnitt besprochene Vorwärmen der Fügeteile und ein zweckmäßiger Lagenaufbau.

Die naheliegende Überlegung, die "richtige" Abkühlgeschwindigkeit mit einer großen Streckenenergie Q erreichen zu wollen, ist aus verschiedenen Gründen nur begrenzt möglich weil:

- die *thermische Empfindlichkeit* mancher Werkstoffe (z.B. korrosionsbeständige CrNi-Stähle, viele NE-Metalle) zu verschiedenen Versagensformen bzw. metallurgischen Mängeln, z.B. der Heißrißbildung oder dem Abbrand von Desoxidations- oder(und) Legierungselementen führt,
- die *Breite der Grobkornzone* und die *Korngröße* der schmelzgrenzennahen Bereiche zunehmen bzw. Versprödungserscheinungen und andere unerwünschte Eigenschaftsänderungen (z.B. Ausscheidungen) die Folge sein können,
- die Schweißarbeiten sich ausschließlich in den *Normallagen* ausführen lassen.

Abgesehen von der unerwünschten Härtesteigerung der austenitisierten Bereiche der WEZ entstehen als Folge der großen Temperaturgradienten außerdem gefährliche mehrachsige *Eigenspannungszustände*. Sie sind die Ursachen für die Spannungsversprödung und den gefährlichen **Sprödbruch** (Abschn. 3.4).

4.1.3.2.2 Vorwärmen der Fügeteile

Die Härte der neben der Schmelzgrenze entstehenden Umwandlungsgefüge ist von der chemischen Zusammensetzung (C-Gehalt!) und der Abkühlgeschwindigkeit des austenitisierten Werkstoffs abhängig. Bei gegebenem Stahl läßt sich die Härte dem-

nach nur durch Verringern der Abkühlgeschwindigkeit des über Ac_3 erwärmten Teils der Schweißverbindung herabsetzen. Diese Aufgabe übernimmt das möglichst gleichmäßige **Vorwärmen** der Fügeteile. Das ist eine Wärmebehandlung, bei der die Fügeteile gleichmäßig auf die erforderliche **Vorwärmtemperatur** T_v erwärmt und während des Schweißens auf dieser Temperatur gehalten werden. Die Abkühlgeschwindigkeit wird dadurch abhängig von der Höhe der Vorwärmtemperatur herabgesetzt und die Bildung aufgehärteter, rißanfälliger Gefügebereiche vermieden.

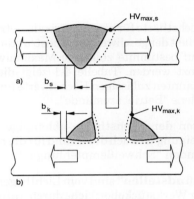

Bild 4-18
Wärmefluß in einer a) Kehlnaht, b) Stumpfnaht, schematisch. Die Maximalhärte in der WEZ einer Stumpfnaht $HV_{max,s}$ ist also bei gleichen Bedingungen kleiner als die in der Kehlnaht $HV_{max,k}$. Die Breite der WEZ der Kehlnaht b_k ist dagegen geringer als die der Stumpfnaht b_s.

Mit dieser Maßnahme wird das *Aufhärten* der schmelzgrenzennahen Bereiche wirksam verhindert. Die erreichte Höchsthärte in der WEZ ist nur vom C-Gehalt und dem Gehalt der Legierungselemente abhängig, die zusammen die kritische Abkühlgeschwindigkeit bestimmen.

Niedriggekohlte Stähle (C ≤ 0,2 %) erfordern wegen ihrer geringen Aufhärtungsneigung i.a. erst bei größeren Werkstückdicken ein Vorwärmen. Da die Rißneigung harter Gefügebestandteile i.a. mit der Höhe der Höchsthärte zunimmt, müssen höhergekohlte Stähle (C ≥ 0,25 %) grundsätzlich *vorgewärmt* werden.

Die "richtige" Vorwärmtemperatur ist abhängig

- in der Hauptsache von der Art (Gefüge, Ausscheidungen usw.) und der chemischen Zusammensetzung des Werkstoffs, in erster Linie also von der Höhe des C-Gehalts, der
- Werkstückdicke, den
- Zusatzwerkstoffen, dem
- Verspannungszustand der Konstruktion und dem Schweißverfahren.

Lediglich die Wirkung der werkstoffabhängigen Faktoren läßt sich bei Inkaufnahme verschiedener Vereinfachungen quantitativ bestimmen. Der Einfluß der restlichen Faktoren ist nur auf Grund von Erfahrungen beschreibbar bzw. wird durch Normen- und Regelwerke "vorgegeben".

Die Wirkung der Legierungselemente auf die Rißneigung der aufgehärteten Zonen läßt sich zahlenmäßig z.B. mit dem **Kohlenstoffäquivalent C$_{eq}$** angeben.

Dieser Methode liegt die vielfach gemachte Erfahrung zugrunde, daß die Rißneigung eines Gefüges nicht nur vom C-Gehalt, sondern auch in *unterschiedlichem* Umfang von den Legierungselementen bestimmt wird. Der Einfluß der wichtigsten Legierungselemente wird durch experimentell bestimmte Faktoren (= Äquivalente) beschrieben, die ein Maßstab für ihre rißbegünstigende Wirkung im Vergleich zum Kohlenstoff darstellen.

Es existieren einige Dutzend rechnerischer Ansätze, die aber jeweils nur für Stähle gelten, deren chemische Zusammensetzung in einem bestimmten Bereich liegen. Eine für C-Mn-Stähle häufig verwendete Beziehung ist die für längere Abkühlzeiten ($t_{8/5} >$ 10 s) geltende IIW-Formel, Gl. [4-1]:

$$C_{eq} = C + \frac{Mn}{6} + \frac{Mo}{5} + \frac{Ni}{15} + \frac{Cr}{5} + \frac{V}{5} + \frac{Cu}{15} [\%]$$

Danach wird abhängig von der Größe des C$_{eq}$-Wertes z.B. die in Tabelle 4-2 angegebene Vorwärmtemperatur empfohlen.

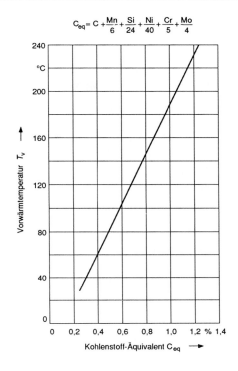

$$C_{eq} = C + \frac{Mn}{6} + \frac{Si}{24} + \frac{Ni}{40} + \frac{Cr}{5} + \frac{Mo}{4}$$

Bild 4-19
Die zum Vermeiden von Kaltrissen in der WEZ erforderliche Vorwärmtemperatur in Abhängigkeit vom Kohlenstoffäquivalent, nach WINN.

Die Bedeutung und Wirksamkeit dieser Methode ist aus werkstofflicher Sicht umstritten:

❏ Kohlenstoff als Maß für die Aufhärtbarkeit wird zu einer die Einhärtbarkeit bestimmenden Legierungskennzahl addiert. Ein werkstofflich fragwürdiges Vorgehen, das allerdings durch experi-

C$_{eq}$-Wert %	Vorwärmtemperatur T$_v$ °C
≤ 0,45	< 100
0,45 ... 0,60	100 ... 250
> 0,60	250 ... 350 (evtl. höher)

Tabelle 4-2
Nach IIW empfohlene Vorwärmtemperatur abhängig von der Größe des Kohlenstoffäquivalents C$_{eq}$.

mentelle Ergebnisse in Teilbereichen bestätigt wird.

❏ Eine Reihe von die Rißneigung bestimmender Faktoren wird nicht berücksichtigt:

   – Gefügeart, -ausbildung, Korngröße, Desoxidationszustand, Art einer vorangehenden Wärmebehandlung, Menge und Art der Verunreinigungen im Stahl,

   – Werkstückdicke, d.h. z.B. Eigenspannungszustand,

   – Schweißbedingungen: Schweißverfahren, Zusatzwerkstoff, Fugenform, Pendellagen- Zugraupentechnik, Werkstücktemperatur.

Das Bild 4-19 zeigt einen weiteren praxisbewährten Zusammenhang zwischen der für die Unterdrückung der Kaltrißbildung erforderlichen Vorwärmtemperatur und dem Kohlenstoffäquivalent C_{eq}, Gl. [4-2]:

$$C_{eq} = C + \frac{Mn}{6} + \frac{Cr}{5} + \frac{Ni}{40} + \frac{Mo}{4} + \frac{Si}{24}\,[\%]$$

Die Legierungsfaktoren in allen Beziehungen für C_{eq} sind von der Art und der Menge der Gefügebestandteile abhängig. Für eine Abkühlung, die zu einem rein martensitischen Gefüge führt, ist das Kohlenstoffäquivalent einfach

$$C_{eq} = C.$$

Mit zunehmendem Bainit - also abnehmendem Martensitanteil nimmt der Einfluß des C-Gehaltes ab, der der Legierungselemente zu. Bei rein bainitischen Gefügen werden die Legierungsfaktoren außer von C in erheblichem Umfang von der Art und Menge der Legierungselemente bestimmt. Die Härte rein bainitischer Gefüge hängt vom C_{eq} in folgender Weise ab, Gl. [4-3]:

$$C_{eq} = C + \frac{Si}{11} + \frac{Mn}{8} + \frac{Cr}{5} + \frac{Mo}{6} + \frac{Ni}{17} + \frac{Cu}{9} + \frac{V}{3}\,[\%]$$

Bei aus Martensit und Bainit bestehenden Gefügen liegen diese Faktoren zwischen denen für reinen Martensit und reinen Bai-

nit. Bild 4-20 zeigt die Abhängigkeit der Härte in der WEZ von dem Kohlenstoffäquivalent C_{eq}.

Die Höhe der Maximalhärte in der WEZ hat sich als relativ verläßlicher und einfach zu handhabender Maßstab für die Neigung zur **Kaltrißbildung** erwiesen. Davon völlig unberührt bleibt die Notwendigkeit, in diesen Bereichen eine ausreichende Bruchzähigkeit sicherzustellen. Diese Eigenschaft läßt sich mit Härtemessungen in den meisten Fällen nicht oder nicht zuverlässig nachweisen.

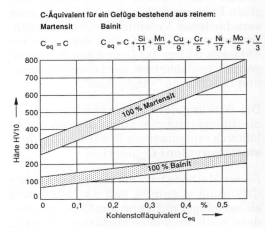

Bild 4-20
Härte des Martensits und des Bainits in der Wärmeeinflußzone von Schweißverbindungen in Abhängigkeit von dem Kohlenstoffäquivalent C_{eq}, nach Lorenz *und* Düren.

Die Härte in der WEZ läßt sich sehr wirksam durch Vorwärmen vermindern. Die in der Schweißpraxis angewendeten Vorwärmtemperaturen liegen zwischen etwa 100 °C und etwa 350 °C, in Sonderfällen auch höher wie Tabelle 4-2 zeigt.

Eine bestechend einfache und elegante Methode zum Bestimmen der Vorwärmtemperatur beruht auf den Gesetzmäßigkeiten der Martensitbildung (Abschn. 2.5.3.4). Die Martensitbildung beginnt bei der kritischen Abkühlung *und* dem Unterschreiten der M_s-Temperatur. Ein Vorwärmen der Fügeteile *über* der M_s-Temperatur des Werk-

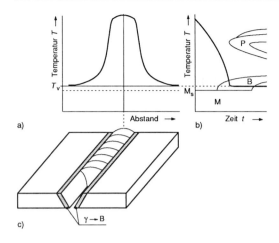

Bild 4-21
Werkstoffliche Vorgänge beim Schweißen mit Vor-
wärmtemperaturen $T_v > M_s$.
a) Temperaturverteilung einer auf T_v vorgewärmten
   Schweißverbindung,
b) Abkühlkurve des schmelzgrenzennahen Bereichs
   im ZTU-Schaubild,
c) V-Naht mit in Bainit umgewandelter WEZ.

Der austenitisierte Bereich der WEZ wandelt in kei-
nem Fall in Martensit um, sondern abhängig vom
Umwandlungsverhalten des Stahls in ein marten-
sitfreies Gefüge. Im gezeigten Beispiel entsteht ein
bainitisches Gefüge.

stoffs verhindert damit während des Schweißens die Bildung des Martensits unabhängig von der Größe der Abkühlgeschwindigkeit.

Bild 4-21 zeigt schematisch die werkstofflichen Vorgänge, die bereits in Absch. 2.5.3.4
besprochen wurden. Abhängig vom Umwandlungsverhalten des Stahles entsteht
in jedem Fall bei $T_v > M_s$ ein martensitfreies
Gefüge, im gezeigten Beispiel ein bainitisches Gefüge.

Der Vorteil dieser Methode beruht nicht
nur auf dem martensitfreien Gefüge in der
WEZ, sondern auch auf der Verminderung
der beim Schweißen entstehenden Eigenspannungen und dem Verzug. Während der
gesamten Schweißzeit befindet sich die über
Ac_3 erwärmte Zone im austenitischen bzw.

teilaustenitisierten Zustand (ein Teil des
Austenits kann während des Schweißens
umwandeln!). Der zähe Austenit kann durch
plastische Verformung die gefährlichen Eigenspannungen wesentlich leichter abbau-
en als das krz Umwandlungsgefüge. Die
Kaltrißneigung ist erheblich geringer.

Diese werkstofflich überzeugende Methode
kann nicht für alle Stähle sinnvoll eingesetzt werden. In Abschn. 2.5.2 (siehe auch
Bild 2-25) wird gezeigt, daß M_s mit zunehmender Legierungsmenge und zunehmendem Kohlenstoffgehalt kontinuierlich abnimmt. Unlegierte, kohlenstoffarme d.h. gut
schweißgeeignete Stähle besitzen also eine
hohe M_s-Temperatur und eine sehr große
kritische Abkühlgeschwindigkeit (Bild 1-
32, Bild 2-16). Ein Vorwärmen ist bei ihnen
nicht oder nicht in dieser Höhe erforderlich.
Die Wahl der Vorwärmtemperatur mit Hilfe der M_s-Temperatur ist daher nur sinnvoll, wenn diese genügend niedrig, der Stahl
also ausreichend legiert d.h. schweißunge-
eignet ist. Diese Grenze kann bei etwa 300
°C bis 350 °C angenommen werden.

Beispiele:
a) Der Stahl St 52-3 hat eine M_s-Temperatur von
   etwa 420 °C. Ein Vorwärmen wegen der Gefahr
   einer eventuellen Aufhärtung ist nicht erforder-
   lich. Allerdings werden bei größeren Wanddicken
   (etwa 30 mm) die Fügeteile auf 100 °C bis 150 °C
   vorgewärmt. Diese Maßnahme dient aber im
   wesentlichen dazu, die gefährlichen Eigenspan-
   nungszustände zu mildern. Durch eine nicht
   fachgerechte Schweißausführung (z.B. bei Zünd-
   stellen oder bei Verwendung zu dünner Draht-
   (Stab-)elektroden) kann nach kritischer Abküh-
   lung allerdings eine Höchsthärte von
   $HRC_{max} = 35 + 50\ C\% = 45\ HRC \approx 450\ HV$ entste-
   hen.
b) Der Stahl X 20 CrMoW 12 1 mit einer M_s-Tempe-
   ratur von etwa 270 °C wird (auch aus anderen
   Gründen) auf etwa 400 °C vorgewärmt.
c) Der Stahl 50 CrV 4 ($M_s \approx 300$ °C) wird auf etwa 350
   °C vorgewärmt. Bei einer Gesamthaltedauer von
   etwa 1000 s $\approx$ 17 min (diese Angaben sind aus dem
   ZTU-Schaubild des Stahles zu entnehmen!) wan-
   delt der gesamte austenitisierte Bereich der WEZ
   in Bainit um.

4.1.3.2.3 Einfluß der Stahlherstellungsart und der chemischen Zusammensetzung

Die Menge und Art der Stahlbegleiter bestimmen in großem Umfang die mechanischen Gütewerte des Stahles, insbesondere aber seine Zähigkeitseigenschaften. Die metallurgische Qualität der Stähle wird also neben anderen Faktoren von den Erschmelzungs- und Vergießungsverfahren bestimmt (Abschn. 2.3).

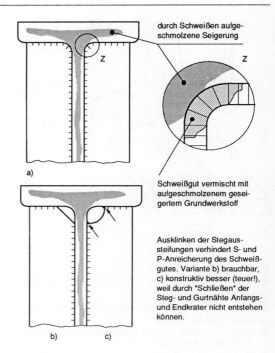

durch Schweißen aufgeschmolzene Seigerung

Schweißgut vermischt mit aufgeschmolzenem geseigertem Grundwerkstoff

Ausklinken der Stegaussteifungen verhindert S- und P-Anreicherung des Schweißgutes. Variante b) brauchbar, c) konstruktiv besser (teuer!), weil durch "Schließen" der Steg- und Gurtnähte Anfangs- und Endkrater nicht entstehen können.

Bild 4-23
Stegaussteifungen in einem T-Profil aus unberuhigtem Stahl. a) Hohe Eigenspannungszustände und stark verunreinigtes Schweißgut begünstigen Heißrisse und Versprödung. b) Ausklinken der Bleche verhindert die unerwünschte Vermischung und c) verringert die Kerbwirkung durch umlaufende Schweißnähte.

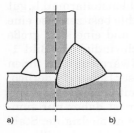

Kehlnähte:

a) Verfahren mit geringem Einbrand schmelzen die Seigerung nicht auf
b) tiefeinbrennende Verfahren eignen sich prinzipiell nicht zum Schweißen geseigerter Stähle: Großer Aufmischungsgrad begünstigt Heißrißbildung

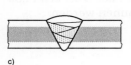

Stumpfnähte:

Aufschmelzen der geseigerten Bereiche nicht vermeidbar. Zusatzwerkstoffe wählen, die P und S verschlacken können (z.B. B-Elektroden)

Bild 4-22
Aufschmelzen der geseigerten Bereiche während des Schweißens unberuhigter Stähle bei Kehlnähten und Stumpfnähten, schematisch.

Im folgenden werden nur die für eine fachgerechte schweißtechnische Verarbeitung wichtigsten Einflüsse besprochen.

Seigerungen

Die Schwefel- und Phosphorgehalte in Seigerungszonen unberuhigt vergossener Stähle sind etwa zwei- bis dreimal größer als der Durchschnittsgehalt. Schwefelgehalte über etwa 0,05% machen den Stahl durch die Bildung des bei ca. 1000 °C schmelzenden FeS *heißrißanfällig*. Selbst geringe Phosphorgehalte ($\leq$ 0,05 %) begünstigen sehr stark die *Kaltrißneigung*.

Der überwiegende Teil aller Stähle wird seit etwa Mitte der achtziger Jahre nach dem Stranggußverfahren vergossen. Diese Stähle müssen beruhigt vergossen werden, d.h., sie sind nicht geseigert. Große Vorsicht ist allerdings bei Reparaturschweißungen an Bauten aus Thomas-Stählen und allen "älteren" Stählen angebracht. Bild 4-22 zeigt schematisch die in den Schweißgütern von Kehl- und Stumpfnähten ablaufenden Vorgänge. Je größer der Grad der Aufmischung ist, um so größer ist i.a. der Anteil des im Vergleich zum Zusatzwerkstoff deutlich stärker verunreinigten Grundwerkstoffs. Die Gefahr der Heißrißbildung (S) und Versprödung (P) des Schweißgutes nimmt zu. Ein tiefer Einbrand ist oft mit metallurgischen Nachteilen verbunden.

Gleiche Probleme entstehen beim Einschweißen von Stegblechaussteifungen in Profilen aus geseigertem Stahl, Bild 4-23. Die Anordnung im Teilbild a ist wegen des hohen Eigenspannungszustandes im Bereich der Hohlkehle besonders rißgefährdet. Bei hohem Schwefelgehalt im Grundwerkstoff besteht außerdem Porengefahr als Folge der SO_2-Bildung gemäß folgender Beziehung:

$$2 \cdot FeO + FeS \rightarrow 3 \cdot Fe + SO_2.$$

Die konstruktive Lösung dieses Problems besteht in einem genügend weiten Ausklinken der Stegblechaussteifungen gemäß Bilder 4-23b und c. Die Variante c ist konstruktiv wesentlich zweckmäßiger. Durch die hier gegebene Möglichkeit, die Schweißnähte schließen zu können, entfallen die gefährlichen End- bzw. Anfangskrater, die Orte hoher Gehalte an Verunreinigungen und großer Spannungskonzentrationen sind.

Alterungsprobleme

Stickstoff in kaltverformten Stählen führt oberhalb 0,001 % zur *Verformungsalterung*, die mit einer mäßigen Festigkeitszunahme und einer gleichzeitigen erheblichen Abnahme der Zähigkeit verbunden ist (Abschn. 3.2.1.2). Obwohl diese Versprödungsart bei den heutigen Stählen beherrschbar erscheint, enthalten verschiedene Regelwerke Bedingungen für das Schweißen an kaltverformten Bauteilen.

In Tabelle 4-3 sind die Bedingungen für das Schweißen z.B. nach der DIN 18 800 T1 aufgeführt. Danach darf in kaltverformten Bauteilen einschließlich der angrenzenden Flächen von der Breite 5t geschweißt werden, wenn die angegebenen Werte für die Dehnung ε oder bei Biegeverformungen das Verhältnis Biegeradius der inneren Dehnung zur Werkstückdicke r/t eingehalten sind.

Werden die Teile vor dem Schweißen normalgeglüht, dann brauchen diese nicht eingehalten werden.

r/t	ε %	zul. t mm	konstruktive Anordnung
≥ 10	< 5	alle	
≥ 3,0	≤ 14	≤ 24	
≥ 2	≤ 20	≤ 12	
≥ 1,5	≤ 25	≤ 8	
≥ 1,0	≤ 33	≤ 4	

Tabelle 4-3
Bedingungen für das Schweißen an kaltverformten Bauteilen nach DIN 18 800 T1.

4.1.4 Die WEZ bei Nichteisenwerkstoffen

Die werkstofflichen Änderungen sind hier i.a. übersichtlicher und leichter verständlich als bei umwandlungsfähigen Stählen. Das Bild 4-9 kann hierfür als einführende Übersicht dienen. Für diese Betrachtungen ist nachstehende vereinfachende Werkstoffeinteilung ausreichend:

- *Einphasige Werkstoffe* wie z.B. Cu, Ni, Al, bzw. vollständig aus Mischkristallen bestehende Legierungen, z.B. CuNi-Legierungen, α-Messing.
- *Mehrphasige Werkstoffe* wie z.B. (α+β)-Messinge bzw. Legierungen jeder Art.
- *Ausscheidungshärtbare Werkstoffe* wie z.B. Al-Mg-Zn-Legierungen.
- *Hochreaktive Werkstoffe*, z.B. Ti, Zr, Mo.
- *Verbinden unterschiedlicher Werkstoffe* oder Schweißen mit artfremdem Zusatzwerkstoff.

Durch die Wärmeeinbringung beim Schweißen entsteht neben der Schmelzgrenze unabhängig von der Werkstoffart in jedem Fall ein thermisch beeinflußter Gefügebereich, dessen Breite und Korngrößenverteilung nur von der Höhe der Streckenenergie Q bestimmt werden. Das Gefüge der schmelzgrenzennahen Bereiche ist immer grobkörnig. Das Kornwachstum ist unter gleichen Bedingungen bei den thermisch stabileren kfz Werkstoffen geringer als bei den krz Metallen. Bild 4-3 zeigt das Gefüge im Bereich der Schmelzgrenze einer Schweißverbindung aus SF-Cu. Bemerkenswert ist das häufiger beobachtete *epitaktische Wachstum* des Schweißgutes. Die Kristallisation der Schmelze beginnt an den festen Kristallebenen der Körner der Grobkornzone (Abschn. 4.1.1).

Bild 4-24
Mikroaufnahme eines kristallgeseigerten Cu-Schweißguts (Zusatzwerkstoff S-CuAg), V = 200:1.

Gefügeumwandlungen bzw. -änderungen sind nur bei Werkstoffen mit folgenden Eigenschaften möglich:

– Der Werkstoff bildet allotrope Modifikationen (z.B. Kobalt und Ti-Legierungen).
– Der Werkstoff enthält bestimmte Verunreinigungen, beispielsweise solche, die niedrigschmelzende (eutektische) Filme bilden (z.B. Nickel mit Spuren von Schwefel wird extrem heißrißanfällig).
– Das Gefüge ausscheidungshärtbarer Werkstoffe wird durch den Temperatur-Zeit-Zyklus beim Schweißen sehr weitgehend und in jedem Fall negativ verändert.
– In Legierungen entstehen im Schweißgut in den meisten Fällen ausgeprägte kristall-

geseigerte Bereiche (sehr stark z.B. bei Cu-Sn-Bronzen), Bild 4-24.

Eine Änderung der Korngröße und des häufig unerwünschten Gefüges in der WEZ durch Umkörnen wie bei Stahl ist i.a. nicht möglich. Die Art des Nahtaufbaus (Ein-Mehrlagentechnik) ist daher nur von untergeordneter Bedeutung. Durch die fehlende Möglichkeit der gefügeverbessernden Umwandlung bleibt vor allem das gesamte Schweißgut in dem ungünstigen dendritischen, stengeligen Gußzustand. Die bei vielen Legierungen häufig beobachtete Heißrißbildung ist allerdings durch eine hinreichend geringe Wärmezufuhr beherrschbar.

4.1.4.1 Einphasige Werkstoffe

In der WEZ einphasiger Metalle können neben einem groben Korn lediglich Ausscheidungen, bzw. bei mehrfach legierten Werkstoffen auch Heißrisse entstehen, Bild 4-25. Einige Werkstoffe sind darüber hinaus besonders empfindlich gegenüber bestimmten Elementen, z.B.:

– Nickel bildet mit Schwefel das bei etwa 400 °C schmelzende NiS. Nickel und Ni-legierte Werkstoffe (z.B. hochlegierte korrosionsbeständige Stähle, Abschn.

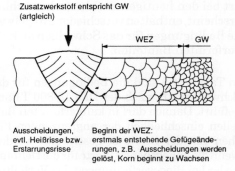

Bild 4-25
Vorgänge im Schweißgut und der WEZ einphasiger NE-Metalle. Je nach Reinheitsgrad und chemischer Zusammensetzung können sich Ausscheidungen und (oder) Heißrisse (Aufschmelzungsrisse) in der WEZ bilden. Entstehen der Grobkornzone ist prinzipiell nicht vermeidbar, schematisch.

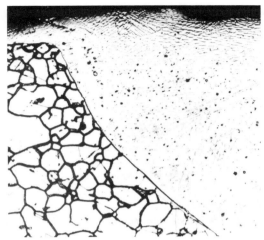

Bild 4-26
Interkristalline Werkstofftrennungen bei LC-Nickel
unter der Einwirkung schwefelhaltiger Gase, V =
150:1, Mischsäure.

4.3.6.5) sind in Anwesenheit selbst ge-
ringster Spuren Schwefel extrem heißrißanfällig, Bild 4-26.

– In der WEZ von sauerstoffhaltigen Cu-
Sorten wird das wird der als Cu_2O vorliegende Sauerstoff in Anwesenheit von H
(Gasschweißen!) gemäß folgender Beziehung reduziert:

$$Cu_2O + H_2 \rightarrow 2 \cdot Cu + H_2O.$$

– Der entstehende Wasserdampf"sprengt"
den Werkstoff, vor allem entlang der
Korngrenzen. Es entstehen interkristalline Risse.

– Automatenmessing enthält bis 3 % Blei,
(z.B. CuZn38Pb3), das ähnlich wie Schwefel im Stahl in der Messingmatrix nicht
löslich ist. Das niedrigschmelzende Blei
führt beim Schweißen zu heißrißähn-
lichen Erscheinungen.

4.1.4.2   Mehrphasige Werkstoffe

Ohne auf spezielle Werkstoffe einzugehen,
läßt sich allgemein sagen, daß das Schweißverhalten von der schweißungeeigneteren
Phase bestimmt wird. Das Verformungsvermögen ist ebenso wie das Korrosionsverhalten schlechter als das (homogener) einphasiger Werkstoffe.

Von einem Schweißen ist i.a. abzuraten,
wenn der Werkstoff eine intermediäre Phase enthält oder beim Schweißen bilden kann.
Als Beispiel sei die Legierung AlMg 5 genannt. Die entstehende Phase Al_3Mg_2 führt
bei unsachgemäßen Schweißbedingungen
zur Rißbildung.

4.1.4.3   Aushärtbare Legierungen

Die Schweißeignung dieser Werkstoffgruppe ist i.a. schlecht bis sehr schlecht. Die
Ursache sind die komplexen Werkstoffänderungen in der WEZ. In Bild 4-27 sind
schematisch diese Vorgänge dargestellt. In
der Hauptsache beruhen die Schweißprobleme auf dem Aussscheidungsverhalten
mit den folgenden Besonderheiten:

– Die in einem schmalen Bereich neben
der Schmelzgrenze beim Erwärmen gelösten festigkeitserhöhenden Teilchen
scheiden sich während des Abkühlens in
einer meistens völlig ungeeigneten Form

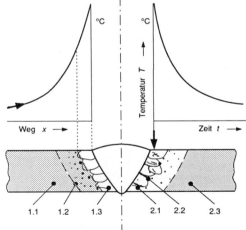

1. **Vorgänge beim Aufheizen**

1.1 Grundwerkstoff, ausgehärtet

1.2 Beginn der Koagulation

1.3 Ausscheidungen sind voll-
     ständig gelöst

2. **Vorgänge beim Abkühlen**

2.1 Wiederausscheiden der Aus-
     scheidungen in ungünstiger

2.2 Je nach Zusammensetzung
     auch Heißrisse möglich

2.3 Grundwerkstoff, unbeeinflußt

Bild 4-27
Werkstoffliche Vorgänge in der WEZ ausscheidungs-
härtbarer Legierungen, schematisch.

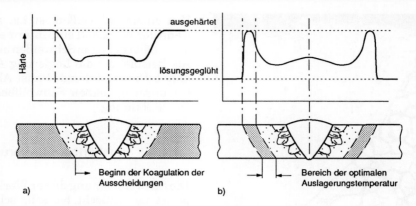

Bild 4-28
Härteverlauf in der WEZ ausscheidungshärtbarer Werkstoffe, schematisch.
a) ausscheidungsgehärtet: die Breite der erweichten Zone ist stark von der Streckenenergie beim Schweißen abhängig,
b) lösungsgeglüht: Die Rißneigung beim Schweißen ist i.a. geringer. Diese Methode erfordert aber nach dem Schweißen in der Regel eine erneute Wärmebehandlung: Lösungsglühen - Abschrecken - Auslagern.

wieder aus. Die optimale Form, Anzahl und Verteilung der Ausscheidungen wird nicht annähernd erreicht. Die Folge ist eine Abnahme der Härte und Festigkeit, insbesondere aber der Zähigkeit.

- Insbesondere bei mehrfach legierten Werkstoffen ist die Wahrscheinlichkeit groß, daß sich niedrigschmelzende, also heißrißauslösende Verbindungen bilden.

Eine allgemeingültige Schweißvorschrift empfiehlt, die Streckenenergie Q zu kontrollieren:

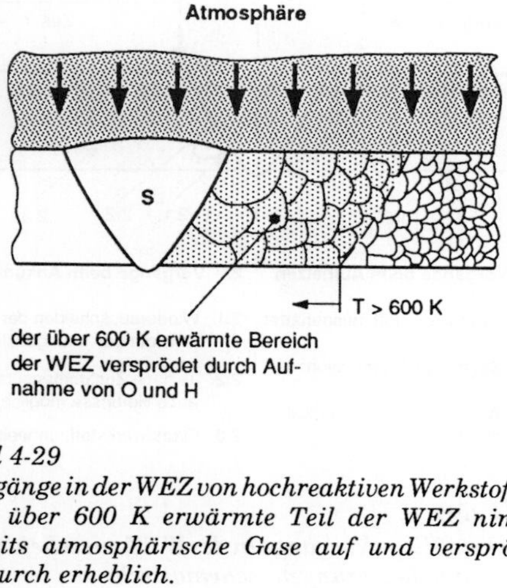

Atmosphäre

S

◄— T > 600 K

der über 600 K erwärmte Bereich
der WEZ versprödet durch Aufnahme von O und H

Bild 4-29
Vorgänge in der WEZ von hochreaktiven Werkstoffen.
Der über 600 K erwärmte Teil der WEZ nimmt bereits atmosphärische Gase auf und versprödet dadurch erheblich.

- Der Ausscheidungszustand in der WEZ sollte möglichst wenig geändert werden, die Breite dieser Zone möglichst klein sein. Die hierfür erforderliche geringe Streckenenergie erzeugt aber in dem ausgehärteten, wenig verformbaren Werkstoff hohe Eigenspannungszustände, die leicht zur Rißbildung führen.

- Eine zu große Streckenenergie löst den optimalen Ausscheidungszustand über große Bereiche und führt zu einer nicht tolerierbaren Härte- und Festigkeitsabnahme. Daraus ergibt sich das Konzept der **kontrollierten Wärmeführung** beim Schweißen ausscheidungshärtbarer Werkstoffe:

- Die Streckenenergie muß in einem bestimmten experimentell ermittelten *Bereich* liegen.

Die Rißneigung ist geringer, wenn im weichen, lösungsgeglühten Zustand geschweißt wird. Diese Methode erfordert aber eine vollständige Wärmebehandlung (Lösungsglühen, Abschrecken, Auslagern) der Bauteile nach dem Schweißen. Sie ist teuer und kann häufig nicht angewendet werden (z.B. Bauteilgröße). Bild 4-28 zeigt schematisch die Härteverteilung über die Schweißverbindung aus einem ausscheidungsgehärteten (a) und lösungsgeglühten Werkstoff (b).

4.1.4.4   Hochreaktive Werkstoffe

Die extreme chemische Reaktionsfähigkeit verschiedener Werkstoffe wie z.B. Titan, Zirkon, Molybdän u.a. ist die Ursache für ihre verhältnismäßig schlechte Schweißeignung. Sie nehmen bereits bei Temperatu-

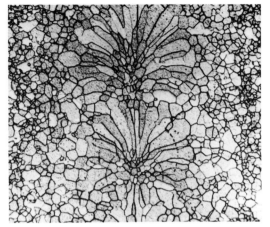

Bild 4-30
Horizontalschliff einer elektronenstrahlgeschweißten (gepulsten) Verbindung aus 1 mm dicken Molybdän-blechen, V=100:1, nach SCHULZ.

ren über 600 K atmosphärische Gase auf - insbesondere O und N - und verspröden nahezu vollständig, Bild 4-29. Ein erfolgreiches Schweißen ist nur möglich, wenn die Fügeteile großflächig vor dem Luftzutritt geschützt werden, die Atmosphäre durch ein inertes Gas ersetzt oder der Schweiß-prozeß unter Vakuum durchgeführt wird. Bild 4-30 zeigt einen Horizontalschliff einer fehlerfreien elektronenstrahlgeschweißten Verbindung (gepulster Strahl) aus 1 mm dicken Molybdänblechen.

4.1.5   Verbinden unterschiedlicher Werkstoffe

Die metallurgischen Vorgänge im Schweiß-gut und im schmelzgrenzennahen Bereich bei Verwendung artfremder Zusatzwerk-stoffe oder bei der Verbindung unterschied-licher Grundwerkstoffe GW_1, GW_2 sind kom-

pliziert und z.T. unübersichtlich, Bild 4-31a und b.

Das werkstoffliche Problem besteht in bei-den Fällen darin, daß durch Mischen unter-schiedlicher Mengen GW_1, bzw. GW_2 mit dem Zusatzwerkstoff Z unerwünschte, mei-stens spröde Phasen entstehen. Hinzu kommt die extreme Temperatur-Zeit-Füh-rung beim Schweißen, die die Bildung die-ser Phasen meistens begünstigt. Ohne gesi-cherte Werkstoffkenntnisse sind derartige Verbindungen in den wenigsten Fällen be-triebssicher herzustellen.

Bei einem geschätzten Aufschmelzgrad $A =$ (GW/Z) 100 [%] $\approx$ 20 % ... 40 % für eine V-Naht ergibt sich z.B. gemäß Bild 4-31b ein Schweißgutgefüge S, das im Konzentrations-bereich A liegt, Bild 4-31c. Der Anteil der spröden Phase V ist in diesem Fall so groß, daß eine Rißbildung unvermeidlich ist.

Ein zum Verbinden unterschiedlicher Grundwerkstoffe GW_1 und GW_2 geeigneter Zusatzwerkstoff muß mit jedem Werkstoff metallurgisch "verträglich" sein, d.h., es dürfen sich keine spröde Phasen bilden. Der Zusatzwerkstoff Z in Bild 4-31d ist z.B. für GW_1 geeignet, für GW_2 nicht. Für die Wahl geeigneter Zusatzwerkstoffe sind folgende Maßnahmen und Methoden bekannt:

– Wahl von Zusatzwerkstoffen, die mit den Legierungselementen keine spröden Ver-bindungen entstehen lassen. Besonders geeignet sind hochnickelhaltige Zusatz-werkstoffe. Nickel bildet mit den mei-sten Elementen eine lückenlose Misch-kristallreihe bzw. ausgedehnte Misch-kristallbereiche und ist extrem zäh.

– Auftragen von Pufferlage(n) auf eine (oder beide) Nahtflanken mit möglichst geringer Wärmezufuhr. Es kann Z oder ein spezieller Puffer-Zusatzwerkstoff (P) verwendet werden. Als Folge der gerin-gen Aufmischung ist die entstehende Menge der spröden Phase dann so ge-ring, daß das Schweißgut nahezu aus Z (P) besteht und rißfrei bleibt, Bild 4-31e. Der restliche Nahtquerschnitt wird mit der üblichen Technik des Nahtaufbaus

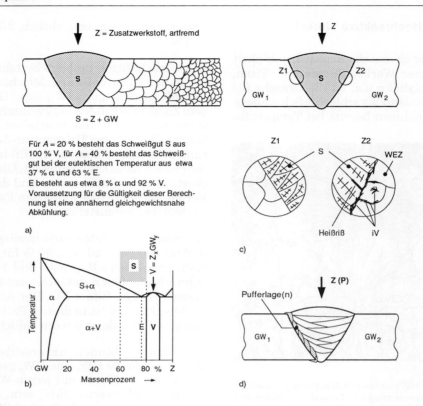

Bild 4-31

Bei Verwendung artfremder Zusatzwerkstoffe oder beim Verbinden unterschiedlicher Werkstoffe können je nach Vermischungsgrad A = (GW/Z) 100[%] spröde intermediäre Phasen V entstehen.

a) für einen Wert A = 20% ... 40% (entspricht etwa den Verhältnissen der V-Naht) und einem angenommenen Zustandsschaubild b) mit einer intermediären Phase V können die werkstofflichen Vorgänge nachvollzogen werden.

c) Unterschiedliche Grundwerkstoffe GW₁ und GW₂ werden mit Z verbunden. Das aus Z und GW₂ bestehende Schweißgut S ist rißfrei. Das aus GW₂ und Z bestehende Schweißgut enthält spröde Phasen (V) und niedrigschmelzende (Heißriß).

d) Puffern einer Flanke mit zähen Zusatz- (Z) oder anderen geeigneten Pufferwerkstoffen (z.B. Ni) verhindert i.a. die Rißbildung, wenn der Aufschmelzgrad A sehr gering ist (≤ 5%).

hergestellt. Als Zusatzwerkstoff können Zusatzwerkstoffe verwendet werden, die sich metallurgisch mit P und GW "vertragen". Diese Methode ist sehr zuverlässig, aber wegen des langsamen Arbeitsfortschritts beim Puffern teuer.

Man beachte, daß die Grobkornbildung im schmelzgrenzennahen Bereich unvermeidbar bzw. nur in geringem Umfang beeinflußbar ist. Das Kornwachstum ist ein temperatur- und zeitabhängiger Diffusionsvorgang. Die einzig mögliche Maßnahme besteht damit in einem Verkürzen der für das Kornwachstum zur Verfügung stehenden

Zeit. Dies gelingt nur durch Verfahren mit großer Leistungsdichte und(oder) großer Schweißgeschwindigkeit.

4.2 Zusatzwerkstoffe zum Schweißen un- und niedriglegierter Stähle

Die Zusammensetzung der Zusatzwerkstoffe ist i.a mit der der zu schweißenden Grundwerkstoffe vergleichbar. Das niedergeschmolzene Schweißgut ist also *artgleich*, wenigstens *artähnlich*. Durch diese Maßnahme werden bei einem "ordnungsgemäßen" Ablauf der metallurgischen Reaktionen

- *mechanische Gütewerte* und ein
- *Korrosionsverhalten* des Schweigutes erreicht,

die mit dem Grundwerkstoff vergleichbar sind. Der naheliegende Vergleich der metallurgischen Reaktionen beim Schweißen mit denen der Werkstoffherstellung (z.B. Erschmelzen, Desoxidieren, Legierungsarbeit, Raffinieren beim Werkstoff Stahl) muß aber die jeweils zur Verfügung stehenden sehr unterschiedlichen Reaktionsbedingungen berücksichtigen.

Während bei der "Hüttenmetallurgie" zur Werkstofferzeugung mindestens einige zehn Minuten zur Verfügung stehen, muß das Schweißgut wegen der spezifischen Besonderheiten des Schweißprozesses (punktförmige Wärmequelle, große Leistungsdichte, hohe Aufheiz- und Abkühlgeschwindigkeiten) in einigen Sekunden desoxidiert und (oder) auflegiert werden. Allerdings sind die für das Ergebnis entscheidenden Reaktionstemperaturen meistens um einige Hundert Grad höher als im Hüttenwerk. Insgesamt kann daher davon ausgegangen werden, daß das entstehende Primärgefüge nicht soweit vom thermodynamischen Gleichgewichtszustand entfernt ist, wie auf Grund der geschilderten Zusammenhänge vermutet werden könnte.

4.2.1 Stabelektroden für das Lichtbogenhandschweißen (DIN 1913)

Aus verfahrenstechnischen Gründen (leichteres Zünden, stabiler Lichtbogen) und wegen metallurgischer Eigenschaften (wesentlich bessere Gütewerte) werden zum Lichtbogenhandschweißen überwiegend **umhüllte Stabelektroden** verwendet. Die Umhüllung wird ausschließlich um den Kernstab gepreßt (*Preßmantelelektroden*). Wegen der großen Gefahr, die durch dissoziierte bzw. ionisierte Feuchtigkeit im Lichtbogenraum entsteht, werden die Elektroden vor dem Verpacken bei unterschiedlichen Temperaturen getrocknet [36].

4.2.1.1 Aufgaben der Elektrodenumhüllung

Die Stabelektroden werden in der Praxis nach der Art der *Umhüllung* (Abschn. 4.2.1.2), dem *Anwendungsgebiet* (z.B. Elektroden für das Verbindungs-, Auftragschweißen) und der *Umhüllungsdicke* eingeteilt. Sie werden in drei *Umhüllungsdicken* hergestellt:

- *dünnumhüllt* (**d**) bis zur Gesamtdicke von 120 %,
- *mitteldickumhüllt* (**m**) über 120 % bis 160 % und
- *dickumhüllt* (**s**) über 160 %,

bezogen auf den Kernstabdurchmesser. Mit der Umhüllungsdicke ändern sich die Schweißeigenschaften und die Gütewerte des Schweißgutes erheblich. Mit zunehmender Menge an Umhüllungsbestandteilen laufen die metallurgischen Reaktionen, wie z.B. Auflegieren, Desoxidieren und Entschwefeln, vollständiger ab, d.h., die Gütewerte, besonders die Zähigkeit, nehmen zu. Der Gasschutz ist wegen der großen Menge der entwickelten Gase sehr gut. Die Viskosität der Schmelze nimmt wegen der zunehmenden Wärmemenge aus den exothermen Verbrennungsvorgängen der Desoxidationsmittel Mn und Si (evtl. auch der Legierungselemente) ab, d.h., das Schweißgut wird zunehmend dünnflüssiger.

Die Elektrode besteht aus einem metallischen Kern, dem *Kernstab* und der umpreßten *Umhüllung*. Die chemische Zusammensetzung des Kernstabs ist bei allen unlegierten Stabelektroden der DIN 1913 i.a. gleich. Der Kohlenstoffgehalt und vor allem

---

[36] Saure und rutilsaure werden bei etwa 100 °C, basische bei etwa 350 °C getrocknet.

die Gehalte der stark zähigkeitsvermindernden Verunreinigungen Schwefel und Phosphor müssen auf sehr niedrige Werte begrenzt werden ($C \leq 0{,}1\,\%$, S und P je $\leq 0{,}03\,\%$ bzw. $0{,}02\,\%$).

Die Umhüllung besteht aus Erzen, sauren sowie basischen und organischen Stoffen. Sie bestimmt das Verhalten des Schweißgutes bzw. der Elektrode (z.B. die Schmelzenviskosität, also das *Verschweißbarkeitsverhalten*: Spaltüberbrückbarkeit, Zwangslagenverschweißbarkeit) und die mechanischen Gütewerte der Schweißverbindung.

Die Umhüllung hat folgende Aufgaben zu erfüllen:

– **Stabilisieren des Lichtbogens.** Durch Stoffe, die eine geringe Elektronenaustrittsarbeit haben (z.B. Salze der Alkalien Na, K und Erdalkalien Ca, Ba), wird die Ladungsträgerzahl im Lichtbogen wesentlich erhöht, d.h. die Leitfähigkeit der Lichtbogenstrecke verbessert. Der Bogen zündet besser und brennt stabiler.

– **Bilden eines Schutzgasstroms.** Das Schmelzbad und der Lichtbogenraum müssen zuverlässig vor Luftzutritt geschützt werden, da sonst ein starker Abbrand der Legierungselemente und die Aufnahme von Stickstoff und anderen Gasen, verbunden mit einer entscheidenden Verschlechterung der mechanischen Gütewerte, die Folge wären. Durch Schmelzen und Verdampfen der Umhüllung entsteht die Gasatmosphäre. Sehr wirksam ist das aus Carbonaten, wie z.B. aus Calciumcarbonat entstehende Kohlendioxid:

$$CaCO_3 \rightarrow CaO + CO_2.$$

Die Umhüllung praktisch aller Elektroden enthält in unterschiedlichen Mengen Wasser[37], das im Lichtbogen in H und O aufgespalten wird.

– **Bilden einer metallurgisch wirksamen Schlacke.** Die den Lichtbogenraum durchlaufenden Werkstofftröpfchen sind von einem Schlackenfilm umgeben, der den schmelzflüssigen Werkstoff vor Luftzutritt schützt. Da Legierungselemente und Desoxidationsmittel dem Schweißgut meistens über die Umhüllung in Form feinverteilter Vorlegierungen zugeführt werden, erfolgt auch das Auflegieren bzw. Desoxidieren über den Schlackenfilm.

Ähnlich wie bei der Stahlherstellung muß das Schweißgut "gereinigt", d.h., Sauerstoff, Schwefel, Phosphor, Stickstoff und andere Verunreinigungen müssen auf Werte begrenzt werden, die sich nicht mehr schädlich auswirken. Auch diese metallurgischen Aufgaben übernimmt die Schlacke. Das *Entgasen* und das *Entschlacken* (= Reaktionsprodukte der Desoxidationsbehandlung!) der Schmelze werden durch die flüssige, schlecht wärmeleitende Schlacke erleichtert. Durch den Sauerstoffgehalt der Schlacke wird in großem Umfang die *Schmelzenviskosität* bestimmt, d.h. die Tropfengröße und Tropfenzahl. Die gleichzeitige Abnahme der *Abkühlgeschwindigkeit* begrenzt die Härtespitzen in der *Wärmeeinflußzone*. Schließlich formt und stützt die Schlackendecke die Schweißnaht.

Die Legierungselemente können dem Schmelzbad aus dem Kernstab und(oder) der Umhüllung zugeführt werden. Bei komplizierten metallurgischen Systemen (z.B. hochlegierte Elektroden!) wird i.a. die kernstablegierte Elektrode bevorzugt. Die metallurgischen Reaktionen finden hauptsächlich an der Phasengrenze Schlacke/flüssiger Metalltropfen statt. Ein Teil der zugeführten Desoxidations- und Legierungselemente geht verloren durch:

– *Verdampfen* im Lichtbogenraum. Dieser Anteil nimmt zu mit abnehmender Verdampfungstemperatur (Schmelztemperatur) der Elemente.

---

[37]   Zum Verringern der Reibung der Umhüllung an der Preßdüsenwand werden werden jedem Elektrodentyp Gleitmittel zugesetzt. In der Hauptsache wird dafür wasserhaltiges Natron- oder Kaliwasserglas (K_2SiO_3 bzw. Na_2SiO_3) verwendet.

– *Verschlacken* sauerstoffaffiner Elemente wie z.B. B, Ti, Zr und Al in der meist sauerstoffhaltigen Lichtbogenatmosphäre. Die entstehenden Oxide können andererseits weniger stabile Verbindungen (z.B MnO) reduzieren und damit den Legierungshaushalt des Schweißgutes empfindlich stören.

$$MeO + Fe \rightarrow FeO + Me.$$

Das aufzulegierende Element Me liegt als Oxid MeO in der flüssigen Schlacke vor.

Das chemische Verhalten der geschmolzenen Elektrodenumhüllungen - die Schlacken - beschreibt die metallurgische Qualität der Stabelektroden sehr genau. Je nach

basisch	sauer	oxidierend	reduzierend (desoxidierend)
$BaCO_3$ [1]	SiO_2 [2]	Fe_2O_3 [3]	Al
K_2CO_3 [1]	TiO_2 [5]	Fe_3O_4 [3]	Mn
CaO [4]	ZrO_2	MnO_2	Si
$CaCO_3$ [4]	Verbindungen der	TiO_2	Ti
MgO	der Eisenbegleiter		C
$MgCO_3$ [1], MnO	P und S		
CaF_2 [6]			

Hinweise zur Wirkung einzelner Umhüllungsbestandteile
[1] Schutzgas- und Schlackebildner
[2] erhöht Strombelastbarkeit, dient als Schlackeverdünner
[3] feinerer Tropfenübergang, lichtbogenstabilisierend
[4] wie [1], erniedrigt Lichtbogenspannung
[5] erleichtert Wiederzünden des Lichtbogens und Schlackenabgang
[6] verdünnt Schlacke bei basischen Elektroden

Tabelle 4-4
Wichtige Umhüllungsbestandteile von Stabelektroden, eingeteilt nach ihrer metallurgischen Wirksamkeit.

Die unerwünschte *Oxidation* erfolgt im Lichtbogenraum im wesentlichen durch freien Sauerstoff:

$$Fe + O_2 \rightarrow 2 \cdot FeO$$

$$Mn + O_2 \rightarrow 2 \cdot MnO$$

oder durch oxidische Schlacken:

$$Fe_2O_3 + Fe \rightarrow 3 \cdot FeO$$

$$SiO_2 + 2 \cdot Cr \rightarrow 2 \cdot CrO + Si.$$

Die *Desoxidation* der Schmelze geschieht mit Elementen, die eine größere Affinität zum Sauerstoff haben als Eisen. Grad und Umfang des *Auflegierens* wird von der Oxidationsneigung der Elemente bestimmt, d.h. von deren Sauerstoffaffinität. Für den Vorgang gilt etwa die schematische Reaktionsgleichung:

Zusammensetzung verhalten sich die Schlacken *sauer, neutral oder basisch*.

Die Verbindungen des Schwefels und Phosphors verhalten sich chemisch sauer. Sie können daher nur mit basischen Schlacken aus dem Schweißgut entfernt werden.

Die Umhüllungsbestandteile werden nach ihrer chemischen Wirksamkeit eingeteilt in

– saure,

– basische,

– oxidierende (sauerstoffabgebende) und

– reduzierende (sauerstoffbindende) Stoffe.

Außer dem Sichern der mechanischen Gütewerte muß die Umhüllung weitere Aufgaben (z.B. Schlackeverdünner, Beeinflussen der Lichtbogenspannung, Wiederzünden des Lichtbogens) übernehmen, Tabelle 4-4.

Die Erfahrung zeigt, daß sich

– *Nichtmetalloxide* (SiO_2), vorwiegend sauer,

– *Metalloxide* (niedriger Oxidationsstufe CaO, MgO, CaF_2) vorwiegend basisch verhalten.

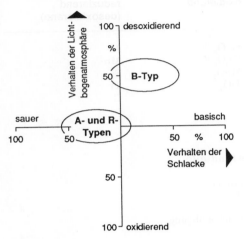

Bild 4-32
Verhalten der Schweißschlacke und der Lichtbogenatmosphäre bei den A-, R- und B-Elektroden.

Abhängig von dem chemischen Verhalten der den Metalltropfen einfilmenden Schlacke unterscheidet man folgende Grundtypen der Stabelektroden:

– *saucrumhüllte* (Kurzzeichen A),

– *rutilumhüllte* (R),

– *basischumhüllt* (B).

Je nach Art der Umhüllungszusammensetzung ergeben sich also sehr unterschiedliche Eigenschaften der Schweißschlacken und damit der Schweißgüter:

– Die *Viskosität* (Flüssigkeitsgrad) der Schlacke ist im wesentlichen temperaturabhängig. Die Umhüllung der verschiedenen Stabelektroden-Typen enthält unterschiedliche Mengen sauerstoffabge-

bender Verbindungen. Die zusätzliche Verbrennungswärme erhöht die Schlackentemperatur und verringert damit die Viskosität. Sauerstoff ist einer der stärksten Regulatoren der Schmelzen-Viskosität.

– Der *Sauerstoffgehalt* der Schlacke beeinflußt das Abbrandverhalten, die mechanischen Gütewerte des Schweißguts und die Tropfengröße.

– Die *chemische Charakteristik* der Schlacke bestimmt Art und Umfang der Verunreinigungen im Schweißgut. P kann im Schweißgut z.B. nur mit basischen Elektroden entzogen (verschlackt) werden.

4.2.1.2   Eigenschaften der wichtigsten Stabelektroden

Ihre mechanischen Gütewerte und Verschweißbarkeitseigenschaften werden bestimmt durch das:

– chemische Verhalten der Schweißschlacke: sauer, neutral, basisch und die

– Art der Lichtbogenatmosphäre: oxidierend, desoxidierend (reduzierend), Bild 4-32.

4.2.1.2.1   Saucrumhüllte Stabelektroden (A) [38]

Ihre Umhüllung enthält große Anteile Schwermetalloxide (typisch ca. 50 % Fe_3O_4, Fe_2O_3, SiO_2, Ferromangan). Der Gehalt an freiem Sauerstoff (und oxidischen Schlacken) im Schweißgut ist mit etwa 0,1 % größer als bei jeder anderen Elektrodentype und der Grund für die relativ schlechten mechanischen Gütewerte. Desoxidationsmittel (Mn, Si) und Legierungselemente brennen weitgehend ab.

Die frei werdende Verbrennungswärme und der hohe Sauerstoffgehalt in der Lichtbogenatmosphäre bestimmen die Eigenschaften der A-Elektroden:

---

[38]   englisch: acid; sauer, Säure.

– die Viskosität der Schmelze ist wegen ihres großen Sauerstoffgehalts sehr gering. Die sehr dünnflüssige, heiße Schmelze begünstigt einen sprühregenartigen, *feintropfigen* Werkstoffübergang. Die *Zwangslagenverschweißbarkeit* ist daher eingeschränkt und die *Spaltüberbrückbarkeit* (Wurzel!) schlecht.

– Der große Sauerstoffgehalt führt zu einem erheblichen Abbrand der Legierungselemente und Desoxidationsmittel und damit zu einer beträchtlichen Zunahme der Menge der Reaktionsprodukte (Ausscheidungen!). Daher ist es weder technisch noch wirtschaftlich sinnvoll, legierte A-Elektroden herzustellen oder zu verwenden.

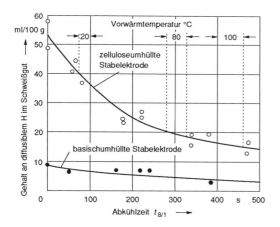

Bild 4-33
Einfluß der Vorwärmtemperatur auf die Abkühlzeit $t_{8/1}$ und den Wasserstoffgehalt von Schweißgütern, hergestellt mit basisch- und zelluloseumhüllten Stabelelktroden bei mittleren Streckenenergien von 8 kJ/ cm bis 9 kJ/cm, nach DÜREN.

Die Nahtoberfläche ist glatt und feingezeichnet, Einbrandkerben entstehen kaum. Die mechanischen Gütewerte des Schweißguts sind aber nur mäßig. Der Anwendungsbereich ist daher auf sehr saubere Werkstoffe oder(und) dünnwandige Bauteile begrenzt. Stärker verunreinigte oder geseigerte Stähle sollten vor-

nehmlich mit B-Elektroden geschweißt werden.

4.2.1.2.2 Rutilumhüllte Stabelektroden (R) [39]

Der Hauptbestandteil TiO_2 wirkt im Lichtbogen wesentlich schwächer oxidierend als die Schwermetalloxide der A-Elektrode. Die Lichtbogenatmosphäre ist annähernd neutral, der Legierungsabbrand gering. Die Schweißschlacke ist aber sauer.

Die R-Elektroden werden in zahlreichen **Mischtypen** hergestellt mit sauer (Kennzeichen RA) bzw. basisch wirkenden (RB) Umhüllungscharakteristiken. Ihre Eigenschaften variieren daher in einem weiten Bereich. Sie sind der universellste und am häufigsten verwendete Elektrodentyp. Der *rutilsaure* Elektrodentyp RA hat sich im Laufe der Zeit wegen seiner günstigen Kombination der Verschweißbarkeitseigenschaften und der erreichbaren mechanischen Gütewerte zu einem weiteren Grundtyp entwickelt

Diese Elektrode wird in allen drei Umhüllungsdicken hergestellt. Die Spaltüberbrückbarkeit und Zwangslagenverschweißbarkeit ist bei den mitteldick umhüllten Elektroden sehr gut, die Heißrißempfindlichkeit gering. Sie wird vor allem zum Schweißen der Wurzellagen verwendet, wenn die damit erzielbaren Gütewerte ausreichen.

Das mit dick umhüllten R-Elektroden hergestellte Schweißgut besitzt gute bis sehr gute mechanische Gütewerte. Wegen der guten elektrischen Leitfähigkeit der Schlacke ist ihre (Wieder-)Zündfähigkeit besser als bei allen anderen Elektroden.

4.2.1.2.3 Basischumhüllte Stabelektroden (B) [40]

Die Umhüllung besteht aus etwa 80 % Calciumoxid (CaO) und Calcimfluorid (CaF_2).

[39] Diese Bezeichnung leitet sich von Rutil (TiO_2), dem Hauptbestandteil und wichtigsten titanhaltigen Erz ab

[40] englisch: basic; basisch.

Diese basisch wirkenden Bestandteile können kaum Sauerstoff in der Lichtbogenatmosphäre abspalten. Diese ist neutral bis reduzierend, Bild 4-32, und weitgehend frei von Wasserstoff und Sauerstoff. Der Abbrand von Legierungselementen ist daher sehr gering.

Die Schweißschlacke ist basisch, d.h., die chemisch sauren Verunreinigungen können daher (nur) mit B-Elektroden beseitigt (verschlackt) werden. Das sehr reine Schweißgut ist der wichtigste Grund für die prinzipielle Überlegenheit dieses Elektrodentyps.

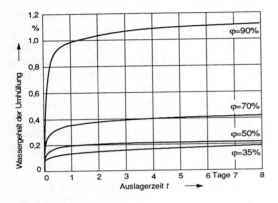

Bild 4-34
Einfluß der Auslagerzeit bei 18 °C auf die Wasseraufnahme einer basischumhüllten Stabelektrode und unterschiedlicher relativer Feuchtigkeit φ der Luft, nach WEYLAND.

Die mechanischen Gütewerte sind hervorragend, ebenso ihre Sicherheit gegen Kalt- und Heißrisse. Ihre herausragenden von keinem anderen Elektroden-Typ erreichten Eigenschaften sind die extrem niedrige Übergangstemperatur der Kerbschlagarbeit ($T_{ü,27} \leq -70$ °C, ISO-V-Proben) des Schweißgutes und dessen sehr geringer Wasserstoffgehalt. Mit trockenen Elektroden lassen sich leicht Werte von etwa 5 cm³/100 g Schweißgut erreichen. Diese Eigenschaft macht die B-Elektroden zum Schweißen der niedriglegierten, feinkörnigen Vergütungsstähle hervorragend geeignet. Bild 4-33 zeigt die sehr unterschiedlichen H-Gehalte in Schweißgütern, hergestellt mit zelluloseumhüllten und basischumhüllten Stab-

elektroden abhängig von der Abkühlzeit $t_{8/1}$ und der Vorwärmtemperatur.

Die von der Umhüllung aufgenommene Wasserstoffmenge hängt hauptsächlich von der Größe der relativen *Luftfeuchtigkeit* φ des Lagerraumes ab, Bild 4-34. Als grundsätzliche Regel für viele basische Typen gilt:

– φ ≤ 50 %: Die Feuchtigkeitsaufnahme ist sehr gering,

– φ ≤ 70 %: Bei vielen Elektroden kann die aufgenommene Feuchtigkeitsmenge noch toleriert werden.

– φ > 70 %: Die erhebliche aufgenommene Wasserstoffmenge begünstigt die Kaltrißneigung extrem. In der DIN 8529 werden daher als Lagerbedingungen φ < 60 % bei einer Temperatur von mindestens 18 °C angegeben.

Diese bemerkenswerten Vorteile sind nur dann erreichbar, wenn folgende Besonderheiten im Umgang mit der B-Elektrode beachtet werden:

❑ Wegen der reduzierenden Lichtbogenatmosphäre muß jede Spur von Feuchtigkeit dem "Reaktionsraum" Lichtbogen ferngehalten werden. Andernfalls wird Wasserdampf zu Wasserstoff reduziert, der in das Schweißgut gelangt und es versprödet. Besonders die vergüteten Feinkornbaustähle neigen in Anwesenheit von Wasserstoff zu der gefürchteten Kaltrißbildung (Abschn. 4.3.2). Daraus ergeben sich folgende strikt einzuhaltende Verarbeitungshinweise:

– Elektrode kurz und steil halten,

– Pendeln möglichst vermeiden (Gefahr der Feuchteaufnahme und Porenbildung),

– Elektrode vor dem Schweißen in jedem Fall Trocknen: Nach Hersteller-Angaben oder mindestens 250 °C/2h. Damit wird nicht nur das adsorptiv aufgenommene, sondern vor allem das in der Umhüllung chemisch gebundene Wasser (*Kristall-* und *Konstitutionswasser*) beseitigt.

Elektroden-typ / Merkmal	A 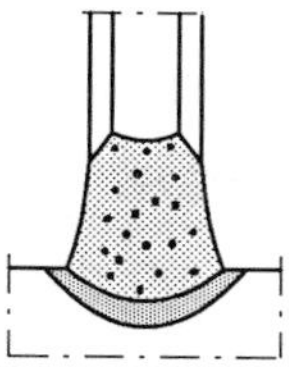	R 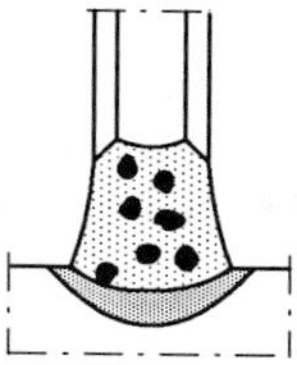	B 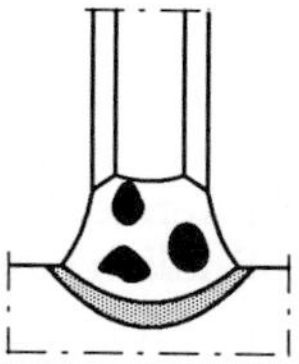
Lichtbogen-atmosphäre	Gehalt an freiem und gebundenem O sehr groß	annähernd neutral	neutral bis reduzierend
Abbrand der Legierungselemente: Me + O → MeO + Q	Desoxidationsmittel (Mn, Si) nahezu vollständig: "Manganfresser"	geringfügig	kein, aber Verlust durch Verdampfen, Spritzer
Schmelzenviskosität	sehr groß durch große zusätzliche Verbrennungswärme Q	geringer, weil Q geringer	am geringsten, weil $Q \approx 0$
Tropfengröße	sehr klein, sprühregenartiger Werkstoffübergang ("heißgehend")	mittel bis groß, abhängig von Umhüllungsdicke	groß, grobtropfiger Werkstoffübergang ("kaltgehend")
mechanische Gütewerte	schlecht, weil im Schweißgut Gehalt an O und silikatischen Schlacken größer als bei jeder anderen Elektrode	gut bis sehr gut	am besten, Übergangstemperatur des Schweißguts bis -70 ˚C, Wasserstoffgehalte < 5 ml/100g leicht erreichbar
Besonderheiten	mit hohem Strom schweißen; glatte, feingezeichnete Nahtoberfläche; kaum für Zwangslagen geeignet; kerbenfreie Nahtübergänge	in d, m, s Umhüllung lieferbar; gutes Wiederzünden; für alle Positionen möglich; universellste Elektrode	Trocknen mind. 250 ˚C/2h erforderlich; Lichtbogen kurz, Elektrode steil halten; meist nur Gleichstrom Pluspol verschweißbar

Bild 4-35
Vergleichende Übersicht einiger Eigenschaften der wichtigsten Elektrodentypen, schematisch.

❐ Die Schweißschmelze (und die Schweißschlacke) ist sehr "zähflüssig", ihr Ausgasen daher prinzipiell erschwert. Häufig müssen - vor allem bei Zwangslagenschweißungen - größere Öffnungswinkel bei der Nahtvorbereitung gewählt werden.

❐ Die Elektrode muß meistens am Pluspol der Schweißstromquelle verschweißt.

❐ Die Schweißer müssen diese Besonderheiten kennen und beachten. Ihre Einweisung in die spezielle Arbeitstechnik ist unabdingbar. Die Schweißnähte sind öfter und sorgfältiger zu kontrollieren.

Bild 4-35 zeigt in einer Zusammenfassung das Verhalten beim Schweißen und die wichtigsten Eigenschaften der A-, R- und B-Elektroden.

4.2.1.2.4 Zelluloseumhüllte Elektroden (C) [41]

Sie enthalten einen hohen Anteil an verbrennbaren Substanzen (Zellulose) und werden fast ausschließlich für Schweißarbeiten in Fallnahtposition verwendet.

---

[41] englisch: cellulose; Zellulose.

Hierfür muß die Elektrode bestimmte Anforderungen erfüllen:

- Die Menge der entstehenden Schlacke muß gering sein, weil die in Schweißrichtung vorlaufende Schlacke den Schweißprozeß empfindlich stören würde.
- Wegen der großen Schweißgeschwindigkeit sollte der Einbrand möglichst tief sein, denn die Blechkanten müssen sicher aufgeschmolzen werden, um Wurzelfehler zu vermeiden.

Auf Grund der erreichbaren großen Schweißgeschwindigkeit und Abschmelzleistung ergeben sich wesentliche wirtschaftliche Vorteile. Das Verarbeiten dieser stark spritzenden, große Mengen Qualm und Rauch entwickelnden Elektroden ist aber lästig und unbequem. Außerdem muß der Schweißer zum Erlernen der schwierigen manuellen Technik besonders geschult werden. Die C-Elektroden werden vorzugsweise im Rohrleitungsbau, vor allem beim Verlegen von Pipelines eingesetzt.

4.2.1.2.5 Bedeutung des Wasserstoffs

Atomarer Wasserstoff ist neben Stickstoff das Element, das die (Kerbschlag-)Zähigkeit der Metalle am stärksten herabsetzt. Seine zähigkeitserniedrigende Wirkung beruht auf der Abnahme der Kohäsion in der plastisch verformten Zone vor Rissen und Kerben. Insbesondere bei den vergüteten Feinkornbaustählen führt Wasserstoff zu den gefürchteten wasserstoffinduzierten Kaltrissen. Für die basischumhüllten Stabelektroden garantieren die Hersteller einen Wasserstoffgehalt < 5 ml/100 g Schweißgut. Das DVS-Merkblatt 0504 (April 1988) vereinheitlicht und regelt das Verschweißen und Trocknen der basischumhüllten Stabelektroden. Die Kenntnis der möglichen Wasserstoffquellen ist die Voraussetzung für eine kaltrißfreie Schweißverbindung.

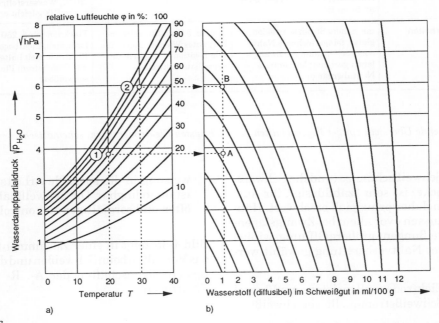

Bild 4-36
Abhängigkeit des diffusiblen Wasserstoffgehalts im Schweißgut von der relativen Luftfeuchte φ, nach RUGE.
a) *Das Ausgangsklima 1 ist durch das Wertepaar H_o = 4,3 ml / 100 g (dieser Wert wurde bei bestimmten Bedingungen gemessen, nicht etwa berechnet oder angenommen), φ = 60 %, T = 20 °C. Diese Werte ergeben*
b) *den Klimapunkt A. Der Wasserstoffgehalt im Schweißgut für geänderte klimatische Bedingungen (mit der gleichen Elektrode wird an einem anderen Ort geschweißt!), gekennzeichnet durch φ = 80 % und T = 30 °C beträgt dann 6 ml / 100 g, Punkt B. Dieser Wert kann beim Schweißen der empfindlichen vergüteten Stählen bereits zur Bildung der wasserstoffinduzierten Kaltrisse führen.*

Die wichtigsten Wasserstoffquellen beim Schweißen sind:

- *Wasserstoffverbindungen* in der Umhüllung, die bei der Fertigungstrocknung nicht entfernt werden können. In erster Linie ist das Bindemittel *Wasserglas* zu nennen. Diese erzeugen den für die jeweilige Stabelektrode umhüllungstypischen Grundwasserstoffgehalt der Umhüllung. Nach DVS-Merkblatt DVS 0504 ist diese *Ausgangsfeuchtigkeit* der Stabelektrode der Wassergehalt der Umhüllung unmittelbar vor ihrer Verpackung.

- Die *Umgebungsfeuchtigkeit,* die von dem Wasserstoffpartialdruck, d.h. von der relativen Feuchte und der Temperatur der umgebenden Luft abhängig ist. Sie wird je nach der Beschaffenheit der Umhüllung zeitabhängig in die Umhüllung aufgenommen.

  Die *Gesamtfeuchtigkeit* ist die Summe aus Ausgangsfeuchtigkeit und Umgebungsfeuchtigkeit.

- Die während des Schweißens in den Lichtbogenraum eingedrungene *Umgebungsfeuchtigkeit.*

- *Ziehfette* (z.B. Drahtelektroden, Schweißstäbe), die aus Kohlen-Wasserstoffverbindungen bestehen.

- Wasserstoff aus der *Verkupferung* bzw. *Vernickelung* der Drahtelektroden.

Für die basischumhüllten Elektroden erweist es sich als sinnvoll und notwendig, die Neigung der Umhüllung zu definieren, während der Lagerung Feuchtigkeit aufzunehmen. Der Grad der Wasseraufnahmefähigkeit wird *Feuchteresistenz* genannt. Sie könnte z.B. durch die Zeit bestimmt werden, innerhalb der die Elektrode während der Lagerung in definierten Befeuchtungsräumen den maximalen Wasserstoffgehalt von 5 ml/100 g Schweißgut nicht überschreitet. Je größer diese Zeitspanne ist, desto unkritischer verhält sich diese Elektrode bei einer nicht vorschriftsmäßigen Lagerung bzw. Trocknung durch den Verarbeiter.

Auf Grund neuerer Entwicklungen auf dem Gebiet der Stahlherstellung besteht der Wunsch, Elektroden mit Wasserstoffgehalten < 3 ml/100 g Schweißgut zur Verfügung zu haben.

Die Vorteile dieser extrem wasserstoffarmen Elektroden sind:

- Keine bzw. eine nur geringe Vorwärmung.

- Kein Rücktrocknen der Elektroden, da sie Feuchtigkeit aus der Atmosphäre nur langsam aufnehmen können. Damit entfällt auch die Notwendigkeit, für die rückgetrockneten Stabelektroden beheizte Köcher zur Verfügung stellen zu müssen.

- Kein Rücktrocknen der Elektroden, wenn Elektrodenverpackungen zur Verfügung stehen, die keine Feuchtigkeit durchlassen.

Bei gleicher Umhüllungsfeuchtigkeit (= Gesamtfeuchtigkeit) hat die Ausgangsfeuchtigkeit einen größeren Einfluß auf den Wasserstoffgehalt des Schweißguts als die durch kapillare (adsorptiv) Kräfte aufgenommene. Diese ist wesentlich weniger fest an die Umhüllung gebunden als die chemisch gebundene Ausgangsfeuchtigkeit und wird z.T. während des Schweißens durch Widerstandserwärmung aus der Umhüllung ausgetrieben. Die über den Lichtbogen praktisch immer eindringende Feuchtigkeit ist stark von der Lichtbogenlänge, also der Schweißspannung abhängig.

Die qualitätsbestimmenden Eigenschaften basischumhüllter Stabelektroden hinsichtlich des Wasserstoffs sind:

- Der Gehalt an diffusiblem Wasserstoff im Schweißgut. Er wird nach DIN 8572 bzw. EURONORM ... bestimmt.

- Die Feuchteresistenz der Umhüllung. Die Vorschriften zu ihrer Ermittlung werden z.Z. vorbereitet.

Bei der Entwicklung der extrem wasserstoffarmen Elektroden sind einige physikalische Gesetzmäßigkeiten zu beachten. In erster Linie ist zu berücksichtigen, daß der Einfluß der Umgebungsfeuchtigkeit um so größer ist, je niedriger der zu messende Wasserstoffgehalt im Schweißgut ist. Die Messung des aufgenommenen Wasserstoffs für ein "Normklima" ist daher nicht ausreichend. Für Schweißarbeiten unter anderen klimatischen Bedingungen müssen die von der Luftfeuchte abhängigen meistens größeren Wasserstoffgehalte bekannt sein. Schweißungen z.B. an Konstruktionen im Offshorebereich oder in anderen Gebieten mit hoher Luftfeuchtigkeit sind Beispiele für extreme klimatische Bedingungen.

Der Wasserstoffgehalt in mit basischen Stabelektroden hergestellten Schweißgütern setzt sich aus einem umhüllungstypischen Anteil H_0 und dem luftfeuchteabhängigen Anteil H_L zusammen. H_L ist nach dem SIEVERTschen Gesetz:

$$E \cdot \sqrt{p_{H_2O}} \, .$$

H_0 und E sind konstant und nur von der Elektrode abhängig und damit konstant. Damit ergibt sich:

$$H_{ges} = H_0 + E \cdot \sqrt{p_{H_2O}} \, . \qquad [4\text{-}4]$$

H_{ges} hängt nach Gl. [4-4] also nur vom Wassersdampfpartialdruck p_{H_2O} ab.

Sehr anschaulich läßt sich der Gehalt an diffusiblem Wasserstoff im Schweißgut als Funktion der Luftfeuchte mit dem von RUGE entwickelten Schaubild vorhersagen, Bild 4-36. Im Teilbild a ist der Wasserstoffpartialdruck in Abhängigkeit von der Temperatur aufgetragen mit der relativen Luftfeuchtigkeit als Parameter. Zum Bestimmen der den entsprechenden Kurven zugehörenden Partialdrücken ist die Kenntnis des temperaturabhängigen Sättigungsdrucks p_s des Wassers erforderlich. Aus der Beziehung für die relative Luftfeuchtigkeit φ:

$$\varphi = \frac{p_{H_2O}}{p_s} \cdot 100 \, [\%] \qquad [4\text{-}5]$$

ergibt sich der Wasserdampfpartialdruck zu

$$p_{H_2O} = \frac{\varphi \cdot p_s}{100} \, [\text{mbar} = \text{hPa}].$$

Für den in Bild 4-36 eingetragenen "Klimapunkt" 1 ($\varphi = 60\,\%$, $T = 20\,°C$) wird z.B.

$$p_{H_2O} = \frac{60 \cdot 23,33}{100} = 13,998 \, \text{hPa}$$

d.h.

$$\sqrt{p_{H_2O}} = 3,741 \, \text{hPa}.$$

Aus Bild 4-36b ist sehr deutlich der oben genannte Zusammenhang erkennbar, wonach mit abnehmendem Wasserstoffgehalt der Einfluß der Umgebungsfeuchtigkeit stark zunimmt. Die Neigung der Linien konstanten diffusiblen Wasserstoffgehalts ist wesentlich größer. Daraus ergeben sich bemerkenswerte und in der Praxis manchmal nicht genügend beachtete Konsequenzen beim Verschweißen sehr wasserstoffarmer basischer Stabelektroden in vom Herstellort der Elektrode abweichenden Gegenden.

Eine häufig unterschätzte Auswirkung auf die Wasseraufnahme von Stabelektroden ist die Unterschreitung des Taupunktes [42] vor allem unter Baustellenbedingungen. Bei den in Bild 4-36 angegebenen klimatischen Bedingungen $\varphi = 60\,\%$ und 20 °C beginnt z.B. die Kondenswasserbildung auf den Elektroden bei einer Temperatur unter +12 °C.

4.2.1.3   Normung der umhüllten Stabelektroden

Die bisher verbindliche Norm DIN 1913 wurde durch die in wesentlichen Punkten geänderte EURONORM... ersetzt. Sie legt die Anforderungen für die Einteilung umhüllter Stabelektroden im Schweißzustand für das Lichtbogenschweißen unlegierter und mikrolegierter Stähle mit einer Mindeststreckgrenze bis zu 500 N/mm² fest. Mit

---

[42]   Wird ein ungesättigtes Gas-Dampf-Gemisch bei konstantem Gesamtdruck abgekühlt, dann bleibt auch der Partialdruck p_D des Dampfes konstant. Bei einer bestimmten Temperatur T_τ - der Taupunkttemperatur oder kurz Taupunkt - wird p_D gleich dem Sättigungsdruck p_s. Das Gemisch ist gesättigt, und die Bildung des ersten Kondensats beginnt.

Kennziffer	Mindeststreckgrenze [1]	Zugfestigkeit	Mindestdehnung [2]
	N/mm²	N/mm²	%
35	355	440 bis 570	22
38	380	470 bis 600	20
42	420	500 bis 640	20
46	460	530 bis 680	20
50	500	560 bis 720	18

1) *Für die Streckgrenze muß der niedrige Ausbringungsgrad (R_{el}) angewendet werden, wenn Ausbringung entsteht. Andernfalls muß die 0,2%-Streckgrenze ($R_{p0,2}$) angewendet werden.*
2) *$L_o = 5d$.*

Tabelle 4-5
Kennzeichen für Streckgrenze, Festigkeit und Dehnung des reinen Schweißguts nach DIN 1913, Tab4.2, (Mai 1991).

ihrer Hilfe wird die Auswahl und Anwendung erleichtert und ein rationelles Abschätzen der Güte und Wirtschaftlichkeit der Schweißverbindung ermöglicht.

Die ausgewiesenen mechanischen Gütewerte werden an *reinem Schweißgut* im nicht wärmebehandelten Zustand ermittelt. Die Gütewerte des Schweißguts sollen denen des unbeeinflußten Grundwerkstoffs entsprechen. Selbst dann ist ein Versagen des Bauteils nicht auszuschließen, weil:

– die Schweißfehler (z.B. Risse, Kerben, Bindefehler) z.T. nicht bekannt sind und auch durch eine noch so hochwertige Schweißnahtausführung nicht vollständig vermeidbar und prüftechnisch auch nicht vollständig aufdeckbar sind,

– keine Aussagen über die Eigenschaften der Wärmeeinflußzone möglich sind,

– die für die Bauteilsicherheit entscheidenden Zähigkeitseigenschaften keine Werkstoffkonstanten sind, sondern von der Werkstückdicke und dem davon abhängigen Eigenspannungszustand beeinflußt werden.

Die bisherige unübersichtliche Einteilung der Stabelektroden nach der DIN 1913 in *Klassen* entfällt. Die Normbezeichnung ist deutlich aussagefähiger und anwenderfreundlicher. Sie besteht aus den folgenden Teilen.

– Kurzzeichen für den Schweißprozeß (**E** = Elektrohandschweißen).

– Kennziffer für die Festigkeit und Dehnung des Schweißguts, gemäß Tabelle 4-5.

– Kennziffer für die Kerbschlagarbeit des Schweißguts, gemäß Tabelle 4-6.

– Kurzzeichen für die chemische Zusammensetzung des Schweißguts, gemäß Tabelle 4-7.

– Kurzzeichen für die Art der Umhüllung, die durch folgende z.T. schon bekannten (Abschn. 4.2.1.1) Buchstaben bzw. Buch-

Kennbuchstabe/ Kennziffer	Mindest-Kerbschlagarbeit 47 J °C
Z	keine Anforderungen
A	+20
0	±0
2	−20
3	−30
4	−40
5	−50
6	−60

Tabelle 4-6
Kennzeichen der Kerbschlageigenschaften des Schweißguts nach DIN 1913, Tabelle 4.3.

stabengruppen gebildet werden:

A   = sauerumhüllt
R   = rutilumhüllt
RR = rutilumhüllt (dick)
RA = rutilsauer-umhüllt
RB = rutilbasisch-umhüllt
B   = basischumhüllt.

– Kennziffer für die durch die Umhüllung bestimmte Ausbringung und die Stromart, gemäß Tabelle 4-8.

– Kennziffer für die Schweißposition, die für eine Stabelektrode empfohlen wird. Sie wird wie folgt angegeben:

1: alle Positionen

2: alle Positionen, außer Fallposition

3: Stumpfnaht, Wannenposition; Kehlnaht, Wannen-, Horizontal-, Steigposition

4: Stumpfnaht, Wannenposition

5: wie 3, und für Fallposition empfohlen.

– Kennzeichen für wasserstoffkontrollierte Stabelektroden, gemäß Tabelle 4-9. Damit die Wasserstoffgehalte eingehalten werden können, muß der Hersteller die empfohlene Stromart und die Trocknungsbedingungen bekannt geben.

Die *Ausbringung* und die *Abschmelzleistung* sind Kenngrößen, mit denen die Wirtschaftlichkeit der Stabelektrode beurteilt werden kann.

– *Abschmelzleistung* $S = m_s/t_s$ in kg/h,

– *Ausbringung* $A = m_s/m_K$ 100 in %

  m_s abgeschmolzene Masse der Stabelektrode (abzüglich Schlacke und Spritzer),

  m_K Kernstabmasse,

  t_s reine Schweißzeit.

Beispiel: Bezeichnung einer basischumhüllten Stabelektrode für das Lichtbogenhandschweißen, deren Schweißgut eine Mindeststreckgrenze von 460 N/mm² (46) aufweist und für das eine Mindestkerbschlagarbeit

von 47 J bei -30 °C (3) erreicht wird und eine chemische Zusammensetzung von 1,1 % Mn und 0,7 % Ni (1Ni) aufweist. Die Stabelektrode kann mit Wechsel- und Gleichstrom (5) für Stumpfnähte und Kehlnähte in Wannenposition (4) geschweißt werden und ist dickumhüllt mit einer Ausbringung von 140 % (5). Der Wasserstoff darf 5 cm³/100g im Schweißgut nicht überschreiten (H5). Für diese Stab-

Legierungs- kurzzeichen	chemische Zusammensetzung % [1]		
	Mn	**Mo**	**Ni**
kein	2,0	-	-
Mo	1,4	0,3 bis 0,6	-
MnMo	>1,4 bis 2,0	0,3 bis 0,6	-
1Ni	>1,4	-	0,6 bis 1,2
2Ni	1,4	-	1,8 2,6
3Ni	1,4	-	2,6 bis 3,8
Mn1Ni	>1,4 bis 2,0	-	0,6 bis 1,2
1NiMo	1,4	0,3 bis 0,6	0,6 bis 1,2
Z	jede andere vereinbarte Zusammensetzung		

1) *Falls nicht festgelegt: Mo < 0,2 %, Ni < 0,3 %, Cr < 0,2 %, V < 0,08 %, Nb < 0,05 %, Cu < 0,3 %*

Tabelle 4-7
Kurzzeichen für die chemische Zusammensetzung des Schweißguts mit Mindeststreckgrenzen bis zu 500 N/mm² nach DIN 1913, Tabelle 4.4.

Zusätzliche Kennziffer	Ausbringung %	Stromart [1]
1	< 105	Wechsel- und Gleichstrom
2	< 105	Gleichstrom
3	> 105 ≤ 125	Wechsel- und Gleichstrom
4	> 105 ≤ 125	Gleichstrom
5	> 125 ≤ 160	Wechsel- und Gleichstrom
6	> 125 ≤ 160	Gleichstrom
7	> 160	Wechsel- und Gleichstrom
8	> 160	Gleichstrom

1) *Um die Eignung für Gleichstrom nachzuweisen, müssen die Prüfungen mit einer Leerlaufspannung von max 65 V durchgeführt werden.*

Tabelle 4-8
Kennziffern für Ausbringung und Stromart nach DIN 1913, Tabelle 4.6.

elektrode lautet der verbindliche Teil der Normbezeichnung: *E 46 3 1Ni B*, der nicht verbindliche:
54 H5. Die vollständige Bezeichnung, die auf Verpak-
kungen und in den technischen Unterlagen (Daten-
blätter) des Herstellers angegeben ist, lautet:

E 46 3 1Ni B 54 H5.

Kennzeichen	Wasserstoffgehalt im Schweißgut, max $cm^3/100 g$
H 5	5
H 10	10
H 15	15

Tabelle 4-9
Kennzeichen für den diffusiblen Wasserstoffgehalt
im Schweißgut nach DIN 1913, Tabelle 4.8.

4.2.2 Zusatzwerkstoffe für das Schutzgasschweißen

Die metallurgische Qualität des Schweißgutes ist in hohem Maße von der Schutzgas-
Zusatzwerkstoff-Kombination abhängig. Die
chemische Zusammensetzung des Schweißsta-
bes (Drahtelektrode), und die Aktivität des
Schutzgases, d.h. dessen Sauerstoffanteil, sind
die für die Zusammensetzung des Schweißgutes bestimmenden Faktoren.

4.2.2.1 WIG-Schweißen

Der Schutz der Schmelze unter inerten
Gasen ist vollkommen, die metallurgische
Qualität des Schweißgutes und die mechanischen Gütewerte sind hervorragend. Unerwünschte Reaktionen jeder Art sind nicht
möglich, wenn alle Verunreinigungen (Rost,
Farbe, Öl) im Schweißbereich beseitigt wurden. Der "Edelgaslichtbogen" stellt bei Einhaltung der genannten Bedingungen eine
"reine" Wärmequelle dar, der keine Schlakken, Dämpfe und sonstige Verunreinigungen enthält. Ein geeigneter Zusatzwerkstoff und eine fachgerechte Ausführung sind
natürlich vorausgesetzt. Außerordentliche
Sauberkeit ist in diesem Fall besonders
wichtig, weil während des Schweißens keine Reinigungsvorgänge (Entschwefeln, De-
nitrieren, Desoxidieren) ablaufen können,
wie z.B. beim Gasschweißen (reduzierende
Zone), Lichtbogenhandschweißen (Reaktionen der Umhüllungsbestandteile) oder UP-
Schweißen. Das "Reinigen" der Schmelze
muß also mit Hilfe der in dem massiven
Schweißstab untergebrachten Desoxidationsmitteln (z.B. Mn, Si) zuverlässig erfolgen können.

Tabelle 4-10 zeigt die für das Schutzgasschweißen unlegierter und legierter Stähle
genormten massiven Zusatzwerkstoffe nach
DIN 8556 T1.

4.2.2.2 MSG-Schweißen

Die Art (inert/aktiv) und die chemische Zusammensetzung (Art und Menge der Gasbestandteile) der Schutzgase bestimmen ihr
metallurgisches (Abbrand) und *metallphy-
sikalisches* (Tropfengröße, Tropfenzahl,
Lichtbogenform) Verhalten. Diese Zusammenhänge müssen bei der Wahl des Schutzgases zum Schweißen der verschiedenen
Werkstoffe beachtet werden.

Beim MSG-Schweißen von Eisen-Werkstoffen unter inerten Gasen ergibt sich ein unru-
higer, zur Spritzerbildung neigender Lichtbogen. Die Oberflächenspannung des
Schweißgutes ist sehr groß und die Benet-
zungsfähigkeit gering. Es entsteht ein dick-
flüssiges, poröses, völlig unbrauchbares
Schweißgut. Ein geringer Sauerstoffzusatz
(1% bis 5%) und (oder) CO_2-Zusatz (bis 20 %)
stabilisieren den Lichbogen und verringern
die Schmelzenviskosität so weit, daß jeder
unlegierte Stahl ohne Schwierigkeiten geschweißt werden kann. Bei hochlegierten
Stählen lassen sich die Oberflächenspannung, die Schmelzenviskosität und die Größe der übergehenden Werkstoff-Tröpfchen
wesentlich wirksamer mit der Impulslicht-
bogentechnik beeinflussen.

Der Zusatz aktiver Gase (O_2, CO_2) führt zu
einem Abbrand vor allem der sauerstoffaffi-

Kurzname [1]	Werkst.-Nr.	Chemische Zusammensetzung in Massenprozent						Zulässige Beimengungen	Bezeichnungsbeispiel
		C	Si	Mn	P	S	Cu [2]		
SG 1	1.5112	0,06 bis 0,12	0,5 bis 0,7	1,0 bis 1,3	≤ 0,025	≤ 0,025	-	Cr 0,15, V 0,03	Massivdrahtelektrode zum Schutzgasschweißen:
SG 2	1.5125	0,06 bis 0,13	0,7 bis 1,0	1,3 bis 1,6	≤ 0,025	≤ 0,025	-	Zr+Ti 0,15, Al 0,02,	**Drahtelektrode DIN 8559 - SG 2**
SG 3	1.5130	0,06 bis 0,13	0,8 bis 1,2	1,6 bis 1,9	≤ 0,025	≤ 0,025	-	Ni 0,15, Mo 0,15	

1) Massivdrähte des Typs SG 1 und SG 2, die in Stabform für das WIG-Schweißen verwendet werden, erhalten den Kurznamen WSG 1 bzw. WSG 2.
2) Der Kupfergehalt gilt einschließlich der Verkupferung.

Tabelle 4-10
Chemische Zusammensetzung der Massivdrahtelektroden, Massivdrähte und Massivstäbe für das Schutzgasschweißen von unlegierten und legierten Stählen nach DIN 8556 T1.

Kurz-name	Chemische Zusammensetzung in Massenprozent							Zulässige Beimengungen	Bezeichnungsbeispiel
	C	Si	Mn	P	S	Cu	Ni		
SG R1	0,05 bis 0,12	0,2 bis 0,6	0,8 bis 1,4	≤ 0,03	≤ 0,03	≤ 0,30	0,7	Cr 0,15, V 0,03, Al 0,02,	Fülldrahtelektrode zum Schutzgasschweißen:
SG B1	0,05 bis 0,12	0,15 bis 0,45	0,8 bis 1,6	≤ 0,03	≤ 0,03	≤ 0,30	0,7	Zr+Ti 0,15, Ni 0,15, Mo 0,15	**Fülldrahtelektrode DIN 8559 - SG R 1**

Tabelle 4-13
Chemische Zusammensetzung des reinen Schweißgutes von Fülldrahtelektroden zum Schutzgasschweißen unlegierter und legierter Stähle nach DIN 8559 T1.

Gruppe	Kennzahl	Komponenten in Vol-%					Verfahren nach DIN 1913
		oxidierend		inert		reduzierend	
		CO_2	O_2	Ar	He	H_2	
R	1	-	-	-	-	100	WHG, WIG, WP
	2	-	-	Rest [1]	-	1...15	
I	1	-	-	100	-	-	WIG, MIG, WP Wurzelschutz
	2	-	-	-	100	-	
	3	-	-	Rest [1]	25...75	-	
M1	1	-	1...3	Rest [1]	-	-	
	2	2...5	-	Rest [1]	-	-	MAGM
	3	6...14	-	Rest [1]	-	-	
M2	1	15...25	-	Rest [1]	-	-	
	2	5...15	1...3	Rest [1]	-	-	MAGM
	3	-	4...8	Rest [1]	-	-	
M3	1	26...40	-	Rest [1]	-	-	
	2	5...20	4...6	Rest [1]	-	-	MAGM
	3	-	9...12	Rest [1]	-	-	
C	1	100	-	-	-	-	MAGC
F	1	-	-	Rest [1]	-	1...30	Wurzelschutz
	2	-	-	-	-	1...30, Rest N_2	

[1] *Argon darf teilweise durch Helium ersetzt werden*
*Beispiel: Die Bezeichnung eines Schutzgases der Gruppe M2 mit 5 bis 15 Vol-% O_2 (Rest Argon), Kennzahl 2: Schutzgas **DIN 32 526 - M22**.*

Tabelle 4-11
Einteilung der Schutzgase nach DIN 32 526, Tabelle 3 (August 1978)

Schutzgas	Chemisches Verhalten	Anwendung
Ar (Ti nur I1) (I1, I2, I3)	inert	Al, Mg, Cu, Ti, Ni und Legierungen sowie andere stark oxidierende Metalle.
Ar-He 20/80 bis 50/50	inert	Al, Mg, Cu, Ni und Legierungen; He erhöht Temperatur und Einbrand, erlaubt höhere Schweißgeschwindigkeiten.
Ar-O_2 1 % bis 5 % O_2 (M12, M13)	oxidierend	1 % bis 5 % O_2 für Sprühlichtbogen-Schweißen von Stahl; 1% bis 3 % O_2 für legierte und hochlegierte Stähle. O_2 vermindert die Oberflächenspannung der Schmelze und erzeugt einen günstigeren Tropfenübergang.
Ar-CO_2 (M12, M13)	oxidierend	> 5 % CO_2 für Kurzlichtbogen erforderlich. Für unlegierte Stähle 10 % bis 25 %CO_2, Standardgemisch mit 18 % CO_2; in bestimmten Fällen für hochlegierteStähle anwendbar, aber nicht empfehlenswert.
Ar-CO_2-O_2 (M22, M32)	oxidierend	mit CO_2-Anteilen bis 15 % und O_2-Anteilen bis 6 % für un- und niedriglegierte Stähle, auch Feinkornbaustähle; in bestimmten Fällen für hochlegierte Stähle anwendbar.
CO_2 (C)	oxidierend	für unlegierte und bestimmten niedriglegierten Stählen, auch Feinkornbau-stähle nach DIN 17 102.

Tabelle 4-12
Anwendungsbereiche der wichtigsten Schutzgastypen (nach DIN 32 526) beim MSG-Schweißen.

nen Legierungselemente (Cr, Al, V, Mn, Si) gemäß:

$$2\,Me + O_2 \rightarrow 2\,MeO.$$

Mit zunehmendem Gehalt aktiver Gase wird der Abbrandverlust und die Menge an Reaktionsprodukten (MeO) im Schweißgut größer. Ein Teil dieser (Mikro-)Schlacken bleibt im Schweißgut zurück und verringert besonders die Zähigkeit. Gasförmige Reaktionsprodukte können außerdem Poren erzeugen. Der negativen Wirkung des Sauerstoffs muß daher durch ausreichende Zugaben von Desoxidationsmitteln (Mn, Si) begegnet werden. Mit zunehmendem Legierungsgehalt der zu schweißenden Werkstoffe muß die Menge der aktiven Bestandteile im Schutzgas abnehmen. Daraus ergibt sich die wichtige Erkenntnis, daß für eine optimale metallurgische Qualität der Schweißverbindung eine auf die chemische Zusammensetzung des Grundwerkstoffes abgestimmte Zusatzwerkstoff-Schutzgaskombination gewählt werden muß.

In Tabelle 4-11 sind die für das MSG-Schweißen verwendeten Schutzgase nach DIN 32 526 aufgeführt. Die Anwendungsbereiche der wichtigsten Schutzgase sind aus Tabelle 4-12 zu entnehmen.

CO_2 ist das einzige aktive Schutzgas, das in reiner Form, also nicht gemischt mit anderen Gasen oder Edelgasen, verwendet wird. Im Lichtbogen wird es dissoziiert. Die hierfür erforderliche Energie (Q) wird dem Lichtbogen entnommen:

$$CO_2 \rightarrow CO + 0,5\,O_2 + Q.$$

Die hohen Lichtbogentemperaturen führen zu einer weiteren Dissoziation des Kohlenmonoxids CO, gemäß:

$$CO \rightarrow C + O + Q.$$

Diese Reaktion ist temperaturabhängig und befindet sich in Abhängigkeit von der Temperatur in einem (dynamischen) Gleichgewicht. Enthält das metallurgische System (Schweißgut + C + CO) z.B. wenig Kohlenstoff, dann verläuft die Reaktion nach rechts, d.h., durch "Zerfall" weiterer CO-Moleküle wird das Schweißgut aufgekohlt. Dieser Vorgang ist vor allem bei den hochlegierten CrNi-Stählen

von Bedeutung. Ihre Korrosionsbeständigkeit nimmt sehr stark mit zunehmendem Kohlenstoffgehalt im Schweißgut ab. Schon geringste Mengen CO_2 im Schutzgas führen zu einem erheblichen Anstieg des C-Gehaltes im Schweißgut. Daher ist das MAG-Schweißen dieser Werkstoffe mit CO_2 oder Schutzgasen mit CO_2-Anteilen, zumindest bei hoher Korrosionsbeanspruchung, nicht zu empfehlen.

Die grundsätzlichen Regeln für die Wahl der Drahtelektroden sind:

– Artgleiche oder artähnliche Drahtelektroden wählen, d.h. an den Grundwerkstoff anpassen.

– Mit zunehmender Aktivität des Schutzgases (Sauerstoff und CO_2) ist eine zunehmende Legierungs- bzw. Desoxidationsmittelmenge in der Drahtelektrode erforderlich.

Bei der Auswahl der Drahtelektrode muß also das Abbrandverhalten des verwendeten Schutzgases berücksichtigt werden. Die Gütewerte des reinen Schweißguts werden von der Elektrode und dem Schutzgas bestimmt. In Tabelle 4-13 sind einige wichtige Drahtelektroden zum MSG-Schweißen von Stahl zusammengestellt.

Außer den massiven Elektroden werden in zunehmendem Maße **Fülldrahtelektroden** verwendet, die unter CO_2 oder Mischgas verschweißt werden, Tabelle 4-13. Sie bestehen aus einem verschiedenartig geformten Stahlmantel (Röhrchendraht oder gefalzter Draht) und nach der z.Z. noch gültigen DIN 8556 T1 aus einer Rutilfüllung (SG R1) oder einer basischen Füllung (SG B1). In der künftigen EURONORM EN ... sind zehn verschiedene Fülldrahtelektroden beschrieben. Dies kann als Hinweis auf die in der Zukunft zunehmende Bedeutung dieses Zusatzwerkstofftyps angesehen werden.

Die Füllstoffe ermöglichen umfangreichere metallurgische Reaktionen als massive Drahtelektroden und erzeugen eine größere Lichtbogenstabilität. Die Schlackendecke schützt die Schweißnaht und verbessert ihre Oberfläche. Sie bieten folgende Vorteile:

Kurz-zeichen	Chemische Zusammensetzung in Massenprozent										Kurzzeichen nach IIW-XII 666-77
	C	Si	Mn	P	S	Mo	Ni	Cr	Cu [1]	Al	
S1	0,06 bis 0,12 [2]	≤ 0,15	0,35 bis 0,60 [2]	≤ 0,025 [2]	≤ 0,025 [2]	-	≤ 0,15	≤ 0,15 [2]	≤ 0,30 [2]	≤ 0,030 [2][3]	SA1
S2	0,07 bis 0,15	≤ 0,15	0,80 bis 1,20 [2]	≤ 0,025 [2]	≤ 0,025 [2]	-	≤ 0,15	≤ 0,15 [2]	≤ 0,30	≤ 0,030 [2][3]	SA2
S3	0,07 bis 0,15	0,05 bis 0,25	1,30 bis 1,70 [2]	≤ 0,025 [2]	≤ 0,025 [2]	-	≤ 0,15	≤ 0,15 [2]	≤ 0,30	≤ 0,030 [2]	SA3
S4	0,08 bis 0,16 [2]	0,05 bis 0,25	1,75 bis 2,25 [2]	≤ 0,025 [2]	≤ 0,025 [2]	-	≤ 0,15	≤ 0,15 [2]	≤ 0,30	≤ 0,030 [2]	SA4
S6	0,08 bis 0,16 [2]	0,15 bis 0,35 [2]	2,75 bis 3,25 [2]	≤ 0,025 [2]	≤ 0,025 [2]	-	≤ 0,15	≤ 0,15 [2]	≤ 0,30	≤ 0,030 [2]	SA6
S1Si	0,06 bis 0,12 [2]	0,15 bis 0,50 [2]	0,35 bis 0,60	≤ 0,025 [2]	≤ 0,025 [2]	-	≤ 0,15	≤ 0,15 [2]	≤ 0,30	≤ 0,010 [2]	SA1Si
S2Si	0,07 bis 0,15	0,15 bis 0,40 [2]	0,80 bis 1,20 [2]	≤ 0,025 [2]	≤ 0,025 [2]	-	≤ 0,15	≤ 0,15 [2]	≤ 0,30	≤ 0,030 [2]	SA2Si
S2Mo	0,08 bis 0,15 [2]	0,05 bis 0,25	0,80 bis 1,20 [2]	≤ 0,025 [2]	≤ 0,025 [2]	0,45 bis 0,65	≤ 0,15	≤ 0,15 [2]	≤ 0,30	≤ 0,030 [2]	SA2Mo
S3Mo	0,08 bis 0,15 [2]	0,05 bis 0,25	1,30 bis 1,70	≤ 0,025 [2]	≤ 0,025 [2]	0,45 bis 0,65	≤ 0,15	≤ 0,15 [2]	≤ 0,30	- 0,030 [2]	SA3Mo
S4Mo	0,08 bis 0,15 [2]	0,05 bis 0,25	1,75 bis 2,25	≤ 0,025 [2]	≤ 0,025 [2]	0,45 bis 0,65	≤ 0,15	≤ 0,15 [2]	≤ 0,30	≤ 0,030 [2]	SA4Mo
S2Ni 1	0,07 bis 0,15	≤ 0,15	0,80 bis 1,20 [2]	≤ 0,015 [2]	≤ 0,015 [2]	-	1,10 bis 1,60 [2]	≤ 0,20	≤ 0,30	≤ 0,030 [2]	SA2Ni 1
S2Ni 2	0,07 bis 0,15	≤ 0,15	0,80 bis 1,20 [2]	≤ 0,015 [2]	≤ 0,015 [2]	-	2,00 bis 2,50 [2]	≤ 0,20 [4]	≤ 0,30	≤ 0,030 [2]	SA2Ni 2

1) Werte gelten einschließlich Kupferüberzug
2) Werte sind eingeschränkt gegenüber Dokument IIW-XII-666-77
3) Der Stahl darf nicht unberuhigt sein
4) empfohlen

Tabelle 4-14
Chemische Zusammensetzung der Drahtelektroden zum Unterpulverschweißen von unlegierten und legierten Stählen nach DIN 8557 T1, Tabelle 1 (April 1981).

Kenn-zeichen	Chemische Zusammensetzung in Massenprozent (Hauptbestandteile)	Pulvertyp
MS CS ZS RS	$MnO + SiO_2$ (min. 50 %), CaO (max. 15 %) $CaO + MgO + SiO_2$ (min. 60 %), SiO_2 (min. 15 %) $ZrO_2 + SiO_2 + MnO$ (min. 45 %), ZrO_2 (min. 15 %) $TiO_2 + SiO_2$ (min. 50 %), TiO_2 (min. 20 %)	Mangan-Silikat Calzium-Silikat Zirkon-Silikat Rutil-Silikat
AR AB AS AF	$Al_2O_3 + TiO_2$ (min. 40 %) $Al_2O_3 + CaO + MgO$ (min. 40 %), Al_2O_3 (min. 20 %), CaF_2 (max 22 %) $Al_2O_3 + SiO_2 + ZrO_2$ (min. 40 %), $CaF_2 + MgO$ (min. 30 %), ZrO_2 (min. 5 %) $Al_2O_3 + CaF_2$ (min. 70 %)	Aluminat-Rutil Aluminat-basisch Aluminat-silikatbasisch Aluminat-fluoridbasisch
FB	$CaO + MgO + MnO + CaF_2$ (min. 50 %) SiO_2 (min. 20 %) CaF_2 (min. 15 %)	Fluorid-basisch
Z	Andere Zusammensetzungen	Spezial

Tabelle 4-15
Chemische Zusammensetzung und Kennzeichen der in DIN 32 522 (April 1981) und in der zu erwartenden EURONORM ... genormten Schweißpulvern.

Legierungsverhalten	Kennziffer	Massenprozent
Abbrand	1 2 3 4	über 0,7 über 0,5 bis 0,7 über 0,3 bis 0,5 über 0,1 bis 0,3
Zu- und/oder Abbrand	5	0 bis 0,1
Zubrand	6 7 8 9	über 0,1 bis 0,3 über 0,3 bis 0,5 über 0,5 bis 0,7 über 0,7

Tabelle 4-16
Kennziffern für das metallurgische Verhalten von Schweißpulvern nach DIN 32 522, Tabelle 2 (April 1981).

Kurzzeichen	Diffusibler Wasserstoffgehalt, max cm^3/100 g deponiertes Schweißgut,
HP 5	5
HP 7	7
HP 10	10
HP 15	15

Tabelle 4-18
Kurzzeichen für den diffusiblen Wasserstoffgehalt für Schweißpulver nach DIN 32 522, Tabelle 3 (April 1981). Bestimmung des Wasserstoffgehalts nach DIN 8572 T2.

– Über das Pulver können dem Schmelzbad größere Mengen verschiedenartiger Legierungselemente zugeführt werden.

– Wegen der im Vergleich zu Massivdrähten wesentlich höheren Stromdichte – der Strom fließt nur im Stahlmantel, nicht im schlecht stromleitenden Pulverkern – ist die Abschmelzleistung größer.

– Bei hohem basischen Pulveranteil können qualitativ hochwertige Schweißverbindungen auch an schlecht schweißgeeigneten Werkstoffen erzielt werden.

4.2.3 Zusatzwerkstoffe für das UP-Schweißen

Ähnlich wie bei den MSG-Verfahren muß beim UP-Schweißen die Drahtelektrode und das Schweißpulver für eine bestimmte Schweißaufgabe *getrennt* ausgewählt werden. Die Zusammensetzung des Schweißgutes und damit die Gütewerte der Schweißverbindung werden durch folgende Faktoren bestimmt:

– von der metallurgischen Wirksamkeit der gewählten *Drahtelektroden-Pulver-Kombination*. Sie bestimmt die Legierungs-, Desoxidations-, Oxidationsvorgänge, sowie das Entschwefeln und die Porenfreiheit des Schweißguts abhängen;

– vom Anteil an aufgeschmolzenem *Grundwerkstoff*, der bei Verbindungsschweißungen etwa 60 % bis 70 % betragen kann und durch seinen mehr oder weniger großen Gehalt an Verunreinigungen besonders die Zähigkeit des Schweißgutes beeinträchtigt;

– von den *Abkühlbedingungen*, die vom Nahtaufbau, den Einstellwerten, der Werkstückdicke und -temperatur abhängen.

4.2.3.1 Drahtelektroden

Das sind unlegierte, niedrig- und hochlegierte *Runddrähte* oder *Flachbänder* sowie spezielle *Füllmaterialien*. Im allgemeinen entspricht die chemische Zusammensetzung weitgehend der der zu schweißenden Stahlsorten; sie sind *artgleich* oder *artähnlich*. Die Drahtelektroden sind in DIN 8557 für das UP-Schweißen un- und niedriglegierter Stähle genormt, Tabelle 4-14. Die Sicherung des UP-Schweißguts gegen Heißrisse ist von großer Bedeutung und eine der wichtigsten Forderungen an eine "sichere" Schweißverbindung. Daher ist es naheliegend, die Einteilung der Drahtelektroden nach dem Mangangehalt vorzunehmen. Man unterscheidet zum Schweißen unlegierter Stähle folgende Qualitäten:

S1 – S2 – S3 – S4 – S6.

Ihr mittlerer Mangangehalt ergibt sich aus dem Produkt 1,5 multipliziert mit der nach dem Symbol "S" stehenden Ziffer. Der Mn-Gehalt der Drahtelektrode S4 beträgt also:

$4 \cdot 0,5 + 2\ \%.$

In vielen Fällen entsteht abhängig von der Art des gewählten Schweißpulvers ein Si-Zubrand. Die Folge eines unerwünscht hohen Si-Gehaltes ist eine merkliche Abnahme der Kerbschlagzähigkeit.

Die Drahtelektroden sind zum Verbessern des Stromübergangs und zum Schutz gegen atmosphärische Korrosion verkupfert. Sie müssen sorgfältg aufgespult (Drahtförderschwierigkeiten!), kreisrund (Passieren der kupfernen Stromführungsdüsen nicht ruckfrei!) und fettfrei (metallurgische Probleme!) sein.

4.2.3.2 Schweißpulver

Die mechanischen Gütewerte der Schweißverbindung werden in der Hauptsache von der chemischen Zusammensetzung des Schweißguts bestimmt, d.h. von der Drahtelektrode, dem Schweißpulver und dem Anteil an aufgeschmolzenem Grundwerkstoff.

Die Schweißgutzusammensetzung von Einlagenschweißungen wird Einlagenschweißungen wegen des großen Aufschmelzgrades im wesentlichen vom aufgeschmolzenen

Klasse [1]	Beschreibung des Anwendungsbereichs	Anzahl und Reihenfolge der anzugebenden Elemente
1	Pulver zum Verbindungs- und Auftragschweißen unlegierter und niedriglegierter Stähle wie allgemeine Baustähle, Feinkornbaustähle, Tieftemperaturstähle, warmfeste Stähle, die nur Kohlenstoff, Silicium und Mangan zubrennen bzw. abbrennen. Geringfügige Verunreinigungen durch an-dere Elemente sind nur soweit zulässig, wie sie die Schweißguteigenschaften nicht wesentlich beeinträchtigen.	Zum Ermitteln des Zu- und Abbrandverhaltens wird eine Drahtelektrode DIN 8557 - S2 verwendet. Die Zu- bzw. Abbrände der Elemente Silicium und Mangan werden in dieser Reihenfolge angegeben [2].
2	Pulver zum Verbindungs- und Auftragschweißen unlegierter und niedriglegierter Stähle wie allgemeine Baustähle, Feinkornbaustähle, Tieftemperaturstähle, warmfeste Stähle, die außer Zu- bzw. Abbränden von Kohlenstoff, Silicium und Mangan weitere Legierungselemente zur gezielten Beeinflussung der Schweißguteigenschaften zubrennen.	Zum Ermitteln des Zu- und Abbrandverhaltens wird eine Drahtelektrode DIN 8557 - S2 verwendet. Die Zu- bzw. Abbrände der Elemente Silicium und Mangan werden in dieser Reihenfolge angegeben [2]. Der Zubrand weiterer Legierungselemente wird durch die Angabe der entsprechenden chemischen Symbole kenntlich gemacht (z.B. Mo).
3	Pulver zum Auftragschweißen, die in Kombination mit niedriglegierten Schweißzusätzen durch Zubrände aus dem Pulver von z.B. C, Cr, Mo oder anderen Elementen ein verschleißfestes Schweißgut ergeben.	Zum Ermitteln des Zu- und Abbrandverhaltens wird eine Drahtelektrode DIN 8557 - S1 verwendet. Die Zu- und Abbrände der Elemente Silicium und Mangan werden in dieser Reihenfolge angegeben. Der Zubrand weiterer Legierungselemente wird durch die Angabe der entsprechenden chemischen Symbole kenntlich gemacht (z.B. C, Cr).
4	Pulver zum Verbindungsschweißen martensitischer, warmfester Stähle mit Cr- Gehalten über 5 Massen-% sowie Pulver zum Auftragschweißen mit Schweißzusätzen, die ein den oben genannten Stählen entsprechendes Schweißgut ergeben.	Das Zu- und Abbrandverhalten wird ermittelt unter Verwendung einer Drahtelektrode DIN 8575 - UP S2 CrMoWV 12. Die Zu- und Abbrände werden in der Reihenfolge Silicium, Mangan, Crom angegeben.
5	Pulver mit chromhaltigen Bestandteilen, die dem Chromabbrand entgegenwirken, zum Verbindungs- und Auftragschweißen von nichtrostenden und hitzebeständigen Chromstählen und CrNi-Stählen.	Zum Ermitteln des Zu- und Abbrandverhaltens dient eine Drahtelektrode DIN 8556 - UP X 5 CrNiNb 19 9 [3]. Die Zu- und Abbrände werden in der Reihenfolge Silicium, Mangan, Chrom, Niob, Kohlenstoff [4] angegeben.
6	Pulver ohne chromhaltige Bestandteile zum Verbindungs- und Auftragschweißen von nichtrostenden und hitzebeständigen CrNi-Stählen.	
7	Pulver zum Verbindungs- und Auftragschweißen von Nickel und Nickelbasislegierungen.	Das Zu- und Abbrandverhalten wird ermttelt unter Verwendung einer Drahtelektrode DIN 1736 - S NiCr 20 Nb. Die Zu- und Abbrände werden in der Reihenfolge Silicium, Mangan, Chrom, Niob angegeben.

1) *Die Zuordnung eines Pulvers zu einer Klasse schließt nicht generell seine Eignung für die Verwendung in einer anderen Klasse aus.*
2) *Der Kohlenstoffabbrand beträgt bei mittleren Gehalten in der Drahtelektrode einheitlich etwa 0,05 Massen-% und wird deshalb nicht angegeben.*
3) *Nb-Gehalt etwa 0,7 Massen-%, Si-Gehalt etwa 0,5 Massen-%, Mn-Gehalt etwa 1,5 Masen-%.*
4) *Die Angabe des Zu- und Abbrandes von Kohlenstoff ist nur erforderlich, wenn das Pulver auch zum Schweißen von nC-Stählen geeignet ist. Der Zu- und Abbrand von Kohlenstoff ist mit einer Drahtelektrode DIN 8556 - UP 2 CrNi 19 9 zu untersuchen. Zur Festlegung der Kennziffern für Kohlenstoff werden die Massen-% in Tabelle 4-16 durch 100 dividiert.*

Tabelle 4-17
Klasseneinteilung und Anwendungsbereich der Schweißpulver nach DIN 32 522 (April 1981).

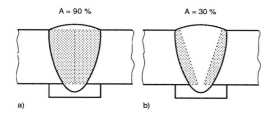

A ≈ 90 %   A ≈ 30 %

a)   b)

Bild 4-37
Einfluß der Fugenform bzw. der Nahtvorbereitung
auf den Aufschmelzgrad von Stumpfschweißungen,
schematisch.
a) I-Naht,
b) V-Naht.

Grundwerkstoff(anteil) bestimmt. Bei Mehrlagenschweißungen hängt sie praktisch ausschließlich von der Draht-Pulver-Kombination ab. Allerdings sind auch die Größe des Öffnungswinkels und die Einbrandverhältnisse zu beachten. Bild 4-37 zeigt die genannten Einzelheiten. Mit zunehmendem Aufschmelzgrad *A* nehmen der Reinheitsgrad und damit die mechanischen Gütewerte des Schweißgutes i.a. ab. Insbesondere Schweißverfahren, die großvolumige Schweißbäder erzeugen eignen sich daher nur be-

dingt für die Einlagentechnik (siehe auch Abschn. 4.1.3.1).

Ein wichtiges Kennzeichen der Schweißpulver ist ihr Herstellungsverfahren. Nach DIN 32 522 unterscheidet man folgende Pulver:

– *Schmelzpulver*, Kennzeichen **F** (fused),

– *agglomerierte Pulver*, Kennzeichen **B** (bonded) und

– *Mischpulver*, Kennzeichen **M** (mixed). Diese werden vom Hersteller aus zwei oder mehreren Pulversorten gemischt.

Das metallurgische Verhalten der Pulver wird außer von den Schweißparametern nur von ihrer chemischen Zusammensetzung und ihrem mineralogischen Aufbau bestimmt. Tabelle 4-15 zeigt die chemische Zusammensetzung der in DIN 32 522 und der in der in der (in Kürze zu erwartenden) EURONORM ... genormten Schweißpulversorten.

Das Legierungsverhalten eines Schweißpulvers ist durch den Zu- und(oder) Abrand der Legierungselemente gekennzeichnet.

Schweißpulver DIN 32 522	-	F	MS	1	65	AC	8	S	K

Herstellungsart: F = Schmelzpulver
B = Agglomerierte, M = Mischpulver

Pulvertyp: MS = Mangan-Silikat-Typ
Tabelle 4-15

Pulverklasse: 1 = Zum Schweißen unlegierter und niedriglegierter Stähle
Tabelle 4-17

Legierungsverhalten:
6 = Zubrand an Si bis 0,3 %
5 = Neutrales Mn-Verhalten
Tabelle 4-16

Kennzahl für Stromart:
AC = geeignet für Wechselstrom
DC = geeignet für Gleichstrom

Kennzahl für Strombelastbarkeit:
8 = 8·100 = 800 A

Kennbuchstabe für sonstige Eigenschaften:
S = Pulver mit Schnellschweißeigenschaften
K = Kehlnahtpulver
M = Mehrdrahtpulver
B = Bandauftragpulver

Tabelle 4-19
Vollständige Bezeichnung eines UP-Schweißpulvers nach DIN 32 522.

Unter Zu- bzw. Abbrand versteht man die Differenz zwischen der chemischen Zusammensetzung des reinen Schweißgutes und des Schweißzusatzwerkstoffes. Dieses Verhalten wird durch die Kennziffern gemäß Tabelle 4-16 ausgedrückt.

Die für die verschiedenen Werkstoffe verwendbaren Pulversorten können aus den Pulverklassen (Klasse 1 bis 7) entnommen werden. Tabelle 4-17 gibt Hinweise für den Anwendungsbereich und die Anzahl und Art der anzugebenden Elemente in der Pulverbezeichnung.

Für das Schweißen der höherfesten Stähle ist ein wasserstoffarmes Schweißgut eine der wichtigsten Forderungen. Wasserstoffkontrollierte Pulver werden nach Tabelle 4-18 entsprechend ihrem Wasserstoffgehalt im Schweißgut gekennzeichnet.

Tabelle 4-19 zeigt das vollständiges Bezeichnungsbeispiel eines Schweißpulvers nach DIN 32 522.

4.2.3.2.1 Schmelzpulver

Die Bestandteile - vorwiegend Oxide der Elemente Al, Ba, Ca, K, Mn, Na, Zr - werden zerkleinert und bei 1500 °C bis 1800 °C geschmolzen. Die glasartige Schmelze wird anschließend durch *Wassergranulieren* oder *Schäumen* "körnig" gemacht. Die Teilchen werden gemahlen und auf die gewünschte Körnung ausgesiebt.

Die homogenen, glasartigen Schmelzpulver sind Vielstoffsysteme, ihre Bestandteile können nicht mehr einzeln reagieren. Da die Ofentemperatur größer sein muß als die Schmelztemperatur des am höchsten schmelzenden Bestandteils, geht beim Herstellprozeß ein Teil der Reaktionsfähigkeit des Pulvers verloren. Deshalb können den Schmelzpulvern temperaturempfindliche Stoffe *nicht* zugegeben werden, d.h. fast alle Legierungselemente. Sie eignen sich daher weniger zum Schweißen legierter Stähle.

Die Vorteile dieser Pulver sind demnach:

– Geringe Neigung zur *Feuchtigkeitsauf-*

nahme als Folge der glasartigen Struktur. Davon unberührt bleibt die Möglichkeit der adsorptiven Feuchteaufnahme, die auf der extrem großen Oberfläche der Pulverteilchen beruht.

– Geringe Neigung *zur Entmischung* und geringer *Abrieb* auf Grund der glasartigen Struktur der Körner.

– Geringer *Staubanteil* im Pulver während der Verarbeitung.

4.2.3.2.2 Agglomerierte Pulver

Sie bestehen aus feinstgemahlenen Bestandteilen, die mit einem Bindemittel verdickt und durch Mischen bei Prozeßtemperaturen zwischen 500 °C und 800 °C zu größeren Körnern vereinigt (Agglomeration) werden. Die Temperaturen überschreiten nicht die geringste Reaktionstemperatur (Schmelztemperatur) der Gemengebestandteile.

Agglomerierte Pulver sind heterogene Substanzen, deren Einzelbestandteile ihren ursprünglichen Zustand behalten haben. Die metallurgischen Reaktionen im Schmelzbad sind sehr intensiv. Ihre Reaktionsfähigkeit bleibt im Gegensatz zu den Schmelzpulvern fast vollständig erhalten. Desoxidationsmittel und Legierungselemente können daher wirtschaftlich zugegeben werden. Sie eignen sich bevorzugt zum Schweißen legierter Stähle. Der wesentliche Nachteil ist ihre starke Neigung zur Feuchtigkeitsaufnahme. Ein Trocknen ist daher immer erforderlich. Auch ihre geringere Abriebfestigkeit kann Anlaß zu Schwierigkeiten geben.

Zum Herstellen der hochwertigen agglomerierten Pulver werden ausschließlich Substanzen eingesetzt, die hoch geglüht oder sogar geschmolzen sind, d.h. keine Wasser(stoff)quellen darstellen. Lediglich das als Bindemittel erforderliche *Wasserglas* enthält chemisch gebundenes *Kristallwasser*. Durch das in jedem Fall notwendige Trocknen bei 500 °C bis 800 °C ergeben sich typische Wassergehalte im Pulver von etwa 0,02 %, die zu Wasserstoffgehalten im Schweißgut von 3 bis 4 ppm führen.

4.2.3.2.3 Metallurgisches Verhalten der Schweißpulver

Das metallurgische Verhalten des Pulvers, d.h., sein *Zu-* und *Abbrandverhalten* ist für die zuverlässige Abschätzung der mechanischen Gütewerte der Schweißverbindung und seines Schweißverhaltens unerläßlich.

Die Methoden, mit denen das metallurgische Verhalten des Schweißpulvers bestimmt wird, müssen berücksichtigen, daß die Zusammensetzung des Schweißguts abhängt von

– dem Schweißplver,

– dem Grundwerkstoff,

– der Drahtelektrode,

– den Einstellwerten beim Schweißen und

– der Anzahl der geschweißten Lagen.

Anders als bei Stabelektroden, bei denen das metallurgische Verhalten durch die Art der Umhüllung festliegt, ist durch Wahl der einzelnen Pulversorten die metallurgische Wirksamkeit in weiten Grenzen frei wählbar. Sie muß für den gezielten Einsatz der Zusatzwerkstoffe mit einer geeigneten Kenngröße hinreichend einfach bestimmbar sein. Dies geschieht durch Angabe des *Basizitätsgrades*, der üblicherweise nach der Formel von BONISZEWSKI berechnet wird:

$$B = \frac{CaO + MgO + BaO + Na_2O + K_2O}{SiO_2 + 0,5(Al_2O_3 + TiO_2 + ZrO_2)} +$$

$$\frac{Li_2O + CaF_2 + 0,5(MnO + FeO)}{SiO_2 + 0,5(Al_2O_3 + TiO_2 + ZrO_2)}.$$

Die Summe der basisch wirkenden Bestandteile wird durch die Summe der sauer wirkenden dividiert. Danach ergibt sich eine auf der chemischen Wirksamkeit beruhenden Einteilung der Schweißpulver:

$B \geq 1$ basische

$B = 1$ neutrale

$B \leq 1$ sauere Schweißpulver.

Die Einteilung und die grundlegenden Eigenschaften sind vergleichbar mit den für die Stabelektroden bekannten Bezeichnungen.

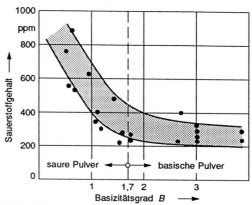

Bild 4-38
Einfluß des Basizitätsgrades auf den Sauerstoffgehalt des Schweißgutes UP-geschweißter Verbindungen, nach BONISZEWSKI *(modifiziert).*

Mit dem Basizitätsgrad läßt sich allerdings sehr viel genauer das *Sauerstoffpotential* des Pulvers beschreiben. Saure Komponenten (z.B. SiO_2, TiO_2) sind nicht nur weniger stabil, sie spalten im Lichtbogen auch wesentlich mehr Sauerstoff ab als basische (z.B. MgO, MnO). Als Folge entstehen aus den Desoxidations- und Legierungselementen Oxide, die teilweise als Oxideinschlüsse im Schweißgut eingelagert sind. Ihre Menge, Art und Verteilung sind weitgehend vom Sauerstoffpotential des verwendeten Pulvers, d.h. von dessen Basizitätsgrad abhängig.

Die sauerstoffhaltigen Einschlüsse im Schweißgut beeinflussen durch ihre Keimwirkung entscheidend das Umwandlungsverhalten des Austenits und vor allem die Form des voreutektoiden Ferrits. Ein mittlerer Sauerstoffgehalt im Schweißgut von $300\,(\pm 100)\,ppm$ führt zu optimalen Umwandlungsbedingungen, wenn er als Aluminium-Mangan-Silikat vorliegt. Besonders wichtig ist die Ausbildung des Ferrits nicht als grober Korngrenzenferrit, sondern in Form des bei tieferen Temperaturen entstehenden Nadelferrits. Sauerstoffgehalte über 600 ppm begünstigen die Bildung des sehr unerwünschten WIDMANNSTÄTTENschen Gefüges.

Die Abhängigkeit des Basizitätsgrades vom Sauerstoffpotential des Schweißgutes zeigt Bild 4-38. Danach hängt der Sauerstoffgehalt im Schweißgut bei sauren Pulvern ($B \leq$ 1,7) sehr stark vom Basizitätsgrad B des Schweißpulvers ab. Damit ergibt sich eine wirksame Methode, das für die Zähigkeitseigenschaften des Schweißgutes entscheidende Sauerstoffpotential über den Basizitätsgrad des Pulvers zu steuern. Es ist aber zu beachten, daß der gesamte aktive Sauerstoffanteil im Schweißgut auch von der chemischen Zusammensetzung der Drahtelektrode und in einem häufig nicht genau abzuschätzenden Umfang auch von der des Grundwerkstoffs abhängig ist. Probeschweißungen sind daher zum Erreichen höchster Zähigkeitswerte praktisch unumgänglich.

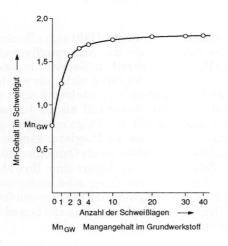

Bild 4-39
Einfluß der Lagenzahl auf den Mangangehalt im Schweißgut, hergestellt mit einer bestimmten Draht-Pulver-Kombination.

Die mechanischen Gütewerte von Mehrlagenschweißungen sind weitestgehend von der Pulver-Kombination abhängig, da der Einfluß des aufgeschmolzenen Grundwerkstoffanteils mit zunehmender Lagenzahl vernachlässigbar wird. Bild 4-39 zeigt beispielhaft den Einfluß der Lagenzahl auf den Mangangehalt im Schweißgut. Die Le-

gierungsvorgänge nähern sich bereits nach der vierten Lage dem metallurgischen Gleichgewicht, d.h., Zu- und Abbrandvorgänge finden nicht mehr statt. Jede Draht-Pulver-Kombination ergibt abhängig von den gewählten Einstellwerten ein charakteristisches Gleichgewichtsniveau der Legierungselemente, das nach unterschiedlicher Lagenzahl erreicht wird.

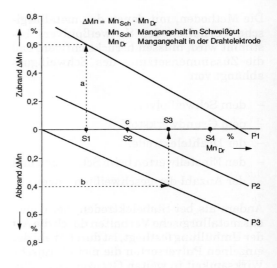

Bild 4-40
Zu- und Abbrandverhältnisse beim UP-Schweißen mit verschiedenen Schweißpulvern (P1, P2, P3) in Abhängigkeit vom Mangangehalt der Drahtelektroden (S1, S2, S3, S4), gemäß DVS-Merkblatt 0907 Teil 1, schematisch.

Das metallurgische Verhalten der Schweißpulver wird nach DIN 8557 durch *Auftragschweißversuche* festgestellt. Die zu untersuchenden Pulver werden aber nur mit der Drahtelektrode S2 kombiniert. Aussagen über das Zu- und Abbrandverhalten mit anderen Drahtelektroden sind deshalb nicht möglich.

Das Legierungsverhalten einer beliebigen Draht-Pulver-Kombination wird daher meistens mit der im DVS-Merkblatt 0907 vorgeschlagenen Versuchstechnik bestimmt. Achtlagen-Auftragschweißungen werden mit dem zu untersuchenden Pulver und den Drahtelektroden S1 bis S6 mit gleichblei-

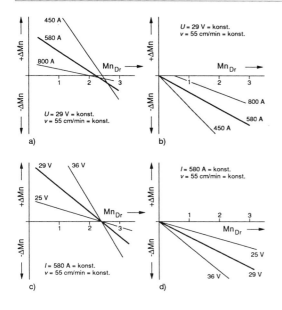

Bild 4-41
Einfluß der Schweißstromstärke auf den Mangan-
Zu- bzw. Abbrand bei einem
a) Mn-zubrennenden (MnO-haltig) Schweißpulver,
b) Mn-abbrennenden (MnO-frei) und der Schweiß-
spannung bei einem
c) Mn-zubrennenden,
d) Mn-abbrennenden Schweißpulver.

benden Einstellwerten hergestellt. Zum
Ermitteln der chemischen Zusammensetzung des Schweißguts, d.h. des Zu- und Ab-
brandverhaltens, wird die oberste Lage verwendet, die weitgehend der Zusammensetzung des reinen Schweißguts entspricht.
Die Ergebnisse lassen sich anschaulich in
Abhängigkeit vom Legierungsgehalt der
Drahtelektrode in Schaubildern darstellen.
Bild 4-40 zeigt schematisch die Auswertung
für das metallurgische Verhalten von Mangan. In vielen Fällen schneiden die *Legie-*
rungsgeraden die Abszisse. Diese Schnitt-
punkte werden *neutrale Punkte* genannt,
weil für eine gegebene Draht-Pulver-Kombination weder Zu- noch Abbrand entsteht.
Das metallurgische Verhalten ist also von
der gewählten Draht-Pulver-Kombination
abhängig; ein neutrales Pulver gibt es nicht.

Mit Hilfe dieser Schaubilder lassen sich
wichtige Erkenntnisse über das metallurgi-

sche Verhalten des Schweißguts machen.
Dies sei an Hand von Bild 4-40 erläutert:

– **Beispiel a:** Die Draht-Pulver-Kombination S1 und P1 führt zu einem Man-
ganzubrand von $\Delta Mn \approx 0,6$ %. Der Mn-
Gehalt im reinen Schweißgut beträgt 0,5
% + 0,6 % = 1,1 %.

– **Beispiel b:** Mit dem Pulver P3 soll ein
Mn-Gehalt im Schweißgut von 0,9 %
erreicht werden. Mit welcher Drahtelektrode läßt sich das erreichen? Diese Aufgabe ist nur durch Probieren und i.a. nie
"genau" lösbar. Die Abszissenwerte sind
nicht beliebig wählbar, sondern nur als
diskrete Werte, die einem Vielfachen von
0,5 (der Mn-Stufung der Drahtelektroden!) entsprechen.
S3 und P3 ergeben in diesem Fall ein
Mn-Abbrand von 0,4 %, d.h. den geforderten Mn-Gehalt im Schweißgut von
1,5 % - 0,4 % = 0,9%.

– **Beispiel c:** Das Pulver P2 verhält sich
nur mit der Drahtelektrode S2 neutral,
jede andere Kombination führt zum Mn-
Zubrand oder -abbrand.

Das Legierungsverhalten der Pulver hängt
sehr stark von ihrem Basizitätsgrad ab.
Silicium wird in der Regel zulegiert. Erfahrungsgemäß brennen basische Pulver sehr
wenig, saure relativ viel Silicium zu. Der Si-
Zubrand ist meistens unerwünscht, weil
durch eine Zunahme des Siliciumgehalts
die Kerbschlagzähigkeit des Schweißguts
abnimmt.

Die Ergebnisse der Prüfung nach DVS-
Merkblatt 0907 Teil 1 gelten nur für die
festgelegten Standardeinstellungen [43]. Der
erhebliche Einfluß geänderter Einstellwerte kann also nicht erfaßt werden. Bild 4-41
zeigt schematisch den Verlauf der Legie-
rungslinien für von den Standardwerten
abweichende Schweißströme und Schweiß-

---

[43] Geschweißt wird mit Drahtelektroden, 4 mm
Durchmesser, Schweißstrom 580 A, Schweiß-
spannung 29 V, Vorschubgeschwindigkeit der
Wärmequelle 55 cm/min.

spannungen für Mn zubrennende (MnO-haltige), Bild 4-41a, und Mn abbrennende (MnO-freie) Schweißpulver, Bild 4-41b. Mit zunehmender Stromstärke wird der Zubrand bzw. der Abbrand geringer, da die Reaktionszeit des Tropfens mit der flüssigen Schlacke größer wird.

Der Einfluß der Schweißspannung auf das Zu- und Abbrandverhalten ist für Mn zubrennende in Bild 4-41c, für Mn zubrennende in Bild 4-41d dargestellt. Mit zunehmender Spannung wird die Nahtbreite und damit die beteiligte Schlackenmenge größer. Der Zubrand *und* der Abbrand wird demgemäß größer.

Zum Bestimmen der Zu- und Abbrand*grenzen* eines Schweißpulvers werden achtlagige Auftragschweißungen mit extremen, in der Praxis aber noch anwenbaren Einstellgrenzwerten hergestellt und in der bekannten Weise ausgewertet. In Bild 4-42 sind die Mn- und Si-Grenzkurven für das metallur-

gische Verhalten eines Mn- und Si-zubrennenden Pulvers schematisch dargestellt.

4.3   Schweißen der wichtigsten Stahlsorten

4.3.1   Unlegierte C-Mn-Stähle

Die wichtigsten unlegierten niedriggekohlten C-Mn-Stähle sind:

– Baustähle nach EN 10 025, die
– unlegierten Vergütungsstähle nach DIN 17 200, die
– unlegierten Einsatzstähle nach DIN 17 210 und verschiedene unlegierte
– warmfeste Stähle nach DIN 17 155 und DIN 17 175.

Die Schweißeignung bzw. das Schweißverhalten der genannten Stähle ist ähnlich. Im folgenden können daher ihr Schweißverhalten und die fertigungs- und schweißtechnischen Verarbeitungshinweise gemeinsam beschrieben werden. Lediglich Besonderheiten der schweißtechnischen Verarbeitung aufgrund spezieller Werkstoffeigenschaften werden in eigenen Abschnitten beschrieben.

Die Schweißeignung wird von folgenden Faktoren bestimmt von (Abschn. 3.2):

❑ dem *C-Gehalt*. Er beträgt für die meisten der genannten Werkstoffe ≤ 0,2 % (Abschn. 4.1.3).

❑ dem *Gehalt der Verunreinigungen*. Die wichtigsten Elemente sind Phosphor, Schwefel und die atmosphärischen Gase (H, N, O). Ihre Menge und Verteilung sind entscheidend für die Zähigkeit und damit für die Sicherheit des geschweißten Bauteils. Das Zähigkeitsverhalten der Stähle läßt sich praxisnah und zuverlässig z.B. mit der *Gütegruppe* beschreiben (siehe Baustähle nach EN 10 025).

❑ der *Werkstückdicke*. Mit zunehmender

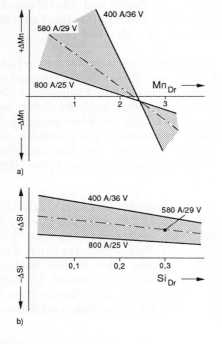

Bild 4-42
Grenzkurven für den Einsatz eines Mn- und Si-zubrennenden Schweißpulvers.
a) Mn Zu- und Abbrand,
b) Si-Zubrand.

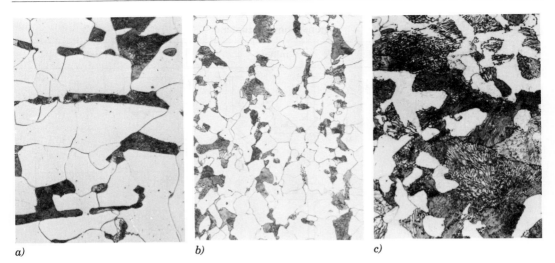

a)   b)   c)

Bild 4-43
Mikroaufnahmen der Gefüge verschiedener Baustähle nach EN 10 025 (bzw. DIN 17 100), 2 % HNO₃.
a) Fe 360 (St 37), V = 500:1, b) Fe 510 (St 52-3), V = 500:1 c) Fe 590-2 (St 60), V = 800:1.

Dicke werden

- der Mehrachsigkeitsgrad der Schweiß-eigenspannungen größer und die Gefahr der Spannungsversprödung nimmt zu,
- die Abkühlgeschwindigkeiten größer. Die Folge sind ungünstige Gefüge (härter und spröder) in der WEZ,
- die mechanischen Gütewerte i.a. schlechter, vor allem quer zur Walzrichtung. Der geringere Durchschmiedungsgrad bewirkt oft eine geringere Gleichmäßigkeit des Gefüges und eine ungünstigere Verteilung der Einschlüsse.

Die Schweißeignung dieser Stähle ist i.a. für alle Schmelzschweißverfahren gegeben. Die Auswahl geeigneter Zusatzwerkstoffe ist verhältnismäßig einfach. Die fachgerechte Wahl der Zusatzwerkstoffe wird durch folgende Normen erleichtert:

- **DIN 1913:** Umhüllte Stabelektroden zum Lichtbogenhandschweißen unlegierter und mikrolegierter Stähle (Abschn. 4.2.1.3),
- **DIN 8556 T1:** Schweißstäbe für das WIG-Schweißen unlegierter und niedriglegierter Stähle, Tabelle 4-10,

- **DIN 8556 T1** und **DIN 8559 T1:** Massivdraht- und Fülldrahtelektroden zum MSG-Schweißen unlegierter und niedriglegierter Stähle, Tabelle 4-10 und Tabelle 4-13.
- **DIN 8557 T1** und **DIN 32 522:** Massivdrahtelektroden und Schweißpulver zum UP-Schweißen

Weitere Einzelheiten über die metallurgische Wirksamkeit und die wichtigsten Eigenschaften sind in Abschn. 4.2 zu finden.

Mit zunehmender Werkstückdicke werden Zusatzwerkstoffe verwendet, die ein möglichst verformbares Schweißgut ergeben. Der Abbau der gefährlichen mehrachsigen Spannungen durch plastische Verformung wird erleichtert, d.h., die Kaltrißbildung im aufgehärteten schmelzgrenzennahen Bereich deutlich erschwert. Besonders gut geeignet sind daher die basischen Stabelektroden (Abschn. 4.2.1.2.3). Aus wirtschaftlichen Gründen (Abschmelzleistung!) werden sie allerdings nur bis zu Werkstückdicken von etwa 15 mm bis etwa 20 mm verwendet. Die MSG- und vor allem das UP-Verfahren sind für größere Blechdicken wesentlich wirtschaftlicher.

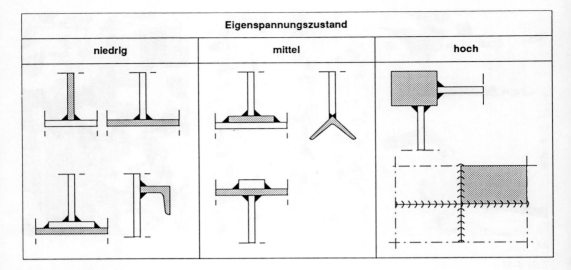

Bild 4-44
Beispiele zum Beurteilen des Eigenspannungszustandes einiger geschweißter Elemente, nach DASt-Richtlinie 009 und Anpassungsrichtlinie zur DIN 18 800.

Ein Vorwärmen der Fügeteile ist i.a. bei Werkstückdicken oberhalb 20 mm bis 30 mm erforderlich. Die Vorwärmtemperaturen liegen zwischen 100 °C und 200 °C. Sie können auch mit Hilfe einer der zahlreichen Beziehungen für das Kohlenstoffäquivalent ermittelt werden (Abschn. 4.1.3.2.2).

Dickwandige Konstruktionen werden häufiger spannungsarmgeglüht. Ein Normalglühen *kann* bei Werkstückdicken über 30 mm erfolgen. Aus wirtschaftlichen und technischen Gründen wird diese Wärmebehandlung aber sehr selten angewendet. Die zum Spannungsarmglühen forderlichen Glühtemperaturen sind aus Tabelle 2-3 zu entnehmen.

Besonders beruhigte Stähle neigen bei größeren Wanddicken (≥ 20 mm) und hohem Verspannungsgrad der Konstruktion als Folge der zeilenförmigen Anordnung der Desoxidationsprodukte (z.B. SiO_2, Al_2O_3, MnS) zum **Terrassenbruch** (Abschn. 2.7.6.1). Die zum Abwenden dieser Versagensform angewendeten Maßnahmen sind in Abschn. 2.7.6.1 beschrieben.

4.3.1.1   Baustähle nach EN 10 025

Das Gefüge dieser Stähle ist ferritisch-perlitisch. Sie werden im warmgeformten Zustand und normalgeglüht eingesetzt. Die Bildfolge 4-43 zeigt Aufnahmen der Mikrogefüge der Stähle Fe 360 (St 37), Fe 510 (St 52-3) und Fe 590-2 (St 60). Der mit zunehmendem C-Gehalt zunehmende Perlit- (bzw. Bainit-)Anteil ist deutlich zu erkennen, ebenso die für Mn-legierte Stähle typische Walzzeiligkeit bei dem Stahl Fe 510.

Die Stähle der Gütegruppen B, C, D1, D2, DD1 und DD2 sind i.a. zum Schweißen nach allen Verfahren geeignet. Die Schweißeignung (und die Zähigkeitseigenschaften) verbessert sich bei jeder Sorte von der Gütegruppe B bis zur Gütegruppe DD, Tabelle 2-5. Für die Stähle der Gütegruppen 0 und 2 werden keine Angaben zur Schweißeignung gemacht und keine Kerbschlagarbeiten gewährleistet.

Bei der Bestellung kann für die Stähle Fe 510 C, Fe D1, Fe D2, Fe DD1, Fe DD2 ein Höchst-

Gruppe	EU 25-72	DIN 17 100	Werkstoff-Nr.	Desoxidationsart [1]	Stahlart [2]	Sprödbruch-neigung	Alterungs-neigung	Härtungs-neigung	Seigerungs-verhalten
1	Fe 360 D2	-	1.0117	FF	QS	-	-	-	-
	Fe 360 D1	St 37-3N	1.0116	FF	QS	-	-	-	-
	Fe 430 D2	-	1.0145	FF	QS	-	-	-	-
	Fe 430 D1	St 44-3 N	1.0144	FF	QS	-	-	x	-
	Fe 510 DD2	-	1.0596	FF	QS	-	-	x	-
	Fe 510 DD1	-	1.0595	FN	QS	-	-	x	-
	Fe 510 D2	-	1.0577	FF	QS	-	-	x	-
	Fe 510 D1	St 52-3 N	1.0570	FF	QS	-	-	-	-
	Fe 360 C	St 37-3U	1.0114	FF	QS	x	x	-	-
	Fe 430 C	St 44-3 U	1.0143	FF	QS	x	x	x	-
	Fe 510 C	St 52-3 U	1.0553	FF	QS	x	x	x	-
2	Fe 360 B	R St 37-2	1.0038	FN	BS	xx	x	-	-
	Fe 360 B	USt 37-2	1.0038	FU	BS	xx	x	-	x
	Fe 360 B	St 37-2	1.0037	freigestellt	BS	xx	x	-	- (x) [4]
	Fe 430 B	St 44-2	1.0044	FN	BS	xx	x	-	-
	Fe 310-0 [3]	St 33	1.0035	freigestellt	BS	xxx	xx	xxx	xx
3	Fe 490-2	St 50-2	1.0050	FN	BS	xxx	xx	xxx	-
	Fe 590-2	St 60-2	1.0060	FN	BS	xxx	xx	xxx	-
	Fe 690-2	St 70-2	1.0070	FN	BS	xxx	xx	xxx	-

1) FU: unberuhigter Stahl, FN: unberuhigter Stahl nicht zulässig, FF: Vollberuhigter Stahl
2) BS: Grundstahl, QS: Qualitätsstahl
3) Nur in Nenndicken ≤ 25 mm lieferbar
4) das Kreuz gilt für die unberuhigte Stahlqualität

Tabelle 4-20
Schweißeignung der unlegierten Baustähle nach EN 10 025. Die Angaben gelten jeweils für die gleiche Erzeugnisdicke. Die Wertigkeit der Kreuze ist für die einzelnen Faktoren unterschiedlich.
Versuch einer Einordnung gemäß DIN 8528 T2.

wert für das nach der Formel, Gl. [4-6]

$$CEV = C + \frac{Mn}{6} + \frac{Cr + Mo + V}{5} + \frac{Ni + Cu}{15} \, [\%]$$

zu berechnende *Kohlenstoffäquivalent* vereinbart werden. Diese vom International Institute of Welding empfohlene Beziehung gilt für Stähle mit mehr als 0,18 % Kohlenstoff. Eine Begrenzung auf CEV ≤ 0,40 soll *Kaltrißbildung* ausschließen. In diesem Fall sind die in der Formel genannten Elemente in der Bescheinigung über Materialprüfungen anzugeben.

Gütegruppen (Stahlgütegruppen)

Ein günstiges Schweißverhalten (Zähigkeitseigenschaften, Rißfreiheit der Verbindung) ist die wichtigste zu fordernde Eigenschaft der (schweißgeeigneten) Baustähle. Allgemein akzeptierte und bewährte Kennwerte sind die *Kerbschlagarbeit A_v* und die *Übergangstemperatur $T_{ü,27}$*. Beide Werte kennzeichnen die Qualität des Stahles, d.h. seine **Gütegruppe**.

Nach EN 10 025 unterscheidet man folgen-

Spannungs-zustand	Bedeutung des Bauteils	Beanspruchung bei Gebrauchslast			
		Druck		Zug	
		Temperatur im Gebrauchszustand in °C			
		bis -10	von -10 bis -30	bis -10	von -10 bis -30
Hoch	1. Ordnung	IV	III	II	I
	2. Ordnung	V	IV	III	II
Mittel	1. Ordnung	V	IV	III	II
	2. Ordnung	V	V	IV	III
Niedrig	1. Ordnung	V	V	IV	III
	2. Ordnung	V	V	V	IV

Tabelle 4-21
Bestimmung der Klassifizierungsstufen nach der DASt-Richtlinie 009 bzw. der Anpassungsrichtlinie zur DIN 18 800.

Die Tabelle 4-20 zeigt die Schweißeignung der unlegierten Baustähle nach EN 10 025 in der Darstellungsart der DIN 8528 T2. Die wichtigsten die Schweißeignung beeinflussenden Faktoren werden durch Kreuze gekennzeichnet. Mit zunehmender Zahl der Kreuze wachsen die Schwierigkeiten und der Aufwand bei der schweißtechnischen Fertigung.

Die fachgerechte Auswahl eines Stahls muß nach technischen und wirtschaftlichen Überlegungen erfolgen. Ein wichtiges Kriterium ist seine Schweißeignung. Das Schweißverhalten der un- und niedriglegierten Baustähle kann recht zuverlässig und praxisnah mit Hilfe der *Stahlgütegruppen* bestimmt werden [44].

de Gütegruppen, Tabelle 2-5:

0 - 2 - B - C - D1 - D2 - DD1 - DD2.

Die Gütegruppe wird durch nachstehende Festlegungen beschrieben:

❏ Stahlgütegruppen 0 bis 2. Es bestehen keine Anforderungen an die *chemische Zusammensetzung des Stahles*. Angaben über die Schweißeignung sind dann i.a. nicht

---

[44]   In der EURONORM EN 10 025 als Gütegruppe bezeichnet.

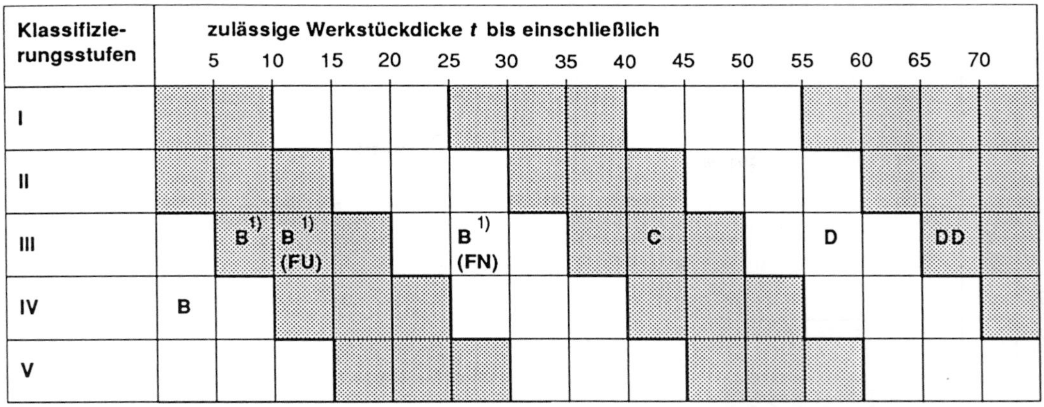

Klassifizie-rungsstufen	zulässige Werkstückdicke *t* bis einschließlich													
	5	10	15	20	25	30	35	40	45	50	55	60	65	70
I														
II														
III	B$^{1)}$	B$^{1)}$ (FU)			B$^{1)}$ (FN)				C			D		DD
IV	B													
V														

1) Der Stahl muß mit der zusätzlichen Anforderung "Prüfung der Kerbschlagarbeit" (s. FN ˟)25 Tab. 5 u. Abschn. 11) bestellt werden.

Bild 4-45
Bestimmung der Gütegruppe nach der DASt-Richtlinie 009 bzw. der Anpassungsrichtlinie zur DIN 18 800.

möglich oder unsicher. Werte für A_v und $T_{ü,27}$ können nicht angegeben werden. Die Stahlqualität ist gering .

☐ Stahlgütegruppen B bis DD2. Die Schweißeignung verbessert sich bei jeder Sorte von der Gütegruppe B bis zur Gütegruppe DD2.

☐ Zunehmende Qualität (Sprödbruchsicherheit) des Stahles, also eine höhere Gütegruppe, ist gekennzeichnet durch eine zunehmende gewährleistete Kerbschlagarbeit und (meistens) eine abnehmende Übergangstemperatur, siehe Tabelle 2-4.

Die Schweißeignung des Stahles Fe 310-0 ist damit nicht gewährleistet. Die Stähle Fe 490-2, Fe 590-2 und Fe 690-2 sollten wegen ihres hohen C-Gehalts ($\geq 0,35$ %) grundsätzlich nicht geschweißt werden. Ohne aufwendige vorbereitende Maßnahmen (Vorwärmen, Zusatzwerkstoffwahl, Wärmenachbehandlung) sind rißfreie Schweißungen kaum herstellbar.

In der nicht mehr gültigen DIN 17 100 wurden lediglich zwei Gütegruppen (2 und 3) unterschieden. Die Stahlauswahl nach den erforderlichen technischen und wirtschaftlichen Gesichtspunkten war einfacher.

Wahl der Gütegruppe

Die Auswahl eines für eine geschweißte Konstruktion hinreichend sprödbruchsicheren Stahls ist abhängig von der Art, Anzahl und Schärfe der sprödbruchwirksamen Faktoren. In der DASt-Richtlinie 009 "Empfehlungen zur Wahl der Gütegruppen für geschweißte Bauteile" und der Anpassungsrichtlinie zur DIN 18 800 werden folgende Faktoren verwendet

– Spannungszustand,
– Bedeutung des Bauteils,
– Temperatur,
– Werkstückdicke und
– Kaltverformung.

Der *Spannungszustand* wird mit drei Gruppen beurteilt:

– niedrig: z.B. Schotte, Aussteifungen,
– mittel: z.B. Knotenbleche an Zuggurten,
– hoch: z.B. scharfe Querschnittssprünge. Konstruktions-Beispiele zeigt Bild 4-44.

Je nach der Bedeutung unterscheidet man Bauteile 1. *Ordnung* (die Beanspruchung ist z.B. ständig größer als 70% der zulässi-

Stahlsorte (Kurzname) nach		Desoxidationsart	Chemische Zusammensetzung in Massenprozent (Schmelzenanalyse)					
DIN 17 006	Werkst.-Nr.		C	Si	Mn	P	S	Sonstige
StE 290.7	1.0484	RR	0,22	0,45	0,50 bis 1,10	0,040	0,035	
StE 290.7 TM	1.0429	RR	0,12	0,40	0,50 bis 1,50	0,035	0,025	
StE 320.7	1.0409	RR	0,22	0,45	0,70 bis 1,30	0,040	0,035	
StE 320.7 TM	1.0430	RR	0,12	0,40	0,70 bis 1,50	0,035	0,025	
StE 360.7	1.0582	RR	0,22	0,55	0,90 bis 1,50	0,040	0,035	
StE 360.7 TM	1.0578	RR	0,12	0,45	0,90 bis 1,50	0,035	0,025	
StE 385.7	1.8970	RR	0,23	0,55	1,00 bis 1,50	0,040	0,035	
StE 385.7 TM	1.8971	RR	0,14	0,45	1,00 bis 1,60	0,035	0,025	
StE 415.7	1.8972	RR	0,23	0,55	1,00 bis 1,50	0,040	0,035	
StE 415.7 TM	1.8973	RR	0,14	0,45	1,00 bis 1,60	0,035	0,025	

DIN 17 172: Stahlrohre für Fernleitungen für brennbare Flüssigkeiten und Gase, (unbehandelte und thermomechanisch behandelte Stähle)

Stahlsorte (Kurzname) nach		Chemische Zusammensetzung in Massenprozent (Schmelzenanalyse)							
DIN 17 006	Werkst.-Nr.	C	Si	Mn	P	S	$Al_{ges.}$, mind.	Nb	Ti
QStE 340 N	1.8945	0,16	0,50	≤ 1,50	0,03	0,03	0,015	≤ 0,09	≤ 0,22
QStE 340 TM	1.8942	0,12	0,50	≤ 1,30	0,03	0,03	0,015	≤ 0,09	≤ 0,22
QStE 380 N	1.8950	0,18	0,50	≤ 1,60	0,03	0,03	0,015	≤ 0,09	≤ 0,22
QStE 380 TM	1.8951	0,12	0,50	≤ 1,40	0,03	0,03	0,015	≤ 0,09	≤ 0,22
QStE 420 N	1.8952	0,20	0,50	≤ 1,60	0,03	0,03	0,015	≤ 0,09	≤ 0,22
QStE 420 TM	1.8953	0,12	0,50	≤ 1,50	0,03	0,03	0,015	≤ 0,09	≤ 0,22
QStE 460 N	1.8955	0,21	0,50	≤ 1,70	0,03	0,03	0,015	≤ 0,09	≤ 0,22
QStE 460 TM	1.8956	0,12	0,50	≤ 1,60	0,03	0,03	0,015	≤ 0,09	≤ 0,22
QStE 500 N	1.8957	0,22	0,50	≤ 1,70	0,03	0,03	0,015	≤ 0,09	≤ 0,22
QStE 500 TM	1.8959	0,12	0,50	≤ 1,70	0,03	0,03	0,015	≤ 0,09	≤ 0,22

Stahl-Eisen-Werkstoffblatt 092: Warmgewalzte Feinkornbaustähle zum Kaltumformen (normalgeglühte und thermomechanisch behandelte Stähle)

Tabelle 4-22
Chemische Zusammensetzung ausgewählter Feinkornbaustähle in den Lieferformen (unbehandelt) normalgeglüht und thermomechanisch behandelt nach DIN 17 172, Tabelle 1 (Mai 1978) und SEW 092, Auszug, Tabelle 2 (Juli 1982). Man beachte den erheblichen Unterschied im Kohlenstoffgehalt der Stähle nach beiden Lieferformen.

gen) und 2. *Ordnung* (bei einem örtlichen Versagen bleibt die Gebrauchsfähigkeit des Gesamt-Bauwerks erhalten).

Die *Temperaturbereiche* berücksichtigen die tiefste Temperatur in geschlossenen Hallen (bis – 10 °C) und die tiefste Außentemperatur (bis – 30 °C).

Beim Schweißen kaltverformter Bauteile müssen die Bedingungen der DIN 18 800 T1 berücksichtigt werden, Tabelle 4-3.

Aus der Bewertung der sprödbruchwirksamen Einflüsse ergeben sich die Klassifizierungsstufen I bis V gemäß Tabelle 4-21. Die Gütegruppe wird dann nach Bild 4-45 bestimmt.

4.3.2. Feinkornbaustähle

4.3.2.1 Allgemeine Konzepte

Die Auswahl der Zusatzwerkstoffe ist bei den normalgeglühten Feinkornbaustählen noch unproblematisch, bei den wasservergüteten deutlich kritischer. Die Stähle lassen sich mit allen üblichen Verfahren schweißen, bevorzugt aber mit dem

– Lichtbogenhandschweißen, den
– SG-Verfahren und dem
– UP-Verfahren.

Grundsätzliche Hinweise für die Verarbeitung der normalgeglühten (bzw. thermomechanisch behandelten) Feinkornbaustähle enthält das Stahl-Eisen-Werkstoffblatt 088-76. Bei Beachtung einiger werkstoffspezifischer Besonderheiten und der Regeln der Technik ist die Schweißeignung der Feinkornbaustähle gut bis sehr gut. Die TM-Stähle weisen im Vergleich zu gleichfesten normalgeglühten Feinkornbaustählen einen deutlich geringeren C-Gehalt auf. Ihre Schweißeignung ist daher sehr gut. Tabelle 4-22 zeigt z.B. die chemische Zusammensetzung der Stähle nach SEW 092 (Feinkornstähle zum Kaltumfor-

men) und DIN 17 172 (Stahlrohre für Fernleitungen für brennbare Flüssigkeiten und Gase), die normalgeglüht und thermomechanisch behandelt geliefert werden. Bedingt durch die Art ihrer Herstellung (Abschn. 2.7.6.2) dürfen Wärmebehandlungen aller Art entweder nicht oder nur sehr umsichtig vorgenommen werden. I.a. ist nur das Spannungsarmglühen zulässig. Die Schweißparameter sind sorgfältig zu wählen.

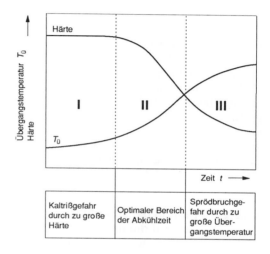

Bild 4-46
Abhängigkeit der Übergangstemperatur der Kerbschlagzähigkeit und der Härte in der wärmebeeinflußten Zone von der Abkühlzeit $t_{8/5}$, schematisch.

Die Eigenschaften der normalgeglühten Feinkornbaustähle beruhen im wesentlichen auf ihrer *Feinkörnigkeit*, die während der Sekundärkristallisation durch als Keime wirkende Teilchen [AlN, VN, Nb(CN)] erzeugt wurde. Durch den Schweißprozeß sollten daher die die Feinkörnigkeit erzeugenden Ausscheidungen in der WEZ in einem möglichst geringen Umfang gelöst werden. Die Wärmezufuhr beim Schweißen ist daher zu kontrollieren, genauer zu begrenzen. Die erforderliche Temperaturführung läßt sich am einfachsten mit dem Lichtbogenhand-, Unterpulver- und Schutzgasschweißen realisieren.

Selbst mit einer geeigneten Temperaturführung kann nicht vermieden werden, daß ein Teil der Ausscheidungen in der WEZ gelöst und beim Abkühlen z.T. in einer nachteiligen Form (z.B. spießig, nadelig, bevorzugt an den Korngrenzen) wieder ausgeschieden wird, wodurch ein erheblicher Zähigkeitsabfall entstehen kann. Der Verlust an Zähigkeit ist bei einlagig geschweißten Verbindungen deutlich größer als bei mehrlagigen. Die Ursachen dürften auf dem "Normalisierungseffekt" der folgenden Lagen und dem günstigeren Ausscheidungszustand in mehrlagig geschweißten Verbindungen beruhen.

Daraus ergibt sich das Konzept der **kontrollierten Wärmeführung** beim Schweißen: Die Abkühlung darf nicht zu langsam (weiche Gefügebestandteile versröden den Werkstoff: Bild 4-46, Bereich III), aber auch nicht zu schnell (hohe Härte begünstigt die Kaltrißgefahr, Bereich II) erfolgen. Untersuchungen ergaben, daß für das Schweißen von Vergütungsstählen $t_{8/5}$-Zeiten zwischen 10 und 25 Sekunden zweckmäßige Abkühlbedingungen ergeben (Abschn. 4.3.5.5).

4.3.2.2   Einfluß der Abkühlbedingungen auf die mechanischen Gütewerte der Verbindung

Am stärksten werden die Stahleigenschaften durch das Umwandlungsverhalten des Austenits beim Abkühlen im Temperaturbereich 800 °C bis 500 °C beeinflußt. Während dieser Abkühlzeit $t_{8/5}$ finden praktisch alle für die Eigenschaften des Stahles entscheidenden Umwandlungsvorgänge des Austenits statt. Sie können daher weitgehend mit $t_{8/5}$ beschrieben und beurteilt werden, d.h. durch die Angabe eines einzigen Parameters.

Der **Temperatur-Zeit-Verlauf** an beliebigen Orten der WEZ wird von den Schweißbedingungen (Streckenenergie, Vorwärmtemperatur, Werkstückdicke, Nahtform, Art des Lagenaufbaus) bestimmt, Bild 4-47. Die Größe der Spitzentemperatur ist abhängig von der Lage des Meßpunktes innerhalb der WEZ.

Bild 4-46 zeigt schematisch die grundsätzliche Abhängigkeit der Härte und der Übergangstemperatur des Gefüges der WEZ von

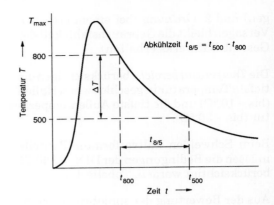

Bild 4-47
Zur Definition der Abkühlzeit $t_{8/5}$ in einem für das Schweißen typischen Temperatur-Zeit-Zyklus.

der Abkühlzeit $t_{8/5}$. Bei kleinen $t_{8/5}$-Werten ist die Übergangstemperatur zwar sehr gering und damit die Sprödbruchsicherheit groß, aber die sehr hohe Härte (überwiegend Martensit) erhöht die Gefahr der *Kaltrißbildung* erheblich. Die maximale Härte muß zwar aus diesem Grund begrenzt werden, sie liegt aber mit etwa 350 bis 400 HV deutlich höher als bei den konventionellen Stählen, Bild 4-48. Sehr große Abkühlzeiten führen wohl zu deutlich geringeren Härten, aber die Kerbschlagzähigkeit wird durch

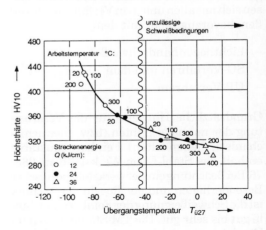

Bild 4-48
Einfluß der Höchsthärte in der WEZ von Einlagenschweißungen aus dem hochfesten vergüteten Feinkornbaustahl StE 690, Werkstückdicke 20 mm, auf die Kerbschlagarbeit $T_{ü,27}$ (ISO-V-Proben), nach THYSSEN.

Schweißverfahren	rel. therm. Wirkungs-grad η' [5]
UP-Schweißen	1
Metall-Lichtbogenschweißen	
mit R (RR) Stabelektrode	0,9
mit B Stabelektrode	0,8
MAGC-Schweißen	0,85
MIG-Schweißen (Ar oder He)	0,75
WIG-Schweißen (Ar oder He)	0,65

Tabelle 4-23
Relativer thermischer Wirkungsgrad η' üblicher Schweißverfahren. Einfacher ist es, die Abkühlzeit mit den Gleichungen [4-7] und [4-8] zu berechnen. Der größere so ermittelte Wert gibt die Art der vorliegenden Wärmeableitung an. Es ist grundsätzlich zu beachten, daß die den Gleichungen zugrunde liegenden Annahmen (Wärmeableitungsverhältnisse, keine punktförmige Wärmequelle) häufig nicht genau erfüllt sind. Daraus ergeben sich Abweichungen von den wahren Werten von etwa 10%. In kritischen Fällen ist daher das Messen der $t_{8/5}$-Werte ratsam.

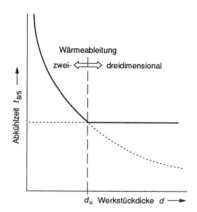

Bild 4-49
Die Abkühlzeit $t_{8/5}$ ist immer der größere der nach den Beziehungen [4-7] bzw. [4-8] berechneten Werte.

die Bildung weicherer Gefügebestandteile (Ferrit!) stark verringert. Die Schweißbedingungen müssen daher so gewählt werden, daß *die $t_{8/5}$-Werte innerhalb bestimmter zulässiger Grenzwerte bleiben.* Diese sind von der chemischen Zusammensetzung des Stahles, der Art des Lagenaufbaus und der Vorwärmtemperatur abhängig.

Die Abkühlzeiten lassen sich mit einigem versuchstechnischen Aufwand experimentell ermitteln oder einfacher und für die Praxis genügend genau berechnen. Dabei ist zwischen der **zwei-** und **dreidimensionalen Wärmeableitung** zu unterscheiden (Abschn. 3.3.1). Unter Berücksichtigung der Zahlenwerte für die physikalischen Eigenschaften der Stähle ergibt sich für die dreidimensionale Wärmeableitung:

$$t_{8/5} = (0,67 - 5 \cdot 10^{-4} \cdot T_0) \cdot \eta' \cdot Q \cdot \qquad [4\text{-}7]$$
$$\cdot \left[\frac{1}{500 - T_0} - \frac{1}{800 - T_0} \right] \cdot F_3$$

Die Abkühlzeit ist bei der dreidimensionalen Wärmeableitung von der Werkstückdicke unabhängig. Bei der zweidimensionalen Wärmeableitung ist sie der Größe $1/d^2$ proportional, also stark wanddickenabhängig. Es ist:

$$t_{8/5} = (0,043 - 4,3 \cdot 10^{-5} T_0) \left(\frac{\eta' Q}{d} \right)^2 \cdot \qquad [4\text{-}8]$$
$$\cdot \left[\left(\frac{1}{500 - T_0} \right)^2 - \left(\frac{1}{800 - T_0} \right)^2 \right] \cdot F_2$$

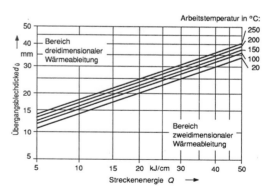

Bild 4-50
Blechdicke $d_{\ddot{u}}$ für den Übergang von zweidimensionaler (II) zu dreidimensionaler (III) Wärmeableitung in Abhängigkeit von der Streckenenergie Q und der Arbeitstemperatur beim Unter-Pulver-Schweißen schweißgeeigneter hochfester Baustähle, nach SEW 088.

Es bedeuten:

η'   relativer thermischer Wirkungs-
      grad beim Schweißen, Tabelle 4-23,

Q[J/cm] Streckenenergie ($U \cdot I/v$)

T_0[°C] Arbeits- bzw. Vorwärmtemperatur,

F_2, F_3 Nahtfaktoren bei zwei- bzw. drei-
      dimensionaler Wärmeableitung,
      Tabelle 4-24,

d[cm]   Werkstückdicke.

Der Übergang von der drei- zur zweidimensionalen Wärmeableitung geschieht bei der
Übergangsdicke $d_\ddot{u}$, die durch Gleichsetzen
der Beziehungen [4-7] und [4-8] und Auflösen
nach der Werkstückdicke $d=d_\ddot{u}$ berechnet wird.

Damit ergeben sich die Wärmeableitungsbedingungen wie folgt:

– **$d > d_\ddot{u}$:** Es liegt *dreidimensionale* Wärmeableitung vor, d.h. Gl. [4-7] gilt.

– **$d < d_\ddot{u}$:** Es liegt *zweidimensionale* Wärmeableitung vor, d.h. Gl. [4-8] gilt.

Die Berechnung der Abkühlzeiten setzt also
die Kenntnis der wirksamen Wärmeableitungsbedingungen voraus, die zunächst nicht
bekannt sind und von Q, T_0 und d abhängen.

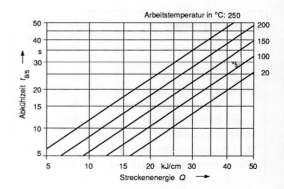

Bild 4-51
Abkühlzeit von Auftragschweißungen bei dreidi-
mensionaler Wärmeableitung in Abhängigkeit von
der Streckenenergie und der Arbeitstemperatur beim
Unter-Pulver-Schweißen schweißgeeigneter hochfe-
ster Feinkornbaustähle, nach SEW 088.

Der $t_{8/5}$-Wert kann nach folgenden Verfahren berechnet werden:

– Aus Bild 4-50 wird $d_\ddot{u}$ bestimmt, d.h. die
  von den vorliegenden Bedingungen (Q,
  T_0) abhängige Art der Wärmeableitung
  und mit der entsprechenden Beziehung
  $t_{8/5}$.

– Mit den Beziehungen Gl. [4-7] und Gl. [4-
  8]. Der größere der beiden Zahlenwerte ist
  der korrekte. Damit ergibt sich gleichzeitig
  die Art der Wärmeableitung, Bild 4-49.

Nahtart		Nahtfaktor für	
		zweidimensionale Wärmeableitung F_2	dreidimensionale Wärmeableitung F_3
Auftragraupe		1	1
Füllagen eines Stumpfstoßes		0,9	0,9
Einlagige Kehlnaht am Eckstoß		0,9 bis 0,67 [1]	0,67
Einlagige Kehlnaht am T-Stoß		0,45 bis 0,6 [1]	0,67

[1] Der Nahtfaktor F_2 ist abhängig vom Verhältnis Streckenenergie zu Werkstückdicke. Mit zunehmender Annäherung an die
Übergangsdicke $d_\ddot{u}$ wird F_2 bei der einlagigen Kehlnaht am Eckstoß kleiner, bei der einlagigen Kehlnaht am T-Stoß größer.

Tabelle 4-24
Nahtfaktoren F_2, F_3 zum Berechnen der $t_{8/5}$-Werte nach den Gleichungen [4-7] und [4-8].

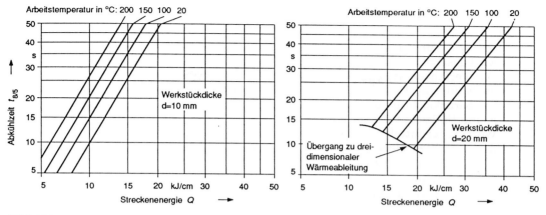

Bild 4-52
Abkühlzeit von Auftragschweißungen bei zweidimensionaler Wärmeableitung in Abhängigkeit von der Strekkenenergie Q und der Arbeitstemperatur beim UP-Schweißen schweißgeeigneter hochfester Feinkornbaustähle bei Werkstückdicken von 10 mm und 20 mm, nach SEW 088.

Die Ermittlung der Abkühlzeit $t_{8/5}$ geschieht zweckmäßiger und einfacher in grafischer Form. Mit Hilfe der nur für das UP-Auftragschweißen geltenden Darstellung Bild 4-50 ist zunächst zu prüfen, welche Art der Wärmeableitung vorliegt. Abhängig von diesem Ergebnis wird $t_{8/5}$ bei dreidimensionaler Wärmeableitung aus Bild 4-51, bei zweidimensionaler aus Bild 4-52 ermittelt. Für andere Schweißverfahren bzw. Nahtformen ist der aus diesen Schaubildern ermittelte $t_{8/5}$-Wert entsprechend Tabelle 4-23 (berücksichtigt anderes Verfahren) und Tabelle 4-24 (berücksichtigt andere Nahtformen) zu korrigieren.

Je nach den Vorgaben bzw. dem gewünschten praktischen Fertigungsablauf können mit Hilfe dieser grafischen Methode geeignete Schweißbedingungen nach folgendem Verfahren bestimmt werden:

◻ Die *Schweißbedingungen*, d.h., das Schweißverfahren und die Schweißparameter (also im wesentlichen Q_{Verf} [45] und die Arbeitstemperatur T_0, die Werkstückdicke d ist gegeben) sind bekannt. Die sich für diese Voraussetzungen ergebende Abkühlzeit $t_{8/5}$ wird ermittelt.

Erfahrungsgemäß muß der Wert $t_{8/5}$ zwischen etwa 10 sek bis 25 sek liegen. Andernfalls sind die mechanischen Güte-

werte nicht ausreichend. Daher sind i.a. Korrekturen der gewählten Schweißparameter erforderlich.

◻ Die *Abkühlzeit* $t_{8/5}$ ist vorgegeben, d.h., die Streckenenergie $Q = Q_{\text{Verf}}$ (also das Verfahren und die Arbeitstemperatur T_0) muß bestimmt werden.

Zunächst sind die Wärmeableitungsbedingungen mit Hilfe des nur für das UP-Verfahren gültigen Bildes 4-50 festzustellen. Für jedes andere Verfahren wird die gewählte Streckenenergie mit dem entsprechenden thermischen Wirkungsgrad des gewählten Schweißverfahrens nach Tabelle 4-23 multipliziert. Mit diesem korrigierten Wert wird die Art der Wärmeableitung (d.h. $d_{\ddot{u}}$) ermittelt. Abhängig von dem Ergebnis ist die Bestimmung der Schweißbedingungen in folgender Weise möglich:

---

[45] Die Streckenenergie für die mit dem UP-Verfahren hergestellten Referenz-Auftragschweißraupen wird mit Q oder Q_{UP}, die mit beliebigen Schweißverfahren und Nahtanordnungen in der betrieblichen Praxis verwendeten, mit Q_{Verf} bezeichnet.

❏ **Dreidimensionale Wärmeableitung**, Bild 4-51.

– Q (=Q_{Verf}) und T_0 sind gegeben, $t_{8/5}$ wird gesucht:
Das Verfahren (η', Tabelle 4-23) und die Nahtform (F_3, Tabelle 4-24) müssen berücksichtigt, d.h. Q mit η' und F_3 multipliziert werden. Mit diesem Wert Q_{Verf} ermittelt man aus Bild 4-51 den gesuchten Wert $t_{8/5}$.

– $t_{8/5}$ ist gegeben, Q (= Q_{Verf}) und T_0 werden gesucht:
Aus Bild 4-51 entnimmt man mit einer gewählten Arbeitstemperatur T_0 die Streckenenergie Q_{UP}, die dividiert durch η' und F_3 den korrekten Wert Q_{Verf} ergibt.

❏ **Zweidimensionale Wärmeableitung**, Bild 4-52.

– Q und T_0 sind gegeben, $t_{8/5}$ wird gesucht: Q ist mit $\sqrt{F_2}$ und η' zu multiplizieren, mit diesem Q_{Verf} ergibt sich aus Bild 4-52 $t_{8/5}$.

– $t_{8/5}$ ist gegeben, Q und T_0 werden gesucht: Die aus Bild 4-52 bei einer gewählten Arbeitstemperatur T_0 entnommene Streckenenergie Q_{UP} ergibt dividiert durch η' und $\sqrt{F_2}$ den korrekten Wert Q_{Verf}.

4.3.2.4   Fertigungstechnische Hinweise

4.3.2.4.1   Nahtvorbereitung

Die Nahtvorbereitung erfolgt i.a durch spangebende Verfahren oder durch thermisches Schneiden. Bis zu Werkstückdicken von etwa 30 mm ist ein Vorwärmen zum Brenn- oder Schmelzschneiden nicht erforderlich, wenn die Werkstücktemperatur über + 5 °C liegt. Andernfalls sind 100 mm breite Werkstoffbereiche neben der Schnittfläche auf Handwärme zu erwärmen.

Wegen der grundsätzlichen Gefahr des Terrassenbruches sollten die Schnittflächen in jedem Fall z.B. durch eine Sichtkontrolle oder Farbeindringprüfung auf Trennungen untersucht werden.

Streckgrenze, mind. N/mm²	Grenzdicke mm
≤ 355	30
> 355...420	20
> 420...590	12
> 590	8

Tabelle 4-25
Grenzdicke, bei deren Überschreiten zum Schweißen vorgewärmt werden muß.

4.3.2.4.2   Wärmebehandlung

Die Vorteile des **Vorwärmens** sind zusammengefaßt:

– geringere und gleichmäßigere verteilte Eigenspannungen,

– die durch Wasserstoff und Härtespitzen hervorgerufene Kaltrißneigung nimmt ab,

– der stark schädigende Wasserstoffgehalt ist geringer, daher werden z.B. vergütete Feinkornbaustähle praktisch unabhängig von der Werkstückdicke immer auf etwa 120 °C vorgewärmt.

Die Vorwärmtemperaturen liegen abhängig von der chemischen Zusammensetzung des Grundwerkstoffes, der Streckenenergie und der Werkstückdicke zwischen 80 °C und 250 °C. Nach SEW 088-76 sollte bei Werkstücktemperaturen T

– $T < +5$ °C in jedem Fall, wenn

– $T > +5$ °C vorgewärmt werden,

wenn die von der Streckgrenze $R_{p0,2}$ des Grundwerkstoffs abhängige Grenzdicke nach den Empfehlungen gemäß Tab. 4-25 überschritten wird. Dies gilt für eine Zone mit einer Breite von 4·(Erzeugnisdicke) beidseitig neben der Naht.

Vor allem unterpulvergeschweißte Bauteile aus Stählen mit Streckgrenzen von mehr als 460 N/mm² und Werkstückdicken > 30 mm werden zum Verbessern der Kaltrißsicherheit nach dem Schweißen bei 200 °C bis 250 °C/2h **wasserstoffarmgeglüht** ("Soaken"). Die *Zwischenlagentemperatur* darf während der gesamten Schweißzeit nicht unterhalb der Vorwärmtemperatur sinken. Sie sollte andererseits etwa 220 °C auch nicht überschreiten.

Die erforderliche Vorwärmtemperatur läßt sich mit dem Kohlenstoffäquivalent hinreichend genau abschätzen, wenn zusätzlich die Beanspruchung und der Wasserstoffgehalt des Schweißguts bekannt sind. Tabelle 4-28 zeigt z.B. die Ergebnisse von Implantversuchen an unterschiedlich hoch mit Wasserstoff beladenen Proben aus einem hochfesten Stahl, die bis zur Streckgrenze belastet wurden.

Nach dem Schweißen ist ein **Spannungs- armglühen** in folgenden Fällen zweckmäßig bzw. erforderlich:

– Die Werkstückdicke ist so groß, daß die Gefahr der *Spannungsversprödung*, *Kalt- rißbildung* oder der *Spannungsrißkor- rosion* besteht.

– Die Härte in der WEZ muß wegen der Gefahr der *Kaltrißbildung* verringert wer- den. Diese Behandlung wird i.a. als "An- laßglühen" bezeichnet.

– Für bestimmte Konstruktionen ist diese Behandlung nach den gültigen *Regel- werken* vorgeschrieben.

Die Glühtemperaturen sollten zwischen 530 °C und 580 °C liegen, und das Aufheizen muß ausreichend langsam erfolgen. Die Feinkörnigkeit dieser Stähle beruht auf Aus- scheidungen, die durch das Spannungsarm- glühen in keinem Fall gelöst werden dür- fen. Deshalb werden die Haltezeiten und vor allem die Temperaturen begrenzt (min- destens 30, aber auch bei Mehrfachglühun- gen nicht mehr als 90 Minuten). Oberhalb 300 °C sollten die Abkühlgeschwindigkeiten 50 K/h bis 100 K/h betragen.

4.3.2.4.3 Schweißtechnologie

Außer der kontrollierten Wärmeführung beim Schweißen (Abschn. 4.3.2.2) ist die Art des *Lagenaufbaus* für die Zähigkeit des

Schweißgutes und der WEZ von großer Be- deutung. Insbesondere soll in diesem Zusam- menhang die Einlagen- bzw. Lage-Gegenla- gentechnik im Vergleich zur Mehrlagentech- nik verstanden werden. Die bei der Einla- gentechnik entstehenden werkstofflichen Änderungen sind nicht allein mit dem Prin- zip "kontrollierte Wärmeführung" beschreib- bar.

Die Kerbschlagarbeit einlagig hergestellter Schweißverbindungen ist grundsätzlich we- sentlich geringer als die in mehreren Lagen geschweißter. Die Ursachen sind die bei dieser Technik entstehenden großen Schweißgutvolumina, das Fehlen jeglicher güteverbessernder Umwandlungen im Schweißgut und der WEZ (Grobkorn). Der entscheidende Faktor ist allerdings die nach- teilige Änderung des Ausscheidungszustan- des in der WEZ. Wie bereits in Abschn. 2.7.6.1 beschrieben, beruhen die Feinkörnig- keit und damit die mechanischen Gütewer- te dieser Stähle auf der Wirksamkeit von Ausscheidungen, die aus den *Mikrolegie-*

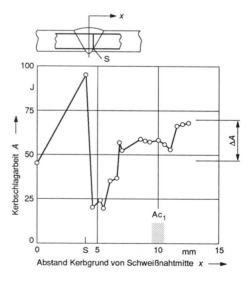

Bild 4-53
Einfluß der Kerblage auf die Kerbschlagarbeit (ISO- V-Proben, Prüftemperatur –20 °C) einlagig geschweiß- ter Verbindungen aus einem normalgeglühten Fein- kornbaustahl (MnNiCr-Stahl). Erläuterung: ∆A$_v$ ist der Bereich der Kerbschlagarbeit des unbeeinflußten Grundwerkstoffs. Der durch Ac$_1$ gekennzeichnete Be- reich erreichte etwa die Temperatur Ac$_1$.

rungselementen (z.B. Al, Ti, Nb) und Kohlenstoff und(oder) Stickstoff bestehen. Die oberhalb von etwa 1000 °C in Lösung gehenden Teilchen scheiden sich während der Abkühlung in unkontrollierter und ungünstiger Form (nadelig, spießig, an den Korngrenzen) z.T. in der WEZ wieder aus. Die Folge ist eine empfindliche Abnahme der Zähigkeit dieser Gefügebereiche (siehe auch 4.1.4.3). Bild 4-53 zeigt den Verlauf der Kerbschlagarbeit in der WEZ einer Einlagenschweißung aus einem normalgeglühten Feinkornbaustahl. In der Grobkornzone fällt die Zähigkeit auf Werte von etwa 34 J. Bei geringer Ausdehnung dieser versprödeten Zone wird durch die stützende Wirkung der benachbarten zähen Bereiche die Bauteilsicherheit erfahrungsgemäß nicht beeinträchtigt.

4.3.2.4.4 Rißerscheinungen

Die Neigung zur *Heißrißbildung* ist bei den Feinkornbaustählen gering. Ähnliches gilt für den *Terrassenbruch*, allerdings nur, wenn durch konstruktive (siehe z.B. DAST 014) und(oder) fertigungstechnische Maßnahmen die Schweißeigenspannungen in Dickenrichtung wirksam verringert werden können. In schwierigen Fällen sollten Stähle verwendet werden, die in Dickenrichtung eine verbesserte Brucheinschnürung besitzen (siehe Stahl-Eisen-Lieferbedingungen 096).

Die ausgeprägte **Kaltrißanfälligkeit** ist eine bei Schweißarbeiten an hochfesten Stählen immer zu beachtende Gefahr. Die Kaltrißneigung nimmt mit der *Festigkeit* der Stähle, dem *Wasserstoffgehalt* im Schweißgut, dem *Legierungsgehalt* von Grundwerkstoff und Schweißgut und den *Schweißeigenspannungen* zu. Bild 4-54 zeigt einen wasserstoffinduzierten Kaltriß in einer UP-geschweißten Verbindung aus dem Stahl 20 MnMo 5 5.

Die werkstofflichen Grundlagen zur Entstehung der **Terrassenbrüche** und die konstruktiven und fertigungstechnischen Möglichkeiten zu seiner Vermeidung wurden in Abschn 2.7.6.1 besprochen. Bild 2-49 zeigt

Bild 4-54
Wasserstoffinduzierter Kaltriß in einer UP-geschweiß-
ten Verbindung aus dem Stahl 20 MnMo 5 5. V=
50:1, 2 % HNO₃.

die in einem auf Zug beanspruchten Kreuzstoß entstandenen Terrassen-Bruchfläche.

Besondere Aufmerksamkeit erfordert die Reparaturschweißung. Nach sorgfältigem Ausschleifen der defekten Bereiche (Einbrandkerben, Montagehilfen, Zündstellen, Risse) mit nicht zum Brennen neigenden Schleifscheiben und anschließender Rißkontrolle durch Sicht- oder Farbeindringprüfung ist auf mindesten 150 °C vorzuwärmen. Montagehilfen z.T. auch Heftschweißurgen werden häufig mit unlegierten Zusatzwerkstoffen ausgeführt, die ein möglichst zähes Schweißgut ergeben.

4.3.2.5 Schweißzusatzwerkstoffe

Die grundlegenden werkstofflichen und fertigungstechnischen Hinweise sind in Abschnitt 4.2 zu finden. An dieser Stelle werden nur die für die höherfesten Feinkornbaustähle geltenden Besonderheiten der Zusatzwerkstoffe genannt.

4.3.2.5.1 Stabelektroden

Stabelektroden für hochfeste Stähle sind neuerdings in der DIN 1913 genormt (Abschn. 4.2.1), die der Vorläufer für die in Kürze zu erwartende EURONORM ... anzusehen ist. Die bisherige DIN 8529, T1 wird für eine bestimmte Übergangszeit mitgelten. Wegen der Kaltrißgefahr muß der Wasserstoffgehalt in der Umhüllung möglichst gering sein. Daher sind sehr hohe Trocknungstemperaturen von 300 °C bis 350 °C/ 2h erforderlich, um das Kristallwasser vollständig auszutreiben.

Der im Wurzelbereich vorhandene größte Aufschmelzgrad führt meistens zu einer unerwünschten Festigkeitssteigerung. Aus diesem Grunde werden u.U. (Stähle mit R_{eH} > 460 N/mm²) für die Wurzellagen niedriger legierte Zusatzwerkstoffe gewählt als für Füll- und Decklagen. Bei der Wahl der Zusatzwerkstoffe muß außerdem der Umfang und die Art der Wärmevor- bzw. nachbehandlungen berücksichtigt werden. In der Regel werden durch ein Normal- und(oder) Spannungsarmglühen die Festigkeitseigenschaften deutlich niedriger. In einigen Fällen neigt der Werkstoff in den Wärmeeinflußzonen der Schweißverbindung zu güteschädigenden Ausscheidungen, wenn bestimmte Glühtemperaturen überschritten wurden.

Zum Abwenden der gefährlichen *Kaltriß-neigung* eignen sich besonders gut Zusatzwerkstoffe, die ein *zähes, sehr wasserstoffarmes* Schweißgut ergeben. Diese Forderung wird sehr gut durch das Lichtbogenhand- und Unterpulverschweißen erfüllt. In Tabelle 4-26 sind die Wasserstoffgehalte von Schweißgütern zusammengestellt, die mit basischen Elektroden hergestellt wurden.

Danach ist ein Wasserstoffgehalt von 15 ml/ 100 g die oberste Grenze für basischumhüllte *Stabelektroden*. Die in diesem Sinn höchste Elektrodenqualität mit ≤ 5 ml/100 g Wasserstoff im Schweißgut läßt sich mit diesen Elektroden relativ leicht erreichen. Sie spielen daher in Normen- und Regel-

Gehalt an diffusiblem Wasserstoff im Schweißgut [1] ml/100 g	Bewertung
> 15	hoch
≥ 15 bis > 10	mittel
≥ 10 bis > 5	niedrig
≥ 5	sehr niedrig

[1] nach IIS/IIW-452-74 bzw. DIN 8572

Tabelle 4-26
Bewertung des Gehaltes an diffusiblem Wasserstoff im mit basischumhüllten Stabelektroden hergestelltem Schweißgut.

werken eine bevorzugte Rolle. Ein erhebliches Problem ist die Wasseraufnahme der Umhüllung während der Lagerung oder dem Transport trotz Verpackung in Kunststoffhüllen. Bei nichtbasischen Elektroden ist die aufgenommene Feuchte weniger kritisch, da der Wasserstoff hauptsächlich aus *wasserhaltigen* organischen Verbindungen der Umhüllung stammt. Außerdem ist bei vielen nichtbasischen Elektroden ein bestimmter Feuchtegehalt in der Umhüllung für eine einwandfreies Schweißverhalten erforderlich. Bei basischen Elektroden ist die aus der Atmosphäre aufgenommene Feuchtigkeit die wichtigste Wasserstoffquelle. Über die Bedeutung und Problematik des Wasserstoffs im Schweißgut sei auf Abschnitt 4.2.1.2.5 verwiesen.

Für die Praxis bedeutsam ist die Neigung mancher B-Elektroden, schon in den ersten Stunden nach ihrer Herstellung bzw. bei ihrer Lagerung relativ viel Wasser aufzunehmen. Die Entwicklung hinreichend *feuchteresistenter Stabelektroden* ist für eine wirtschaftliche und qualitätsbewußte Fertigung ein wesentliches Ziel der Zusatzwerkstoff-Entwicklung.

Basische Elektroden müssen vor der Verarbeitung rückgetrocknet werden, um die nach ihrer Herstellung vorhandene optimale Qualität wieder herzustellen. Die Trocknungstemperatur hängt von der Kaltrißneigung der Stähle ab, d.h. von ihrer Festigkeit. Nach DIN 8529 gilt z.B.:

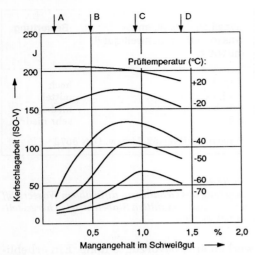

Bild 4-55
Einfluß des Mangangehalts im Schweißgut auf die Kerbschlagarbeit reiner Schweißgüter A, B, C, D, die sich nur durch ihren Mangangehalt unterscheiden, nach WEYLAND.

– für Stähle mit einer Mindeststreckgrenze ≤ 355 N/mm²: 2h/250 °C,
– für Stähle mit einer Mindeststreckgrenze > 355 N/mm²: 2h/300 C bis 350 °C. In beiden Fällen darf die maximale Trocknungszeit 10 Stunden nicht überschreiten.

Basischumhüllte Stabelektroden haben damit die entscheidenden Vorteile, die sie zum Schweißen der höherfesten Stähle hervorragend geeignet macht. Das mit ihnen hergestellte Schweißgut

– ist extrem *rißsicher*,
– besitzt eine hohe *Kerbschlagzähigkeit*, verbunden mit sehr tiefen *Übergangs-*

temperaturen (bis –75 °C),
– hat einen sehr geringen Gehalt an diffusiblen Wasserstoff. Gehalte von ≤ 5 ml/ 100 g können relativ einfach erreicht werden.

Schweißgüter, mit Mangangehalten von maximal 1,2 %, erreichen bei –40 °C eine Kerbschlagarbeit von höchstens 47 J. Diese Werte wurden von den in der bisherigen DIN 1913 aufgeführten B-Elektroden erreicht. Für hochfeste Stähle sind deutlich geringere Übergangstemperaturen (und höhere Kerbschlagzähigkeiten) erforderlich. Die in der neuen DIN 1913, Tabelle 4-7, und DIN 8529 genormten Elektroden zum Schweißen hochfester Stähle haben daher Mangangehalte von 1,4 % bis 1,5 %, mit denen Übergangstemperaturen bis –60 °C erreichbar sind. Für noch höhere Anforderungen sind nickellegierte Elektroden erforderlich. Mit zunehmendem Nickelgehalt muß allerdings der ursprüngliche Mangangehalt von etwa 1,4 % kontinuierlich reduziert werden, um ein unzulässiges Ansteigen der Übergangstemperatur zu verhindern, Bild 4-55.

4.3.2.5.2 Drahtelektroden; Schweißpulver (UP-Verfahren)

Die mechanischen Gütewerte der Schweißverbindung werden von der Art der gewählten Drahtelektroden-Pulverkombination, den Schweißparametern und den Fertigungsbedingungen (Einlagen- Mehrlagentechnik, Wärmevorbehandlung Wärmenachbehandlung, Nahtform) bestimmt. Mit

| Legierungstyp | Chemische Zusammensetzung in Massen-% | | | | | |
	C	Si	Mn	Cr	Mo	Ni
Ni 1	0,08	0,60	1,80	–	–	1,10
Ni 2,5	0,10	0,40	1,10	–	–	2,70
NiMo 1	0,08	0,60	1,80	–	0,30	1,0
NiCrMo 2,5	0,03	0,60	1,40	0,30	0,40	2,50

Tabelle 4-27
Chemische Zusammensetzung nichtgenormter Massivdrahtelektroden zum Schweißen mormalgeglühter und vergüteter Feinkornbaustähle, nach WEYLAND.

den in DIN 8557 T1 genormten Drahtelektroden lassen sich bereits viele höherfeste Feinkornbaustähle schweißen. Drahtelektroden zum Schweißen der hochfesten vergüteten Feinkornbaustähle sind bisher nicht genormt.

Die metallurgische Qualität der Schweißpulver wird i.a. durch den Basizitätsgrad nach der Formel von BONISZEWSKI beschrieben (Abschn. 4.2.3.2.3). Danach haben die *aluminat-basischen* Pulver (Kennzeichen AB nach DIN 32 522) einen Basizitätsgrad von 1 bis 2 die *fluorid-basischen* einen solchen von 2 bis 3. Pulver mit Basizitätsgraden größer 3 haben ein sehr schlechtes Schweißverhalten und werden daher nicht hergestellt. Hohe mechanische Gütewerte können i.a nur mit fluoridbasischen Pulvern und darauf abgestimmte Drahtelektroden erreicht werden. Besonders wichtig ist bei diesen Pulvern ein Rücktrocknen. Nach SEW 088 Beiblatt 2 sollen die Trocknungstemperaturen für

– Schmelzpulver
  2h/250 °C ± 50 °C und für

– agglomerierte Pulver
  2h/350 °C ± 50 °C

betragen.

Um Heißrisse auszuschließen muß das Schweißgut mindestens 1,5 % Mangan enthalten. Neben der prinzipiell vorhandenen Heißrißneigung ist die oft ungenügende Kerbschlagzähigkeit des Schweißgutes ein weiteres Problem. Diese hängt u.a. sehr stark von dem Sauerstoffgehalt des Schweißgutes ab (Abschn. 4.2.3.2.3).

4.3.2.5.3 Drahtelektroden; Schutzgase (Metall-Schutzgasschweißen)

Die Gütewerte der Schweißverbindung werden neben den bekannten Faktoren (z.B. Einstellwerte, Lagenaufbau, Wärmevor- und nachbehandlung) von der Drahtelektrode und dem Schutzgas bestimmt. Für die normalgeglühten bzw. thermomechanisch behandelten Feinkornbaustähle mit Mindeststreckgrenzen bis zu 500 N/mm² wird die Drahtelektrode SG3 in Verbindung mit Mischgas empfohlen. Für wasservergütete Feinkornbaustähle werden überwiegend nickellegierte z.T. noch nichtgenormte Massivdrahtelektroden verwendet, Tabelle 4-27.

Fülldrahtelektroden erlangen zunehmende Bedeutung zum Schweißen der hochfesten Stähle. Die Ursachen beruhen auf ihren vielfältigen metallurgischen Reaktionen (Desoxidieren, Zubrand von Legierungselementen) und ihrer relativen Unempfindlichkeit hinsichtlich Porenbildung. Als Schutzgase werden überwiegend CO_2 und Zweikomponentengase mit möglichst hohen CO_2-Anteilen verwendet. Die Anwesenheit von freiem Sauerstoff begünstigt die Mikroschlackenbildung. Mit basischen Fülldrahtelektroden lassen sich extrem wasserstoffarme Schweißgüter erzeugen (1 bis 2 ml/100 g Schweißgut). Ein Rücktrocknen ist bei geschlossenem Mantel i.a nicht erforderlich.

4.3.2.6 Vergütete Feinkornbaustähle

Der in der WEZ von Schweißverbindungen entstehende, von hohen Temperaturen (bis Solidustemperatur 1400 °C) abgeschreckte grobkörnige Austenit wandelt in grobkörnigen, nichtangelassenen, spröden Martensit um. Wenn dieser durch einen zweckmäßigen Lagenaufbau von den folgenden Schweißlagen nicht ausreichend umgekörnt bzw. angelassen wird, ist die Entstehung von Kaltrissen unvermeidlich.

Die Bildfolge 4-56 zeigt Mikroaufnahmen von Proben, die den Einfluß der extrem hohen "Austenitisierungstemperatur" beim Schweißen einlagiger Verbindungen anschaulich wiedergeben. Die Proben wurden mit einem in Bild 4-46 skizzierten Temperatur-Zeit-Zyklus bei einer Spitzentemperatur von 1350 °C schweißsimulierend wärmebehandelt. Diese thermischen Bedingungen entsprechen weitgehend denen in einer realen Einlagen-Schweißverbindung. Unabhängig von der Größe der Abkühlzeit $t_{8/5}$ sind sämtliche Umwandlungsgefüge versprödet. Eine günstige Wirkung des Selbstanlassens ist nicht erkennbar bzw. wird vollständig vom negativen Einfluß der extremen "Austenitisierungstemperatur" überdeckt. Aus diesen Gründen wird in der Praxis ausschließlich die *Mehrlagentechnik* angewendet, bei der das bei hohen Temperaturen austenitisierte Gefüge umgekörnt bzw. angelassen wird.

Die Bildfolge 4-57 zeigt die stark güteverbessernde Wirkung des Umkörneffektes durch das zweimalige Passieren der A_{c3}-

Temperatur. Der ungünstige und entscheidende Einfluß der sehr hohen Austenitisierungstemperatur beim Schweißen und das durch sie hervorgerufene extreme Kornwachstum läßt sich offenbar nur durch die "Mehrlagentechnik" beseitigen, wie der Vergleich der Bilder Bild 4-57b Bild 4-57d belegt. Die gewählte Wärmeführung sollte das Umkörnen der gesamten Grobkornzone ermöglichen. Allerdings liegen die mit dieser Schweißtechnologie erreichbaren Kerb-

a) $t_{8/5}$ = 4 s, 420 HV1, $A_v(-20\,°C)$ = 8 J

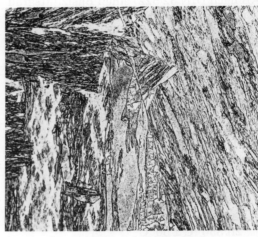

b) $t_{8/5}$ = 10 s, 416 HV1, $A_v(-20\,°C)$ = 16 J

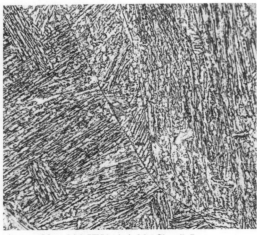

c) $t_{8/5}$ = 80 s, 290 HV1, $A_v(-20\,°C)$ = 5 J

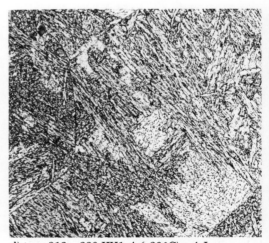

d) $t_{8/5}$ = 816 s, 280 HV1, $A_v(-20\,°C)$ = 4 J

Bild 4-56
Mikrogefüge von schweißsimulierend wärmebehandelten Proben aus dem hochfesten Vergütungsstahl StE 690. Bei einer konstanten Aufheizzeit = 8 s wurde die Abkühlzeit $t_{8/5}$ des Temperatur-Zeit-Verlaufs geändert. V = 500:1, 2 % alk. HNO_3.

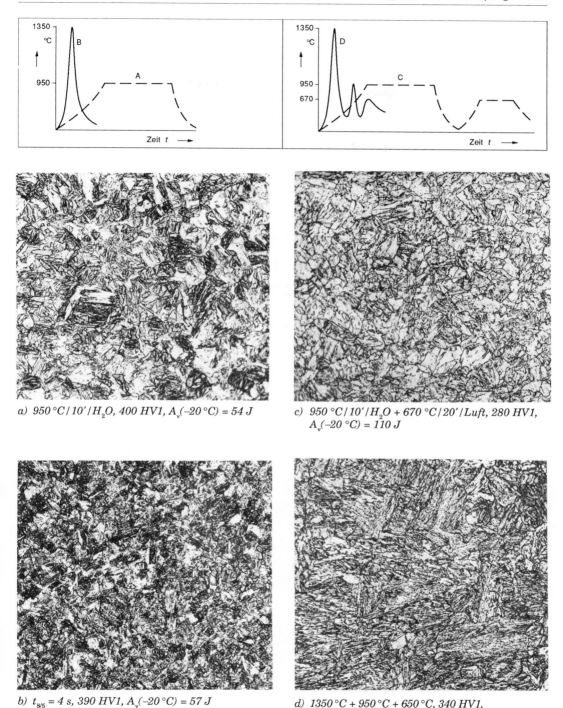

a) *950 °C / 10' / H₂O, 400 HV1, Aᵥ(–20 °C) = 54 J*

c) *950 °C / 10' / H₂O + 670 °C / 20' / Luft, 280 HV1,*
   Aᵥ(–20 °C) = 110 J

b) *t₈/₅ = 4 s, 390 HV1, Aᵥ(–20 °C) = 57 J*

d) *1350 °C + 950 °C + 650 °C, 340 HV1,*
   Aᵥ(–20 °C) = 35 J

Bild 4-57
Mikrogefüge schweißsimulierend wärmebehandelter Proben (c und d) im Vergleich zu dem nach üblicher Wärmebehandlungspraxis (gehärtet und angelassen) entstehenden, Werkstoff StE 690, V = 500:1, 2 % alk. HNO₃.

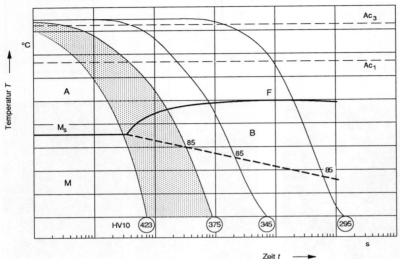

Stahl: StE 690, Werkstückdicke: 15 mm, **Anlieferzustand:** gewalzt
Austenitisierungstemperatur: 950 °C, **Haltezeit:** 30 min
Chemische Zusammensetzung Massen-%:

C	Si	Mn	P	S	Al	Cr	Mo	Zr
0,17	0,54	0,84	0,019	0,011	0,031	0,89	0,40	0,09

*Bild 4-58
Kontinuierliches ZTU-Schaubild eines hochfesten vergüteten Feinkornbaustahls StE 690 mit eingetragenem Verlauf des "zulässigen" Abkühlverlaufs beim Schweißen.*

schlagzähigkeitswerte (35 J bei –20 °C) noch deutlich unter denen des angelassenen Grundwerkstoffes (110 J bei –20 °C). Die aufgehärteten Bereiche in der WEZ der letzten Lage kann mit der Vergütungslagentechnik (Abschn. 4.1.3.2.1) umgekörnt und "angelassen" werden.

Die wesentlichen Unterschiede der schweißtechnischen Verarbeitung der normalisierten (thermomechanisch behandelten) im Vergleich zu den wasservergüteten Feinkornbaustählen sind:

◻ Die **normalgeglühten** und **thermomechanisch wärmebehandelten Feinkornbaustähle** sind abgesehen von einigen warmfesten Sorten ähnlich gut schweißgeeignet wie die konventionellen niedriggekohlten C-Mn-Stähle. Die wichtigste Schweißempfehlung ist die Wahl einer kontrollierten Wärmeführung, mit der die Lösung der Ausscheidungen in der WEZ nur in einem möglichst geringen Umfang erfolgt (Abschn. 4.3.2.3). Diese Stähle lassen sich mit allen bekannten Schweißverfahren verbinden. Die Auswahl geeigneter Zusatzwerkstoffe ist nicht problematisch.

◻ Die besonderen Kennzeichen der **wasservergüteten Feinkornbaustähle** sind ihre Feinkörnigkeit und die hervorragenden Festigkeits- und Zähigkeitseigenschaften des niedriggekohlten hochangelassenen (600 °C bis 680 °C) Martensits. Die werkstofflichen Besonderheiten, und die fertigungstechnischen Probleme ihrer schweißtechnischen Verarbeitung sind erheblich größer als bei den normalgeglühten Feinkornbaustählen. Folgende Besonderheiten erschweren die Herstellung rißfreier und betriebssicherer Verbindungen:

– Die Schlagzähigkeit und damit die Sprödbruchsicherheit ist zwar groß, die z.B. im Zugversuch gemessene "*statische*" *Verformbarkeit* vor allem der schmelzgrenzennahen Bereiche aber relativ gering. Durch die mangelnde *Duktilität* wird der Abbau der gefährlichen dreiachsigen Eigenspannungen erheblich erschwert. Diese sind wegen der höheren Streckgrenzen dieser Stähle sehr viel größer als bei den normalfesten. Die Gefahr der (wasserstoffinduzierten) Kaltrißbildung ist dadurch sehr viel größer.

– Nur der hochangelassene Werkstoff besitzt die hervorragende Sprödbruchsicherheit, die für die niedriggekohlten Vergütungsstähle charakteristisch ist (Bild 2-53). Mit der gewählten Schweißtechnologie muß daher dieser Gefügezustand in der WEZ erzeugbar sein. In erster Linie sind dafür die Mehrlagentechnik und Einstellwerte erforderlich, die den gebildeten grobkörnigen Martensit möglichst vollständig umkörnen, Bildfolge 4-56 und Bildfolge 4-57.

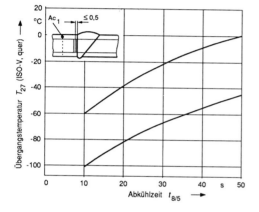

Bild 4-59
Einfluß der Schweißbedingungen (Abkühlzeit $t_{8/5}$) auf die Übergangstemperatur $T_{ü,27}$ der Wärmeeinflußzone einer Mehrlagenschweißung aus einem wasservergüteten Feinkornbaustahl StE 690 CrMoZr, nach THYSSEN.

– Schweißen mit zu großer Wärmezufuhr und(oder) Arbeitstemperatur hat geringe Abkühlgeschwindigkeiten zur Folge. Damit wird das Entstehen weicherer Bestandteile (Ferrit, Perlit) begünstigt, die zu einem extremen Zähigkeitsverlust führen. Andererseits darf die Abkühlung nicht so rasch erfolgen, daß Kaltrisse in den dann aufgehärteten Bereichen entstehen, Bild 4-47. Im dem ZTU-Schaubild des sehr bekannten Vergütungsstahles StE 690, Bild 4-58, ist der Abkühlbereich $t_{8/5}$ gepunktet eingetragen, der beim Schweißen noch zu ausreichenden mechanischen Gütewerten führt.

Allerdings muß bei $t_{8/5}$-Werten unter 10 Sekunden mit der Bildung von Martensit d.h. von Kaltrissen gerechnet werden.
– Wegen der Gefahr der Kaltrißbildung muß der Wasserstoffgehalt auf kleinste Werte begrenzt und jede Möglichkeit der Wasseraufnahme ausgeschaltet werden. Dazu gehört z.B. die Verwendung sorgfältig getrockneter B-Elektroden (Abschn. 5.3.5.3) bzw. basischer Pulver.
– Da die Bauteile nach dem Schweißen nie neu vergütet werden, muß insbesondere das "gegossene" Schweißgut annähernd ähnliche Gütewerte aufweisen wie der Grundwerkstoff. Diese Forderung läßt sich mit basischumhüllten Stabelektroden sicher erfüllen.

Im Gegensatz zu den normalgeglühten Feinkornbaustählen sind Maßnahmen zum Sicherstellen einer ausreichenden Trennbruchsicherheit bei den vergüteten wichtiger und aufwendiger.

Das Zähigkeitsverhalten der WEZ wird häufig mit der üblichen Kerbschlagbiegeprüfung ermittelt. Dieses Prüfverfahren erfaßt aber nicht eine Reihe von Faktoren, die die Versagensform Sprödbruch maßgeblich bestimmen, Abschn. 6.3.2.3. Daher lassen sich die Ergebnisse dieses Prüfverfahrens nur mit einiger Vorsicht auf das Verhalten geschweißter Konstruktionen übertragen.

Ein gut bestätigtes Ergebnis einer Vielzahl von Untersuchungen ist die Erkenntnis, daß die Abkühlzeit $t_{8/5}$ beim Schweißen der Vergütungsstähle zwischen etwa 10 s und 20 s ... 25 s, die der normalgeglühten zwischen 10 s ... 30 s liegen muß. Bild 4-59 zeigt exemplarisch das Zähigkeitsverhalten der WEZ von Schweißverbindungen aus einem wasservergüteten CrMoZr-Stahl mit einer Streckgrenze von 700 N/mm².

Die Auswahl geeigneter Schweißparameter wird durch Schaubilder der Art gemäß Bild 4-60 erheblich erleichtert. Für die (in diesem Fall konstante) Abkühlzeit $t_{8/5}$=20 s und einer betriebsüblichen Schwankung der

Vorwärmtemperatur T_0 zwischen z.B. 100 °C und 150 °C ergibt sich bei einer Werkstückdicke von 30 mm für Stumpfnähte eine maximal zulässige Streckenenergie von $Q \approx 26$ kJ/cm. Daraus lassen sich einfach die aktuellen Einstellwerte U, I und v berechnen. Dabei entsprechen die Festigkeitseigenschaften der WEZ den Gewährleistungswerten des Grundwerkstoffs, und die Kerbschlagarbeit (ISO-V) beträgt bei $-40\,°C$ mindestens 28 J. Man beachte, daß derartige Schaubilder genauere Informationen liefern, als die in 4.3.2.5 beschriebene allgemeine, *nicht* auf Prüfergebnissen beruhende Methode.

Schweißverfahren cm³/100g	Wasserstoffgehalt HD	Formel $T_v = f(C_{eq})$
zellulose umhüllte Stabelektrode	40	$T_v = 416 \log (100\, C_{eq}) - 456$ $T_v = 678\, C_{eq} - 52$
basisch umhüllte Stabelektrode	10	$T_v = 490 \log (100\, C_{eq}) - 596$ $T_v = 739\, C_{eq} - 104$
basisch umhüllte Stabelektrode	5	$T_v = 597 \log (100\, C_{eq}) - 784$ $T_v = 826\, C_{eq} - 158$
Schutzgasschweißung	3	$T_v = 764 \log (100\, C_{eq}) - 1064$ $T_v = 994\, C_{eq} - 233$

Tabelle 4-28
Vorwärmtemperatur T_v in Abhängigkeit vom Kohlenstoffäquivalent C_{eq} bei Abkühlzeiten $t_{8/5} = 2s...6s$ für verschiedene Wasserstoffgehalte, gültig für niedriggekohlte, niedriglegierte warmgewalzte Stähle. Geschweißt wurde mit Streckenenergien zwischen 8 kJ/cm und 9 kJ/cm. Ergebnisse von Implant-Tests (20 mm dicken Blechen aus dem mikrolegierten Röhrenbaustahl X 70), nach DÜREN *und* SCHÖNHERR.

Die erforderliche Vorwärmtemperatur zum Vermeiden der Kaltrissigkeit kann mit dem Kohlenstoffäquivalent C_{eq} berechnet werden. Wie in Abschn. 4.1.3.2.2 bereits geschildert, gilt die IIW-Beziehung Gl. [4-1] für Abkühlzeiten, die für die vergüteten Feinkornbaustähle i.a. zu lang sind. Bei diesen Stählen läßt sich eine ausreichende Zähigkeit nur durch eine hohe Härte der Umwandlungsgefüge der WEZ erreichen,

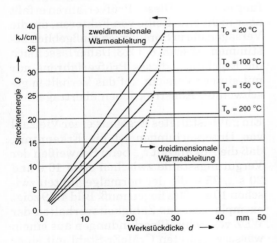

Bild 4-60
Abhängigkeit der maximal zulässigen Streckenenergie von der Werkstückdicke und der Vorwärmtemperatur T_0 bei der konstanten Abkühlzeit $t_{8/5} = 20$ s beim UP-Schweißen von Stumpfnähten aus dem wasservergüteten Feinkornbaustahl StE 690 CrMoZr, nach THYSSEN.

Bild 4-61
Kaltriß in der WEZ einer Schweißverbindung aus dem Vergütungsstahl C 45. V = 200:1, 2% HNO_3.

d.h. durch geringe Abkühlzeiten. Für eine raschere Abkühlung mit $t_{8/5}$-Zeiten zwischen 2s und 6s beschreibt die nachstehende Beziehung Gl. [4-9] den Zusammenhang zwischen Kaltrißneigung und C_{eq} genauer:

$$C_{eq} = C + \frac{Mn}{20} + \frac{Mo}{15} + \frac{Ni}{40} + \frac{Cr}{10} + \frac{V}{10} + \frac{Cu}{20} + \frac{Si}{25} \, [\%].$$

Diese Beziehung gilt für Stähle mit Legierungselementen in den angegebenen Bereichen (%):

C = 0,02 bis 0,22   Mn = 0,4 bis 2,1
Si = 0 bis 0,5   Cr = 0 bis 0,5
Ni = 0 bis 3,5   Mo = 0 bis 0,5
Cu = 0 bis 0,6   Nb = 0 bis 0,1
V = 0 bis 0,1.

Tabelle 4-28 zeigt die Ergebnisse von Implant-Versuchen (Abschn. 6.3.2.2) an 20 mm dicken geschweißten Blechen aus einem hochfesten Stahl X 70. Angegeben ist die zum Vermeiden von Kaltrissen erforderliche Vorwärmtemperatur T_v in Abhängigkeit von der Beanspruchung $\sigma = R_{p0,2}$ und dem Wasserstoffgehalt, bei dem die Proben rißfrei bleiben. Danach müssen die üblichen hochfesten wasservergüteten Feinkornbaustähle vorgewärmt werden, wenn bei einer Werkstückdicke > 20 mm $C_{eq} > 0,25\%$ ist.

4.3.3 Höhergekohlte Stähle

Die wichtigsten höhergekohlten Stähle sind die z.B. in der DIN 17 200 genormten *Vergütungsstähle* (Abschn. 2.7.3.1). Ihr C-Gehalt beträgt i.a. deutlich mehr als 0,2 %, Tabelle 2-6. Die Schweißeignung ist daher schlecht. Die *Kaltrißbildung* im schmelzgrenzennahen, aufgehärteten Bereich der WEZ sehr wahrscheinlich. Mit zunehmendem C-Gehalt des Stahles ändern sich die folgenden Werkstoff-Eigenschaften, die für die Schweißeignung entscheidend sind:

– die Härte des Martensits steigt, Bild 1-36, und damit seine (Kalt-)Rißneigung,

– die kritische Abkühlgeschwindigkeit fällt, d.h., die Martensitbildung im austenitisierten Bereich der WEZ beim Abkühlen der Schweißnaht wird zunehmend erleichtert,

– die Martensitstart-Temperatur M_s nimmt stark ab, Gl [2-5], d.h., die günstige Wirkung des Selbstanlaßeffektes (Abschn. 2.7.7) geht verloren.

Die Kaltrissigkeit ist eine beim Schweißen höherfester und hochgekohlter Stähle häufige Versagensform. Martensitische Gefüge sind besonders anfällig. Kaltrisse entste-

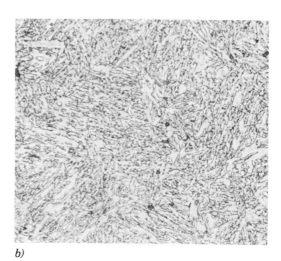

a)   b)

Bild 4-62
Aufnahmen des Mikrogefüges eines Vergütungsstahles C 45 nach unterschiedlicher Wärmebehandlung
a) normalgeglüht, 220 HV10, V = 800:1, 2% HNO$_3$
b) vergütet, Anlaßtemperatur 600 °C, 250 HV10, V = 500:1, 2% HNO$_3$.

hen in der WEZ und im Schweißgut beim Abkühlen unterhalb 300 °C. Das Bild 4-61 zeigt einen Kaltriß in der WEZ einer Schweißverbindung aus dem Vergütungsstahl C 45.

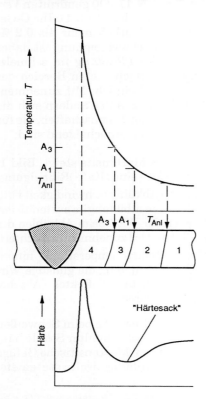

1: unbeeinflußter Grundwerkstoff, $T \le T_{Anl}$
2: Anlaßtemperatur wird überschritten, Härte nimmt ab
3: maximale Härteabnahme bei $T \approx Ac_1$
4: Werkstoff wird vollständig austenitisiert, Härtezunahme durch zunehmende Abkühlgeschwindigkeit

Bild 4-63
Wirkung der Schweißwärme auf die Gefüge und Härte der WEZ von Vergütungsstählen.

Die extreme Neigung zur Bildung von Kaltrissen ist die wichtigste Ursache für die schlechte Schweißeignung der höhergekohlten Stähle. Die Entstehung des nahezu verformungslosen, rißempfindlichen Martensits läßt sich zuverlässig nur mit einer ausreichend hohen *Vorwärmung* der Fügeteile vermeiden. Außerdem sollten zusätzlich folgende fertigungstechnische Maßnahmen beachtet werden:

– Verwenden von Zusatzwerkstoffen, die zu einem möglichst geringen *Wasserstoffgehalt* im Schweißgut führen. Die Gefahr der Entstehung der wasserstoffinduzierten Kaltrisse (Abschn. 3.5.1.6) wird geringer.

– Verwenden von Zusatzwerkstoffen, mit denen ein möglichst verformbares Schweißgut herstellbar ist. Die rißbegünstigenden Eigenspannungen lassen sich durch plastisches Verformen des Schweißguts abbauen, d.h., die spröden, verformungslosen, martensitischen Zonen bleiben weitgehend unbelastet. Die Rißbildung wird dadurch erheblich behindert. Die Verwendung artgleicher Zusatzwerkstoffe ist aus diesem Grunde nicht sinnvoll und in den meisten Fällen auch nicht möglich, weil höhergekohlte nur für spezielle Aufgaben (z.B. Schweißpanzern) verfügbar sind.

– Wahl geeigneter Schweißfolgepläne, die es gestatten, eine möglichst wenig verspannte Konstruktion herzustellen.

Zum Ermitteln der "richtigen" Vorwärmtemperatur T_v sind folgende Methoden verwendbar:

– Die Entstehung von Martensit in der WEZ kann durch Vorwärmen auf Temperaturen über M_s zuverlässig vermieden werden. Die Umwandlung des Austenits in den wesentlich rißunempfindlicheren Bainit kann in der Regel durch entsprechend langes Halten auf der Vorwärmtemperatur erzwungen werden. Die Vorwärmtemperatur und die Haltezeit werden aus dem ZTU-Schaubild des Stahles entnommen. Diese isothermes Schweißen genannte Behandlung wurde in Abschn. 2.5.3.4.2 ausführlich beschrieben. Näherungsweise läßt sich M_s mit Hilfe der Beziehung Gl. [2-5] berechnen. Diese Methode kann sinnvoll für Stähle angewendet werden, deren M_s-Temperaturen unter 300 °C liegen.

– Die Berechnung des Kohlenstoffäquivalents mit Hilfe der verschiedenen Beziehungen ermöglicht ebenfalls die Ermittlung der Vorwärmtemperatur.

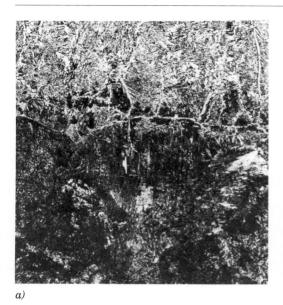
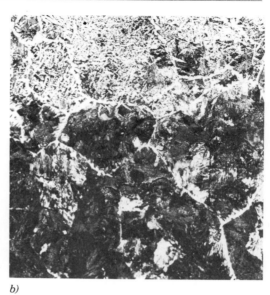

a)   b)

Bild 4-64
Einfluß des Vorwärmens auf die Gefügeausbildung und Härte der schmelzgrenzennahen Bereiche bei einer Schweißverbindung aus dem Vergütungsstahl C 45, Werkstückdicke 10 mm, V = 200:1, 2% HNO$_3$.
a) *Ohne Vorwärmung. Das Gefüge der aufgehärteten Zone besteht aus Martensit und Bainit mit Gefügen der Perlitstufe, Maximalhärte 550 HV10,*
b) *Vorwärmung 300 °C. Das Gefüge besteht überwiegend aus Bainit, Perlit mit Ferritsäumen an den ehemaligen Austenitkörnern, Maximalhärte 300 HV10.*

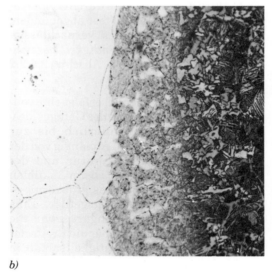

a)   b)

Bild 4-65
Gefügeausbildung einer mit der Stabelektrode vom Legierungstyp CrNiMn-18-8-6 geschweißten Verbindung aus dem Vergütungsstahl C 45 im Bereich der Schmelzgrenze bei unterschiedlichen Vorwärmtemperaturen T$_v$.
a) *T$_v$ = 20 °C, 610 HV1, überwiegend martensitisches Gefüge, V = 1000:1, 2% HNO$_3$.*
b) *T$_v$ = 250 °C, 340 HV1, durch Diffusion entstandene legierungsreiche in Martensit umgewandelte Zone (grau), V = 500:1, V2A-Beize.*

– Ein hohes Vorwärmen auf Temperaturen zwischen 250 °C und 350 °C gilt als allgemeingültige, praxiserprobte Empfehlung zum Schweißen der höhergekohlten Vergütungsstähle.

Die Vergütungsstähle werden meistens im vergüteten, besser im verformbareren normalgeglühten (bzw. weichgeglühten) Zustand geschweißt, Bildfolge 4-62. In den meisten Fällen ist ein nachträgliches Neuvergüten nicht möglich und wegen des weichen Schweißguts technisch auch selten sinnvoll. Die vom C-Gehalt abhängige oft extreme Härte in der WEZ läßt sich durch ein Anlaßglühen entscheidend herabsetzen.

Bild 4-63 zeigt einige für die WEZ von Vergütungsstählen typischen Gefügebesonderheiten. In Bereichen, die bis zur Anlaßtemperatur T_{Anl} des Stahles erwärmt wurden, treten keine Gefügeänderungen auf. Mit zunehmender Temperatur fällt die Härte (Festigkeit) merklich ab. Der maximale Härteabfall um Ac_1 wird als "Härtesack" bezeichnet. Die Ursache ist die zunehmende Beweglichkeit vorwiegend der C-Atome und seine damit verbundene Ausscheidung als Fe_3C. Wird der Kohlenstoff durch Sondercarbidbildner (z.B. Cr, Mo) fest abgebunden, dann ist der Härteabfall i.a. vernachlässigbar. Diese als *Anlaßbeständigkeit* bezeichnete Eigenschaft wird in Abschn. 2.5.2.2 ausführlicher beschrieben.

Bei Temperaturen über Ac_3 erfolgt eine vollständige Austenitisierung des Gefüges, dessen Korngröße kontinuierlich bis zur Schmelzgrenze zunimmt. Abhängig von der Höhe der Vorwärmtemperatur und der Streckenenergie bildet sich beim Abkühlen ein mehr oder weniger hartes, grobkörniges, rißanfälliges Umwandlungsgefüge. Eine hohe Vorwärmung verringert zwar die Höchsthärte, vergrößert aber die Breite der WEZ und erhöht den Festigkeitsabfall in der "Anlaßzone".

Die Bildfolge 4-64 zeigt den Einfluß einer Vorwärmung auf die Höchsthärte in der WEZ einer mit basischen Stabelektroden geschweißten Verbindung aus dem Vergütungsstahl C 45. Sie beträgt ohne Vorwär-

men 480 HV1, eine Kaltrißbildung ist damit sehr wahrscheinlich. Ein Vorwärmen auf 300 °C verringert die Härte auf 300 HV1. Die Verbindung ist jetzt betriebssicher, wenn sie nicht schlagartig beansprucht wird. Die Erfahrung zeigt, daß mit einer ausreichenden Vorwärmung und einem zähen, unlegierten Schweißgut rißsichere Verbindungen herstellbar sind.

Verschiedentlich werden zum Schweißen der Vergütungsstähle aber auch austenitische Zusatzwerkstoffe verwendet. Der wesentlichste Vorteil ist ihre große Zähigkeit, verbunden mit einer verhältnismäßig geringen Streckgrenze. Der Abbau der thermischen Spannungen und der bei der Martensitbildung entstehenden Umwandlungsspannungen wird erleichtert. Die Verformbarkeit dieser mit austenitischem Zusatzwerkstoff hergestellten Schweißverbindung ist aber häufig deutlich schlechter als die der mit basischen Elektroden geschweißten Naht. Als Ursache kann die Vermischung des legierten Schweißguts mit dem martensitischen Grundwerkstoff an der Schmelzgrenze angesehen werden. Der entstehende legierte Martensit ist relativ spröde. Die Breite dieser martensitischen Zone nimmt mit zunehmender Vorwärmtemperatur zu und damit auch die Rißneigung.

Bild 4-65 zeigt Mikroaufnahmen aus dem Bereich der Schmelzgrenze einer Verbindung aus C 45, hergestellt mit der sehr heißrißsicheren Stabelektrode vom Legierungstyp CrNiMn-18-8-6. In der nicht vorgewärmten Verbindung, Bild 4-65a, besteht das Gefüge der WEZ aus reinem Martensit mit der Härte von 610 HV1. Durch Vorwärmen der Fügeteile auf 250 °C entsteht ein breiterer Streifen martensitischen Gefüges, der die Verformbarkeit der Verbindung deutlich verringert, Bild 4-65b. Die Anwendung hoher Vorwärmtemperaturen und insbesondere von Wärmenachbehandlungen ist auch aus anderen Gründen unzweckmäßig. Das große Konzentrationsgefälle des Kohlenstoffs an der Phasengrenze flüssiges Schweißgut (kfz)/hocherhitzte Grobkornzone (krz) führt zu einer deutlichen C-Diffusion in Richtung Schweißgut. Der sich unmit-

Werkstoff nach DIN 17 006	Warmformgebung °C	Wärmebehandlung			
		nach Warmformgebung	nach Kaltformgebung	vor dem Schweißen	nach dem Schweißen
St 35.8 (St 45.8)	1100 ... 850	Liegt die Temperatur der Endverformung an der oberen Grenze des Temperaturbereiches, so ist ein Normalglühen bei 900 (870) bis 930 (900) °C bei einer Haltedauer von mind. 10 min durchzuführen. Abkühlen an Luft	Nach starker Verformung ist ein Spannungsarmglühen bei 600 bis 650 °C bei einer Haltedauer von mind. 15 min durchzuführen. Abkühlen an Luft	Kein Vorwärmen	Bei Wanddicken über 20 (10) mm Spannungsarmglühen bei 650 °C (Haltedauer mind. 15 min). Abkühlen an Luft
15 Mo 3 16 Mo 5	1100 ... 850 1100 ... 850	Liegt die Temperatur der Endverformung an der oberen Grenze des Temperaturbereiches, so ist ein Normalglühen bei 910 bis 940 °C bei einer Haltedauer von mind. 10 min durchzuführen. Abkühlen an Luft	Nach starker Verformung ist ein Spannungsarmglühen bei 600 bis 650 °C bei einer Haltedauer von mind. 15 min durchzuführen. Abkühlen an Luft.	Bei Wanddicken über 10 mm Vorwärmen auf etwa 150 °C	Bei Wanddicken über 10 mm Spannungsarmglühen bei 600 bis 650 °C (Haltedauer mind. 15 min). Abkühlen an Luft
13 CrMo 44	1100 ... 850	Liegt die Temperatur der Endverformung an der oberen Grenze des Temperaturbereiches, so ist ein Normalglühen bei 910 bis 940 °C bei einer Haltedauer von mind. 10 min, anschließend ein Abkühlen an Luft durchzuführen. Bei Endverformung an der unteren Temperaturgrenze genügt ein Anlassen	Nach starker Verformung ist ein Anlassen bei 600 bis 650 °C bei einer Haltedauer von mind. 15 min durchzuführen. Abkühlen an Luft	Bei Wanddicken über 10 mm Vorwärmen auf 200 bis 300 °C	Anlassen bei 690 bis 720 °C (Haltedauer mind. 15 min). Abkühlen an Luft
14 MoV 6 3	1100 ... 850	Normalglühen bei 950 bis 980 °C bei einer Haltedauer von von mind. 60 min, anschließend ein Anlassen bei 690 bis 720 °C (Haltedauer 240 bis 60 min) durchzuführen. Abkühlen an Luft	Nach starker Verformung ist ein Anlassen bei 67 bis 700 °C bei einer Haltedauer von mind. 60 min durchzuführen. Abkühlen an Luft	Bei Wanddicken ab 6 mm Vorwärmen auf etwa 200 bis 300 °C	Anlassen bei 690 bis 720 °C (Haltedauer 60 bis 120 min). Abkühlen an Luft
10 CrMo 9 10	1100 ... 850	Liegt die Temperatur der Endverformung an der oberen Grenze des Temperaturbereiches, so ist ein Normalglühen bei 930 bis 960 °C bei einer Haltedauer von mindestens 10 min, anschließend ein Anlassen bei 730 bis 780 °C (Haltedauer mindestens 20 min) und ein Abkühlen an Luft durchzuführen. Bei Endverformung an der unteren Temperaturgrenze genügt ein Anlassen	Nach starker Verformung ist ein Anlassen bei 600 bis 650 °C bei einer Haltedauer von mindestens 20 min durchzuführen. Abkühlen an Luft	Bei Wanddicken ab 10 mm Vorwärmen auf etwa 200 bis 300 °C	Anlassen bei 730 bis 780 °C (Haltedauer mind. 20 min). Abkühlen an Luft

Tabelle 4-29

Anhaltsangaben über die Wärmebehandlung einiger warmfester Rohrstähle nach Merkblatt 328 der Beratungsstelle für Stahlverwendung, Düsseldorf.

telbar neben der Schmelzgrenze bildende Carbidsaum versprödet die Verbindung.

4.3.4   Warmfeste Stähle

Je nach der Höhe der thermischen und mechanischen Betriebsbeanspruchung werden unterschiedliche Stähle eingesetzt.

❑ *Ferritische Stähle.*
Für Betriebstemperaturen bis etwa 400 °C genügen die warmfesten Feinkornbaustähle mit ferritisch-perlitischem Gefüge nach DIN 17 102, (Tabelle 2-11 und Tabelle 2-8), DIN 17 155 und DIN 17 175 (Bleche, Bänder, Rohre aus warmfesten Stählen). Hierzu gehören z.B. die niedriglegierten Stähle 17 Mn 4, 19 Mn 6, 15 Mo 3.

Für den Zeitstandbereich müssen legierte Stähle mit ferritisch- bainitisch-martensitischem Gefüge verwendet werden. Die wichtigsten sind die CrMo-legierten Stähle, z.B. 13 CrMo 4 4, 10 CrMo 9 10. Die Warmfestigkeit wird bei dem Stahl 14 MoV 6 3 durch die zusätzliche Wirkung einer Ausscheidungshärtung verbessert.

Der lufthärtende hochlegierte Vergütungsstahl X 20 CrMo 12 1 wird zwischen 700 °C und 750 °C angelassen. Er ist im Dauerbetrieb bis etwa 650 °C einsetzbar. In dem martensitischen Gefüge sind feinstverteilte Sondercarbide $M_{23}C_6$ eingelagert.

❑ *Austenitische Stähle.*
Für Betriebstemperaturen über 600 °C werden austenitische Stähle verwendet, wie z.B. X 6 CrNi 18 11, X 8 CrNiMoNb 16 16, Tabelle 2-9.

Ferritische Stähle (ferritisch-perlitisch)

Schweißprobleme sind bei den unlegierten Feinkornbaustählen nach DIN 17 102 und den niedriglegierten nach DIN 17 155 und

DIN 17 175 aufgrund ihrer chemischen Zusammensetzung nicht zu erwarten. Lediglich bei dickwandigen Konstruktionen ist Vorwärmen zwischen 100 °C bis 150 °C und Spannungsarmglühen bei 600 °C bis 650 °C zu empfehlen. Tabelle 4-29 gibt einige Hinweise für die Wärmevor- und nachbehandlung für das Schweißen unlegierter und legierter warmfester Stähle.

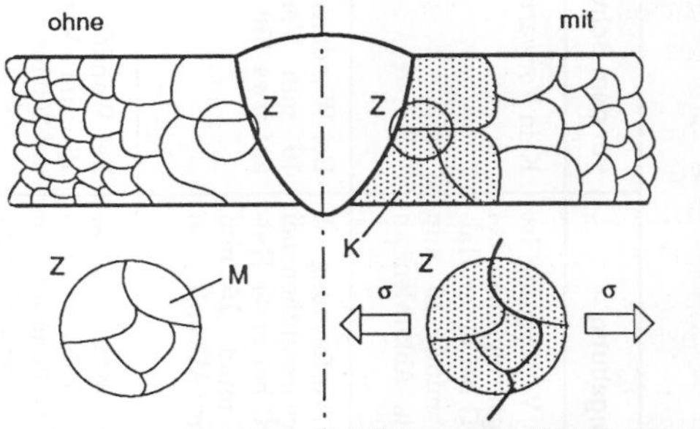

Bild 4-66
Vorgänge in der WEZ von Schweißverbindungen aus warmfesten Stählen, die während des Spannungsarmglühens zu Ausscheidungsrissen neigen, stark vereinfacht.

In dickwandigen Schweißverbindungen aus warmfesten mit Sondercarbidbildnern (z.B. Mo, V) legierten Feinkornbaustählen können aber während des Spannungsarmglühens in der WEZ interkristallin verlaufende Risse entstehen. Die Neigung zur Rißbildung nimmt mit zunehmender Wanddicke zu und ist von der Temperatur-Zeitführung der Wärmebehandlung abhängig. Diese Erscheinung wird im englischen Schrifttum als **S**tress **R**elief **C**racking (SRC) bezeichnet. Als deutsche Bezeichnung ist *Wiedererwärmungsriß* bzw. *Ausscheidungsriß* gebräuchlich.

Die Ursache dieser nur bei dickwandigen Bauteilen ($t \geq 50$ mm) auftretenden Rißform sind die durch den Abbau der Eigenspannungen entstehenden plastischen Verformungen und die sich im Bereich der Spannungsarmglühtemperatur wieder ausscheidenden Sondercarbide oder Carbonitride. Diese Ausscheidungen, die in der Aufheizphase während des Schweißens gelöst wurden, versteifen die Matrix und behindern so die Gittergleitung, Bild 2-66. Die notwendigen Relaxationsvorgänge können nur über die weniger festen Korngrenzenbereiche erfolgen, die zu den genannten interkristallinen Trennungen führen. Besonders anfällig sind martensitische Gefüge in der Grobkornzone.

Diese Versagensform läßt sich verhindern, wenn die Bedingungen für die Ausscheidungsbildung beim Spannungsarmglühen nicht erreicht werden. In der Praxis glüht man anfällige Stähle bei entsprechend niedrigeren Temperaturen (etwa 550 °C bis 580 °C). Der dadurch erzeugte Ausscheidungszustand verringert deutlich weniger die Relaxationshemmung.

Kritische Grenzgehalte der Sondercarbide sind damit ursächlich für das Entstehen der Ausscheidungsrisse in der WEZ beim Spannungsarmglühen. Für größere Wanddicken und Betriebstemperaturen bis etwa 400 °C wird daher bei erhöhten Anforderungen häufig der wasservergütete Feinkornbaustahl 16 MnMoNi 5 4 eingesetzt.

Ferritische Stähle (ferritisch-bainitisch)

Konstruktionen aus warmfesten Stählen werden ausschließlich durch Schweißen hergestellt. Eine ausreichende *Schweißeignung* ist damit die wichtigste technologische Eigenschaft. Die niedriglegierten Stähle mit ferritisch-bainitisch-martensitischem Gefüge wandeln im austenitisierten Bereich der WEZ in einem erheblichen Umfang in Martensit um. Während des Abkühlens besteht daher grundsätzlich die Gefahr der Bildung von *Härterissen* und bei dickwandigen Teilen auch *Spannungsrissen*.

Wegen der hohen M_s-Temperaturen dieser Stähle (> 450 °C) brauchen sie mur auf etwa 200 °C bis 300 °C vorgewärmt zu werden. Ein Martensitgehalt bis zu 50 % kann man bei diesen niedriggekohlten Stählen erfahrungsgemäß in Kauf nehmen, ohne daß Rißbildung befürchtet werden müßte.

Allerdings ist je nach Stahl ein *Anlaßglühen* zwischen 690 °C und 780 °C erforderlich. Ziel dieser Behandlung ist das Beseitigen der Eigenspannungen und vor allem das Reduzieren der Härte in der WEZ durch Anlassen des hier entstandenen Martensits. Durch die Anlaßbehandlung darf der optimale Ausscheidungszustand hinsichtlich

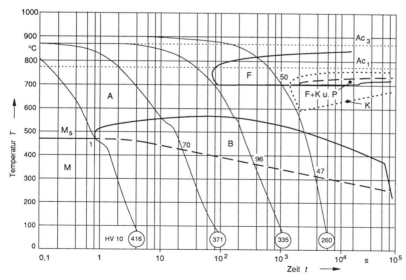

Werkstoff: 10 CrMo 9 10, **Austenitisierungstemperatur:** 980 °C
Haltedauer: 10 min, aufgeheizt in 3 min

Bild 4-67
Kontinuierliches ZTU-Schaubild des Stahles 10 CrMo 9 10, nach Atlas zur Wärmebehandlung der Stähle.

seiner Fähigkeit, die Warmfestigkeit zu erhöhen und die Kriechhemmung möglichst
wenig herabzusetzen, nur wenig geändert
werden. Die größte kriechhemmende Wirkung haben kohärente Ausscheidungen
(Abschn. 2.6.3.3). Durch eine geeignete chemische Zusammensetzung wird angestrebt,
daß die Warmfestigkeit durch Koagulieren
der Teilchen bei höheren Temperaturen
möglichst wenig abnimmt.

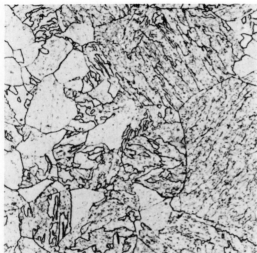

Bild 4-68
Typisches Mikrogefüge eines Stahles 10 CrMo 9 10.
V = 800:1, 2% HNO₃.

Aus dem kontinuierlichen ZTU-Schaubild
z.B. des Stahles 10 CrMo 9 10, Bild 4-67,
lassen sich einige für die schweißtechnische
Verarbeitung wichtigen Informationen ab-
lesen. Dazu gehört u.a. die M_s-Temperatur
und die Art und Härte der sich bildenden
Umwandlungsgefüge. Das für diesen Stahl
typische ferritisch-bainitische Grundwerk-
stoff-Gefüge zeigt Bild 4-68.

Schweißverbindungen aus chrom-molyb-
dänlegierten warmfesten Stählen können
bei einer langzeitigen Beanspruchung im
Temperaturbereich zwischen 400 °C und
600 °C verspröden. Die Zähigkeitsabnahme
beruht ähnlich wie bei der Anlaßversprödung auf an den Korngrenzen angereicher-
ten Verunreinigungen von Arsen, Antimon,

Zinn und Phosphor. Die Neigung der Grundwerkstoffe zu dieser Langzeitversprödung
wird mit dem *J-Faktor* beschrieben, der
unter 150 liegen sollte:

$$J = (Si + Mn)(P + Sn) \cdot 10^4.$$

Die Angabe der Elemente Mangan und Silicium berücksichtigt ihre Neigung, mit P
und S die versprödenden Verbindungen einzugehen. In dem sehr rasch abkühlenden
Schweißgut können sich diese Verbindungen nicht bilden. Die für das Schweißgut
zutreffenden Versprödungsbedingungen
lassen sich zuverlässiger mit der Beziehung
von BRUSCATO beschreiben:

$$L = \frac{10 \cdot P + 5 \cdot Sb + 4 \cdot Sn + As}{100}.$$

Der nach dieser Formel berechnete Wert
soll kleiner als 20 sein, wobei die Elemente
in ppm einzusetzen sind.

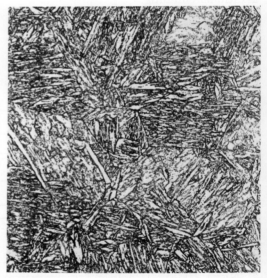

Bild 4-69
Typisches Mikrogefüge eines Stahles X 20 CrMoV 12 1.
V = 400:1

Das Schweißverhalten der *ausscheidungsgehärteten* warmfesten Stähle ist merklich
ungünstiger. Ein bekannter Vertreter ist
der Stahl 14 MoV 6 3. Ihre Warmfestigkeit
hängt von der Verteilung, Größe und dem
mittleren Abstand der ausgeschiedenen Car-

bide und Nitride ab. Die Neigung der Niobcarbide zum Koagulieren ist besonders gering. Niobhaltige Stähle behalten daher auch noch bei höheren Temperaturen ihre Warmfestigkeit. Die Betriebstemperatur muß mit einem ausreichenden Sicherheitsabstand unter der Auslagerungstemperatur liegen. Durch die beim Schweißen entstehenden Temperatur-Zeit-Verläufe wird der optimale Ausscheidungszustand in der WEZ weitgehend verändert. Die Folgen sind verringerte Zähigkeits- und Warmfestigkeitseigenschaften und damit verbunden eine deutliche Rißneigung der schmelzgrenzennahen Bereiche.

Ferritische Stähle (martensitisch)

Die lufthärtenden 12%igen Chrom-Stähle verbinden die höchsten *Zeitfestigkeitswerte* ferritischer Stähle mit einer sehr guten *Zunderbeständigkeit*. Sie werden im Kraftwerks- und Turbinenbau für Überhitzer- und Frischdampfleitungen bei Arbeitstemperaturen zwischen 530 °C und 560 °C eingesetzt. Der typische Vertreter ist der Stahl X 20 CrMoV 12 1, Bild 4-69.

Das Schweißen erfordert besondere Vorsichtsmaßnahmen und ist wegen der umfangreichen Wärmebehandlungen aufwendig und teuer. Die für ein erfolgreiches Schweißen benötigten Informationen über das Werkstoffverhalten können überwiegend aus dem ZTU-Schaubild entnommen werden, Bild 4-70. Die breite umwandlungsfreie Zone des Austenits zwischen 300 °C und 550 °C zusammen mit der verhältnismäßig tiefliegenden M_s-Temperatur von etwa 270 °C (M_f = 120 °C) bestimmen die anzuwendende Schweißtechnologie. Abhängig von der Wanddicke werden die Fügeteile auf etwa 350 °C bis 450 °C vorgewärmt, wobei die Zwischenlagentemperatur 450 °C nicht überschreiten soll. Diese Maßnahme stellt sicher, daß der austenitisierte Bereich der WEZ während der gesamten Schweißzeit nicht in Martensit, sondern nur teilweise in den wesentlich zäheren Bainit umwandeln kann. Die Schrumpfspannungen werden damit leichter durch plastische Ver

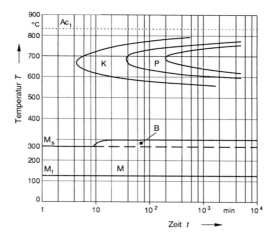

Austenitisierungstemperatur: 1020 °C
M_s-Temperatur: 270 °C
M_f-Temperatur: 120 °C
Ac_1 : 860 °C (1 °C/min)
Martensithärte: 610 HV10

Bild 4-70
Isothermes ZTU-Schaubild des Stahles X 20 CrMoVW
12 1, nach KAUHAUSEN.

formung ohne Rißbildung abgebaut. Eine Wärmenachbehandlung ist wegen der extremen Maximalhärte in der WEZ von etwa 500 HV 1 und der Optimierung der Warmfestigkeitseigenschaften zwingend erforderlich.

Die naheliegende Überlegung, *direkt* aus der Schweißhitze auf die erforderliche Temperatur von 730 °C bis 780 °C zu erwärmen, ist aus verschiedenen Gründen unzweckmäßig:

– Ein Teil des im Austenit des austenitisch-bainitischen bzw. -martensitischen Gefüges der WEZ und des Schweißguts gelösten Kohlenstoffs beginnt sich an den Korngrenzen in Carbidform auszuscheiden wie Bild 4-70 erkennen läßt.

– Der Kohlenstoffgehalt des Austenits nimmt durch die Carbidausscheidung ab, die M_s- und M_f-Temperatur des Restaustenits werden größer. Bei der anschließenden Abkühlung wandelt der Austenit in spröden, nicht angelassen Martensit um.

– Bei längeren Glühzeiten erfolgt eine Teilumwandlung des Austenits in ungünstige perlitische Gefügeformen.

Die mechanischen Gütewerte der Verbindung sind nach dieser Wärmebehandlung völlig unzureichend.

Daher wird aus der Schweißwärme zunächst auf eine Temperatur zwischen 150 °C und 100 °C abgekühlt und etwa 2 Stunden gehalten, d.h., der austenitisierte Teil der WEZ wird nahezu vollständig in Martensit umgewandelt. Durch das anschließende Anlaßglühen wird ein rißsicheres Vergütungsgefüge mit einer Härte von etwa 300 HV1 erzeugt. Bild 4-71 zeigt das Mikrogefüge in Schmelzgrenzennähe einer Schweißverbindung (Rohr 38 x 5 mm) aus dem Stahl X 20 CrMoV 12 1. Wegen der geringen Wanddicke wurde in diesem Fall aus der Schweißhitze auf Raumtemperatur abgekühlt, da die Gefahr der Spannungsrißbildung gering ist.

Austenitische Stähle

Einige wichtige hochwarmfeste Sorten sind in Tabelle 2-9 aufgeführt. Ein kennzeichnendes Merkmal ist ihr vollaustenitisches, ferritfreies Gefüge. Wegen der thermischen Instabilität des Ferrits ist dieser Gefügebestandteil unerwünscht. Das entscheidende Problem beim Schweißen ist damit die ausgeprägte *Heißrissigkeit* dieser vollaustenitischen Stähle. Ihr Schweißverhalten entspricht weitgehend dem der korrosionsbeständigen austenitischen Stähle. Für weitere Hinweise sei daher auf Abschn. 4.3.6 verwiesen.

4.3.5   Kaltzähe Stähle

Das Schweißen der un- bzw. niedriglegierten Tieftemperaturstähle z.B. nach DIN 17 192, Tabelle 2-10, wurde ausführlich in Abschn. 4.3.2 besprochen. Die Verwendung trockener, möglichst wasserstoffarmer Zusatzwerkstoffe ist eine der wichtigsten Forderungen für rißfreie Schweißverbindungen aus kaltzähen Stählen.

Alle in Tabelle 2-10 aufgeführten nickellegierten und austenitischen kaltzähen Stähle sind gut schweißgeeignet. Die Fugenflanken und deren Umgebung müssen frei von Rost, Zunder und Oberflächenbelegungen sein. Jede Art von Verunreinigung vermindert die Zähigkeitswerte und erhöht die Übergangstemperatur der Kerbschlagarbeit. Aus dem gleichen Grunde wird ein hoher Reinheitsgrad (oxidische, sulfidische, nichtmetallische Einschlüsse) des Grundwerkstoffs und Schweißguts gefordert. Der Schwefelgehalt im Schweißgut sollte < 0,02 % sein. Der Gefahr von Kaltrissen muß durch geringste Wasserstoffgehalte im Schweißgut und in der WEZ begegnet werden. Erschwerend in diesem Zusammenhang ist die große Wasserstofflöslichkeit nickellegierter (Schweiß-)Schmelzen. Sie wird mit zunehmendem Nickelgehalt größer. Die Vorwärmtemperatur muß bei den höherlegierten Nickelstählen wegen der zunehmenden *Heißrißgefahr* auf etwa 80 °C begrenzt werden.

Eine unangenehme Erscheinung der höher nickellegierten kaltzähen Nickelstähle - das

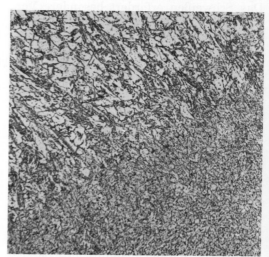

Bild 4-71
Mikrogefüge im Bereich der Schmelzgrenze einer Schweißverbindung aus dem Stahl X 20 CrMoV 12 1 (Rohr 38 x 5 mm). Vorwärmtemperatur 300 °C mit nachfolgender Abkühlung auf Raumtemperatur und Anlaßglühen 760 °C / 0,5h / Luft.

gilt vor allem für den X 8 Ni 9 - ist ihre Neigung zum Aufbau stärkerer magnetischer Felder und die damit verbundene erhebliche *Blaswirkung* des Lichtbogens. Diese unkontrollierte Ablenkung des Lichtbogens macht sich besonders beim Schweißen der Wurzellage sehr störend bemerkbar. Abhilfe kann der Werkstoff-Hersteller durch Entmagnetisieren des Halbzeugs auf etwa 1600 A/m (entsprechend 20 Oe) schaffen. Die gewünschte magnetische Feldstärke sollte in einer Prüfbescheinigung vereinbart werden. Die während der Verarbeitung entstehenden größeren Magnetfelder können u.a. durch eine geeignete Positionierung eines Gegenpoles oder durch aufgesetzte Permanentmagnete geschwächt werden. Auch die Verwendung von Wechselstrom stellt eine bewährte Gegenmaßnahme dar.

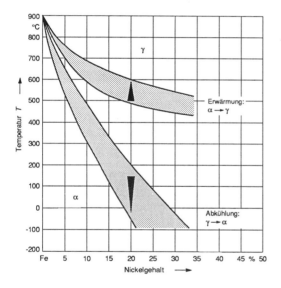

Bild 4-72
Fe-Ni-Schaubild. Man beachte die extreme thermische Hysterese der α/γ-Umwandlung bei der Erwärmung des α- und und der Abkühlung des γ-Gefüges.

Bis zu einem Nickelgehalt von 5 % im Grundwerkstoff werden i.a. ferritische (2,5 % Ni) als auch austenitische Zusatzwerkstoffe vom Typ CrNiMn-18-12-8 verwendet. Eine Wärmenachbehandlung ist bei Verwendung austenitischer Zusatzwerkstoffe nicht zu empfehlen, da der Kohlenstoff aus dem Grund-

werkstoff an die Schmelzgrenze diffundiert und hier durch intensive Chromcarbidbildung versprödend wirkt.

Stähle mit einem Nickelgehalt über 5 % werden mit üblichen austenitischen Zusatzwerkstoffen des Typs CrNi-18-8 oder mit hochnickelhaltigen vom Typ NiCr 15 Fe Nb nach DIN 1736 (z.B. Incoweld A) geschweißt. Die Wärmezufuhr beim Schweißen muß begrenzt sein, d.h., die Zwischenlagentemperatur sollte 150 °C nicht überschreiten, und der Nahtaufbau muß mit der Strichraupentechnik erfolgen.

Der 9%ige Nickelstahl X 8 Ni 9 verbindet hohe Festigkeit ($R_{p0,2}$ = 500 N/mm², R_m = 600 N/mm² bis 800 N/mm²) mit der höchsten Kaltzähigkeit aller ferritischen Stähle ($T_ü$ etwa –200 °C). Diese Eigenschaften erhält er durch ein

– Wasservergüten bei 800 °C mit anschließendem Anlassen bei 570 °C und Abkühlen an Luft oder durch
– doppeltes Normalglühen bei 900 °C und 790 °C mit anschließendem Anlassen bei 570 °C und Abkühlen an Luft.

Nach dieser Wärmebehandlung besitzt der Stahl ein weiches (C = 0,08 %) martensitisch-bainitisches Gefüge mit geringen Anteilen von Austenit. Der Austenit hat sich bei der Anlaßbehandlung auf grund der extremen thermischen Hysterese der α/γ-Umwandlung bei der Erwärmung bzw. Abkühlung neu gebildet. Bild 4-72 zeigt schematisch diese Vorgänge an Hand des Fe-Ni-Schaubildes.

Wegen der Gefahr der Austenitbildung in der WEZ wird in Strichraupentechnik geschweißt und grundsätzlich nicht vorgewärmt, um die Dauer der zeitlichen Einwirkung möglichst klein zu halten. Wenn ein Spannungsarmglühen bei großer Wanddicke der Konstruktion erforderlich erscheint, dann muß die niedrigere zulässige Glühtemperatur beachtet werden. Andernfalls entsteht ein merklicher Festigkeitsabfall durch Teilaustenitisierung des Werkstoffs. Zum Schweißen werden die bereits erwähnten austenitischen oder hochnickelhaltigen Zusatzwerkstoffe verwendet.

4.3.6   Korrosionsbeständige Stähle

4.3.6.1   Einfluß der Verarbeitung auf das Korrosionsverhalten

Die Wahl eines für ein bestimmtes Angriffsmedium korrosionsbeständigen Stahls ist noch keine ausreichende Garantie für die Beständigkeit der daraus hergestellten geschweißten Konstruktion. In den Schadensstatistiken der chemischen Industrie wird als Ursache für das Versagen der Bauteile in der Mehrzahl aller Fälle Korrosionsangriff genannt! Weitaus am häufigsten wird die Schweißnaht angegriffen. Mechanische Beanspruchungen sind relativ selten für das Bauteilversagen verantwortlich.

Die Korrosionsbeständigkeit ist u.a. vom Oberflächenzustand abhängig (Abschn. 2.8). Sie ist grundsätzlich bei polierter Werkstoffoberfläche am höchsten. Diese Tatsache wird in der betrieblichen Praxis oft unterschätzt. Die Oberflächengüte kann während der Be- und Verarbeitung des Halbzeugs in vielfältiger Weise herabgesetzt werden:

❑ Kratzer, Riefen, Oberflächenbeschädigungen. Hierzu gehören auch Anstriche, Beläge aller Art (anorganische Beschichtungen bzw. organischer Bewuchs). Die beim Schweißen entstehenden *Anlauffarben* müssen daher durch eine mechanische oder besser chemische Nachbehandlung (Beizen) beseitigt werden. Oberflächenbeschädigungen können zum Belüftungselement (Spaltkorrosion, Abschn. 1.7.2.4.1), d.h. zu einem unterschiedlichen Sauerstoffangebot an den anodisch und kathodisch wirkenden Bereichen der Werkstückoberfläche führen.

❑ Kaltverformungen (z.B. Hämmern, Biegen, Randbereiche von Bohrlöchern) können bei austenitischen Stählen zur Bildung des sog. (kubisch raumzentrierten)

Schiebungsmartensits führen, der wesentlich korrosionsanfälliger ist als der CrNi-Austenit.

❑ Eingepreßte Fremdmetallteilchen begünstigen selektive Korrosionsformen, wie z.B. die Kontaktkorrosion oder den Lochfraß. Während der schweißtechnischen Verarbeitung kann diese Situation besonders leicht entstehen, so z.B.:

– Bearbeiten mit Werkzeugen, die schon für "schwarze" Werkstoffe verwendet wurden oder aus ungeeigneten Werkstoffen bestehen: Bohren, Feilen, Schleifleinen, mit Werkzeugen, die bereits für ferritische Werkstoffe verwendet wurden; Schweißbürsten aus "schwarzem" Stahl.

– Durch Transport- oder Handlingvorgänge werden auf dem Hallenboden liegende "schwarze" Späne in die Oberfläche der relativ weichen Stähle eingepreßt.

Bei einer umfangreichen "weißen" Fertigung muß mit den genannten Problemen in besonderem Maße gerechnet werden, wenn nicht eine rigorose Trennung der "schwarzen" und der "weißen" Fertigungsbereiche erfolgt.

Von besonderer Bedeutung sind in diesem Zusammenhang die Anlauffarben im Schweißnahtbereich, deren Bildung ohne die Anwendung spezieller Technologien (Spülen mit Formier- oder Edelgas) nicht vermeidbar ist. Sie müssen aus den genannten Gründen zuverlässig beseitigt werden. Daher sollte schon bei der Konstruktion des Bauteils die Möglichkeit für eine beidseitige Zugänglichkeit der Schweißnähte vorgesehen werden.

Anlauffarben sind Oxidschichten, die sich nur in Anwesenheit oxidierender Medien bilden. Ihre Dicke und Farbe werden von der Größe des Sauerstoffangebotes bestimmt. Mit zunehmender Schichtdicke, d.h. zunehmender Korrosionsneigung des Werkstoffs, ändert sich der Farbton von hell (gelb) zu dunkel (blau, braun). Für anlauffarbenfreie Schweißnähte muß der Sauerstoff im

Arbeitsfolge Bezeichnung	Bemerkung	empfohlenes Schleifmittel	Körnung
Putzschleifen	Voroperation für rauhe Schweißnähte; nur für sehr grobe Arbeiten, Nacharbeit mit 60er Korn wird empfohlen	vorzugsweise Schleifscheibe in Hartgummi- oder Kunstharzbindung	24/36
Vorschleifen	Anfangsoperation an dicken Blechen, warmgewalzten Blechen oder glatten Schweißnähten	a) Schleifscheibe in Hart-Gummi- oder Kunstharzbindung b) Pließtscheibe c) Schleifband, wenn es die Form zuläßt	wenn 36er Korn erforderlich ist, muß mit 60er Korn nachgeschliffen werden
Fertigschleifen	Übliche Vorarbeit für kaltgewalztes Blech oder Band	a) Pließt- oder Gummischeibe b) Schleifband, wenn es die Form zuläßt	80/100
Feinschleifen	die Oberflächengüte entspricht etwa derjenigen von Walzwerkprodukten nach Verfahren IV, DIN 17 440	a) Pließtscheibe b) Schleifband, wenn es die Form zuläßt	120/150
	Vorbereitungsmaßnahme für das Herstellen normaler Politur	a) Pließtscheibe b) Schleifband, wenn es die Form zuläßt	180
	Zwischenarbeitsgang für das Herstellen normaler Politur	a) Polierscheibe b) Schleifband, wenn es die Form zuläßt	240er Fertigschleifpaste für Pließtscheibe oder 240er Schleifband
Bürsten	zum Herstellen eines glatten, matten Seidenglanzes. Durch Bürsten im Anschluß an eines der Feinschleifverfahren erhält man eine Oberflächengüte, die dem Zustand "satiniert" entspricht. Durch Bürsten feiner vorbereiteter, z.B. hochglanzpolierter Oberflächen sind besondere Effekte erzielbar. Oberflächengüte von Bürstengeschwindigkeit und Schleifmittel abhängig	Tampico	Paste aus Bimssteinpulver oder Quarzmehl. Je nach gewünschter Oberflächengüte können auch andere feinkörnige Schleifmittel verwendet werden.
Polieren oder Läppen	Letzter Arbeitsgang für das Herstellen normaler Politur (nach dem Läppen sind noch feine Schleifriefen vorhanden)	Polierscheibe	Poliermittel für nichtrostende Stähle in Stab- oder Kuchenform
Polieren	Vorbereitungsmaßnahme für das Herstellen hochglanzpolierter Oberflächen	Polierscheibe	320...400er Fertigpoliermittel in Stab- oder Kuchenform
	Vorbereitungsmaßnahme für das Herstellen von hochglanzpoliertem Band	Polierband	320
Hochglanzpolieren	letzter Arbeitsgang zum Herstellen hochglanzpolierter riefenfreier, spiegelblanker Oberflächen	Polierscheibe	Poliermittel für nichtrostende Stähle in Stab- oder Kuchenform

Tabelle 4-30
Empfehlungen für das Herstellen von Oberflächen, die denen der Walzwerksprodukte entsprechen, nach Strassburg.

Nahtbereich vollständig von einem sauerstofffreien Schutzgas verdrängt werden. Die
Erfahrung zeigt aber, daß die Bildung von
Anlauffarben nur bei hoher Oberflächengüte der Fügeteile verhindert wird. Durch
mechanische Reinigungsmethoden (Bürsten, Schleifen) entsteht leicht eine aufge-
rauhte Oberfläche, in der sich der Sauerstoff adsorptiv anlagert, d.h. vom Schutzgas
nicht vollständig verdrängt wird.

Das Herstellen der geforderten Oberflächengüte geschieht durch Vor- und Fertigschlei-
fen mit Bändern und Scheiben verschiedener Körnung vorzugsweise in Kautschuk-
bindung. In Tabelle 4-30 sind einige Empfehlungen zum Herstellen unterschiedlicher
Oberflächengüten zusammengestellt.

Mit dem *elektrolytischen Polieren* (Elektro-
polieren) erreicht man Orte, die mit mechanischen Methoden nicht mehr zugänglich
sind. Dazu wird das Bauteil in einem Elek-
trolysegefäß anodisch geschaltet.

Die chemische Behandlung in Beizbädern oder
mit Beizpasten ist wesentlich wirksamer als
die mechanische (Bürsten, Schleifen, Polie-

ren). Säurereste müssen allerdings rückstands-
los beseitigt werden, da die in Spalten und
Hohlräumen durch Verdunsten des Wassers
entstehende konzentrierte Säure lokalen Korrosionsangriff einleiten kann. Nach dem Beizen wird daher mit basischen Lösungen (evtl.
reicht auch Spülen mit Wasser) neutralisiert.
Die Beizbäder können so eingestellt werden,
daß die den Korrosionsschutz bewirkende Oxidschicht verstärkt wird. Diese künstliche *Passi-
vierung* ist i.a. nicht erforderlich, da sich die
Oxidschicht in sauerstoffhaltiger Atmosphäre
ausreichend schnell bildet. Sie ist aber die
einzige Methode, mit der eingepreßte Fremd-
metallspäne vollständig beseitigt werden.

4.3.6.2   Das SCHAEFFLER-Schaubild

Aus verschiedenen Gründen ist es wünschenswert, die Gefüge der korrosionsbeständigen Stähle und Schweißgüter mit einfachen Methoden feststellen zu können:

❑ Die Zusammensetzung des Schweißguts
    hängt nicht nur von der chemischen Zu-
    sammensetzung des Zusatzwerkstoffes

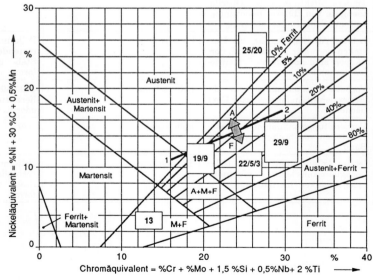

Bild 4-73
*Das SCHAEFFLER-Schaubild. Eingetragen sind einige Stähle in Form der Toleranzfelder ihrer chemischen
Zusammensetzung. Die in den Symbolen stehenden Ziffern a/b/c geben die prozentualen Gehalte in der
Reihenfolge Chrom, Nickel, Molybdän an.*

ab, sondern auch von dem *Aufschmelzgrad*, d.h. dem Umfang der Vermischung mit dem Grundwerkstoff. Dieser wird von dem Schweißverfahren und den Einstellwerten bestimmt.

◻ Die Art und Menge der Gefügesorten bestimmen maßgeblich die mechanischen Eigenschaften und das Korrosionsverhalten, z.B.:

- Ein während der Erstarrung primär ausgeschiedener δ-Ferritgehalt von etwa 5 % bis 10 % ist für die Heißrißsicherheit des Schweißguts erforderlich. Unabhängig von der Art der Nahtvorbereitung, den Einstellwerten und der Schweißtechnologie muß der gewünschte δ-Ferritgehalt im Schweißgut einfach überprüfbar sein. Insbesondere beim Verbindungsschweißen unterschiedlicher Werkstoffe **A** und **B** mit einem Zusatzwerkstoff **Z** ist der resultierende δ-Ferritgehalt im Schweißgut mit anderen Mitteln nur sehr aufwendig (chemische Analyse!) feststellbar.

- Die beim Verbindungs- und Auftragschweißen unterschiedlicher Werkstoffe häufig entstehenden spröden Gefüge (z.B. Martensit, δ-Ferrit) können in vielen Fällen erkannt und dann häufig vermieden werden.

Die sich in Abhängigkeit von der chemischen Zusammensetzung der hochlegierten Stähle und Schweißgüter einstellenden Gefüge sind näherungsweise mit dem SCHAEFFLER-**Schaubild** bestimmbar, Bild 4-73. Das Schaubild wurde für die thermischen Bedingungen des Schweißens ermittelt [46], es gilt aber auch für Werkstoffe, die mit anderen Temperatur-Zeit-Folgen hergestellt bzw. bearbeitet wurden. Dieses Schaubild ist also

kein Gleichgewichts-Schaubild, sondern eine auf realen Temperatur-Zeit-Verläufen beim Schweißen beruhende Darstellung. Das ist der wichtigste Grund für seine in der Praxis ausreichende Genauigkeit.

Auf der x-Achse ist die *Wirksumme* der ferritisierenden Elemente (**Chromäquivalent** $= \mathrm{Cr}_{\text{äqu}}$), auf der y-Achse die der austenitisierenden (**Nickeläquivalent** $= \mathrm{Ni}_{\text{äqu}}$) aufgetragen. Die Wirksummen lassen sich mit folgenden Beziehungen berechnen:

$$\mathrm{Cr}_{\text{äqu}} = \mathrm{Cr} + \mathrm{Mo} + 1,5\,\mathrm{Si} + 0,5\,\mathrm{Nb} + 2\,\mathrm{Ti}\ [\%],$$

$$\mathrm{Ni}_{\text{äqu}} = \mathrm{Ni} + 30\,\mathrm{C} + 0,5\,\mathrm{Mn}\ [\%].$$

Damit wird der Stahl (das Schweißgut) im SCHAEFFLER-Schaubild durch einen Punkt $(x,y) = (\mathrm{Cr}_{\text{äqu}}, \mathrm{Ni}_{\text{äqu}})$ dargestellt. Die Lage des Punktes beschreibt eindeutig das Gefüge des Werkstoffes. Die einzelnen Felder kennzeichnen den Existenzbereich folgender Gefügearten (hochlegierter Stähle):

- **A:** vollaustenitische Stähle, z.B. X 1 NiCrMoCuN 25 20 6

- **A+F:** austenitisch-ferritische Stähle, z.B. X 5 CrNi18 10 oder der austenitisch-ferritische Duplex-Stahl X 2 CrNiMoN 22 5 3

- **F:** rein ferritische Stähle, z.B. X 6 CrTi 17

- **M:** martensitische Stähle, z.B. X 46 Cr 13

- **M+F:** martensitisch-ferritische Stähle, z.B. der weichmartensitische Stahl X 4 CrNi13 4.

In Bild 4-73 sind einige bekannte hochlegierte Stähle als rechteckige (Toleranz-)Flächen eingetragen.

Die Bedeutung des SCHAEFFLER-Schaubildes beruht aber nicht so sehr auf der Möglichkeit, das Gefüge eines gegebenen Werkstoffs bestimmen zu können. Seine besondere Leistungsfähigkeit besteht darin, auch die Gefüge von in beliebigem Verhältnis hergestellten Mischungen zu erkennen. Diese Kenntnisse sind für die Beurteilung verschiedener schweißmetallurgischer Prozesse besonders wichtig:

---

[46] Die sich einstellenden Gefüge gelten strenggenommen nur für das Lichtbogenhand-Schweißen (5 mm $\varnothing$) an etwa 12 mm dicken Blechen. Die Erfahrung zeigt, daß es auch für die Abkühlbedingungen bei der Grundwerkstoff-Herstellung genügend genaue Ergebnisse liefert.

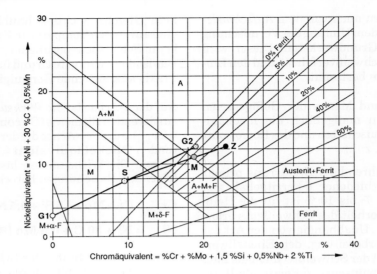

Werkstoffpaarung	Verbindungsform	Äquivalentzahlen		
		Werkstoff	Cr$_{äqu}$	Ni$_{äqu}$
G1: St 37 **G2:** X 6 CrNiTi 18 10	S, G1, G2	G1 G2	0 18+1=19	30 0,1=3 10+30 0,06=12,4
G1: St 37 **G2:** X 6 CrNiTi 18 10 **Z:** X 2 CrNi 23 12	Z, G1, G2	G1 G2 Z	0 18+1=19 23	30 0,1=3 10+30 0,06=12,4 12+30 0,02=12,6
S= 50% G1+50% G2:	G1, G2			
M=15% G1+15% G2+70% Z:	G1, G2			

Bild 4-74
Bestimmen der Schweißgutzusammensetzung mit Hilfe des SCHAEFFLER-*Schaubildes.Beispiel:*
1) Die Werkstoffe G1: St 37, G2: X 6 CrNiTi 18 10 werden z.B. durch Punktschweißen verbunden. Die Schweiß-
linse S besteht aus 50 % G1 und 50 % G2, ihr Gefüge ist rein martensitisch.
2) G1 und G2 wird mit dem Zusatzwerkstoff X 2 CrNi 23 12 verbunden. Aus den aufgeschmolzenen gleichen
Grundwerkstoffanteilen ergibt sich die Zusammensetzung S. Das Schweißgut M besteht aus etwa 15 % G1,
15 % G2 und 70 % Z. Die Zusammensetzung von M liegt demnach auf der z.B. in zehn Teillängen geteilten
Verbindungslinie S-Z drei Längenanteile von Z entfernt.

– Die Werkstoffe **A** und **B** werden im schmelzflüssigen Zustand miteinander *ohne* Zusatzwerkstoff verbunden. Diese Situation entsteht z.B. beim Punktschweißen.

– Die Werkstoffe **A** und **B** werden mit dem Zusatzwerkstoff **Z** verbunden. Informationen über die Art der entstehenden Gefüge sind mit anderen Methoden nur schwer beschaffbar.

Eine homogene Mischung der beteiligten Teilschmelzen ist die wichtigste Voraussetzung für die Anwendbarkeit des SCHAEFFLER-Schaubildes. Diese häufig nicht genügend genau zutreffende Annahme ermöglicht dann die "korrekte" Ermittlung der Schweißgutzusammensetzung mit Hilfe der sog. *Mischungsgeraden*. Das ist die zwischen den Punkten Werkstoff **A** (Cr$_{äqu.A}$, Ni$_{äqu.A}$) und Werkstoff **B** (Cr$_{äqu.B}$, Ni$_{äqu.B}$) gezogene Verbindungslinie im SCHAEFFLER-Schaubild. Der Punkt **A** repräsentiert dann die "Mischung" (100 % A, 0 %B), der Punkt **B** die "Mischung" (100 % B, 0 % A). Danach wird eine beliebige Mischung auf dieser Geraden durch einen dem Mischungsverhältnis entsprechenden Punkt dargestellt.

In Bild 4-74 ist die in einer Punktschweißverbindung aus dem unlegierten Stahl St 37 (**G1**) und dem hochlegierten X 6 CrNiTi 18 10 (**G2**) sich ergebende Zusammensetzung der "Schweißlinse" (**S**) dargestellt. Das Gefüge ist rein martensitisch und damit abhängig von der Höhe des Kohlenstoffgehalts mehr oder weniger rißanfällig. Die Auswertung für eine Verbindungsschweißung unterschiedlicher Werkstoffe **A** und **B** mit einem beliebigen Zusatzwerkstoff **Z** ist ähnlich, aber komplizierter. Je nach Aufschmelzgrad, der von der Nahtform, dem Verfahren und den Einstellwerten abhängt, wird ein bestimmter Grundwerkstoffanteil beim Schweißen aufgeschmolzen. Für die in Bild 4-74 gewählte V-Naht kann als realistische Schätzung 15 % A und 15 % B angenommen werden. Ohne Zusatzwerkstoff ergäbe sich also der Punkt **M**. Aus diesen 30 % Grundwerkstoff entsteht mit 70 % Z das Schweißgut **M**. Dessen Zusammensetzung liegt damit auf der zwischen **S** und **Z** gezogenen Mischungsgeraden drei Teilstriche von **Z** entfernt, also bei 70 % **Z** und 30 % **S**.

Die in den meisten Fällen erforderliche "genaue" Abschätzung des δ-Ferritgehalts ist bis zu einem Volumenanteil von 15 % mit einer Genauigkeit von ± 4 % möglich. Bei höheren Ferritgehalten macht sich die starke Abhängigkeit der δ/γ-Umwandlung von der Abkühlgeschwindigkeit bemerkbar. Der Ferritanteil nimmt mit der Abkühlgeschwindigkeit erheblich zu (s. Bild 2-72).

Eine weitere Quelle der Unsicherheit sind die unvermeidlichen Analysenstreuungen der

Grundwerkstoff- und Zusatzwerkstoff-Zusammensetzung wie sie z.B. in den Toleranzfeldern für die im Bild 4-73 angegebenen Stähle zum Ausdruck kommt.

Das SCHAEFFLER-Schaubild gilt in der ursprünglichen Form nur für Stickstoffgehalte zwischen 0,05 % und 0,10 %, einem Kohlenstoffgehalt ≥ 0,03 % und einem Siliciumgehalt von 0,3 %. Zum Bestimmen des Ferritgehalts im Schweißgut ist das DELONG-Schaubild wesentlich genauer, Bild 4-75. Die Genauigkeit der mit metallografischen oder physikalischen (z.B. magnetische Waage bzw. auf dem Ferromagnetismus beruhende Meßmethoden) Methoden ermittelte δ-Ferritgehalt ist für die Belange der Schweißpraxis oft zu gering. DELONG führte daher eine auf Ferrit-Standard-Eichproben beruhende Meßmethode ein, die den Ferritgehalt mit einer wesentlich größeren Genauigkeit festzustellen gestattet. Die Ferritmenge wird nicht mehr prozentual, sondern in Form der *Ferritnummer FN* angegeben. Die bisher gebräuchlichen Ferritprozentwerte stimmen mit der Ferritnummer bis etwa 8 % hinreichend genau überein. Gleichzeitig

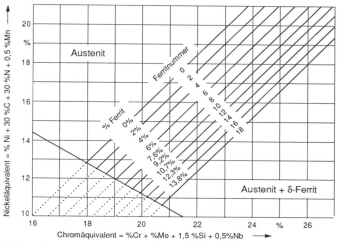

Bild 4-75
Das DELONG-Schaubild zum Bestimmen der Ferritnummer FN im austenitischen Schweißgut. Sind die Stickstoffgehalte zum Berechnen des Ni_{äqu} nicht bekannt, dann wird für ein mit Stabelektroden und nach dem WIG-Verfahren hergestelltes Schweißgut N=0,06 % und für nach dem MAG-Verfahren niedergeschmolzenes Schweißgut N=0,08 % angenommen.

Stahlsorte		Geeignete Schweißzusätze [1]	Schweißstäbe, Drahtelektroden, Schweißdrähte		Wärmebehandlung nach dem Schweißen
Kurzname	Werkst. Nr.	Kurzzeichen des Schweißgutes der umhüllten Stabelektroden [2]	Kurzzeichen	Werkstoffnummer	
Ferritische und martensitische Stähle [2]					
X 6 Cr 13	1.4000	19 9, 19 9 Nb, 13 [3]	X 5 CrNi 19 9, X 5 CrNiNb 19 9, X 8 Cr 14	1.4302, 1.4551, 1.4009 [3]	Glühen
X 10 Cr 13	1.4006	19 9, 19 9 Nb, 13 [3]	X 5 CrNi 19 9, X 5 CrNiNb 19 9, X 8 Cr 14	1.4302, 1.4551, 1.4009 [3]	Anlassen
X 20 Cr 13	1.4021	19 9, 19 9 Nb, 13 [3]	X 5 CrNi 19 9, X 5 CrNiNb 19 9, X 8 Cr 14	1.4302, 1.4551, 1.4009 [3]	
X 30 Cr 13	1.4028				
X 46 Cr 13	1.4034	S-NiCr 19 Nb, S-NiCr 16 FeMn	S-NiCr 20 Nb	2.4806	
X 45 CrMoV 15	1.4116				
X 6 Cr 17 [4]	1.4016	19 9, 19 9 Nb, 17 [3]	X 5 CrNi 19 9, X 5 CrNiNb 19 9, X 8 CrTi 18 [3]	1.4302, 1.4551, 1.4502 [3]	Im allgemeinen nicht erforderlich; bei größeren Querschnitten Glühen bei 600 bis 800 °C
X 6 CrTi 17 [4]	1.4510	*19 9, 19 9 Nb, 17* [3]	*X 5 CrNi 19 9, X 5 CrNiNb 19 9, X 8 CrTi 18* [3]	*1.4302,1.4551, 1.4502* [3]	
X 20 CrNi 17 2	1.4057	S-NiCr 19 Nb, S-NiCr 16 FeMn	S-NiCr 20 Nb	2.4806	Anlassen 650 bis 700 °C
Austenitische Stähle					
X 5 CrNi 18 10	1.4301	19 9, 19 9L, 19 Nb	X 5 CrNi 19 9, X 2 CrNi 19 9, X 5 CrNiNb 19 9	1.4302, 1.4316, 1.4551	Im allgemeinen nicht erforderlich
X 2 CrNi 19 11	1.4306	19 9L, *19 9Nb*	X 2 CrNi 19 9, *X 5 CrNiNb 19 9*	1.4316, *1.4551*	
X 2 CrNiN 18 10	1.4311	19 9L, 20 16 3 *MnL*	X 2 CrNi 19 9, *X 2 CrNiMnMoN 20 16*	1.4316, 1.4455	
X 6 CrNiTi 18 10	1.4541	19 9Nb, 19 9L	X 5 CrNiNb 19 9, X 2 CrNi 19 9	1.4551, 1.4316	
X 6 CrNiNb 18 10	1.4550	19 9Nb, 19 9L	X 5 CrNiNb 19 9, X 2 CrNi 19 9	1.4551, 1.4316	
X 2 CrNiMo 17 13 2	1.4404	19 12 3L, *19 12 3Nb*	X 2 CrNiMo 19 12, *X 5 CrNiMoNb 19 12*	1.4430, *1.4576*	Im allgemeinen nicht erforderlich
X 2 CrNiMoN 17 12 2	1.4406	19 12 3, 20 16 3 MnL	X 2 CrNiMo 19 12, X 2 CrNiMnMoN 20 16	1.4430, 1.4455	
X 6 CrNiMoTi 17 12 2	1.4571	19 12 3Nb, 19 12 3L	X 5 CrNiMoNb 19 12, X 2 CrNiMo 19 12	1.4576, 1.4430	
X 6 CrNiMoNb 17 12 2	1.4580	19 12 3 Nb, 19 12 3L	X 5 CrNiMoNb 19 12, X 2 CrNiMo 19 12	1.4576, 1.4430	
X 2 CrNiMoN 17 13 3	1.4429	19 12 3L, 20 16 3 MnL	X 2 CrNiMo 19 12, X 2 CrNiMnMoN 20 16	1.4430, 1.4455	Im allgemeinen nicht erforderlich
X 2 CrNiMo 18 14 3	1.4435	19 12 3L, *19 12 3Nb*	X 2 CrNiMo 19 12, *X 5 CrNiMoNb 19 12*	1.4430, *1.4576*	
X 2 CrNiMo 18 16 4	1.4438	18 16 5	X 2 CrNiMo 18 16 5	1.4440	
X 2 CrNiMoN 17 13 5	1.4439	18 16 5	X 2 CrNiMo 18 16 5	1.4440	

1) Weitere Angaben zu den Schweißzusätzen siehe DIN 8556 Teil 1 und DIN 1736 Teil 1. Kursive Auszeichnung weist auf eine nur eingeschränkte Bedeutung des betreffenden Schweißzusatzes hin.
2) Nur unter Einhaltung bestimmter Maßnahmen schweißbar; über 0,25 % C ist Schweißeignung nur bedingt gegeben.
3) Decklagen mit artähnlichen Schweißzusätzen.
4) Stähle mit 17 % Cr sind vorwiegend geeignet zum Schweißen mit Verfahren, die ein geringes Wärmeeinbringen verursachen, wie Punkt- oder Rollennahtschweißen. Schweißen mit Zusätzen stellt bei diesen Verfahren die Ausnahme dar.

Tabelle 4-31
Anhaltsangaben über Schweißzusätze zum Lichtbogenschweißen der in Betracht kommenden Stähle und über die Wärmebehandlung nach dem Schweißen nach DIN 17 440 (Ausgabe Juli 1985, Auszug).

wurde das stark austenitisierende Element Stickstoff in das $Ni_{äqu}$ aufgenommen.

4.3.6.3 Martensitische Chromstähle

Die Schweißeignung der martensitischen Chromstähle ist schlecht. Je nach ihrer chemischen Zusammensetzung sind sie lufthärtend bzw. ölhärtend. Das Gefüge der WEZ ist daher überwiegend martensitisch. Abhängig von der Höhe des Kohlenstoffgehaltes ist die WEZ grundsätzlich *kaltrißgefährd*et. Der im Vergleich zu den ferritischen Stählen (Abschn. 2.8.2.2 und 4.3.6.3) deutlich höhere C-Gehalt ist auch die Ursache für ihre starke Neigung zur Chromcarbidausscheidung im Temperaturbereich zwischen 600 °C und 700 °C. Das isotherme ZTU-Schaubild, Bild 4-70, zeigt exemplarisch dieses Ausscheidungs-Verhalten für den warmfesten martensitischen Stahl X 20 CrMoV 12 1.

Zum Vermeiden von Kaltrissen d.h. spröder rißanfälliger Gefüge ist ein Vorwärmen unumgänglich. Bewährt hat sich das isotherme Schweißen (Abschn. 2.5.3.4.2) mit Vorwärmtemperaturen knapp über der M_s-Temperatur, die bei diesen Stählen bei etwa 300 °C bis 350 °C liegt. Eine vollständige Umwandlung in der Bainitstufe ist aber wegen der hierfür erforderlichen sehr langen Zeit nicht möglich. Aus der Schweißwärme erfolgt zunächst eine Zwischenabkühlung auf etwa 150 °C bis 200 °C, die zu einer merklichen Umwandlung des Austenits in der Martensitstufe führt. Durch ein anschließendes Anlaßglühen bei 650 °C bis 750 °C wandelt sich der noch vorhandene Austenit während des Abkühlens in ein weniger sprödes, feines perlitisches Gefüge um. Die Wärmebehandlung entspricht damit weitgehend der für die martensitischen warmfesten Stähle anzuwendenden (Abschn. 4.3.4). Für verspannte Konstruktionen ist es u.U. empfehlenswert, die Eigenspannungen zunächst durch ein Glühen im umwandlungsträgen Bereich (400 °C bis 500 °C) zu reduzieren.

Wegen der bestehenden extremen Rißgefahr werden selten artgleiche, sondern vorzugsweise austenitische Zusatzwerkstoffe verwendet. In schwierigen Fällen verwendet man auch die *Pufferlagentechnik*. Die Nahtflanken der Fügeteile werden mit austenitischem Zusatzwerkstoff aufgetragen, wärmebehandelt und anschließend fertiggeschweißt. Der Grad der Vermischung und damit die Rißgefahr ist bei dieser teuren Methode sehr viel geringer.

In Tabelle 4-31 sind einige geeignete Zusatzwerkstoffe aufgeführt.

4.3.6.4 Ferritische und halbferritische Stähle

Die ferromagnetischen ferritischen Chromstähle sind krz und bestehen je nach der chemischen Zusammensetzung nach einer Abkühlung auf Raumtemperatur aus δ-Ferrit bzw. unterschiedlichen Anteilen von δ-Ferrit und Martensit (*Halbferrit*). Ihr Kohlenstoffgehalt liegt i.a. unter 0,10 %, Tabelle 2-13. Der δ-Ferrit-Gehalt liegt bei den 13%igen Chrom-Stählen bei 20 % bis 30 %, bei den 17%igen bis 80 % bzw. bei den rein ferritischen beträgt er 100 %. Da der selbst bei einer Luftabkühlung entstehende Martensit verhältnismäßig spröde ist, werden die 13%igen immer vergütet, die 17%igen vergütet oder meistens geglüht (750 °C/ 1...2h/Luft). In den schmelzgrenzennahen Bereichen der WEZ besteht das Gefüge daher unabhängig von der Höhe der Vorwärmtemperatur aus δ-Ferrit und einem erheblichen Anteil von rißanfälligem Martensit.

Die rein ferritischen Stähle lassen sich nicht mit Verfahren wärmebehandeln, die die Phasenumwandlung krz $\leftrightarrow$ kfz erfordern (Härten, Normalglühen). Eine Änderung des Gefüges ist damit nicht mehr möglich. Die Korngröße läßt sich nur durch Warmverformen oder ein rekristallisierendes Glühen verändern. Beide Methoden sind in der Praxis kaum anwendbar. Auch die mechanische Gütewerte sind nur in geringem Umfang beeinflußbar. Die Zähigkeit der Stähle ist gering, und die Übergangstemperatur der Kerbschlagzähigkeit liegt im Bereich der Raumtemperatur. Die Gefahr des nicht mehr zu beseitigenden Kornwachstums in der Grobkornzone der WEZ ist wegen ihrer thermischen Instabilität größer als bei jeder anderen Stahlart (Abschn. 2.8.2.2).

Die Schweißeignung dieser Stähle ist erwartungsgemäß verhältnismäßig schlecht. Sie hängt von folgenden werkstofflichen Gegebenheiten ab:

❑ Die Zähigkeit (insbesondere die Kerbschlagzähigkeit) des δ-Ferrits ist gering. Damit verbunden ist eine erhebliche Sprödbruchanfälligkeit.

❑ Die ausgeprägte Neigung zur Grobkornbildung und der große Martensitgehalt in der WEZ verringern weiter die Zähigkeit, d.h. erhöhen die Gefahr der Rißbildung.

❑ Als Folge der thermischen Instabilität neigen diese mehrfach legierten Stähle zu vielfältigen Ausscheidungen, z.B.:

– Im Temperaturbereich zwischen 450 °C und 550 °C kann in Stählen mit mehr als 15 % Chrom die bei Raumtemperatur zähigkeitsvermindernde *475 °C-Versprödung* entstehen (Abschn. 2.8.1.4.3 und Bild 2-54). Diese auf Nahentmischungsvorgängen beruhende Erscheinung kann durch Glühen bei 700 °C bis 800 °C mit anschließendem raschem Abkühlen beseitigt werden.

– Zwischen 600 °C und 900 °C scheidet sich aus Stählen mit 13 % bis etwa 80 % Chrom die *Sigmaphase* aus, Bild 2-55. Diese intermediäre Verbindung mit der Näherungsformel FeCr scheidet sich nur aus dem δ-Ferrit aus und führt zu einer deutlichen Versprödung. Durch Glühen bei etwa 950 °C wird sie gelöst und damit ihre versprödende Wirkung beseitigt.

Die Entstehung der 475 °C-Versprödung und der Sigmaphase erfordert i.a. sehr lange Zeiten. Sie können beim fachgerechten Schweißen nicht erreicht werden. Im Gegensatz dazu

ist die Ausscheidung von *Chromcarbiden* in der WEZ von Schweißverbindungen aus unstabilisierten ferritischen Chrom-Stählen selbst bei den für den Schweißprozeß typischen hohen Abkühlgeschwindigkeiten nicht vermeidbar, Bild 2-63. Der Stahl ist bei einem Korrosionsangriff sofort kornzerfallsanfällig. Die nichtstabilisierten Stähle müssen daher nach dem Schweißen etwa eine Stunde bei 750 °C geglüht werden. Die chromverarmten Korngrenzenbereiche werden dadurch auf den für die Resistenzgrenze erforderlichen Gehalt von etwa 12 % aufgefüllt (Abschn. 2.8.1.4.1). Der Kohlenstoff scheidet sich aus dem Ferrit und Austenit direkt in Form des hochchromhaltigen Gleichgewichtscarbids $M_{23}C_6$ aus. Bei den martensitischen Stählen läuft die C-Ausscheidung über $M_3C \rightarrow M_7C_3 \rightarrow M_{23}C_6$.

❑ Das martensitische Gefüge in der WEZ und im Schweißgut ist die Ursache für die ausgeprägte Wasserstoffempfindlichkeit (wasserstoffinduzierte Kaltrisse!) dieser Stähle.

Diese werkstofflichen Besonderheiten machen die für diese Stähle zu beachtenden Schweißregeln bzw. -empfehlungen verständlich.

– Die Wärmezufuhr beim Schweißen muß begrenzt werden. Damit läßt sich die Grobkornbildung und die Ausscheidungsneigung begrenzen. Für den Lagenaufbau sollte die Zugraupentechnik mit dünnen Elektroden angewendet werden. Nahtkreuzungen und Schweißtechnologien, die große Wärmemengen in den Werkstoff einbringen (s-Position!) müssen vermieden werden.

– Ein Vorwärmen auf 150 °C bis 250 °C ist wegen der geringen Zähigkeit des Grundwerkstoffs und des damit verbundenen milderen Eigenspannungszustandes sehr zu empfehlen.

– Die maximale Werkstückdicke bei Konstruktionsschweißungen sollte auf 5 mm

Kurzname	Werkst.-Nr.	Chemische Zusammensetzung in Massenprozent									Kurzname nach ISO 3581
		C	Si 1)	Mn	P	S	Cr	Mo	Ni	Sonstige	
13	1.4009	≤ 0,120	≤ 1,0	≤ 1,5	≤ 0,030	≤ 0,025	11,0 bis 14,0	-	-	-	13
13 1	1.4018	≤ 0,120	≤ 1,0	≤ 1,5	≤ 0,030	≤ 0,025	11,0 bis 14,0	≤ 1,0	0,5 bis 2,0	-	13.1 4)
13 4	1.4351	≤ 0,070	≤ 1,0	≤ 1,5	≤ 0,030	≤ 0,025	11,5 bis 14,5	≤ 1,0	3,0 bis 5,0	-	13.4 4)
17	1.4015	≤ 0,100	≤ 1,0	≤ 1,5	≤ 0,030	≤ 0,025	16,0 bis 18,0	-	-	-	17 4)
17 Mo	1.4115	≤ 0,250	≤ 1,0	≤ 1,5	≤ 0,030	≤ 0,025	15,0 bis 18,0	0,5 bis 1,5	≤ 1,0	-	-
19 9	1.4302	≤ 0,070	≤ 1,5	≤ 2,0	≤ 0,030	≤ 0,025	18,0 bis 21,0	-	8,0 bis 11,0	-	19.9
19 9 L	1.4316	≤ 0,040	≤ 1,5	≤ 2,0	≤ 0,030	≤ 0,025	18,0 bis 21,0	-	8,0 bis 11,0	-	19.9 L
19 9 Nb	1.4551	≤ 0,080	≤ 1,5	≤ 2,0	≤ 0,030	≤ 0,025	18,0 bis 21,0	-	8,0 bis 11,0	Nb 3)	19.9 Nb 4)
19 12 3	1.4403	≤ 0,070	≤ 1,5	≤ 2,0	≤ 0,030	≤ 0,025	17,0 bis 20,0	2,5 bis 3,0	10,0 bis 13,0	-	19.12.3 4)
19 12 3 L	1.4430	≤ 0,040	≤ 1,5	≤ 2,0	≤ 0,030	≤ 0,025	17,0 bis 20,0	2,5 bis 3,0	10,0 bis 13,0	-	19.12.3 L 4)
19 12 3 Nb	1.4576	≤ 0,080	≤ 1,5	≤ 2,0	≤ 0,030	≤ 0,025	17,0 bis 20,0	2,5 bis 3,0	10,0 bis 13,0	Nb 3)	19.12.3 Nb 4)
18 15 3 L 2)	1.4433	≤ 0,040	≤ 1,5	≤ 2,0	≤ 0,030	≤ 0,025	16,5 bis 19,5	2,5 bis 3,5	14,0 bis 17,0	-	18.15.3 L
18 16 5 L 2)	1.4440	≤ 0,040	≤ 1,5	1,0 bis 4,0	≤ 0,035	≤ 0,025	17,0 bis 20,0	4,0 bis 5,0	16,0 bis 19,0	N	-
20 25 5 LCu 2)	1.4519	≤ 0,040	≤ 1,5	1,0 bis 4,0	≤ 0,030	≤ 0,025	19,0 bis 22,0	4,0 bis 6,0	23,0 bis 26,0	Cu 1,0 bis 2,0	-
20 16 3 MnL 2)	1.4455	≤ 0,040	≤ 1,5	5,0 bis 8,0	≤ 0,035	≤ 0,025	18,0 bis 21,0	2,5 bis 3,5	15,0 bis 18,0	N	-
18 8 Mn 2)	1.4370	≤ 0,200	≤ 1,5	4,5 bis 7,5	≤ 0,035	≤ 0,025	17,0 bis 20,0	-	7,0 bis 10,0	-	18.8 Mn 4)
20 10 3	1.4431	≤ 0,150	≤ 1,5	≤ 2,5	≤ 0,030	≤ 0,025	18,0 bis 21,0	2,0 bis 4,0	8,0 bis 12,0	-	-
23 12 L	1.4432	≤ 0,040	≤ 1,5	≤ 2,5	≤ 0,030	≤ 0,025	22,0 bis 25,0	-	11,0 bis 15,0	-	-
23 12 Nb	1.4556	≤ 0,080	≤ 1,5	≤ 2,5	≤ 0,030	≤ 0,025	22,0 bis 25,0	-	11,0 bis 15,0	Nb 3)	23.12 Nb 4)
23 13 2	1.4459	≤ 0,120	≤ 1,5	≤ 2,5	≤ 0,030	≤ 0,025	22,0 bis 25,0	2,0 bis 3,0	11,0 bis 15,0	-	-
29 9	1.4337	≤ 0,150	≤ 1,5	≤ 2,5	≤ 0,035	≤ 0,025	27,0 bis 31,0	-	8,0 bis 12,0	-	29.9 4)
30	1.4773	≤ 0,100	≤ 2,0	≤ 2,0	≤ 0,035	≤ 0,025	27,0 bis 30,0	-	-	-	30
25 4	1.4820	≤ 0,150	≤ 2,0	≤ 2,0	≤ 0,030	≤ 0,025	24,0 bis 27,0	-	4,0 bis 6,0	-	25.4
22 12	1.4829	≤ 0,150	≤ 2,0	≤ 2,0	≤ 0,030	≤ 0,025	20,0 bis 23,0	-	10,0 bis 13,0	-	22.12
25 20 2)	1.4842	≤ 0,150	≤ 2,0	2,5 bis 5,5	≤ 0,030	≤ 0,025	23,0 bis 27,0	-	18,0 bis 22,0	-	25.20 4)
18 36 2)	1.4863	≤ 0,300	≤ 2,0	≤ 2,0	≤ 0,030	≤ 0,025	14,0 bis 19,0	-	33,0 bis 38,0	-	18.36 4)

1) Umhüllungsbedingt sind Unterschiede des Si-Anteiles zwischen rutil- und basischumhüllten Stabelektroden zu erwarten. Bei rutilumhüllten Stabelektroden sind Anteile > 0,5 % üblich.
2) Das Schweißgut ist weitgehend austenitisch.
3) Der Anteil an Nb ist mindestens 12mal so groß wie der an C, jedoch höchstens 1,1 %. Bis 20 % des Anteiles Nb dürfen durch Tantal ersetzt werden.
4) Chemische Zusammensetzung ist gegenüber der ISO-Norm eingeschränkt.

Tabelle 4-32
Chemische Zusammensetzung des Schweißgutes der Stabelektroden für das Lichtbogenhandschweißen nichtrostender und hitzebeständiger Stähle nach DIN 8556 T1, Tabelle 1 (Mai 1986).

bis 6 mm begrenzt werden. Die Stähle sollten nur bei geringen Anforderungen an die Zähigkeit der Verbindung - das gilt insbesondere für die 17%igen Chrom-Stähle - eingesetzt werden.

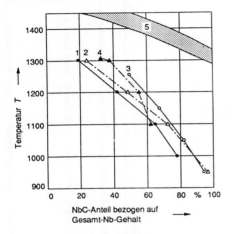

1: Stahl X7 CrNiMoNb 16 25 2 (t_H = 1h)
2: Stahl X7 CrNiNb 16 16 (t_H = 1h)
3: Stahl X7 CrNiNb 17 13 (t_H = 1h)
4: Stahl X6 CrNiMoVNb 16 13 1 (t_H = 0,5h)
5: Schweißgut X4 CrNiNb 20 10 (t_H = 5 sek)

t_H = Haltezeit bei der angegebenen Temperatur

Bild 4-76
Einfluß der Temperatur und der Haltezeit auf die Auflösung von Niobcarbid bei verschiedenen hochlegierten Stählen und einem hochlegierten Schweißgut, nach FOLKHARD.

—   Wegen der versprödenden Wirkung des Wasserstoffs müssen Stabelektroden und UP-Pulver sorgfältig getrocknet werden.

In der Praxis werden artgleiche und austenitische Zusatzwerkstoffe verwendet. Letztere werden oft bevorzugt, weil sie ein zähes Schweißgut ergeben, d.h., nur die WEZ kann verspröden. Wegen der sehr ungünstigen Wirkung des δ-Ferrits wird die chemische Zusammensetzung der "artgleichen" Zusatzwerkstoffe häufig modifiziert. Durch eine Erhöhung des Kohlenstoffgehalts auf 0,1 % und eine leichte Absenkung des Chromgehalts kann der δ-Ferrit-Gehalt im Schweißgut verringert werden. In Tabelle 4-32 sind einige geeignete Zusatzwerkstoffe nach DIN 17 440 zusammengestellt. Tabelle 4-32 zeigt die chemische Zusammen-

setzung der Schweißzusätze für das Schutzgas- und Unterpulverschweißen, Tabelle 4-33 die des Schweißgutes von Stabelektroden für das Schweißen korrosionsbeständiger Stähle nach DIN 8556 T1. Im Kurznamen für die chemische Zusammensetzung des Schweißgutes von Stabelektroden werden die Legierungsbestandteile in der Reihenfolge Cr, Ni, Mo hintereinander ohne das chemische Symbol aufgeführt. Der Zusatz L bedeutet ein besonders niedriger C-Gehalt.

Für die 17%igen Chrom-Stähle wird sehr häufig der austenitische Zusatzwerkstoff X 5 CrNi 19 9 (Werkst. Nr.: 1.4302) oder der artgleiche titanstabilisierte X 8 CrTi 17 (Werkst. Nr.: 1.4502) verwendet. In der Regel wird mit *nichtstabilisierten* Zusatzwerkstoffen eine größere IK-Beständigkeit des Schweißguts erreicht unabhängig von der Art der stabilisierenden Elemente. Das Gefüge des Schweißguts wird von der Art und Menge der ferrit- bzw. austenitstabilisierenden Elemente bestimmt. Das ferritstabilisierende Ti wird beim WIG-Verfahren nicht, beim Lichtbogenhandschweißen dagegen fast vollständig abgebrannt. Das nicht sauerstoffaffine Nb brennt bei keinem Verfahren ab. In dem Ti- bzw. Nb-haltigen rein ferritischem Schweißgut scheidet sich fast der gesamte gelöste Kohlenstoff in Form von TiC bzw. NbC und entgegen dem thermodynamischen Gleichgewicht auch Chromcarbid aus. Im Vergleich zu der im Stahl vorhandenen Menge an Ti (Nb) ist der Chromanteil wesentlich größer. Dadurch wird der mittlere Abstand zwischen den Cr- und C-Atomen zumindest örtlich geringer als der zwischen den Ti- und C-Atomen. Die teilweise Bildung der Chromcarbide wird damit reaktionskinetisch verständlich.

Bild 4-76 zeigt den Umfang der Wiederauflösung bereits ausgeschiedener NbC bei verschiedenen Grundwerkstoffen und einem Schweißgut in Abhängigkeit von der Temperatur. Bei 1400 °C liegt danach neben der Schmelzgrenze bereits die Hälfte des Niobcarbids in gelöster Form vor.

Geht ein Teil des ferritstabilisierenden Ti (Nb) durch Abbrand im Lichtbogen verlo-

Kurzname	Werkst.-Nr.	Chemische Zusammensetzung in Massenprozent								
		C	Si ¹⁾	Mn	P	S	Cr	Mo	Ni	Sonstige
X 8 Cr 14	1.4009	≤ 0,10	≤ 1,0	≤ 1,5	≤ 0,030	≤ 0,025	12,0 bis 15,0	-	-	-
X 8 CrNi 13 1	1.4018	≤ 0,10	≤ 1,0	≤ 1,5	≤ 0,030	≤ 0,025	11,5 bis 14,5	≤ 1,0	0,5 bis 2,0	-
X 3 CrNi 13 4	1.4351	≤ 0,04	≤ 1,0	≤ 1,5	≤ 0,030	≤ 0,025	12,0 bis 15,0	≤ 1,0	3,0 bis 5,0	-
X 8 CrTi 18	1.4502 ²⁾	≤ 0,10	≤ 1,0	≤ 1,5	≤ 0,030	≤ 0,025	16,0 bis 19,0	-	-	Ti 0,3 bis 0,7
X 20 CrMo 17 1	1.4115	≤ 0,25	≤ 1,0	≤ 1,5	≤ 0,030	≤ 0,025	15,5 bis 18,5	0,5 bis 1,5	≤ 1,0	-
X 5 CrNi 19 9	1.4302	≤ 0,06	≤ 1,5	≤ 2,0	≤ 0,030	≤ 0,025	18,5 bis 21,0	-	9,0 bis 11,0	-
X 2 CrNi 19 9	1.4316	≤ 0,025	≤ 1,5	≤ 2,0	≤ 0,030	≤ 0,025	18,5 bis 21,0	-	9,0 bis 11,0	-
X 5 CrNiNb 19 9	1.4551	≤ 0,07	≤ 1,5	≤ 2,0	≤ 0,030	≤ 0,025	18,5 bis 21,0	-	8,5 bis 10,5	Nb ⁴⁾
X 5 CrNiMo 19 11	1.4403	≤ 0,06	≤ 1,5	≤ 2,0	≤ 0,030	≤ 0,025	18,5 bis 21,0	2,5 bis 3,0	10,0 bis 13,0	-
X 2 CrNiMo 19 12	1.4430	≤ 0,025	≤ 1,5	≤ 2,0	≤ 0,030	≤ 0,025	18,0 bis 20,0	2,5 bis 3,0	10,0 bis 13,0	Nb ⁴⁾
X 5 CrNiMoNb 19 12	1.4576	≤ 0,07	≤ 1,5	≤ 2,0	≤ 0,030	≤ 0,025	18,5 bis 21,0	2,5 bis 3,0	10,0 bis 13,0	-
X 2 CrNiMo 18 15 ³⁾	1.4433	≤ 0,025	≤ 1,5	2,5 bis 5,0	≤ 0,030	≤ 0,025	17,0 bis 19,0	2,5 bis 3,5	13,0 bis 16,0	-
X 2 CrNiMo 18 16 ³⁾	1.4440	≤ 0,025	≤ 1,5	2,5 bis 5,0	≤ 0,035	≤ 0,025	17,0 bis 20,0	4,0 bis 5,0	16,0 bis 19,0	N
X 2 CrNiMoCu 20 25 ³⁾	1.4519	≤ 0,025	≤ 1,5	2,0 bis 5,0	≤ 0,030	≤ 0,025	19,0 bis 22,0	4,0 bis 6,0	24,0 bis 27,0	Cu 1,0 bis 2,0
X 2 CrNiMnMoN 20 16 ³⁾	1.4455	≤ 0,025	≤ 1,5	5,0 bis 9,0	≤ 0,035	≤ 0,025	19,0 bis 22,0	2,5 bis 3,5	15,0 bis 18,0	N
X 15 CrNiMn 18 8	1.4370	0,20	≤ 1,5	5,0 bis 8,0	≤ 0,035	≤ 0,025	17,0 bis 20,0	-	7,0 bis 10,0	-
X 12 CrNiMo 19 10	1.4431	0,15	≤ 1,5	≤ 2,5	≤ 0,030	≤ 0,025	18,0 bis 21,0	2,0 bis 4,0	8,0 bis 12,0	-
X 2 CrNi 24 12	1.4332	0,025	≤ 1,5	≤ 2,5	≤ 0,030	≤ 0,025	22,0 bis 25,0	-	11,0 bis 15,0	-
X 2 CrNiNb 24 12	1.4556	0,025	≤ 1,5	≤ 2,5	≤ 0,030	≤ 0,025	22,0 bis 25,0	-	11,0 bis 15,0	Nb ⁴⁾
X 8 CrNiMo 23 13	1.4459	0,12	≤ 1,5	≤ 2,5	≤ 0,030	≤ 0,025	22,0 bis 25,0	2,0 bis 3,0	11,0 bis 15,0	-
X 10 CrNi 30 9	1.4337	0,15	≤ 1,5	≤ 2,5	≤ 0,035	≤ 0,025	27,0 bis 31,0	-	8,0 bis 12,0	-
X 8 Cr 30	1.4773	0,10	≤ 2,0	≤ 2,0	≤ 0,035	≤ 0,025	28,5 bis 31,5	-	≤ 2,0	-
X 12 CrNi 25 4	1.4820	0,15	≤ 2,0	≤ 2,0	≤ 0,030	≤ 0,025	24,5 bis 27,5	-	4,0 bis 6,0	-
X 12 CrNi 22 12	1.4829	0,15	≤ 2,0	≤ 2,0	≤ 0,030	≤ 0,025	20,5 bis 23,5	-	10,0 bis 13,0	-
X 20 NiCr 36 18 ³⁾	1.4863	0,30	≤ 2,0	≤ 2,0	≤ 0,030	≤ 0,025	17,0 bis 20,0	-	33,0 bis 38,0	-

1) Für das Schutzgasschweißen sind Anteile an Si von > 0,5 % üblich. Für das Unterpulverschweißen sind Anteile an Si von < 0,5 % üblich. Bei der Bestellung ist daher das Verfahren anzugeben.

2) Als Werkstoff X 8 Cr 18 (Werkstoffnummer: 1.4015) auch unstabilisiert lieferbar.

3) Das Schweißgut ist weitgehend austenitisch.

4) Der Anteil an Nb ist mindestens 12mal so groß wie der an C, jedoch höchstens 1,1 %. Bis 20 % des Anteiles Nb dürfen durch Tantal ersetzt werden.

Tabelle 4-33
Chemische Zusammensetzung der Schweißzusätze für das Schutzgas- und Unterpulverschweißen nichtrostender und hitzebeständiger Stähle nach DIN 8556 T1, Auszug, Tabelle 2 (Mai 1986).

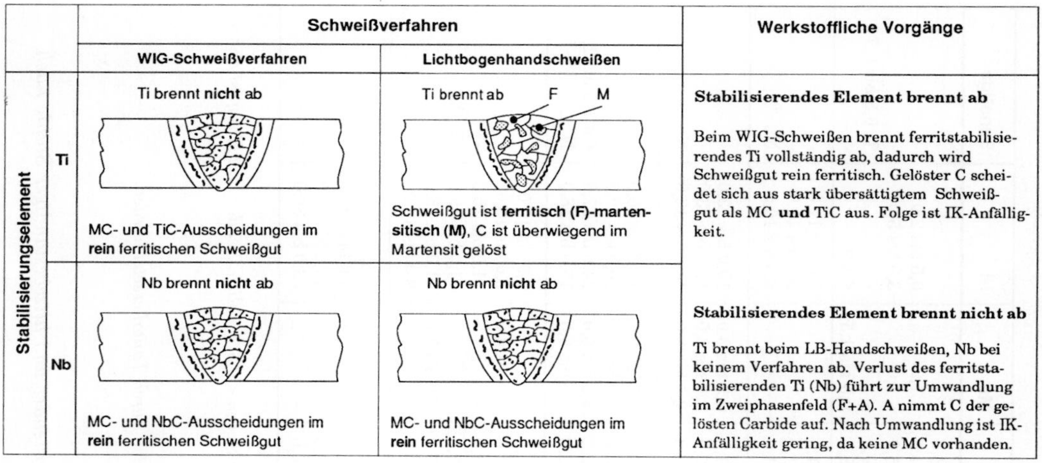

Schweißverfahren		Werkstoffliche Vorgänge
WIG-Schweißverfahren	Lichtbogenhandschweißen	

	Ti	Ti brennt **nicht** ab MC- und TiC-Ausscheidungen im **rein** ferritischen Schweißgut	Ti brennt ab F M Schweißgut ist **ferritisch (F)-martensitisch (M)**, C ist überwiegend im Martensit gelöst	**Stabilisierendes Element brennt ab** Beim WIG-Schweißen brennt ferritstabilisierendes Ti vollständig ab, dadurch wird Schweißgut rein ferritisch. Gelöster C scheidet sich aus stark übersättigtem Schweißgut als MC **und** TiC aus. Folge ist IK-Anfälligkeit.
Stabilisierungselement	Nb	Nb brennt **nicht** ab MC- und NbC-Ausscheidungen im **rein** ferritischen Schweißgut	Nb brennt **nicht** ab MC- und NbC-Ausscheidungen im **rein** ferritischen Schweißgut	**Stabilisierendes Element brennt nicht ab** Ti brennt beim LB-Handschweißen, Nb bei keinem Verfahren ab. Verlust des ferritstabilisierenden Ti (Nb) führt zur Umwandlung im Zweiphasenfeld (F+A). A nimmt C der gelösten Carbide auf. Nach Umwandlung ist IK-Anfälligkeit gering, da keine MC vorhanden.

Bild 4-77
Werkstoffliche Vorgänge beim Schweißen nichtstabilisierter 17%iger Cr-Stähle mit stabilisierten Zusatzwerkstoffen.

ren, dann entsteht nicht mehr ein rein ferritisches Gefüge, sondern ein austenitischferritisches. Die Löslichkeit des Austenits für Kohlenstoff ist erheblich größer als die des Ferrits, d.h., der Kohlenstoff wird überwiegend vom Austenit aufgenommen. Die Phasenumwandlung aus dem Zweiphasenfeld $(\gamma+\alpha)$ führt zu einem martensitisch-ferritischen Gefüge. Die martensitische, chromärmere Phase (Abschn. 2.8.2.2) wird flächenartig angegriffen. Der Korrosionsangriff bei martensitisch-ferritischen Stählen ist damit erheblich geringer als bei rein ferritischen, bei denen die mit Chromcarbiden belegten Korngrenzen linienförmig wesentlich schneller abgetragen werden.

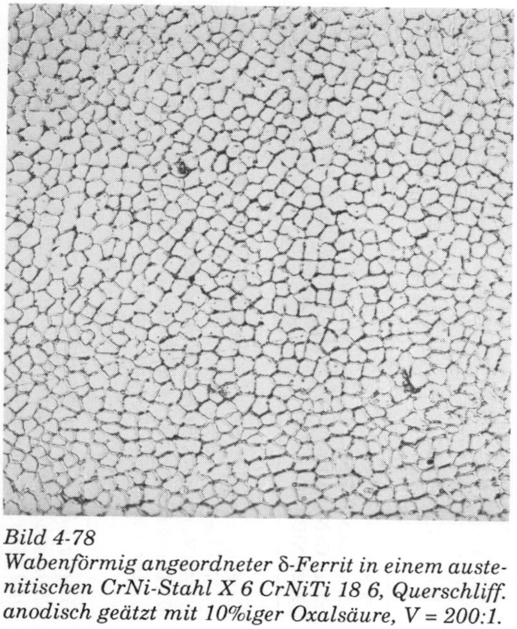

Wenn "artgleiches" Schweißen für erforderlich gehalten wird, dann sollten wegen der geschilderten Zusammenhänge nichtstabilisierte Zusatzwerkstoffe verwendet werden. Ein anschließendes Glühen (750 °C/ 1h) ist bei unstabilisierten Stählen zwingend erforderlich. Bild 4-77 zeigt die Vorgänge schematisch.

Eine unerwartete Erscheinung tritt bei Schweißverbindungen aus titanstabilisierten 17%igen Cr-Stählen auf. Die im hocherhitzten sehr schmalen Bereich neben der Schmelzgrenze während der Aufheizphase gelösten TiC führen zu einer starken Übersättigung des Ferrits. Beim Abkühlen scheidet sich aus dem Ferrit an den Korngrenzen ein zusammenhängendes Netzwerk von Niob- bzw. Titancarbiden aus. Durch einen starken oxidierenden Angriff, z.B. durch konzentrierte Salpetersäure, wird das TiC

Bild 4-78
Wabenförmig angeordneter δ-Ferrit in einem austenitischen CrNi-Stahl X 6 CrNiTi 18 6, Querschliff.
anodisch geätzt mit 10%iger Oxalsäure, V = 200:1.

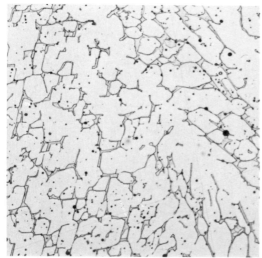

Bild 4-79
Netzartig verteilter δ-Ferrit in einem austenitischen Schweißgut.

in das weiße nicht korrosionsbeständige TiO_2 überführt. Niobstabilisierte Stähle werden dagegen von Salpetersäure nicht angegriffen. Aus dem gleichen Grund sind auch titanstabilisierte austenitische CrNi-Stähle nicht für den Angriff konzentrierter Salpetersäure vor allem bei höherer Temperatur geeignet (Abschn. 4.3.6.4).

4.3.6.5 Austenitische Chrom-Nickel-Stähle

Die austenitischen Stähle mit einem δ-Ferritgehalt ≤ 10 % bezeichnet man als *metastabile (labile) Austenite*, die ferritfreien als *Vollaustenite* (stabile Austenite). Letztere neigen aber beim Schweißen zur Bildung von Heißrissen. Die Ausbildung des δ-Ferrits kann abhängig von der chemischen Zusammensetzung und der Art der Wärmebehandlung recht unerschiedlich sein. Bild 4-78 zeigt eine wabenförmige Anordnung im Grundwerkstoff, Bild 4-79 eine netzartige in einem austenitischen Schweißgut.

Die Schweißeignung der austenitischen nicht umwandelbaren und nicht härtbaren Stähle ist gut. Sie werden zum Schweißen i.a. weder wärmevor- noch nachbehandelt.

Die die Korrosionsbeständigkeit beeinträchtigenden und die mechanischen Gütewerte verschlechternden Ausscheidungen sind i.a. nicht zu befürchten. Nachstehend aufgeführte Besonderheiten müssen aber beachtet werden:

– Die *thermische Leitfähigkeit* λ ist etwa um den Faktor 3 geringer als die der unlegierten Stähle, Tabelle 2-14. Die Abkühlung der Schweißverbindung erfolgt daher merklich langsamer. Die Neigung zum Wärmestau, z.B. beim Ausschleifen von Schweißfehlern oder Beschleifen der Nahtoberflächen, ist zu beachten. Andernfalls besteht die Gefahr von "Brandstellen", die häufig zu Mikrorissen führen und damit die Neigung zur Spaltkorrosion begünstigen.

– Der *Ausdehnungskoeffizient* α ist etwa um 50 % größer als der der unlegierten Stähle. Der Verzug geschweißter Bauteile ist also erheblich. Bei geringeren Wanddicken sind häufig aufwendige Nacharbeiten erforderlich. Als Folge des starken "Arbeitens" der Schweißverbindung müssen die Fügeteile fest gespannt und häufig geheftet werden.

– Die metastabilen austenitischen Stähle enthalten δ-Ferrit, aus dem sich die stark versprödende σ-Phase ausscheiden kann (Abschn. 2.8.1.4.2). Ihre versprödende Wirkung wird mit zunehmendem Chromgehalt größer.

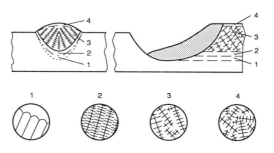

Bild 4-80
Kristallisationsformen bei korrosionsbeständigen Schweißgütern, 1) gerichtete Zellen, 2) gerichtete dendritische Stengelkristalle, 3) stärker verzweigte dendritische Stengelkristalle, 4) ungerichtete dendritische Stengelkristalle.

– Die Entstehung der 475 °C-Versprödung ist in vollaustenitischen Stählen nicht zu befürchten, sie wird mit steigendem Chromgehalt stark beschleunigt. Bis zu einer Ferritnummer von 14 machen sich ihre Auswirkungen allerdings kaum bemerkbar.

– Die Bildung von Chromcarbiden im Bereich der Korngrenzen führt bei nichtstabilisierten Stählen zur IK (Abschn. 2.8.1.4.1). Die Carbidausscheidung erfolgt am schnellsten bei Temperaturen zwischen 650 °C und 750 °C, aber um einige Größenordnungen langsamer als bei den ferritischen Chromstählen. Der während des Aufheizens beim Schweißen im Austenit gelöste Kohlenstoff kann sich beim Abkühlen i.a. nicht in Form von Chromcarbid ausscheiden, weil die zur Verfügung stehenden Zeiten zu kurz sind. Dies geschieht erst bei längerer Verweildauer im Temperaturbereich zwischen 650 °C und 750 °C (siehe auch Messerlinienkorrosion). Durch Zulegieren von Stickstoff wird der Beginn des Kornzerfalls sehr stark verzögert.

Im folgenden werden einige für das Schweißergebnis wichtige werkstoffliche Probleme näher beschrieben.

Primärkristallisation

Bei Stählen mit krz Gitter erstarrt das artgleiche Schweißgut primär überwiegend zu einem aus dendritischen Stengelkristallen bestehenden Gefüge (Abschn. 4.1.1). Bei der Primärkristallisation nichtrostender austenitischer Schweißgüter (kfz Gitter) entsteht bei üblichen Abkühlgeschwindigkeiten in einem erheblichen Umfang zelluläres Gefüge, wie Bild 4-80 schematisch zeigt. An Orten mit größter Abkühlgeschwindigkeit (an den Schmelzgrenzen, häufig auch im Schweißgut) bildet sich Zellgefüge, das mit abnehmender Abkühlung in gerichtete und stärker verzweigte bzw. völlig regellose dendritische Stengelkristalle in der Decklage übergeht.

Die Primärkristallisation hochlegierter Schweißgüter beginnt abhängig von der che-

Bild 4-81
Mikroaufnahme eines primär zu δ-Ferrit (etwa 8,5 %) erstarrten Schweißguts vom Typ CrNi 20 10. Farbniederschlagsätzung nach LICHTENEGGER, *V = 500:1, nach Sandvik.*

mischen Zusammensetzung mit der Bildung von δ-Ferrit oder Austenit. Die grundsätzlichen Zusammenhänge zeigt das Dreistoff-Schaubild Fe-Ni-Cr, Bild 2-67. Die primäre Erstarrung zu δ-Ferrit (Austenit) erfolgt bei allen Legierungen, die oberhalb (unterhalb) der eutektischen Rinne liegen. Der Konzentrationsschnitt im Dreistoff-System bei 70 % Eisen (Linie A in Bild 2-67), Bild 2-71, zeigt diese Vorgänge deutlicher. Alle links von der "Dreikantröhre" liegenden Legierungen erstarren primär zu δ-Ferrit, alle rechts liegenden primär zu Austenit. Die Art der primären Erstarrung ist von entscheidender Bedeutung für das Heißrißverhalten, wie weiter unten dargestellt wird.

In der Regel unterscheidet sich das primäre Gefüge dieser Stähle deutlicher von dem sekundären als dies bei den un- und niedriglegierten Stählen der Fall ist. Die Ursache ist die wesentlich größere Seigerungsneigung der hochlegierten Stähle. Die Primärätzung erfolgt meistens mit den relativ schwer handhabbaren, aber sehr aussagefähigen Farbniederschlagsätzungen, z.B. nach LICHTENEGGER oder BERAHA. Bild 4-81 zeigt das Primärgefüge eines ferritisch erstarrten Schweißgutes vom Typ CrNi-20-10. Der weiß und blau gefärbte Gefügebestandteil ist δ-Ferrit, der braune die zu Austenit umgewandelte Restschmelze. Bei der üblichen Primärätzung wird nur der weiße Bestandteil als δ-Ferrit identifiziert. Die ausgeprägte Seigerungsneigung ist die Ursache für die für diese Stähle typischen Aufschmelzungsrisse (siehe unten).

Heißrißbildung

Die Neigung zur Heißrißbildung im Schweißgut, der WEZ und zwischen einzelnen Lagen ist neben der Möglichkeit der Chromcarbidbildung sicherlich das wichtigste werkstoffliche Problem beim Schweißen austenitischer Stähle. Die Ursache sind niedrigschmelzende Phasen bzw. Phasengemische (meistens eutektische), die sich während des Erstarrungsvorgangs an den Korngrenzen sammeln und unter der Wirkung von Last- und(oder) Eigenspannungen reißen. Die wichtigsten heißrißauslösenden Elemente sind S, P, B, Nb, Ti, Si. Sie bilden mit den Legierungselementen des Stahles (meistens) entartete niedrigschmelzende Eutektika. Als Beispiele seien die Eutektika Fe-FeS mit einem Schmelzpunkt von etwa 1000 °C, Ni-NiS (630 °C), Fe-Fe$_2$B (1180 °C) und Fe-Fe$_2$Nb (1370 °C) genannt. Bemerkenswert ist der extrem große Einfluß von Bor auf die Heißrißanfälligkeit. Der Borgehalt sollte unter 0,0050 % (50 ppm!) liegen. Unterschreitet der primäre δ-Gehalt in niobstabilisierten Stählen 5 FN, dann entstehen ebenfalls niedrigschmelzende niobreiche Phasen, die zum Heißriß führen. Die Rißneigung ist bei dickwandigen, verspannten, nicht nachgebenden Konstruktionen besonders groß. Abhängig vom Entstehungsort unterscheidet man zwei Heißrißarten:

– die im Schweißgut entstehenden *Erstarrungsrisse* (siehe auch Abschn. 4.1.1) und

– die *Aufschmelzungsrisse* in der WEZ.

Die Länge der in der WEZ auftretenden Aufschmelzungsrisse beträgt i.a. nur einige Zehntel Millimeter. Sie entstehen ebenfalls durch niedrigschmelzende Phasen, die sich durch Seigerungen im Bereich der Korngrenzen bilden. Das Bild 4-82 zeigt schematisch ihren Bildungsmechanismus nach der grundlegenden Theorie von APBLETT und PELLINI. Die Belegungsdichte der Korngrenzen, d.h., die Korngröße der Gefüge der WEZ und des Schweißguts bestimmt außer der Anwesenheit bestimmter in der Matrix nicht löslicher Elemente weitgehend die Neigung zur Bildung von Erstarrungsrissen. Danach entsteht diese Rißart bevorzugt in *vollaustenitsch* erstarrtem Schweißgut. Bildet sich bei der primären Erstarrung δ-Ferrit, dann wird das Kornwachstum und damit die Heißrißneigung wirksam behindert. Sekundär aus γ-MK gebildeter Ferrit ist offenbar unwirksam.

Die wichtigsten Gründe für die Heißrißanfälligkeit sind:

– Die Löslichkeit der den Heißriß verursachenden Elemente ist im Austenit wesentlich geringer als im Ferrit. Sie werden daher bereits bei geringen Gehalten im Stahl ausgeschieden und bilden dann die niedrigschmelzenden Phasen.

– Die Seigerungsneigung der heißrißauslösenden Elemente ist bei der austenitischen Erstarrung - begünstigt durch die vielfach geringere Diffusionsfähigkeit der Elemente im kfz Gitter - wesentlich größer.

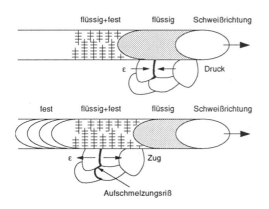

Bild 4-82
Zur Entstehung von Aufschmelzungsrissen in der WEZ von Schweißverbindungen aus austenitischem CrNi-Stahl, nach APBLETT *und* PELLINI.

– Der Verlauf der Liquidus- und Solidusflächen ist im Bereich der primär zu Austenit erstarrenden Legierungen wesentlich flacher als im Bereich der primären
Ferriterstarrung. Dieser Zusammenhang
ist aus dem Dreistoff-Schaubild Bild 2-
57 erkennbar. Diese Tatsachen begünstigen die Schmelzenentmischung, die
Bildung niedrigschmelzender Phasen
und damit die Heißrißbildung.

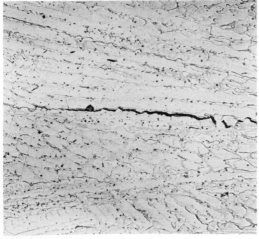

Bild 4-83
*Heißriß in einem austenitischen Schweißgut mit
wabenförmigem δ-Ferrit, anodisch geätzt (Oxalsäure), V = 400:1.*

Das zum Schweißen dieser Stähle vielfach
verwendete SCHAEFFLER-Schaubild (Bild 4-
73) gibt keine Hinweise auf die Art der Fer-
rit-Entstehung. Die 0 %-Ferritlinie entspricht also *nicht* dem Verlauf der eutektischen Rinne in dem Gleichgewichts-Schaubild Bild 2-57. Vielmehr gibt die eingezeichnete Linie 1-2 angenähert die Grenze der primären Ferrit- bzw. Austenitausscheidung an.

In vollaustenitischem Schweißgut - vor allem bei größeren Wanddicken - ist die Heißrißbildung schwer vermeidbar und im wesentlichen nur durch Verringern der heißrißbegünstigenden Elemente zu bekämpfen. Völlig heißrißfreie Schweißverbindungen sind sehr schwer reproduzierbar herstellbar. Bild 4-83 zeigt einen typischen
Heißriß in einem austenitischen Schweißgut.

Eine weitere geeignete Methode zum Unterdrücken dieser Rißart ist die Wahl geeigneter Schweißparameter bzw. -bedingungen,
die sich in folgenden grundsätzlichen Empfehlungen zusammenfassen lassen:

– Einstellwerte wählen, die zu einer möglichst kurzen Verweilzeit im Bereich
zwischen der Liquidus- und Solidustemperatur führen. Diese Forderung bedeutet eine ausreichend geringe Streckenenergie, Schweißgeschwindigkeit und
Vorwärmtemperatur. Schweißtechnologien, mit denen viel Wärme eingebracht
wird, sind zu vermeiden (z.B. in s-Position geschweißte Nähte).

– Wegen der extrem stark austenitisierenden Wirkung des Stickstoffs sollte der
Lichtbogen möglichst kurz gehalten werden, um einen Lufteinbruch zu verhindern. Die Folge ist eine u.U. unzulässige
Abnahme des primär gebildeten δ-Ferrits. Mit Versuchsschweißungen, deren
Schweißgut mit einem Magneten abge-
tastet wird, kann sowohl die austenitisierende Wirkung einer zu großen Aufmischung als auch die einer geänderten
Lichtbogenlänge hinreichend genau bestimmt werden.

Messerlinienkorrosion

Diese besondere Form der Korrosion tritt
nur in Schweißverbindungen aus stabilisierten austenitischen Stählen auf. Unmittelbar neben der Schmelzgrenze geht beim
Aufheizen auf Temperaturen dicht unter
Solidus ein merklicher Teil des an Titan
(Niob) gebundenen Kohlenstoffs in Lösung
(Bild 4-76). Während der anschließenden
raschen Abkühlung wird ein Teil des Kohlenstoffs als TiC (NbC) ausgeschieden, der
größere bleibt zwangsgelöst im Austenit.
Wird die Schweißverbindung aber bei Temperaturen zwischen 550 °C und 650 °C wärmebehandelt, dann scheidet sich der Kohlenstoff entgegen dem thermodynamischen
Gleichgewicht nicht als TiC, sondern als
Chromcarbid $M_{23}C_6$ aus. Wegen der im Vergleich zum stabilisierenden Element wesentlich größeren Chrommenge ist auch der
mittlere Abstand zwischen den Chrom- und

den Kohlenstoffatomen kleiner als der zwischen den Titan- und den Kohlenstoffatomen. Die Bedingungen für eine chemische Reaktion zwischen Chrom und Kohlenstoff sind also besser als die zwischen Titan und Kohlenstoff. Die Folge ist ein nur auf eine extrem schmale Zone neben der Schmelzlinie begrenzter Kornzerfall bei chemischem Angriff. Diese "wie mit einem Messer geschnittene" Korrosionserscheinung wird in der englischen Literatur als *"Knife-Line-Attack"* bezeichnet.

Bei nichtstabilisierten Stählen werden bei der angegebenen Wärmebehandlung der gesamte Bereich der Schweißverbindung und der Grundwerkstoff flächenförmig angegriffen. Abhilfe schafft ein Absenken des Kohlenstoffgehalts auf $\leq 0{,}04\,\%$ und ein Überstabilisieren des Stahles:

- $Nb \geq 8 \cdot C$,
- $Ti \geq 15 \cdot C$.

Allerdings nimmt bei Niobgehalten über 1 % die Heißrißneigung i.a. zu.

4.3.6.5.1 Metallurgie des Schweißens

Die Schweißeignung der austenitischen CrNi-Stähle (Tabelle 2-13) ist mit allen Verfahren sehr gut. Voraussetzung ist die Verwendung von Zusatzwerkstoffen, die etwa 5 % bis 10 % primären δ-Ferrit im Schweißgut ergeben. Der Ferritgehalt muß in stabilisierten Stählen etwas größer sein, um die Heißrißbildung zu verhindern. Die Grundwerkstoffe werden grundsätzlich im lösungsgeglühten, d.h. vollaustenitischen Zustand geliefert. Daher muß die unvermeidbare Aufmischung mit dem vollaustenitischen Grundwerkstoff berücksichtigt werden. Der tatsächliche δ-Ferrit-Gehalt im Schweißgut wird i.a. mit Hilfe des SCHAEFFLER-Schaubildes oder genauer mit dem DeLONG-Schaubild bestimmt (Abschn.4.3.6.2). Ohne Zusatzwerkstoff hergestellte Schweißverbindungen sind daher immer vollaustenitisch, das Schweißgut also heißrißempfindlich.

Aus Korrosionsgründen werden die Stähle prinzipiell artgleich geschweißt, wobei die chemische Zusammensetzung der Zusatz-

werkstoffe so abgestimmt wird, daß ein "edleres" Schweißgut entsteht. In der Regel können die unstabilisierten ELC-Stähle und die stickstofflegierten Stähle mit stabilisierten oder nichtstabilisierten Zusatzwerkstoffen geschweißt werden. Wegen der stark austenitisierenden Wirkung des Stickstoffs muß die Aufmischung mit dem Grundwerkstoff aber möglichst gering bleiben. Die nichtstabilisierten Zusatzwerkstoffe haben im Vergleich zu den stabilisierten einige Vorteile:

- Der Werkstoffübergang ist ruhiger und weicher, die Neigung zur Spritzerbildung daher geringer.
- Der relativ hohe Niobgehalt ($\geq 1\,\%$) kann zu versprödenden und heißrißbegünstigenden Ausscheidungen führen.
- Nichtstabilisiertes Schweißgut (Stahl) ist hochglanzpolierfähig.

Bei den Stabelektroden ist eindeutig die Tendenz zu den *kernstablegierten* erkennbar. Die *hüllenlegierten* sind mechanisch viel weniger beanspruchbar, d.h., ein örtliches Abplatzen der Umhüllung erzeugt eine sofortige Änderung der chemischen Zusammensetzung und damit eine lokal begrenzte Stelle für einen möglichen Korrosionsangriff. Wenn die Korrosionsbeständigkeit die entscheidende Eigenschaft ist, die Anforderungen an die Zähigkeit also begrenzt sind, werden i.a. rutilumhüllte Stabelektroden verwendet. Die empfohlenen genormten Zusatzwerkstoffe sind in den Tabellen 4-31, 4-32 und 4-33 zusammengestellt.

Stabilisierte Stähle sollten mit niobstabilisierten [47] Zusatzwerkstoffen verarbeitet werden. Möglich ist auch die Verwendung niedriggekohlter nichtstabilisierter Zusatzwerkstoffe. Allerdings darf dann die maximale Betriebstemperatur wegen der Gefahr des Kornzerfalls etwa 300 °C nicht überschreiten, d.h., sie ist rund 100 °C niedriger

---

[47] Wegen des starken Abbrandes von Titan im Lichtbogen wird dieses Element zum Stabilisieren der Zusatzwerkstoffe nicht verwendet

als die bei stabilisierten Stählen zulässige. Wegen der Gefahr der Chromcarbidbildung auch in stabilisiertem Schweißgut werden Zusatzwerkstoffe meistens überstabilisiert und mit einem sehr geringen Kohlenstoffgehalt hergestellt. Im Bild 4-84 ist der Bereich der Schmelzgrenze einer mit dem WIG Verfahren geschweißten Verbindung aus dem Stahl X 10 CrNiNb 18 9 dargestellt. Man erkennt deutlich das "Hahnentrittmuster" des δ-Ferrits im Schweißguts.

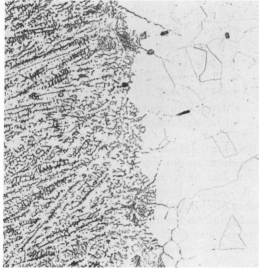

Bild 4-84
Mikroaufnahme aus dem Bereich der Schmelzgrenze einer mit dem WIG-Verfahren geschweißten Verbindung aus X 10 CrNiNb 18 9.

Wird bei dickwandigen geschweißten Konstruktionen eine Wärmenachbehandlung im Sensibilisierungsbereich (650 °C bis 750 °C, z.B. beim Spannungsarmglühen!) als notwendig erachtet, dann muß der Stahl wegen der Gefahr der *Messerlinienkorrosion* (s. oben) überstabilisiert werden. Da der Kohlenstoff in stabilisierten Stählen stabil abgebunden ist, neigen sie außerdem stärker zur Sigmaphasenausscheidung als unstabilisierte. Der Grund ist die vollständige Unlöslichkeit des Stickstoffs in der Sigmaphase. Man beachte, daß die Sigmaphasenausscheidung, also die örtliche Bildung der Phase FeCr, auch aus dem Austenit erfolgen kann, nur sind die hierfür erforderlichen Zeiten wesentlich länger.

Vollaustenitische Stähle sind unmagnetisch, sehr beständig gegen Spaltkorrosion, Lochfraß und Spannungsgsrißkorrosion, sie sind hochwarmfest und besitzen hervorragende (Tieftemperatur-)Zähigkeitseigenschaften. Die Neigung zum Ausscheiden versprödender oder die Korrosionsbeständigkeit vermindernder Phasen ist sehr gering. Sie werden durch Anheben des Nickelgehalts und Zulegieren von Stickstoff erzeugt, der außerdem sehr wirksam die Streckgrenze erhöht. Der Stahl X 2 CrNiMoN 17 13 3 (Tabelle 2-13) ist z.B. ein typischer Vertreter.

Vollaustenitisches Schweißgut mit Molybdängehalten über 4 % wird aber i.a. mit Stickstoff legiert, um das Ausscheiden unerwünschter Phasen zu begrenzen. Glühbehandlungen im Temperaturbereich zwischen 700 °C und 1000 °C führen mit zunehmendem Molybdängehalt zu einer starken Versprödung des Schweißguts.

Wegen der primären Erstarrung zu Austenit ist er aber wesentlich anfälliger für Heißrisse und Aufschmelzungsrisse als der δ-ferrithaltige metastabile Austenit. Der Heißrißneigung der Vollaustenite ist am wirksamsten durch Begrenzen der heißrißfördernden Elemente zu begegnen. Unterstützend haben sich folgende Maßnahmen bewährt:

– Nachgiebig konstruieren, um Reaktionsspannungen klein zu halten bzw. die Wanddicken begrenzen, um die Eigenspannungen zu verringern. Die Anhäufung von Schweißnähten ist grundsätzlich zu vermeiden.

– Möglichst "kalt" schweißen, d.h., die Streckenenergie ist zu begrenzen. Dazu gehört ein Lagenaufbau in Zugraupentechnik und die Verwendung dünner Elektroden, und keine Wärmevor- bzw. nachbehandlung. Nahtkreuzungen sind zu vermeiden. Erfahrene und und im Umgang mit diesen Werkstoffen geschulte Schweißer einsetzen

– Ausschleifen der Endkrater und Ansatzstellen.

4.3.6.6 Austenitisch-ferritische Stähle (Duplex-Stähle)

Die im lösungsgeglühten und abgeschreckten Zustand verwendeten Duplex-Stähle vereinen weitgehend die Vorteile der austenitischen CrNi-Stähle mit denen der ferritischen Cr-Stähle:

– Die Neigung zu der gefährlichen *Spannungsrißkorrosion* ist gering. Ihre Korrosionsbeständigkeit ist i.a. besser als das der CrNi-Austenite. Die Lochfraßbeständigkeit ist gut.

– Die *Streckgrenze* erreicht Werte über 450 N/mm².

– Die *Zähigkeitseigenschaften* sind mit denen der CrNi-Austenite vergleichbar.

– Die Primärerstarrung zu δ-Ferrit beseitigt bzw. mindert die *Heißrißgefahr*.

– Die Neigung zur *Grobkornbildung* ist durch die wachstumshemmende Wirkung des Austenits wesentlich geringer als bei den ferritischen Cr-Stählen.

Allerdings sind auch einige Nachteile zu beachten:

– Ihre schweißtechnische Verarbeitung ist nicht ganz einfach. Sie erfordert kenntnisreiche Sorgfalt und eine dem Werkstoff angepaßte (kontrollierte) Wärmeführung.

– Die Anwesenheit des Ferrits führt zu verschiedenen Arten von versprödenden und(oder) die Korrosionsbeständigkeit vermindernden Ausscheidungen. Die Bildung der σ-Phase erfordert im Temperaturbereich zwischen 700 °C ... 900 °C nur einige Minuten wie das Bild 2-73 zeigt. Das Maß der durch den Ferrit verursachten Versprödung und Abnahme der Korrosionsbeständigkeit steigt mit dem Chromgehalt. Wegen der Gefahr der *475-°C-Versprödung* beträgt die höchste zulässige Betriebstemperatur nach VdTÜV-Werkstoffblatt 480 nur 280 °C. Wärmebehandlungen sollten daher ebenfalls nicht durchgeführt werden.

Die beim Schweißen ablaufenden komplexen Gefügeänderungen können annähernd anhand des Konzentrationsschnittes gemäß Bild 4-85 beschrieben werden. Die Aussagegenauigkeit dieses Schaubildes ist begrenzt, weil es nur für das thermodynamische Gleichgewicht gilt und die Wirkung verschiedener Legierungselemente, z.B. die des stark austenitbegünstigenden Stickstoffs nicht erfaßt.

Beim Schweißen wird der etwa über 1300 °C erwärmte Bereich vollständig "ferritisiert", Bild 4-85. Das sehr grobkörnige Gefüge besteht damit ausschließlich aus Ferrit, der die Legierungsbestandteile (z.B. C und N) in gelöster Form enthält. Während der Abkühlung wandelt der δ-Ferrit wegen der erheblichen Unterkühlbarkeit der Reaktion nur unvollständig in das Phasengemisch δ+γ um. Die mit zunehmender Abkühlgeschwindigkeit zunehmende Diffusionsbehinderung führt also zu immer geringeren Austenitmengen, Bild 2-72. In dieser Zone kann sich das Ferrit-Austenitverhältnis bei ungeeigneten Schweißbedingungen von etwa 50 %/50 % bis auf 70 % ... 80 %/30 % ...

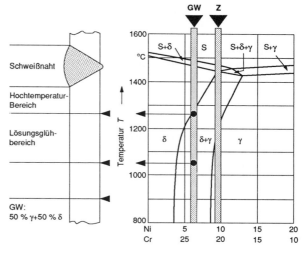

Bild 4-85
Zuordnung des beim Schweißen entstehenden Temperaturverlaufs zum Konzentrationsschnitt im Dreistoff-Schaubild Fe-Cr-Ni bei 70 % Fe (Linie A in Bild 2-71) für den Stahl X 2 CrNiMoN 22 5 3 (GW), der mit dem mehr Nickel enthaltenden Zusatzwerkstoff vom Typ CrNi-22-9 (Z) geschweißt wurde.

20 % verschieben. Die Folge des hohen Ferritanteils ist zunächst eine extreme Versprödung dieser Zone, d.h. der gesamten Verbindung. Da die Löslichkeit des Ferrits für C und N um Größenordnungen geringer ist als die des Austenits wird außerdem mit abnehmemender Austenitmenge der überwiegende Anteil dieser Elemente im Ferrit bleiben müssen, die sich während der Abkühlung in Form von Nitriden (Cr_2N) und Carbiden ($M_{23}C_6$) ausscheiden, Bild 2-72.

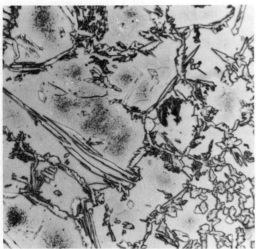

Bild 4-86
Mikroaufnahme des Bereiches Schmelzgrenze einer Stumpfschweißverbindung aus dem Stahl X 2 CrNiMoN 22 5, die mit $t_{12/8} < 10$ s hergestellt wurde. V=200:1, elektrolytisch mit Chromsäure geätzt.

Die für angemessene Festigkeits- und Korrosionseigenschaften erforderliche Austenitmenge wird bei den Grund- und Zusatzwerkstoffen relativ einfach mit einem ausreichenden Stickstoff- und (oder) Nickelgehalt erreicht. Das Legierungselement Stickstoff verringert außerdem die Neigung zur Sigmaphasenbildung. Der Stickstoffgehalt im Schweißgut sollte 0,12 % besser 0,15 % nicht unterschreiten.

Der für die mechanischen Gütewerte und das Korrosionsverhalten entscheidende Austenitanteil bildet sich vorwiegend im Temperaturbereich zwischen 1200 °C und 800 °C. Die Abkühlzeit $t_{12/8}$ ist daher ein sehr aussagefähiger Kennwert zum Beurteilen des Erfolges jeder Wärmebehandlung, also auch des Schweißprozesses.

Bild 4-86 zeigt die Mikroaufnahme einer Schweißverbindung in Schmelzgrenzennähe, bei der die Abkühlzeit $t_{12/8} < 10$ s betrug. Sehr deutlich sind die extreme Korngröße des Ferrits und die Cr_2N-Ausscheidungen erkennbar. Die Ferritmenge beträgt etwa 75 %. Die Schweißverbindung ist spröde und korrosionsanfällig. Diese Besonderheiten erfordern daher Schweißbedingungen, die den werkstofflichen Gegebenheiten angepaßt werden müssen:

– Die Abkühlzeit $t_{12/8}$ sollte mehr als 10 s besser 15 s betragen. Dies wird durch eine angemessene Streckenenergie (> 6 kJ/cm) und eine auf etwa 150 °C begrenzte Vorwärmtemperatur erreicht.

– Rasch abkühlende Schweißnähte wie Wurzellagen, Decklagen oder Nähte an stark verspannten Konstruktionen (z.B. Stutzenschweißung) sollten mit höher nickelbzw. stickstoffhaltigen Zusatzwerkstoffen

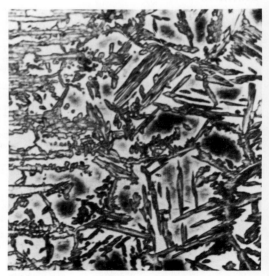

Bild 4-87
Mikrogefüge aus dem Wurzelbereich einer Stumpfschweißverbindung (Werkstoff: X 2 CrNiMoN 22 5 3), die mit $t_{12/8} \approx 6$ s hergestellt wurde. Der zu große Ferritanteil, zusammen mit erheblichen Cr_2N-Ausscheidungen führten zur Rißbildung, V=200:1.

Schweißempfehlungen und Hinweise	Werkstoffliche Vorgänge	Wichtige Zusammenhänge

Martensitische Chrom-Stähle, z. B.: X 20 Cr 13 - X 46 Cr 13

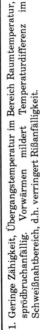
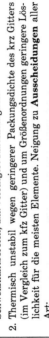

1. Vorwärmen auf 30 °C ... 50 °C über M_s. 2. Aus Schweißwärme Zwischenabkühlen auf $T_z = 150$ °C ... 200 °C. 3. Anschließendes Anlaßglühen von T_z auf 650°C ... 750 °C. 4. Verwendung austenitischer Zusatzwerkstoffe zweckmäßig. **Allgemeine Hinweise:** Vom Schweißen ist grundsätzlich abzuraten. Aufheizen auf Vorwärmtemperatur mit 30 °C/h bis 50 °C/h.	1. hochgekohlt und hochlegiert, Lufthärter, extrem schlechte Schweißeignung. Vorwärmen über M_s hält austenitisierten Teil der WEZ während des Schweißens im austenitischen Zustand. Kaltrißbildung in WEZ dann geringer. Versprödung durch Wasserstoff möglich, d.h. trockene Zusatzwerkstoffe verwenden. 2. Beim Zwischenabkühlen Umwandlung der austenitisierten Zonen der WEZ in Martensit. Dadurch geringere Rißgefahr, weil Carbidausscheidung nach **sofortigem** Aufheizen auf Anlaßtemperatur unterbleibt. 3. Austenitischer Zusatzwerkstoff verringert Rißgefahr in Schweißgut und WEZ.	

Ferritische und halbferritische Chrom-Stähle, z. B.: X 6 Cr 17 - X 6 CrTi 17 - X 1 CrTi 15

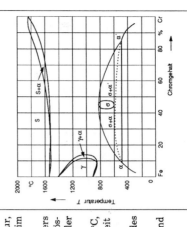

1. Vorwärmen auf 150 °C ... 250 °C. 2. Wärmezufuhr begrenzen: keine Nahtkreuzungen, dicke Stabelektroden vermeiden, Zugraupentechnik anwenden. 3. Bei nichtstabilisiertem Werkstoff anschließendes Glühen 750 °C/1h erforderlich. 4. Verwendung austenitischer Zusatzwerkstoffe zweckmäßig. **Allgemeine Hinweise:** Schlechte Schweißeignung wegen sehr geringer Verformbarkeit und Neigung zu versprödenden Ausscheidungen.	1. Geringe Zähigkeit, Übergangstemperatur im Bereich Raumtemperatur, sprödbruchanfällig. Vorwärmen mildert Temperaturdifferenz im Schweißnahtbereich, d.h. verringert Rißanfälligkeit. 2. Thermisch unstabil wegen geringerer Packungsdichte des krz Gitters (im Vergleich zum kfz Gitter) und um Größenordnungen geringere Löslichkeit für die meisten Elemente. Neigung zu **Ausscheidungen** aller Art: 475-°C-Versprödung, Sigmaphasenbildung zwischen 600 °C und 900 °C, Chromcarbidbildung (IK), ausgeprägte Grobkornbildung. Daher Zeit für Bildung von Ausscheidungen möglichst kurz halten. 3. Nicht vermeidbare Cr-Carbidausscheidungen erfordern stabilisierendes Glühen bei 750 °C (Auffüllen der Cr-Mulden!). 4. Austenitischer Zusatzwerkstoff verringert Rißgefahr in Schweißgut und WEZ.	

Schweißempfehlungen und Hinweise	Werkstoffliche Vorgänge	Wichtige Zusammenhänge

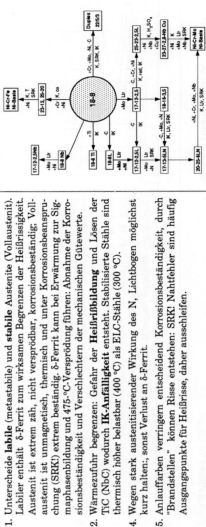

Duplex-Stähle, z. B.: X 2 CrNiMoV 22 5 3 - X 4 CrNiMoN 27 5 2

1. Wärmezufuhr wählen, so daß $t_{12/8} < 10$ besser 15 s wird. 2. Vorwärmen begrenzen auf etwa 150 °C. 3. Zusatzwerkstoff mit höherem Ni- bzw. N-Gehalt wählen. **Allgemeine Hinweise:** N-Gehalt im Grundwerkstoff sollte 0,10 %, im Schweißgut 0,12 % nicht unterschreiten. Mechanische Bearbeitung nur mit Werkzeugen, die noch nicht mit "schwarzem" Werkstoff in Berührung gekommen sind. Wurzellagen wegen höherer Aufmischung mit höherlegierten Zusatzwerkstoffen schweißen.	1. Verbinden Vorteile der ferritischen und austenitischen Stähle, ohne deren Nachteile: Hervorragende Korrosionsbeständigkeit (SRK, Lochfraß), hohe Streckgrenze (über 450 N/mm²), Zähigkeit entspricht fast der des Austenits, wegen Primärerstarrung zu δ-Ferrit sehr geringe Heißrißneigung. Aber leichtere Bildung der bei diesen Stählen stark versprödenden Sigmaphase (700 °C bis 900 °C). Wegen der Gefahr der 475-°C-Versprödung max. Betriebstemperatur 280 °C. 2. Mit zunehmender Abkühlgeschwindigkeit wird Bildung des aus dem δ-Ferrit entstehenden Austenits stark behindert. Außerdem Ausscheidung des verspödenden Cr₂N aus dem Ferrit, dessen Löslichkeit für N nur sehr gering ist. Schmelzgrenzennaher Bereich daher stark ferritisiert (bis 80 %), starke Versprödung ist die Folge. Im Schweißgut wird Austenitgehalt durch höheren Ni- und N-Gehalt erreicht.

Austenitische Chrom-Nickel-Stähle, z. B.: X 2 CrNi 19 11 - X 6 CrNiTi 18 10 - X 2 CrNiMoN 17 13 5

1. Zusatzwerkstoff so wählen, daß FN= 5 bis 10. Aufmischung gering halten (SCHAEFFLER-Schaubild verwenden). 2. Jede Wärmebehandlung möglichst vermeiden. Spannungsarmglühen nur nach Rücksprache mit Stahlhersteller. 3. Streckenenergie begrenzen, d.h., Zwischenlagentemperatur max. 150 °C, Schweißen in s-Position vermeiden, Strichraupen. 4. Lichtbogen kurz halten. Evtl. Verlust von δ-Ferrit mit Magnet überprüfbar. 5. Anlauffarben verhindern (Formiergas) oder Beseitigen (Schleifen, Beizen). Beim Schleifen "Brandstellen" vermeiden. Ansatzstellen ausschleifen. 6. Ausgebildete Schweißer einsetzen.	1. Unterscheide **labile** (metastabile) und **stabile** Austenite (Vollaustenit). Labiler enthält δ-Ferrit zum wirksamen Begrenzen der Heißrissigkeit. Austenit ist extrem zäh, nicht versprödbar, korrosionsbeständig; Vollaustenit ist unmagnetisch, thermisch und unter Korrosionsbeanspruchung (SRKI) extrem beständig. δ-Ferrit kann bei Erwärmung zur Sigmaphasenbildung und 475-°C-Versprödung führen: Abnahme der Korrosionsbeständigkeit und Verschlechtern der mechanischen Gütewerte. 2. Wärmezufuhr begrenzen: Gefahr der **Heißrißbildung** und Lösen der TiC (NbC) wodurch **IK-Anfälligkeit** entsteht. Stabilisierte Stähle sind thermisch höher belastbar (400 °C) als ELC-Stähle (300 °C). 4. Wegen stark austenitisierender Wirkung des N, Lichtbogen möglichst kurz halten; sonst Verlust an δ-Ferrit. 5. Anlauffarben verringern entscheidend Korrosionsbeständigkeit, durch "Brandstellen" können Risse entstehen: SRK! Nahtfehler sind häufig Ausgangspunkte für Heißrisse, daher ausschleifen.

Tabelle 4-34
Empfehlungen zum Schweißen der korrosionsbeständigen Stähle und die den Hinweisen zugrunde liegenden werkstofflichen Zusammenhänge, schematisch.

bzw. mit höherer Vorwärmtemperatur geschweißt werden. Diese Elemente erhöhen den Austenitanteil und damit das Verformungsvermögen der Verbindung. Wegen der sehr intensiven austenitstabilisierenden Wirkung des Stickstoffs muß sein Analyse-Toleranzfeld entsprechend klein sein. Bild 4-87 zeigt das Mikrogefüge einer durch zu hohen Ferritgehalt und Cr_2N-Ausscheidungen weitgehend versprödeten Wurzel. In Bild 4-88 ist ein annähernd optimales Schweißgut-Gefüge dargestellt, daß mit einem Zusatzwerkstoff vom Typ CrNi-22-9 und einer ausreichenden Vorwärmung hergestellt wurde.

Tabelle 4-34 zeigt in einer zusammenfassenden, vereinfachenden Darstellung einige für das Schweißen der korrosionsbeständigen Stähle zu beachtenden Schweißempfehlungen.

4.3.7 Schweißen der Austenit-Ferrit-Verbindungen

Diese nach der Farbe der Metalle auch als "Schwarz-Weiß"- nach ihrem Gefüge als Ferrit-Austenit-Verbindung bezeichnete Schweißverbindung wird im Behälter- und Apparatebau häufig angewendet. Ihre Korrosionsbeständigkeit ist wegen des unbeständigen "schwarzen" un- bzw. niedriglegierten Stahles naturgemäß gering. Die mechanische Sicherheit der Verbindung ist stark abhängig von den physikalischen Eigenschaften und der chemischen Zusammensetzung der Grundwerkstoffe und der Art, Menge und Eigenschaften der beim Schweißen entstehenden Gefüge:

– Durch den "metallurgischen" Prozeß Schweißen beim Verbindungs- und Auftragschweißen können spröde *intermediäre Verbindungen* bzw. unerwünschte Anteile an oft sprödem Martensit entstehen. Ihre Menge hängt vom *Aufschmelzgrad* ab. Diese wichtige Kenngröße wird vom Schweißverfahren, den Einstellwerten und der Art der Nahtvorbereitung bestimmt.

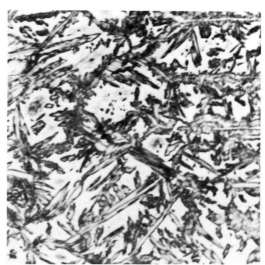

Bild 4-88
Mikrogefüge aus dem Wurzelbereich einer Stumpfschweißverbindung (Werkstoff: X 2 CrNiMoN 22 5 3), die mit $t_{12/8} = 15$ s bei einer Vorwärmung von 150 °C mit einer Stabelektrode vom Typ CrNi-22-9 hergestellt wurde. Das Gefüge besteht etwa zur Hälfte aus Austenit und Ferrit.

Häufig sind einige Hundertstel Prozent ausreichend, um das gesamte Schweißgut, d.h. die Schweißverbindung zu verspröden (Abschn. 1.6.2.4). Bei mehrfach legierten Stählen können durch die Bildung niedrigschmelzender Phasen außerdem *Heißrisse* entstehen. Eine erste grobe Abschätzung der metallurgischen Reaktionen kann mit Hilfe geeigneter Zweistoff-Schaubilder vorgenommen werden.

– Bei unterschiedlichen *thermischen Ausdehnungskoeffizienten* der Grundwerkstoffe bzw. des Schweißguts entstehen hohe zusätzliche Schubspannungen an den Phasengrenzen Schweißgut/Grundwerkstoff.

Die größte Schwierigkeit für das Erzeugen rißfreier, zäher Schweißverbindungen ist das Auffinden eines geeigneten Zusatzwerkstoffes. Als besonders geeignet haben sich für viele Werkstoffkombinationen nickelhaltige hochlegierte Werkstoffe erwiesen:

– Nickel bildet mit den meisten Elementen ausgedehnte Mischkristallbereiche und nur sehr selten intermediäre Verbindungen,

- Nickel behindert wirksam die Diffusion des Kohlenstoffs. Sein in den meisten Fällen unerwünschtes Eindringen in das Schweißgut wird weitgehend unterbunden,

- Nickel verbessert in hohem Maße die Zähigkeit des Schweißguts, d.h. die Rißsicherheit der Verbindung.

Die wichtigste Aufgabe des Zusatzwerkstoffs zum Herstellen von "Schwarz-Weiß"-Verbindungen ist das Erzeugen eines heißrißsicheren Schweißguts. Die komplexen metallurgischen Vorgänge im Schweißgut lassen sich sehr einfach und übersichtlich mit dem SCHAEFFLER- bzw. DELONG-Schaubild untersuchen. Das Bild 4-74, Beispiel 2, zeigt die Auswertung für eine Verbindungsschweißung der Stähle St 37 (**G1**) mit X 6 CrNiTi 18 10 (**G2**). Der gewählte Zusatzwerkstoff X 2 CrNi 23 12 (**Z**) führt zu einem Schweißgut, das etwa 5 % Ferrit enthält, also heißrißsicher ist.

Der Zusatzwerkstoff X 2 CrNiMo 23 12 3 eignet sich zum Schweißen molybdänlegierter und vollaustenitischer Stähle und von Wurzellagen mit ihrer deutlich höheren Aufmischung. Zusatzwerkstoffe vom Typ CrNiMn-18-8-6 erzeugen ein vollaustenitisches Schweißgut, das aber wegen des hohen Mangangehalts heißrißsicher ist und nicht zum Ausscheiden versprödender Phasen neigt.

Außer den metallurgischen Problemen ist der sehr unterschiedliche Wärmeausdehnungskoeffizient der unlegierten ferritischen und der hochlegierten austenitischen Stähle zu beachten (Tabelle 2-14). Die Folge sind große temperaturinduzierte Spannungen an der Phasengrenze Ferrit/Austenit, die zu starkem Verzug und(oder) Rißbildung führen können. Besonders kritisch sind in dieser Beziehung Zeit-Temperatur-Wechsel-Beanspruchungen, die bei dieser Verbindungsart grundsätzlich vermieden werden sollten. Für diese Beanspruchungsart haben sich hochnickelhaltige Sonder-Zusatzwerkstoffe bewährt. Sie haben eine Reihe entscheidender Vorteile:

- Ihr Wärmeausdehnungskoeffizient entspricht etwa dem der ferritischen Stähle.
- Der Grad der Aufmischung mit dem Grundwerkstoff kann sehr hoch sein, bevor sich spröde Gefügebestandteile bilden.
- Das Schweißgut neigt nicht zur Versprödung.

Der wichtigste Zusatzwerkstoff-Typ ist die Legierung S-NiCr 15 Fe 10 Nb. Bild 4-89 zeigt, daß die *Lage* der Temperaturspannungen abhängig vom Wärmeausdehnungskoeffizienten des Schweißguts und der Grundwerkstoffe abhängt. Der Zusatzwerkstoff S-NiCr 15 Fe 10 Nb erzeugt danach nur im Schmelzgrenzenbereich Austenit/Schweißgut Schubspannungen, die aber von diesen zähen Werkstoffen rißfrei aufgenommen werden.

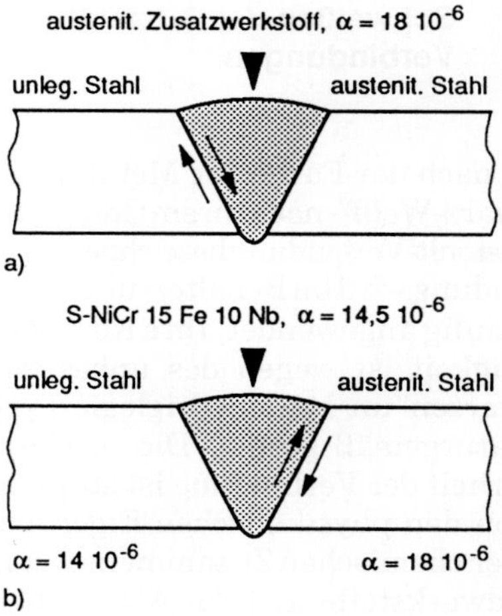

Bild 4-89
Lage der temperaturinduzierten Schubspannungen bei Ferrit-Austenitverbindungen in Abhängigkeit von der Art der verwendeten Zusatzwerkstoffe.
a) üblicher austenitischer Zusatzwerkstoff erzeugt an der Phasengrenze Ferrit / Schweißgut wegen der stark unterschiedlichen Wärmeausdehnungskoeffizienten (α_{Ferrit}, $\alpha_{Austenit}$) hohe Spannungen.
b) Der Wärmeausdehnungskoeffizient des Zusatzwerkstoffs S-NiCr 15 Fe 10 Nb entspricht etwa dem der unlegierten Stähle. Die entstehenden Temperaturspannungen werden vom Bereich austenitischer Grundwerkstoff / Zusatzwerkstoff rißfrei aufgenommen.

Arbeits-folge	Ausführung für Plattierungs-werkstoffdicken t		Bemerkungen für das Verbindungsschweißen von Stählen mit Plattierungen aus		
	A t < 2,5 mm	**B** t > 2,5 mm	nichtrostenden und hitzebeständigen Cr-Stählen und aus austenitischen CrNi-Stählen	Nickel und Nickel-Legierungen	Kupfer und Kupfer-Legierungen
1	Schweißen des Grundwerkstoffs (GW) GW — Plattierungs-werkstoff	Schweißen des Grundwerkstoffs (GW) GW — Plattierungs-werkstoff	Schweißen des Grundwerkstoffs mit geeignetem Schweißzusatzwerkstoff. Beim Schweißen der Wurzel darf der Plattierungswerkstoff nicht angeschmolzen werden.		
2	Plattierungsseite, Nahtvorbereitung und Schweißen der Kapplage GW — Plattierungs-werkstoff	Plattierungsseite, Nahtvorbereitung und Schweißen der Kapplage GW — Plattierungs-werkstoff	Wurzel so tief ausarbeiten, daß das fehlerhafte Schweißgut des Grundwerkstoffs erfaßt wird. Kapplage entweder mit dem für den Grundwerkstoff gewählten Schweißzusatz-werkstoff oder mit einem geeigneten hochlegierten, der Plattierung genügenden Schweißzusatzwerkstoff schweißen. Wird bei der Ausführung A die Kapplage mit dem für den Grundwerkstoff geeigneten Schweißzusatzwerkstoff geschweißt, dann ist ein Sicherheitsabstand e erforderlich, um ein Anschmelzen des Plattierungswerkstoffs zu vermeiden.	Die Arbeitsfolge nach Ausführung B ist für Nickel und Nik-kel-Legierungen nicht üblich. Wurzel so tief ausarbeiten, daß das fehlerfreie Schweiß-gut des Grundwerkstoffs er-faßt wird. Kapplage mit einem dem Plat-tierungswerkstoff entsprechenden Schweißzusatzwerk-stoff schweißen.	Arbeitsfolge nach Ausführung A ist für Kupfer und Kup-fer-Legierungen nicht üblich. Kapplage bis Höhe Unterkan-te der Plattierung mit einem dem Grundwerkstoff artglei-chen Zusatzwerkstoff schwei-ßen. Der Lötrissigkeit kann durch eine Zwischenlage, z.B. aus Reinnickel (S-NiTi3 bzw. S-NiTi4 nach DIN 1736) be-gegnet werden.
3	Schweißen der Plattierung GW — Plattierungs-werkstoff	Schweißen der Plattierung GW — Plattierungs-werkstoff	Der Plattierungswerkstoff soll mit einem artgleichen oder höherlegierten Schweißzu-satzwerkstoff geschweißt werden; für die Auswahl des Schweißzusatzwerkstoffs ist maßgebend, daß die an die Plattierung gestell-ten Anforderungen auch von der Schweißnaht erfüllt werden. Geeignet sind Schweißzusatz-werkstoffe nach DIN 8556, T1. Angestrebt wird Schweißen in w-Position.	Der Plattierungswerkstoff soll mit einem ihm entsprechen-den Schweißzusatzwerkstoff zu schweißen. Geeignet sind Schweißzusatzwerkstoffe nach DIN 1733. Die erste Lage ist als Zugraupe mit möglichst nie-driger Stromstärke zu schwei-ßen	Der Plattierungswerkstoff ist mit einem ihm entsprechen-den Schweißzusatzwerkstoff zu schweißen. Geeignet sind Schweißzusatzwerkstoffe nach DIN 1733. Die erste Lage ist als Zug-raupe mit möglichst niedriger Stromstärke zu schweißen

Tabelle 4-35
Beispiele für die Arbeitsfolge beim Schweißen plattierter Bleche, die eine V-Nahtvorbereitung haben, nach DIN 8553.

4.3.8   Auftragschweißen von Plattierungen

Nach DIN 1910 T1 ist Auftragschweißen das Beschichten eines Werkstoffs durch Schweißen mit artgleichem Zusatzwerkstoff. Sind Grund- und Auftragwerkstoff artfremd, dann unterscheidet man zwischen:

– Auftragschweißen von *Panzerungen* (*Schweißpanzern*, meistens örtlich begrenzt) mit einem gegenüber dem Grundwerkstoff vorzugsweise verschleißfestem Auftragwerkstoff.

– Auftragschweißen von *Plattierungen* (*Schweißplatieren*, meistens ein großflächiges Beschichten) mit einem gegenüber dem Grundwerkstoff vorzugsweise chemisch beständigem Auftragwerkstoff.

– Auftragschweißen von *Pufferschichten* (*Puffern*) mit einem Auftragwerkstoff, mit dem zwischen nicht artgleichen Werkstoffen eine beanspruchungsgerechte Bindung hergestellt werden kann.

Beim Plattieren wird auf einen un- bzw. niedriglegierten Trägerwerkstoff eine korrosionsbeständige Werkstoffschicht aufgetragen. Die metallurgisch sehr unterschiedlichen Werkstoffe werden z.T. im schmelzflüssigen Zustand verbunden. Folgende Forderungen sind daher notwendig:

– Die Bildung versprödender Gefügebestandteile, wie z.B. Martensit, muß auf ein für die Gebrauchseigenschaften der Plattierung erforderlichen Umfang begrenzt werden.

– Die Korrosionsbeständigkeit der Plattierung darf nicht durch Aufmischung mit den Elementen des Grundwerkstoffs beeinträchtigt werden.

Die wichtigste Forderung zum Herstellen einer funktionsfähigen Plattierung ist eine möglichst geringe Aufmischung. Hierfür werden abhängig von der Größe der Plattierung eine Reihe von Schweißverfahren verwendet. Besonders gut geeignet ist das UP-Bandschweißen, bei dem Bandelektroden mit den Standard-Abmessungen 0,5 mm x 60 mm verwendet werden. Aufmischungen von 5 % bis 10 % sind mit diesem Verfahren erreichbar.

Die metallurgischen Vorgänge im Schweißgut lassen sich wieder mit dem Schaeffler-Schaubild übersichtlich beschreiben. In Tabelle 4-35 sind kennzeichnende Beispiele für die Arbeitsfolge beim Schweißplatieren für V-Nähte angegeben. Als allgemeingültige Richtlinie kann die Empfehlung gelten, den höherschmelzenden Werkstoff *zuerst* zu schweißen. Mit dieser Reihenfolge wird der Grad der Aufmischung deutlich geringer, d.h. auch der Umfang der metallurgischen Probleme. In manchen Fällen erweist es sich als sinnvoll, auf den Grundwerkstoff zunächst eine hochnickelhaltige "Puffer"-Schicht aufzutragen. Die Vorteile dieser Maßnahme sind Rißsicherheit, hervorragende mechanische Güutewerte und eine nahezu perfekte Barriere für den in den Auftragwerkstoff diffundierenden Kohlenstoff.

Ergänzende und weiterführende Literatur

Bäumel, A.: Korrosion in der Wärmeeinflußzone geschweißter chemisch beständiger Stähle und Legierungen und ihre Verhütung. Werkst. u. Korrosion 26 (1975), S. 433/443.

Baumgart, H. u. C. Straßburger: Verbesserung der Zähigkeitseigenschaften von Schweißverbindungen aus Feinkornbaustählen. Thyssen Techn. Ber. 17 (1985), S. 42/49.

Bruscato, R.: Temper Embrittlement and creep embrittlement of 2,25 Cr-1 Mo Shielded Metal Arc Weld Deposits. Weld. J. Res. Suppl. 49 (1970), S. 148s/156s.

Dahl, W., Cüren, C. u. H. Müsch: Ursachen der Heißrißbildung in Schweißverbindungen eines niobstabilisierten Stahles mit 16 % Chrom und 16 % Nickel. Stahl u. Eisen 93 (1973), S. 805/812.

Degenkolbe, J., D. Uwer u. H. Wegmann: Kennzeichnung von Schweißtemperaturzyklen hinsichtlich ihrer Auswirkung auf die mechanischen Eigenschaften von Schweißverbindungen durch die Abkühlzeit $t_{8/5}$ und deren Ermittlung. Thyssen Techn. Berichte (1985), H.1, S. 57/73.

Dickehut, G. u. J. Ruge: Wasserstoffverteilung in der Schweißnaht - Theorie zur Berechnung. Schw. u. Schn. 40 (1988), S. 289/292.

Düren, C. u. J. Korkhaus: Zum Einfluß des Reinheitsgrades im Stahl auf die Neigung zur Bildung von wasserstoffinduzierten Kaltrissen in der Wärmeeinflußzone von Schweißverbindungen. Schw. u. Schn. 39 (1987), S. 87/89.

DVS-Merkblatt Unterpulverschweißen von Feinkornbaustählen 0918 DVS-Verlag, Düsseldorf 1988.

Folkhard, E: Metallurgie der Schweißung nichtrostender Stähle. Springer-Verlag Wien, New York, 1984.

Gerster, P.: MAG-Schutzgasschweißen von hochfesten Feinkornbaustählen im Kranbau. Schweißtechnik (Wien) 38 (1984), S. 160/163.

Haneke, M., J. Degenkolbe, J. Petersen u. W. Weßling: Kaltzähe Stähle. Werkstoffkunde Stahl, Bd. 2 Anwendung. Springer-Verlag Berlin 1985, S. 275/304.

Heisterkamp, F., Lauterborn, D. u. H. Hübner: Technologische Eigenschaften, Verarbeitbarkeit und Anwendungsmöglichkeiten perlitarmer Baustähle. Thyssenforsch. 3 (1971), S. 66/76.

Hirth, F. W., R. Naumann u. H. Speckhardt: Zur Spannungsrißkorrosion austenitischer Chrom-Nickel-Stähle. Werkst. u. Korrosion 24 (1973), S. 349/355.

Hoffmeister, H. u. R. Mundt: Untersuchungen zum Einfluß der Schweißparameter und der Legierungszusammensetzung auf den Deltaferritgehalt des Schweißguts hochlegierter Chrom-Nickel-Stähle. Schw. u. Schn. 30 (1978), H.6, S.214/218.

Hoffmeister, H. u. R. Mundt: Untersuchung des Einflusses von Kohlenstoff und Stickstoff sowie der Schweißbedingungen auf das Schweißgutgefüge ferritisch-austenitischer Chrom-Nickel-Stähle. Schw. u. Schn. 33 (1981), S. 573/78.

Hofman, W. u. F. Burat: Beitrag zur Schweißbarkeit unlegierter und niedriglegierter Bau- und Vergütungsstähle. Schw. u. Schn. 14 (1962), S. 289/299.

Hougardy, H. P.: Die Darstellung des Umwandlungsverhaltens von Stählen in ZTU-Schaubildern. Härterei-Tech. 33 (1978), S. 63/70.

Irvine, K. J., Murray, J. D. u. F. B. Pickering: The Effect of Heat-Treatment and Microstructure on the High-Temperature Ductility of 18 % Cr-12 % Ni-1 % Nb-Steels. J. Iron Steel Inst. 196 (1960), S. 166/179.

Krysiak, K. F.: Welding Behavior of Ferritic Steels - An Overview. Weld. J. Res. Suppl. 65 (1986), H.1, S. 37s/41s.

Ornig, H., Kohl, Rabensteiner, H., Rettenbacher, H. u. H. *Weberberger:* Messung des Ferritgehaltes in austenitischem Schweißgut in Ferritnummern (FN). Berg- u. hüttenm. Mh. 125 (1980), S. 221/228.

Prüfung und Untersuchung der Korrosionsbeständigkeit von Stählen. Verlag Stahleisen mbH Düsseldorf, 1973.

Recommended Method for the Metallographic Determination of Delta-Ferrit in Chromium-Nickel Austenitic Weld Metals by Means of Normal Optical Microscopy and Visual Comparison with an Atlas. Weld. World 13 (1978), S. 219/223.

Recommended Standard Method for the Determination of the Ferrite Number in in Austenitic Weld Metal Deposited by Cr-Ni-Steel Electrodes. Weld. World 20 (1982), S. 7/14.

Schaeffler, A. L.: Constitutional Diagramm for Stainless Steel. Met. Progr. 56 (1949), S. 680/680B.

Speckhardt, H.: Grundlagen und Erscheinungsformen der Spannungsrißkorrosion, Maßnahmen zu ihrer Vermeidung. VDI-Bericht Nr. 235, S. 83/95, 1975.

Wittke, K.: Gesetzmäßigkeiten der Primärkristallisation beim Schweißen. Schweißtechn. (Berlin) 16 (1966), H.4, S. 158/164.

5 Gestaltung und Berechnung der Schweißkonstruktionen

5.1 Tragfähigkeit von Schweißkonstruktionen

Das Schweißen als stoffschlüssige Fügeverbindung ist das am meisten verwendete Verbindungsmittel. Auswahl und Einsatz geschweißter Konstruktionselemente für Einzelteile und Baugruppen werden jedoch von einer weit größeren Anzahl von Einflüssen bestimmt als bei traditionellen Verbindungsmitteln. Für den Hersteller ist deshalb das Finden des Optimums von Wirtschaftlichkeit und Funktionssicherheit das wichtigste zu lösende Problem.

Die Freizügigkeit der schweißtechnischen Gestaltung ist eine spezifische Besonderheit und als großer wirtschaftlicher und technischer Vorteil anzusehen. Ihre Einengung auf Grundstrukturen ist der Ausdruck von Unsicherheiten im Konstruktionsprozeß, Angaben über die Tragfähigkeit unter Betriebsbedingungen machen zu müssen.

Der Begriff der **Tragfähigkeit** als technische Kategorie wird auch als

– Lastaufnahmevermögen,
– Beanspruchbarkeit,
– zulässige Belastbarkeit,
– Erschöpfung des Formänderungswiderstandes,
– Lastaufnahmevermögen und gleichzeitiges Verformungsverhalten,
– Widerstand gegen Belastung

verstanden.

Die Tragfähigkeit der Schweißverbindung ist eine komplexe Eigenschaft, die ein bau-

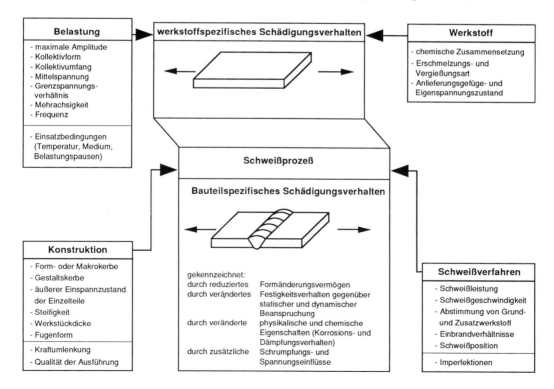

Bild 5-1
Einflüsse, die die Tragfähigkeit von geschweißten Bauteilen bestimmen.

teil- und werkstoffspezifisches Schädigungs-
verhalten beschreibt, Bild 5-1.

Die Homogenität des Werkstoffs, der Kraftfluß und die isotropen Konstruktionsstruk-
turen gehen durch den Einfluß der Konstruktion und des Verfahrens zumindest
teilweise verloren. Das Gleiche gilt strenggenommen auch für die Gültigkeit des Hookeschen Gesetzes.

lfd. Nr.	Schweißelement	Nenn-spannung
1	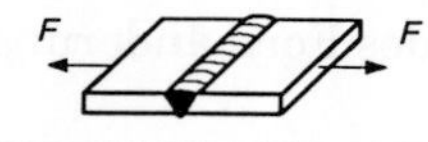	$\sigma_\perp = \dfrac{F}{A_w}$
2	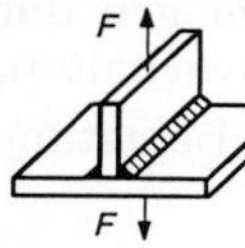	$\sigma_\perp = \dfrac{F}{A_w}$
3	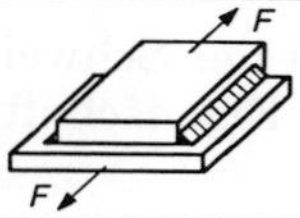	$\tau_\parallel = \dfrac{F}{A_w}$
4	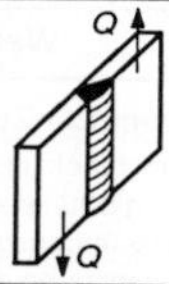	$\tau_\parallel = \dfrac{Q}{A_w}$
5		$\sigma_\perp = \dfrac{M_b}{W_w}$
6	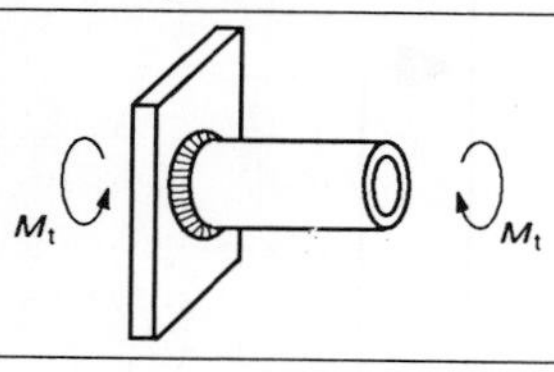	$\tau_\parallel = \dfrac{M_t}{W_{tw}}$

Bild 5-2
Grundstrukturen von Schweißelementen und ihre
vorzugsweise Beanspruchung.

Durch die unterschiedliche Bedeutung des
Formänderungsvermögens bei statischer
und dynamischer Beanspruchung unterscheidet sich auch die Tragfähigkeit geschweißter Konstruktionselemente bei beiden Beanspruchungsarten. Bezieht man die
äußere Belastung als die meist größte Unsi-

cherheitskomponente in das Versagensmo-
dell mit ein, dann stellt ein statisch bean-
spruchtes Konstruktionselement geringe,
das dynamisch beanspruchte dagegen erheblich höhere Ansprüche an die Güte der
Gestaltung. Dieser Tatbestand ist inzwi-
schen durch umfangreiche Schwingfestig-
keitsuntersuchungen, insbesondere von
"klassischen" Schweißelementen, bestätigt
worden.

Von den in Bild 5-2 dargestellten Grundstrukturen kann man durch Ermitteln des
Lebensdauerverhaltens

– die **Beanspruchung,**
– die **Konstruktionskerbe** und den
– **Eigenspannungszustand**

mit einer Tragfähigkeitsaussage verknüpfen. Daraus wird die Grundlage für Span-
nungsvergleiche oder Sicherheitsberech-
nungen auf der Basis der Kontinuumsme-
chanik abgeleitet.

Die ausgewählten Schweißelemente dürfen
bei Projektänderungen, die den Einsatz anderer Querschnitts- und Profilabmessun-
gen oder Anschlußformen zur Folge haben,
nicht wesentlich von den Grundstrukturen
abweichen. Anderenfalls muß man sich mit
Abschätzungen der Sicherheit zufrieden geben. In Analogie zur Gestaltfestigkeit von
Maschinenbauteilen konzentriert sich daher das Hauptinteresse des Konstrukteurs
und der Fertigung gleichermaßen darauf,
bereits im Entwurfsstadium Einfluß auf

– die schweißgerechte und beanspruchungsgerechte Gestaltung der Schweißkonstruktion und eine
– schweißgerechte Bauausführung

zu nehmen. Nur so können wirkungsvoll
die prozeßabhängigen und festigkeitsbe-
stimmenden Einflüsse wie

– Schrumpfungen und Eigenspannungen,
– dehnungsbehindernde Konstruktions-
   kerben sowie
– Schweißnahtimperfektionen (Fehler)

reduziert werden. Aus der Vielzahl der Einflußfaktoren sollen im folgenden einige zum

besseren Verständnis der Tragfähigkeit von Schweißkonstruktionen betrachtet werden.

5.1.1 Einfluß der Belastung

Die auf ein Bauteil während des Betriebes einwirkenden Kräfte und Momente werden als Belastungen (auch Einwirkungen) bezeichnet. So spricht man von Eigenlasten (aus Eigenmasse einer Konstruktion herrührend), Erdlasten, Verkehrslasten (z.B. bei Brücken), Kran-, Schnee- und Windlasten. Übersichtliche Angaben zu Lastannahmen werden in der Vorschrift für Eisenbahnbauwerke und sonstige Ingenieurbauwerke DS 804 der Deutschen Bundesbahn gemacht.

Die Beanspruchungen im betrachteten Querschnitt, z.B. Spannungen und Dehnungen, sind Reaktionen auf Belastungen. Bezüglich des zeitlichen Verlaufes bestehen zwischen Belastungen und Beanspruchungen keine Unterschiede. Im Gegensatz dazu sind Größe und Verteilung der Beanspruchung nicht direkt proportional zur Belastung. Ihre Ermittlung richtet sich nach der Beanspruchungsart, der Querschnittsform und Steifigkeit zu angrenzenden Konstruktionsbereichen.

Zug- und Duckbeanspruchungen werden im allgemeinen als gleichmäßig verteilt angenommen. Biegebeanspruchungen und Schub rufen dagegen unterschiedliche Spannungsgradienten im tragenden Querschnitt hervor.

Statische Belastung und Einstufenbelastung

Die *Belastungsarten*, gegliedert nach ihrem zeitlichen Verlauf, sind in Bild 5-3 vereinfacht dargestellt.

Zur Kennzeichnung der Belastungscharakteristik wird der Quotient

$$R = \frac{\min F}{\max F}; \frac{\min Q}{\max Q}; \frac{\min M}{\max M}; \frac{\sigma_u}{\sigma_o} \qquad [5\text{-}1]$$

benutzt, der auch *Grenzspannungsverhält-*

nis R genannt wird. Für *R* wird auch oft die Bezeichnung κ verwendet.

Danach sind die Belastungen bei:

$R = 1$ rein ruhend,

$R = 0$ rein schwellend,

$R = -1$ rein wechselnd.

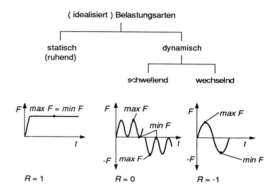

Bild 5-3
Idealisierter zeitlicher Verlauf der wichtigsten Belastungsarten.

Diese idealen Belastungsregime sind Ausgangspunkt für die Ermittlung der *"ertragbaren" Spannung* eines Schweißelementes. Sie sind prüftechnisch am besten reproduzierbar.

Die statische Festigkeit wird im Zugversuch nach DIN 50 120 unter zügig ansteigender Belastung mit kontrollierter Belastungsgeschwindigkeit festgestellt. Während des Prüfvorganges werden die Werte für die $R_{p0,2}$ - Grenze, Zugfestigkeit sowie die elastischen und plastischen Anteile der Dehnung registriert (Abschn. 6.2.1).

Die Schwingfestigkeit (Schwell- oder Wechselfestigkeit) wird meistens mit einer sinusförmigen Belastung konstanter Amplitudenhöhe ermittelt. Diese Belastungsart wird auch als *Einstufenbelastung* bezeichnet.

Ein *Konstant-Amplitudenkollektiv* wird in wiederholten Versuchen so eingestellt, daß eine statistisch auswertbare Anzahl Wertepaare von Spannungsamplitude und ertragener Lastwechselzahl im *Wöhlerschaubild* entsteht, für die man mit statistischen Verfahren die *"Dauerfestigkeit"* empirisch berechnen kann. Als Dauerfestigkeit bezeichnet man jene Spannung, die bei "unendlich" großer Lastwechselzahl gerade noch ohne Bruch ertragen werden kann.

Der Eintritt des Versagens wird anstelle mit dem Bruch-, auch vielfach mit dem Anrißkriterium beurteilt und bewertet.

Der Wert der (technischen) Dauerschwingfestigkeit wird nach Eurocode Nr. 3 bei $N = 5 \cdot 10^6$ Schwingspielen erreicht. Er liegt damit um ca. 25% unter dem Wert, der bei einer Grenzschwingspielzahl von $N_D = 2 \cdot 10^6$ bisher ermittelt worden ist. Das ist die Grenze, die man als wirtschaftlich sinnvoll bei Basisversuchen vorgegeben hat, um mit "ausreichender" technischer Genauigkeit einen "dauernd" ertragbaren Spannungswert zu erhalten. Alle gültigen Berechnungsvorschriften gehen nach wie vor von diesem Wert aus.

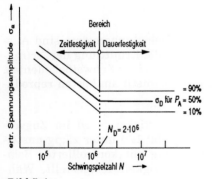

Bild 5-4
Wöhlerlinienverlauf für beliebiges Beanspruchungsverhältnis
N_D = *Grenzschwingspielzahl*
P_A = *Ausfallwahrscheinlichkeit.*

Durch die doppeltlogarithmische Darstellung der Wertepaare enstehen im Wöhlerfeld Geraden. Je nach der Höhe der ertragbaren Lastspielzahlen unterscheidet man die Bereiche:

Kurzzeitschwingfestigkeit $N < 10^4$

Zeitschwingfestigkeit $10^4 < N < 2 \cdot 10^6$

Dauerschwingfestigkeit $N > 2 \, (10^6 ... 10^7).$

Einige Auffassungen gehen nur noch von der Zeitschwing- und der Dauerschwingfestigkeit aus, die durch ein Übergangsgebiet verbunden sind. Im Übergangsgebiet treten auf jedem Spannungshorizont Brüche und nicht gebrochene Proben ("Durchläufer") auf. Ihre Verteilungshäufigkeit ist mit speziellen statistischen Auswerteverfahren bestimmbar, Bild 5-4.

Der Bereich der Zeitfestigkeit, auch Bereich begrenzter Festigkeit genannt, charakterisiert die Kerbschärfe eines Schweißstoßes durch den Neigungswinkel der Zeitfestigkeitsgeraden. Nach HAIBACH, OLIVIER und RITTER bilden Schweißverbindungen aus St 37 und St 52 verschiedener Kerbklassen und Beanspruchungscharakteristika ein gemeinsames spannungs- und lastspielbezogenes Streuband. Die Neigungsexponenten liegen je nach der Ausfallwahrscheinlichkeit zwischen $k = 3,5$ und $k = 3,9$.

Steht zum Bestimmen der *dynamischen Festigkeit* von Schweißverbindungen kein genügender Prüfzeitraum oder Probenumfang zur Verfügung, so kann mit der Beziehung

$$\sigma_i = \left(\frac{N_D}{N_i} \right)^{\frac{1}{k}} \cdot \sigma_D \qquad [5\text{-}2]$$

aus einzelnen, jedoch statistisch gesicherten Prüfhorizonten die Dauerfestigkeit (σ_D) ermittelt werden.

Dauerfestigkeitsschaubilder

Alle für eine bestimmte Schweißverbindung ermittelten Wertepaare R/zugehöriger Festigkeitswert σ werden in Festigkeitsschaubildern zusammengefaßt.

Das oft im Maschinenbau verwendete Diagramm nach SMITH stellt die *ertragbare Oberspannung* (σ_o) als Funktion der *Mittelspannung* (σ_m) dar $\sigma_o = f(\sigma_m)$. Die Darstellung nach MOORE, KOMMERS und JASPER $\sigma_o = f(R)$ hat sich eher im Stahlbau durchgesetzt, Bild 5-5. Im englischen Sprachraum wird häufig die Darstellung nach HAIGH $\sigma_A = f(\sigma_m)$ verwendet.

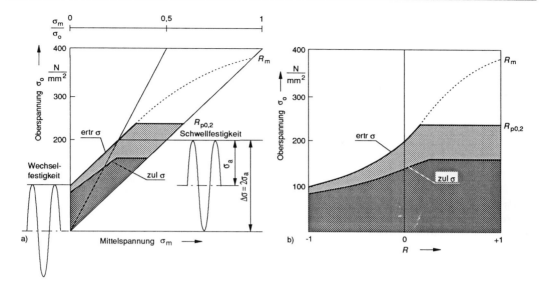

Bild 5-5
Dauerfestigkeitsschaubilder für geschweißte Verbindungen.
a) nach SMITH, $s_o = f(s_m)$
b) nach MOORE, KOMMERS, JASPER, $\sigma_o = f(R)$.

Entsprechend ihrer Kerbwirkung entsteht für die unterschiedlichen Schweißverbindungen ein Netz ertragbarer Oberspannungen (ertr σ). Diese Spannungen stellen statistische Größen dar. Deshalb werden sie üblicherweise um eine Sicherheitsbandbreite auf *zulässige Werte* reduziert (zul σ) und dann als Basiswerte für die Berechnung eingesetzt, unabhängig davon, nach welcher Vorschrift gearbeitet wird (Abschn. 5.4).

Mehrstufenbelastung - Betriebsfestigkeit

Im praktischen Betriebsablauf kommen die idealisierten, sinusförmigen Belastungsverhältnisse nur sehr selten vor. Die Belastung ist im allgemeinen Fall eine Mischbelastung, bei der

- ruhende Lasten mit schwellenden Anteilen,
- schwellende Lasten mit Mittellastanteilen,
- wechselnde Lasten mit unterschiedlichen Mittellasten

überlagert sein können.

Die wirklichkeitsnahe Betriebsbelastung ist durch eine zufallsabhängige (stochastische) *Amplitudenfolge* unterschiedlicher Höhe, Form und Frequenz gekennzeichnet, wobei Belastungspausen eingeschlossen sind, Bild 5-6.

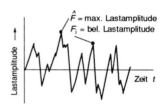

Bild 5-6
Schematisierter zeitlicher Verlauf der Betriebsbelastung.

Analysen von Belastungsspektren zeigen wenige "große", z.T. über der Streckgrenze liegende und ungleich mehr "kleine" Belastungsausschläge, die z.T. niedriger sind als die Dauerfestigkeit.

Die technischen Ereignisse Größe und Häufigkeit werden statistisch ausgewertet. Bei sehr vielen Betriebsabläufen liegt für die Krafteinwirkungen eine Normalverteilung

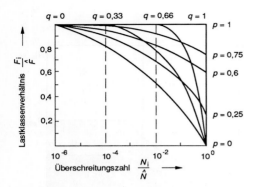

Bild 5-7
*Darstellungsformen und Kennzeichnungsmöglich-
keiten von Belastungskollektiven.*

der Maxima und Minima vor.

Für die Kennzeichnung der normalverteilten
Belastungs-Kollektive werden die Kollek-
tivformbeiwerte p oder q benutzt. Mit p wird
das Verhältnis des $N = 10^6$ - mal auftretenden
kleinsten Lastausschlages zum $N_i = 1$ mal
auftretenden größten Lastausschlages bezeichnet. Bei sehr "völligen" Mischkollektiven, deren Normalverteilungsanteil mit einer großen
Konstant-Amplitudenschwingzahl überlagert
ist, dient $q=N_i/N$ als ein vom Spannungsaus-
schlag unabhängiges Lastspielzahlverhältnis,
Bild 5-7.

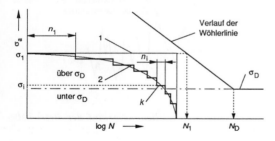

Bild 5-8
Gegenüberstellung typischer Kollektivformen.
1 Konstant-Amplitudenkollektiv,
2 Normalverteilte Kollektivform
*   (aufgeteilt in 8 Spannungs- und Lastspielstufen).*

Die Ermittlung der "Lebensdauerlinie" erfolgt sinngemäß wie die der Schwingfestigkeit. Die gebräuchlichste Methode besteht
darin, das *Gesamtkollektiv* in kollektivtypi-
sche Belastungsstufen aufzuteilen und das

Schweißteil damit solange zu beanspruchen,
bis ein entsprechendes Versagenskriterium
erreicht ist, Bild 5-8.

Summarisch führt die Beanspruchung mit
einem Belastungsspektrum gegenüber der
Einstufenbelastung zu einem anderen Schä-
digungsverhalten. Als Folge ergibt sich in
einer doppeltlogarithmischen Darstellung
eine zur Zeitfestigkeitslinie parallel verlaufende und je nach *Völligkeit* des Kollektives
nach rechts verschobene Gerade, Bild 5-9.
Das bedeutet für die Konstruktionspraxis,
daß bei Kenntnis des Belastungskollektivs
und des Neigungsexponenten, also Kerbklasse des Schweißteils (Abschn. 5.1.2.6),
im Wöhlerfeld eine gegenüber der Dauerfestigkeit um γ erhöhte Bemessungsgrenze
angesetzt werden kann.

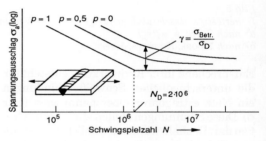

Bild 5-9
*Schematischer Verlauf der Lebensdauerlinie eines
Stumpfstoßes bei unterschiedlichen Kollektivformen.
$s_{Betr.}$ = Betriebsfestigkeit.*

Zeit- und Kostengründe sprechen dafür, Lebensdauerwerte auch analytisch zu bestimmen. Die meisten   Rechenansätze gründen
sich auf die vereinfachte Annahme, daß der
Schädigungszuwachs pro Schwingspiel linear
zunimmt. Mit der als bekannt vorausgesetzten Wöhlerlinienneigung   des Schweißteils
und dem in Einzelstufen aufgeteilten Bela-
stungskollektiv, Bild 5-8, kann die Schädi-
gungssumme S_a berechnet werden:

$$S_a = \sum \frac{n_i}{N_i} \qquad [5\text{-}3\ ]$$

Der älteste Rechenansatz stammt von MI-
NER. Bei der Ermittlung der Schadenssum-
me S_a werden nur alle *über* der Dauerfestigkeit liegenden Spannungsamplituden berücksichtigt und S_a wird gleich 1 gesetzt.

Mit Gl. [5-2] kann die Betriebsdauer nach MINER ermittelt werden:

$$N_\mathrm{M} = \frac{\displaystyle\sum_{i=1}^{i=k} n_i}{\displaystyle\sum_{i=1}^{i=k} \frac{n_i}{N_\mathrm{D}} \left(\frac{\sigma_i}{\sigma_\mathrm{D}}\right)^k} \qquad [5\text{-}4]$$

Gegenüber anderen Empfehlungen ist die rechnerische Lebensdauer größer als die experimentell ermittelte. Man hofft, diesen Nachteil ausgleichen zu können, wenn die analytische Bestimmung der Lebensdauer nach Eurocode Nr. 3 mit modifizierten Wöhlerlinien durchführbar wird (s.a. Abschn. 5.1.2.6).

Mit beiden Methoden (experimentell und analytisch) können die Werkstoffreserven zwischen $R_{p0,2}$ und σ_D besser ausgenutzt werden, und die Gefahr von Überdimensionierungen wird verringert. Die konstruktive und beanspruchungsmäßige Vielfalt geschweißter Bauteile erfordert die Berücksichtigung einer großen Anzahl unterschiedlicher Belastungsregime, deren belastungstheoretische Zuordnung (statisch oder dynamisch) große Schwierigkeiten bereitet.

Die Erkenntnisse aus der Betriebsfestigkeitsforschung schaffen hier Abhilfe, denn aus der Zusammenfassung ähnlicher Belastungs-Kollektive lassen sich die Grundrichtungen der Berechnungsansätze ableiten, Bild 5-10.

Liegt der Beanspruchung überwiegend ein sehr *völliges Kollektiv* der Spannungsspiele, Bild 5-10a, zugrunde, dann sind die Berechnungsprinzipien der Dauerfestigkeit anzuwenden, deren von R abhängige ertragbare Oberspannung mittels Einstufenkollektiv gewonnen worden ist. Typische

Beispiele für Einzelteile mit hohem Konstant-Amplituden-Anteil sind Getriebeteile oder Antriebswellen. Versprechen *normalverteilte Kollektivformen* entsprechender Umfänge, wie etwa bei Pendelachsen, Taumelantrieben, Kranbahnen-Laufträgern oder Spurstangenelementen, Bild 5-10b, gegenüber der Einstufenbelastung Gewichtsersparnisse für die Konstruktion, dann ist ein Betriebsfestigkeitsnachweis die logische Konsequenz.

Mischkollektivformen, beispielsweise aus mehreren Normalverteilungen, etwa der Form extremer *Deltaverteilungen* Bild 5-10c, sind am schwersten zu beherrschen. Die Schlußfolgerung, daß bei derartigen Belastungsbildern das statische Schädigungsmodell dominiert, ist sicherheitstheoretisch nur dann gültig, wenn durch experimentelle Betriebsfestigkeitsversuche der Einfluß von wenigen kleinen *unter* der Dauerfestigkeit liegenden Amplituden als unbedeutend nachgewiesen wurde. Für die Mehrzahl von hochstieligen Abstützungen, Säulen, Fundamenten oder Rahmen im Stahl- bzw. Stahlhochbau, die vorzugsweise nach Versagenskriterien der Stabilität ausgelegt werden müssen, ist bislang die Berechnung der Schweißnähte im allgemeinen nach den Regeln auszuführen, die für vorwiegend ruhende Beanspruchung gelten.

Beanspruchungsgruppen

Schädigungsuntersuchungen machen die komplexen Zusammenhänge zwischen *Kollektivform* und *Kollektivumfang* sichtbar. In fortschrittlichen Bemessungsvorschriften werden beide Elemente zu sogenannten

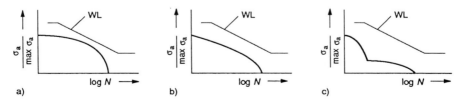

Bild 5-10
Kollektivformen a) sehr völlig b) normalverteilt c) Mischkollektiv (Deltakollektiv).

Beanspruchungsgruppen zusammengefaßt. Der Vorschlag der DIN 15 018 kennt die Beanspruchungsgruppen B1 bis B6, die sich aus der Kombination der idealisierten Spannungskollektive mit den Spannungsspielbereichen ergeben. Ob der vorhandene Betriebsablauf als sehr leicht, leicht, mittel oder sehr schwer einzustufen ist, kann durch Vergleich mit einem idealisiert-bezogenen Spannungskollektiv abgeschätzt werden (Abschn. 5.4.2.2).

Der Praktiker kann somit für alle wichtigen Belastungszustände zwischen reiner Normalverteilung und reiner Konstant-Amplitudenverteilung in Verbindung mit der Kerbklasse (Abschn. 5.1.2.6) des Schweißstoßes die Grundwerte für die zulässigen Spannungen auswählen.

5.1.2   Einfluß der Kerbwirkung

5.1.2.1   Kerbwirkung aus Nahtform und Gestaltung

Die Darstellung und Interpretation der Festigkeitswerte von geschweißten Elementen muß im Zusammenhang mit den wichtigsten Einflüssen

- Form- und Gestaltskerben,

- innere und äußere Schweißnahtfehler sowie

- Schweißeigenspannungen

gesehen werden. Je kerb- oder eigenspannungsbehafteter eine Schweißverbindung ist, um so kleiner ist ihre *dynamische Tragreserve* gegenüber dem ungeschweißten Zustand, Bild 5-11.

Erklärbar ist die Tendenz der Schädigungszunahme damit, daß in gekerbten Bauteilen die Anrißbildung eher beginnt und der Rißfortschritt bei Verschärfung des Belastungszustandes (Verkleinerung von *R*) beträchtlich zunimmt.

Im Gegensatz zum traditionellen Maschinenbauelement mit geometrisch bestimmter Kerbe, ist die *Formzahl der Schweißkerbe* wegen ihres komplexen Charakters analytisch nicht exakt zu beschreiben. Sie wird durch die Nahtart selbst und ihre Ausführungsgüte bestimmt.

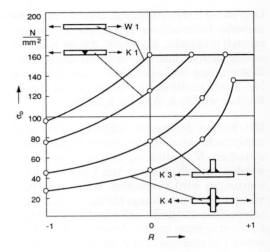

Bild 5-11
Zulässige Spannungen von Schweißstößen unterschiedlicher Konstruktionsformen (berechnet nach DIN 15 018).
W1   ungeschweißter Grundwerkstoff
K1...K4   Kerbklassenbezeichnung.

Das Verhältnis der Kerbspitzenspannung σ_k zur theoretischen Nennspannung σ_n

$$\alpha_K = \frac{\sigma_k}{\sigma_n} \qquad [5\text{-}5]$$

dient üblicherweise zur Beschreibung der *Formzahl* eines Schweißelementes.

Bei Kehlnähten, Bild 5-12, führen die extrem schlechte *Kraftumlenkung* und der schroffe *Querschnittsübergang*, die in ihrer Wirkung einer Kerbe gleichgesetzt werden können, zu einer ungleichmäßigen Spannungsverteilung mit hohen Spannungsspitzen. Bei überwölbt ausgeführten Kehlnähten verschärft sich die Kerbwirkung Bild 5-12b.

Eine auf einen Zuggurt aufgeschweißte unbelastete Querrippe behindert örtlich die ungehinderte Dehnung in dem unter der Kerbe "eingeschnürten" Werkstoffvolumen so sehr, daß bei dynamischer Beanspruchung ein *Tragfähigkeitsverlust* gegenüber dem ungeschweißten Grundwerkstoff von ca. 50% (St 37, $R = -1$) auftritt.

also keinesfalls immer mit einer Erhöhung der Sicherheit verbunden!

In einer fachgerecht ausgeführten Stumpfnaht wird der Kraftfluß nur unbedeutend abgelenkt. Die Spannungsspitzen erreichen

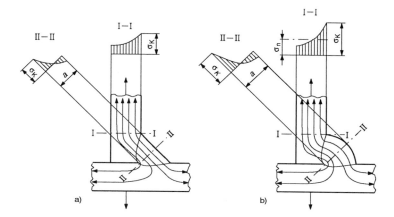

Bild 5-12
Schematisierter Kraftlinienverlauf am Kehlnahtstoß a) Flachkehlnaht b) überwölbt ausgeführte Naht.

Die über einer Stumpfnaht als Verstärkung mit einer *Stirnkehlnaht* angeschlossenen Lasche ("Angstlasche") stellt demnach keine "Verstärkung" der Verbindung dar, sondern eine gravierende Schwächung, Bild 5-

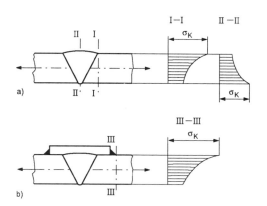

Bild 5-13
Vereinfachter Verlauf der Kerbspannungen für den Nahtübergang
a) Stumpfstoß Normalgüte,
b) Stumpfstoß mit aufgesetzter "Verstärkungslasche".

13. Eine Vergrößerung des Querschnitts ist bei weitem nicht die Höhe, wie sie bei Kehlnähten gemessen worden sind. Dementsprechend betragen die ertragbaren dynamischen Festigkeitswerte (Zugbeanspruchung) von Stumpfnähten knapp das Doppelte der von Kehlnähten.

Die Dauerfestigkeitswerte einschnittiger Punktschweißverbindungen sind extrem schlecht. Deshalb sollten sie zur Übertragung dynamischer Beanspruchungen nicht eingesetzt werden. Bild 5-14 zeigt, daß neben der eigentlichen Formkerbe die *Bauteilgestalt* einen bestimmenden Einfluß auf die dynamische Festigkeit hat. Wenn die homogene Verformung der Konstruktion örtlich gestört wird, z.B. durch unstetige Querschnittsübergänge, dann treten wie bei Gußkonstruktionen hohe Spannungsspitzen auf.

Manchmal sind Unproportionalitäten in der konstruktiven Ausführung nicht zu vermeiden. In Verbindung mit einer Schweißformkerbe kann diese Doppelkerbwirkung zum vorzeitigen Versagen einer vorwiegend schwingend beanspruchten Konstruktion führen, Bild 5-15.

Schweißverbindung	ungeschweißtes Bauteil vergleichbarer Formzahl	Form-zahl α_K	$\dfrac{\text{ertr } \sigma_W}{\text{ertr } \sigma_{GW}}$ für St 37, $R = 0$
(Normalgüte)		~ 1,35	$\dfrac{2}{3}$
(Normalgüte)		~ 1,5	$\dfrac{7}{12}$
		> 2	$\dfrac{1}{3}$
		> 3	$\dfrac{1}{4}$

Bild 5-14
Gegenüberstellung ausgewählter Schweißverbindungen hinsichtlich Formzahl und dynamischer Festigkeit
(ertr σ_W = ertragbare Spannung des Schweißstoßes,
ertr σ_{GW} = ertragbare Spannung des Grundwerkstoffes).

Die statische Festigkeit wird durch solche ungünstigen Konstruktionslösungen nicht negativ beeinflußt, abgesehen von einer durch die Mehrachsigkeit der Kerbspannungen hervorgerufenen örtlichen Streckgrenzenerhöhung an der Stelle I-I.

Für dynamisch hochbeanspruchte Schweißverbindungen wird die "kerbärmere" Stumpfnaht der Kehlnaht vorgezogen. Ihre Güte ist aber sehr abhängig von der Schweißtechnologie, Schweißposition, Werkstückdicke und der manuellen Fertigkeit des Schweißers.

Einfluß der äußeren Nahtformfehler

Im Bild 5-16 sind einige *äußere Schweißnahtfehler* dargestellt. Die wichtigsten Schweißnahtimperfektionen sind in der DIN 8524 Teil 1 zusammengestellt.

Sie sind fast ausschließlich auf schlechte Fugenvorbereitung, falsche Parametereinstellung und falsche Handhabung von Schweißbrenner oder Elektrodenhalter zurückzuführen.

Die Wirkung der äußeren Schweißnahtfehler auf die Festigkeit wird durch die *Bauteil-* oder *Gestaltkerbe* des Schweißstoßes, die Beanspruchungscharakteristik und den Werkstoff bestimmt. Eine Stumpfnahtverbindung reagiert also auf äußere Nahtformfehler viel schärfer als eine Kehlnahtverbindung. Bei letzterer kann jeder Zusatzkerb, z.B. *Einbrandkerbe*, durch die ohnehin hohe Kerbschärfe der Schweißverbindung "überdeckt" werden.

Nahtübergänge erzeugen schroffe Werkstoffübergänge und verringern örtlich das gleichmäßige Dehnungsverhalten. In extremen Fällen kommt es neben der Störung des Kraftlinienverlaufes auch zu einer unkontrollierten Erhöhung der Randspannungen mit bevorzugter Anrißbildung. Veränderte Kerbformverhältnisse im Übergang Decklage/Wurzel-Grundwerkstoff sind häufig Ursachen von Schadensfällen, wie es Auswertungen von Schadensfällen belegen.

Für UP-geschweißte Verbindungen besteht ein Zusammenhang von Nahtüberhöhung und Festigkeit gemäß Bild 5-17. Unter Einbeziehung weiterer Forschungsergebnisse leitete man ab, daß sich der Abfall der Dau-

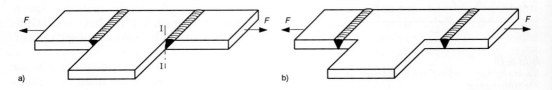

Bild 5-15
Konstruktionsformen a) mit und b) ohne Überlagerung einer Doppelkerbwirkung.

erfestigkeit in Abhängigkeit von der Nahtüberhöhung progressiver entwickelt als mit der Nahtbreite.

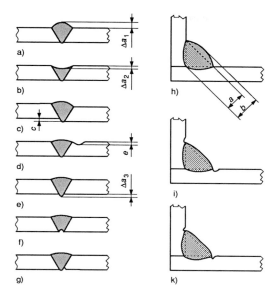

Bild 5-16
Kerbwirkung verstärkende Schweißnahtimperfektionen
a), h) Nahtüberhöhung, b) Decklagenunterwölbung, c) Kantenversatz, d), i) Einbrand- und Randkerben, e) Wurzelüberhöhung, f) Wurzelrückfall, g) Wurzelkerbe, k) Randkerbe.

Der Einfluß zusätzlicher äußerer Fehler bei statischer Belastung ist kleiner als bei dynamischer. Diese Tatsache muß bei der Anwendung einschlägiger Vorschriften zur Sicherung der Güte von Schweißverbindungen berücksichtigt werden. Nach der in Deutschland weit verbreiteten DIN 8563 Teil 3, wird die Fehlerfreiheit der Schweißverbindungen durch Grenzwerte angegeben, die drei Bewertungsgruppen (B, C, D) unterschiedlicher Güteanforderungen erfüllen müssen. In den Empfehlungen des Deutschen Verbandes für Schweißtechnik, Merkblatt DVS 0705, sind für die Wahl der Bewertungsgruppen Präzisierungen enthalten, wonach für mittel- und dynamisch hoch beanspruchte Verbindungen (Stumpf- und Kehlnähte) vorwiegend die Gütegruppe B gewählt werden sollen. Dabei bedeuten:

niedrig: etwa 50% (vorh $\sigma \leq 0{,}5$ zul σ)
mittel: etwa 75% ($0{,}5$ zul $\sigma < \sigma$ vorh. $\sigma \leq$ $0{,}75$ zul σ)
hoch: bis zu 100% ($0{,}75$ zul $\sigma <$ vorh.$\sigma \leq$ zul σ)

Der Hauptmangel dieser Norm für Güteanforderungen von Schmelzschweißverbindungen aus Stahl besteht darin, daß zwischen Kerbfall, Fertigungsgüte und zulässiger Spannung kein Zusammenhang besteht, etwa wie die Richtung gebende Verfahrensweise der (nicht mehr verbindlichen) TGL 14915 und TGL 13500 für den Maschinen- und Stahlbau auf der Grundlage sogenannter Ausführungsklassen nach TGL 11776.

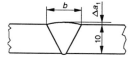

Δa_1 mm	Schwellfestigkeitsverlust %
1	27
2	39
3	48

Bild 5-17
Verlust an Schwellfestigkeit mit zunehmender Nahtüberhöhung
(Verleichsbasis: blecheben bearbeitete Stumpfnaht berechnet nach KAUFMANN *für St 37).*

Maßnahmen zum Erhöhen der Tragfähigkeit

Deck- und Wurzellage von Stumpfnähten bzw. Nahtübergänge bei Kehlnähten können durch Einebnen (blecheben) weitgehend kerbfrei gemacht werden. Die Werkstoffauslastung dynamisch beanspruchter Schweißelemente wird dadurch erhöht, d.h. ihre Tragfähigkeit wesentlich verbessert, Bild 5-18.

Durch Ausfugen der Wurzel und Gegenschweißen einer *Kapplage* entstehen Schweißverbindungen in Sondergüte (Abschn. 5.2.2.3). Den Arbeiten von SCHIMADA, KADO, MINNER und HENTSCHEL kann man z.B. entnehmen, daß gegenüber dem unbehandelten Schweißstoß die Dauerfestigkeit der Kehlnahtstöße durch WIG- oder Plasma-Umschmelz- oder Glätttechniken, Bild 5-19 um 25% bis 160% verbessert werden können.

Diese Maßnahmen sind eine Alternative für Stahlbaukonstruktionen, deren Tragfähigkeit durch diverse Quersteifen abgemindert wird. Die durch Beseitigen von Kerben entstandenen Werkstoffreserven sind im Bereich kleiner werdender Kollektivvölligkeiten am größten. Es bleibt dann einer wirtschaftlichen Entscheidung vorbehalten, ob man höhere Bemessungsspannungen durch größere Fertigungskosten erkaufen sollte.

Bauteil / Schweißstoß	Schweißnaht- ausführung	Festigkeit N/mm² *R*		
		-1	0	+1
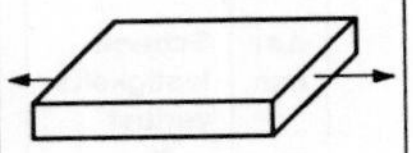	ungeschweißt	140	240	240
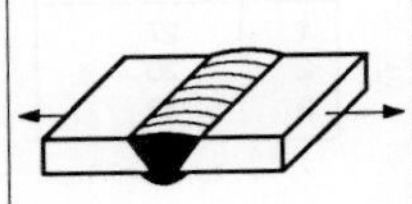	Naht- oberfläche belassen	95	160	240
	Blech eben abgearbeitet	130	220	220
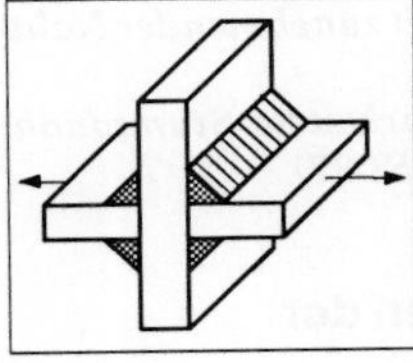	Naht- oberfläche belassen	55	90	240
	Naht- übergänge beschliffen	70	120	240

Bild 5-18
Gegenüberstellung der Festigkeiten von unbehandelten und behandelten Schweißnähten, Zug-Druck, St 37, nach BECKERT *und* NEUMANN.

Der Erfolg schweißtechnischer Reparaturen hängt in vielen Fällen von der Möglichkeit ab, nach dem Schweißen die Oberflächenausführung des Ausgangszustandes wieder herstellen zu können.

Sogar beim Auftragschweißen von un- und niedriglegiertem Vergütungsstahl mit dem MAG-Verfahren kann man durch gezielte Verbesserung der äußeren Gestalt die Gestaltfestigkeit des Bauteils trotz niedriger Kernhärte erhöhen, wie nachfolgendes Beispiel zeigt, Bild 5-20.

Die Härteverteilung über den Querschnitt zeigt Bild-20b. Als Folge des scharfen Eigenspannungszustandes sind großvolumig auftraggeschweißte dickwandige Bauteile sprödbruchempfindlicher als gleichdicke ungeschweißte.

In dem rotationssymmetrischen Bauteil entstehen wegen der erzwungenen Führung der Wärmequelle sehr hohe Wärmespannungen, deren Größe und Richtung die Tragfähigkeit stärker negativ beeinflussen, als z.B. beim Verbindungsschweißen von derartigen Stählen, Bild 5-21.

Das Auftragschweißen der genannten Werkstoffe ist wegen der Auflösung des Vergütungsgefüges nicht zu empfehlen, da das Bauteil nach dem Schweißen in den seltensten Fällen neuvergütet werden kann. Der entscheidende Abfall der dynamischen Festigkeit tritt bereits nach der ersten Instandsetzungsschweißung ein. Jede weitere Auftragschweißung vergrößert die Heterogenität des Gefüges und die Schärfe des Eigenspannungszustandes. Lebensdaueruntersuchungen zeigen aber auch, daß mit einer Reduzierung der äußeren Formzahl (Vergrößerung der Übergangsradien) eine Entlastung des sprödbruchbegünstigenden Zustandes erreicht und das Bauteil noch einmal eingestzt werden kann.

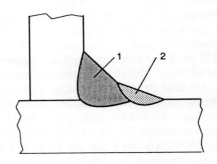

Bild 5-19
Beseitigen der Kerben einer Kehlnaht (1) durch nachträgliches WIG-Überschweißen (2).

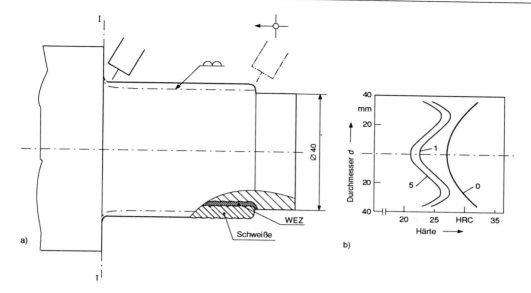

Bild 5-20
a) Situationsskizze für die Instandsetzungsschweißung an einem Achsschenkel aus einem vergüteten Stahl C45.
b) Härteverläufe im Querschnitt I-I nach der MAG-Auftragschweißung mit 110 A. 0 = Ausgangszustand, 1 = ein Mal aufgeschweißt, 5 = fünf Mal aufgeschweißt.

5.1.2.2 Einfluß innerer Schweißnahtfehler

Die wichtigsten inneren Schweißnahtfehler sind:

– Poren,
– Schlackeneinschlüsse,
– Bindefehler (Nichtverschmelzungen).

Ihrem Charakter nach verringern sie den Querschnitt und wirken kerberzeugend. Die Kerbschärfe hängt von der Lage, Form und Größe der Fehler ab (Abschn. 3.5).

Während Poren, als meist kugelige Hohlräume auch bei einer Menge bis zu 10% kaum merkliche Lebensdauerverringerung verursachen, gehören Bindefehler im Flanken- oder Füllagenbereich zu einer Fehlergruppe, die bei dynamisch beanspruchten Schweißkonstruktionen unter allen Umständen vermieden bzw. beseitigt werden müssen, weil sie Anrisse von Innen heraus begünstigen.

Im Gegensatz dazu ist der Abfall der Streckgrenze auch bei "größeren" inneren Schweißnahtfehlern technisch nicht bedeutsam.

Werkstoffeinfluß

Die zulässigen Festigkeitswerte der am häufigsten in Schweißkonstruktionen eingesetzten Werkstoffe St 37 und St 52-3 unterscheiden sich beträchtlich.

Im Bild 5-22 ist für eine Stumpfnaht der Einfluß der beiden Stähle dargestellt. Eine Schweißverbindung aus dem Stahl St 52-3 ist bei statischer Beanspruchung der Verbindung aus St 37 überlegen. Die Wanddikke kann deutlich kleiner ausgeführt werden. Bei Zunahme der dynamischen Lastanteile geht dieser Vorteil verloren.

Mit zunehmender Kerbschärfe einer Konstruktion aus höherfesten Stahl nähern sich ihre Lebensdauerwerte denen der aus St 37. Die hohe Kerbempfindlichkeit zwingt den

Konstrukteur zur Anwendung kerbvermindernder Gestaltungsprinzipien und den Hersteller zu einer hohen fertigungstechnischen Qualität. Hierzu gehören kerbfreie Querschnitts- und Nahtübergänge ebenso wie eine Oberflächenbearbeitung der Deck- und Wurzellagen.

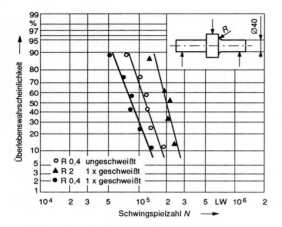

Bild 5-21
Gegenüberstellung der Überlebenswahrscheinlichkeit von Achskörpern aus C45 (vergütet) im ungeschweißten und auftraggeschweißten Zustand. Übergangsradius am Achskörper:
R 0.4 mm - Originalzustand vor dem Schweißen,
R 2 mm - nach Instandsetzungsschweißen.
Prüfhorizont s = 200 N/mm², nach NEUMANN.

5.1.2.3   Einfluß des Schweißverfahrens und der Zusatzstoffe

In den geltenden Berechnungsvorschriften werden weder bei statisch noch bei dynamisch beanspruchten Schweißverbindungen die Art des Schweißverfahrens, die Schweißposition sowie der Einfluß des Zusatzstoffes berücksichtigt d.h. auch nicht vorgeschrieben. Einig ist man sich darüber, daß bei den Lichtbogenschweißverfahren und den meisten auf die Grundwerkstoffe (Baustähle) abgestimmten Zusatzwerkstoffen die statischen Festigkeitswerte nur in einem schmalen Streuband um einen Mindestwert schwanken. Eine Berücksichtigung bei der Berechnung kann daher entfallen. Die Schwingfestigkeit ist aber von den Schweißverfahren und Zusatzstoffen (Stabelektro-

den, Draht-Pulver-Kombinationen und Schutzgasvarianten) abhängig. Die Dauerfestigkeitswerte z.B. blecheben bearbeiteter mit basischumhüllten Stabelektroden hergestellter Stumpfnahtverbindungen aus St 37, sind deutlich größer als solche, die mit rutilumhüllten geschweißt wurden.

Auch Verbesserungen der dynamischen Beanspruchbarkeit durch Spannungsarmglühen, die u.U. bis zu 20% betragen können, finden keine Berücksichtigungen im Vorschriftenwerk.

Bei Abbrennstumpf-, Reib-, MBL- oder AT-Schweißverfahren entstehen verfahrensbedingt sehr nachteilig wirkende Stauchgrate, Bild 5-23. Beseitigt man sie nicht oder nicht vollständig, kann ihre Kerbwirkung zu einer großen Tragfähigkeitseinbuße bei dynamischer Beanspruchung führen.

Bei einem rechnerisch ausgeschöpften Schweißnahtanschluß sollte unbedingt die Ausführungsposition vorgeschrieben wer-

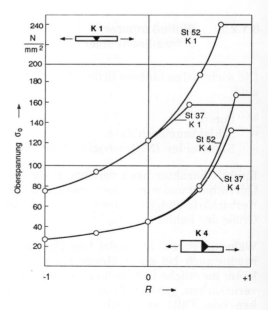

Bild 5-22
Vergleich der zulässigen Festigkeitswerte von Stumpfnähten mit unterschiedlicher Kerbschärfe (K1 und K4) für die Werkstoffe St37 und St52, berechnet, nach DIN 15 018.

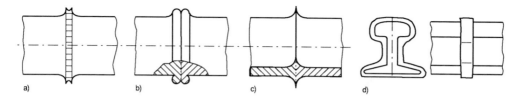

Bild 5-23
Ausbildung von äußerer und innerer Nahtform bei massiven oder hohlen Bauteilkonfigurationen bei unterschiedlichen Schweißverfahren.
a) Abbrennstumpfschweißen,
b) Reibschweißen,
c) MBL-Schweißen,
d) Aluminothermisches Schweißen (AT-Schweißen).

den, da z.B. die Schwellfestigkeit von senkrecht oder überkopf geschweißten Stumpfnähten bis zu 30%, die der Kehlnähte um ca. 15% niedriger als bei Schweißungen in w-Position sein kann.

Es wird auch empfohlen, die wegen erschwerter Zugänglichkeit nicht einwandfrei schweißbaren Nähte bei der Bemessung als nichttragend anzunehmen.

5.1.2.4   System der Kerbklassen

Die Ursache der unterschiedlichen dynamischen Festigkeit ist der durch Kerbwirkung spannungserhöhende Gestaltseinfluß von Schweißkonstruktionen. Ob und inwieweit sich noch innere und äußere Schweißnahtimperfektionen additiv dem Gestaltseinfluß überlagern, kann nicht exakt bestimmt werden.

Auf der Grundlage von Schwingfestigkeitsexperimenten läßt sich für verschiedene Schweißelemente eine "gleiche" *Gesamtschärfe* ableiten, woraus sich ein Netz sogenannter Kerbfälle oder Kerbklassen entwickelte. Das Kerbklassensystem hat keinen analytischen, sondern lediglich ordnenden Charakter.

Einzelne Fachbereiche bevorzugen spezielle Stoßarten, die sie in eigenen Klassensystemen zusammenfassen. Ein direkter Zusammenhang der fach- und konstruktionsspezifischen Kerbfälle untereinander ist daher nicht herzustellen.

Neben der Konstruktionsgestalt werden auch prüf- und fertigungstechnische Ausführungskriterien in den Klassen berücksichtigt. Der Unterschied zwischen einer "normal" ausgeführten und einer Verbindung in Sondergüte ist im allgemeinen eine Klasse. Die Einstufung von Schweißelementen in bestimmte Kerbklassen muß nach dem Ähnlichkeitsprinzip vorgenommen werden und steht am Anfang jeder Berechnung dynamisch beanspruchter Schweißkonstruktionen.

In den technischen Grundsätzen *"Krane"*, nach DIN 15 018, und *"Kranbahnen"*, nach DIN 4132, ist ein sehr großes Spektrum von Schweißelementen in 5 Kerbklassen K0 bis K4 zusammengestellt worden, von denen einige häufig verwendete in Tabelle 5-12 (Abschn. 5.4.2.2), dargestellt sind.

Umfangreiche Kerbklassensysteme von Schweißelementen sind auch für *Eisenbahnbrücken* und sonstige *Ingenieurbauwerke* nach DS 804, sowie für den *Schienenfahrzeugbau* nach DS 952, der Deutschen Bundesbahn, erstellt worden.

Nach dem IIW-Document XIII-998 von 1981 ist mit dem Eurocode Nr. 3, Abschnitt 9, für die Zukunft ein Kerbklassensystem zu erwarten, bei dem für alle wichtigen Schweißnahtstöße Wöhlerlinienscharen angegeben werden. Mit ihnen kann die Betriebsfestigkeit nach PALMGREN-MINER in einer verbesserten Form nachgewiesen werden. Als Kerbklassenbezeichnung wählt man den Wert der doppelten Nennspannungs-

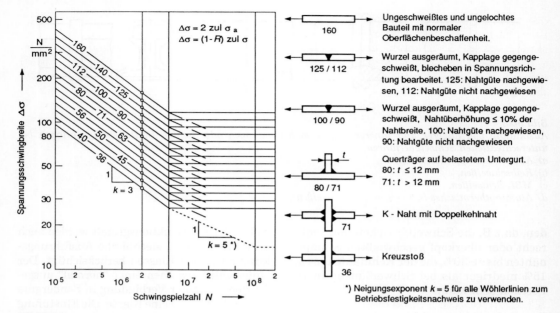

Bild 5-24
Zulässige Nennspannungsschwingbreite Δσ im Schweißstoß-Kerbklassen-System nach Eurocode Nr.3 mit ausgewählten Schweißstößen.

schwingbreite für die Grenzlastspielzahl N_D = 2·10⁶. Diese Methode ist sehr übersichtlich und praxisnah, Bild 5-24. Die Dauerfestigkeit ist für N = 5·10⁶ tabelliert.

Für den *Druckbehälterbau* existiert nach dem AD-Merkblatt S2 (Ausg. 6/86) ein Kerbklassensystem K1 bis K3, nach dem Korrekturfaktoren zur Berücksichtigung der Schweißnahtkerbwirkung für die Berechnung drucktragender Teile von Druckbehältern ermittelt werden können.

5.1.3   Einfluß der Schweißeigenspannungen auf die Tragfähigkeit

Wie in Abschn. 3.3 ausführlich beschrieben wird, entstehen in geschweißten Bauteilen Eigenspannungen und Schrumpfungen, die zu unerwünschten Maßänderungen und (oder) zur Rißbildung führen, d.h., die Tragfähigkeit empfindlich verringern können. Der Verzug ist oft ein wirtschaftliches Problem. Er muß daher abhängig von der Art

der Konstruktion und den Qualitätsanforderungen auf Werte begrenzt werden, die die Gebrauchseigenschaften des Bauteils nicht unzulässig beeinträchtigen.

5.1.3.1   Beeinflussung der statischen Festigkeit und des Sprödbruchverhaltens

Die unterschiedlichen Elatizitäts- und Plastizitätsverhältnisse im Nahtbereich schließen die Anwendung des *Superpositionsgesetzes* zur Ermittlung der aus Last- und Eigenspannungen bestehenden Gesamtspannung aus. Außerdem bereitet die quantitative Ermittlung der Eigenspannungen große Schwierigkeiten.

Je ausgeprägter der räumliche Spannungszustand ist, desto eingeengter und kleiner ist der Spannungsabbau durch plastische Verformung. Charakteristisch für eine Schweißverbindung ist das über dem Nahtquerschnitt sehr unterschiedliche Verformungsvermögen und damit die Fähigkeit,

auf statische Überbelastungen zu reagieren. Bei hinreichend verformbaren Werkstoffen wird die Tragfähigkeit einer einach-
sig beanspruchten Konstruktion nur durch
die Fließgrenze bestimmt. Erst nachdem
die äußere Belastung im gesamten Querschnitt die Streckgrenze erreicht hat, ist die
Tragfähigkeit erschöpft.

Bei mehrachsiger Beanspruchung kann allerdings durch den Mechanismus der Spannungsversprödung (Abschn 3.4.1) die Rißanfälligkeit des Bauteils entscheidend vergrößert werden. In spröden bzw. versprödeten Werkstoffen (z.B. durch Alterung, Grobkornbildung, Aufhärtung, Ausscheidungen)
besteht daher grundsätzlich die Gefahr des
Auftretens spröder Brüche.

5.1.3.2   Beeinflussung der dynami-
schen Festigkeit

Die Mechanismen des Spannungsabbaues
unter dynamischen Lastspannungen sind weit
komplizierter. Der Nachweis, daß eine ungünstige Überlagerung mit Eigenspannungen ursächlich zur Anrißbildung geführt hat, ist deshalb so schwierig, weil die ermüdungsbruch-
gefährdete Stelle meist nicht mit der Stelle der
maximalen Spannung in der Konstruktion
übereinstimmt. Prinzipiell wird auch ein Spannungsabbau eingeleitet, wenn er bevorzugt an
jeder Unstetigkeitsstelle der Schweißnaht
ausgelöst werden kann. Die *plastischen
Fließbedingungen* durch Wechselverformung
sind besonders im Nahtübergangsbereich
schnell erschöpft. Die Folge ist eine wesentlich
ungleichförmigere Spannungsverteilung, die
eine Anrißbildung begünstigt.

Eine ungefähre Vorstellung von der Beeinflussung der Eigenspannungen auf die Festigkeit
vermittelt die anschauliche, aber auch angreif-
bare Darstellung von OKERBLOM, Bild 5-25. Die
Hauptkritik besteht darin, daß ein linearer
Zusammenhang zwischen Streckgrenze und
Dauerfestigkeit angenommen wird. Das Schaubild zeigt die bekannten Tatbestände, daß sich
mit *steigender Druckeigenspannung* die Dauerfestigkeit verbessert und bei Vergrößerung
der Zugeigenspannung die Streckgrenze er-

höht bzw. die Dauerfestigkeit verringert wird.

Die Größenverhältnisse werden aber bestätigt, vergleicht man die Dauerfestigkeitswerte
von ungeglühten und nach dem Schweißen
spannungsarmgeglühten Verbindungen miteinander. Die Unterschiede können bis zu 20
% betragen. Abgesehen davon, daß solche Verbesserungen im Vorschriftenwerk keine Berücksichtigung finden, sind Wärmebehandlungen von kompletten Schweißkonstruktionen aus Kostengründen, aber auch aus
praktischen Erwägungen auf ein Minimum zu
beschränken.

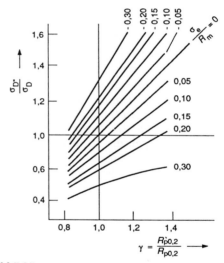

*Bild 5-25
Einfluß der Eigenspannung auf die mechanischen
Festigkeitswerte σ_D, $R_{p0,2}$: durch Eigenspannung (σ_e)
veränderte Festigkeit, nach* OKERBLOM.

Sogenannte Rüttelpraktiken, die Spannungsabbau hervorrufen sollen, haben technisch keine Bedeutung.

Durch das *integrative Erfassen* der Lebensdauerwerte von Schweißverbindungen in Prüf-
versuchen (vergl. Abschn. 5.1.1) werden die
Schweißeigenspannungen naturgemäß berücksichtigt. Die Frage, wie hoch eine Schweißkonstruktion eigenspannungsbehaftet bleiben
darf, ist hauptsächlich für solche Konstruktionen von Interesse, für die im Laufe der Lebensdauer Spannungsrelaxationen mit unerwünschten maßlichen Formänderungen befürchtet werden.

5.1.4 Maßnahmen zum Reduzieren von Schrumpfungen und Spannungen

Alle Verfahren zum Beseitigen bzw. Vermindern der Eigenspannungen beruhen auf der Erzeugung plastischer Verformungen, die denen entgegengesetzt sind, die die Eigenspannungsfelder hervorgerufen haben. Diese notwendigen Verformungen können grundsätzlich durch folgende Methoden erzeugt werden:

– Aufbringen mechanischer Belastungen. Zu diesen Verfahren des mechanischen Entspannens gehören das
Hämmern, die (mechanische) *Überbelastung (overstressing)* und das
Autogene Entspannen (Flammentspannen).
– Zeitweiliges Herabsetzen des Formänderungswiderstandes des Werkstoffes (thermisches Entspannen). In diesem Fall erzeugen die "freiwerdenden" Eigenspannungen die zu ihrem Abbau erforderlichen Verformungsfelder selber. Das weitaus wichtigste Verfahren ist das in Abschn. 2.5.1.1 beschriebene Spannungsarmglühen.

Schrumpfungen werden ebenfalls durch äußere mechanische Beanspruchungen (z.B. Kalt- oder Warmrichten) oder mit Hilfe gezielt erzeugter Eigenspannungszustände (z.B. Flammrichten) beseitigt bzw. verringert. Außerdem sind eine Reihe fertigungs- und schweißtechnischer Maßnahmen bekannt, die im folgenden kurz angesprochen werden.

Bei diesen Maßnahmen unterscheidet man zwischen *vorbeugenden* und *nachträglichen* Methoden zum Beseitigen der Schrumpfungen und Spannungen. Bezieht man das Kalt- und Warmrichten in den Maßnahmekatalog mit ein, dann ist je nach Funktion, Sicherheitsbedürfnis und Kosten eine Synthese aus mehreren Gegenmaßnahmen bei Schweißkonstruktionen erforderlich.

Die vorbeugenden Methoden beginnen mit der Anordnung der Schweißnähte, der Bestimmung der Fugenform und der Dimensionierung der Werkstück- und Nahtdicken. Die nachstehend aufgeführten konstruktiven und fertigungstechnischen Maßnahmen sollten grundsätzlich berücksichtigt werden:

– Beim Entwurf ist darauf zu achten, daß die Einzelteile möglichst "frei" schrumpfen können. Dafür ist die Zusammenarbeit mit dem Schweißfachingenieur erforderlich.
– Es ist nicht immer notwendig, den gesamten Querschnitt voll anzuschließen. Nicht durchgeschweißte, unterbrochene oder gegenüberliegend angeordnete Schweißnähte genügen oft und bringen darüber hinaus noch Vorteile, weil sie weniger Wärme in die Bauteile einbringen.
– Man soll darauf achten, daß Nähte bevorzugt in Wannenposition geschweißt werden können. Das gilt vornehmlich für Kehlnähte, um die gewünschte Nahtdicke einzuhalten.
– Bei entsprechenden Stückzahlen sind Spannvorrichtungen empfehlenswert. Die Schweißeigenspannungen werden allerdings höher.
– Bei anspruchsvollen Schweißaufgaben, wie z.B. Gehäusen, Rahmen, Fundamenten oder Maschinengestellen werden *Schweißfolgepläne* aufgestellt, um Schrumpfungen und Spannungen zu "minimieren". Dabei handelt es sich um die Abstimmung von Heft- und Schweißfolgen, einschließlich aller wichtigen fertigungstechnischen Maßnahmen, wie z.B. Anschling- und Wendemöglichkeiten der Schweißteile.
– Versuchsschweißungen zur Vorbestimmung von Vorbiegemaßen, Anstellwinkeln oder "Gegenwärmen" können vor der eigentlichen Fertigung Richt- und Wärmebehandlungskosten sparen helfen.

Wärmebehandlungen gehören mit zu den wirksamsten Maßnahmen, um Spannungen zu beseitigen. Für einige der genannten Bauteilgruppen ist Spannungsarmglühen des gesamten Bauteils auf Grund bestimmter Spezifikationen und Regelwerke erforderlich. Größe und Masse der Baugruppen

Ifd. Nr.	Maßnahme	Illustration
1	Anzahl und Lage von Schweißnähten	Durch die Verwendung von abgekanteten oder formgedrückten Profilen kann die Nahtanzahl reduziert werden.

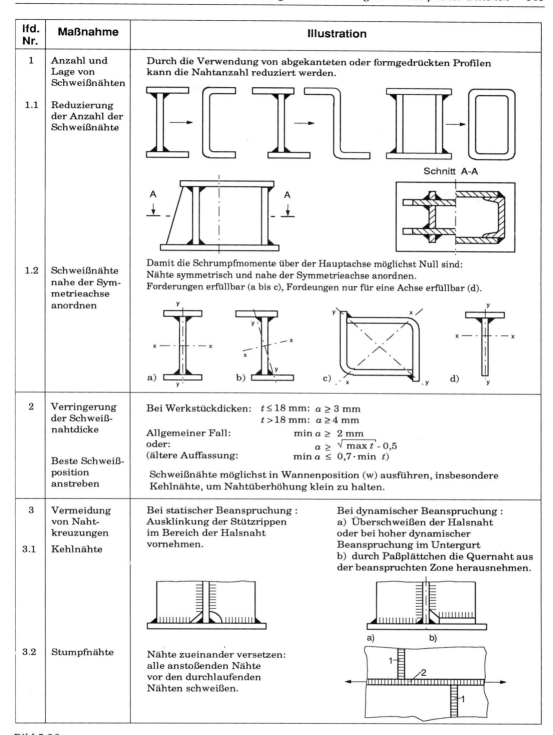

1.1 Reduzierung der Anzahl der Schweißnähte

Schnitt A-A

1.2 Schweißnähte nahe der Symmetrieachse anordnen

Damit die Schrumpfmomente über der Hauptachse möglichst Null sind:
Nähte symmetrisch und nahe der Symmetrieachse anordnen.
Forderungen erfüllbar (a bis c), Fordeungen nur für eine Achse erfüllbar (d).

a) b) c) d)

2 Verringerung der Schweißnahtdicke

Bei Werkstückdicken: $t \leq 18$ mm: $a \geq 3$ mm
$t > 18$ mm: $a \geq 4$ mm

Allgemeiner Fall: min $a \geq$ 2 mm
oder: $a \geq \sqrt{\max t} - 0{,}5$
(ältere Auffassung: min $a \leq 0{,}7 \cdot \min t$)

Beste Schweißposition anstreben

Schweißnähte möglichst in Wannenposition (w) ausführen, insbesondere Kehlnähte, um Nahtüberhöhung klein zu halten.

3 Vermeidung von Nahtkreuzungen

Bei statischer Beanspruchung :
Ausklinkung der Stützrippen im Bereich der Halsnaht vornehmen.

Bei dynamischer Beanspruchung :
a) Überschweißen der Halsnaht oder bei hoher dynamischer Beanspruchung im Untergurt
b) durch Paßplättchen die Quernaht aus der beanspruchten Zone herausnehmen.

3.1 Kehlnähte

a) b)

3.2 Stumpfnähte

Nähte zueinander versetzen:
alle anstoßenden Nähte vor den durchlaufenden Nähten schweißen.

Bild 5-26
Ausgewählte fertigungstechnische und konstruktive Maßnahmen zum Reduzieren von Schrumpfungen und Eigenspannungen beim Schweißen.

lfd. Nr.	Maßnahme	Illustration
4	Vermeidung von Nahtanhäufungen	Wenn die Werkstückdicke $t < 1,5 \cdot a$ ist, dann sind die Gegennähte der Aussteifungen nach (a) anzuordnen. Anderenfalls (b). Wenn (c), dann Mindestabstand x beachten. 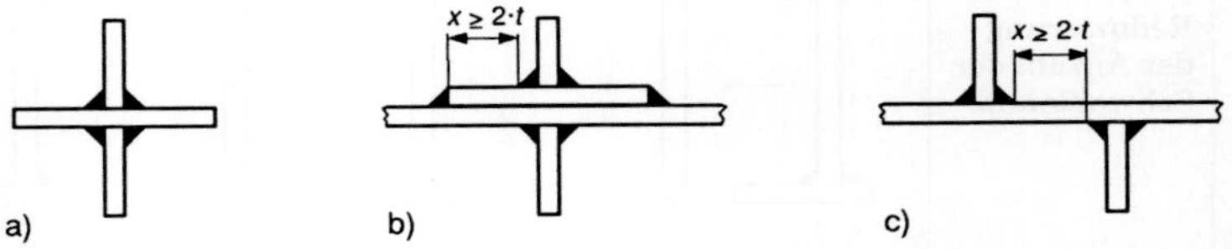 $x \geq 2 \cdot t$　　　$x \geq 2 \cdot t$ a)　　　b)　　　c)
5	Richtige Nahtfolge wählen	Die Nahtfolge ist so zu wählen, daß bei den Quernähten mit der größten Schrumpfkraft möglichst freies Schrumpfen vorhanden ist; dann die Kehlnähte schweißen. 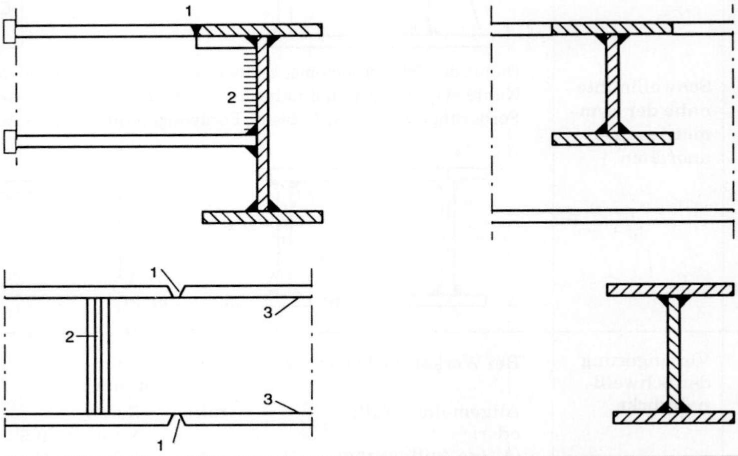
5.1	Stumpfnähte vor Kehlnähten	
5.2	Unterbrochene statt durchlaufende Nähte (nur bei statischer Beanspruchung)	Zur Vermeidung unnütz hoher Wärmeeinbringung an dünnen Blechkonstruktionen mit langen Nähten sind unterbrochen angeordnete Nähte am sinnvollsten. 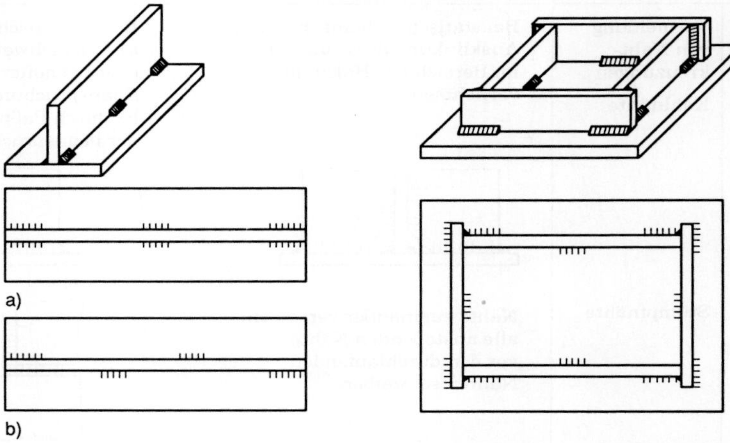 a) b)

Bild 5-26
Fortsetzung

lfd. Nr.	Maßnahme	Illustration
5.3	Schrittweises statt durchlaufendes Schweißen	Die Querschrumpfung kann z.B. bei Montagenähte durch schrittweises Schweißen (Pilgerschrittschweißung), beginnend in der Wurzel, starkreduziert werden.
5.4	Kaskaden- schweißung bei großen Werkstückdicken	Die Kaskadenschweißung ist eine Mehrlagenschweißung, die dem gleichen Ziel dient und bei dicken Blechen angewendet werden muß, z.B. Flickeneinschweißung.
6	Schrumpfungs- kompensierung auswählen	Teile vor dem Schweißen um das Maß x vorbiegen (x in Vorversuchen ermitteln; ist von Nahtdicke und Nahtanzahl abhängig).
6.1	Schrumpfaus- gleich vorsehen	
6.2	Gegenwärmen oder Gegennähte festlegen	Gleichzeitig zum Schweißen auf der gegenüberliegenden Seite "Gegenwärmen" durchführen (a). Schrumpfwirkung von Anschlußnähten ausnutzen (b). Schweißvorrichtungen oder 2. Schweißer einsetzen.

setzen hier aber natürliche Grenzen. Partielle Glühbehandlungen bergen die Gefahr von Spannungsumlagerungen, wenn sie nicht sachkundig durchgeführt werden.

Einige der aufgeführten Möglichkeiten, die im wesentlichen die Gebrauchsfähigkeit des Bauteils erhalten, sind in Bild 5-26 zusammengestellt.

5.1.5   Zulässige Maßabweichungen für Schweißkonstruktionen

Der Schweißverzug ist trotz aller konstruktiver und technologischer Maßnahmen unvermeidlich. Er darf bestimmte Werte nicht überschreiten, wenn es sich um Schweißungen hoher Qualität handelt. Nach DIN 8570 Blatt 1 und 3 sind für Maße am Schweißteil ohne Angabe von Toleranzen, Freimaßtoleranzen zu beachten.

Tabelle 5-1 zeigt die Größenordnung für die zulässigen Abweichungen für Winkelmaße. Sie gelten aber nur, wenn Winkelmaße am Schweißteil angegeben sind, anderenfalls ist die zulässige Abweichung ein Längenmaß (e) in mm/m. Für diesen Fall ist der Bezugspunkt am Schweißstoß gekennzeichnet, Bild 5-27.

Die Freimaßtoleranzen für Länge, Form, Lage und Winkel werden in den Genauigkeitsgraden A, B, C und D, die der Geradheits,- Ebenheits- und Parallelitätstoleranzen in den Genauigkeitsgeraden E, F, G und H angegeben. Die Maßeintragung kann über dem Schriftfeld in der Form erfolgen:

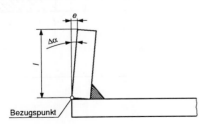

Bild 5-27
Beispiel für Maßeintragung der zul. Winkelabweichungen nach DIN 8570 Blatt 1 (Als Bezugsschenkel gilt der kürzere Schenkel des Winkels).

Genauigkeits-grad	Nennmaßbereich (Länge des kurzen Schenkels)		
	bis 315	über 315 bis 1000	über 1000
	Zulässige Abweichung Δa in Grad und Minuten		
A	± 20'	± 15'	± 10'
B	± 45'	± 30'	± 20'
C	± 1°	± 45'	± 30'
D	± 1°30'	± 1°	± 1°
	Zulässige Abweichung in mm/m *)		
A	± 6	± 4,5	± 3
B	± 13	± 9	± 6
C	± 18	± 13	± 9
D	± 26	± 22	±18

*) Der Faktor von mm/m auf mm/100mm entsprechend DIN 7163 Blatt 1 beträgt 0,1

Tabelle 5-1
Zulässige Abweichungen für Winkelmaße nach DIN 8570 Blatt 1, Tabelle 2.

"Freimaßtoleranzen für Schweißkonstruktion" – AF DIN 8570 –.

Der erste Buchstabe steht für Längen- und (oder) Winkelangaben, der zweite für Form- und Lagetoleranzen. Die Genauigkeitsgrade müssen dabei nicht identisch sein.

5.2   Bemaßung von Schweißnähten

5.2.1   Darstellungsgrundsätze

Begriffe, Bennung, Symbole und Grundsätze zur Darstellung und Bemaßung von Schweiß- und Lötverbindungen werden in DIN 1912 Teil 1, 5 und 6 geregelt.

Die Schweißangaben umfassen konstruktive und technologische Naht- und Qualitätselemente. Wegen ihrer Einfachheit ist die *symbolhafte* Darstellung der bildlichen Darstellung vorzuziehen, Bild 5-28.

Analog zur allgemeinen technischen Darstellung bilden *Kennzeichnung* und *Bezeichnung* der Fügestelle eine Einheit. Dabei gilt der wichtige Grundsatz, daß jede Schweißnaht am Schweißteil auch unter Beachtung des Symmetriegesetzes nur in einer Ansicht bezeichnet wird. Es ist jedoch gleichgültig, ob die Fügekante in der Vorderansicht, Seitenansicht oder Draufsicht ausgewählt wird. Die Bemaßung wird bevorzugt an der *sichtbaren* Fügekante vorgenommen, Bild 5-29.

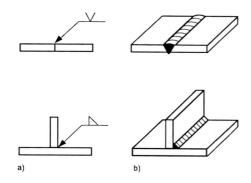

Bild 5-28
Darstellung der Schweißangaben:
a) symbolhaft, b) bildlich.

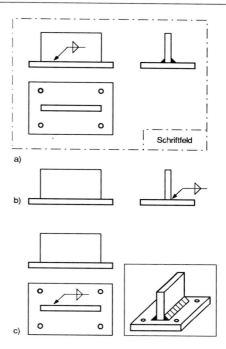

Bild 5-29
Die Bezeichnungsmöglichkeit einer Doppelkehlnaht:
a) Vorderansicht oder
b) Seitenansicht oder
c) Draufsicht.

5.2.2 Bemaßungsgrundsätze

5.2.2.1 Bezugszeichen

Das vollständige Bezugszeichen besteht aus *Bezugslinie*, *Pfeillinie* und *Gabel*, Bild 5-30.

Die Pfeillinie zeigt in einem beliebigen Winkel auf die Fügekante. Die Lage der Bezugslinie sollte auf einer Zeichnung einheitlich sein. Dabei wird eine parallele Lage zum unteren Zeichenrand empfohlen.

Gegenüber früheren Festlegungen zur Maßeintragung wird das Bezugszeichen durch eine *gestrichelte* Bezugslinie ergänzt, die über oder unter der Bezugslinie (voll) liegen kann. Bei symmetrischen Nähten (z.B. Doppelkehlnaht) darf die Strichlinie entfallen. Mit dieser Erweiterung beabsichtigt man eine weltweite Vereinheitlichung der Nahtlage am Schweißstoß:

– Steht das Symbol auf der Bezugslinie, dann befindet sich die Nahtoberfläche auf der Pfeilseite (Bezugsseite), Bild 5-31.

– Steht das Symbol auf der Seite der Strichlinie, dann befindet sich die Schweißnahtoberfläche auf der Gegenseite, Bild 5-32.

5.2.2.2 Die Grundausstattung in der Bemaßung

Zur **Grundausstattung** schweißtechnischer Maßangaben gehören:

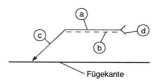

Bild 5-30
vollständiges Bezugszeichen
a) Bezugslinie - voll, b) Bezugslinie - Strichlinie, c) Pfeillinie, d) Gabel.

– Nahtdicke,

– Nahtsymbol,

– Nahtlänge.

Wichtige Schweißnaht-, Zusatz- und Ergänzungssymbole sind in den Tabellen 5-2 bis 5-4 dargestellt.

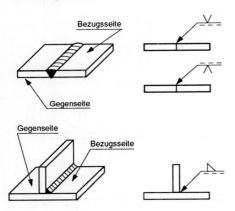

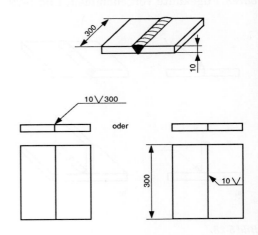

Bild 5-31
Naht ausgeführt von der Pfeilseite.

Bild 5-33
Bemaßung einer Stumpfnaht mit der Grundausstattung.

Es hat sich als ausreichend erwiesen, den Schweißstoß mit der Grundausstattung in der genannten Reihenfolge anzugeben, Bild 5-33. Die Nahtdicke steht vor dem Symbol, dahinter die Nahtlänge. Diese Angaben sind nicht auf das Bezugszeichen zu setzen, wenn ihre Angaben bereits aus der Konstruktionszeichnung ersichtlich sind.

Bei Kehlnähten ist auf das Ausführungsmaß, Bild 5-34, hinzuweisen und vor die Nahtdicke zu setzen.

5.2.2.3   Vollständige Schweißangaben

Die technologischen Elemente:

– Schweißverfahren nach DIN 1910 oder ISO 4063,

– Bewertungsgruppe nach DIN 8563 Teil 3,

– Schweißposition nach DIN 1912 Teil 2,

– Schweißzusatz z.B. nach DIN 1913, DIN 8556, DIN 8559,

werden durch Schrägstriche voneinander getrennt hinter der Gabel aufgeführt.

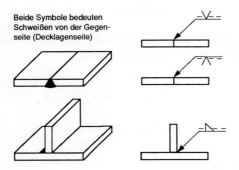

Bild 5-32
Naht ausgeführt von der Gegenseite.

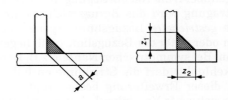

Bild 5-34
Ausführungsmaße bei Kehlnähten:
Maß "a": Höhe des größten im Nahtquerschnitt eingeschriebenen gleichschenkligen Dreiecks, Maß "z": Schenkellänge.

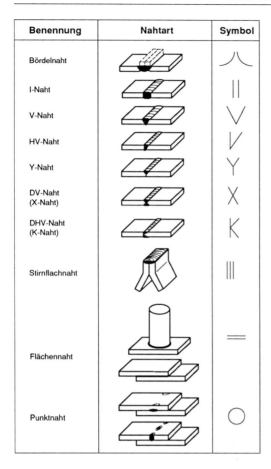

Benennung	Nahtart	Symbol
Bördelnaht		⋏
I-Naht		‖
V-Naht		V
HV-Naht		V
Y-Naht		Y
DV-Naht (X-Naht)		X
DHV-Naht (K-Naht)		K
Stirnflachnaht		⦀
Flächennaht		=
Punktnaht		○

Tabelle 5-2
Gebräuchliche Schweißnahtsymbole nach DIN 1912
Teil 5.

net werden (bei verschiedenen Nähten evtl. auch tabellarisch, Bild 5-37). Die Sammelangabe wird mit einem durch ein Rechteck umschlossenen Kennbuchstaben zusammengefaßt.

Nahtart	Nahtgüte	Ausführung	Sinnbild
Stumpf-naht	Normal-güte *)	Wurzel ausgefugt, Kapp-lage gegengeschweißt, keine Endkrater	⩔
	Sonder-güte *)	Wurzel ausgefugt, Kapp-lage gegengeschweißt, Blechebenen in Spannungsrichtung bearbeitet, keine Endkrater	⩔
Kehl-naht	Sonder-güte *)	Nahtübergang kerbfrei, erforderlichenfalls bearbeitet	⊿
*) Bezeichnung nach DIN 15018			

Tabelle 5-3
Zusatzsymbole (ausgewählt), nach DIN 1912.

Treffen konstruktive und technologische Sachverhalte für die meisten oder gar alle Nähte zu, darf über dem Schriftfeld die Sammelangabe erfolgen. Von der Sammelangabe abweichende (gleichartige) Angaben sind

– an der entsprechenden Naht und
– an der Sammelangabe in Klammer anzugeben, Bild 5-38.

Die vollständige Angabe der konstruktiven und technologischen Angaben an *jeder* Fügestelle hat sich aber in der Praxis nicht durchgesetzt, Bild 5-36.

Die Vielfalt der Hinweise führt zu Überlagerung und Unübersichtlichkeit der Maßeintragung und erschwert Technologie- und Zeichnungsänderungen.

Die technischen Elemente können deshalb vom Bezugszeichen getrennt und als *Sammelangaben* über dem Schriftfeld angeord-

Verlauf und Art der Naht	Symbol
ringsum - verlaufende Nähte, (z.B. Kehlnähte)	
Montagenähte	

Tabelle 5-4
Ergänzungssymbole, nach DIN 1912.

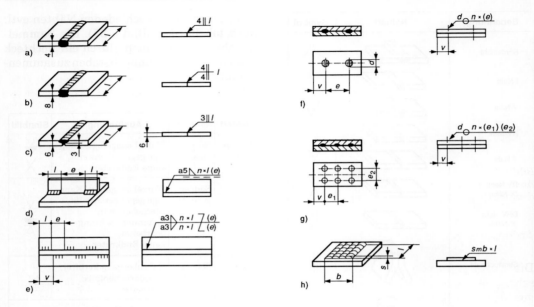

Bild 5-35
Bemaßungsbeispiele für die Anwendung der Grundausstattung:
a) einseitig ausgeführte I-Naht, b) beidseitig ausgeführte I-Naht, c) nicht durchgeschweißte I-Naht, d) unterbrochene Kehlnaht, Nahtdicke a=5 mm, Nahtlänge l, Anzahl der Nahtabschnitte n, Unterbrechungslänge e, e) versetzte unterbrochene Kehlnaht, f) einreihige Punktnaht, g) zweireihige Punktnaht, h) Auftragnaht, Schichtdicke s.

5.3   Gestaltungsgrundsätze

5.3.1   Auswahl der Stoßarten und Fugenformen

Funktion und Zuordnung der Einzelteile in einer Schweißkonstruktion bestimmen die *Stoßarten*, von denen einige wichtige Grundtypen in Bild 5-39 dargestellt sind. Mit der Art des Schweißstoßes liegt auch meistens schon die Fugenform fest. Darüberhinaus erfolgt die Auswahl der Fugenformen durch konstruktive und technologische Einflußgrößen wie:

– Werkstückdicke,
– Belastungs- und Beanspruchungsart,
– Kraftfluß,
– Schweißverfahren,
– Stückzahl,
– Kosten.

Im Laufe der Zeit haben sich die Qualitätsvorstellungen für die Schweißnahtvorbereitung und damit auch für die Fugenform gewandelt. Auf Grund der immer besseren Beherrschung der Schweißverfahren und der Erkenntnisse über die Tragfähigkeit wird die Fuge nicht so gut wie möglich, sondern *anforderungsgerecht* vorbereitet.

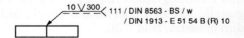

Bild 5-36
vollständige Bemaßung einer Schweißnaht:
111   Kennzahl für Schweißverfahren (E-Schweißen)
BS   Bewertungsgruppe nach DIN 8563 Teil 3
w   Schweißposition (Wannenlage)
DIN 1913-E5154B(R)10 - Stabelektrodenbezeichnung.

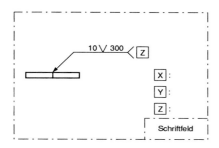

Bild 5-37
Anordnungsmöglichkeit von Sammelangaben über dem Schriftfeld.

Anforderungen an die Fugenform

Die Fugengeometrie und der Fugenquerschnitt sind so festzulegen, daß abhängig von dem gewählten Schweißverfahren ein sicheres Durchschweißen der Wurzel und ein vollständiges Aufschmelzen der Fugenflanken möglich ist.

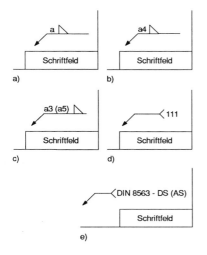

Bild 5-38
Beispiele für Sammelangaben:
a) An den Schweißstößen wird nur das Maß der Nahtdicke eingetragen.
b) Alle Kehlnähte sind 4 mm dick, die Nahtlänge geht aus der Konstruktion hervor.
c) Nur die Nähte mit a=5 mm werden am Konstruktionselement bemaßt.
d) Für die Herstellung wird ausschließlich das Lichtbogenhandschweißen eingesetzt.
e) Nur die höherwertige Güte einzelner Nähte ist zu bezeichnen.

In diesem Sinn ist z.B. die Fugenform der Kehlnaht fertigungs- und verfahrenstechnisch korrekt gewählt, wenn die Nahtflanken einen Öffnungswinkel von 90° zueinander bilden, d.h. die zu verbindenen Teile senkrecht aufeinander stehen. Geringere Öffnungswinkel behindern die Zugänglichkeit (Stabelektrode, Pistole, Brenner), verändern Nahtvolumen und Nahtausformung und erhöhen die Kerbwirkung im Wurzelnahtbereich. Um Ausführungsmängel zu vermeiden, müssen diese Erfordernisse bei der Gestaltung i.a. berücksichtigt werden, Bild 5-40.

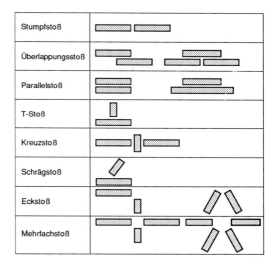

Bild 5-39
Stoßarten.

Nicht eindeutig im Sinne gleichmäßiger Einbrandverhältnisse ist die konstruktive Forderung nach Bild 5-41a. Ist ein gleichmäßiges Tragvermögen aller Kehlnähte erforderlich, dann sind die Abstandsverhältnisse "kehlnahtgerecht" Bild 5-41b zu gestalten.

Die häufig vorkommenden Profilanschlüsse, Bild 5-42, werden i.a. ohne besondere Fugenvorbereitung geschweißt. Dabei kann im Einzelfall meist die unabdingbare Forderung nach gleichmäßiger Fugenaufschmelzung durch eine fachgerechte Schweißtechnologie (Wahl geeigneter Parameter, Fugenabstände und Vorrichtungen) gelöst werden.

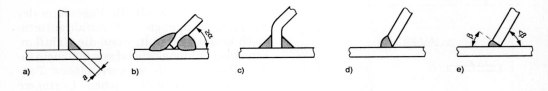

Bild 5-40
Anschlußformen für einen T- Stoß:
a)   eindeutige Ausführung,
b)   Ausführungsmängel bei unstimmigen Flankenwinkeln,
c,d,e) mögliche Konstruktionsänderungen. Die Winkelangaben haben empfehlenden Charakter: a, b » 45 ° bis 60 °.

Die Kehlnaht wird im Normalfall als Flach-kehlnaht ausgeführt. In Wannenposition ge-schweißte Nähte weisen ein symmetrisches Einbrandprofil auf, die Nahtoberfläche kann sich dabei leicht unterwölbt ausbilden und einen "kerbfreien" Übergang zu den Naht-flanken schaffen, Bild 5-43.

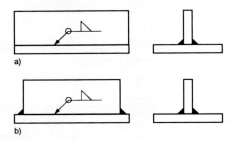

Bild 5-41
T-Stöße:
a) nicht eindeutig, b) eindeutig.

Viel mannigfaltiger sind die Ausführungs-formen der Stumpfnähte, Tabelle 5-6.

Der günstigere Kraftfluß, der durch eine Stumpfnaht ermöglicht wird, ist die Basis für eine weitgehende Ausnutzung der Werk-stoffestigkeit und der Grund für die Vielfalt der Gestaltungsmöglichkeiten.

Die aufwendige Arbeitsfolge - Fuge herstel-len, Fuge verschweißen - macht es aus Kostengründen wünschenswert, auf eine Kehlnaht auszuweichen. Werden mechani-sierte Schweißverfahren eingesetzt, kann sich das Zeitverhältnis zwischen Vorberei-ten und Schweißen drastisch verschlech-tern, z.B. bei WIG 1:1, UP 5:1, MBL 15:1.

Ist die Konstruktion überwiegend statisch beansprucht, oder erfüllt die Verbindung funktionell nur untergeordnete Aufgaben, dann kann die Stumpfnaht "nicht durchge-

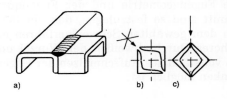

Bild 5-42
Schweißverbindung mit anforderungsgerechter Fugenform:
a) ohne definierte Fugenform,
b,c) das gleiche, aber durch Drehung in Position "w" mit Vorrichtung bei verkleinertem Fugenspalt zum Schweißen vorbereitet.

schweißt" ausgeführt werden. Die Wurzel ist in diesem Fall absichtlich nicht "voll" erfaßt, Bild 5-44. Diese Methode ist aber mit großer Vorsicht anzuwenden, weil in den seltensten Fällen die Beanspruchung rein statisch ist.

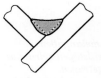

Bild 5-43
Kehlnaht in Wannenpositon geschweißt.

Werden Fugen durch Brennschneiden her-gestellt, so ist darauf zu achten, daß die Fu-genflanken eben, scharfkantig, kerb- und

Kennzahl	Verfahren
1	Lichtbogenschmelzschweißen
1 1 1	Lichtbogenhandschweißen (E-Schweißen)
1 2 1	Unterpulverschweißen mit Drahtelektrode
1 3 1	Metall-Inertgasschweißen
1 3 5	Metall-Aktivgasschweißen
1 3 6	Metall-Aktivgasschweißen mit Fülldrahtelektrode
1 4 1	Wolfram-Inertgasschweißen
1 8 5	Schweißen mit magnetisch bewegtem Lichtbogen
2	Widerstandspreßschweißen
2 1	Widerstands-Punktschweißen
2 2	Rollnahtschweißen
3	Gasschmelzschweißen (Gasschweißen)
3 1 1	Gasschweißen mit Sauerstoff-Azetylen-Flamme
4	Schweißen im festen Werkstoffzustand (Preßschweißen)
4 1	Ultraschallschweißen
4 2	Reibschweißen
7	Andere Schweißverfahren
7 1	Aluminothermisches Schweißen
7 5 1	Laserstrahlschweißen
7 6	Elektronenstrahlschweißen
7 8	Bolzenschweißen

Tabelle 5-5
Beispielliste der Verfahren für die Darstellung nach ISO 4063.

furchenfrei sind, anderenfalls muß mechanisch nachgearbeitet werden. In jedem Fall ist die Fuge vor dem Schweißen zu säubern, d.h. frei von Fett, Öl, Farbe und Rost zu machen.

Einfluß des Schweißverfahrens

Eine zentrale Rolle bei der Festlegung der Fugenart und -form nimmt das Schweißverfahren ein. Zusammen mit der Ausrüstung der Werkstätten (Maschinen, Vorrichtungen, Hilfsstoffe), der Art der Fertigung und der Länge der Fertigungszeiten sowie der Bereitstellung des Schweißpersonals entscheidet es in erheblichen Maße über die Kosten des Schweißteils. Die enge Verknüpfung der Gestaltung mit den Schweißverfahren verdeutlicht Bild 5-45.

Besonders wirtschaftlich sind Schweißverfahren, die ohne Zusatzwerkstoffe arbeiten und durch ihre große Einbrandtiefe nur I-Nähte erfordern. Allerdings sind die mechanischen Gütewerte des überwiegend aus Grundwerkstoff bestehenden Schweißguts nur mäßig (Abschn. 4.1.3.1). Die Mechanisierungsmöglichkeiten der konventionellen Schweißverfahren (E- Hand, MAG, WIG und UP) reichen meist nicht mehr aus, um die Kosten zu minimieren, wenn die Losgröße entsprechende Stückzahlen überschreitet und unterschiedliche Werkstoffe oder Bau-

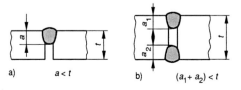

a) $a < t$　　b) $(a_1 + a_2) < t$

Bild 5-44
Ausführungsformen nicht durchgeschweißter Nähte.

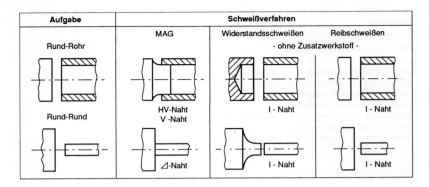

Bild 5-45
Ausführungsbeispiele für Fugenformen bei verschiedenen Schweißverfahren.

teile mit verschiedenen Anlieferungszustän-
den zu verschweißen sind. Die Bilder 5-46 bis
5-49 zeigen Möglichkeiten der Verbindung,
die z.B. mit dem Elektronenstrahl- und Laser-
schweißen sowie der MBL- und Bolzenschweiß-
technik gewählt werden können.

Die Verfahren der Widerstandsschweißtech-
nik bieten einen besonders großen Spiel-
raum für die Gestaltung. Als weiterer Vorteil ist die kostengünstige Herstellung der
entsprechenden Fugenformen zu nennen,
Bild 5-50.

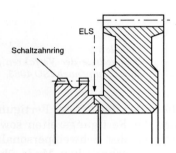

Bild 5-46
*Elektronenstrahlschweißverfahren zum Verbinden
von Schaltzahnring (16MnCr5, einsatzgehärtet) mit
Hauptzahnrad, nach ERHARDT, LEIDECKER, HÜBNER.*

5.3.2   Gestaltungsprinzipien

Zu den schweißtechnischen Gestaltungsprinzipien gehören neben den bekannten funk-
tionsbedingten, ästhetischen und wirtschaftlichen Gesichtspunkten Eigenaspekte, die der
Spezifik und den Möglichkeiten der Schweißtechnik gerecht werden. Sie lassen sich aus
den Konstruktionserfahrungen der traditions-
reichen Industriezweige wie Stahlbau, Stahl-
hoch,- Brücken,- Förderanlagen- und Stahl-
wasserbau, Maschinenbau, Schienenfahrzeugbau, Fahrzeug- und Landmaschinenbau, Behäl-
ter- und Apparatebau, Druckgefäße,- Tank-

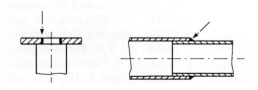

Bild 5-47
*Laserschweißverbindungen bei medizinischen Gerä-
ten.*

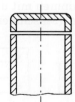

Bild 5-48
*Fügelösungen durch MBL- Technik
(magnetisch- bewegter- Lichtbogen).*

lfd. Nr.	Wand- dicke	Ausfüh- rung	Fugenform		Maße α, β	b/c
	mm		Bezeichng	Skizze	Grad	mm
1	bis 4	1	I - Naht			0 - t
2	bis 8	2	I - Naht			0 - t
3	3-10 3-40	1 2	V - Naht		60 40-60	0 -3 0 -3
4	> 18	1	Steilflan- kennaht		5-15	6-10
5	> 10	1 (2)	Y - Naht		60	0 -3 2 -4
6	> 10	2	DV- Naht		60	0 -3
7	> 12	1 (2)	U - Naht		~ 8	0 -3
8	3-40	1 (2)	HV- Naht		40-60	0 -3
9	> 10	2	DHV-Naht		40-60	0 -4

Tabelle 5-6
Fugenformen aus Stahl (ausgewählt aus DIN 8551 Teil 1).

werke,- Dampferzeuger,- Wärmeübertrager- sowie Rohrleitungsbau ableiten und für Schweißkonstruktionen schlechthin verallgemeinern.

Grundprinzipien, die die Tragfähigkeit beeinflussen, wie z.B Beanspruchungsgerechtheit, schweiß- oder formgerechte Durchbildung und Fertigungsgerechtheit, sind fachbereichsneutral. Sie sind bei der Lösung alltäg-licher Schweißaufgaben ebenso von Bedeutung, wie bei der konstruktiven Weiterentwicklung neuartiger Technikbereiche.

Vielfach muß sich die Gestaltung der Bau-

weise unterordnen. Ein unerläßlicher Schritt zur Festlegung der Nahtlage ist deshalb eine Funktions- und Beanspruchungsanalyse der Tragstrukturen.

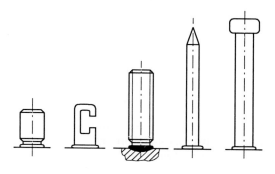

Bild 5-49
Zum Bolzenschweißen eingesetzte Halbzeuge, nach SOYER.

Die meisten Tragstrukturen sind z.B. als Fachwerke ausgebildet, die sich durch Form und Anordnung der Tragelemente bemessungstechnisch voneinander unterscheiden. Im allgemeinen passen sich die Schweißstöße diesen Aufgaben an. Sind sie als Zug- oder Druckstab konzipiert, so sollen die Schweißnähte auch nur Zug- oder Druckkräfte übertragen. Eine gleichmäßige Querschnittsauslastung ist möglich. Die Einbindung untereinander und die der äußeren Kräfte wird häufig durch Knotenbleche realisiert. Die Tragfähigkeit ist von Schweißnahtdicke und -länge direkt abhängig.

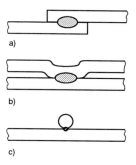

Bild 5-50
Widerstandsschweißverbindungen mittels
a) Punktschweißen
b,c) Buckelschweißen.

Stäbe in Rahmenkonstrutionen dagegen können sowohl Zug- und Druckkräfte als auch Biegemomente und Schubkräfte übertragen, die Querschnitte und Schweißnahtanschlüsse sind meist ungleichmäßig ausgelastet. Das Flächenmoment 2. Grades bzw. die Gesamtanschlußfläche bestimmen die Tragfähigkeit.

Für Beanspruchungs- und Schweißgerechtheit im Sinne von Berechenbarkeit wird auf die gestalterischen Grundstrukturen, z.B. Bild 5-2, verwiesen. Leider liegen gesicherte Werte für zulässige Spannungen nicht von allen Schweißstößen vor, so daß sich der Gestaltungsentwurf bis zu einem gewissen Grad den Belangen der Berechnung anpassen muß.

5.3.2.1   Beanspruchungsgerechte Gestaltung

Bei statisch beanspruchten Schweißkonstruktionen ist von einer möglichst kosten-günstigen Fertigung auszugehen. Die Gestaltung ist einfach und übersichtlich, Steifigkeitssprünge können unbedenklich belassen bleiben.

Im Gegensatz dazu verlangt die dynamisch beanspruchte Konstruktion eine dem Kräfteverlauf angepaßte Gestaltung, d.h. starke Kraftumlenkungen oder Steifigkeitssprünge sind unter allen Umständen zu vermeiden. Vielfach sind Ausrundungen und Abschrägungen in Ecken zusammenlaufender Profile, oder bei unterschiedlichen Werkstückdicken vorzusehen, bzw. die Nahtübergänge mechanisch nachzuarbeiten. Funktionell gleichartige Schweißkonstruktionen sind im Bild 5-51 für beide Beanspruchungsarten gegenübergestellt.

Die schweißtechnische Bemaßung ist nicht bei jedem der folgenden Bilder einheitlich (symbolisch oder bildlich) und vollständig.

Schweiß- oder formgerechte Durchbildung

Schweißnähte sind nicht *senkrecht* zur Kraftrichtung anzuordnen. Von den im Bild 5-52 dargestellten Schweißverbindungen sind die Ausführungen (a bis d) zu vermeiden. Die Nahtanordnung hat keinerlei Verformungsvermögen, weshalb die Übergangsquerschnitte sehr anrißgefährdet sind.

Günstiger sind Schweißnähte, die parallel zur Kraftrichtung verlaufen (e und g), weil sie ein "elastisches" Dehnungsverhalten zeigen oder Schweißnähte, die direkt in der neutralen Fase angeordnet und damit "unbelastet" sind (f).

Sind keine Konstruktionsänderungen möglich, dann kann man die Spannungen am Anschluß dadurch verkleinern, daß man Anschlußvergrößerungen vorsieht und somit kleinere Spannungen senkrecht zur Naht erhält (h).

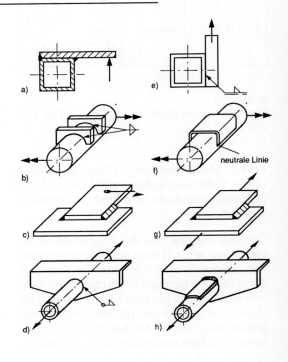

Bild 5-52

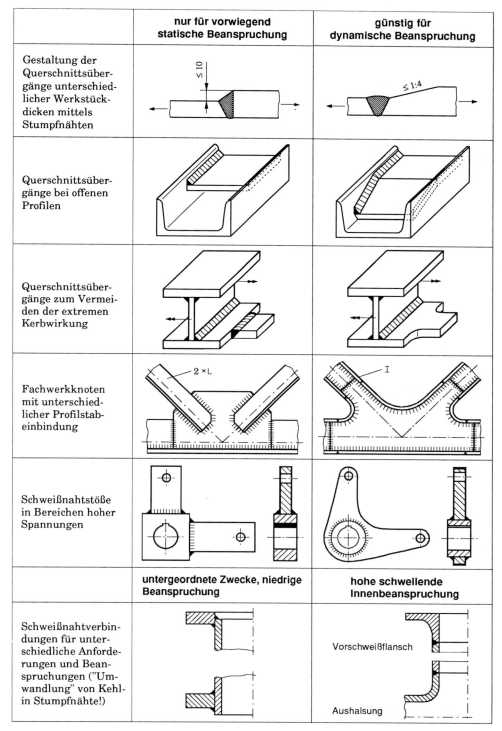

Bild 5-51
Gegenüberstellung von Schweißverbindungen bei statischer und dynamischer Beanspruchung.

Kopfzug- (a) und Verdrehbean-
spruchung (b) von Widerstands-
punktschweißungen sind grundsätzlich zu vermeiden, Bild 5-53.

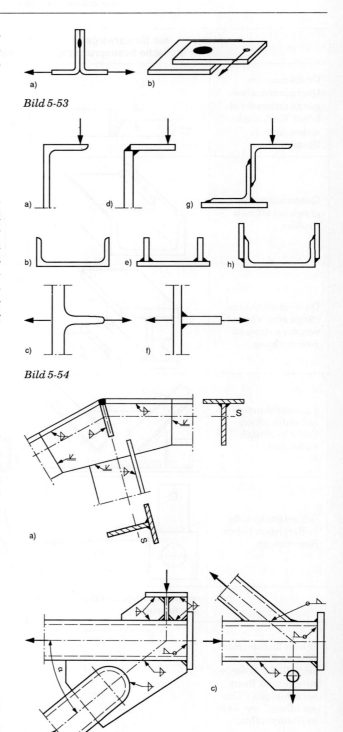

Bild 5-53

Guß- oder Nietkonstruktionen nicht in gleicher konstruktiver Weise als Schweißkonstruktion nachahmen

Die ursprüglichen Profilkonfigu-
rationen (a bis c) können dann bei
einer direkten Übernahme der al-
ten Konstruktion im allgemeinen
nur mit Schweißnähten erreicht
werden, die senkrecht zur Kraftrichtung (d bis f) angeordnet werden. Sie sind oftmals schwerer oder
anfällig für die Spaltkorrosions (g
und h), Bild 5-54.

Bild 5-54

Führung der Systemlinien

Die Systemlinien in den Tragstrukturen, Bild 5-55, sind so zu führen,
daß sie einen klaren statischen Aufbau garantieren und zusätzliche
Biegebeanspruchungen in den Kno-
tenpunkten vermieden werden.
"Sicherheitszuschläge" können damit so klein wie möglich gehalten
und zusätzliche Aussteifungen weitgehend umgangen werden.

Die Neigungswinkel von Diagona-
len sind zwischen 45° und 65°
festzulegen, da sonst zu große Knotenbleche entstehen und Krafteinleitungsstellen zu "weich" werden,
Bild 5-55b und 55c.

Bild 5-55

Wenn die schweißtechnische Ausführung wegen schwieriger Montagebedingen Schwierigkeiten bereitet, dann ist besser eine Kombination von Schweiß- und Schraubverbindung zu wählen, Bild 5-56.

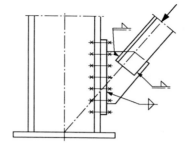

Bild 5-56

Krafteinleitung (mittig)

Die Kraftein- und Weiterleitung ist ohne *membranartige* Beanspruchungszustände umzusetzen (Bild 5-57). Krafteinleitungen sind durch *in Kraftrichtung* liegende Stege und Verstärkungsbleche zu führen. Bei hoher Beanspruchung der Zuggurte sollten statt Vollrippen (a) und (b) Halbrippen (c) eingesetzt werden. Das Anschneiden des Zuggurtes durch Quernähte entfällt dann

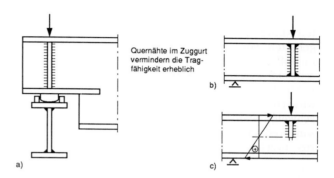

Quernähte im Zuggurt vermindern die Tragfähigkeit erheblich

Bild 5-57

Bei Krafteinleitungsstellen, sogenannten Pratzen (Bild 5-59), ist auf kleinen Hebelarm *l* achten (a). Dünnwandige Konstruktionen durch zusätzliche Verstärkungsbleche verstärken (b).

Rippen, die sich mit Kehlnähten kreuzen, sind entsprechend weit auszuklinken (*x* etwa 10 bis 30 mm), s.a. Bild 5-26. Spitz zulaufende Rippen (c) "abstumpfen", um ein Abschmelzen der Kanten zu vermeiden. Das Abstandsmaß *y* richtet sich nach Werkstück- und Nahtdicke (etwa 8 bis 15 mm).

Verstärkungen aus gebogenem Blech (d) sind kostengünstig (Einsparung von Schweißnähten) und werden Rippenverstärkungen vorgezogen. Bei der günstigen symmetrischen Anordnung der Doppelrippen (e) ist auf die Zugänglichkeit der inneren Flankenkehlnähte zu achten.

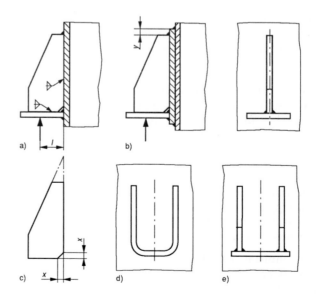

Bild 5-59

Punkt- und linienförmige Krafteinleitungen an gewölbten Teilen,
z.B. bei Kranbahnträgern oder
Werkzeugmaschinenbetten, sind
über direkte Unterstützungen (a)
oder großflächige Auflagen (b) zu
führen, Bild 5-58.

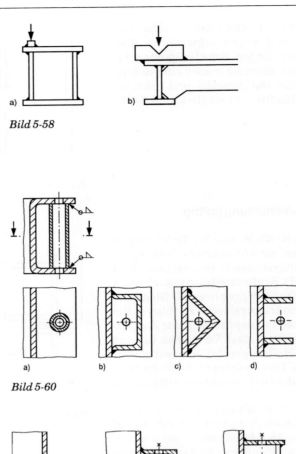

Bild 5-58

Gehäuse- oder Grundplattenbefe-
stigungen (Bild 5-60) sind bevorzugt
mit langen, dehnfähigen Schrauben
vorzunehmen. Die Vergrößerung der
Stabilität der Einspann- oder Krafteinleitungsstellen ist mit Profilen
oder Halbzeugen zu erreichen (a bis
d). Die Dicke der rundum geschweißten Nähte kann so klein wie möglich
gehalten werden, da diese im Normalfall unbelastet sind. Wegen der
schlechten Zugänglichkeit der Kehlnähte können auch Heftnähte (oder
unterbrochene Kehlnähte) geschweißt werden, wenn keine besonderen Anforderungen an den Korrosionsschutz gestellt werden.

Bild 5-60

Die "weiche" Variante im Bild 5-
61a ist nur für untergeordnete Aufgaben gedacht, ebenso (b) wegen
der senkrechten Anordnung der
Schweißnähte zur Kraftrichtung.
Die Kräfte aus der Befestigung werden bei der Variante (c) günstiger
in die Gehäusewand weiterge-
leitet.

Bild 5-61

Biegebeanspruchte Konsolen (Bild
5-62) sollten ihre Beanspruchung
möglichst über das gesamte An-
schlußprofil ein- bzw. weiterleiten,
wie im Beispiel über (eingebun-
dene) Stegbleche (a). Das gilt
auch für geschraubte Riegelan-
schlüsse mit stabiler *Kopfplatte* (b).
Halbrippen verringern die Schweißeigenspannungen im Stiel im Bereich
der Aussteifung.

Ausschnittsverstärkungen an zylindrischen Wandungen für bela-
stete Rohranschlüsse, Bild 5-63,
müssen angebracht werden, um
die Verschwächung infolge Wan-

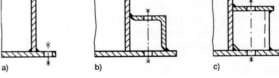

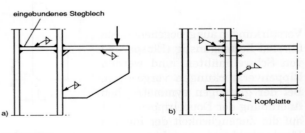

eingebundenes Stegblech

Kopfplatte

Bild 5-62

dungsöffnung so gering wie möglich zu halten. Man unterscheidet
rohrförmige (a), scheibenförmige
(b), sowie rohr- und scheibenförmige Verstärkungen (c).

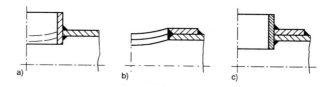

Bild 5-63

Krafteinleitung (außermittig)

Außermittige Krafteinleitungen,
Bild 5-64, besonders in dünnwandige oder offene Profile (a) und (b),
führen zur Profilverschiebung, Instabilität und ungünstigem Schwin-
gungsverhalten. Durch *Tragrohre*,
die die Profilwandungen durchdringen, werden Spannungen gleichmäßiger verteilt und die Schweißnähte (fast) vollständig entlastet (c).

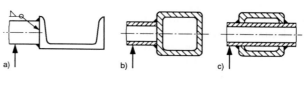

Bild 5-64

Eine im Schubmittelpunkt eines
offenen Profils angreifende Kraft
mit einem Hebelarm l, Bild 5-65,
ruft im Profil eine Biegebeanspru-
chung hervor. Man denkt sich dabei die Querschnitte zwischen den
Stellen I und II eben verformt.

Die Kraft wird in solch einem Fall
über konsolähnliche Aussteifungen (Bild 5-65) in das Profil eingeleitet, je nach Wanddicke des Steges ohne (a) oder mit (b) Verstär-
kungsblech.

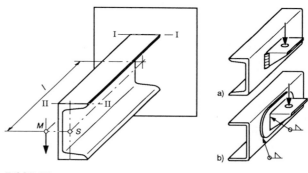

Bild 5-65

Greift die Kraft in der Ebene der
Schwerachse an, Bild 5-66a, verschieben sich die Querschnitts-
punkte nicht mehr eben, sondern
auch längs zur Stabachse, d.h. bei
einem U- Profil wölben sich die
Flansche. Man spricht von Wölb-
krafttorsion.

Wird die Verschiebung durch steife
Platten oder Aussteifungen verhin-
dert (Wölbtorsionsbehinderung),
treten sehr große Zwängungsspan-
nungen an den Einspannstellen auf.
Im Bild 5-66b verschiebt sich das
Spannungsmaximum von der Stelle
I zur Stelle III.

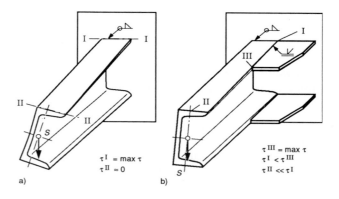

$$\tau^{I} = \max \tau$$
$$\tau^{II} \approx 0$$

$$\tau^{III} = \max \tau$$
$$\tau^{I} < \tau^{III}$$
$$\tau^{II} \ll \tau^{I}$$

Bild 5-66

Bei Profilverbindungen ist unbedingt die Beanspruchungsart zu beachten. Für reine statische Beanspruchung sind die Anschlüsse (a) und (b) im Bild 5-67 statthaft. Liegen aber bereits geringe schwingende Anteile vor, ist die Profilanordnung so vorzusehen, daß die Flansche *frei* von Schweißungen bleiben, damit keine Wölbkrafttorsionsbehinderung auftreten kann. Das ist aber nur möglich, wenn Steg an Steg geschweißt wird, Bild 5-68. Schwingende Beanspruchungen kann die Konstruktionsform (b) am besten übertragen. Reicht die Schweißnahtlänge zur Übertragung von Längskräften nicht aus, können zusätzliche Ausrundungen oder Lochschweißungen vorgesehen werden (c).

Eckaussteifungen von Profilen sind unter dem Aspekt sich erweiternder Anschlußflächen bzw. Trägheitsmomente vorzunehmen. Angeschweißt werden bevorzugt nur die Stege, die Flansche sollen frei bleiben. Aussteifungsrippen ordnet man i.a. paarweise an, Bild 5-69a. Nur bei untergeordneten Aufgaben kann die Rippe auch mittig gesetzt werden. Bei dünnwandigen Profilen, die schwingend beansprucht sind, zieht man bevorzugt die Lösung Bild 5-69c der kostenaufwendigen Variante Bild 5-69b vor.

Schweißnähte nicht an Stellen höchster Beanspruchung legen

Fertigungs- oder montagebedingte Schweißnähte (sogenannte Bedarfsstöße) sollten zumindest bei dynamisch beanspruchten Konstruktionen in Zonen kleiner Biegemomente oder Zugbeanspruchung gelegt werden, Bild 5-70.

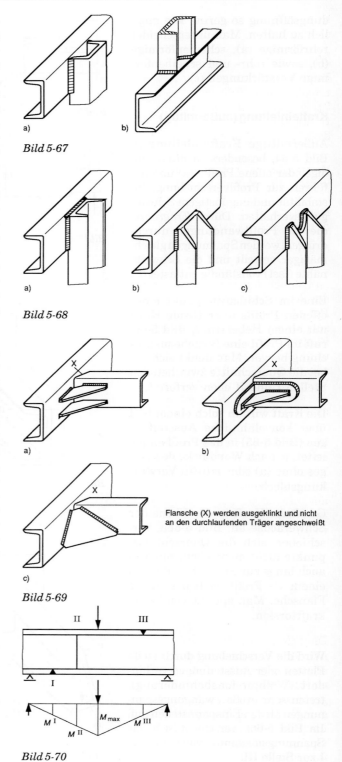

Bild 5-67

Bild 5-68

Flansche (X) werden ausgeklinkt und nicht an den durchlaufenden Träger angeschweißt

Bild 5-69

Bild 5-70

In hoch beanspruchten Bereichen
sieht man nur Schweißnähte mit
geringer Kerbwirkung vor (s.a. Abschn. 5.1.2) oder man schweißt
Formelemente, z.B. Tragrohre, mit
unbelasteten Nähten ein, Bild 5-
71. Schweißnähte, die in der neutralen Faser angeordnet sind, min-
dern die Tragfähigkeit nicht.

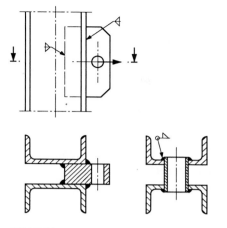

Kombinierter Einsatz verschiedener Verbindungsmittel

Der Einsatz verschiedener Verbindungsmittel in einem Anschluß z.B

Bild 5-71

− Schrauben − Schweißen
− Nieten − Schweißen

ist möglichst zu vermeiden, da sich
die Verbindungselemente in ihrem
Formänderungsverhalten unterscheiden. Für eine gemeinsame
Kraftübertragung von Schrauben
und Schweißnähten, Bild 5-72a sind
z.B. nach DIN 18 800 bestimmte
Voraussetzungen zur Vorbereitung
der Fuge und der Schraubenart zu
beachten.

Für die Kombinationen von Stumpf-
und Kehlnähten, Bild 5-72b, sowie
Flanken- und Stirnkehlnähten,
Bild 5-72c, können Anschlußopti-
mierun-gen nach TGL 13 500 für
ruhende Beanspruchung ausgewählt werden.

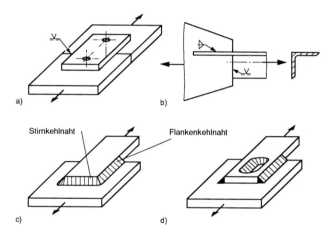

Bild 5-72

5.3.2.2 Dämpfungsgerechte Gestaltung

Die Dämpfungseigenschaften können durch Nahtlage und Quer-
schnittsgestaltung bedeutend beeinflußt werden. Unterbrochen ausgeführte Halsnähte, z.B. von I- Trä-
gern, Bild 5-73a, reduzieren gegenüber durchlaufenden Nähten die
statische Steifigkeit und die Dämpfung nimmt zu.

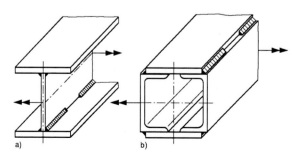

Bild 5-73

Eine Erhöhung der Dämpfung kann außerdem durch Einsatz von Reibfugen (b bis d), erzielt werden (das sind meist Überlappungen), Bild 5-73c und d.

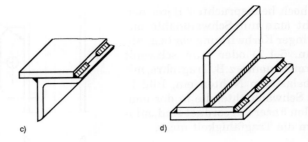

Bild 5-73

5.3.2.3   Fertigungsgerechte Gestaltung

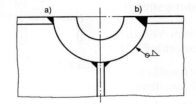

Bild 5-74

Fertigungsgerechte Gestaltung beinhaltet u.a. den Einsatz eines wirtschaftlichen Schweißverfahrens, eine der Werkstückdicke und Gestalt angepaßten Nahtform und eine uneingeschränkte Zugänglichkeit am Schweißstoß.

Die Fuge sollte bevorzugt an kleineren und leichteren Schweißteilen vorbereitet werden, Bild 5-74a.

Nur wenn Spann- oder Haltevorrichtungen gespart werden können, sind Zentrierungen oder Zentrierhilfen vorzusehen, Bild 5-75 (b, c, e und g).

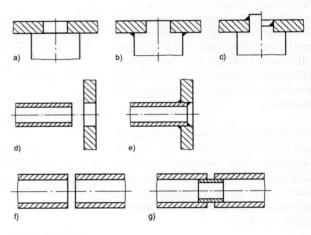

Bild 5-75

Für Roboterschweißungen, Bild 5-76, sind möglichst eindeutig bestimmbare Fugenformen vorzusehen, s.a. Abschn. 5.1.3. Die Nahtvorbereitungen (a), (b) und (e) sind für Roboterschweißungen sehr ungünstig, weil sie u. a. hohe Zusatzkosten für spezielle Nahtführungssysteme erfordern. Die klassische Kehlnahtverbindung eignet sich für einen Robotereinsatz am besten, (c und d).

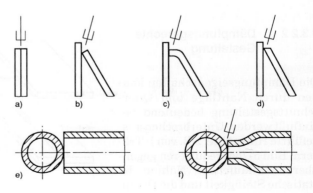

Bild 5-76

Schweißnähte nicht in Bereiche hoher Kaltverfestigungen legen

Sofern durch Vorschriften nicht modifiziert (Abschn. 4.1.3.2.3), sollten Schweißungen an kaltverfestigten Stellen unterbleiben, Bild 5-73a. Zur Reduzierung von Spannungsmaxima ist eine Verlegung der Nähte, Bild 5-77b, oder Aufteilung der Nahtabschnitte ratsam, Bild 5-77c.

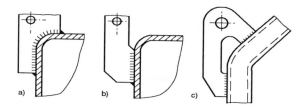

Bild 5-77

5.3.2.4 Instandsetzungsgerechte Gestaltung

Bei Instandsetzungsschweißungen gelten die gleichen Gestaltungsprinzipien wie bei Neukonstruktionen. Vor Beginn der Schweißung sollten aber die Rißursachen bekannt sein. Der Verlauf des Risses ist genau festzustellen. Seine Enden sind abzubohren. Risse dürfen nicht überschweißt werden. Alte Schweißnahtreste sind zu beseitigen und eine Fuge ist vorzubereiten. Während Risse durch Gewalteinwirkung weitgehend unbedenklich ausgeschweißt werden können, sind bei Dauer- oder Sprödbrüchen die Prinzipien der beanspruchungsgerechten Gestaltung und der Krafteinleitung zu beachten. Die schweißtechnische Fertigung muß kontrolliert werden und von hoher Qualität sein. Zur Vermeidung zusätzlicher Kerbwirkung wird die mechanische Nachbearbeitung der Schweißnähte am Übergang zum Grundwerkstoff empfohlen.

Das Ausschweißen von Rissen führt erfahrungsgemäß zu hohen Schweißeigenspannungen und einem Verlust an Tragfähigkeit. Daher ordnet man i.a. noch Verstärkungsbleche oder Aussteifungen an. Einfache Profilaussteifungen auf der offenen Seite, Bilder 5-78b, können Steifigkeitssprünge und damit Rißverlagerungen hervorrufen. Aussteifungen

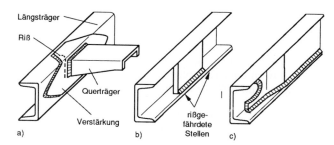

Bild 5-78

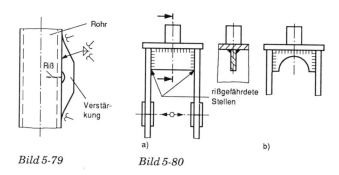

Bild 5-79   *Bild 5-80*

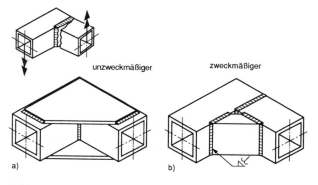

Bild 5-81

sollten so angebracht werden, daß eine kontinuierliche Querschnittserweiterung entsteht, Bilder 5-78a und c, 79 und 80b.

Die Instandsetzungsschweißungen bei Bauteilen mit größerer Werkstückdicke, z.B. Maschinengestelle oder Fundamente, sind wegen der schwierigen Ermittlung des Rißverlaufes, den Problemen bei der Vorbereitung der Nahtfuge und der sehr großen Schweißeigenspannungen schwer zu beherrschen. Zum Vermeiden von Schwingbrüchen ist es oft erfolgreicher, den Verformungswiderstand z.B durch Einsetzen von Gurtbändern oder Randverstärkungen, siehe Bild 5-82 zu erhöhen

Bei Auftragschweißungen mittels E-Hand oder WIG-Verfahren von prismatischen Körpern oder bei spiralförmigen Aufschweißungen von rotationssymmetrischen Bauteilen mit MAG-Schweißverfahren (Kurzlichtbogen- oder Impulstechnik) treten häufig Bindefehler in scharfkantigen Ecken auf. Man kann sie u.a. vermeiden, wenn entsprechend große Ausrundungen an den Querschnittsübergängen vorgesehen werden, Bilder 5-83 und 84.

Sind aus Gründen des Verschleißes mehrere Neuanschweißungen an ein und derselben Stelle erforderlich, z.B. bei Zugösen, Bild 5-85, erhöht sich der innere Spannungszustand besonders im Nahtbereich. Um die Gesamtkerbschärfe des Schweißstoßes zu reduzieren, empfiehlt sich nach der jeweiligen Schweißung eine Nahteinebnung durch allseitige mechanische Bearbeitung.

Fehlerhafte Widerstandpunktschweißungen (Ausreißer oder Quetschungen) sind zu beheben, wenn sie teilweise ausgebohrt und als Lochschweißung ausgeschweißt werden, Bild 5-86.

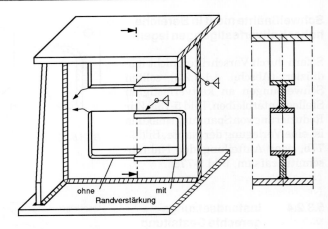

Bild 5-82

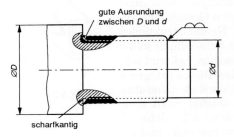

Bild 5-83

Bild 5-84

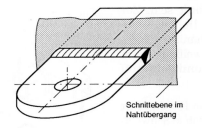

Bild 5-85

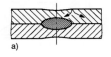
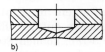

Bild 5-86

5.4 Berechnungsgrundsätze

5.4.1 Berechnung bei vorwiegend ruhender Beanspruchung

Für die Berechnung geschweißter Bauteile bei vorwiegend ruhender Beanspruchung wird die DIN 18 800 Teil 1 angewendet. Neben der ausschnittsweise dargestellten Neufassung (11/90) gilt DIN 18 800 Teil 1 (03/81) noch bis zum Erscheinen einer europäischen (EN-) Norm über die Bemessung und Konstruktion von Stahlbauten. In der Neufassung sind die Nachweise für Lagesicherheit, Gebrauchstauglichkeit und Tragsicherheit geregelt. Die nachfolgenden Ausführungen beschränken sich nur auf den *Tragsicherheitsnachweis*.

Dieser Nachweis kann auf der Basis der Spannungen oder Schnittgrößen durchgeführt werden. Die Tragsicherheit ist nachgewiesen, wenn die *Beanspruchungen S*$_d$ kleiner als die *Beanspruchbarkeiten R*$_d$ sind:

$$\frac{S_d}{R_d} \leq 1 \qquad [5\text{-}6]$$

S: stress, *R*: resistance, d: design.

Beanspruchungen können sein: Spannungen, Schnittgrößen oder z.B. Durchbiegungen. Beanspruchungen sind von der Art der Einwirkungen abhängig:

G ständige Einwirkungen, (z.B. Eigenlasten, Vorspannlasten)

Q veränderliche Einwirkungen, (z.B. Schnee- oder Windlasten)

F außergewöhnliche Einwirkungen. (z.B. Anprallasten, Erdbeben).

Die *Bemessungswerte F*$_d$ der Einwirkungen werden ermittelt:

$$F_d = \gamma_F \cdot \psi \cdot F_K \qquad [5\text{-}7]$$

F$_k$: charakterischer Wert der Einwirkung nach den Lastnormen,

γ_F: Teilsicherheitsbeiwert,

ψ : Kombinationsbeiwert.

Der Teilsicherheitsbeiwert ist als Sicherheitselement aufzufassen, der die Streuung der Einwirkungen berücksichtigt. Bei mehr als einer veränderlichen Einwirkung sind Grundkombinationen zu untersuchen, von denen die ungünstigste zu wählen ist:

Grundkombination 1:

Wenn das Bauteil sowohl durch ständige Einwirkungen:

$$G_d = \gamma_F \cdot G_K \quad (\gamma_F = 1{,}35) \qquad [5\text{-}8]$$

als auch durch *alle* ungünstig wirkenden veränderlichen Einwirkungen belastet wird, dann gilt:

$$Q_{i.d} = \gamma_F \cdot \psi_i \cdot Q_{i.k} \quad (\gamma_F = 1{,}5; \psi_i = 0{,}9) \quad [5\text{-}9]$$

Grundkombination 2:
(häufige Variante)

Das Bauteil wird durch *eine* ständige Einwirkung:

$$G_d = \gamma_F \cdot G_K \quad (\gamma_F = 1{,}35) \qquad [5\text{-}8]$$

und durch eine veränderliche Einwirkung $Q_{i.d}$ belastet. Die Summe aus beiden Werten wird für die folgende Berechnung verwendet.

$$Q_{i.d} = \gamma_F \cdot Q_{i.k} \quad (\gamma_F = 1{,}5) \qquad [5\text{-}10]$$

Als Beanspruchbarkeiten *R* sind Grenzzustandsgrößen des Tragwerkes wie Grenzspannungen, Grenzschnittgrößen oder z.B. Grenzdehnungen zu verstehen. Sie werden mit Bemessungswerten der Widerstandsgrößen *M* berechnet. Um Streuungen der Widerstandsgrößen zu berücksichtigen, sind die charakteristischen Werte durch den Teilsicherheitsbeiwert $\gamma_M = 1{,}1$ zu dividieren:

$$M_d = \frac{M_K}{\gamma_M} \qquad [5\text{-}11]$$

Bei Schweißnähten ist nachzuweisen, daß die vorhandene Schweißnahtspannung σ_w eine Grenzschweißnahtspannung $\sigma_{w.R.d}$ nicht überschreitet:

$$\frac{\sigma_w}{\sigma_{w.R.d}} \leq 1 \qquad [5\text{-}12]$$

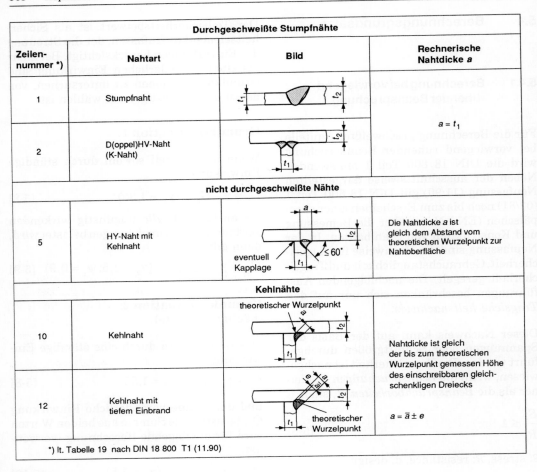

Tabelle 5-7
Rechnerische Schweißnahtdicken a, nach DIN 18 800, T1, Tabelle 19 (Auszug).

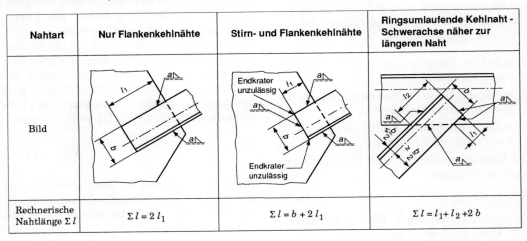

Bild 5-87
Rechnerische Schweißnahtlängen für Stabanschlüsse, nach DIN 18 800 T1 (Auszug).

oder

$$\frac{\tau_w}{\tau_{w.R.d}} \le 1 \qquad [5\text{-}13]$$

bzw. bei gleichzeitiger Wirkung mehrerer Spannungen:

$$\frac{\sigma_{w.v}}{\sigma_{w.R.d}} \le 1 \qquad [5\text{-}14]$$

$$\sigma_{w.v} = \sqrt{\sigma_\perp^2 + \tau_\perp^2 + \tau_\parallel^2} \qquad [5\text{-}15]$$

5.4.1.1 Ermittlung der Anschlußquerschnitte

Die DIN 18 800 Teil 1 unterscheidet zwei Nahtarten:

1. *durchgeschweißte* Nähte:
   - durchgeschweißte Stummpfnaht und
   - Doppel-HV-Naht und K-Nähte,
2. *nicht durchgeschweißte* Nähte:
   - nicht durchgeschweißte Stumpfnaht,
   - versenkte Kehlnaht (Doppel- HY bzw. HY- Naht) und
   - Kehlnähte.

Rechnerische Schweißnahtdicke *a*

Für ausgewählte Nahtarten sind in Tabelle 5-7 die maßgebenden Querschnitte dargestellt. Bei Kehlnäten mit tiefem Einbrand kann die durch eine Verfahrensprüfung abgesicherte Gesamttiefe

$$a = \bar{a} + e \qquad [5\text{-}16]$$

eingesetzt werden. Grenzwerte für Kehlnahtdicken können auch Bild 5-26 entnommen werden.

Rechnerische Schweißnahtlänge *l*

Die rechnerische Schweißnahtlänge *l* einer Naht ist ihre geometrische Länge. Für Kehlnähte gilt die Länge der Wurzellinie. Sie dürfen beim Nachweis nur berücksichtigt werden, wenn

$$l \ge 6{,}0\,a \qquad [5\text{-}17]$$

mindestens jedoch 30 mm beträgt. Bei kontinuierlicher Krafteinleitung ist eine obere Begrenzung nicht erforderlich. Speziell für unmittelbar beanspruchte Stabanschlüsse gibt Bild 5-87 einige Empfehlungen.

5.4.1.2 Ermittlung der vorhandenen Schweißnahtspannungen

Die meisten Nachweisfälle werden auf der Grundlage des Hookeschen Gesetzes durchgeführt. Desweiteren nimmt man an, daß alle Nahtquerschnitte am Tragverhalten gleichmäßig beteiligt sind. Die unter diesen Voraussetzungen ermittelten Teilspannungen (Bilder 5-2 und 5-88) werden auch als mittlere Spannungen bezeichnet. Bei der Übertragung von Biegemomenten und Längskräften werden zur Ermittlung der Grenzschweißnahtfläche A_w alle Nähte berücksichtigt, bei Querkräften nur die Nähte, die parallel zur Kraftrichtung verlaufen, Bild 5-88.

$$A_w = \Sigma(a \cdot l) \qquad [5\text{-}18]$$

Zusammengesetzte oder Vergleichsspannungen sind dann zu bilden, wenn in einem Querschnitt mehrere Spannungsarten wirken.

Ausnahmen

Ohne Tragsicherheitsnachweis kann ein Trägeranschluß ausgewiesen werden, wenn die Voraussetzungen nach Tabelle 5-8 erfüllt sind.

Bild	Werkstoff	Nahtdicken
	St 37	$a_F \ge 0{,}5\,t_F$ $a_S \ge 0{,}5\,t_S$
	St 52 StE 355	$a_F \ge 0{,}7\,t_F$ $a_S \ge 0{,}7\,t_S$

Tabelle 5-8
Trägeranschlüsse ohne weiteren Tragsicherheitsnachweis, nach DIN 18 800 T1.

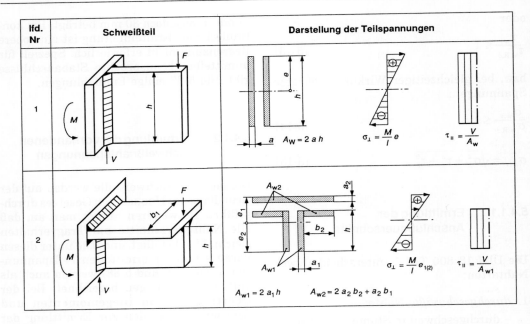

lfd. Nr	Schweißteil	Darstellung der Teilspannungen
1		
2		

Bild 5-88
Schweißnahtanschlüsse mit zusammengesetzter Beanspruchung.
V Querkraft, I Fächensmoment 2. Grades, A_w rechnerische Schweißnahtfläche, e Abstand der äußeren Randphase von der neutralen Linie.

Die Vorschrift geht davon aus, daß voll durchgeschweißte Nähte, z.B. ein Stumpfstoß, im Steg oder Gurt die gleiche Beanspruchbarkeit wie der Grundwerkstoff besitzt, wenn er auf Druck oder Schub beansprucht wird. Diese Annnahme gilt bei Zugbeanspruchung nur, wenn der Nachweis der Nahtgüte erbracht wird, d.h. mindestens 10% der Nahtlänge sind mittels Ultraschall zu prüfen. Für gebräuchliche Schweißnahtstöße (ohne Gütenachweis) kann man nach Beispiel 1 die wichtigsten Einzelschritte einer Schweißnahtberechnung verfolgen.

5.4.1.3 Ermittlung der Grenzschweißnahtspannung

Als Grenzzustand der Tragfähigkeit kann der Beginn des Fließens definiert werden. Man spricht dann vom System *Elastisch-Elastisch*, in dem plastische Querschnitts- und Systemreserven nicht berücksichtigt werden. Sowohl die Beanspruchungen als auch Beanspruchbarkeiten (Grenzschweiß-

nahtspannung) sind nach der Elastizitätstheorie zu berechnen.

Die Grenzschweißnahtspannung $\sigma_{w.R.d}$ ergibt sich zu

$$\sigma_{w.R.d} = \frac{\alpha_w \cdot f_{y.k}}{f_M}. \qquad [5\text{-}19]$$

Die charakteristischen Werte (*f*) für Walzstahl und Stahlguß sind der Tabelle 5-9, die α_k-Werte der Tabelle 5-10 zu entnehmen.

Für Stumpfstöße aus Formstählen aus St 37-2 und USt 37-2 ist bei einer Werkstückdicke $t > 16$ mm und Zugbeanspruchung die Grenzschweißnahtspannung zu berechnen:

$$\sigma_{w.R.d} = 0{,}55 \cdot \frac{f_{y.k}}{\gamma_M}. \qquad [5\text{-}20]$$

Beispiel 1

Für einen geschweißten Stahlträger aus St 37-2, Bild 5-89, ist der Tragsicherheitsnachweis für eine maßgebende Grundkombination zu führen.

	1	2	3	4	5	6	7
	Stahl	**Erzeugnisdicke** t *) mm	**Streckgrenze** f **) N/mm^2	**Zugfestigkeit** f **) N/mm^2	**E-Modul** E N/mm^2	**Schubmodul** G N/mm^2	**Temperatur-dehnzahl** α_T ***) K^{-1}
1	**Baustahl** St 37-2 USt 37-2 RSt 37-2 St 37-3	$t \le 40$	240	360			
2		$40 < t \le 80$	215				
3	**Baustahl** St 52-3	$t \le 40$	360	510			
4		$40 < t \le 80$	325		$2{,}1 \cdot 10^5$	$8{,}1 \cdot 10^4$	$1{,}2 \cdot 10^{-5}$
5	**Feinkornbaustahl** StE 355 WStE 355 TStE 355 EStE 355	$t \le 40$	360	510			
6		$40 < t \le 80$	325				
7	**Stahlguß** GS-52		260	520			
8	GS-20 Mn 5	$t \le 100$	260	500			
9	**Vergütungsstahl** C 35 N	$t \le 16$	300	480			
10		$16 < t \le 80$	270				

*)   Für die Erzeugnisdicke werden in Normen für Walzprofile auch andere Formelzeichen verwendet, z.B. in den Normen der Reihe DIN 1025 s für den Steg.

**)   Für $f_{y.k}$ und $f_{u.k}$ werden auch R_e und R_m in der Literatur verwendet.

***)   Anstelle α_T wird auch α als Längenausdehnungskoeffizient bezeichnet.

Tabelle 5-9
Charakteristische mechanische Eigenschaften für Walzstahl und Stahlguß, nach DIN 18 800 T1, Tabelle 1.

	1	2	3	4	5
	Nähte nach Tabelle 19 **)	**Nahtgüte**	**Beanspru-chungsart**	**St 37-2 USt 37-2, RSt 37-2**	**St 52-3 StE 355, WStE 355 TStE 355, EStE 355**
1	Zeile 1 - 4	alle Nahtgüten	Druck	1,0 *)	1,0 *)
2		Nahtgüte nachgewiesen	Zug		
3		Nahtgüte nicht nachgewiesen			
4	Zeile 5 - 15	alle Nahtgüten	Druck, Zug	0,95	0,80
5	Zeile 1 - 15		Schub		

*)   Diese Nähte brauchen im allgemeinen rechnerisch nicht nachgewiesen zu werden, da der Bauteil-widerstand maßgebend ist.

**)   Tabelle 19 nach DIN 18800 (Ausg. 11/90) ist auszugsweise in Tabelle 5-7 dargestellt.

Tabelle 5-10
α_k-Werte für Grenzschweißnahtspannungen, nach DIN 18 800 T1, Tabelle 21.

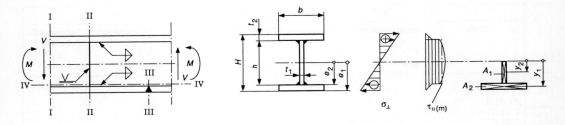

Bild 5-89
Stahlträger-Ausschnitt;
max. Werkstückdicke 12 mm; Nahtgüte nicht nachgewiesen.

lfd. Nr.	Stelle des Nachweises	Teilspannung	Querschnittswerte
1	I - I maximales Biegemoment	$\sigma_\perp^I = \dfrac{\max M \cdot e_1}{J}$ $\tau_\parallel^I = \dfrac{V \cdot S_{ges}}{J \cdot t_1}$	$J = \dfrac{b}{12} \cdot \left(H^3 - h^3\right) + \dfrac{t_1}{12} \cdot h^3$ $S_{ges} = y_1 \cdot A_1 + y_2 \cdot A_2$
2	II - II Stegstoß	$\sigma_\perp^{II} = \dfrac{M_{II} \cdot e_2}{J}$ $\tau_\parallel^{II} = \dfrac{V}{A_w}$	$A_w = t_1 \cdot h$
3	III - III Gurtstoß	$\sigma_\perp^{III} = \dfrac{M_{III} \cdot e_1}{J}$ $\tau \approx 0$	
4	IV-IV Halsnaht durchgehend Halsnaht unterbrochen	$\tau_\parallel = \dfrac{V \cdot S_2}{J \cdot \Sigma a}$ $\tau_\parallel = \dfrac{V \cdot S_2}{J \cdot \Sigma a} \cdot \dfrac{e+l}{l}$	$S_2 = y_2 \cdot A$ $\Sigma a = 2 \cdot a$

Tabelle 5-11
Teilspannungen und Querschnittswerte zum Beispiel 1.
S_{ges}, S_2: Flächenmoment 1. Grades, I: Flächenmoment 2. Grades.

Für die Schweißnahtstöße sind die Querschnittswerte und Teilspannungen in Tabelle 5-11 zusammengefaßt.

Der Spannungsvergleich wird für die Stellen I und II mit der Vergleichsspannung Gl. [5-15] und für die Stelle III mit der Einzelspannung durchgeführt. Die Grenzspannung wird für alle Nahtarten nach Gl. [5-16] ermittelt:

Für St 37 wird nach Tabelle 5-9 und Tabelle 5-10 $f_{y.k} = 240$ N/mm², $\alpha_w = 0{,}95$, mit $\gamma_M = 1{,}1$ wird $\sigma_{w.R.d} = 207$ N/mm².

Somit kann geprüft werden, ob der Tragsicherheitsnachweis erfüllt ist:

Stelle I, II: vorh $\sigma_{w.v}$ ≥ 207 N/mm²,
Stelle III: vorh σ^{III} ≥ 207 N/mm²,
Stelle IV: vorh τ ≥ 207 N/mm².

5.4.2 Berechnung bei nicht vorwiegend ruhender Beanspruchung

Gegenwärtig liegen verschiedene Vorschläge zur Berechnung dynamisch beanspruchter Schweißkonstruktionen vor. Im Bereich der Bundesbahn werden die Vorschriften DS 952 und DS 804 für Schienenfahrzeuge, Eisenbahnbrücken und sonstige Ingenieurbauwerke angewendet. Ein Betriebsfestigkeitsnachweis für den Stahlbau kann nach TGL 13500 Blatt 2 und ein Sicherheitsnachweis für dynamisch beanspruchte Schweißteile im Maschinenbau nach TGL 14915 geführt werden. Außerdem kann die für den Kranbau gedachte Vorschrift DIN 15 018 für einen Betriebsfestigkeitsnachweis im Maschinenbau genutzt werden, die in ihren wesentlichen Zügen im folgenden dargestellt wird.

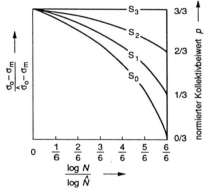

Bild 5-90
Idealisierte bezogene Spannungskollektive (DIN 15018 T1 Bild 8).
$\sigma_m =$ *(max σ + min σ)/2*
$\sigma_o =$ *Betrag der Oberspannung, die N-mal erreicht oder überschritten wird*
$\hat{\sigma}_o =$ *Betrag der größten Oberspannung des idealisierten Spannungskollektivs*
$\hat{N} =$ *10^6 Umfang des idealisierten Spannungskollektivs.*

Grundlage des Betriebsfestigkeitsnachweises ist der Spannungsvergleich zwischen vorhandener und zulässiger Spannung.

Bei Einzelspannungen gilt:

$$\text{vorh } \sigma \leq \text{zul } \sigma_{\text{Dz}(\kappa)} \qquad [5\text{-}21]$$

oder

$$\text{zul } \tau \leq \text{zul } \tau_{\text{D}(\kappa)} \qquad [5\text{-}22]$$

Für zusammengesetzte Spannungen muß folgende Beziehung erfüllt sein:

$$\left(\frac{\sigma_x}{\text{zul } \sigma_{xD}}\right)^2 + \left(\frac{\sigma_y}{\text{zul } \sigma_{yD}}\right)^2 + \left(\frac{\tau}{\text{zul } \tau_D}\right)^2 -$$
$$\left(\frac{\sigma_x \cdot \sigma_y}{|\text{zul } \sigma_{xD}| \cdot |\text{zul } \sigma_{yD}|}\right)^2 \leq 1,1 \qquad [5\text{-}23]$$

Dabei bedeuten
σ_x, σ_y, τ: rechnerische Normal- bzw. Schubspannungen, zul σ_{xD}, zul σ_{yD}: der Spannung σ_x und σ_y entsprechende zulässige Normalspannungen (bzw. ihre Beträge).

5.4.2.1 Ermittlung der vorhandenen Spannung

Die Berechnung der Anschlußflächen (Wahl von Schweißnahtdicke und -länge) unterscheidet sich nicht wesentlich von der Vorgehensweise der DIN 18 800. Die Teilspannungen können entsprechend Bild 5-2 und Bild 5-88 ermittelt werden. Im Gegensatz zur DIN 18 800 werden keine Ausnahmen gemacht, Trägeranschlüsse unter bestimmten Vorausstzungen ohne Betriebsfestigkeitsnachweis auszuführen.

5.4.2.2 Ermittlung der zulässigen Schweißnahtspannungen

Es wird empfohlen, den Nachweis auf Sicherheit gegen Bruch bei zeitlich veränderlichen, häufig wiederholten Spannungen nur für den Lastfall H und für Schwingspiele über $2 \cdot 10^4$ zu führen. Unter Lastfall H werden *Hauptlasten*, z.B. Eigenlasten, Hublasten oder Fliehkräfte verstanden. (Die Vorschrift unterscheidet dazu noch sogenannte *Zusatzlasten* (HZ) wie Schnee-, Wind- und Lasten aus Wärmewirkungen.)

Die Grundwerte der zulässigen Spannungen für $R = -1$ erhält man über zwei Teilschritte:

Kerbfall K0 - geringe Kerbwirkung			
Nr.	**Darstellung**	**Sinnbild**	**Beschreibung**
011 021	021 011	P100 P100	Mit **Stumpfnaht** Sondergüte quer (Normalgüte längs: Nr. 021) zur Kraftrichtung **verbundene Teile**.
014		P100 P100	Mit **Stumpfnaht** (Sondergüte) quer **verbundene Stegbleche**.
022		P oder P 100 P oder P 100	Mit **Stumpfnaht** (Normalgüte) **verbundene Stegbleche** und **Gurtprofile** aus Form- oder Stabstählen, außer Flachstahl.
Kerbfall K1 - mäßige Kerbwirkung			
111 121	121 111	P oder P 100 P oder P 100	Mit **Stumpfnaht** Normalgüte quer (Normalgüte längs: Nr. 121) zur Kraftrichtung **verbundene Teile**.
114		P oder P 100 P oder P 100	Mit **Stumpfnaht** (Normalgüte) quer **verbundene Stegbleche**.
131			**Durchlaufendes Teil,** an das quer zur Kraftrichtung Teile mit durchlaufender K-Naht mit Doppelkehlnaht (Sondergüte) angeschweißt sind.
Kerbfall K2 - mittlere Kerbwirkung			
211		P 100 P 100	Mit **Stumpfnaht** (Sondergüte quer zur Kraftrichtung) **verbundene Teile** aus Formstahl oder Stabstahl, außer Flachstahl.
231			**Durchlaufendes Teil,** an das quer zur Kraftrichtung Teile mit durchlaufender Doppelkehlnaht (Sondergüte) angeschweißt sind.
245			**Durchlaufendes Teil,** auf das Naben mit Kehlnaht (Sondergüte) aufgeschweißt sind.
252		D	**K-Naht** mit **Doppelkehlnaht** (Sondergüte) in Anschlüssen mit Biegung und Schub.

Kerbfall K3 - starke Kerbwirkung			
Nr.	Darstellung	Sinnbild	Beschreibung
311		∨	Mit einseitig auf Wurzelunterlage geschweißter **Stumpfnaht** quer zur Kraftrichtung **verbundene Teile**.
331		△	**Durchlaufendes Teil,** an das quer zur Kraftrichtung Teile mit Doppelkehlnaht (Normalgüte) angeschweißt sind.
346		△	**Durchlaufendes Teil,** an das **Längsstreifen** mit unterbrochener Doppelkehlnaht oder mit Ausschnittsschweißungen in Doppelkehlnaht (Normalgüte) angeschweißt sind.
352		⊬ D	**K-Naht** mit **Doppelkehlnaht** (Normalgüte) in Anschlüssen mit Biegung und Schub.
Kerbfall K4 - besonders starke Kerbwirkung			
412	≤ 10	∨ P ⤬ P	Mit **Stumpfnaht** (Normalgüte quer zur Kraftrichtung) außermittig **verbundene Teile** verschiedener Dicken mit unsymmetrischem Stoß ohne Schräge, gestützt.
433		◿	**Gurt-** und **Stegbleche,** an die Querschotte mit ununterbrochener einseitiger **Kehlnaht** (Normalgüte quer zur Kraftrichtung) angeschweißt sind.
445		◿	**Aufeinanderliegende Teile** mit Löchern oder Schlitzen, die in diesen mit Kehlnaht verschweißt sind.
452		◿ D	**Doppelkehlnaht** (Normalgüte) in Anschlüssen mit Biegung und Schub.

Tabelle 5-12
Einordnung gebräuchlicher Schweißkonstruktionen in Kerbklassen. (Auszug aus DIN 15 018 T1, Tabellen 28 - 32)
P 100: Zerstörungsfreie Prüfung der Naht auf 100% der Nahtlänge, z.B. Durchstrahlung.
P: Zerstörungsfreie Prüfung der wichtigsten übrigen Nähte in Stichproben auf mindestens 10% der Nahtlänge jedes Schweißers, z.B. Durchstrahlung. D: Zerstörungsfreie Prüfung des quer zu seiner Ebene auf Zug beanspruchten Bleches auf Doppelung und Gefügestörung im Nahtbereich, z.B. Durchschallung.

Spannungsspielbereich	N 1	N 2	N 3	N 4
Gesamte Anzahl der vorgegebenen Spannungsspiele N	über $2 \cdot 10^4$ bis $2 \cdot 10^5$ Gelegentliche nicht regelmäßige Benutzung mit langen Ruhezeiten	über $2 \cdot 10^5$ bis $6 \cdot 10^5$ Regelmäßige Benutzung bei unterbrochenem Betrieb	über $6 \cdot 10^5$ bis $2 \cdot 10^6$ Regelmäßige Benutzung im Dauerbetrieb	über $2 \cdot 10^6$ Regelmäßige Benutzung im angestrengten Dauerbtrieb
Spannungskollektiv	Beanspruchungsgruppe			
S_0 sehr leicht	B 1	B 2	B 3	B 4
S_1 leicht	B 2	B 3	B 4	B 5
S_2 mittel	B 3	B 4	B 5	B 6
S_3 schwer	B 4	B 5	B 6	B 6

Tabelle 5-13
Beanspruchungsgruppen nach Spannungsspielbereichen und Spannungskollektiven (DIN 15018 T1, Tabelle 14).

1. Ermittlung der Kerbklasse des Schweiß-stoßes. Der zu berechnende Schweißstoß wird mit den klassifizierten Fällen verglichen und in eine Kerbklasse eingeordnet, Tabelle 5-12.
2. Festlegung der Beanspruchungsgruppe nach Tabelle 5-13. Dazu ist die Kenntnis der äußeren Belastung erforderlich, d.h. mit der Betriebsbeanspruchung aus Spannungsspielbereich N und der vorhandenen Kollektivform $\check{\sigma}_o$ und $\hat{\sigma}_o$ kann ein Spannungskollektiv (idealisiertes) S_o bis S_3 angegeben werden. $\check{\sigma}_o$, der Betrag der kleinsten Oberspannung, ist für σ_o im Bild 5-90 einzusetzen.

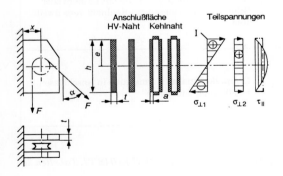

Bild 5-91
Konsole Werkstoff: St37-2; Spannungsspielbereich:
$N > 2 \cdot 10^6$ schwerer Betrieb; $R = 0$.

Die Grundwerte der zulässigen Spannungen zul $\sigma_{D(-1)}$ entnimmt man Tabelle 5-14. Alle anderen Zwischenwerte für unterschiedliche R (hier κ) werden nach Tabelle 5-15 bestimmt.

Torsionsbeanspruchte Schweißelemente sind in diesem Kerbklassensystem nicht enthalten. Der zulässige Wert zul $\tau_{D(\kappa)}$ wird für Schweißstöße aus Gl. [5-24] berechnet:

$$\text{zul } \tau_{D(\kappa)} = \frac{\text{zul } \sigma_{Dz(\kappa)}}{\sqrt{2}} \qquad [5\text{-}24]$$

mit zul $\sigma_{Dz(\kappa)}$ nach Kerbfall K0.

Beispiel 2

Es ist zu entscheiden, ob eine Konsole für eine Umlenkstation, Bild 5-91, mittels HV-Naht oder Kehlnaht angeschlossen werden soll.

Die Tragfähigkeit der jeweiligen Nahtart ist durch ihre Anschlußfläche bzw. Flächenmoment 2. Grades und die Kerbklasse des Schweißelementes bestimmt. Die zu übertragenden Teilspannungen unterscheiden sich lediglich im Betrag. Der Lösungsweg wurde bewußt als Gegenüberstellung der nahtspezifischen Werte vorgenommen, um die Festigkeitsunterschiede deutlich herauszustellen.

Stahlsorte	St 37					St 52-3				
Kerbfall	K0	K1	K2	K3	K4	K0	K1	K2	K3	K4
Beanspruchungs-gruppe	zulässige Spannungen zul $\sigma_{D(-1)}$ für $\kappa = -1$									
B 1	180	180	180	180	152,7	270	270	270	254	152,7
B 2				180	108			252	180	108
B 3			178,2	127,3	76,4	237,6	212,1	178,2	127,3	76,4
B 4	168	150	126	90	54	168	150	126	90	54
B 5	118,8	106,1	89,1	63,6	38,2	118,8	106,1	89,1	63,6	38,2
B 6	84	75	63	45	27	84	75	63	45	27

*Tabelle 5-14
Grundwerte der zulässigen Spannungen $\sigma_{D(-1)}$ für $\kappa = -1$ in Bauteilen für Betriebsfestigkeitsnachweis. (Auszug aus DIN 15 018 T1 Tabelle 17).*

1. Querschnittswerte

Bei der Ermittlung der Normalspannungen wird die kurze Stirnkehlnaht im allgemeinen nicht berücksichtigt.

HV-Naht

$$A_{W_{HV}} = 2 \cdot t \cdot h$$

$$J_{W_{HV}} = \frac{2 \cdot t}{12} \cdot h^3$$

$$W_{W_{HV}} = \frac{2 \cdot J_{W_{HV}}}{h}$$

Kehlnaht

$$A_{W_K} = 4 \cdot a \cdot h$$

$$J_{W_K} = \frac{4 \cdot a}{12} \cdot h^3$$

$$W_{W_K} = \frac{2 \cdot J_{W_K}}{h}$$

2. Teilspannungen

Biegespannung: $\sigma_{\perp_1} = \dfrac{F(1+\cos\alpha) \cdot x \cdot h}{2 \cdot J}$

Zugspannung: $\sigma_{\perp_2} = \dfrac{F \cdot \sin\alpha}{A_w}$

Addition gleichgerichteter Spannungen:

$$\max \sigma_\perp = \sigma_{\perp_1} + \sigma_{\perp_2}$$

Schubspannung: $\tau_\| = \dfrac{F(1+\cos\alpha)}{A_w}$

3. Einstufung in Kerbklasse nach Tabelle 5-12:

$\boxed{\text{K3}}$ $\qquad\qquad$ $\boxed{\text{K4}}$

Spannungskollektiv nach Bild 5-90:

$\boxed{S_3}$

Beanspruchungsgruppe nach Tabelle 5-13:

$\boxed{\text{B6}}$

4. Grundwerte der zulässigen Spannung nach Tabelle 5-14:

$\boxed{\text{zul } \sigma_{D(-1)}}$

zulässige Spannungen für $R = 0$ nach Tabelle 5-15:

$$\text{zul } \sigma_{D(0)} = 75 \frac{\text{N}}{\text{mm}^2} \qquad \text{zul } \sigma_{D(0)} = 45 \frac{\text{N}}{\text{mm}^2}$$

zulässige Schubspannung nach Gleichung 5-24:

$$\text{zul } \tau_{D(0)} = 53 \frac{\text{N}}{\text{mm}^2} \qquad \text{zul } \tau_{D(0)} = 32 \frac{\text{N}}{\text{mm}^2}$$

5. Einzelspannungsvergleich

$$\text{vor } \sigma_\perp \leq \text{zul } \sigma_D$$

75 N/mm²

Der Vergleichsspannungsnachweis wird für

die Stelle I mit der modifizierten Gleichung 5-23 geführt.

45 N/mm²

$$\left(\frac{\max \sigma_\perp}{\text{zul } \sigma_{D(0)}}\right)^2 + \left(\frac{\tau_\parallel}{\text{zul } \tau_{D(0)}}\right)^2 \leq 1,1$$

Art der Beanspruchung		Zulässige Spannungen
Wechselbereich -1 < κ < 0	Zug	$\text{zul } \sigma_{Dz(\kappa)} = \dfrac{5}{3 - 2 \cdot \kappa} \cdot \text{zul } \sigma_{D(-1)}$
	Druck	$\text{zul } \sigma_{Dz(\kappa)} = \dfrac{2}{1 - \kappa} \cdot \text{zul } \sigma_{D(-1)}$
Schwellbereich 0 < κ < +1	Zug	$\text{zul } \sigma_{Dz(\kappa)} = \dfrac{\text{zul } \sigma_{Dz(0)}}{1 - \left(1 - \dfrac{\text{zul } \sigma_{Dz(0)}}{0,75 \cdot R_m}\right) \cdot \kappa}$
	Zug für κ = -1	$\text{zul } \sigma_{Dz(0)} = \dfrac{5}{3} \cdot \text{zul } \sigma_{D(-1)}$
	Druck	$\text{zul } \sigma_{Dd(\kappa)} = \dfrac{\text{zul } \sigma_{Dd(0)}}{1 - \left(1 - \dfrac{\text{zul } \sigma_{Dd(0)}}{0,90 \cdot R_m}\right) \cdot \kappa}$
	Druck für κ = -1	$\text{zul } \sigma_{Dd(0)} = 2 \cdot \text{zul } \sigma_{D(-1)}$

Tabelle 5-15
Gleichungen für zulässige Ober-
spannungen, nach DIN 15 018
T1 zusammengestellt.

Ergänzende und weiterführende Literatur

AD-Merkblätter mit TRB der Reihe 500. Taschenbuch-Ausgabe 1986. Carl Heymanns Verlag KG, Köln. Beuth Verlag, Berlin.

Beckert, M. u. A. Neumann: Grundlagen der Schweißtechnik. Bd. Anwendungsbeispiele. Verlag Technik, Berlin 1980.

DIN 15 018 Teil 1 (11.84): Krane - Grundsätze für Stahltragwerke, Berechnung. Beuth Verlag, Berlin.

DIN 18 800 Teil 1 (11.90): Stahlbauten - Bemessung und Konstruktion. Beuth Verlag, Berlin.

DIN 18 808 (11.84): Stahlbauten- Tragwerke aus Hohlprofilen unter vorwiegend ruhender Beanspruchung. Beuth Verlag, Berlin.

Eurocode Nr 3 Abschn.9 (04.90): Design of Steel Stuctures, Part 1-General Rules und Rules for Buildings.

Haibach, H.: Abhängigkeit der ertragbaren Spannung schwingbruchbeanspruchter Schweißverbindungen vom Beanspruchungskollektiv. Laboratorium für Betriebsfestigkeit Darmstadt: Bericht Nr. FB-79 (1968).

Neumann, A.: Schweißtechnisches Handbuch für Konstrukteure. Teil 1: Grundlagen, Tragfähigkeit, Gestaltung, 1990. Teil 2: Stahl- Kessel- und Rohleitungsbau, 1988. Teil 3: Maschinen- und Fahrzeugbau, 1986. Deutscher Verlag für Schweißtechnik DVS-Verlag, Düsseldorf.

Olivier, R. u. W. Ritter: Wöhlerlinienkatalog für Schweißverbindungen aus Baustählen, Teil 1: Stumpfstoß, Teil 2: Quersteife, Teil 3: Doppel- T - Stoß, Teil 4: Längssteife. DVS-Berichte Bd. 56/I- IV. Deutscher Verlag für Schweißtechnik DVS-Verlag, Düsseldorf 1979, 1980, 1981 und 1982.

Radaj, D.: Gestaltung und Berechnung von Schweißkonstruktionen- Ermüdungsfestigkeit. Fachbuchreihe Schweißtechnik Bd. 82. Deutscher Verlag für Schweißtechnik DVS-Verlag, Düsseldorf 1985.

Rieberer, R: Schweißgerechtes Konstruieren im Maschinenbau - Berechnungs- und Gestaltungsbeispiele. Fachbuchreihe Schweißtechnik Bd. 95. Deutscher Verlag für Schweißtechnik DVS-Verlag, Düsseldorf 1989.

Ruge, J.: Handbuch der Schweißtechnik, Band 4: Berechnung der Verbindungen, Springer-Verlag, Berlin, Heidelberg, New York, London, Paris, 1988.

Sahmel, P. u. H.-J. Veit: Grundlagen der Gestaltung geschweißter Stahlkonstruktionen. Fachbuchreihe Schweißtechnik Bd. 12. Deutscher Verlag für Schweißtechnik DVS-Verlag, Düsseldorf 1976.

TRD-Technische Regeln für Dampfkessel. Taschenbuch-Ausgabe 1986. Carl Heymanns Verlag KG, Köln. Beuth Verlag, Berlin.

Wardenier, J.: Berechnung und Bemessung von Verbindungen aus Rundholprofilen unter vorwiegend ruhender Beanspruchung. Verlag TÜV Rheinland GmbH, Köln 1991.

6 Prüfen der Schweißverbindung

6.1 Nachweis der Gebrauchseigenschaften geschweißter Bauteile

Zum Nachweis der Gebrauchseigenschaften von geschweißten Bauteilen oder der Güte von Schweißverbindungen werden die Werkstoffeigenschaften wie z.B. die Festigkeit, die Zähigkeit und das Formänderungsvermögen, aber auch Fehler im Grundwerkstoff und Zusatzwerkstoff im Lieferzustand und im geschweißten Zustand ermittelt. Die Güte einer Schweißverbindung hängt von der Güte des Grund- und Zusatzwerkstoffs, vom Schweißverfahren bzw. von der Wärmeeinbringung, der Vor- und Nachbehandlung der Schweißung (z.B. Wärmebehandlung) und nicht zuletzt von der Handfertigkeit des Schweißers ab. Für jeden Gütenachweis gibt es spezielle Prüfverfahren.

Unter Festigkeit einer Schweißverbindung oder eines Bauteils ist der Formänderungswiderstand beim Fließen durch äußere mechanische Belastung zu verstehen, der auch von der Gestalt (Form und Abmessung) des Bauteils beeinflußt wird.

Der Nachweis der Güte des Bauteils sichert die bestmögliche Gestalt in bezug auf Festigkeit, Herstell- und Prüfbarkeit; sie ist in Vorschriften und Regelwerken festgelegt. Der Nachweis der Festigkeit von geschweißten Bauteilen kann entweder mit Belastungsversuchen an Proben, an Bauteilen oder auch rechnerisch im "Nennspannungsnachweis" erfolgen. Hierbei werden die rechnerisch ermittelten höchsten Nennspannungen σ mit den zulässigen σ_{zul} verglichen. Der Wert von σ_{zul} ist von der Art des möglichen Versagens, z.B. durch stabilen oder instabilen Rißfortschritt, durch Ermüdung, durch unzulässige Formänderung oder schließlich durch Überschreiten einer Höchstkraft abhängig (Abschn. 5).

Beim Zähigkeitsnachweis wird das Rißwiderstandsvermögen der Schweißverbindung bzw. der WEZ und des Schweißguts ermittelt. Darunter fallen u.a. aber auch die Prüfung der Kaltriß-, Heißriß- und Wiedererwärmungsriß-Empfindlichkeit von Schweißungen. Diese Eigenschaften charakterisieren hauptsächlich die Schweißeignung des Grundwerkstoffs und das Schweißverhalten des Zusatzwerkstoffs.

Zur Untersuchung von Grund- und Zusatzwerkstoffen werden hauptsächlich

– metallkundliche Prüfverfahren,
– mechanisch-technologische Prüfverfahren,
– zerstörungsfreie Prüfverfahren und
– Korrosions- und Verschleißprüfverfahren angewendet.

6.2 Metallkundliche Untersuchungsverfahren

Die metallkundlichen Prüfverfahren dienen zur Klärung der Zusammenhänge zwischen

– der *chemischen Zusammensetzung*,
– dem *Gefüge*,
– der *Kristallstruktur* und *Textur* des Werkstoffs und ihren Eigenschaften,

die durch die Werkstoffkennwerte (Stoffwerte) definiert sind. Unter chemischer Zusammensetzung eines Werkstoffs ist der Anteil (in Massen-, Volumen- seltener Atomprozent) der Legierungselemente zu verstehen.

Das *Gefüge* ist nach HORNBOGEN gekennzeichnet durch Größe, Form, Verteilung, Dichte und Art der (nicht im thermodynamischen Gleichgewicht befindlichen) Phasengrenzen und Gitterbaufehlern. Als *Textur* bezeichnet man nach WASSERMANN und GREWEN die Vorzugsorientierung der Kristallite in einem polykristallinen Werkstoff. Die Eigenschaften der Werkstoffe können wenig bis stark vom Gefüge abhängen.

Die Beschreibung der *Struktur* von Kristallen geschieht durch die Angabe eines einzigen Gitters (z.B. krz, kfz), wobei jedem Gitterpunkt eine Gruppe von Atomen (*Basis*) zugeordnet ist. Wiederholt sich die Basis im Raum, entsteht ein Kristall, der von Flächen begrenzt ist (Abschn. 1.2.2).

Ein Werkstoffkennwert beschreibt einen kritischen Beanspruchungszustand oder eine Grenzbeanspruchung eines Werkstoffs, bei der ein physikalischer Prozeß ausgelöst wird, z.B. "Gleiten" bei Einsetzen der plastischen Verformung. Dieser Werkstoffwiderstands-Kennwert wird als Streckgrenze oder als 0,2%-Dehngrenze bezeichnet; er ist ein Festigkeitskennwert. Nach AURICH und PFENDER können Werkstoffkennwerte nicht ohne Beanspruchung gemessen werden, wobei die Beanspruchungen selbst wiederum das Gefüge beeinflussen können, und zwar gibt es:

— Beanspruchungen, die das Gefüge *nicht bleibend* verändern, z.B. elastische Beanspruchung und

— Beanspruchungen, die das Gefüge *bleibend* verändern, z.B. durch Erwärmen bei der plastischen Verformung (dynamische Rekristallisation).

Im letzten Fall beschreibt der Werkstoffkennwert ein Ereignis bei einem Gleichgewichtszustand, dessen Parameter sich von denen des Ausgangsgefüges unterscheiden, z.B. die Änderung der Versetzungsdichte.

Aber auch Mikrorisse, Poren, Lunker, Einschlüsse, Korrosionsnarben u.a. wirken sich auf die mechanischen und technologischen Eigenschaften der Werkstoffe aus, wobei die Konzentration der "Fehlstellen" einen entscheidenden Einfluß ausübt, der nur statistisch zu erfassen ist.

Zum Quantifizieren des Zusammenhangs zwischen werkstoffbezogenen Einflußgrößen und Werkstoffkennwerten werden metallkundliche Untersuchungsverfahren eingesetzt, die in Tabelle 6-1 dargestellt sind.

Danach werden zwei Hauptgruppen,

— die Verfahren zur Analyse der chemischen Zusammensetzung und der Gitterstruktur und

— die Metallografie unterschieden,

die wiederum in verschiedene Gruppen unterteilt sind.

Im folgenden werden nur einzelne für die Schweißtechnik besonders wichtige Verfahren beschrieben.

6.2.1   Werkstoff- und Strukturanalyse

Die chemische Zusammensetzung eines Werkstoffs bestimmt u.a. maßgebend seine mechanischen und technologischen Eigenschaften, z.B. die Festigkeit und die Verarbeitungs- und Gebrauchseigenschaften. Dabei können sich die der Matrix und die der Phasen unter bestimmten Beanspruchungen unterschiedlich auswirken. In der Schweißpraxis erlaubt die Kenntnis der chemischen Zusammensetzung der zu schweißenden Werkstoffe,

— die werkstoffgerechte Abschätzung der Schweißparameter und Glühtemperaturen,

— eine Abschätzung des Umwandlungs- und Ausscheidungsverhaltens (z.B. Martensitbildung) und

— ob Werkstoffverwechslungen vorliegen. Für diese Aufgabe reicht oft eine qualitative Bestimmung der Elemente aus.

Vor der Entwicklung der modernen Chemie ab Anfang des 19. Jahrhunderts standen dem Stahlhersteller nur qualitative und halbqualitative, in der Regel auf Zufallsbeobachtungen der Alchemie beruhende Methoden zur Verfügung. Es ist jedoch heute noch beeindruckend, wie viele komplizierte Verfahren ohne jede theoretische Grundlage im Laufe der Bergbaugeschichte entwickelt und angewendet worden sind (Lötrohrprobierkunst, Salzperlen).

Eine grobe Abschätzung liefert die Schleiffunken- und die Tüpfelanalyse, die auch am Bauteil durchgeführt werden kann und strenggenommen keine echten Analyseverfahren sind.

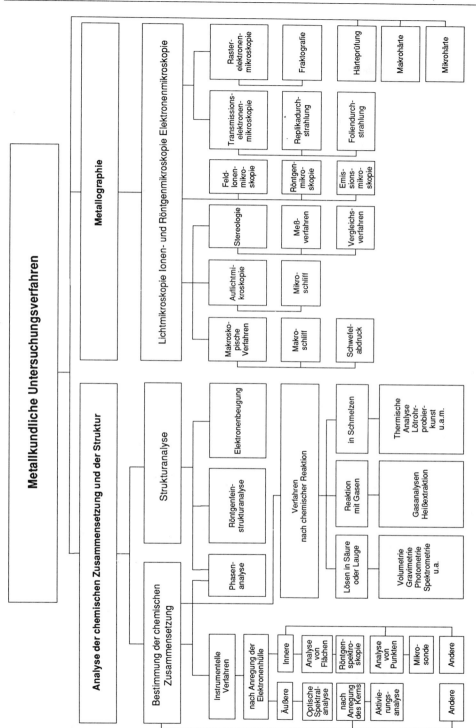

Metallkundliche Untersuchungsverfahren

Analyse der chemischen Zusammensetzung und der Struktur

Bestimmung der chemischen Zusammensetzung

- Instrumentelle Verfahren
- nach Anregung der Elektronenhülle
  - Äußere
    - Optische Spektral-analyse
  - Innere
    - Analyse von Flächen
    - Röntgen-spektro-skopie
    - Analyse von Punkten
    - Mikro-sonde
- nach Anregung des Kerns
  - Aktivie-rungs-analyse
- Andere
- Andere

Strukturanalyse

- Phasen-analyse
- Röntgenfein-strukturanalyse
- Elektronenbeugung

Verfahren nach chemischer Reaktion

- Lösen in Säure oder Lauge
  - Volumetrie Gravimetrie Photometrie Spektrometrie u.a.
- Reaktion mit Gasen
  - Gasanalysen Heißextraktion
- in Schmelzen
  - Thermische Analyse Lötrohr-probier-kunst u.a.m.

Metallographie

Lichtmikroskopie   Ionen- und Röntgenmikroskopie   Elektronenmikroskopie

- Makrosko-pische Verfahren
  - Makro-schliff
  - Schwefel-abdruck
- Auflichtmi-kroskopie
  - Mikro-schliff
- Stereologie
  - Meß-verfahren
  - Vergleichs-verfahren
- Feld-ionen-mikro-skopie
  - Röntgen-mikro-skopie
  - Emis-sions-mikro-skopie
- Transmissions-elektronen-mikroskopie
  - Replikadurch-strahlung
  - Foliendurch-strahlung
- Raster-elektronen-mikroskopie
- Fraktografie
- Härteprüfung
  - Makrohärte
  - Mikrohärte

Tabelle 6-1
Metallkundliche Untersuchungsverfahren.

Die *Schleiffunkenanalyse* ist eine Augenscheinprüfung, bei der aus der Funkenform bzw. dem Zerfall der Funken, z.B. glatter Strahl und Zerfall mit Verästelungen, Büscheln, Lanzen, Keulen, Tropfen und aus ihrer Farbe auf die chemische Zusammensetzung (vor allem dem C-Gehalt) geschlossen wird. Jede Stahlgruppe hat ihr charakteristisches Funkenbild, das bei Prüfung im abgedunkelten Raum deutlicher zu sehen ist. Funkenbilder verschiedener Stähle gehören zu jeder Schweißwerkstatt.

Die *Tüpfelprüfung* erlaubt mit nur wenigen einfachen Arbeitsgängen eine halbqualitative Bestimmung der chemischen Zusammensetzung auf naßchemischem Weg (oder) durch elektrolytische Auflösung einer geringen Werkstoffmenge mit Säuren oder Laugen. Aus der Farbe des Tropfens, die von dem gelösten Metall im Tropfen abhängt, kann auf die Legierungselemente und die Verunreinigungen im Werkstoff geschlossen werden. Die Prüfstelle muß metallisch blank sein. Für Stahl wird als Prüfmedium 10%ige Salpetersäure verwendet. Als weiteres Beispiel für die Tüpfelprobe sei die Unterscheidung "weißer" (korrosionsbeständiger Stahl) und "schwarzer" (unlegierter Stahl) erwähnt. Hierfür benetzt man die Werkstoff-Oberfläche mit einer 10%igen Kupfersulfatlösung. Der nicht korrosionsbeständige zeigt einen Cu-Niederschlag, der korrosionsbeständige bleibt blank.

6.2.1.1   Chemische Analyse

Die chemische Zusammensetzung von Werkstoffen interessiert sowohl als Mittelwert über größere Bereiche als auch bei heterogenen Werkstoffen (z.B. Schweißverbindung) exakt an bestimmten Stellen, z.B. die eines Schlackeneinschlusses. Je nach Fragestellung kann aus einer Vielzahl von Verfahren ausgewählt werden, wobei die Handhabbarkeit und Wirtschaftlichkeit eines Verfahrens oft wichtiger ist als die Genauigkeit der Ergebnisse. Nicht nur die Art der Analyse muß dem konkreten Problem angepaßt sein, sondern auch seine apparative Ausführung, die nicht nur der geforderten Qualität der Analysenergebnisse genügen, sondern auch den praktischen Erfordernissen, wie Ort und Umstände der Analsyse.

Alle Analyseverfahren nutzen die Eigenschaften

– des Atomkerns und

– der inneren und äußeren Elektronenschalen aus, Bild 6-1.

Sie können in instrumentelle Verfahren und in chemische Verfahren unterteilt werden.

Bei den *instrumentellen* Verfahren werden entweder die zu bestimmenden Atomkerne oder ihre inneren und äußeren Elektronen (Elektronenschalen) angeregt und ihre physikalischen Eigenschaften für die Analyse verwendet.

Bei den *chemischen* Verfahren - auch bekannt als "naßchemische" Verfahren - reagieren nur die Valenzelektronen. Zur Analyse werden die Reaktionsprodukte einer vorausgegangenen chemischen Reaktion verwendet. Für diese klassischen Verfahren ist ihre hohe Meßgenauigkeit typisch.

Die *instrumentellen* Verfahren sind Relativverfahren, bei denen ein Signal einer Probe mit dem Signal einer in gleicher Weise angeregten Standardprobe bekannter chemischer Zusammensetzung verglichen wird. Bei diesen Verfahren muß also vor jeder Analysenserie ein Vergleich durchgeführt werden.

Instrumentelle Verfahren

Optische Spektralanalyse (OES)

Zur Analyse werden die Eigenschaften der Elektronen der äußeren Elektronenschalen der zu untersuchenden Atome bei ihrer Anregung ausgenutzt. Durch das Anregen der Atome, z.B. mit einem Funken, werden die Elektronen auf energiereichere (äußere) Schalen "gehoben". Die aufgenommene Energie wird in Form von Lichtquanten abgegeben. Die Wellenlänge des emittierten Lichtes ist für jedes Element charakteristisch und dient zur

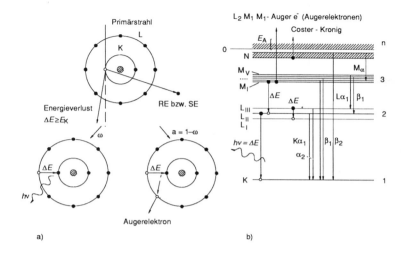

Bild 6-1
a) Ionisation in einer tieferen Schale und Erzeugung einer Röntgenfluoreszenzausbeute ω oder eines Augerelektrons.
b) Quantensprünge zwischen den Schalen und Bezeichnungen der emittierten Röntgenlinien, nach REIMER.

qualitativen Bestimmung der chemischen Zusammensetzung der zu analysierenden Stelle der Probe. Die Intensität der Strahlung dient der quantitativen Bestimmung.

Röntgenfluoreszenzanalyse (RFA) zur Analyse größerer Bereiche

Die Anregung der inneren Elektronenschalen durch energiereiche Elektronen führt zur Emission einer charakteristischen Röntgenstrahlung, z.B. bei der K-Schale zu den K-α- oder K-β-Röntgenstrahlen, Bild 6-9. Diese werden auch als primäre Röntgenstrahlen bezeichnet.

Bei Anregung mit kurzwelligen energiereichen Röntgenstrahlen entsteht die sog. Sekundär-Röntgenstrahlung, die auch als Fluoreszenzstrahlung bezeichnet und zur *wellenlängendispersiven* Röntgenanalyse benutzt wird. Üblicherweise werden monochromatische Strahlen verwendet. Das Verfahren ist auch zum Nachweis der leichten Elemente wie Mg, Al, Ti und für Elemente mit der Ordnungszahl größer fünf geeignet. Für die Analyse am Bauteil werden mobile sehr wirtschaftlich arbeitende Geräte eingesetzt.

Elektronenstrahl-Mikroanalsye (ESMA)

Mit Hilfe der Elektronenmikrostrahlsonde (MS) kann anregende (Primär-Elektronenstrahl, PE) entlang einer Linie (line scan) oder auf kleinste Flächen (1 μm²) fokussiert und die entstehende Sekundärstrahlung zur Analyse

verwendet werden. Die Sekundärstrahlung besteht aus den

- Rückstreu- und Sekundärelektronen (RE, SE),
- charakteristischen Röntgenstrahlen (Rö),
- Augerelektronen (AE) und
- Fluoreszenzstrahlen.

Die emittierten Röntgenstrahlen werden zur energiedispersiven Röntgenanalyse verwendet.

Der Strahlengang der Mikrosonde (MS) entspricht dem des Rasterelektronenmikroskops, Bild 6-9. Bei der Mikrosonde wird die Wellenlänge der Röntgenstrahlung als Funktion des Anregungsortes auf der Probe wellenlängendispersiv mit Kristallspektrometern oder energiedispersiv mit Si-Li-Halbleiterdetektoren ausgewertet und zur Identifizierung der Elemente benutzt. Hierdurch lassen sich z.B. Ausscheidungen, Einschlüsse, Segregationen und Konzentrationsunterschiede bis zu Fleckgrößen von 1 μm² analysieren. Mit dieser Methode lassen sich z.B. die Gefüge der WEZ im Bereich der Schmelzgrenze analysieren, die durch eine sehr geringe Ausdehnung gekennzeichnet sind. Die analysierbare Schichtdicke beträgt je nach Zusammensetzung des Werkstoffs und Beschleunigungsspannung der Strahlen (10 kV bis 25 kV) für Stahl ca. 0,5 μm bis 2 μm. Für Aluminium in etwa das Dreifache.

Augerelektronen-Spektroskopie (AES)

Dieses Verfahren wird zur Analyse sehr dünner Oberflächenschichten angewendet. Die Anregung der oberflächennahen Schichten, die herab bis zu einigen Atomlagen betragen kann, erfolgt mit Primärelektronen. Diese verursachen u.a. eine Emission der Augerelektronen, die zur Analyse dienen, Bild 6-1. Die analysierbare Schichtdikke beträgt 1 nm bis 10 nm, wobei die Elemente mit der Ordnungszahl ab zwei ermittelbar sind. Im schweißtechnischen Bereich wird dieses Verfahren zur Aufklärung von Bruchflächenbelegungen und zu Forschungszwecken eingesetzt.

Sekundärionen-Massenspektroskopie (SIMS)

Zur Analyse der chemischen Zusammensetzung von Oberflächen wird der zu analysierende Bereich mit fein gebündelten Primärionen beaufschlagt, z.B. mit N- oder Ar-Ionen. Dadurch werden Elemente der Oberfläche ionisiert und emittiert und nachfolgend massenspektroskopisch analysiert. Auf diese Weise sind sämtliche Elemente und ihre Isotope erfaßbar.

Photoelektronen-Skektroskopie (XPS)

Sie dient wie die SIMS zur Analyse von Oberflächen. Hierfür werden die emittierten Photoelektronen benutzt, die durch Bestrahlen der Oberfläche mit Elektronen niedriger Energie entstehen. Ihre Identifizierung erfolgt über die elementspezifische Bindungsenergie, die aus der Energiebilanz erhalten wird. Außer Wasserstoff lassen sich sämtliche Elemente nachweisen.

6.2.1.2   Strukturanalyse

Röntgenfeinstrukturanalyse

Kristalline Werkstoffe sind wegen der periodischen Anordnung ihrer Atome (Raumgitter) für eine Strukturanalyse (Gitterstrukturanalyse, Diffraktometrie) mit Hilfe Röntgen-, oder Elektronenstrahlen geeignet.

Röntgenstrahlen werden z.B in Kathodenstrahlröhren (Röntgenröhren) erzeugt. Die von ihrer Kathode (Elektronenquelle) ausgehenden Elektronen treffen auf die als Anode geschaltete Metalloberfläche und erzwingen einen Elektronenaustritt aus der K- oder L-Schale. Das angeregte Atom wird dadurch zum Ion, Bild 6-1. Der freigewordene Platz wird von einem Elektron aus der nächst höheren (energiereicheren) Schale unter Aussendung (Emission) eines Röntgenquants belegt. Durch Einfangen eines Leitungselektrons (Hüllelektrons) wird die Ionisation des Atoms wieder rückgängig gemacht. Für die Gitterstruktur-(Phasen-)analyse wird die Röntgenröhre mit Kupferanode und für die Eigenspannungsmessung die Röntgenröhre mit Chromanode bevorzugt eingesetzt. Die so erzeugten Röntgenstrahlen, die für jedes Element charakteristisch sind, verhalten sich ähnlich wie Lichtstrahlen. Unter bestimmten Bedingungen können die Röntgenstrahlen (X-Rays) von einem Werkstoff gebeugt, gebrochen oder hindurchgelassen werden. Sie sind kurzwellig, ihre Wellenlänge λ beträgt zwischen 0,001 nm bis etwa 10 nm. Für die Röntgenanalyse werden Strahlen mit einem λ von etwa 0,07 nm bis 0,3 nm verwendet und ihr Beugungsverhalten an Gittern zur Gitterstrukturmessung ausgenutzt.

Die Röntgenstrahlenbeugung wird am einfachsten mit der BRAGGschen Gleichung beschrieben:

$$n \cdot \lambda = 2\,d \sin \Theta$$

Es bedeuten:

n = die Ordnung der reflektierenden Strahlung,

λ = die Wellenlänge der Strahlung,

d = Netzebenenabstand,

Θ = Einfallswinkel der Strahlung.

Das Modell zur Ableitung der BRAGGschen Gleichung basiert auf der Vorstellung, daß bestimmte Atomebenen (Netzebenen NE) in kristallinen Stoffen unter bestimmten Bedingungen als "reflektierende" Ebenen wirken, Bild 6-2.

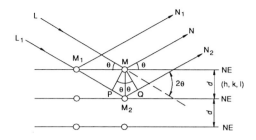

Bild 6-2
Beugung von Röntgenstrahlen an Netzebenen eines Kristalls.

Der Wegunterschied für die Strahlen, Strecke LMN, zu denen der Strecke $L_1M_2N_2$ in der darunter liegenden Ebene beträgt PM_2Q. Diese Differenz beträgt $2d \sin \Theta$. Wenn der Wegunterschied gleich einem ganzzahligen (n-zahligen) Vielfachen der Wellenlänge λ ist, werden die reflektierenden Strahlen der darunterliegenden Netzebenen miteinander in Phase sein, d.h. sich verstärken. Eine Änderung des Netzebenenabstandes im zu untersuchenden Werkstoff z.B. durch mechanische Spannungen oder durch zwangsgelösten Kohlenstoff (Martensit), Ausscheidung von Teilchen oder durch unterschiedliche Kristalle bewirkt eine Änderung des Einfallswinkels $\Delta\Theta$, der mit dem Goniometer (elektrischer Detektor, z.B. Zählrohr oder Szintillationszähler) gemessen oder auf einem Film erfaßt werden kann. Zur Identifizierung von Kristallphasen wird die Linienlage der Reflexe (2Θ) gemessen und daraus die Netzebenenabstände mit Hilfe der BRAGGschen Gleichung berechnet.

Zur Bestimmung der Mengenanteile von Phasen wird die Intensität der reflektierten Strahlung gemessen und zueinander ins Verhältnis gesetzt.

Es sind viele Varianten der grundlegenden Meßmethoden möglich, so z.B. kann die verwendete Strahlung eine monochromatische Linienstrahlung oder eine kontinuierliche Strahlung sein. Die Probe selbst kann polykristallin, als Einkristall, als massives Stück oder als Pulver vorliegen. Die Meßfleckgröße bzw. die Ortsauflösung beträgt

ca. 3 μm bis 5 μm bei einer Informationstiefe von ca. 3 mm bis 10 mm, je nach verwendeter Röntgenstrahlung.

Hierin liegen die Stärken und die Schwächen der Diffraktometrie, wie nachfolgend für die Anwendung in der Schweißtechnik und Metallkunde beschrieben wird. Die Röntgenfeinstrukturanalyse bietet für diese Gebiete folgende Möglichkeiten:

– Analyse der Mengenanteile von Gefügephasen, z.B. bei Schweißverbindungen aus austenitischen Stählen, den Anteil an δ-Ferrit zum Abschätzen der Heißrißneigung. Der δ-Ferrit wird jedoch meistens entweder metallografisch, mit dem SCHAEFFLER-Schaubild oder mit rechnerischen Verfahren ermittelt, die aber ungenauer sind (DIN 32 514, ISO 8249, DVS-Merkblatt 1005).

– Ermittlung des Martensitgehaltes geschweißter oder brenngeschnittener Oberflächen, die durch C-Aufnahme aus der Flamme beim Abkühlen martensitisch geworden sind. Hierfür wirkt sich die geringe Informationstiefe des Verfahrens vorteilhaft aus, weil dadurch die Aufhärtungstiefe, die im gleichen Größenbereich liegt, ganz erfaßt wird.

– Ermittlung von Eigenspannungen in der WEZ und Schweißverbindung. Durch schichtweises Abtragen der Schweißnaht durch elektrolytische Metallauflösung (Ätzung) nach jeder Messung, erhält man an der interessiernden Stelle eine Eigenspannungsverteilung. Sie erlaubt eine Abschätzung des Einflusses der Eigenspannungen in der Schweißverbindung auf das Verhalten geschweißter Bauteile. Zugeigenspannungen in oberflächennahen Schichten der Schweißverbindung können die Rißentstehung durch Korrosion oder Wasserstoff begünstigen. Ferner werden sie zu Lastspannungen addiert, was sich im Falle von Druckeigenspannungen an der Oberfläche günstig auf die mechanischen Eigenschaften, z.B. bei dynamischer Beanspruchung auswirkt. Darüberhinaus kann der Abbau der Eigenspannungen durch Spannungsarmglühen oder ihre Einbringung durch unsachgemäßes Beschleifen (Verputzen) von Schweißnähten ermittelt werden. Im letzten Beispiel ist die röntgenografische Eigenspannungsmessung allen anderen Verfahren überlegen, weil durch das Beschleifen von Nähten ebenfalls nur die randnahen Bereiche verändert werden. Schließlich sind die Möglichkeiten der Röntgenanalyse auf dem Gebiet der Metallkunde gleichermaßen für die Schweißtechnik vorhanden, welche sind:

- Identifizierung von Elementen und Verbindungen,
- Abschätzen der Teilchengröße bis zu einer Größe von 1μm Durchmesser,
- Ermittlung der Orientierung eines Kristalls (Bestimmung der kristallografischen Achsen),
- Bestimmung von elastischen Spannungen und Texturen nach Art und Größe.

Elektronenbeugung

Die Analyse erfolgt mit Hilfe eines Elektronenmikroskops. Bei Elektronenmikroskopen, die zur Abbildung von Gefügen beschleunigte Elektronen (20 kV bis 1200 kV) verwenden, kann eine Auflösung bis 0,2 nm erreicht werden. Der Elektronenstrahl, Bild 6-3 der mit einer elektromagnetischen Fokussierungseinrichtung auf die Oberfläche der Probe gerichtet ist, kann entweder die Probe durchdringen (Transmissionselektronenmikroskop, TEM) oder bei Schrägbeleuchtung reflektieren.

Die Richtungen der gebeugten Elektronen sind mit dem BRAGGschen Gesetz erfaßt. Der Beugungswinkel Θ liegt aufgrund der sehr viel kleineren Wellenlänge der verwendeten Elektronenstrahlen bei 1°. Die Abbildung entsteht durch die örtliche Änderung der Intensität der gebeugten Elektronen, die durch ein elektromagnetisches Linsensystem nach der Durchstrahlung gesteuert werden können. Die Anwendung in der Schweißtechnik ist nur zu Forschungszwecken üblich und bietet keinen direkten Bezug zur Praxis.

6.2.2   Metallografische Untersuchungsverfahren

Die Metallografie ist ein Teilgebiet der Metallkunde. Sie umfaßt die Untersuchung des Gefüges mit Hilfe eines Licht-, Ionen-, Röntgen- und Elektronenmikroskopes, mit dem Ziel einer qualitativen und quantitativen Beschreibung (HORNBOGEN). Die Ergebnisse ergänzen die der thermischen Analyse und der Härteprüfung. Aber auch zur Ermittlung und Unterscheidung von Rissen (trans- oder interkristallin) werden metallografische Verfahren angewendet, um u.a. einen Zusammenhang zwischen Fehlstellen und Gebrauchseigenschaften herzustellen. Hierfür dienen vorwiegend Ergebnisse von Untersuchungen mit dem Licht- und Rasterelektronenmikroskop.

6.2.2.1   Makroskopische Verfahren

Darunter sind die Untersuchungsverfahren zu verstehen, deren Ergebnisse mit dem Auge, mit einer Lupe oder durch einen Abdruck gewonnen werden. Jeder Befund kann mit Fotos oder mit Aufzeichnungen dokumentiert werden.

Makroschliffuntersuchung

In der schweißtechnischen Praxis sind in vielen Fällen einfache makroskopische Untersuchungen an Makroschliffen ausreichend. Hierbei erhält man Informationen z.B. über den Lagenaufbau, die Breite der WEZ, Schlackeneinschlüsse, Entkohlung, Risse, Kristallisation in den Lagen, Faserverlauf und Seigerungen. Die Schliffgröße kann bis zu 300 mm x 500 mm x 20 mm betragen.

Die Arbeitsgänge der Makroschliffuntersuchung sind:

❏ *Probennahme*, z.B. durch Sägen, Trennen, bei der eine Gefügeänderung vermieden werden muß,

❏ *Schleifen der Probe*, die zuvor geklammert oder in kaltaushärtenden Kunstharzen eingebettet wird. Das Schleifen

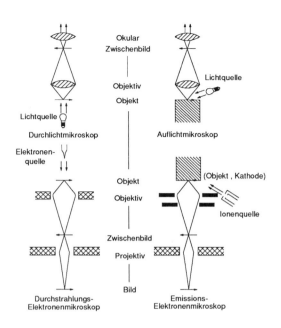

Bild 6-3
Strahlengänge in Licht- und Elektronenmikroskopen,
Durchlicht - Durchstrahlung, Auflicht - Emission,
nach HORNBOGEN.

kann naß oder trocken, maschinell oder manuell erfolgen. Die Schliffgüte hängt von der Körnung der Schleifpapiere (Körnung etwa 220 bis 1000, für Makroschliffe bis 400 üblich) ab. Je feiner der Schliff, desto ausgeprägter sind die durch das Ätzen erzeugten Abbildungen der Gefügemerkmale.

❑ *Ätzen der Probe* zum Sichtbarmachen des Makrogefüges. Dazu ist die geschliffene Probe mit Alkohol (Methanol oder Ethanol) und Wasser zu säubern (entfetten usw.). Je nach Werkstoff und Untersuchungsziel sind geeignete Ätzmittel zu wählen.

-- *Makroätzmittel für unlegierte Stähle* sind:

Alkoholische Salpetersäure (90 % Alkohol und 10 % Salpetersäre),

Ammoniumpersulfatätzung,

Ätzmittel nach HEYN (10 g Ammoniumchlorcuprat und 120 ml dest. Wasser).

- *Makroätzmittel für hochlegierte austenitische Stähle*, z.B. die

Cr-Ni-Stahlbeize nach GOERENS (100 ml dest. Wasser, 100 ml konzentrierte Salzsäure, 10 ml konzentrierte Salpetersäure und 0,3 ml Sparbeize).

- *Makroätzmittel zum Sichtbarmachen von Gleitlinien* nach einer plastischen Verformung, z.B. das

Ätzmittel nach FRY (100 ml dest. Wasser, 15 ml konzentrierte Salzsäure und 10 ml Flußsäure).

❑ *Augenscheinprüfung und Dokumentation*
Die durch das Ätzen erzeugten Bilder sind zu beurteilen und gegebenenfalls zu dokumentieren (Fotos).

❑ *Schwefelabdruck* (BAUMANN*abdruck*).
Wie der Name sagt, wird hiermit der Schwefel im Stahl nachgewiesen. Die Probe wird mit 200er Schleifpapier geschliffen und mit Alkohol gesäubert. Anschließend wird Fotopapier, das zuvor 5 Minuten lang in wässriger Schwefelsäure getaucht wurde, mit der Schichtseite auf die geschliffene Prüffläche gelegt mit leichtem Druck glatt gestrichen und nach 5 Minuten abgenommen. Das Fotopapier wird anschließend mit Wasser gründlich gespült und 15 Minuten lang im Fixierbad behandelt.

Der Schwefelabdruck liefert vor allem Informationen über Seigerungen im Halbzeug (Kernseigerung), die sich durch eine deutlich dunklere Farbtönung abhebt, Bild 2-6. Die Homogenitätsprüfungen sind in DIN 54 150 und SEP 1610-60 beschrieben.

6.2.2.2 Mikroskopische Verfahren

Auflichtmikroskopie

In der Schweißtechnik sind für die Analyse des Gefüges, der Bruchflächen und zur Beschreibung von Schweißfehlern auflichtmikroskopische Untersuchungen am wichtigsten. Das in lichtoptischen Geräten verwendete sichtbare Licht mit einer Wellenlänge

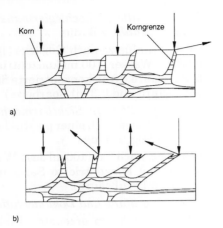

a)

b)

Bild 6-4
Schematische Darstellung der Korngrenzenätzung.
a) Unterschiedliche Abtragung der Kornschnitt-
flächen mit Abschrägung an den Korngrenzen,
b) Angriff an den Korngrenzen, nach W. Schatt.

zwischen 400 nm und 800 nm ermöglicht eine Punktauflösung von ca. 800 nm. Deshalb lassen sich Gefügemerkmale, die kleiner als 800 nm sind nicht mehr abbilden. Hierfür sind Mikroskope einzusetzen, in denen kurzwelligere (energiereichere) Strahlen (z.B. beschleunigte Elektronen oder Röntgenquanten) verwendet werden. Deren Auflösungsvermögen ist von der Wellenlänge der (beschleunigten) Strahlen abhängig. Es kann bis zu 0,2 nm betragen.

Bei den Mikroskopen wird je nach Abbildungsverfahren zwischen *Durchlicht-* und *Auflichtmikroskopen* und bei Verwendung von Elektronenstrahlen zwischen Durchstrahlungs- (Tranmissionselektronenmikroskope) und Emissionselektronenmikroskopen unterschieden. Die Strahlengänge der Licht- und Elektronenmikroskope sind im Prinzip ähnlich, Bild 6-3.

Vor der Untersuchung des Gefüges mit dem Mikroskop muß die Probe metallografisch präpariert (geschliffen, poliert) werden. Die hierfür erforderlichen Arbeitsgänge sind die gleichen wie bei der Makroschliffherstellung. Der Unterschied besteht nur in der Oberflächengüte des Schliffes, die beim sog.

Mikroschliff einer polierten kratzerfreien Oberfläche entsprechen soll. Dies kann entweder durch Polieren der Schlifffläche mit Diamantpoliermittel oder durch elektrolytisches Abtragen erfolgen.

Zum Nachweis von Einschlüssen, Poren, Bindefehlern, Dopplungen, Nahtunterspülungen und Rissen reicht oft der ungeätzte Schliff aus, ebenso für die Ermittlung der Kleinlast- und Mikrohärte an unbeeinflußten Grundwerkstoff.

Durch Ätzen des Schliffes können die Gefügemerkmale, wie Korngrenzen, Korngrößen, Gefügearten (z.B. Ferrit, Perlit, Martensit) und Ausscheidungen, der Einfluß der Verarbeitung auf das Gefüge (Guß-, Walzgefüge) u.a.m. entwickelt werden. Beim Ätzen wird das Gefüge durch ungleichmäßiges Abtragen der Oberfläche sichtbar gemacht. Je nach Zielsetzung der Untersuchung kann u.a. eine *Korngrenzenätzung*, Bild 6-4, oder eine *Kornflächenätzung*, Bild 6-5, durchgeführt werden. Beide Verfahren erfordern unterschiedliche Ätzmittel.

Beim *Kornflächenätzen* erhalten die einzelnen Kristalle durch das Ätzmittel eine unterschiedliche Färbung, die von der oxidieren-

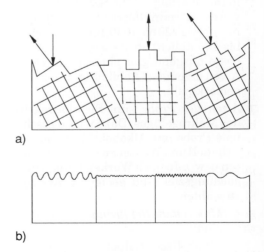

a)

b)

Bild 6-5
Schematische Darstellung der Kornflächenätzung.
a) bei definiertem Angriff,
b) bei unregelmäßigem Angriff, nach W. Schatt.

Mikroschliff-Betrachtung	Funktionsprinzip, Wirkungsweise	Leistungsfähigkeit	
		Merkmale/Kenndaten	Anwendungsmöglichkeiten
Polierter Schliff	mit schräger und senkrechter Auflichtbeleuchtung mit oder ohne Filter, polarisiertem Licht	Auflösungsgrenze: 800 nm	Erkennen von nichtmetallischen Einschlüssen, Dopplungen, Lunkern, Rissen (insbesondere Mikrorissen), Ausscheidungen
Geätzter Schliff		geringe Schärfentiefe (rd. 0,1 µm) bei 1000facher Vergrößerung	Erkennung von Korngrenzen, Zwillingsgrenzen, Perlit, Ferrit, Bainit, Austenit, Martensit), Mikroporen, Ausscheidungen, Dendriten
Querschliff (an Schweißverbindung)		Schliffgröße: beliebig bis zu 80 x 100 x 15 mm³ (Querschliff, Tangentialschliff)	Erkennung von Nahtaufbau, Gefüge (Schmelzlinie, WEZ, Grundwerkstoff) Grobkornausbildung in der WEZ, Bindefehlern, Rissen, insbesondere in der WEZ
Mehrstufen-Tangentialschliff (an Schweißverbindung)			Erkennung von Gefügeausbildung, insbesondere in der WEZ, Mikrorißbildung, insbesondere Relaxationsrisse

Tabelle 6-2
Technische Details der Auflichtmikroskopie.

den Chemikalie verursacht wird. Die für unlegierte Stähle sehr oft verwendete 1%ige bis 3%ige Salpetersäure bildet auf den einzelnen Kristallflächen der Kristallite unterschiedlich dicke Oxidschichten, die eine bräunliche Farbe aufweisen. Kornflächenfärbungen entstehen auch durch solche Ätzmittel, die aus der Legierung selbst bestimmte Substanzen herauslösen, die sich anschließend auf den Kristallflächen orientierungsabhängig ablagern.

Es lassen sich nicht nur Kristallflächen der Matrix (Grundgefüge) anätzen bzw. anfärben, sondern auch einzelne Gefügebestandteile. In Chromstählen wird z.B. nur das Eisencarbid (Fe_3C) durch alkalische Natriumpikratlösung dunkel gefärbt, während die anderen Gefügebestandteile unverändert bleiben. Werden nur die Korngrenzen angegriffen, so erhält man eine *Korngrenzenätzung*, Bild 6-4.

Der Ätzangriff der Korngrenzen erfolgt aufgrund der Ausbildung eines elektrochemischen Lakalelementes zwischen dem meist edleren Korn und der unedleren Korngrenze, deren Substanzen aufgelöst werden.

Dabei entstehen um die Körner Vertiefungen mit der Breite der Korngrenzenschicht.

Die Abbildung des Gefüges erfolgt mit Hilfe eines Metallmikroskops, Bild 6-6, das eine maximale Vergrößerung von ca. 1500:1 ermöglicht. Die Beleuchtung des Schliffes kann entweder durch senkrecht auftreffende oder durch schräg auftreffende Lichtstrahlen erfolgen, wodurch Lichteffekte zur Kontrastverstärkung beitragen können.

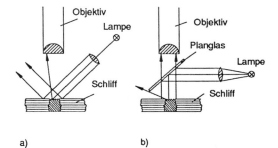

a) b)

Bild 6-6
Schematische Darstellung des Strahlenganges in einem Metallmikroskop.
a) bei schräger Auflichtbeleuchtung,
b) bei senkrechter Auflichtbeleuchtung, nach SCHUMANN.

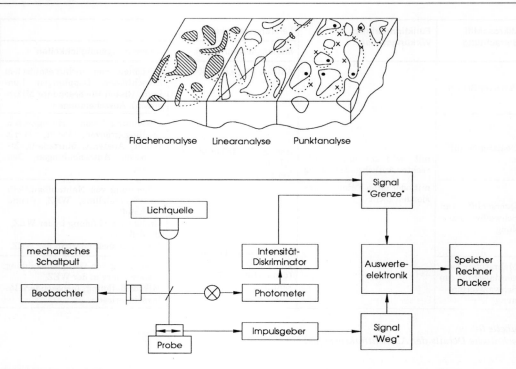

Flächenanalyse   Linearanalyse   Punktanalyse

Bild 6-7
Blockschema automatisch arbeitender Auswertegeräte der quantitativen Gefügeanalyse, nach HORNBOGEN.

Aber auch Lichtfilter (Trennung der Spektralfarben) können Gefügemerkmale schwächen oder verstärken. Polarisiertes Licht ist z.B. für die Identifikation von intermediären Verbindungen oder für die Analyse von Schlacken und Einschlüssen in Schweißverbindungen (Schweißgut, WEZ) erforderlich.

Zur Dokumentation wird das Gefüges mit einem im Mikroskop eingebauten Fotoapparat fotografiert. Die Güte der Gefügeaufnahmen hängt von den lichtempfindlichen Schichten der Platten, Filme und Fotopapiere ab. Dabei ist vorausgesetzt, daß der Mikroschliff, die Ätzung und die Aufnahmetechnik fachgerecht duurchgeführt worden ist. In Tabelle 6-2 sind die wichtigsten Einzelheiten der Auflichtmikroskopie zusammengefaßt.

Zur Beschreibung des Gefüges und zur Quantifizierung der Gefügeanteile dienen stereologische Analyseverfahren oder halbqualitative Verfahren anhand von Gefügeaufnahmen.

Stereologie, quantitative Gefügeanalyse

Stereologie ist die Lehre von der quantitativen Beschreibung und Erfassung dreidimensionaler Größen und der damit verbundenen Funktionen aus zweidimensionalen Schnittbildern heterogener Stoffe. Andere Bezeichnungen wie quantitative Mikroskopie oder qualitative und stereometrische Metallografie sind ebenfalls gebräuchlich (nach BREITKREUTZ).

Die Stereologie deutet Ergebnisse bildgebender physikalischer Verfahren (z.B. Mikroskope) mit mathematischen Methoden. Sie haben das Ziel, den zu untersuchenden Werkstoff, z.B. die Menge der unterschiedlichen Gefügephasen, die Verteilung von Ausscheidungen, Poren, Einschlüssen, Phasengrenzflächen und vieles andere mehr mit Zahlen zu kennzeichnen. In der Regel bestimmt man die Zahl der Teilchen, deren Flächen und unterschiedliche Formpara-

Verfahren	Funktionsweise Wirkungsprinzip	Leistungsfähigkeit	
		Merkmale/Kenndaten	Anwendungsmöglichkeiten
Vergleichverfahren	Vergleich der Proben mit genormten Bildreihen	grobe, aber rasche Bestimmung, stark abhängig von subjektiven Faktoren (Wahl des Ausschnitts)	Korngrößenbestimmung nach Stahl-Eisenprüfblatt (SEP) 1510-61 bzw. ASTME 112 Reinheitsgradbestimmung
Meßverfahren	Erfassung der Ausdehnung von Gefügebestandteilen durch - Flächenanalyse - Linearanalyse - Punktanalyse	exakte Bestimmung der Meßwerte, hoher Zeitaufwand, Verfahren jedoch weitgehend automatisierbar	Korngrößenbestimmung, Bestimmung von Gefügebestandteilen

Tabelle 6-3
Halbquantitative Gefügeanalyse.

meter von Bildern eines ebenen Schnitts und berechnet daraus z.B. den Volumenanteil einer Phase in der Matrix. In der Schweißtechnik werden quantitative Angaben von Größen- und Formverteilungen z.B. von Einschlüssen zu Festigkeits- und Zähigkeitsabschätzungen gebraucht. Die stereologischen Methoden der Berechnung von Größen eines ebenen Schliffes in Kenngrößen im Raum (z.B. Volumenanteile, räumliche Größenverteilung und spezifische Oberfläche) sind statistischer Natur.

Die Basisdaten für die Berechnung stereologischer Kenngrößen sind der Punktanteil einer Schnittfläche, der Linienanteil und dessen Verteilung und vor allem der Flächenanteil geschnittener Teilchen oder Phasen, Bild 6-7. Diese Basisdaten sind selbst auch Grunddaten zur Charakterisierung von z.B. ebenen Gefügekenngrößen, wie mittlere Korngröße, ebener Teilchenabstand, Zeilenabstand usw. Die Ermittlung der ebenen Gefügekenngrößen erfolgt in der gleichen Weise wie die der stereologischen Kenngrößen mit Hilfe manueller oder maschineller Zählverfahren und anschließender mathematischer Auswertung. In Bild 6-7 sind die Basisdaten der quantitativen Metallografie und das Blockschema automatisch arbeitender Auswertegeräte dargestellt.

In der Schweißpraxis interessieren vorwiegend die ebenen Gefügekenngrößen, z.B.

der Anteil des Delta-Ferrits in austenitischem Schweißgut und dessen mittlere Korngröße. Ihre Ermittlung kann mit folgenden halbqualitativen Gefügeanalyseverfahren erfolgen, Tabelle 6-3:

- *Gefügerichtreihen*, z.B. mittlere Korngröße nach ASTM-Korngrößenrichtreihe und Schlackenrichtreihe (DIN 50 602). Dabei wird z.B. die Korngröße der Gefügeaufnahme mit der Korngröße der Richtreihe verglichen und

- *Meßverfahren* (Zählverfahren), z.B. Korngrößenbestimmung nach dem Kreis- oder Durchmesserverfahren (Linienschnittverfahren, DIN 50 601).

Bei zu unterschiedlicher Korngröße kann eine Kornstatistik (Korngrößenverteilung, das ist die Anzahl der Körner über der Korngröße) aufgestellt werden. Daraus lassen sich auch Rückschlüsse auf das Verhalten bei plastischer Verformung in der WEZ ziehen.

Rasterelektronenmikroskopie (SCM)

Das Rasterelektronenmikroskop (REM) ist ein vielseitiges und unentbehrliches Hilfsmittel für Untersuchungen von Oberflächen. In der Metallografie wird es bevorzugt zur Bruchflächenanalyse (Fraktografie) eingesetzt.

Die Abbildung im REM erfolgt mit Sekundär- oder Rückstreuelektronen (SE, RE), die durch den fein gebündelten Elektronenstrahl (Primärstrahl PS) zum Austritt aus der Probe angeregt worden sind, Bild 6-8 und Bild 6-9.

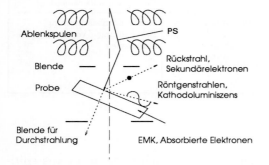

Bild 6-8
Prinzip des Rasterelektronenmikroskops. Ein scharf gebündelter Elektronenstrahl rastert die Probenoberfläche ab und erzeugt dabei Sekundärelektronen, deren Intensität an jeder Stelle unterschiedlich ist und ähnlich wie beim Fernsehgerät zur Abbildung der Oberflächentopografie (Gefüge, Bruchflächen) verwendet werden, nach HORNBOGEN.

Der Kontrast entsteht entweder durch Flächenneigung (Reliefkontrast) oder durch erhöhte Emission der SE, RE an Kanten sowie durch das unterschiedliche Rückstreuverhalten der verschiedenen Phasen des Werkstoffs.

Das Informationsvolumen ist abhängig von der Elektronenenergie. Es wird in Bild 6-9 durch die Reichweite R gekennzeichnet. Die elektronische Signalverarbeitung erfolgt mit Halbleiterdetektoren oder Zählrohren.

Das Auflösungsvermögen der Rasterelektronenmikroskope ist besser als das der Lichtmikroskope. Es beträgt bis zu 20 nm. Der große Vorteil ist die große Schärfentiefe, die räumlich komplizierte Strukturen abzubilden ermöglicht. Auch die Vergrößerung ist um den Faktor 10 größer als beim Lichtmikroskop. Mit dem REM können Übersichtsaufnahmen von 20facher, aber auch Detailausschnitte bis zu 10 000facher

Vergrößerung erzeugt werden. Hervorzuheben ist in diesem Zusammenhang die Anwendung bei Bruchflächenuntersuchungen an Kerbschlagbiegeproben und das Ausmessen der Stretchzonenweite bei Bruchmechanikproben. Die REM-Aufnahmen, Bilder 6-11 bis 6-15, zeigen einen Teil des Anwendungsbereiches des Rasterelektronenmikroskops in der Fraktografie.

6.2.3   Härteprüfungen (DIN 50 163)

In der Technik ist unter dem Begriff Härte der Widerstand zu verstehen, den ein Körper dem Eindringen eines anderen entgegensetzt. Bei den technischen Verfahren wird ein bleibender Eindruck mit einem Prüfkörper erzeugt, der härter ist als das Prüfstück. Der Eindringwiderstand wird als Maß für die Härte verwendet. Die Härtewerte sind dimensionslos. Die wichtigsten Verfahren sind in Tabelle 6-4 aufgeführt.

Bei dem Verfahren nach Rockwell wird als Härtemaß die bleibende Eindringtiefe des Eindringkörpers (Stahlkugel, Diamantkegel) in den Werkstoff festgelegt.

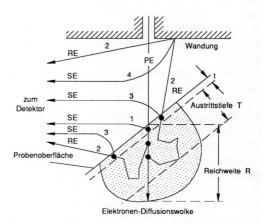

Bild 6-9
Rückstreu- und Sekundärelektronen (RE und SE) von Probe (1, 2, 3) und Wandung (2, 4), die durch einen Primärelektronenstrahl (PE) ausgelöst worden sind, nach REIMER.

Bild 6-10
Lithiumfluoridkristalle, BAM.

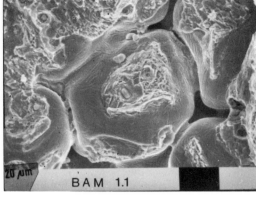

Bild 6-11
Heißriß in einem austenitischen Schweißgut, BAM.

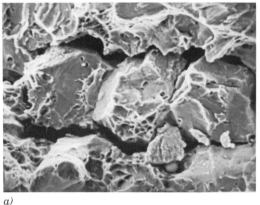

a)

b)

Bild 6-12
Schädigung durch Wasserstoff.
a) Kaltriß im Stahl 41 Cr 4 nach Wasserstoffbeladung,
b) Fischauge im Schweißgut, BAM.

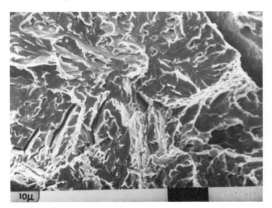

Bild 6-13
Quasispaltbruch, der bei einer Prüftemperatur von
80 K in einem vergüteten Stahl erzeugt wurde, BAM.

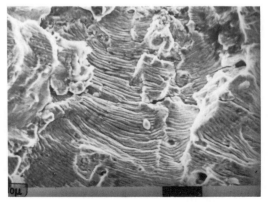

Bild 6-14
Schwingungslinien eines Ermüdungsbruchs in ei-
nem Stahl Ck 10, BAM.

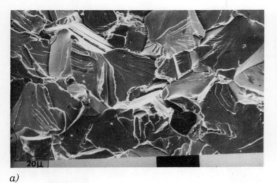
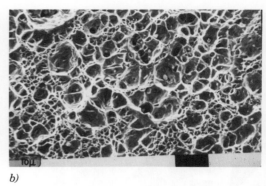

a)   b)

Bild 6-15
Typische Bruchflächen.
a) Transkristalliner Spaltbruch, der bei einer Prüftemperatur von 77 K in einem Stahl Ck 10 erzeugt wurde,
b) Wabenbruch in einem Einsatzstahl 16 MnCr 5 bei Raumtemperatur, BAM.

Bei den Verfahren nach Brinell und Vickers ist das Härtemaß H der Quotient aus Belastung F und Oberfläche des Eindrucks A im Prüfstück,

$$H = F/A.$$

Die Eindruckoberfläche ist je nach der Prüfkörperform z.B eine Kalotte (Brinell) oder eine Pyramide (Vickers). Dabei ist zu berücksichtigen, daß im Werkstoffbereich um den Eindruck eine Kaltverfestigung und ein mehrachsiger Spannungszustand entstehen. Es wird somit der Formänderungswiderstand des Werkstoffs gemessen.

Zwischen der Brinellhärte und der Zugfestigkeit besteht die einfache Beziehung:

$$R_m = a \, \text{HB}.$$

Der Faktor a ist hauptsächlich vom Streckgrenzenverhältnis und von der Zugfestigkeit abhängig. Bei unbekannten Festigkeitswerten wird nach DIN 50 150 für $a = 3,5$ vorgeschlagen.

Das Vickershärteprüfverfahren ist nach Belastungsstufen in die

- Makrohärteprüfung ($F = 49$ N bis 960 N),
- Kleinlasthärteprüfung ($F = 1,96$ N bis 49 N) und die
- Mikrohärteprüfung ($F = \dots$ bis 1,96 N)

eingeteilt.

Härteprüfungen an Schweißverbindungen werden nach Vickers (DIN 50 133 T1) bevorzugt mit Prüfkräften von 49 N und 98 N (HV5 oder HV10) durchgeführt. Die Prüfkraft ist nach dem Werkstoff auszuwählen. Die Härte wird hauptsächlich an Querschliffen ermittelt. Die Eindrücke können in Härtereihen (R) oder als Einzeleindrücke (E) ausgeführt werden, Bild 6-16. Dabei ist darauf zu achten, daß für die unterschiedlichen

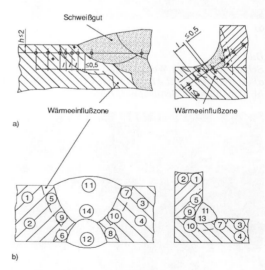

Bild 6-16
Härtemessungen an Stumpf- und Kehlnahtschweißungen im Schweißgut und der WEZ.
a) Beispiele für die Lage der Härtereihen (R),
b) Beispiele für die Bereiche von Einzeleindrücken.

Verfahren	Funktionsprinzip, Normen	Leistungsfähigkeit	
		Merkmale/Kenndaten	Anwendungsmöglichkeiten
Makrohärteprüfung	Messung des Verformungswiderstandes beim Eindringen eines härteren Prüfkörpers, DIN 50 103: Härte nach Rockwell DIN 50 133: Härte nach Vickers	Mittel zur Werkstoffunterscheidung, schnelles und nahezu zerstörungsfreies Verfahren, dient oftmals zur näherungsweisen Ermittlung der Zugfestigkeit aus der Brinellhärte (DIN 50 150), ersetzt in vielen Fällen den aufwendigeren Zugversuch, örtliche Messung möglich	Verfolgung von Ausscheidungsvorgängen, Ermittlung der Härteprofile durch Härtereihen (z.B. Schweißgut-WEZ-Schweißgut
Mikrohärteprüfung	DIN 50 351: Härte nach Brinell DIN 51 224, DIN 51 225: Meßeinrichtungen DIN 51 200: Aufnahmevorrichtungen DIN 50 163 T1		Identifizierung verschiedener Gefügephasen, Seigerungszonen, Ermittlung der Härte einzelner Kristallite, Verfolgung von Diffusions- und Rekristallisationsvorgängen, Untersuchung von Oberflächenschichten (z.B. entkohlte Zone)

Tabelle 6-4
Übersicht der Verfahren zur Härteprüfung an Schweißverbindungen.

Prüfkräfte der Abstand der Härteeindrücke zueinander, aber auch der Abstand von der Oberfläche des Werkstücks (Wurzellage, Decklage) nach Vorschrift eingehalten wird.

Die Ergebnisse der Härteprüfungen an Schweißungen dienen zur Bewertung der Härte (Höchsthärte) im Schweißgut und vor allem in der WEZ, z.B. bei einer

- Aufhärtung infolge zu hoher Abkühlung oder durch Legierungselemente,
- Wärmebehandlung nach dem Schweißen,
- Versprödung oder Entfestigung, die durch das Schweißen z.B. durch Wasserstoff- oder Sauerstoffaufnahme erfolgt ist,
- Auftragschweißung

in Bezug auf das Bauteilverhalten. Die Kriterien hierfür sind unsicher und existieren nur in Ansätzen und nur für Sonderfälle. Was für einen Werkstoff sicher sein kann, z.B. Höchsthärte der WEZ bei Kaltrißbildung, kann unter anderen Bedingungen schon unsicher sein.

Weitere Probleme sind in der Lage der Härteeindrücke als auch in der Höhe der Prüfkraft und vor allem in der verhältnismäßig großen Streuung der Härtewerte begründet. Statistische Auswertungen von Härtewerten sind infolge zu vieler Einflußgrößen nur sehr schwer

zu gewinnen, ihre Häufigkeitsverteilung liefert keine klaren Korrelationen zu Schweißparametern und sind deshalb von geringerer Aussagekraft.

Mikrohärteprüfung

Mit der Mikrohärteprüfung werden infolge der geringen Prüfkräfte so kleine Härteeindrücke im Werkstoff erzeugt, daß damit einzelne Körner, Gefügephasen und Ausscheidungen erfaßt werden können, was ihre Identifikation erleichtert.

Deshalb findet die Mikrohärteprüfung vor allem zu Forschungszwecken und für Schadensanalysen Anwendung, wobei auf die verfahrensbedingten Einflüsse zu achten ist. Die Prüfung erfolgt an geätzten oder ungeätzten Mikroschliffen, deren Oberflächenbeschaffenheit, z.B.

- Ebenheit, Randaufwölbung und
- Kaltverfestigung (bis 120 µm Tiefe)

Einfluß auf die Form der Härteeindrücke und somit auf die Härtewerte nimmt. Ferner ist zu berücksichtigen, daß die Prüfkraftunabhängigkeit der Härtewerte für den Mikro- und Kleinlasthärtebereich nicht mehr gegeben ist. Daraus resultiert die bekannte Tatsache, daß mit unterschiedlichen Prüfkräften ermittelte Mikrohärte- und Kleinlasthärtewerte nicht identisch sind.

Zusammenfassend ist festzustellen, daß das Anwendungsspektrum der Härteprüfung in der Schweißtechnik begrenzt ist und vorwiegend als Ergänzung zu metallkundlichen Untersuchungen anzusehen ist. Sämtliche Härteprüfverfahren sind automatisierbar, was ihre Wirtschaftlichkeit erhöht. Neuere Entwicklungen haben zum Ziel, bei den Härteeindrücken die elastischen Verformungen von den plastischen zu trennen, um einen bleibenden Eindruck zu erhalten. Mit dem ließe sich dann gemäß der Definition der Härte $H = F/A$ ein "Härtewerkstoffkennwert" mit der Dimension N/mm^2 bestimmen.

Zur Qualitätssicherung von Bauteilen, die in der Werkstatt oder auf Baustellen herzustellen sind, als auch zur Analyse von Schadstücken aus Schadensfällen ist eine Härteprüfung mit mobilen Härteprüfgeräten durchzuführen. Ihre Wirkungsweise basiert entweder auf den Funktionsprinzipien der klassischen Verfahren oder unter dynamischer Kraftaufbringung. Die Meßgenauigkeit ist im Vergleich zu den stationären Laborgeräten geringer und ihre Eichung schwieriger.

6.3   Prüfen und Bewerten von Schweißverbindungen

Die Aufgaben der Werkstoffprüfung sind:

– das Ermitteln von Eigenschaften und Kennwerten von Schweißverbindungen mit dem Ziel, Hinweise auf die Haltbarkeit und Lebensdauer von Konstruktionen zu geben sowie die Grundlagen für eine Werkstoffauswahl (Grund-, Zusatz- und Hilfsstoffe) zu legen,

– das Überwachen der Qualitätsparameter der Zusatz- und Werkstoffe bei ihrer Herstellung und Weiterverarbeitung,

– das Erkennen der Zusammenhänge zwi-

schen schweißverfahrensbedingten Einflüssen den Eigenschaften der Schweißverbindung,

– das Aufdecken von Schadensursachen (z.B. Bruch, Korrosion), um einem weiteren falschen Einsatz von Werkstoffen vorzubeugen.

Für die Ermittlung von Werkstoffeigenschaften und der Eigenschaften von Bauteilen wurde eine Vielzahl von Prüfverfahren und Meßmethoden entwickelt, die in fünf Gruppen eingeteilt werden:

– **Mechanische** und **technologische Prüfverfahren**
  z.B. Zugversuch, Druckversuch, Härtemessung, Schlagversuche, Stauchversuche, Biegeversuche,

– **Zerstörungsfreie Prüfverfahren**
  z.B. Ultraschallprüfung, Untersuchungen mit Röntgenstrahlen oder radioaktiven Strahlen,

– **Metallographische Prüfverfahren**
  zur Beurteilung von Gefügen, Brüchen, Fehlern und verschiedener Kennwerte durch Schliffe,

– **Physikalisch-technische Spezialverfahren**
  z.B. Gitterstrukturen, elektrische und thermische Leitfähigkeit, Messung magnetischer Eigenschaften,

– **Chemische Werkstoffuntersuchungen**
  z.B. quantitative und qualitative Analysen zur Ermittlung der chemischen Zusammensetzung der Werkstoffe, die gleichermaßen für die Prüfung von Schweißverbindungen einzusetzen sind.

6.3.1   Mechanisch-technologische Prüfungen

Die zerstörende Prüfung an Schweißverbindungen dient der Ermittlung von Festigkeit und Zähigkeit sowie der Beurteilung der Ausführung von Schweißverbindungen. Die Festigkeit und Zähigkeit einer Schweißverbindung ist im Schweißgut anders als in der WEZ, und diese unterscheidet sich wieder von der des Grundwerkstoffs. Aber auch die Art der Beanspruchung,

– ein- oder mehrachsig durch Last- oder Eigenspannungen,
– Zug-, Biegungs- oder Verdrehungsbelastung (zusammengesetzte Belastung),
– stetig ansteigend oder schlagartig,
– bei hoher oder tiefer Temperatur,

übt einen Einfluß auf die Festigkeit und Zähigkeit eines Werkstoffes aus. Bei Belastungsversuchen an glatten Zugstäben mit Schweißnaht werden die Festigkeiten, bzw. das Verfestigungsverhalten der einzelnen Schweißnahtbereiche im Zusammenwirken ermittelt. Dasselbe gilt für die Ermittlung der Zähigkeit, die auch durch die Werkstoffkennwerte Bruchdehnung A und Brucheinschnürung Z gegeben ist.

Die Festigkeitsprüfungen bei statischer Belastung unterscheiden sich durch die *Art* der angreifenden Kräfte in: Zug-, Druck-, Biege-, Verdreh- und Scherversuche.

6.3.1.1 Zugversuch

Beim Zugversuch als Grundversuch der statischen Festigkeitsprüfung können durch die axiale Krafteinleitung bis zum völligen Erschöpfen der Verformbarkeit des Werkstoffs der Probe, also bis zum Bruch,

– das Festigkeits- und das Verformungsvermögen des Werkstoffes ermittelt und quantifiziert werden,
– die am Probestab gewonnenen Werte lassen sich proportional auf andere Querschnitte übertragen,
– aus den Ergebnissen des Zugversuches kann auf andere Eigenschaften geschlossen werden.

Die Durchführung der Zugversuche an *metallischen* Grundwerkstoffen ist in den DIN-Normen

– DIN 50 145 Zugversuch,
– DIN 50 114 Zugversuch an dünnen Blechen

– DIN 50 125 Zugproben,
  und in der EN-Norm,
– EN 10 002 Teil 1 Metallische Werkstoffe, Zugversuch, beschrieben.

Grundsätzlich sind die Zugversuche an Proben mit Schweißnaht wie Grundwerkstoffproben durchzuführen.

Sie dienen der Ermittlung der Festigkeitskennwerte

– Zugfestigkeit R_m in MPa (N/mm²),
– Streckgrenze R_e in MPa,
– Dehngrenze R_p in MPa

und der Zähigkeitskennwerte
– Bruchdehnung A in %,
– Brucheinschnürung Z in %,

sowie der Werkstoffkennwerte

– Elastizitätsmodul E in MPa,
– Querkontraktionszahl ν.

Die Beschreibung der Zugversuche an Proben mit Schweißnaht, die entweder quer oder längs zur Schweißrichtung entnommen worden sind, ist in folgenden Normen und Normvorschlägen zu finden:

Probendurchmesser d_0	6	8	10	12	14	16	18	20	25
Schmelzschweißverbindung Versuchslänge L_c (für $s \leq 30$)				$b_s + \geq 60$					
Preßschweißverbindung				60					
Kopfdurchmesser d_1	8	10	12	15	17	20	22	24	30
Gesamtlänge L_t	$\geq L_c + 80$		$\geq L_c + 110$		$\geq L_c + 150$				
Hohlkehlenradius r	≥ 4								

1) Die Schweißnahtbreite b_s wird auf der Seite mit der größten Nahtbreite gemessen

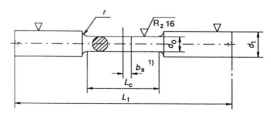

Bild 6-17
Ungekerbte Rundzugprobe und Abmessungen.

– E DIN 50 120

Zugversuch an Schweißverbindungen; preßgeschweißte und strahlgeschweißte Stumpfnähte,

– ISO 4136

Schmelzgeschweißte Stumpfschweißverbindungen; Querzugversuch,

– CEN/TC 121 N68

Schmelzgeschweißte Stumpfschweißverbindungen; Querzugversuch und

– CEN/TC 121 N71

Schmelzgeschweißte Stumpfnähte; Längszugversuch.

Es ist demnächst damit zu rechnen, daß die nationalen Normen ungültig werden und die EN-Norm verbindlich sein wird.

	Schmelzschweißung	Strahlschweißung Preßschweißung
Versuchslänge L_c	$b_s + \geq 60$ [1]	60
Probendicke a	≤ 30	
Probenbreite b	für Blech = 25 für Rohr ≤ 20	
Kopfbreite B	b + 12	
Gesamtlänge L_t	$\geq L_c + 180$	
Übergangsradius r	≥ 35	

1) Die Nahtbreite b_s wird auf der Seite der größten Nahtbreite gemessen

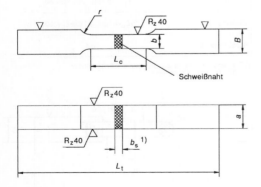

Bild 6-18
Ungekerbte Flachzugprobe und Abmessungen.

Querzugversuch

Die Querzugproben (Rund- oder Flachproben) werden so aus der Schweißverbindung herausgearbeitet, daß die Schweißnaht in der Mitte der Probe liegt. Die Probenformen und ihre Abmessungen sind in den Bildern 6-17 und 6-18 dargestellt.

Bei Flachzugproben entspricht die Probendicke meistens der Schweißnahtdicke, ausgenommen sind Dickblech-Schweißungen, bei denen mehrere Proben aus dem Dickenbereich entnommen werden, um die ganze Schweißnaht zu erfassen.

Beim Versuch nach Norm sind zu ermitteln,

– die Zugfestigkeit,
– die Lage des Bruches: im Schweißgut, WEZ oder im Grundwerkstoff,
– die Brucherscheinung: Wabenbruch, Spaltbruch oder Mischbruch,
– Fehlstellen in der Bruchfläche.

Die übrigen Kennwerte (R_e, A und Z) können selbstverständlich, wenn es gewünscht ist, auch ermittelt werden. Durch Ausmessen der Schweißnahtbreite vor und nach dem Versuch läßt sich der Anteil der Gleichmaßdehnung (A_g) vom Grundwerkstoff und vom Schweißgut abschätzen.

Im AD-Regelwerk für Druckbehälter (7-1984 des HP 2/1) "Verfahrensprüfung für Fügeverfahren" ist eine Versuchslänge $L_c = b_s +$ 80 mm vorgeschrieben, was die Ergebnisse nicht beeinflußt. Für den Vergleich von Versuchsergebnissen ist die Rundzuprobe geeigneter als die Flachzugprobe, außerdem ist ihre Herstellung billiger.

Mit der glatten Flachzugprobe lassen sich nur die Fehler nachweisen, die in einem ursächlichen Zusammenhang mit dem Bruch stehen. Schweißnahtfehler, die auf Mängel bei der Herstellung zurückzuführen sind, z.B. Bindefehler, Schlacken und Poren sind sicherer mit gekerbten Proben nachzuweisen, wie sie auch für Schweißer-Handfertigkeitsprüfungen nach DIN/CEN 287 und DIN 50 127 gefordert sind, Bild 6-19.

Längszugversuch (DIN 32 525)

Die Versuche dienen der Prüfung des Schweißgutes bzw. von Schweißzusätzen. Die Probennahme kann aus Originalschweißnähten oder aus extra dafür hergestellten Prüfschweißungen erfolgen. Nach DIN 50 125 oder EN 10 002 Teil 1 muß auch der Probenkopf aus Schweißgut sein, Bild 6-20.

Die Versuchsergebnisse sind von der Ausbildung des Erstarrungsgefüges des Schweißgutes (Wärmeeinbringung, Lagenzahl, Schweißverfahren) und von der Lage der Probennahme in der Schweißnaht abhängig.

Außerdem wirkt sich die Nahtbreite b_s auf die zu ermittelnden Werkstoffkennwerte:

– Bruchdehnung A,

– Streckgrenze R_e, Dehngrenze R_p,

– Zugfestigkeit R_m aus.

Probendicke a	≤ 5	$< a \leq$ 5 bis 10	$< a \leq$ 5 bis 10	$< a \leq$ 15 bis 20
Mittenabstand der Bohrungen ($b+d$)	18	25	35	45
Probenbreite b	10	15	20	25
Bohrungsdurchmesser d	8	10	15	20
Kerbtiefe t	2,5	3	5	7,5
Meßlänge L_0 (= d)	-	10	15	20

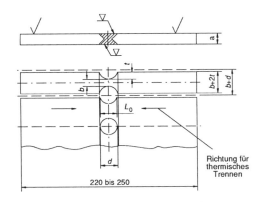

Bild 6-19
Gekerbte Flachzugprobe mit Abmessungen für unterschiedliche Blechdicken zur Prüfung von Schweißern.

Kerbzugversuch

Zur Prüfung der Schweißerhandfertigkeit wird u. a. die in Bild 6-19 dargestellte gekerbte Flachzugprobe verwendet. Der Kerb im Schweißgut der Probe ist ein Rundkerb. Er wird durch eine Bohrung hergestellt, die beim Heraustrennen der Probe aufgeschnitten wird.

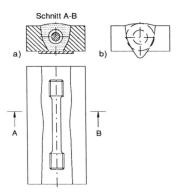

Bild 6-20
Rundzugprobe aus der Schweißnaht.
a) ganze Probe aus dem Schweißgut,
b) nur der Prüfquerschnitt besteht aus Schweißgut.

6.3.1.2   Biegeversuch

Beim Biegeversuch wird die Probe durch ein Moment auf Biegung beansprucht und durchgebogen. Dabei wird die obere Probenschicht verkürzt und die untere verlängert. Die Schwerlinie (neutrale Faser) bleibt unverändert. Schweißfehler können bei einer Prüfung nur auf der Zugseite der Probe entdeckt werden.

Je nach der Lage der Schweißnaht in der Probe werden nach DIN 50 121 unterschieden:

– *Oberseitige Biegeproben;* hierbei befindet sich diejenige Oberfläche auf der Zugseite, von der die Schweißwärme zuerst eingebracht wurde oder die die größere Öffnungsweite der Schweißnaht aufweist.

Dies bezieht sich sowohl auf die Querproben (siehe Bild 6-21) als auch auf die Längsproben (Bild 6-22).

– *Wurzelseitige Biegeproben*; hierbei befindet sich diejenige Oberfläche auf der Zugseite, die der oberseitigen gegenüberliegt.

Dies bezieht sich sowohl auf die Querproben (Bild 6-21) als auch auf die Längsproben (Bild 6-22).

– *Querseitenbiegeproben*; hierbei befindet sich die Oberfläche eines Querschnittes durch die Schweißnaht auf der Zugseite (Bild 6-23).

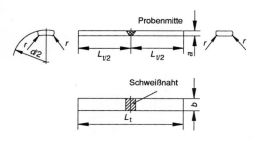

Bild 6-21
Oberseitige und wurzelseitige Querbiegeprobe, Probennahme quer zur Schweißverbindung.

Der Zweck des Versuches ist die

– Ermittlung des Verformungs- und Bruchverhaltens von Schmelz-, Preß- und Strahlschweißverbindungen quer und längs zur Naht sowie an der Wurzel- und Oberseite, und die

– Beurteilung des Verhaltens von Schweißnaht, WEZ und Grundwerkstoff bei unterschiedlicher Beanspruchungsrichtung.

Die Probenformen sind in den Bildern 6-21, 6-22 und 6-23 dargestellt. Die Probenabmessung richtet sich nach der Probendicke bzw. nach der Schweißnahtdicke, DIN 50 121. Die Prüfung von Schweißverbindungen unter Biegebelastung ist in folgenden Regelwerken beschrieben:

– E DIN 50 121, ISO 5173, ISO 5177, CEN/ TC 128 N68.

Bei *Querbiebeproben* ist die Dicke a der Probe bei wurzel- und oberseitigen Biegeversuchen i.a. gleich der Dicke des Grundwerkstoffs, Bild 6-24.

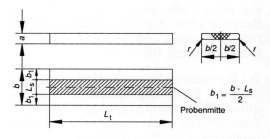

Bild 6-22
Längsbiegeprobe, Probennahme längs der Schweißverbindung.

Aus Schweißverbindungen mit einer größeren Wanddicke als etwa 30 mm können mehrere Proben entnommen werden, mit denen die Eigenschaften über die gesamte Dicke bestimmt werden können. In diesen Fällen ist die Lage der Probe innerhalb des Prüfstückes genau festzulegen.

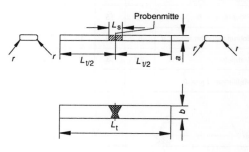

Bild 6-23
Querseitenbiegeprobe.

Bei der *Querseitenbiegeprobe* ist die Breite b im allgemeinen gleich der Dicke des Grundwerkstoffes der geschweißten Verbindung, ihr Mindestmaß beträgt 10 mm bei einem einzuhaltenden Verhältnis $b \geq 1{,}5 \cdot a$, Bild 6-25.

Bei der *Längsbiegeprobe* ist die Dicke a gleich der Dicke des Grundwerkstoffes nahe der Schweißnaht. Wenn die Dicke der Schweißverbindung $t > 12$ mm ist, dann ist die Probendicke $a = 12 \pm 0{,}5$ mm, wobei die Ober- und

Unterseite der Probe mit Zugspannungen belastet werden, Bild 6-26.

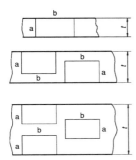

Bild 6-24
Entnahme von wurzel- und oberseitigen Querbiegeproben.

Der Versuch wird bei Raumtemperatur durchgeführt. Die Proben können mit einem Biegedorn, Bild 6-27, oder als zwangsgeführter Biegeversuch mit einer Biegerolle belastet werden, Bild 6-28.

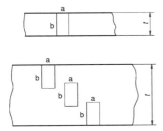

Bild 6-25
Entnahme von Seitenbiegeproben.

Die Auswertung des Biegeversuchs besteht in der Ermittlung des *Biegewinkel*s α, der *Biegedehnung* und der Lage einer Fehlstelle (z.B. Pore, Schlacke, Bindefehler) bzw. des Bruchausgangs. Die Beurteilung geschieht anhand folgender Kriterien:

– *Mindestbiegewinkel* α, der von den Verhältnissen Biegedorndurchmesser/Probendicke abhängt, Grundwerkstoffestigkeit/Schweißgutfestigkeit,

– *Verformungsverhalten* des verformten Werkstoffkontinuums, gegebenfalls dem

– *Bruchaussehen* sowie

– *Schweiß- und Oberflächenunregelmäßigkeiten.*

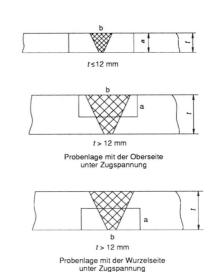

Probenlage mit der Oberseite
unter Zugspannung

Probenlage mit der Wurzelseite
unter Zugspannung

Bild 6-26
Entnahme von Längsbiegeproben.

Der Versuch ist in DIN 50 121, ISO 5173, ISO 5177 und in CEN/TC 128 N68 beschrieben.

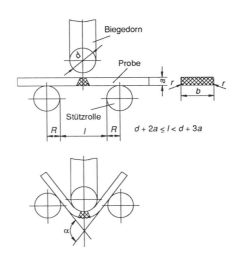

Bild 6-27
Belastungsvorrichtung für den oberseitigen (oder wurzelseitigen) Querbiegeversuch.

Die Prüfung der Verformungsfähigkeit von Schweißverbindungen und Schweißplattierungen im Dreipunktbiegeversuch ist in DIN 50 121 Teil 3 beschrieben. Die zu verwendenden Proben sind die Quer- und Seitenbiegeproben. Mit der Seitenbiegeprobe lassen sich intermediäre Phasen in der Schmelzzone, Relaxationsrisse in der WEZ von Schweißplattierungen und Bindefehler nachweisen.

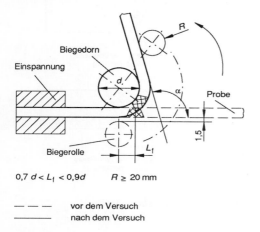

$$0{,}7\,d < L_f < 0{,}9d \qquad R \geq 20\,\text{mm}$$

— — —   vor dem Versuch
———   nach dem Versuch

Bild 6-28
Belastungsvorrichtung für Biegeversuche mit Biegerolle.

An gekerbten Biegeproben wird der Bruch an definierten Orten in der Schweißnaht ausgelöst, an denen i.a. Schweißfehler (Ansatz- und Bindefehler, Risse, Poren, Schlacken, Einschlüsse) auftreten bzw. erwartet werden können. Deshalb werden diese Proben u.a. bevorzugt zum Beurteilen der Handfertigkeit von Schweißern sowie zur Qualitätsüberwachung von Schweißverbindungen angewendet. Dabei ist zu beachten, daß Probeschweißungen unter Bedingungen hergestellt werden, wie sie beim Schweißen eines Bauteis vorliegen. Die Prüfung von (Schmelz-)Schweißern ist in DIN/CEN 287 Teil 1 und 2 und die Beurteilung der Schweißausführung aufgrund des Bruchaussehens in der DIN 50 127 beschrieben.

Die schlitzförmigen Kerben werden in die Probe entweder eingesägt oder eingeschliffen, Bild 6-29. Eine entweder stetig zuneh-

mende oder schlagartige Belastung der Proben beeinflußt das Ergebnis nicht.

Zusammenfassend läßt sich der Biegeversuch wie folgt bewerten.

– Er dient an gekerbten und nicht gekerbten Proben zur schnellen und wirtschaftlichen Prüfung von Schweißverbindungen, wobei Schweißnahtfehler aller Art sowie die mit anderen Verfahren schlecht auffindbaren Bindefehler nachgewiesen werden können.

– Gekerbte Kehlnahtproben eignen sich bevorzugt zum Prüfen des Wurzeleinbrands, der Schlackenunterspülung und der Bindefehler.

– Gekerbte Biegeproben gestatten die Beurteilung der Schweißverbindung im Kerbbereich und der Handfertigkeit von Schweißern sowie der Qualität von Probeschweißungen.

6.3.2   Prüfung der Schweißeignung

In der DIN 8528 T1 (metallische Werkstoffe, Begriffe) ist die Schweißeignung als eine technologische Eigenschaft metallischer Werkstoffe definiert, die im wesentlichen von dem Schweißverfahren beeinflußt wird. Danach wären die Zähigkeitsprüfungen von Schweißverbindungen als Schweißeignungsprüfungen anzusehen.

6.3.2.1   Prüfung auf Heißrißanfälligkeit

Die Verarbeitung schweißbarer Werkstoffe und die Qualitätssicherung geschweißter Bauteile erfordert auch eine Bewertung der Schweißeignung in bezug auf Heißrißanfälligkeit. Heißrißanfällig sind vorwiegend vollaustenitische Stähle, Sonderedelstähle und Nickelbasislegierungen, aber auch Baustähle mit hohem Schwefel- und Phosphorgehalt.

Die Temperaturbereiche der Entstehung der verschiedenen Arten von Rissen sind in DIN 8524 Teil 3 unter Bezug auf einen an

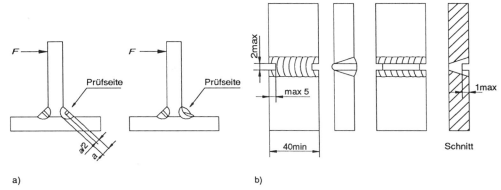

Bild 6-29
Gekerbte Proben.
a) Doppelkehlnahtprobe mit Kerb in der Kehlnaht, nach DVS-Merkblatt 0501,
b) Stumpfnahtproben mit stirnseitiger Kerbung und zusätzlicher Decklagenkerbung.

der Fusionslinie beim Schweißen auftretenden Temperaturverlauf gekennzeichnet, Bild 3-31.

Die Entstehung von **Heißrissen, Erstarrungsrissen** und **Wiederaufschmelzrissen** erfolgt bei Temperaturen von 1550 °C bis 1100°C und basiert hauptsächlich auf metallurgischen Prozessen, Bild 3-30 und Bild 3-31. Für die Beurteilung der Heißrißanfälligkeit von Schweißverbindungen und von Schweißgut sind mehrere Prüfverfahren entwickelt worden mit Hilfe derer Kenngrößen und Versagensbedingungen erhalten werden, die den Einfluß von

– werkstoffbezogenen Faktoren,
    z.B. chemische Zusammensetzung von Grund- und Zusatzwerkstoff, Konzentrationsunterschied (Seigerungen) im Schweißgut, Gefüge und von
– verfahrensbezogenen Faktoren,
    z.B. Schweißverfahren, Schweißparameter (Schweißbedingungen) mit großer Empfindlichkeit und Reproduzierbarkeit
quantitativ erfassen sollen.

Je nach der Art der Beanspruchung während der Prüfung wird unterschieden zwischen Prüfungsverfahren mit:

– **Selbstbeanspruchung**
    Rißentstehung in der Probe erfolgt während des Schweißens bei der Abkühlung

infolge behinderter Schrumpfung
– **Fremdbeanspruchung**
    Rißentstehung in der Probe wird durch äußere Belastung erzwungen.

Die Heißrißprüfverfahren sind im DVS-Merkblatt 1004 Teil 1-4 beschrieben. Im folgenden wird ein Prüfverfahren aus der Gruppe der Verfahren mit Selbstbeanspruchung beschrieben, die übrigen werden nur namentlich erwähnt.

Verfahren mit Selbstbeanspruchung der Probe

Die Proben erhalten ihre Beanspruchung durch die Wärmedehnung und -schrumpfung infolge des Schweißens. Sie eignen sich nur zur Prüfung der Erstarrungsrißanfälligkeit des Schweißgutes von Lichtbogenhandschweißungen. In Bild 6-30 sind verschiedene Proben der Vertreter der selbstbeanspruchten Prüfverfahren dargestellt.

Die *Hakenrißzugprobe* und die *Längsbiegeprobe*, Bild 6-31 und Bild 6-20, gehören ebenfalls zu den Proben mit Selbstbeanspruchung. Die Probennahme erfolgt aus für Verfahrens- und Arbeitsprüfungen hergestellten Schweißnähten aus dem Schweißgut in Längsnahtrichtung. Die Zug- oder Biegebelastung der Probe dient nur zur visuellen Erkennung der durch das Schwei-

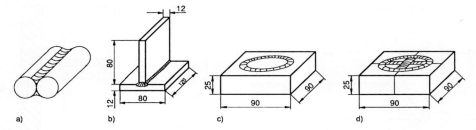

a)   b)   c)   d)

Bild 6-30
Proben für Heißrißprüfung mit Selbstbeanspruchung.
a) Zylinderprobe, nach DIN 50 129, b) Doppelkehlnahtprobe, nach DIN 50 129, c) Ringnut-Probe, nach
VdTÜV-Merkblatt 1153, d) Ring-Segment-Probe, nach VdTÜV-Merkblatt 1153.

ßen entstandenen Schädigungen (Risse). Die Heißrisse haben meist die Form eines großen L, daher auch der Name "Hakenriß" bzw. Hakenrißprobe. Die Bewertung der Heißrißanfälligkeit des *Schweißgutes* erfolgt anhand der Anzahl der ermittelten *Wiederaufschmelzrisse*. Maßzahl der Bewertung der Heißrißneigung ist die Anzahl der Risse bezogen auf die Brucheinschnürung. Die Prüfung besteht aus einem ohnehin im Rahmen der Qualitätsüberwachung durchgeführten Zug- oder Biegeversuch und dem anschließenden Auszählen der Risse.

Die Ergebnisse eignen sich nicht für eine quantitative Erfassung der Wiederaufschmelzrissigkeit von Schweißgütern, weil die Einflußgrößen nicht eindeutig definiert sind.

Verfahren mit Fremdbeanspruchung

Im folgenden werden einige nur aufgezählt:

– HZ-Versuch (Heißzugversuch = Gleeble-versuch), nach DAHL.
   Ermittlung: Rißfaktor zur Beurteilung der Wiederaufschmelzrißneigung; kritische Zugfestigkeit und kritische Brucheinschnürung bei charakteristischen Temperaturen beim Erwärmen und Abkühlen

– HDR-Versuch Hot-Deformations Rate, nach SCHMIDTMANN.
   Ermittlung: kritische Verformungsgeschwindigkeit bzw. Zug-Biege-Verfor-

mung bei Entstehung der Erstarrungsrisse im Schweißgut

– PVR-Versuch (Programmierter-Verformungs-Riß-Test), nach FOLKHARD.
   Ermittlung der Heißrißanfälligkeit von Schweißgut, Anzahl der Risse auf 10 mm Länge, Schweißgut in Abhängigkeit von der örtlichen Dehngeschwindigkeit

Als vielseitiges und modernes Prüfverfahren mit Fremdbeanspruchung hat sich der MVT-Test (**M**odifizierte **V**arestraint-**T**ransvarestraint-Test) von WILKEN durchgesetzt.

Der MVT-Test hat 2 Varianten:

– den *Varestraint-Test*, Bild 6-32a bei dem die Beanspruchung in Längsrichtung der Schweißnaht erfolgt und den

– *Transvarestraint-Test*, bei dem die Beanspruchung quer zur Schweißnaht erfolgt, Bild 6-32b.

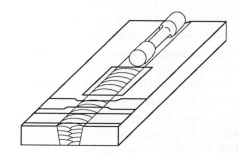

Bild 6-31
Probennahme für Verfahrensprüfung und zum Nachweis von Wiederaufschmelzrissen von Schweißgütern.

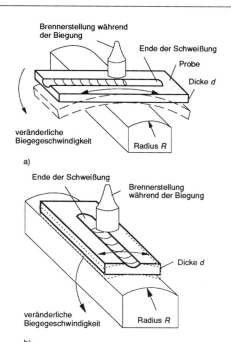

Bild 6-32
Varianten des MVT-Tests.
a) Varestrain-Test,
b) Transvarestrain-Test.

Der Anwendungsbereich der MVT-Tests ist aus Tabelle 6-5 zu ersehen. Zu unterscheiden ist die Prüfung auf Erstarrungsrißanfälligkeit und Wiederaufschmelz-Rißanfälligkeit von heißrißgefährdeten Werkstoffen. Wiederaufschmelzrisse können sowohl in der WEZ des Grundwerkstoffs als auch in den wärmebeeinflußten Schweißgutbereichen beim Mehrlagenschweißen auftreten. Erstarrungsrisse entstehen im Schweißgut oberhalb oder unterhalb der Solidustemperatur S_o des Schweißgutes.

Bei Standardversuchen wird auf der Probenoberseite in Probenmitte mit einem WIG-Brenner maschinell eine Anschmelzraupe gelegt. Beim Passieren des Lichtbogens der Probenmitte wird die Probe mittels Druckstempel auf eine massive Matrize heruntergedrückt. Die gewählte Werkzeugkombination, Druckstempel/Matrize, bestimmt die Biegedehnung auf der Probenoberseite. Durch die Biegung werden in dem für die Heißrißbildung kritischen werkstoffspezifischen Temperaturbereich Heißrisse erzeugt. Je nach Größe der Biegedehnung, von 0,25 % bis 5 % in 10 Stufen einstellbar, entstehen mehr oder weniger Heißrisse. Die Biegegeschwindigkeit, mit der die Probe auf die Matrize heruntergebogen wird, ist bei Standard-Versuchsbedingungen hoch und konstant, sie beträgt 2 mm/s.

Sie ist in weiten Grenzen stufenlos von 0,05 bis 4 mm/s einstellbar, ebenso die Schweißgeschwindigkeit und die übrigen Schweißparameter. Der Versuchsablauf ist vollautomatisch. Versuchsdaten werden zeitsynchron registriert. Für eine Versuchsreihe werden üblicherweise 5 Proben benötigt. Für einen Stichversuch kann jedoch auch eine einzige Probe ausreichend sein.

Die Probenform (Abmessungen) ist an den jeweiligen Anwendungsfall angepaßt, Bild 6-33. Als Standardproben haben sich die Proben mit der Abmessung 10 x 40 x 100 mm bewährt, bei Bedarf kann die Probendicke bis auf 2,5 mm und die Probenlänge bis auf 80 mm verringert werden. Für Sonderfälle können auch andere Probenformen, z.B. mit Y-Naht-Vorbereitung, angewendet werden.

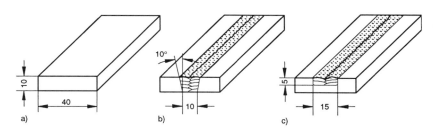

Bild 6-33
Abmessung der Standardproben zur Prüfung von a) Grundwerkstoff b) Schweißgut und c) Zusatzwerkstoff.

Versuchsauswertung, Ergebnisse

Zuerst werden in der Umgebung des Biege-
punktes der Probe, die an der Probenoberfläche entstandenen Heißrisse mit dem Stereo-
mikroskop bei 25facher Vergrößerung in
ihrer Länge ausgemessen und addiert. Die
so ermittelte Gesamtrißlänge, l_{ges}, wird zu
der an der Probenoberfläche in Abhängigkeit vom Biegeradius aufgebrachten Biegedehnung in Beziehung gesetzt.

In Bild 6-34 sind die Ergebnisse, die Gesamtrißlänge auf der Ordinate und die Dehnung
auf der Abszisse dargestellt.

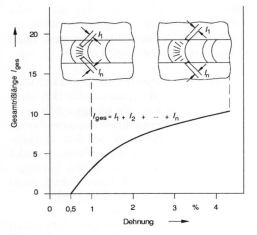

Bild 6-34
Ergebnisse eines MVT-Tests, nach WILKEN, *BAM.*

Die Biegedehnung wird wie folgt berechnet:

$$\varepsilon_B = \frac{100 \cdot d}{2 \cdot R}\ [\%]$$

d = Probendicke (mm)
R = Matrizenradius (mm).

Heißrisse in einer Probe eines Varestraint-
Tests an sehr heißrißanfälligem Material
zeigt das Bild 6-35.

Beurteilungskriterium

Als Kriterium für die Heißrißneigung von
Grund- und Zusatzwerkstoffen ist die auf
die Probenbiegedehnung bezogene Gesamtrißlänge l_{ges} festgelegt worden. Miterfaßt
sind dabei die Wärmeeinbringung, das

Bild 6-35
Heißrisse in austenitischem Schweißgut, V = 9:1,
nach WILKEN, *BAM.*

Schweißverfahren (WIG, MAG usw.), Biegegeschwindigkeit und vor allem die chemische Zusammensetzung des Werkstoffs.

Anwendungsgrenzen

Der MVT-Test erlaubt die schnelle und wirtschaftliche Prüfung der ganzen Schweißverbindung, die aus Schweißgut, WEZ und
Grundwerkstoff besteht.

Sowohl Änderungen in der chemischen Zusammensetzung als auch die der Schweißparameter werden mit geringer Streuung und
großer Empfindlichkeit erfaßt. Eine Übertragung der Ergebnisse auf das Bauteilverhalten beim Schweißen ist noch nicht zweifelsfrei gesichert.

6.3.2.2 Prüfung auf Kaltrißanfälligkeit

Als Ursache für das Entstehen von Kaltrissen in Schweißverbindungen wird das Zusammenwirken von

– Wasserstoff,
– Härtungsgefüge und von
– Spannungen angesehen.

Prüfverfahren zum Bewerten der wasser-
stoffgestützten Kaltrißneigung von Schweiß-

Ort der Untersuchung	Standarduntersuchungen WIG-Anschmelz ohne Zusatzwerkstoff		Sonderuntersuchungen Lichtbogenhand-, WIG-, MIG-, UP- Schweißverfahren	
	Erstarrungsrisse	Wiederaufschmelzrisse	Erstarrungsrisse	Wiederaufschmelzrisse
Grundwerkstoff	Varestraint Transvarestraint	Varestraint	–	–
reines Schweißgut	Varestraint Transvarestraint	Varestraint	Varestraint Transvarestraint	Varestraint
Schweißverbindung	Varestraint Transvarestraint	Varestraint	Varestraint Transvarestraint	Varestraint

Tabelle 6-5
Anwendungsbereich der MVT-Tests.

verbindungen sollten deshalb folgende Anforderungen erfüllen:

– reproduzierbare, feinstufige Einstellung von Kräften bzw. Dehnungen, Wärmemengen und Gasmengen auf die Probe,

– Lieferung reproduzierbarer Ergebnisse, wie Spannungen, Dehnungen, Wasserstoffgehalte und Temperaturen,

– geringer Prüfaufwand.

Die Prüfergebnisse sollen auf Bauteile übertragbar sein und anzuwendende Fertigungsmaßnahmen erkennbar machen. Des weiteren soll auch die Kaltrißempfindlichkeit von Stählen quantifiziert werden können.

Die verwendeten Proben können *selbsbeanspruchend* oder *fremdbeansprucht* sein. Bei den selbsbeanspruchenden Proben wird die

zur Erzeugung von Kaltrissen erforderliche kritische Zugspannung durch Eigenspannungen aufgebracht, die sich in der Probe bei behinderter Ausdehnung oder Schrumpfung oder durch Gefügeumwandlung einstellen. Bei fremdbeanspruchten Proben wird die Zugspannung mit einer Belastungsvorrichtung aufgebracht, wobei sich diese mit den Eigenspannungen der Probe überlagern (Superpositionsprinzip, weil elastische Spannungen). Weitere Einflußgrößen sind die

– Vorwärm- und Zwischenlagentemperatur,

– Streckenenergie und

– Abkühlgeschwindigkeit beim Schweißen.

Als Maß für die Abkühlgeschwindigkeit ist die

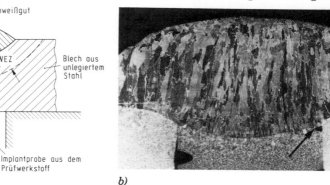

a)

b)

Bild 6-36
Der Implant-Test.
a) *Querschnitt durch die Implant-Probe und die Einschweißplatte nach dem Versuch,*
b) *Querschliff einer nichtgebrochenen Implantprobe mit Wendelkerbe. Die Wendelkerbe an der Schmelzlinie ist mit einem Pfeil gekennzeichnet, nach* V. Neumann, *BAM.*

Abkühlzeit für die Abkühlung von 800 °C auf 500 °C, $t_{8/5}$, festgelegt worden, die auch als Bezugsgröße für die Beurteilung des Umwandlungsverhaltens der WEZ dient (Abschn. 3.3.1). Hierfür werden kontinuierliche ZTU-Schaubilder zu Hilfe genommen, die unter Schweißbedingungen aufgestellt wurden. Mit ihnen lassen sich u.a. die Art der Gefügebestandteile, insbesondere der die Kaltrißneigung maßgebend beeinflußende Martensitgehalt in der WEZ abschätzen.

Implant-Test

Beim Implantversuch wird die mechanische Beanspruchung der Probe durch eine dem Zeitstandversuch vergleichbare Belastungsvorrichtung aufgebracht (Fremdbeanspruchung). Die Prüfanordnung besteht aus drei Systemeinheiten:

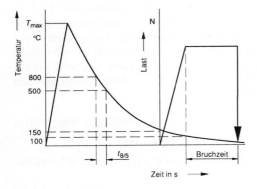

Bild 6-37
Implant-Test, zeitlicher Versuchsablauf, Schweißen - Lastaufbringung - Versuchszeit, nach DÜREN.

– dem Implantprüfstand, bestehend aus der Belastungsvorrichtung, dem Meßwertaufnehmer und der Schweißvorrichtung,

– den Schweißzusatzwerkstoffen und Hilfsstoffen, einschließlich ihrer Vorbehandlung, der Methode zum Bestimmen des Wasserstoffgehalts des Schweißguts, der Gehalte der Schweißgüter an diffusiblem Wasserstoff und

– der Proben einschließlich der Herstellung und der Geometrie der Proben und der Einschweißplatten und der Beanspruchung der Implantproben.

Das Prinzip des Implantversuchs ist im Bild 6-36 dargestellt. Die Rundprobe mit umlaufendem V-Kerb (Durchmesser 8 mm, Kerböffnungswinkel 40 °, Kerbgrundradius 0,5 mm) wird in die Bohrung bündig zur Oberfläche der Einschweißplatte gesteckt und mit einer Auftragraupe überschweißt. Nach dem Schweißen wird die Probe mit einer konstanten Zugkraft belastet, Bild 6-37. Festgestellt wird der Brucheintritt oder eine Anrißbildung.

Während des Versuchs werden die Schweißparameter (U, I, v), der zeitliche Verlauf der Temperatur im Schweißgut und der WEZ und der Belastung der Probe registriert, Bild 6-37. Wird als Beurteilungskriterium der erste Anriß in der Implantprobe angesehen, so kann dieser an einem metallografischen Schliff durch die Längsachse der Probe nach dem Versuch, Bild 6-36, mit sehr empfindlichem Dehnungsmesser oder mit Hilfe der Schallemissionsanalyseverfahren während des Versuchs nachgewiesen werden.

Bricht die Probe nicht während der Belastungszeit, kann die Probe auch auf Unternahtrisse geprüft werden. Dazu wird die Probe zum Sichtbarmachen der Risse bei Temperaturen zwischen 250 °C und 300 °C in oxidierender Atmosphäre geglüht und anschließend metallografisch untersucht.

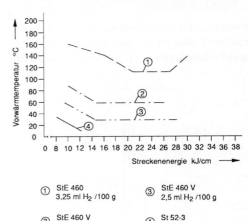

Bild 6-38
Einfluß der Beanspruchung auf die Bruchzeit von Implant-Proben aus einem Feinkornbaustahl StE 460 für unterschiedliche Wasserstoffgehalte im Schweißgut, nach V. NEUMANN, *BAM.*

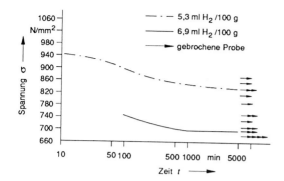

Bild 6-39
Einfluß der Streckgrenze und der Vorwärmtemperatur auf das Kaltrißverhalten verschiedener Feinkornbaustähle bei unterschiedlichem Wasserstoffgehalt im Schweißgut, nach V. NEUMANN, BAM.

Bei der Prüfung der Implantprobe erfolgt die Ermittlung des Kaltrißverhaltens im Zusammenwirken der thermischen (durch das Schweißen), der chemischen (Einbringen des Wasserstoffs) und der mechanischen (durch die konstante Zugkraft) Beanspruchung.

Die mechanische Beanspruchung der Implantproben wird als Nettonennspannung angegeben. Ihre Größe ist durch die Größe der Prüflast und den Kerbquerschnitt gegeben. Berücksichtigt ist dabei die Auswirkung des kerbbedingten Mehrachsigkeitsgrades des Spannungszustandes, der stark vom Kerbgrundradius der Wendelkerbe oder Ringnutkerbe abhängt. Nach NEUMANN liegen in der Implantprobe drei verschiedene Kerbfälle vor und zwar:

– am Übergang von der Probe in die Einschweißplatte an der Schmelzlinie, Bild 6-36b,

– an der Ring- oder Wendelkerbe und durch

– das Zusammenwirken von Ring- oder Wendelkerbe am Übergang zur Schmelzlinie. Dieser Bereich stellt eine metallurgische und mechanische Kerbe dar.

Als Maßstab zur Kennzeichnung eines kerbbedingten Mehrachsigkeitsgrades des Spannungszustandes vor Kerben dient der Kerb-faktor α_k nach NEUBER oder der plastische Spannungskonzentrationsfaktor K_{op}, der im Gegensatz zu α_k für plastisches Werkstoffverhalten definiert ist.

Eine Möglichkeit der Charakterisierung der Kaltrißanfälligkeit von Schweißverbindungen ist die Ermittlung einer kritischen Spannung, unterhalb der die Probe nicht mehr bricht. Diese wird auch als "statische Ermüdungsgrenze" bezeichnet. Hierbei sind die Vorwärmtemperatur, die Streckenenergie und der Wasserstoffgehalt des Schweißguts konstante Größen. Aber auch die Ermittlung von Vorwärmtemperatur und Streckenenergie bei konstanter Belastung und konstantem Wasserstoffgehalt im Schweißgut ist möglich, wenn der Bruch als Bewertungskriterium gewählt wird. Die Variation der Einflußgrößen richtet sich nach der Zielsetzung des Implantversuchs, wobei aber auch reines Schweißgut geprüft werden kann. Je nach Versuchsdurchführung wird der Rißwiderstand des Schweißguts oder der WEZ bei lokaler mehrachsiger mechanischer, thermischer und chemischer Beanspruchung geprüft. Die Kaltrißprüfung ist im DVS Merkblatt 1001 ausführlich beschrieben.

Die Ergebnisse können entweder als

– kritische Spannung über der Standzeit (Bruchzeit), Bild 6-38, oder

– Vorwärmtemperatur über der Streckenenergie der gebrochenen und nicht gebrochenen Proben, Bild 6-39, oder in Form

– diffusibler Wasserstoffgehalt über der Streckenenergie der gebrochenen und nicht gebrochenen Proben aufgetragen werden.

Die Mechanismen des Bruches sind aus dem Erscheinungsbild der Bruchflächen und aus dem Verlauf der Kaltrisse in der Implantprobe zu erklären. Die Bruchoberflächen können

– eine wabenartige Struktur (Verformungsbruch), Bild 6-15b eine

– spaltflächige Struktur, Bild 6-12a oder einen

– Mischbruch aufweisen, bei dem der Bruchverlauf trans- oder interkristallin sein kann, Bild 6-13.

Zusammenfassung, Wertung

Der Implantversuch eignet sich für die Lösung folgender Aufgaben:

- Ermittlung der Kaltrißanfälligkeit von Schweißverbindungen, die mit praxisnahen Schweißparametern hergestellt werden. Die Kaltrißanfälligkeit nimmt mit dem Wasserstoffgehalt im Schweißgut zu.

- Die an Implantproben erhaltenen Ergebnisse erlauben zwar eine Beurteilung der Schweißeignung von Werkstoffen und dem Schweißverhalten von Zusatzwerkstoffen, aber nicht zur Übertragung auf das Verhalten geschweißter Bauteile, weil der Größeneinfluß nicht erfaßbar ist. Hierfür sind Bauteilversuche an Großproben besser geeignet.

- Die Einstellung des Gefüges der WEZ ergibt sich aus der Streckenenergie und den Bedingungen der Abkühlung, die mit dem Kennwert $t_{8/5}$ beschrieben wird. Die Menge des kaltrißbegünstigenden Martensits läßt sich unter Berücksichtigung von $t_{8/5}$ und der chemischen Zusammensetzung des Werkstoffs aus seinem kontinuierlichen ZTU-Schaubild (Abschn. 2.5.3) abschätzen. Die Eigenspannungen sind bisher nicht berücksichtigt worden, sie werden von der angelegten Zugspannung überlagert.

Bei den eigenbeanspruchenden Kaltrißtests gibt es strenggenommen nur Riß oder Nichtriß in der Naht als Beurteilungskriterium und keine Aussage über den Einfluß der Beanspruchungsgrößen. Auf diese weniger aussagefähigen selbstbeanspruchenden Verfahren wird deshalb nicht näher eingegangen.

6.3.2.3   Prüfung der Schlagzähigkeit

Die meisten Metalle verhalten sich nach Überschreiten der Fließgrenze plastisch. Die plastische Verformbarkeit ist eine wichtige Eigenschaft von Stählen, die

- in der Umformtechnik, z.B. Walzen, Schmieden usw.,

- bei der Energieabsorption, Knautschverhalten von Fahrzeugen,

- als Überlastungsschutz gegen plötzliches Versagen von Bauteilen, das im verformten Zustand noch den Belastungen standhält,

- zum Abbau von Spannungsspitzen an Spannungskonzentratoren (Risse, Kerben, Löcher)

genutzt wird und mit der Zähigkeit eines Werkstoffs in Verbindung gebracht wird.

Nach DAHL versteht man unter Zähigkeit den Widerstand eines Werkstoffes gegen Versagen, z.B. durch stabilen oder instabilen Rißfortschritt. Bei einem zähen Werkstoff wird der Widerstand gegen Rißausbreitung durch plastische Verformung und die mit ihr verbundene Kaltverfestigung erhöht. Bei einem spröden Werkstoff erfolgt der Bruch durch instabilen Rißfortschritt ohne plastische Verformung; er ist energiearm. Das Zähigkeitsverhalten ist nicht nur vom Werkstoff selbst (chemische Zusammensetzung, Gitterstruktur, Gefüge, dem Grad der Kaltverfestigung) abhängig, sondern auch von den äußeren Einflüssen wie:

- Temperatur bei krz-Metallen,

- Mehrachsigkeitsgrad des Spannungszustandes vor Spannungskonzentratoren (Formänderungsbehinderung durch Kerben, Risse),

- Mehrachsigkeitsgrad der Belastung im Fernfeld durch Last- und Eigenspannungen infolge Schweißen,

- Umgebungsmedium, z.B. aktive Gase und Elektrolyte,

- Belastungsgeschwindigkeit.

Verfahren zur Prüfung der Zähigkeit von Werkstoffen unter betriebsähnlichen Bedingungen sollten deshalb die genannten Einflüsse beim Zähigkeitsnachweis eines Werkstoffs oder Bauteils berücksichtigen. Hierzu zählen die Prüfverfahren mit schlagartiger Krafteinbringung unter Verwendung gekerbter Proben mit oder ohne Schweißverbindung. Bei Proben oder Bauteilen mit Schweißverbindungen hängt die Zähigkeit entscheidend von der Lage des Kerbes im Schweißgut oder in der WEZ ab. Des weiteren übt auch noch die Größe des Bauteils (Größeneinfluß) einen Einfluß auf das Zähigkeitsverhalten aus, so daß dies beim Zähigkeitsnachweis des Werkstoffs bzw. beim Nachweis der Sprödbruchsicherheit von Bauteilen berücksichtigt werden muß. Ferner ist auch die Temperaturabhängigkeit der Zähigkeitskenngrößen bei krz-Werkstoffen von Bedeutung, die einen duktil-spröden Bruchübergang aufweisen. Dieser wird durch die Übergangstemperatur $T_ü$ erfaßt und sollte stets unterhalb der tiefsten Betriebstemperatur liegen.

Der Zähigkeitsnachweis kann auch mit Hilfe "charakteristischer" Temperaturen erfolgen, die dann Kenngrößen von Versagenskonzepten sind, z.B. vom

– *Übergangstemperaturkonzept* (Kerbschlagbiegeprüfung) oder vom

– *Grenztemperaturkonzept* (Fallgewichtsversuche DWTT und nach PELLINI).

6.3.2.3.1 Der Kerbschlagbiegeversuch (DIN 50 115)

Die Prüfung erfolgt an gekerbten Biegeproben, vorwiegend aus Baustahl, mit schlagartiger Beanspruchung, die mit Hilfe eines genormten Pendelschlagwerkes (DIN 51 222) aufgebracht wird. Dabei wird die zur Erzeugung des Bruches der Kerbschlagbiegeprobe verbrauchte gesamte Arbeit (Kerbschlagarbeit A_v) meist in Abhängigkeit von der Temperatur gemessen.

Die Ergebnisse sollen Aufschluß über das Verhalten eines Werkstoffes oder eines Bauteils

– bei behinderter Verformung infolge des kerbbedingten dreiachsigen Spannungszustandes im Restquerschnitt vor der Kerbe und

– bei verschiedenen tiefen Temperaturen

geben.

Daraus lassen sich dann Rückschlüsse

– auf das Verformungs- und Bruchverhalten und insbesondere

– auf den Übergang vom duktilen Verformungsbruch zum spröden Spaltbruch, der durch die Übergangstemperatur ge-

kennzeichnet ist, ziehen.

Die Ergebnisse dienen vor allem

– zur Kontrolle der Güte und Gleichmäßigkeit des Werkstoffes (Werkstoffzustand, Behandlungszustand),

– zur Einschätzung für die Neigung zum Sprödbruch,

– zur bequemen wirtschaftlichen Produktionsprüfung von Stahlprodukten und Schweißverbindungen.

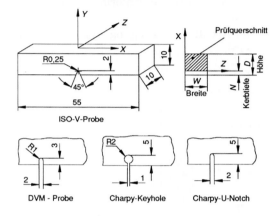

Bild 6-40
Abmessungen der Kerbschlagbiegeprobe (ISO-V) und einige wichtige Probenformen.

Die Ergebnisse sind aber *nicht* geeignet, den Werkstoff bezüglich

– seiner Eigenschaften über der Wanddicke (wenn die Erzeugnisdicke wesentlich größer als die Probendicke ist),

– seiner durch Schweißen eingebrachten Eigenspannungen und Versprödung,

– seiner Belastbarkeit (Größe der Belastung und Verformung),

– seines Rißwiderstandes (Einfluß von Rißform und -länge)

zu beurteilen. Hierzu sind größere Proben in den Abmessungen der Erzeugnisdicke besser geeignet.

Ferner liefert der Kerbschlagbiegeversuch nach DIN 50115 keinen Kennwert für die Festigkeitsberechnung, sondern Übergangstemperaturen, die den duktil-spröden Bruchübergang erfassen.

Die Übergangstemperaturen eignen sich für die Bewertung des Sprödbruchverhaltens schweißgeeigneter Baustähle, z.B. mit dem Übergangstemperaturkonzept. Zu beachten ist dabei, daß jede Kerbform, ISO-V- oder DVM-Probe, eine "eigene" Übergangstemperatur liefert. Deshalb ist es unabdingbar, daß zur Angabe der Übergangstemperatur $T_{ü}$ auch

– die Kerbform, Probenform, Probengröße und
– die Art ihrer Festlegung mit angegeben wird.

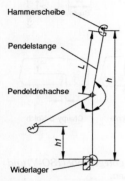

a) Beziehungen zur Berechnung der Schlagarbeit

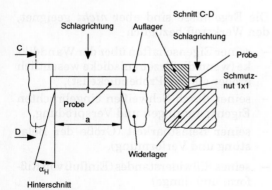

b) Widerlager und Auflager

Bild 6-41
Pendelschlagwerk, schematisch, nach DIN 51 222.
a) Beziehunungen zur Berechnung der Schlagarbeit
b) Widerlager und Auflager.
Es bedeuten: α = Fallwinkel des Pendels, h = L(1 - cos α) Fallhöhe, g = 9,806 m / s² Normalfallbeschleunigung, L = Pendellänge.

Die Standardabmessung der *Kerbschlagbiegeprobe* beträgt 55 x 10 x 10 mm, ihre Bezeichnung bezieht sich auf die Kerbform und das Regelwerk. Bei den Standardproben hat sich die **ISO-V-Probe** (ASTM-A370) durchgesetzt, Bild 6-40.

Die Kerbformen unterscheiden sich in der Tiefe, im Kerbradius und im Kerböffnungswinkel, die Probengrößen nach ihrer Breite und Höhe. Außer der ISO-V-Probe werden z.B. die "Kleine Probe" des Deutschen Verbandes für Materialprüfung (DVMK) und die "Kleinstprobe" (KLST) verwendet.

Als Belastungseinrichtung dient ein Pendelschlagwerk nach DIN 51 222, Bild 6-41, das nach seinem Arbeitsvermögen, 300 oder 50 J, bezeichnet wird. Bei einem Arbeitsvermögen von 300 J lautet die Bezeichnung "Pendelschlagwerk DIN 51 222-300".

Die *Auftreffgeschwindigkeit* der Hammerscheibe wird errechnet aus:

$$v = \sqrt{2gh} = \sqrt{2gL \cdot (1 - \cos \alpha)}$$

das potentielle *Arbeitsvermögen* aus $A_p = F \cdot h = F \cdot L(1 - \cos \alpha)$ und die verbrauchte Schlagarbeit beträgt $A_v = A_p - A_ü$, wobei $A_ü$ die überschüssige Arbeit

$$A_ü = F \cdot h_1 = F \cdot L(1 - \cos \alpha) \text{ bezeichnet.}$$

Die verbrauchte Arbeit A_v kann auf der Anzeigeeinrichtung des Pendelschlagwerkes (Schleppzeiger) direkt abgelesen werden.

Zur Ermittlung der Kerbschlagarbeit A_v wird die Probe im Pendelschlagwerk dynamisch (schlagartig) belastet, und nach dem Bruch wird die durch den Schleppzeiger auf einer Skale angezeigte Kerbschlagarbeit A_v in J abgelesen.

Im Normalfall wird A_v bei Raumtemperatur und zur Ermittlung des Einflusses der Temperatur auf das Werkstoffverhalten bei schlagartiger Beanspruchung bei verschiedenen Prüftemperaturen ermittelt. Dabei sollten bei einer Temperatur mindestens 3 Proben geprüft werden.

Aus der Auftragung der A_v-Werte in Abhängigkeit von der Temperatur wird die A_v-T-**Kurve** erhalten, die für krz-Baustähle eine S-Form aufweist, Bild 6-42. Wird der A_v-Wert auf den Prüfquerschnitt bezogen, erhält man die Kerbschlagzähigkeit a_k,

$$a_k = \frac{A_v}{S}\left[\frac{J}{cm^2}\right]$$

die bei Abweichung von der Standardprobe zweckmäßiger sein kann als der A_v-Wert. Dennoch ist der a_k-Wert keine einwandfrei definierte Kenngröße, weil der Energieumsatz auf eine Fläche und nicht auf das dafür zur Verfügung stehende Volumen bezogen wird.

Die Übergangstemperatur kennzeichnet die Lage des Steilabfalls der A_v-T- bzw. a_k-T-Kurve. Folgende Festlegungen der Übergangstemperatur $T_ü$ sind üblich:

– $T_ü$ = 50 % der Hochlage,
– $T_ü$ = 27, 41 und 68 J Mindestwerte von A_v,
– $T_ü$ = 50 % kristalliner Bruchanteil,
– $T_ü$ = 0,4 mm und 0,9 mm laterale Breitung (LB).

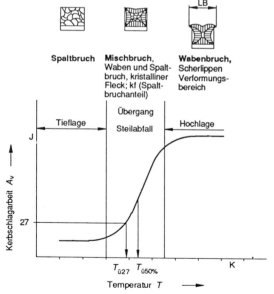

Bild 6-42
A_v-T-Kurve eines ferritischen Baustahls, schematisch, mit Kennzeichnung der drei charakteristischen T-Bereiche zusammen mit Bruscherscheinungen und den Übergangstemperaturen $T_{ü27}$, $T_{ü50\%}$.

Die "*laterale Breitung*" (LB) ist die Breite der Kerbschlagbiegeprobe nach dem Bruch infolge der dabei auftretenden plastischen Verformung, Bild 6-42.

Weitere Festlegungen ergeben sich noch aus dem instrumentierten Kerbschlagbiegeversuch (Abschn. 6.3.2.3.2).

Die Lage der Übergangstemperatur $T_ü$ wird von folgenden Einflußgrößen bestimmt:

– *Kerbform*

Mit zunehmender Kerbschärfe (abnehmendem Kerbradius und Kerböffnungswinkel) wird die A_v-T-Kurve nach rechts verschoben und die Streuung im Steilabfall geringer.

– *Probendicke*

Mit zunehmender Probendicke wächst die Formänderungsbehinderung in Dickenrichtung der Probe bis die Dehnung in Dickenrichtung (z-Richtung) Null wird ε_{zz} = 0). Dieser Zustand wird "Ebener Verzerrungszustand", EVZ, genannt, der sich in Probenmitte (W/2) vor dem Kerbgrund im Restquerschnitt einstellt. Bei dünneren Proben baut sich deshalb ein geringerer Spannungszustand vor dem Kerbgrund auf, was sich auf den Werkstoffwiderstand auswirkt. Die A_v-T-Kurve wird nach links zu tieferen $T_ü$-Werten bis zu einer Grenzdicke verschoben, bei der sich ein ebener Spannungszustand einstellen kann (σ_{zz} = 0).

– *Größeneinfluß*

Bei Untersuchungen von Schadensfällen oder von Halbzeugen, deren Erzeugnisdicke unterhalb der Dicke der Kerbschlagbiegeprobe liegt, muß von der Standardabmessung abgewichen werden.

Ein Vergleich dieser Ergebnisse mit denen der gleichen Probenform (Standard-Normprobe) im A_v-T-Diagramm ist unzweckmäßig, weil die Arbeitsbeträge zu unterschiedlich sind. Bei der Auftragung als a_k-T-Diagramm wird der Größeneinfluß z. T. unterdrückt, die Übergangstemperaturen sind jedoch unterschiedlich. Deshalb ist eine Übertragung von an Proben gemessenen Übergangstemperaturen auf Bauteile zur Festlegung einer niedrigsten Betriebstemperatur nicht möglich.

– *Prüfverfahren* (DIN, ASTM und ISO)
Der Einfluß des Prüfverfahrens nach DIN 51 222 und ASTM E 23 beruht auf der unterschiedlichen Ausbildung der Hammerschneide, der Hammerscheibe und auf der unterschiedlichen Auftreffgeschwindigkeit der Hammerscheibe, die 5,5 m/s (DIN) und 5,1 m/s (ASTM) beträgt. Die Folge ist, daß im Vergleich zu ISO-Verfahren beim ASTM-Verfahren oberhalb von 60 J höhere A_v-Werte gemessen werden.

Prüfung von Proben mit Schweißnaht

Die Ergebnisse des Kerbschlagbiegeversuchs eignen sich vor allem für die Überwachung der Herstellung von Schweißverbindungen sowie für die Beurteilung von abnahmepflichtigen geschweißten Bauteilen

für druckführende Umschließungen. Dazu ist die Probennahme aus dem Schweißgut, WEZ und Grundwerkstoff erforderlich, die in DIN 50 122 festgelegt ist, Bild 6-43.

Zur Qualitätssicherung von Mehrlagenschweißungen ist die Probennahme mit Kerb in der S-Lage zu bevorzugen. Bei Einlagenschweißungen (z.B. UP- oder Elektroschlackeschweißungen) ist das Ergebnis von der Lage des Kerbes (Nahtmitte, Nahtrand) abhängig. Bei der häufig verwendeten Anordnung des Kerbgrundes in der WEZ ist das Gefüge der WEZ und damit auch die Kerbschlagarbeit an jeder Stelle verschieden. Bei Mehrlagenschweißungen gibt es Bereiche, die mehrmals umgekörnt worden sind, aber auch solche, wo nur Grobkorn (Grobkornzwickel) vorliegt, Bild 6-44. Problematisch wird die Probennahme aus Stumpfnähten unter 30 mm Dicke, weil meist nur eine Probe in P-Lage herausgearbeitet werden kann. Bei Stumpfnähten unter 12 mm

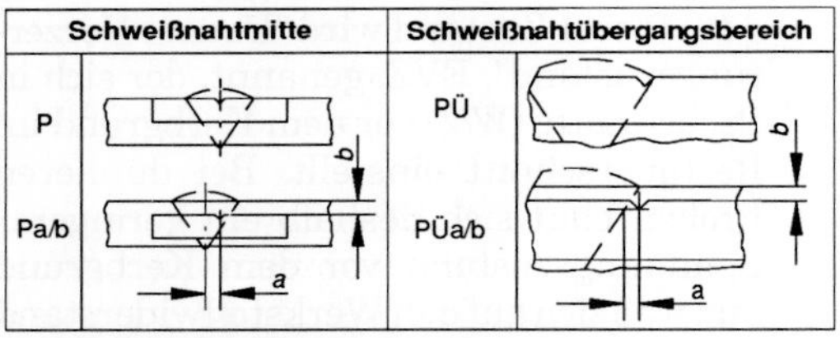

Schweißnahtmitte		Schweißnahtübergangsbereich	
P		PÜ	
Pa/b		PÜa/b	

Parallele Oberflächenlage des Kerbes (P-Lage)
a=festzulegender Abstand des Kerbgrundes von der Schmelzlinie bei PÜ-Lage oder von Schweißgutmitte bei P-Lage
b=festzulegender Abstand der Probenoberfläche von der Werkstückoberfläche

Schräglage, Kerb senkrecht (SS-Lage)
a=festzulegender Abstand des Kerbgrundes von der Schmelzlinie

Schweißnahtmitte		Schweißnahtübergangsbereich	
S		SÜ	
Sa/b		SÜa/b	
		SÜa/b	
		SÜa/b	

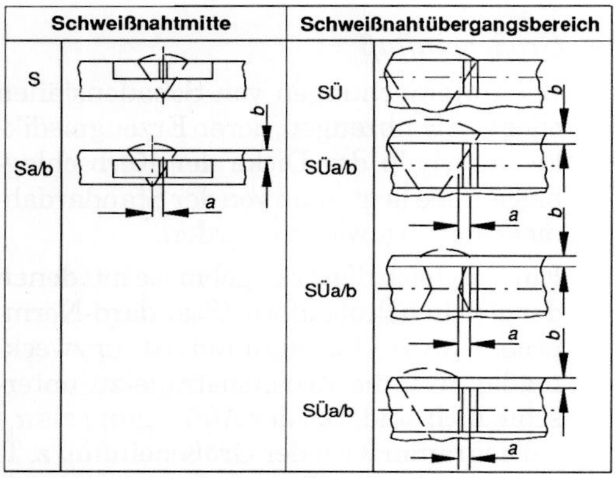

Senkrechte Lage des Kerbes (S-Lage)

Schräglage, Kerb parallel (SP-Lage)
a=festzulegender Abstand des Kerbgrundes von der Schmelzlinie

Bild 6-43
Probennahme, Probenlage und Probenbezeichnung, aus schmelzgeschweißter Stumpfnaht nach DIN 50 122.

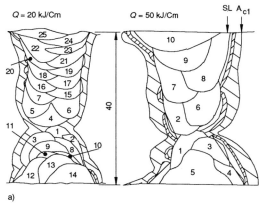
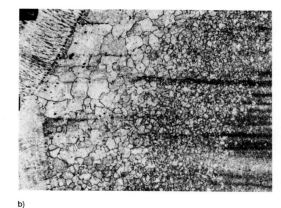

- ASTM Nr. ≤ 4 (Grobkorn)
- 4 < ASTM Nr. ≤ 8
- ASTM Nr. > 8

Bild 6-44
a) Lagenaufbau einer 20 kJ/cm und 50 kJ/cm UP-Schweißverbindung und Kennzeichnung des Austenit-
korns der WEZ nach ASTM und
b) Primärgefüge am Übergang von der 6. Lage zur 8. Lage, BAM.

Dicke mit einer U-, V- oder X-Nahtvorbereitung ist dies nicht mehr möglich. Die alternative Möglichkeit, Proben aus der SÜ-Lage zu entnehmen, liefert nur eine bedingt brauchbare Kerbschlagzähigkeit der WEZ.

Die Problematik der Kerblage in der WEZ zeigt Bild 6-44, aus dem der Einfluß der Wärmeeinbringung 20 kJ/cm und 50 kJ/cm auf die Lagenzahl und die Ausbildung der WEZ ersichtlich ist. Je höher die Lagenzahl, desto seltener sind die nicht umgekörnten Grobkornzonenbereiche der WEZ, die die geringste Kerbschlagarbeit aufweisen. Die Größe dieser Bereiche übt ebenfalls einen Einfluß auf die Kerbschlagarbeit aus, weil beim Bruch auch noch die anderen Bereiche der WEZ im Zusammenwirken erfaßt werden.

Mehr Informationen über das lokale Werkstoffwiderstandsverhalten der WEZ wird durch eine metallographische Gefügeuntersuchung am Bruchausgang erhalten, was nur zu Forschungszwecken üblich ist.

Zusammenfassend ist festzustellen, daß mit Hilfe des Kerbschlagbiegeversuches die Zähigkeit der WEZ ermittelt werden kann. Die Ergebnisse beschreiben aber nicht global das WEZ-Verhalten, sondern sind abhängig von:

- der Lage des Kerbgrundes in der WEZ, längs oder quer zur Schweißnaht (S-P-Lage),
- der Lage des Kerbgrundes in der WEZ, ob in einem Grobkornzonen- oder Feinkornzonenbereich (Abstand von der Schmelzlinie),
- der Breite der WEZ, wenn von den schweißtechnischen Einflüssen abgesehen wird.

6.3.2.3.2 Der instrumentierte Kerbschlagbiegeversuch

Zum Beurteilen des Verformungs- und Bruchverhaltens, besonders bei teilplastischer Verformung, aber auch bei plastischer Verformung im Temperaturbereich des Steilabfalls ist es von Interesse, den Arbeitsanteil bei der Rißeinleitung und Rißausbreitung getrennt zu erfassen. Das ist mit dem **instrumentierten** Kerbschlagbiegeversuch möglich.

Die Prüfung unterscheidet sich von dem Kerbschlagbiegeversuch nach DIN 50 115 nur dadurch, daß mit einer Instrumentierung der Prüfeinrichtung während des Versuchs die

Kraft-Zeit oder Kraft-Durchbiegung(Weg) von Kerbschlagbiegeproben registriert werden

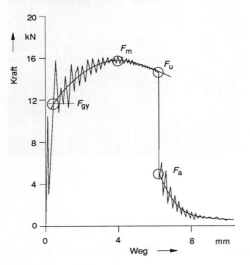

Bild 6-45
Ermittlung der kennzeichnenden Werte der Kraft eines Kraft-Weg-Schriebes gemäß SEP 1315 / Stahl-Eisen-Prüfblätter.

kann, Bild 6-45.

Die Instrumentierung der Versuchseinrichtung als Blockschaltbild ist in Bild 6-46 dargestellt. Während des Versuchs wird die Kraft in Abhängigkeit von der Zeit gemessen. Die Schlagkraftmessung erfolgt mit Dehnungsmeßstreifen (DMS) an der als Dynamometer ausgebildeten Hammerschneide, die bis zu 40 kN kalibriert ist. Die Registrierung erlaubt die Erfassung der bis in den μs-Bereich hinabreichenden dynamischen Vorgänge beim Bruch, wobei diese von denen der Prüfeinrichtung nur schwer zu unterscheiden sind. Die rechnerische Er-mittlung der Kraft-Probendurchbiegungskurve (Kraft-Weg) aus der Kraft-Zeit-Kurve wird im DVM-Merkblatt 001 beschrieben.

Die Fläche unterhalb der Kraft-Weg-Kurve entspricht der gesamten von der Kerbschlagbiegeprobe während des Versuchs verbrauchten Kerbschlagarbeit in J.

Für die Auswertung der Kraft-Weg-Kurve ist das Auftreten ausgeprägter Kräfte Vor-

aussetzung, Bild 6-45. Die Arten von Kraft-Weg-Kurven und ihre Zuordnung zu den vier Temperaturbereichen der A_v-T-Kurve (I, II, III, IV) sind in Bild 6-47 dargestellt, wobei zu erkennen ist:

- **Temperaturbereich I**, $T < T_{gy}$, Tieflage der Kerbschlagarbeit, Kraft-Weg-Kurve ist durch linearen Anstieg gekennzeichnet, Teilschlagarbeit gering, Spaltbruch.

- **Temperaturbereich II**, $T > T_{gy}$, Übergang von Tieflage zum Steilabfall, Kraft-Weg-Kurve kennzeichnet die dynamische Fließkraft F_{gy}, Kraft bei Erreichen der Vollplastizierung des Restquerschnitts (Ligament) und die Maximalkraft $F_m = F_u$, Bildung eines stabilen Anrisses vom Kerbgrund aus, Spaltbruch.

- **Temperaturbereich III**, $T > T_i$, Steilabfall, Kraft-Weg-Kurve kennzeichnet F_{gy}, F_m, F_u und F_a, Bild 6-47,

  F_u: Beginn der stabilen Rißausbreitung,

  F_a: Rißauffangkraft, Verformungsbruch nach Auffangen des von F_u ausgegangenen Spaltbruchs (Mischbruch), bei Nichtauffangen ist $F_a = 0$.

  $F < F_m$, Bereich der Rißeinleitung,

  $F > F_m$, Bereich des Rißfortschritts.

- **Temperaturbereich IV**, $T > T_d$, Hochlage der Kerbschlagarbeit, Kraft-

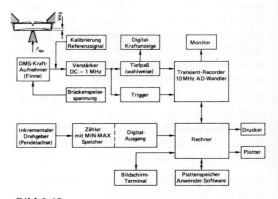

Bild 6-46
Funktionsblöcke der Instrumentierung der Prüfeinrichtung zur Ermittlung der Kraft in Abhängigkeit von der Zeit.

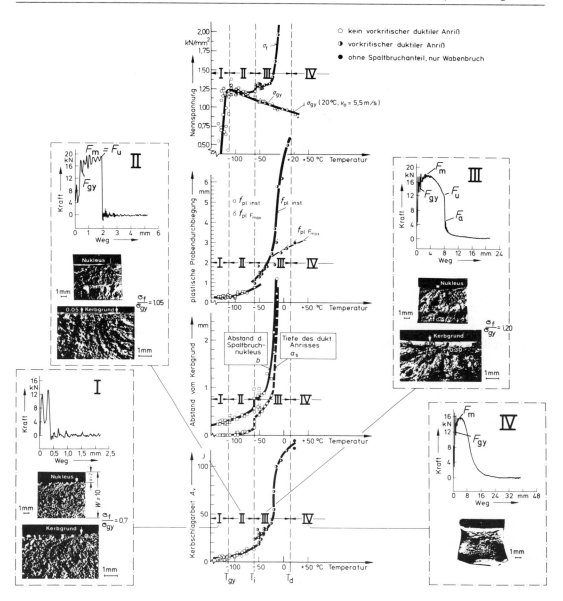

Bild 6-47
Ergebnisse von Kerbschlagbiegeversuchen mit instrumentierter Prüfeinrichtung an ISO-V-Proben aus einem C-Stahl in der Auftragung über der Temperatur. Kennzeichnung charakteristischer Temperaturbereiche I, II, III, IV, und Zuordnung von Brucherscheinungen zusammen mit den Kraft-Weg-Diagrammen nach HELMS, *BAM.*

Weg-Kurve kennzeichnet F_{gy} und F_m, entspricht verzögertem Lastabfall bis zum vollständigen Bruch,
Bruchart: Verformungsbruch, Wabenbruch.

Des weiteren sind in Bild 6-47 in Abhängigkeit von der Temperatur dargestellt:

– der Abstand der Spaltbruchausgangsstelle (Nukleus) vom Kerbgrund und die

Länge des stabilen Anrisses vom Kerbgrund, die beide auch als Maß für die Temperaturabhängigkeit der Zähigkeit eines Werkstoffs anzusehen sind,

– die plastische (bleibende) Probendurchbiegung als Maß für das plastische Formänderungsvermögen eines Werkstoffs unter schlagartiger Belastung,

– die Fließspannung σ_{gy} und die Bruchspannung σ_f, die mit Hilfe des Ansatzes der elementaren Biegebalkentheorie für elastisches und plastisches Werkstoffverhalten berechnet wurden, gemäß:

$$\sigma_f = \frac{F_f(T) \cdot S}{B \cdot \left[W - (a + a_s) \right]^2} \quad \text{für } T > T_i$$

für $T < T_i$ ist $a_s = 0$ und

$$\sigma_{gy} = \frac{F_{gy}(T) \cdot S}{B \cdot (W - a)^2} \quad \text{für } T > T_{gy}$$

für vollplastischen Restquerschnitt.

Aus der σ_f-T und σ_{gy}-T-Kurve lassen sich die charakteristischen Temperaturen T_{gy}, T_i und T_d kennzeichnen, die in Abschn. 6.4.2 definiert sind.

Die charakteristischen Temperaturen kennzeichnen eindeutig physikalische Prozesse des Verformungs- und Bruchverhaltens von krz Stählen, sie stehen in keinem funktionalen Zusammenhang zu den Übergangstemperaturen der A_v-T-Kurve.

Grundsätzlich kann über die Rolle des Kerbschlagbiegeversuches mit Ermittlung von Kraft und Weg ausgesagt werden, daß er immer mehr an Bedeutung in der Werkstoffprüfung gewinnt. Hervorzuheben ist dabei die Eignung zur Ermittlung der dynamischen Bruchzähigkeit an rißbehafteten (angeschwungenen) Kerbschlagbiegeproben und zur Erforschung von Bruchvorgängen. Das Verfahren ist noch nicht genormt, weshalb es für die Gütesicherung von Werkstoffen noch nicht allgemein zum Einsatz kommt. Die Probleme des Prüfungsverfahrens bestehen z. Z. bei der Meßwertaufnahme beim Bruchvorgang, der in µs abläuft, und in der Zuordnung der registrierten Signale zu Bruch- und Verformungsvorgängen in der Probe, weil diese vom Zusammenwirken mit der Prüfeinrichtung herrühren und schwer zu trennen sind.

6.3.2.3.3 Der PELLINI-Versuch

Der **Fallgewichtsversuch** nach PELLINI (**Drop-Weight-Test**) eignet sich zum Zähigkeitsnachweis dynamisch beanspruchter Konstruktionen und von Stumpfnahtschweißverbindungen mit Blechdicken über 13 mm. Mit dieser Prüfung wird eine Grenztemperatur, *NDT-Temperatur (Nil Ductility Transition)*, ermittelt, die als Werkstoffkenngröße eines Grenztemperatur-Versagenskonzeptes für Sicherheit gegen Rißauffangen *(Rißauffangkonzept)* dient.

Das Rißauffangkonzept begründet sich in der Vorstellung, daß die Werkstoffzähigkeit oder die der Schweißverbindung entsprechend groß sein muß, um einen instabil fortschreitenden Riß auffangen zu können. Das Rißauffangvermögen eines Werkstoffs ist besonders bedeutungsvoll für druckführende Umschließungen, z.B. Rohre und Behälter mit Gas oder Flüssigkeit unter hohem Druck, weil dadurch eine zusätzliche Betriebssicherheit für den Fall eines sich ausbreitenden Risses durch Rißauffangen (Rißstopp) gegeben ist.

Die Prüfung erfolgt an Flachproben (130 x 50 x 13 ... 25 mm) mit einseitig aufgebrachter Auftragschweißraupe, die quer zur Schweißrichtung mit einem Sägeschnitt gekerbt ist, Bild 6-48.

Der Sägeschnitt dient als "Rißstarter" vom spröden Schweißgut aus. Die Prüfeinrichtung besteht aus einem 3-Punkt-Biegetisch mit einem die Durchbiegung begrenzenden eingebauten Gegenlager, das eine definierte Durchbiegung der Probe zuläßt, die so groß ist, daß an der Randfaser des Flachstückes die Streckgrenze gerade überschritten wird. Die Energie wird mit einen Fallhammer zugeführt. Ihre Größe ist aus der Masse des Fallgewichts (25 bis 50 kg) und der Fallhöhe mit Hilfe des Fallgesetzes zu berechnen und an die Streckgrenze (R_e, R_p) des zu prüfenden Werkstoffs anzupassen. Durch Prüfung bei verschiedenen Temperaturen wird die **NDT-Temperatur** erhalten, das ist die Temperatur, bei der der von der gekerbten Schweißraupe ausgehende Riß vom Werkstoff nicht mehr aufgefangen wird und die Probe noch bricht.

Kriterium für ihre Festlegung ist, daß zwei weitere Proben des gleichen Werkstoffs bei einer um 5 K höheren Prüftemperatur nicht brechen.

Im Rißauffang-Versagenskonzept kennzeichnet die NDT-Temperatur eine Grenztemperatur, also einen Grenzzustand, bei dem kleine Risse bei einer Beanspruchung von $\sigma_N \sim R_e$ und große Risse bei $\sigma_N \sim 0,1\ R_e$ gerade noch aufgefangen werden, wie aus dem Bruchanalysediagramm (FAD) nach PELLINI hervorgeht. Zu beachten ist dabei, daß die Rißauffangtemperatur nicht nur von der Höhe der Nennspannung, sondern auch von der elastischen Energie des Bauteils gegenbenfalls auch vom Druckmedium abhängig ist.

Das Verfahren ist in den Regelwerken

– ASTM E 208,
– SEP 1325 und
– VdTÜV - Merkblatt Werkstoffs 1256-07.80

genannt.

Die Anwendung des Verfahrens dient zur:

– Qualitätssicherung und zum Zähigkeitsnachweis von schweißgeeigneten Baustählen mit Hilfe der NDT-Temperatur, die bis auf 3 K ermittelbar ist,

– Entwicklung und zur Erforschung des Rißauffangvermögens von ferritischen Stählen im Zusammenhang mit dem FAD-Diagramm.

Abschließend ist festzuhalten, daß das PELLINI-Prüfverfahren sehr wirtschaftlich ist,

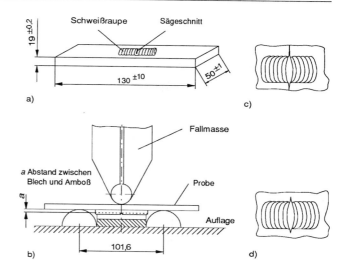

Bild 6-48
Zum PELLINI-Versuch.
a) Pellini-Probe mit Sägeschnitt, b) Versuchsanordnung, c) Probe gebrochen, d) Probe nicht gebrochen, nach BLUMENAUER.

das Ergebnis aber nur eine Ja-Nein-Entscheidung zuläßt. Einen Anhaltswert für die NDT-Temperatur liefert auch der Kerbschlagbiegeversuch mit Kraft-Weg-Aufnahme, und zwar bei der Temperatur, bei der im Schlagkraft-Weg-Schrieb die Schlagkraft F_a, Bild 6-47 Bereich III) auftritt.

6.3.2.3.4 Der BATTELLE Drop-Weight-Tear-Test (BDWT-Test)

Mit diesem vom BATTELLE Memorial Institute, USA, entwickelten Prüfverfahren wird wie beim PELLINI-Verfahren eine Grenztemperatur, die **Rißeinleitungstemperatur** bei schlagartiger Beanspruchung ermittelt. Die Festlegung der Rißeinleitungstemperatur erfolgt nach dem Bruchaussehen, Waben- oder Spaltbruch, der bei verschiedenen Temperaturen geprüften gekerbten Dreipunkt-Biegeproben. Entscheidungskriterium für die Festlegung der Rißeinleitungstemperatur ist der Anteil des Wabenbruches der Bruchfläche, der je nach Vorschrift 50 % oder 85 % betragen soll.

Die Prüfung erfolgt an Dreipunkt-Biegeproben mit eingepreßtem 45°-V-Spitzkerb (Kerbradius $\leq 0,04$ mm) und Probendicke entspre-

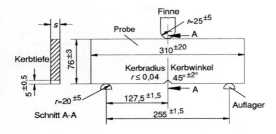

Bild 6-49
BDWT-Test, Kerbbiegeprobe bei 3-Punkt-Biegebe-
lastung, Probendicke = Blechdicke nach SEP 1326.

chend der Blechdicke bei schlagartiger Belastung mit Hilfe eines Fall- oder Pendelschlagwerkes, Bild 6-49.

Das Verfahren ist in den Regelwerken:

- Stahl-Eisenprüfblatt 1326
- ASTM E 436

erfaßt.

Die Anwendung des Verfahrens dient vor
allem zur Qualitätsüberwachung und Bewertung des Zähigkeitsverhaltens von Roh-
ren und Rohrstählen (Pipelines) aufgrund
der Temperaturabhängigkeit von Brucherscheinungen.

6.4   Bruchmechanik

6.4.1   Aufgaben der Bruchmechanik

Die Bruchmechanik umfaßt Gebiete aus der
Werkstoffkunde, wie die der technischen Mechanik und auch der Konstruktionslehre. Sie
geht davon aus, daß jedes Bauteil Kon-
struktions- und fertigungsbedingte Spannungskonzentratoren enthält. Diese sind:

- konstruktions- und fertigungsbedingte
  Kerben und Übergänge,
- durch mechanische, korrosive, thermomechanische Beanspruchung, Alterung und
  Wiedererwärmung entstandene Risse,

- Werkstoffinhomogenitäten, Seigerungen, dentritisches Grobkorn, Phasenübergänge,
- Poren, Gasblasen, Lunker, Einschlüsse
  und Bindefehler in Schweißverbindungen, deren Ausweitung bis zu einer
  bruchbestimmenden Größe die entscheidende Ursache für das Versagen eines
  Bauteils ist.

Die Aufgaben der Bruchmechanik umfassen die Bruchvorhersage von Bauteilen und
die Entwicklung von Versagenskonzepten,
weil die traditionell benutzten Festigkeits-
und Zähigkeits-Werkstoffkennwerte keine
Aussage über das Auftreten oder das Vermeiden von Brüchen gestatten. Nach ROSSMA-
NITH werden von der Bruchmechanik Ant-
worten auf folgende Fragen erwartet:

- Wie groß ist die Festigkeit des Bauteiles
  als Funktion der Rißlänge?

- Welche Rißlänge kann bei der gegebenen Betriebsbeanspruchung toleriert
  werden, d. h., welches ist die kritische
  Rißlänge?

- Wie lange braucht ein Riß, um von einer
  Anfangslänge bis zur kritischen Länge
  anzuwachsen?

- Wie groß dürfen die materialeigenen,
  bereits existierenden Mikrorisse zum
  Zeitpunkt des Betriebsanfanges im Bauteil sein?

- Wie oft sollte ein technisches Gerät oder
  ein Bauteil etc. auf Rißbildung und Rißausbreitung untersucht werden?

- Welche Maßnahmen - kurzfristig und
  langfristig - können zur Verhinderung
  des Bruches getroffen werden?

Mit Hilfe bruchmechanischer Versagenskonzepte sollen nach BROCKS

- Kennwerte für die sichere Auslegung
  von Bauteilen und die laufende Sicher-
  heitsbewertung rißbehafteter Bauteile
  während des Betriebs (Bauteilsicherheitsnachweise) ermittelt,

- die Vorhersage der Auswirkungen von

Rißausbreitung in einem Bauteil auf Funktionssicherheit und Gefährdung, z.B. Leck vor Bruch bei druckumschließenden Bauteilen (Betriebssicherheit), ermöglicht und

– die Analyse eingetretener Bruchschäden für künftige Sicherheitsanforderungen durchgeführt werden können.

6.4.1.1 Erscheinungsformen des Bruches

Bruchentstehung

Der Bruch beruht auf der Trennung von Atombindungen und der Bildung von Bruchflächen.

Diese können in idealen Kristallen durch Überwindung der Bindungskräfte

– senkrecht zur Trennebene angelegter Zugspannungen in Höhe der theoretischen Trennfestigkeit (Trennbruch), $\sigma_T = E/10$,
– durch Scherung infolge von Schubspannungen in Höhe der theoretischen Schubfestigkeit (Gleitbruch), $\tau_T = G/10$,

erfolgen.

In realen Werkstoffen (Kristallen) sind aufgrund ihrer strukturellen Gitterbaufehler und Spannungskonzentratoren die Bruchspannungen wesentlich niedriger als in idealen Kristallen. Schon vor Erreichen der Bruchspannung laufen die mikrophysikalischen Prozesse der Rißentstehung und die des Rißwachstums bis zu einer kritischen Länge ab und bei Erreichen der Bruchspannung schließlich die der stabilen oder instabilen Rißausbreitung.

Die Bruchspannung ist von folgenden Einflüssen abhängig, die sich auch im mikroskopischen Bruchaussehen niederschlagen:

– Art der mechanischen Beanspruchung im Spannungskonzentrator und des Bauteils (Mehrachsigkeitsgrad der Beanspruchung),

– Beanspruchungsgeschwindigkeit,
– Temperatur,
– Proben- bzw. Bauteilform,
– Umgebungsbedingungen z.B. Säure, Heißgas, feuchte Luft,
– Gefüge.

Bei Gewaltbruch unter statisch oder schlagartig aufgebrachter einsinnig wirkender Kraft wird nach der Art der mikroskopischen Bruchflächenerscheinung, Waben (Grübchen) oder Spaltflächen, zwischen zwei Bruchformen unterschieden:

– **Spaltbruch**, trans- und(oder) interkristalline Trennung des Werkstoffs bei geringer plastischer Verformung, also makroskopisch gesehen ein verformungsarmer und energiearmer Bruch mit hoher Rißausbreitungsgeschwindigkeit bis zu 0,4·Schallgeschwindigkeit des Werkstoffs (instabiler Bruch) und

– **Gleitbruch** (Wabenbruch duktiler Bruch), trans- und interkristalline Trennung bei gleichzeitigem Bilden und Zusammenwachsen von Hohlräumen, verbunden mit großen plastischen Verformungen, energiereicher Bruch mit geringer Rißausbreitungsgeschwindigkeit (stabiler Bruch).

Bei den meisten Brüchen sind beide Bruchformen zu sehen, und zwar, wenn nach anfänglichem stabilem Rißwachstum im Restquerschnitt ein Spaltbruch auftritt (kristalliner Fleck).

6.4.2 Temperaturabhängigkeit von Brucherscheinungen

Die Art des Bruches ist nicht nur vom Werkstoff (Gefüge), sondern von den gleichen Einflußgrößen abhängig wie die Bruchspannung. Deshalb ist es sinnvoll, die Anwendungsgrenzen bruchmechanischer Konzepte auf die Brucherscheinungen zu beziehen.

Eine Übersicht über die Temperaturabhängigkeit von Brucherscheinungen zusammen mit den Anwendungsbereichen verschiedener Versagenskonzepte, Plastizierungsgrad (Gleit-

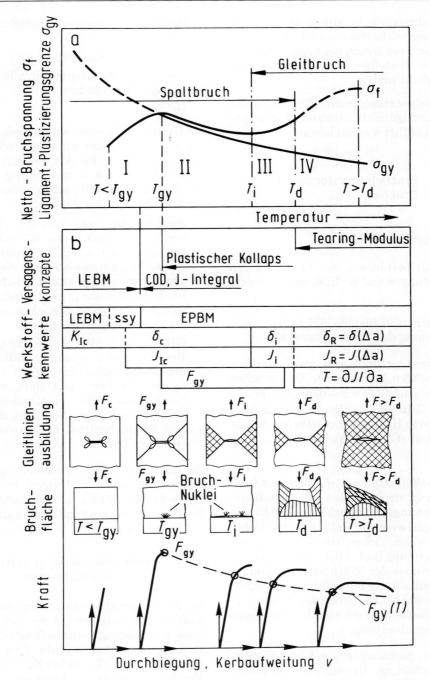

Bild 6-50

Verformungs- und Bruchverhalten von angerissenen Proben oder Bauteilen aus ferritischen Stählen.
a) Ligament-Plastizierungsgrenze und Nettobruchspannung in Abhängigkeit von der Temperatur und Kennzeichnung der Temperaturbereiche I bis IV durch die charakteristischen Temperaturen T_{gy}, T_i und T_d und
b) Zuordnung einparametriger Versagenskonzepte zusammen mit zugehörigen Werkstoffkennwerten, Gleitlinienausbildung einer Zugprobe mit Innenkerb, Brucherscheinungen und Kraft- und Kerbaufweitungsschriebe, $F_g = F_{gy}$.

linienausbreitung), Bruchflächenausbildung sowie Kraft-Durchbiegung bzw. Kraft-Rißaufweitung, gibt Bild 6-50 wieder.

Nach AURICH können dem Verformungs- und Bruchverhalten gekerbter oder rißbehafteter Proben oder Bauteile in Abhängigkeit von der Temperatur vier Temperaturbereiche (I bis IV), die durch die charakteristischen Temperaturen T_{gy}, T_i und T_d begrenzt sind, zugeordnet werden.

Die charakteristischen Temperaturen sind wie folgt definiert:

- T_{gy} (gy = general yield) Spaltbruchtemperatur, bei der die Bruchspannung σ_f = Fließspannung σ_{gy} ist,
- T_i (i = initiation) Initiierungstemperatur; hier sind die Bedingungen für das Entstehen eines stabilen *Anrisses* und das *Auftreten* von Spaltbruch gleichzeitig erfüllt,
- T_d (d = ductile) Gleitbruchtemperatur; das Versagen erfolgt durch stabilen Rißforschritt oder durch Abgleiten nach erfolgter Plastizierung aller Bereiche der Probe oder des Bauteils.

6.4.3 Anwendungsbereiche von einparametrigen Versagenskonzepten

Diese können nicht nur durch die charakteristischen Temperaturen T_{gy}, T_i und T_d, sondern auch durch den Plastifizierungsgrad F/F_g des Werkstoffs im Restquerschnitt angegeben werden. Je nach Werkstoffverhalten, elastisch oder elastoplastisch, unterscheidet man folgende Versagenskonzepte die der:

❏ **LEBM - Linear-Elastische-Bruch-Mechanik**, *(F/F_g = 0,6 bis 0,9)*
dazu gehören das K-Konzept mit und ohne Berücksichtigung der plastischen Zone an der Rißspitze, das J-Integral- und *COD*-Konzept sowie die Spaltbruchkonzepte.

Der Werkstoffwiderstand gegen instabilen Spaltbruch ist durch die Zähigkeits-

Werkstoffkennwerte:

K_{Ic} = Bruchzähigkeit,
G_{Ic}, J_{Ic} = kritischer Wert der elastischen Energiefreisetzungsrate,
δ_c = kritischer Wert der Rißspitzenaufweitung und
σ_{fc} = Spal*t*bruchfestigkeit erfaßt.
σ_{fc} ist der kritische Wert der größten Hauptnormalspannung vor der Rißspitze.

❏ **EPBM - Elastisch-Plastische-Bruch-Mechanik**, *($F/F_g \geq 0,9$)*
dazu gehören für $T \leq T_i$ die Rißinitiierungskonzepte wie:

- COD-Konzept und J-Integralkonzept, die für $T \geq T_i$ auch als Rißfortschrittskonzepte anzuwenden sind.

Für $T < T_i$ erfolgt instabiler Rißfortschritt bei Erreichen kritischer Werte der Rißspitzenaufweitung δ_c und des Energieintegrals J_c.

Für $T_i \leq T \leq T_d$, Bereich III, erfolgt die Rißinitiierung bei Erreichen der Initiierungswerte δ_i und J_i. Oberhalb von T_i ($T > T_i$) ist das stabile Rißwachstum durch die Rißwiderstandskurve (J-Δa-Kurve) beschrieben. Die anzuwendenden Konzepte sind:

- Rißwiderstandskurvenkonzept,
- Tearing-Modulus-Konzept, T-Konzept.
  Für $T \geq T_d$, Bereich IV, ist das Versagen durch duktile Rißerweiterung oder durch Abgleiten möglich, $T = \partial J/\partial a$.
- Das Grenzlastverfahren, plastischer Kollaps erstreckt sich auf die Anwendungsbereiche II, III, IV (T_{gy} bis $T \geq T_d$).

Die Gültigkeitsbereiche bruchmechanischer Versagenskonzepte sind keineswegs eindeutig. Sie hängen von werkstoff- und beanspruchungsbezogenen Einflußgrößen ab.

6.4.4 Versagenskonzepte der Bruchmechanik

Ein Versagenskonzept beinhaltet nach BROCKS:

– Eine Beanspruchungshypothese, darunter versteht man eine physikalisch begründete Vorstellung über den Versagensmechanismus, "stabiler oder instabiler Rißfortschritt", und die dafür verantwortliche physikalische Größe, den sogenannten Bruchparameter (Beanspruchungsparameter), z.B. K, J, σ.

– Aussagen über die Grenzen der Anwendbarkeit des Konzeptes (Gültigkeitsbereich eines Versagensmechanismusses), z.B. Bereich IV für stabilen Rißfortschritt in Bild 6-50.

– Ein Bruch- oder Versagenskriterium, mit Hilfe dessen ein Versagen vorausgesagt werden kann, z.B. $K_I = K_{Ic}$ oder $\delta = \delta_c$. Hierbei sind K_I und δ die Beanspruchungsgrößen, Spannungsintensität und Rißspitzenaufweitung sowie K_{Ic} und δ_c der an Laborproben gemessene kritische Grenzwert, der eine von der Proben- und Bauteilgeometrie unabhängige Werkstoffwiderstandsgröße (Bruchkennwert) darstellt. Versagen tritt ein, wenn der Bruchparameter gleich dem Bruchkennwert ist, oder mit den anderen Begriffen ausgedrückt, wenn die Beanspruchungsgröße gleich der Werkstoffwiderstandsgröße ist.

– Die Festlegung von Vorschriften für die Anwendung des Kriteriums, z.B. bei der Bestimmung des Bruchparameters und seines Bruchkennwertes, u.a. nach dem K-Konzept.

In Abhängigkeit davon, ob sich ein Beanspruchungsparameter auf die Gesamtstruktur des Bauteil oder auf die plastische Zone des Spannungskonzentrators bezieht, unterscheidet man lokale von globalen Versagenskonzepten und ferner zwischen ein- oder mehrparametrigen Versagenskonzepten. Bei mehrparametrigen Versagenskonzepten sind mehr als ein Kennwert zur Charakterisierung eines Bruches (Bruchkennwert) beteiligt, wie z.B. beim FAD-Konzept. In der Praxis werden die einparametrigen Konzepte aufgrund ihrer einfachen Handhabbarkeit bevorzugt. Fraglich ist, ob so ein komplexer Vorgang wie er beim Bruch abläuft, mit nur einer Kenngröße beschrieben werden kann.

6.4.5   Das *K*-Konzept der LEBM

Die von G$_{RIFFITH}$ und I$_{RWIN}$ entwickelte *LEBM* gestattet mit den Beziehungen der linearen Elastizitätstheorie eine quantitative Aussage über den Zusammenhang zwischen äußerer Belastung σ_∞, Rißlänge $2a$ und dem Bruchkennwert K_{Ic} bei "*Spaltbruchversagen*".

Dazu müssen die *Spannungskomponenten* am Riß ermittelt werden. Die Näherungsbeziehungen der Spannungsverteilung der Spannungskomponenten im Spannungs- bzw. Verformungsfeld in der Nähe der Rißspitze lauten, Gl. [6-1]:

$$\sigma_{ij} = \frac{1}{\sqrt{2\pi r}}\left[K_I\, f_{ij}^I(\Theta) + K_{II}\, f_{ij}^{II}(\Theta) + K_{III}\, f_{ij}^{III}(\Theta)\right]$$

und die Gleichungen für die Verschiebungen, Gl. [6-2]

$$u_i = \sqrt{\frac{r}{8\pi\, E^2}}\left[K_I\, g_i^I(\Theta) + K_{II}\, g_i^{II}(\Theta) + K_{III}\, g_i^{III}(\Theta)\right]$$

σ_{ij}^∞ ist die angelegte Spannung mit $i, j = x, y, z$ und E dem Elastizitätsmodul.

Die dimensionslosen Funktionen

f_{ij}^I, f_{ij}^{II} und f_{ij}^{III}

und

g_i^I, g_i^{II} und g_i^{III}

enthalten nur den Winkel Θ.

Die Parameter K_I, K_{II} und K_{III} werden **Spannungsintensitätsfaktoren** (SIF) genannt und sind ein Maß für die "Stärke" der $1/\sqrt{r}$ - Singularität des Spannungsfeldes in Rißnähe. Die Indizes I, II, III beziehen sich auf die Rißöffnungsarten, Modus I, II, III, die in Bild 6-51 dargestellt sind.

Die Rißöffnungsarten entsprechen den *Belastungsarten*.

Es bedeuten:

(x,y) Rißebene,

y Rißöffnungsrichtung für Modus I,

x Rißfortschrittsrichtung (Ligamentrichtung),

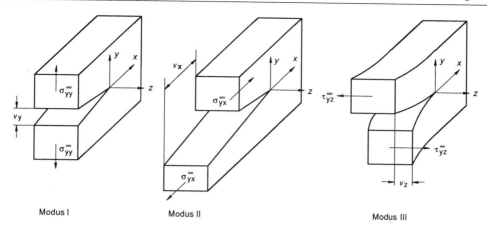

Bild 6-51
Rißöffnungsarten (I, II, III).

z Rißfrontrichtung.

$r = \sqrt{x^2 + y^2}$ ist der Abstand von der Rißfront und

$\Theta = \arctan\,(y/x)$, Winkel gegen Ligament, Bild 6-52.

Modus I: Normalspannung in y-Richtung führt zum Öffnen der Rißufer, z.B. bei reiner Zug- oder reiner Biegebelastung.

Modus II: Ebene Scherbelastung in x-Richtung bewirkt ein Abgleiten der Rißoberflächen in der Rißebene, z.B. bei reiner Querkraftbelastung.

Modus III: Nichtebene Schubbelastung senkrecht zur x-y-Ebene führt zu einer Verschiebung der Rißoberfläche quer zur Rißrichtung, z.B. bei Torsionsbruch einer Welle.

Die Rißöffnungsart Modus I hat in der Praxis die größte Bedeutung. Die expliziten

Funktionen für die Spannungen und Verschiebungen von den Gl. [6-1] und [6-2], den sogenannten WILLIAM-IRWIN-Gleichungen, ergeben sich mit den in Tabelle 6-6 aufgelisteten Winkelfunktionen f_{ij} und g_i. Sie sind gültig für den Bereich $0 < r \ll a$ und linearelastischen Werkstoffverhalten.

Sind die Spannungsverteilungen in der Umgebung eines Risses $\sigma_{ij}(r,0)$ z.B. aus einer Finite-Element-Rechnung (FEM) bekannt, so können die Spannungsintensitätsfaktoren gemäß Gl. [6-3]

$$\left(K_{\mathrm{I}}, K_{\mathrm{II}}, K_{\mathrm{III}}\right) = \lim_{r \to 0}\left[\sigma_{yy}(r,0), \sigma_{yx}(r,0), \tau_{yz}(r,0)\sqrt{2\pi r}\right]$$

berechnet werden. Danach kann das vollständige Spannungsfeld eines z.B. nach Modus I beanspruchten Risses mit dem Spannungsintensitätsfaktor K_{I} eindeutig charakterisiert werden. Die Maßeinheit von K ist:

$$K = \text{Kraft} \cdot \text{Länge}^{-3/2}, \ \text{Nm}^{-3/2} \ \text{oder MPa}\sqrt{\text{m}}.$$

K ist linear von der äußeren Belastung, von der Bauteilgeometrie sowie von der Rißlänge, Rißform und Rißanordnung abhängig.

Der stumpfe Riß

Für einen abgestumpften Riß mit dem Krümmungsradius ρ (er kann als Kerbe aufgefaßt werden) in einer unendlichen

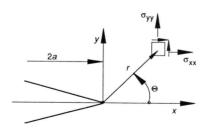

Bild 6-52
Rißspitzensituation.

		Rißöffnungsarten		
		Modus I	Modus II	Modus III
Normalspannungen	f_{xx}	$\cos\dfrac{\Theta}{2}\cdot\left(1-\sin\dfrac{\Theta}{2}\cdot\sin\dfrac{3\Theta}{2}\right)$	$-\sin\dfrac{\Theta}{2}\cdot\left(2+\cos\dfrac{\Theta}{2}\cdot\cos\dfrac{3\Theta}{2}\right)$	0
	f_{yy}	$\cos\dfrac{\Theta}{2}\cdot\left(1+\sin\dfrac{\Theta}{2}\cdot\sin\dfrac{3\Theta}{2}\right)$	$\sin\dfrac{\Theta}{2}\cdot\cos\dfrac{\Theta}{2}\cdot\cos\dfrac{3\Theta}{2}$	0
	f_{zz}	$\begin{cases}0 & \text{für ESZ}\\ 2v\cdot\cos\dfrac{\Theta}{2} & \text{für EVZ}\end{cases}$	$\begin{cases}0 & \text{für ESZ}\\ -2v\cdot\sin\dfrac{\Theta}{2} & \text{für EVZ}\end{cases}$	0
Schubspannungen	f_{xy}	$\sin\dfrac{\Theta}{2}\cdot\cos\dfrac{\Theta}{2}\cdot\cos\dfrac{3\Theta}{2}$	$\cos\dfrac{\Theta}{2}\cdot\left(1-\sin\dfrac{\Theta}{2}\cdot\sin\dfrac{3\Theta}{2}\right)$	0
	f_{xz}	0	0	$-\sin\dfrac{\Theta}{2}$
	f_{yz}	0	0	$\cos\dfrac{\Theta}{2}$
Verschiebungen	g_{x}	$\dfrac{1}{2}\left[(2\kappa-1)\cdot\cos\dfrac{\Theta}{2}-\cos\dfrac{3\Theta}{2}\right]$	$\dfrac{1}{2}\left[(2\kappa+3)\cdot\sin\dfrac{\Theta}{2}+\sin\dfrac{3\Theta}{2}\right]$	0
	g_{y}	$\dfrac{1}{2}\left[(2\kappa+1)\cdot\sin\dfrac{\Theta}{2}-\sin\dfrac{3\Theta}{2}\right]$	$\dfrac{1}{2}\left[(2\kappa-3)\cdot\cos\dfrac{\Theta}{2}+\cos\dfrac{3\Theta}{2}\right]$	0
	g_{z}	0 für EVZ	0 für EVZ	$4\sin\dfrac{\Theta}{2}$

Tabelle 6-6
Winkelfunktion für die Spannungen und Verschiebungen der Rißöffnungsarten (I, II, III).

Scheibe lauten die Spannungskomponenten, Bild 6-53:

für Modus-I-Beanspruchung bei $x = a\text{-}\rho/2$ und $r = b/a$, $(b/a \ll 1)$ ist

$$\sigma_{xx} = \frac{K_{\mathrm{I}}}{\sqrt{2\pi r}}\left(f_{xx}(\Theta)-\frac{\rho}{2r}\cdot\cos\frac{3\Theta}{2}\right), \qquad [6-4]$$

$$\sigma_{yy} = \frac{K_{\mathrm{I}}}{\sqrt{2\pi r}}\left(f_{yy}(\Theta)+\frac{\rho}{2r}\cdot\cos\frac{3\Theta}{2}\right) \text{ und } [6-5]$$

$$\sigma_{xy} = \frac{K_{\mathrm{I}}}{\sqrt{2\pi r}}\left(f_{xy}(\Theta)-\frac{\rho}{2r}\cdot\sin\frac{3\Theta}{2}\right). \qquad [6-6]$$

Im Ursprung des Polarkoordinatensystems $r = \rho/2$, $\Theta = 0$ ist:

$$\left.\sigma_{xx}\right|_{\substack{r=\rho/2\\\Theta=0}} = 0 \quad\text{und}\qquad\qquad [6\text{-}7]$$

$$\left.\sigma_{yy}\right|_{\substack{r=\rho/2\\\Theta=0}} = 2\cdot\frac{K_{\mathrm{I}}}{\sqrt{\pi\rho}} = 2\cdot\sigma_{\infty}\cdot\sqrt{\frac{a}{\rho}} = \sigma_{yy\,max}. \ [6-8]$$

Zwischen den Spannungsintensitätsfaktoren K und den Spannungskonzentrationsfaktoren (Kerbfaktoren) besteht nach IRWIN folgender Zusammenhang:

$$K_{\mathrm{I}} = \lim_{\rho\to 0}\frac{1}{2}\sqrt{\pi\rho}\cdot\sigma_{yy\,max}; \ (K_{\mathrm{II}} = K_{\mathrm{III}} = 0) [6-9]$$

$$K_{\mathrm{II}} = \lim_{\rho\to 0}\frac{1}{2}\sqrt{\pi\rho}\cdot\sigma_{yx\,max}; \ (K_{\mathrm{I}} = K_{\mathrm{III}} = 0) [6-10]$$

$$K_{III} = \lim_{\rho \to 0} \frac{1}{2}\sqrt{\pi\rho} \cdot \sigma_{yzmax} \; ; \left(K_I = K_{II} = 0\right) \;\text{[6-11]}$$

$\sigma_{yy\,max}$, $\sigma_{yx\,max}$ und σ_{yz} sind die maximalen Hauptspannungen am Kerbgrund.

Der elastische Kerbfaktor $K_{\sigma e}$ ist definiert als:

$$K_{\sigma e} = \frac{\sigma_{yymax}}{\sigma_N} \; ; \quad \sigma_N \approx \sigma_\infty \qquad \text{[6-12]}$$

wobei σ_N die Nettonennspannung ist.

6.4.6 Ermittlung von Spannungsintensitätsfaktoren

Die K-Faktoren können numerisch, analytisch und experimentell bestimmt werden. Dabei genügt bei den zwei zuerst genannten Verfahren die Kenntnis der Spannungsverteilung um die Rißspitze. Spannungsfelder ohne die charakteristische $1/\sqrt{r}$-Singularität haben keinen Einfluß auf K. Wegen des zugrundeliegenden linearelastischen Werkstoffverhaltens können bei gemischten Belastungen die K-Faktoren für den gleichen Modus addiert werden (Superpositionsprinzip). Bei mehrachsiger äußerer Beanspruchung sind die Spannungskomponenten, die sich aus den 3 Rißöffnungsarten ergeben, im Zusammenwirken zu erfassen. Nach SCHWALBE ergibt sich der K-Faktor für den ESZ zu:

$$K = \sqrt{\left(K_I^2 + K_{II}^2\right) + (1+v) \cdot K_{III}^2}, \qquad \text{[6-13]}$$

und für EVZ

$$K = \sqrt{\left(K_I^2 + K_{II}^2\right)\left(1-v^2\right) + (1+v) \cdot K_{III}^2} \qquad \text{[6-14]}$$

Einfluß der Probenbreite, Probenform auf K

Die Ableitung der Beziehungen für die Spannungsintensitätsfaktoren erfolgte unter der Voraussetzung Riß in unendlich großer Struktur.

In rißbehafteten Körpern endlicher Abmessungen beeinflußt die Probenberandung die Spannungsverteilung am Riß. Dieser Einfluß wird durch eine dimensionslose Funktion geometrischer Parameter, Korrekturfaktor Y genannt, erfaßt.

Die allgemeine Beziehung für K unter Modus-I-Beanspruchung für ebene Rißprobleme lautet dann:

$$K_I = \sigma_\infty \sqrt{\pi a} \cdot Y\left(\frac{a}{W}\right) \qquad \text{[6-15]}$$

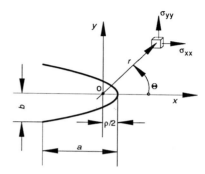

Bild 6-53
Elliptischer Riß mit endlichem Krümmungsradius ρ.

Für die Bestimmung von Y gibt es für die unterschiedlichsten Rißprobleme tabellierte Funktionen und zahlreiche Methoden und Formeln.

Für die am häufigsten verwendete *Compact-Tension-Probe* (CT-Probe, Standard-Probe nach ASTM E 399-87, Bild 6-54, werden verschiedene Funktionen zur Ermittlung von Y angegeben.

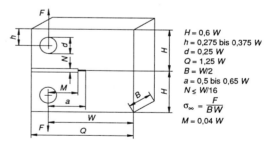

$H = 0{,}6\ W$
$h = 0{,}275$ bis $0{,}375\ W$
$d = 0{,}25\ W$
$Q = 1{,}25\ W$
$B = W/2$
$a = 0{,}5$ bis $0{,}65\ W$
$N \leq W/16$
$\sigma_\infty = \dfrac{F}{BW}$
$M = 0{,}04\ W$

Bild 6-54
CT-Standard-Probe und Abmessungen unter Bezug auf W nach ASTM E 399-87 oder ESIS P2-91D.

Die Probenbezeichnung der CT-Proben bezieht sich auf die Probendicke B. Eine CT-100-Probe hat eine Dicke von $B = 100$ mm. Die Probenbreite W beträgt $2B$.

Nach WESSEL (1968) ergibt sich z.B. nach der

kleinsten Fehlerquadrat-Anpassung für Y:

$$Y\left(\frac{a}{W}\right) = 16{,}7 - 104{,}7\left(\frac{a}{W}\right) + 369{,}9\left(\frac{a}{W}\right)^2 -$$

$$573\left(\frac{a}{W}\right)^3 + 360{,}5\left(\frac{a}{W}\right)^4 \qquad [6\text{-}16]$$

Weitere Funktionen für Y sind in der ASTM E 399-87 enthalten. Ihre Werte für unterschiedliche a/W-Verhältnisse unterscheiden sich nur unwesentlich voneinander.

Einfluß der Probendicke

Die Ableitung der K-Werte basierte auf Spannungen, Verzerrungen und Verschiebungen, die unabhängig vom Einfluß der z-Achse sind. In realen dreidimensionalen Körpern endlicher Dicke stellt sich aber ein von der Probendicke abhängiger (z-abhängiger) Spannungszustand ein.

Für den Spannungszustand gibt es zwei Grenzfälle:

- Der **ebene Verzerrungszustand EVZ**, dicke Probe (Bauteil);

    hierfür ist die Dehnung in z-Richtung null, $\varepsilon_{zz} = 0$.
    Durch die Verformungsbehinderung in z-Richtung tritt noch die Spannungskomponente: $\sigma_{zz} = \nu(\sigma_{xx} + \sigma_{yy})$ auf, die im Innern dicker Proben $z = B/2$ ihren Maximalwert erreicht.

- Der **ebene Spannungszustand ESZ**, dünne Probe (Bauteil);

    hierfür ist die Spannung in z-Richtung null, $\sigma_{zz} = 0$. Daraus folgt für die Dehnung in z-Richtung:

$$\varepsilon_{zz} = -\frac{\nu}{E}\left(\sigma_{xx} + \sigma_{yy}\right) \qquad [6\text{-}17]$$

ν = POISSONsche Zahl.

In einer endlichen Probe sind die Spannungskomponenten Funktionen von z (Probendicke), deshalb muß auch K von z abhängen.

$$K_{\mathrm{I}}(z) = \lim_{r \to 0} \sqrt{2\pi r} \cdot \sigma_{yy}(r,0,z) \qquad [6\text{-}18]$$

$K_{\mathrm{I}}(z)$ ist der lokale Spannungsintensitätsfaktor längs der Rißfront, der für $z = B/2$ bei EVZ sein Maximum hat.

Bruchkriterien der LEBM

Mit Hilfe eines Kriteriums wird zwischen einem zulässigen und einem unzulässigen Zustand unterschieden. Bei Erfüllung des Kriteriums wird die Beanspruchungsgröße als kritischer Wert oder als Bruchkennwert bezeichnet.

Versagen setzt ein, wenn:
Beanspruchungsgröße = Werkstoffwiderstandsgröße ist.

Die Werkstoffwiderstandsgröße (Stoffeigenschaft) soll unabhängig von Geometriegrößen sein. Sie wird im Versuch im kritischen Punkt des Übergangs vom sicheren Zustand in den instabilen Rißfortschritt (*Reißen, Spaltbruch, Abgleiten*) ermittelt. Das Spannungsintensitätskriterium für Spaltbruch unter Modus-I-Beanspruchung und den Bedingungen des EVZ lautet:

$$K_{\mathrm{I}} = K_{\mathrm{Ic}}. \qquad [6\text{-}19]$$

Die kritischen Werte K_{Ic}, K_{IIc} und K_{IIIc} werden Bruchzähigkeit genannt. Es sind Werkstoffwiderstandsgrößen der jeweiligen Beanspruchungsart I, II und III. Das an Proben gemessene K_{c} ist von der Probendicke B und von der Temperatur T abhängig, ebenso die Brucherscheinungen. Die Abhängigkeit des kritischen Spannungsintensitätsfakors K_{c} von der Probendicke B ist in Bild 6-55 dargestellt. Demnach stellt K_{Ic} die untere Grenze der Bruchzähigkeit als geometrieunabhängiger Werkstoffkennwert bei EVZ dar, der zur auf der sicheren Seite liegenden Auslegung von Bauteilen führt. Zusätzliche Sicherheitsfaktoren für den Sicherheitsnachweis ergeben sich aus dem Zähigkeitsnachweis einer Konstruktion.

Das Bruchkriterium von Griffith (Energiekriterium)

Ausgangspunkt für das GRIFFITHSCHE Instabilitätskriterium für Sprödbruch ist die Um-

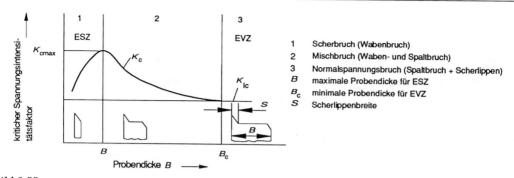

Bild 6-55
Bruchzähigkeit eines Stahles in Abhängigkeit von der Probendicke.

setzung der gespeicherten elastischen Energie U in Energie zur Verlängerung eines vorhandenen Risses $[2a + d(2a)]$ zur Schaffung neuer Rißoberflächen mit der Energiebilanz. Der Bruch tritt ein, wenn die damit verbundene Abnahme der potentiellen Energie (Energiefreisetzung) größer ist als die zur Schaffung von Rißoberflächen benötigte Oberflächenenergie γ_0.

Das Energieversagenskriterium für einen Innenriß der Länge $2a$ in einer unendlich ausgedehnten Scheibe unter der angelegten Zugnennspannung σ_∞ lautet für den EVZ:

$$dU = \frac{\pi \sigma_\infty^2 a}{E'} d(2a) \geq 2\gamma_0 . \qquad [6\text{-}20]$$

Daraus folgt, ein Riß der Länge $2a$, Bild 6-56, hat dann seine kritische Länge a_c erreicht, wenn gilt:

$$a = a_c = \frac{2E'\gamma_0}{\pi \sigma_\infty^2}; \; E' = \begin{cases} E & \text{für ESZ} \\ \dfrac{E}{1-v^2} & \text{für EVZ} \end{cases} \qquad [6\text{-}21]$$

wobei γ_0 = spezifische Oberflächenenergie ist.

Oder anders ausgedrückt, wenn bei gegebener Rißlänge $2a$ die senkrecht zum Riß angelegte kritische Spannung

$$\sigma_{\infty c} = \sqrt{\frac{2E'\gamma_0}{\pi \cdot a}} = \sigma_f \quad \text{mit} \qquad [6\text{-}22]$$

$\gamma_0 = 10^{-2}$ bis 10^{-3} N/cm für Keramik,

den Wert der Bruchspannung annimmt.

Zwischen dem energetischen Konzept von GRIFFITH und dem Spannungsintensitätsansatz von IRWIN besteht ein Zusammenhang, der darauf beruht, daß sich die Energiefreisetzungsrate G aus dem Spannungs- und Verschiebungsfeld der Rißspitzenumgebung berechnen läßt.

Für eine Rißausbreitung von $2a$ auf $[2a + 2d(a)]$ ist die freigesetzte potentielle Energie bei fester Einspannung für eine Rißspitze gleich der den Rißfortschritt zugeführten Energiefreisetzungsrate:

$$G = -\frac{dU}{d(2a)} \qquad [6\text{-}23]$$

Aus Gl. [6-20] ergibt sich:

$$G = \frac{\pi a \sigma_\infty^2}{E'} \quad \text{und mit} \qquad [6\text{-}24]$$

$$K = \sigma_\infty \cdot \sqrt{\pi \cdot a} \qquad [6\text{-}25]$$

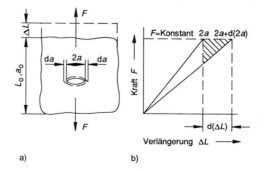

Bild 6-56
a) Scheibe mit Innenriß unter Mode-I-Belastung, b) Kraft-Verlängerungsschriebe für Ausgangsriß $2a$ und für um $d(2a)$ verlängerter Riß, nach BLUMENAUER.

folgt der Zusammenhang zwischen G und K,

$$G = \frac{K^2}{E'}.$$ [6-26]

Die Instabilitätsbedingung lautet:

$$G_c \geq 2\gamma_0$$ [6-27]

G wird nach IRWIN Rißausbreitungskraft genannt. Sie charakterisiert wie K das Rißspitzenfeld und hat die Dimension N/mm.

Im Versuch ist G durch Nachgiebigkeitsmessungen (Compliance) bestimmbar.

Für die Mode-I-, -II- und -III-Belastungen ist der Zusammenhang zwischen G und K durch:

$$G_{I,II} = \frac{K_{I,II}^2}{E'}; \quad E' = \begin{cases} E & \text{für ESZ} \\ \dfrac{E}{1-\nu^2} & \text{für EVZ} \end{cases}$$ [6-28]

und

$$G_{III} = \frac{K_{III}^2}{2\cdot G} = \frac{1+\nu}{E}\cdot K_{III}^2$$ [6-29]

gegeben.

Bei einer gemischten Belastung ist die Gesamtenergiefreisetzungsrate gleich der Summe der modusabhängigen Energiefreisetzungsraten:

$$G = G_I + G_{II} + G_{III} = \frac{K_I^2}{E'} + \frac{K_{II}^2}{E'} + \frac{K_{III}^2}{E'}.$$ [6-30]

Der Rißausbreitungskraft G (Bruchparameter) wirkt eine *Rißwiderstandskraft R* (Werkstoffwiderstandsgröße) entgegen. Das energetische Bruchkriterium lautet:

$$G \geq R, (G_c = R)$$ [6-31]

für den instabilen Rißfortschritt.

Die einzubringende Energie muß größer oder gleich sein als die Rißwiderstandskraft. Ist sie kleiner, dann tritt stabiler Rißfortschritt auf, solange mit zunehmender Rißlänge die Rißwiderstandskraft schneller zunimmt als die Rißausbreitungskraft:

$$\frac{dR}{da} > \frac{dG}{da}.$$ [6-32]

Dieses Bruchkriterium ist Teil des Rißwiderstandes-Kurvenkonzeptes oder *R*-Kurvenkonzeptes, das zu den Versagenskonzepten der elastisch-plastischen Bruchmechanik gehört.

6.4.7 *K*-Konzept mit Kleinbereichsfließen (ssy)

Bei Belastung gekerbter oder rißbehafteter Strukturen beginnt in der unmittelbaren Umgebung der Riß-(Kerb-)spitze bei Erreichen der Fließspannung die Ausbildung von Gleitlinien; der Riß stumpft ab, es bildet sich eine plastische Zone, Bild 6-57. Diese Gleitlinien gehen vom ausgerundeten Rißgrund aus und haben die Form von logarithmischen Spiralen. Der von den Gleitlinien vor dem Rißgrund eingeschlossene Bereich ist die sogenannte "plastische Zone", deren Größe von:

– der Kerb- oder Riß- und Probengeometrie,
– der Art und Höhe der Belastung,
– der Temperatur und
– vom Werkstoffzustand abhängt.

Bei einer nicht zu großen plastischen Zone im Vergleich zur Rißlänge und Probenabmessung kann man formal vom K-Konzept ausgehen, indem man die Rißlänge a um den Radius der plastischen Zone r_{pl} verlängert.

Die so festgelegte effektive Rißlänge

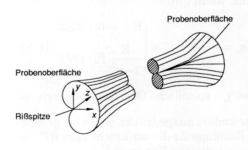

$$r_{pl} = \frac{1}{6\pi}(K_{Ic}/R_{p0.2})^2 \qquad \text{für EVZ in Probenmitte}$$

$$r_{pl} = \frac{1}{2\pi}(K_{Ic}/R_{p0.2})^2 \qquad \text{für ESZ an Probenoberfläche}$$

Bild 6-57
Räumliche Ausdehnung der plastischen Zone vor einer Rißspitze, nach IRWIN.

$a_{\text{eff}} = a + r_{\text{pl}}$

berücksichtigt das Kleinbereichsfließen (ssy) bei der Ermittlung von K-Werten und erweitert dadurch das K-Konzept.

Den Radius der plastischen Zone kann man in erster Näherung durch die Beziehungen

$$r_{\text{pl}} = \frac{1}{2\pi}\left(\frac{K_{\text{I}}}{R_{\text{e}}}\right)^2 \qquad \text{[6-33]}$$

für den ESZ und

$$r_{\text{pl}} = \frac{1}{2\pi}\left(\frac{K_{\text{I}}}{R_{\text{e}}}\right)^2 \cdot (1-v)^2 \qquad \text{[6-34]}$$

für den EVZ abschätzen.

Die theoretische Ausbildung der plastischen Zonen für den ESZ (Oberfläche) und dem EVZ im Innern der Probe ergeben die Form des sogenannten "Hundeknochens" der in Bild 6-57 dargestellt ist.

Dreidimensionale Finite-Element-Rechnungen (3D-Analysen) unter Berücksichtigung der Verfestigung der plastischen Zone ergeben jedoch vom Hundeknochen abweichende Formen. Die Radien der plastischen Zonen für ESZ und EVZ verhalten sich für $\Theta = 0$, gemäß

Gl. [6-33] und [6-34] wie:

$$\frac{r_{\text{pl,ESZ}}}{r_{\text{pl,EVZ}}} = \frac{1}{(1-2v)^2}, \qquad \text{[6-35]}$$

wodurch der maßgebende Einfluß der Dicke des Bauteils auf die Ausbildung der plastischen Zone, in der die Phasen des Bruches ablaufen, zum Ausdruck kommt. Dadurch ist verständlich, daß bei dicken Proben und tiefen Temperaturen sowie bei Werkstoffen mit geringer Zähigkeit stets Normalspannungsbruch auftritt.

6.4.8 Ermittlung der Bruchzähigkeit K_{Ic} nach dem K-Konzept

Die Prüfbedingungen für die Ermittlung von K_{Ic} sind in ASTM E 399-87 und u.a. auch in ESIS P2-91D (European Structural Integrety Society) beschrieben.

K_{Ic} kann an jeder Probe ermittelt werden, wenn:

– eine bestimmte Mindestgröße zur Einstellung des EVZ gewährleistet ist und eine Korrekturfunktion Y vorliegt,

– ein Ermüdungsriß erzeugt,

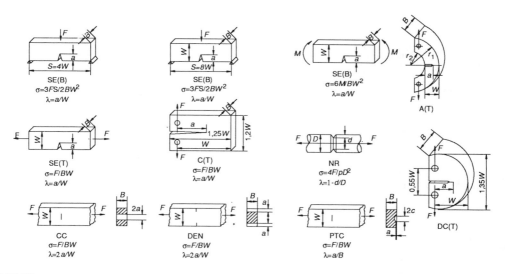

Bild 6-58
Probeformen und Kurzbezeichnungen von Proben zur Ermittlung bruchmechanischer Werkstoffkennwerte. Die Kurzbezeichnungen leiten sich aus den Anfangsbuchstaben der englischen Probenbezeichnung ab, z.B. C(T) = Compact-Tension.

– eine Belastung nach Modus I aufgebracht werden kann und

– die plastische Zone vor der Rißspitze klein im Vergleich zum

– Ligament $(W - a)$, $(B \approx 50 \; r_{pl})$ ist.

Außerdem müssen für den Eintritt des Bruches der Probe (instabiler Rißfortschritt) die Belastung F und die kritische Rißlänge a bzw. a_{eff} bestimmbar sein.

Probeformen

Benutzt werden die in Bild 6-58 dargestellten Probeformen.

Probennahme

Die meisten metallischen Werkstoffe sind aufgrund ihrer Mikrostruktur und Herstellungsbedingungen (Walzerzeugnisse) anisotrop.

Dies erfordert die Ermittlung der Werkstoffkennwerte aus den unterschiedlichen Richtungen des Werkstoffs. Zur Kennzeichnung der Lage der Probe und der der Rißebene werden mit Bezug auf die Achsen des Werkstoffhalbzeuges oder Bauteils die Buchstaben L für die Längsrichtung (Length), T für die Querrichtung (Long Transverse) und S für die Dickenrichtung (Short Transverse)

benutzt. In den Bildern 6-59a bis 59c sind Proben für Probennahmen aus rechteckigen, zylindrischen und quaderförmigen Werkstoffen dargestellt.

Bedingungen für gültige K_{Ic}-Versuche nach ASTM E 399 sind:

– *Probenabmessungen:* $2 \leq B/W \leq 4$

$$\frac{W}{2} = B \geq 2,5 \left(\frac{K_{Ic}}{R_{po,2}} \right)^2 \text{ oder}$$

$$B \geq \frac{25(1-v^2)}{E} \cdot \frac{K_{Ic}^2}{R_{po,2}} \qquad [6\text{-}36]$$

– *Gesamte Rißlänge:* a, *bzw.* a_{eff}, *Bild 6-60*
  $0,45 \leq a \leq 0,55 \; W$,

– *Schwingunsrißlänge:* $> 0,05 \, a$ *oder* $1,3 \, mm$,

– *Belastungsbedingungen des Ermüdungsrisses:*
  $K_{fmax} \leq 0,6 \; K_{Ic}$; $\Delta K \geq 0,9 \; K_{fmax}$,
  $K_{fmax} =$ maximaler K-Wert bei der Ermüdungsrißerzeugung,

– *Rißfront:* sie darf nicht zu stark gekrümmt sein, *Bild 6-60*,

– *Kräfte:* $F_{max}/F_Q \leq 1,1$,

– *Kerbformen:*

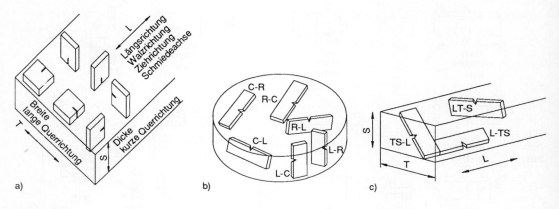

Bild 6-59
Kennzeichnung von Probenlage und Rißebene in verschiedenen Materialstücken, nach ASTM.
a) Flachmaterial, allgemeiner Fall,
b) Rundmaterial (R = Rundmaterial, massiv; C = Hohlzylinder),
c) Flachmaterial, Probennahme unter definierter Winkellage.
Die vor dem Trennstrich stehenden Buchstaben geben die Lage der Probe (L, T, S), die nach dem Trennstrich stehenden die Richtung des Rißausbreitung an.

Als Rißstarter werden in die Proben Kerben mit spangebenden Verfahren eingebracht, die sich in ihrer Form und Abmessung unterscheiden, Bild 6-61. Anschließend wird ein Ermüdungsriß (Schwingungsriß) durch eine zyklische Schwellbeanspruchung erzeugt.

— *Versuchsdurchführung:*

Die Versuchsanordnung als Blockschaltbild für die Durchführung von Bruchmechanikversuchen an CT-Proben ist in Bild 6-62 dargestellt. Die Funktionsblöcke der Meßdatenerfassung und Meßdatenverarbeitung und die Belastungsvorrichtung gehören nicht nur zur Prüfung der Bruchzähigkeit von Werkstoffen, sondern sie sind auch Bestandteile der Standardausrüstung sämtlicher Bruchmechanikversuche, wie z.B. zur Ermittlung der Rißwiderstandskurve (Abschn. 6.4.9.5).

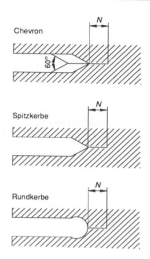

Bild 6-61
Rißstarterkerben mit Schwingungsriß (N).

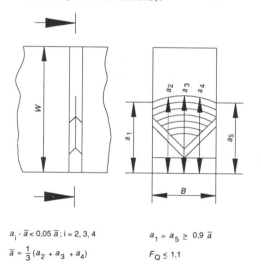

$$a_i - \bar{a} < 0{,}05\,\bar{a}\,;\, i = 2,3,4$$

$$\bar{a} = \tfrac{1}{3}(a_2 + a_3 + a_4)$$

$$a_1 = a_5 \geq 0{,}9\,\bar{a}$$

$$F_Q \leq 1{,}1$$

Bild 6-60
Schematische Darstellung der Bruchfläche und Ermittlung der Rißlänge; Kerbform: Chevron.

— *Kraft- Rißaufweitungsmessung*

Die Kraft wird in Abhängigkeit von der Rißaufweitung v (Verschiebung) aufgezeichnet (Maschinenschrieb). Zur Ermittlung der Kraft dient eine in die Belastungsvorrichtung eingebaute Kraftmeßdose. Zur Ermittlung der Rißaufweitung wird meist ein DMS-bestückter Wegaufnehmer be-

nutzt, der entweder in eine eingefräste Kerbe oder in angeschraubte Meßschneiden, die jeweils am Ufer des Kerbes angebracht sind, eingehängt ist. Bild 6-63.

Der für K_{Ic}-Werte geforderte EVZ ist entweder durch die Formänderungsbehinderung einer kritischen Probendicke B_c oder bei ferritischen Werkstoffen hauptsächlich bei tiefen Temperaturen zu erreichen. Aus den Kraft-Rißaufweitungsschrieben wird die Kraft bei Einsetzen der Rißverlängerung, beim K_{Ic}-Versuch bei Einsetzen des instabilen Rißfortschritts F_Q (Sprödbruchs), entnommen. In Bild 6-63 sind die 3 Grundtypen der Kraft-Rißaufweitungsschriebe dargestellt, die sich in Abhängigkeit vom Werkstoffverhalten von der Prüftemperatur und dem Prüfmedium ergeben.

Ermittlung der Kraft F_Q zum Bestimmen eines gültigen K_{Ic}-Wertes

Typ I: $F_{max} > F_Q$, F-v-Schrieb besteht aus linearelastischen Geraden und elastoplastischem Übergang bis F_{max}. Da F_{max} aufgrund zu hoher plastischer Verformung für einen gültigen K_{Ic}-Wert nicht zu verwenden ist, wird eine Ersatzkraft F_Q nach der sog. 5 %-Sekantenmethode festgelegt. Der Schnittpunkt der Sekante OB, die 95 % der elastischen Geraden OA beträgt mit F-v-Schrieb, $F_{5\%} = F_Q$.

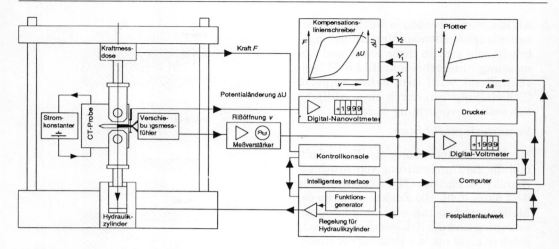

Bild 6-62
Schematische Darstellung des Meßplatzes zur Ermittlung bruchmechanischer Werkstoffkennwerte, BAM.

F_Q wird eine stabile Rißverlängerung von 2 % der Ausgangsrißlänge a zugeordnet.

Typ II: $F_{max} > F_Q$, F-v-Schrieb besteht aus linearelastischen Geraden und elastoplastischem Übergang bis F_{max} mit Unstetigkeit im Bereich des Übergangs (Pop in), F_Q ist Kraft an der Unstetigkeit.

Typ III: F-v-Schrieb besteht aus linearelastischen Geraden und nichtlinearelastischem Übergang bis zum Abfall;

$$F_{max} = F_Q.$$

Aus F_Q ist K_Q mit Gl. [6-15] mit

$$\sigma_\infty = \frac{F_Q}{B \cdot W}$$

$$K_Q = \frac{F_Q}{B \cdot W} \cdot \sqrt{\pi a} \cdot Y\left(\frac{a}{W}\right)$$ [6-37]

für $0{,}45 \leq a/W \leq 0.55$ zu bestimmen.

Die Bedingungen für die Ermittlung von gültigen K_{Ic}-Werten nach ASM E 399 sind in Abschn. 6.4.8 aufgeführt. Für hochfeste Stähle und verformungsarme Werkstoffe ist der Faktor 2,5 von Gl. [6-36] zu groß. Außerdem führt die 5 %-Sekanten-F_Q-Bestimmung ab einer bestimmten Probenbreite W zu probenbreitenabhängigen K_{Ic}-Werten, was den K_{Ic}-Wert

als probenunabhängigen Werkstoffkennwert in Frage stellt.

6.4.9 Versagenskonzepte der Elastisch-Plastischen Bruchmechanik

Für Plastizierungsrade des Restquerschnitts bei etwa $F/F_{gy} > 0{,}9$ beginnt der Anwendungsbereich der EPBM. Das Bruchverhalten wird nicht nur durch die Spannungskonzentration an der Rißspitze, sondern auch durch die Verformung im Ligament bestimmt. Das Versagen erfolgt bis zur Initiierungstemperatur T_i, Bild 6-50, durch Spaltbruch (instabiler Rißfortschritt) und für $T > T_i$ durch statische Rißein-leitung, durch stabiles Rißwachstum und möglicherweise auch durch instabilen Rißfortschritt. Für $T < T_i$ erfolgt die Rißentstehung in der plastischen Zone *vor* der Rißspitze und für $T \geq T_i$ vom aus-gerundeten Rißgrund aus, wie Knott nachwies.

Neben den Versagenskonzepten der EPBM findet auch das Grenzlastverfahren als Auslegungskonzept Anwendung, nachdem die plastische Grenzlast F_g bzw. die Kollapslast einer rißbehafteten Probe oder eines Bauteils berechnet werden kann. Darauf wird aber hier nicht eingegangen.

6.4.9.1 Das COD-Konzept von COTTRELL und WELLS

Die Rißspitzenöffnungsverschiebung δ als Bruchparameter dient hier zur Beurteilung des Sprödbruchversagens rißbehafteter Strukturen, bei denen instabile Rißausbreitung erst nach makroskopisch meßbarer plastischer Verformung an der Rißspitze einsetzt. Das Konzept basiert auf dem DUG-DALE-Modell.

Der Bruchparameter, die Rißöffnungsverschiebung, engl. **C**rack **O**pening **D**isplacement (*COD*), ist eine Länge (Verschiebung), eine Grundgröße im physikalischen Maßsystem.

Instabile Rißausbreitung setzt danach ein, wenn die plastische Verzerrung (Verschiebung) an der Rißspitze, das Maß dafür ist die Rißspitzenöffnungsverschiebung (CTOD = **C**rack **T**ip **O**pening **D**isplacement), einen kritischen Wert erreicht. Das Bruchkriterium lautet:

$$CTOD = CTOD_c \qquad [6\text{-}38]$$

Die Größe des Bruchparameters CTOD ist vom Werkstoff, von der Art der Beanspruchung (Krafteinwirkung, Umgebungsmedium, Temperatur), und der Proben- oder Bauteilgeometrie abhängig. Das $CTOD_c$ ist die dazugehörige Werkstoffwiderstandsgröße (Bruchkennwert = Werkstoffkennwert der Zähigkeit).

Je nach Werkstoffverhalten bei mechanischer Belastung hat man als kritische Bruchkennwerte das:

– $CTOD_c$ oder $δ_c$ für instabilen Rißfortschritt (c = critical),

– $CTOD_i$ oder $δ_i$ für den Beginn des stabilen Rißfortschritts (i = initiation),

– $CTOD_R$ oder $δ_R$ für stabilen Rißfortschritt (R = Restistance).

Die Ermittlung der Zähigkeitskennwerte (Bruchkennwerte) erfolgt an Laborproben, bei Einhaltung festgelegter Prüfbedingungen, Bild 6-55, die z.B. in ESIS P2-91D, DVM 002 beschrieben sind. Die Phasen des Bruchablaufes sind in Bild 6-64 dargestellt.

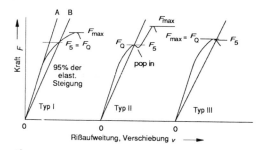

a)

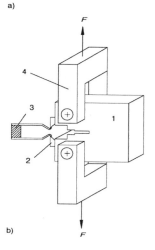

b)

Bild 6-63
a) Grundtypen von Kraft-Rißaufweitungsschrieben bei der Ermittlung von K_{Ic}-Werten, b) Prüfanordnung eines K_{Ic}-Versuches an einer CT-Probe, 1 CT-Probe, 2 Meßschneiden, 3 Wegaufnehmer und 4 Krafteinleitung.

Als Basis des COD-Konzeptes für den Anwendungsbereich der LPBM ($σ_∞ < σ_y$) dient die in Bild 6-64 dargestellte Rißspitzensituation. $σ_y = R_{p0,2}$ oder R_{eL}.

Für eine Zugscheibe mit Innenriß ist die Rißöffnungsverschiebung unter Berücksichtigung der plastischen Zonenkorrektur nach IRWIN:

$$COD_{max} = 2v = \frac{4 \cdot σ_∞ \cdot a}{E} \qquad [6\text{-}39]$$

und die Rißspitzenöffnungsverschiebung

$$CTOD = \frac{4 σ_∞}{E} \sqrt{2 a\, r_{pl}} = \frac{4}{π} \cdot \frac{K^2}{E σ_y}. \qquad [6\text{-}40]$$

Der Zusammenhang zwischen CTOD und K ist auch durch die Gl. [6-40] gegeben.

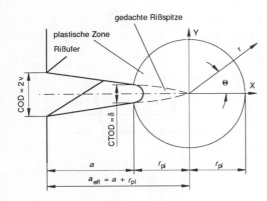

Bild 6-64
Rißspitzenöffnungsverschiebung bei Kleinbereichs-
fließen (small scale yielding).

Nach dem DUGDALE-Modell ist für $\sigma_\infty < \sigma_y$:

$$CTOD = \frac{8\sigma_y a}{4E} \log \sec \frac{\pi \sigma_\infty}{2\sigma_y} = \frac{\pi \sigma_\infty^2 a}{E \sigma_y} \qquad [6\text{-}41]$$

Bei Bruch, mit $\sigma_\infty = \sigma_f$, ergibt sich aus Gl. [6-41]

$$\sigma_f = \sqrt{\frac{E \cdot \sigma_y}{\pi \cdot a} \cdot CTOD_c}, \qquad [6\text{-}42]$$

die Verknüpfung zwischen der Bruchspannung und $CTOD_c$.

Für die Rißausbreitungskraft G_I bei Modus-I-Belastung und CTOD gilt Gl. [6-43]:

$$CTOD = \frac{G_I}{\lambda \sigma_y} = \frac{K_I^2(1-v^2)}{E\sigma_y} \qquad \text{für } 1 < \lambda < 2.$$

Für das Energieintegral J und CTOD nach RICE ist:

$$J^* = \lambda \sigma_y \delta, \quad \delta = CTOD. \qquad [6\text{-}44]$$

Für die Rißinstabilität ergibt sich dann:

$$J_{Ic}^* = \lambda \sigma_y \delta_c. \qquad [6\text{-}45]$$

Das Dugdale-Modell ist nur für $\sigma_\infty < \sigma_y$ anwendbar. Die Bauteilsicherheitsnachweise für angerissene Bauteile haben folglich nach "bruchmechanischen Sicherheitskonzepten" auf der Basis von K, CTOD, J zur Vorhersage der Rißinstabilität und der kritischen Rißlängen a_c zu erfolgen.

Oberhalb von T_i und für $\sigma_\infty > \sigma_y$, Bild 6-50,

sind das COD-Konzept und das J-Intergral auch zur Vorhersage des Beginns und des stabilen Rißfortschritts angerissener Proben und Bauteile aus Werkstoffen mit elastisch-plastischem Verformungsverhalten anzuwenden (Rißfortschrittskonzepte).

6.4.9.2   Das COD-Konzept von BURDEKIN/STONE

Das Konzept stellt eine Erweiterung des COTTRELL-WELLSschen-Konzeptes für stabilen Rißfortschritt dar, der nach Erreichen des Initiierungswertes δ_i erfolgt.

Zwischen der Rißöffnungsverschiebung COD und stabilem Rißfortschritt gibt es den in Bild 6-65 dargestellten experimentell ermittelten linearen Zusammenhang angeschwungener CT-Proben. Dieser wurde auch anhand von Finite-Element-Rechnungen zwischen dem Energieintegral J und δ bestätigt.

6.4.9.3   Probleme des COD-Konzeptes

Die Schwierigkeiten bestehen sowohl in der

– exakten Definition von δ als auch in der
– experimentellen Ermittlung kritischer Werte von δ.

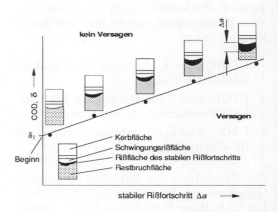

Bild 6-65
R-Kurve (Widerstandskurve) COD in Abhängigkeit
des stabilen Rißforstschritts.

Definition von δ

Die verschiedenen Festlegungen von δ an einer durch plastische Verformung ausgerundeten Rißspitze und die Ausbildung der Stretchzone (SZH und SZW) sind in Bild 6-66a bis d dargestellt. Unter Stretchzonenbreite (SZW) versteht man die Strecke, die sich infolge der Rißabstumpfung von der ursprünglichen Rißspitze bis zum ausgerundeten Riß entwickelt hat. Sie ist auf der Bruchfläche mit Hilfe eines Rasterelektronenmikroskopes zu erkennen und ausmeßbar.

Die SZW wird zur Ermittlung der Rißinitiierungswerte δ_i und J_i aus Rißwiderstandskurven (J-Δa, δ-Δa) verwendet (Abschn. 6.4.9.5).

Untersuchungen verschiedener Probeformen und Belastungsarten ergeben jedoch eine unterschiedliche Ausbildung der Rißspitzengeometrie, was die Ermittlung eines Werkstoffkennwertes (kritischer δ-Wert (δ_i)) erschwert. Für die numerische Kerbspannungsanalyse hat sich die Festlegung für δ gemäß Bild 6-66b durchgesetzt. Ungeklärt

bleibt, ob δ_i ein Werkstoffkennwert ist, der unabhängig von der Probengröße und -form und von der Belastungsart ist. Ferner läßt sich mit δ_i bzw. δ_c keine Korrelation zu den mikrophysikalischen Versagensmechanismen der Prozeßzone herstellen, weil die $\delta_{i,c}$-Bestimmung wie auch die $J_{i,c}$-Bestimmung auf globalen Betrachtungen beruhen.

6.4.9.4 Experimentelle Bestimmung kritischer δ-Werte

Aufgrund der sehr geringen Beträge der Rißöffnung von einigen zehntel Millimetern und der Unzugänglichkeit der Rißspitze ist die experimentelle Ermittlung mit hohem Aufwand und mit Unsicherheiten verbunden. Die Verfahren unterscheiden sich in

- direkte und
- indirekte Messung.

Eine direkte Messung von δ ist nur mit dem Mikroskop an der Oberfläche der Probe möglich. Die Verfahren, deren Messung an der Oberfläche der Probe erfolgen, liefern nur zuverlässige Werte für dünne Proben. Bei dicken Proben ist die Rißspitzenöffnungsverschiebung im Innern der Probe größer als an der Oberfläche. Für die δ-Ermittlung in Probenmitte sind nur die *Schlifftechnik* und die *Infiltrationstechnik*, die bisher nur für Grundlagenuntersuchungen versucht worden sind, anwendbar.

Bei der Infiltrationstechnik wird der Riß mit aushärtbarem Kunststoff (z.B. Technovit) ausgegossen und der Abdruck mit dem Mikroskop gemessen. Eine kontinuierliche kraftabhängige und direkte Messung von δ ist nicht möglich.

Bei der indirekten Ermittlung wird δ durch Extrapolation der Rißuferaufweitung v erhalten. Das v wird am Probenrand und an der Probenoberfläche oder in einem Abstand z vom Rißufer gemessen, Bild 6-67.

Zur Ermittlung von v benutzt man einen Wegaufnehmer, der mit Meßscheiden festgehalten oder der in am Rißufer eingebrachte Einkerbungen eingehängt wird, Bild 6-63.

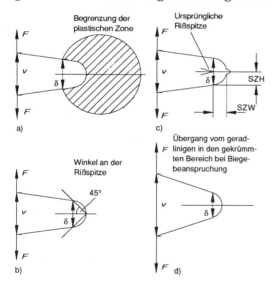

Bild 6-66
Festlegungen der Rißspitzenöffnungsverschiebung δ nach Blumenauer, *v bezeichnet die Rißuferaufweitung SZW und SZH die Stretchzonenbreite und -höhe.*

Unter der Annahme eines Rotationszentrums im Restquerschnitt (Ligament), um das sich die Rißflanken unter zunehmender Last drehen, und aufgrund von Versuchen wurden verschiedene Beziehungen zwischen δ und v für die verschiedenen Probenformen aufgestellt.

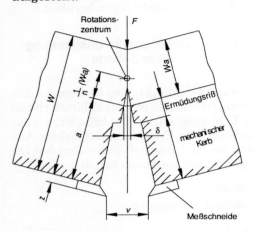

Bild 6-67
Geometrie der Rißöffnung δ an Dreipunktbiegeproben mit fiktivem Drehpunkt (Türangelmodell), nach BLUMENAUER.

Einen großen Einfluß auf die Rißspitzenöffnung übt dabei die Lage des Rotationszentrums im Ligament aus, Bild 6-68, die durch den Abstand $r(W\text{-}a)$ vom Rißgrund festgelegt ist. Der r-Wert ist abhängig von der Probenart und vom Verfahren der Ermittlung von δ, wobei er bei einigen Verfahren als konstante und bei den anderen als veränderliche Größe hergeleitet worden ist.

Der veränderliche r-Wert berücksichtigt die bei der Probenverformung eintretende Verschiebung des Rotationszentrums.

Nach British Standard (BS 5762) setzt sich die Rißspitzenöffnung aus einem elastischen und aus einem plastischen Anteil zusammen:

$$\delta_o = \delta_{el} + \delta_{pl} \qquad [6\text{-}46]$$

der in den Bildern 6-68a und 6-68b dargestellt ist.

Für δ_{el} ergibt sich für $v = 0,3$

$$\delta_{el} = \frac{K_I^2(1-v^2)}{2\sigma_y E} \quad \text{und für} \qquad [6\text{-}47]$$

$$\delta_{pl} = \frac{0,4 \cdot (W-a)}{(0,4\,W + 0,6\,a + z)} \cdot v_p \qquad [6\text{-}48]$$

(für $r = 0,4$ = konst. nach BS 5762) der Zusammenhang zwischen δ_{pl} und v_p, welches im Versuch gemessen wird.

Die gesamte Rißspitzenöffnungsverschiebung für sämtliche Formen von Bruchmechanikproben ergibt sich nach ESIS P2-91D zu:

$$\delta_0 = \frac{K_I^2(1-v^2)}{2\sigma_y E} + \frac{0,4\,(W-a)}{(0,4\,W + 0,6\,a + z)} \cdot v_p \quad [6\text{-}49]$$

mit

$$K = \frac{F}{\sqrt{B B_n W}} \cdot f(a/W),\, (F = F_{c,i}\ \text{bei}\ v_{c,i}) \quad [6\text{-}50]$$

für die Ermittlung der Initiierungswerte δ_c oder δ_i.

In ESIS P2-91D wird a mit a_0 und K_I mit K bezeichnet. $B_n = B - 2t$ ist die Restbreite seitengekerbter Proben, wobei t die Einkerbtiefe an der Seite ist.

Bei nicht seitengekerbten Proben ist B_n durch B zu ersetzen, so daß aus dem Wurzelausdruck $B \cdot \sqrt{W}$ wird.

Für $T > T_i$ wird δ_i überschritten, und stabile Rißausbreitung bei zunehmendem Energieverbrauch folgt. Die Näherungslösung der Rißspitzenöffnungsverschiebung bei stabilem Rißwachstum während der Belastung bis $\Delta a_{max} \leq 0,1\ (W\text{-}a)$ lautet, Gl. [6-51]:

$$\delta_0 = \frac{K^2(1-v^2)}{2\sigma_y E} + \frac{0,6\,\Delta a + 0,4\,(W-a)}{0,6\,(a + \Delta a) + (0,4\,W + z)} \cdot v_p$$

die sich nur durch den δ_{pl}-Anteil von Gl. [6-49] unterscheidet.

Die Gültigkeitsgrenzen von δ ergeben sich nach ESIS P2 aus Δa_{max} und

$$\delta_{max} = \frac{W-a}{50}\ \text{oder} \qquad [6\text{-}52]$$

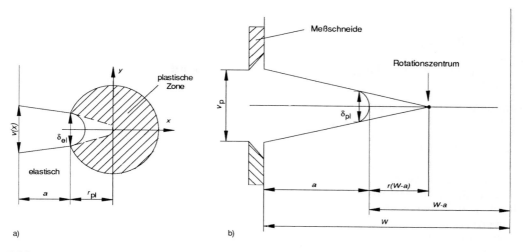

Bild 6-68
a) Darstellung von δ_{el} an Rißspitzenmodell von IRWIN *b) und Darstellung von δ_{pl} aus Türangelmodell.*

$$\delta_{max} = \frac{B}{50}. \qquad [6\text{-}53]$$

Die Ermittlung kritischer Werkstoffwiderstandswerte (δ-Werte) erfolgt mit den aus den Kraft-Kerbaufweitungsschrieben erhaltenen Daten, Bild 6-69, und den für den jeweiligen F-v-Typ geltenden Beziehungen, z.B. nach ESIS P2 oder BS 5762.

Bei der Ermittlung von δ_{max} mit den Gl. [6-49] und [6-51] gibt es Probleme, wenn eine kurzzeitige Rißinstabilität (Pop in), Bild 6-69, auftritt und die stabile Rißverlängerung nicht gemessen werden kann.

Die Art der Rißausbreitung ist an der Bruchtopographie der Bruchfläche ersichtlich. Während des Versuchs kann die Rißausbreitung mit Hilfe der Potentialsonde, Registrierung der Potentialänderung in Abhängigkeit der entstehenden Bruchfläche, ermittelt werden.

Die Ermittlung von δ_i-Werten ist schwierig, aufwendig und oft nicht eindeutig, deshalb ist in ESIS P2 eine "Ersatzgröße", ähnlich der 0,2-%-Dehnungsgrenze im σ-ε-Diagramm, als $\delta_{0,2}$-Wert definiert. Dieser ergibt

sich aus dem Schnittpunkt der R-Kurve mit einer Parallelen zur Bluntingline, (Abstumpfungslinie, die der HOOKEschen Gera

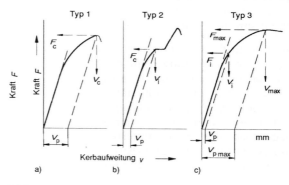

Bild 6-69
Kraft-Kerbaufweitungsschriebe zur Bestimmung der kritischen Rißspitzenöffnungsverschiebung δ_c, δ_i und δ_{max}.

de entspricht) bei einem stabilen Rißwachstum von $\Delta a = 0,2$ mm, Bild 6-78.

Gemäß der Definition eines Werkstoffkennwertes, hier für die Zähigkeit, muß ein Bruchkennwert unabhängig von der Geometrie der Probe und von der Belastung sein. Danach ist nur der δ_i-Wert bei ebener Dehnung (EVZ), der in der Mitte von Proben bestimmter Dicke auftritt, ein Werkstoffkennwert. Die Dickenbedingung lautet:

$B > 25\,\delta_i$ [6-54]

Die Kenngrößen δ_{max} und K_{max} sind trotz Erfüllung von Gl. [6-54] wegen der Bildung von Scherlippen von der Probendicke abhängig, Bild 6-50.

Zusammenfassend ist festzuhalten, daß das COD-Konzept der EPBM vorwiegend ein empirisches Konzept ist. In dem Bereich, wo es voll gültig ist, entspricht es dem *J*-Konzept. Der δ_i-Wert ist nur unter den Bedingungen des EVZ als Werkstoffkennwert für den Beginn des Rißfortschrittes anzusehen. Dadurch ist die Übertragbarkeit der an Laborproben ermittelten Kenngrößen auf Bauteile zumindest problematisch. Ungeklärt ist weiterhin die eindeutige Lage des Rotationspunktes und seine Lastabhängigkeit bei Bruchmechanikproben. Die Rißspitzenkontur ist von der Art der Belastung abhängig. Für die Qualitätssicherung im Bereich der Offshore-Technik wurde $\delta_{imin} \geq 0,25$ mm bei $-10\,°C$ zugrunde gelegt (BS 5762). In ESIS P2 ist die Ermittlung von Kenngrößen auf der Basis des COD- und *J*-Konzeptes gemeinsam beschrieben.

BURDEKIN und DAWES leiteten aus dem COD-Konzept ein bruchmechanisches Sicherheitskonzept, den CTOD-Disign-Curve-Approach, ab. Die für das rißbehaftete Bauteil berechnete Beanspruchungsgröße δ muß kleiner sein als der Rißinitiierungswert δ_i (Beginn stabiler Rißverlängerung), der als Grenzwert aus der Design-Kurve entnommen wird, ähnlich wie in Bild 6-65.

6.4.9.5   Das *J*-Integral-Konzept

Im Anwendungsbereich der LEBM wurde das *J*-Integral wie die Energiefreisetzungsrate G aufgefaßt ($J_{Ic} = G_{Ic}$). Bei elastisch-plastischem Werkstoffverhalten finden beim Bruch in der plastischen Zone zusätzliche Energieumsetzungen statt, die mit dem *J*-Integral erfaßt werden können.

Mit Hilfe der Deformationstheorie wird die Verzerrungsenergie der plastischen Zone, die sich aus einem elastischen und plastischen Anteil zusammensetzt, für nichtli-

nearelastisches Werkstoffverhalten erfaßt: $W = W_{el} + W_p$. Das *J*-Integral eignet sich als Bruchkriterium auch für große plastische Zonen, was von BERGLEY und LANDES durch Versuche bestätigt worden ist. Die Versagensbedingung für instabilen Rißfortschritt für den Anwendungsbereich der LEBM und EPBM lauten:

$J = J_i$ oder J_{Ic} (LEBM mit Kleinbereichsfließen und EVZ)   [6-55]

$J = J_c = J_i$ (EPBM).   [6-56]

J ist der Bruchparameter, oder auch "Rißinitiierungsparameter" genannt, J_c bzw. J_i ist der werkstoffspezifische kritische Werkstoffkennwert (Zähigkeitskennwert), bei dem stabiles Rißwachstum einsetzt. J_c und J_i werden an Labor-Bruchmechanikproben, Bild 6-55 und der in Bild 6-62 dargestellten Versuchseinrichtung genauso wie die δ_i-Werte ermittelt. Im Versuch lassen sich die Phasen des stabilen Bruches beobachten, Bild 6-70, die gekennzeichnet sind durch:

– Ausrundung des Ausgangsrisses (Rißabstumpfung),

– Initiierung eines Risses am Grund des ausgerundeten Ausgangsrisses,

– langsames stabiles Rißwachstum unter stetig zunehmender Last bis zu einer kritischen Länge und schließlich durch

– instabilen Bruch.(Restbruch, Gewaltbruch).

Der stabile Rißfortschritt ist werkstoffspezifisch, der Werkstoffwiderstand ist durch die Rißwiderstandskurve (J_R-Δa-Kurve), Bild 6-70 erfaßt. Die *J*-Δa-Kurve (*J-R*-Kurve) dient auch zur Bestimmung des J_i- bzw. des J_{Ic}-Wertes, wofür unterschiedliche Methoden anzuwenden sind, DVM-002.

Ermittlung von *J* und *J*-Δa-Kurven an Proben

Als Basis dient der von RICE angegebene Zusammenhang zwischen *J* und der potentiellen Energie Φ.

$$J = -\frac{\partial \Phi}{\partial a}\bigg|_{F=\text{konst}}$$ [6-57]

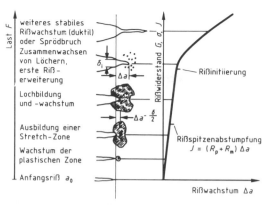

Last F

weiteres stabiles
Rißwachstum (duktil)
oder Sprödbruch
Zusammenwachsen
von Löchern,
erste Riß-
erweiterung

Lochbildung
und -wachstum

Ausbildung einer
Stretch-Zone

Wachstum der
plastischen Zone

Anfangsriß a_0

Rißwiderstand G, σ, J

Rißinitiierung

δ_i

Δa

$\Delta a - \frac{\delta}{2}$

Rißspitzenabstumpfung
$J = (R_p + R_m) \Delta a$

Rißwachstum Δa

Bild 6-70
Rißwiderstandskurve mit schematischer Darstellung
der Phasen der Rißausbreitung und zugehöriger
Vorgänge in der plastischen Zone, nach BLAUEL.

Das J-Integral ist ein Linienintegral mit geschlossenem Integrationsweg vom unteren zum oberen Rißufer eines Risses, Bild 6-71.

Seine Wegunabhängigkeit resultiert daraus, daß das J-Integral für einen geschlossenen Umlauf $(\Gamma - \Gamma_1, -\Gamma_0 - \Gamma_2)$ verschwindet, und ebenso die Beträge entlang Γ_1 und Γ_2 sowie für jeden Integrationspfad Γ den gleichen Wert liefern:

$$J = -\frac{\partial \Phi}{\partial a}\bigg|_{F=\text{konst}} = \int_\Gamma \left(W dy - T\frac{\partial u}{\partial x}\right) ds. \quad [6-58]$$

Es bedeuten:

Φ = Potentielle Energie,

Γ = Integrationsweg,

T = Spannungsvektor ($n_i \sigma_{ij}$),

u = Verschiebungsvektor,

ds = Linienelement,

$dy = \cos \Phi \, ds$,

n = Normalenvektor.

Daraus folgt, daß durch Integration entlang den Probenrändern oder durch Verschiebungsmessungen an Proben die Energie ermittelt werden kann und damit auf Energieumsetzungen in der plastischen Zone (Prozeßzone) geschlossen werden kann.

Beim Versuch setzt sich die gesamte potentielle Energie Φ aus der Verzerrungsenergie der Probe U und der Energie der Belastungsvorrichtung U_M zusammen. Ebenso die Gesamtverschiebung:

$$v_G = v + v_M \quad [6-59]$$

$$\Phi = U + U_M \quad [6-60]$$

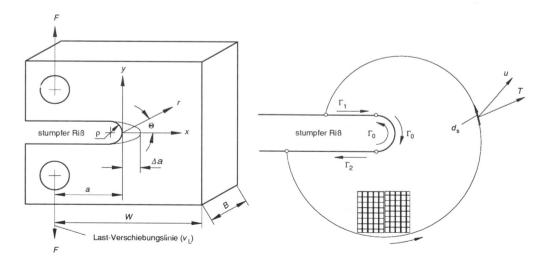

Bild 6-71
Darstellung des Integrationsweges für das J-Integral an einer CT-Probe.

$$dU = F\,dv + \left[\int_0^v \frac{\partial F(\overline{v},a)}{\partial a}\bigg|_{\overline{v}=\text{konst}} d\overline{v}\right]da \quad [6\text{-}61]$$

und

$$dU_\text{M} = F\,dv_\text{M} \qquad\qquad\qquad [6\text{-}62]$$

[6-61] und [6-62] in [6-60] gibt:

$$d\Phi = F\,dv_\text{ges} + \left[\int_0^v \frac{\partial F(\overline{v},a)}{\partial a}\bigg|_{\overline{v}=\text{konst}} d\overline{v}\right]da\,[6\text{-}63]$$

Mit $\Phi = \Phi(v_\text{G},a)$ ist für konstante Gesamt-verschiebung mit $B = 1$

$$J = -\frac{\partial\Phi}{\partial a}\bigg|_{v_\text{G}=\text{konst}} = -\int_0^v \frac{\partial F(\overline{v},a)}{\partial a}\bigg|_{\overline{v}=\text{konst}} d\overline{v}\;[6\text{-}64]$$

und konstante Kraft,

$$J = \int_0^F \frac{\partial v(\overline{F},a)}{\partial a}\bigg|_{\overline{F}=\text{konst}} d\overline{F};\quad (B=1). \quad [6\text{-}65]$$

Die Gl. [6-64] und [6-65] liefern den Zusammenhang zwischen der Kraft und der Verschiebung, der in den Kraft-Verschiebungs-kurven (F-v-Kurven) einer Probe für unterschiedliche Rißtiefen in Bild 6-72 für die Einheitsdicke $B = 1$ dargestellt ist.

Das J-Integral kann somit als Differenz der potentiellen Energie zweier identischer Proben mit um Δa verschiedener Rißlänge, die mit gleicher Kraft oder Verschiebung beansprucht werden, gedeutet werden.

Der Nachweis erfolgt durch den Versuch. Es ist:

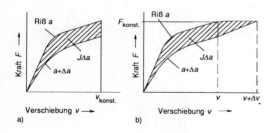

a)   b)

Bild 6-72
Graphische Darstellung des J-Integrals (schraffierte Fläche) a) starre Maschine, v = konstant b) nachgiebige Maschine, F = konstant.

$$-\Delta U = J \cdot \Delta a \cdot B \qquad\qquad [6\text{-}66]$$

Die experimentelle Ermittlung von J kann nach:

- dem Mehrprobenverfahren (größere Streuung),
- dem Einprobenverfahren, aber auch aus
- der J_R-Δa-Kurve erfolgen, die wiederum aus Ergebnissen von Mehr- und Einprobenverfahren aufgenommen worden ist.

Mehrprobenverfahren nach Bergley und Landes (Compliance-Methode)

Vorgehensweise:

- Bestimmung der Last-Verschiebungs-kurve (v_L) oder v_LL F-v_L, Kurve an ca. 5 Proben gleicher Geometrie aber unterschiedlicher Rißlänge a_i, Bild 6-73a,
- Berechnung der Fläche(n) unter den F-v_Li-Schrieben mit

$$U_\text{i} = \int_0^{v_\text{Li}} F \cdot dv_\text{L} \qquad\qquad [6\text{-}67]$$

$i = 1, 2, 3...;$ $v_\text{L} = $ Verschiebung in der Lastlinie, Bild 6-71

oder Bestimmung von U_i durch Ausplanimetrieren der Fläche unter dem F-v-Schrieb für konstanten Wert für v_L,

- Auftragung der auf die Probendicke B bezogenen Energien über der Rißlänge a, Bild 6-73b,
- Bestimmung des J-Wertes durch Differenzieren der so erhaltenen Kurven für verschiedene Rißlängen v_Li (negative Steigungen dieser Kurven), Bild 6-73c,

$$J = -\frac{1}{B} \cdot \frac{\partial U}{\partial a}\bigg|_{v_\text{L}=\text{konst}} \qquad [6\text{-}68]$$

Der experimentelle Aufwand der geschilderten Vorgehensweise beim Mehrprobenverfahren ist für die Praxis zu groß. Deshalb wurden mehrere Verfahren entwickelt, die es gestatten, eine J-Bestimmung an einer Probe durchzuführen. Meist handelt es sich hierbei um Näbrungsverfahren zur J-Abschätzung.

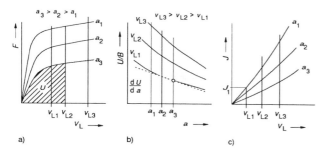

a)   b)   c)

Bild 6-73
Schematische Darstellung der experimentellen Bestimmung des J-Integrals, nach BUCCI.

Einprobenverfahren nach RICE, PARIS und MERKLE

Zur Durchführung der Ermittlung von *J* muß der Zusammenhang zwischen *F* und *v* wieder bekannt sein. Das Verfahren beruht auf der elastischen Nachgiebigkeit (Compliance), *C*, einer rißbehafteten oder gekerbten Probe, die mit zunehmendem stabilen Rißwachstum zunimmt, Bild 6-74a.

Zur Ausmessung der Compliance wird die Probe nach vorgegebenem konstanten Verschiebungsbetrag der Rißufer Δv um ca. 10 % von der jeweiligen Maximalkraft entlastet. Der Vorgang der Be- und Entlastung wird bis zum Erreichen der vorgegebenen Gültigkeitsgrenzen durchgeführt. Zu jedem Belastungszyklus wird der *J*-Wert nach Gl. [6-66] berech-

net und über Δa aufgetragen. Die *J-R*-Kurve wird durch eine Ausgleichsgerade durch die Meßpunkte erhalten (Kurvenfit).

Nährungslösung für Biegeproben und CT-Proben mit großem *a/W*-Verhältnis und $v_L \approx v_p$ lautet:

$$J = \frac{\eta U}{B(W - a)}.$$ [6-69]

U ist die an der rißbehafteten Probe aufgebrachte Arbeit, die aus dem *F-v_L*-Schrieb berechnet werden kann. *h* ist eine von der Art der Belastung, der Probengeometrie und Rißlänge abhängige Größe, die gleichbedeutend der Größe *Y* des *K*-Konzeptes ist. Für die Dreipunkt-Biegeprobe (SE(B)) ist $h = 2$. Bei Verwendung von seitengekerbten Proben ist *B* durch B_n zu ersetzen.

Die Versuchsdurchführung und Kennwertermittlung ist in den Regelwerken ESIS P2-91D, DVM002 und ASTM E 813-87, ASTM E 1152-87, beschrieben.

J-Bruchparameter aus J-R-Kurve nach ESIS P2-91D

Die Bestimmung kritischer *J*-Werte für die Rißinitiierung, z.B. J_i, ist schwierig, weil das entsprechende Merkmal, Initiierung, in den meisten Fällen nicht aus dem *F-v*-Schrieb zu

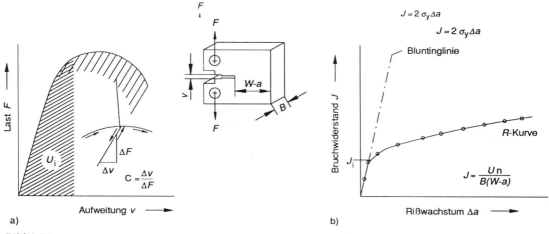

a)   b)

Bild 6-74
a) Methode der partiellen Entlastung zur Messung von stabilem Rißwachstum, schematisch b), J-R-Kurve.

entsprechende Merkmal, Initiierung, in den meisten Fällen nicht aus dem F-v-Schrieb zu entnehmen ist, Bild 6-69.

Eindeutig ist der F-v-Schrieb entweder nur bei sehr dicken Proben oder sehr tiefen Temperaturen, was selten vorliegt, Bild 6-69a und b.

Besonders schwierig ist die Bestimmung des Bruchparameters J des "duktil-spröden Bruchüberganges" bei höheren Temperaturen. Die Werte sind nur als "Ersatz-Zähigkeitskennwerte" (J_u, $J_{0,2}$) und nicht als echte Werkstoffkennwerte anzusehen, Bild 6-75.

Bei der Ermittlung der Bruchparameter des J-Konzeptes wird die J-R-Kurve (Rißwiderstand oder J-Δa-Kurve) mit verschieden definierten Linien zum Schnittpunkt gebracht. Die Vorgehensweise ist folgende:

– Ermittlung der J-Werte für unterschiedliche Δa-Werte entweder nach dem Mehr- oder dem Einprobenverfahren,

– Anpassung der Meßwerte des gültigen Δa-Bereiches durch eine Ausgleichskurve (-Gerade) mit Hilfe eines geeigneten mathematischen Ansatzes, der z.B. ein quadratisches ein kubisches Polynom oder eine Potenzfunktion sein kann. Die verwendete Ausgleichsfunktion (Kurvenfit) nimmt dabei Einfluß auf den zu ermittelnden Bruchparameter. Zur Ermittlung der

Ersatzkenngrößen wird die Blunting Line (BL, *Abstumpfungslinie*) benötigt, die nach ASTM E 813-87 gemäß:

$$J = 2\sigma_y \, \Delta a; \quad \sigma_y = 0,5 \cdot (R_e + R_m) \qquad [6\text{-}70]$$

oder nach ESIS P2-91D

$$J = \frac{\Delta a_B}{0,4 \cdot d_n} \cdot \sigma_0 \qquad [6\text{-}71]$$

oder nach DVM 002

$$J = \frac{\Delta a_B}{0,4 \cdot d_n} \cdot E \qquad [6\text{-}72]$$

mit Δa_B = SZW, oder experimentell nach der Entlastungsmethode erfolgen kann.

Ermittlung des Schnittpunktes definierter Linien mit der J-R-Kurve, die in dem Bild 6-76 dargestellt sind.

Nach ASTM E-813 ist der J_{Ic}-Wert als J_i-Wert definiert, wobei durch dieses Vorgehen die Krümmung der R-Kurve im Übergangsbereich von der B_L-Linie zur Rißinitiierung nicht erfaßt wird. Dies führt zu kritischen Werten, die mehr oder weniger vom physikalischen Initiierungswert abweichen.

Die Gründe hierfür sind:

– Probengrößenabhängigkeit von J_{Ic} bzw. J_i, Bild 6-76,

– Abhängigkeit der Ausgleichsgeraden von

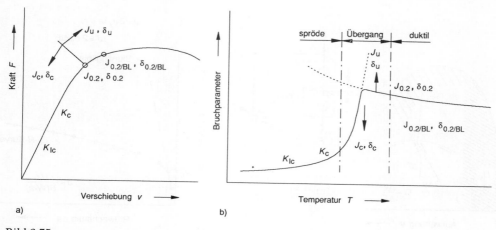

a)   b)

Bild 6-75
Zuordnung der Bruchparameter nach ESIS P2-91D; a) zum F-v-Schrieb und b) zur Temperatur ferritischer Stähle.

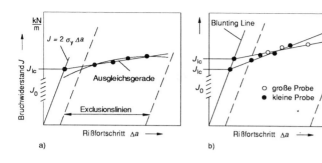

a)   b)

Bild 6-76
a) Ermittlung des J_{Ic}-Wertes nach ASTM E 813-87, b) und der Einfluß der Probengröße auf den J_{Ic}-Wert.

der Verteilung der Meßpunkte im Gültigkeitsbereich der Exclusionslinien.

Um den Probengrößeneinfluß auszuschalten und aufwendige rasterelektronenmikroskopische Bruchflächenuntersuchungen zu umgehen, schlägt SCHWALBE $J_{Ic} = J_i = J_R$ bei Δa^* vor, das so groß ist, daß es noch mit dem Lichtmikroskop ausgemessen werden kann, Bild 6-77.

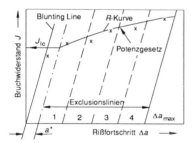

Bild 6-77
Festlegung des J_{Ic}-Wertes als J-Wert bei bestimmtem Rißfortschrittsbetrag Δa^*, nach SCHWALBE.

Die nach ASTM festgelegte BL führt zu einer Überschätzung der Ausrundung des Risses, der Stretchzonenweite und folglich des Rißfortschritts.

Um den physikalischen Rißinitiierungspunkt besser zu erfassen, wurden Untersuchungen mit dem Ziel durchgeführt, die BL mit der Stretchzonenweite SZW zu verknüpfen. Die Ergebnisse wurden ins DVM 002-Merkblatt aufgenommen und von der ESIS P2 übernommen, Bild 6-78. Die mittlere Stretchzonenweite wird mit dem REM an der Bruchfläche am Übergang vom Schwingungsriß zum stabilen Riß an 9 Stellen der Probe ermittelt.

Dazu wird nach ESIS und DVM die Bruchfläche entlang der Probendicke in 8 gleich breite Abstände eingeteilt, deren Länge gemessen und der arithmetische Mittelwert berechnet. Die $\Delta \bar{a}_{SZW}$-Werte liegen je nach Zähigkeit des Werkstoffs zwischen 10 µm bis 300 µm. J_i kann u.U. auch direkt bestimmt werden.

Zur Messung des stabilen Rißwachstums bzw. des Rißinitiierungspunktes für die Bestimmung von J_i haben sich bisher zwei Verfahren durchgesetzt:

– das Potentialsonden-Verfahren und
– das Verfahren der partiellen Entlastung, Bild 6-74.

Potentialsonden-Verfahren

Die schematische Darstellung der Funktionseinheiten des Meßplatzes zur Bestimmung der Rißinitiierung ist aus Bild 6-62

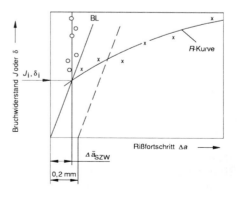

Bild 6-78
Bestimmung von J_i und δ_i anhand der mittleren Stretchzonenweite, R-Kurve und BL, nach ESIS.

ersichtlich. Die Probe wird mit Gleichstrom (DC-Potentialsondenverfahren) oder mit Wechselstrom (AC-Potentialsondenverfahren) mit konstantem Strom durchflutet und die Spannungsänderung ΔU in Abhängigkeit von der Kraft bzw. der Rißverlängerung registriert. Bei Rißinitiierung und stabilem Rißwachstum ändert sich der Widerstand in der Probe bzw. die Spannung infolge des veränderten Restquerschnitts, Bild 6-79.

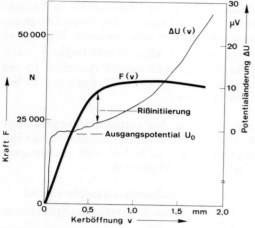

Bild 6-79
Kraft-Kerböffnungs-(F-v-) sowie Potentialänderungs-Kerböffnungs-(ΔU-v-)Schriebe einer Kompaktzugprobe CT 25 aus dem Stahl StE 460 zur Ermittlung der Rißwiderstands-Rißverlängerung-(J_R-Δa)-Kurve, BAM.

Mit F_i wird J_i gemäß Gl. [6-69] berechnet, mit den oben aufgeführten Verfahren verglichen und auf seine Gültigkeit überprüft.

Verfahren der partiellen Entlastung

Wie beim Potentialsondenverfahren wird auch hierfür das Einprobenverfahren jedoch mit partieller Entlastung angewendet, Bild 6-74.

Zur Bestimmung des Rißfortschritts und der Rißinitiierung wird der F-v-Schrieb in einer stufenweisen Entlastung um ca. 10 % von der jeweiligen Maximalkraft in Δa-Schritten bis zur Höchstlast der Probe aufgenommen und die Steigung der Entlastungs-

kurven mit Hilfe eines P-Computers berechnet. Der Beginn der Rißinitiierung entspricht einer vorgegebenen Steigung der Entlastungslinie. Diese ist zuvor nach der Mehrprobenmethode an der zu untersuchenden Probe aus dem zu untersuchenden Werkstoff durch Erzeugung einer "Referenzkurve" zu ermitteln. Dabei wird die Steigungsänderung der Entlastungskurve in Abhängigkeit von der Kraft bzw. der Verschiebung und stabilen Rißfortschritt gemessen. Zusätzlich kann aber auch nach dem Potentialverfahren die Potentialänderung in Abhängigkeit von der Kraft, der Verschiebung und der Rißforschritt aufgenommen werden, um den Initiierungpsunkt und den Rißfortschritt exakter ermitteln zu können. Zur Kennzeichnung des stabilen Rißfortschrittes Δa auf der Bruchfläche und zur mikroskopischen Vermessung wird dieser durch Erzeugung eines Schwingungsrisses unterbrochen. Aber auch Markierungen durch Farbeinbringung (Farbeindringverfahren) oder durch unterschiedliche Erwärmung (Anlaßfarben) sind praktikabel.

6.4.9.6   Bestimmung der Ersatz-Zähigkeitskenngrößen

Die Ermittlung des J_i-Wertes ist mit erheblichem experimentellen Aufwand verbunden und unsicher. Die Festlegung von $J_{0,2}$, $\delta_{0,2}$ oder $J_{0,2/BL}$ oder $\delta_{0,2/BL}$ ist zwar physikalisch nicht begründet, aber dafür eindeutig, Bild 6-80. Zu beachten ist dabei, ob die R-Kurve nach dem Einproben- oder Mehrprobenverfahren ermittelt worden ist. Der $J_{0,2/BL}$ oder $\delta_{0,2/BL}$-Wert, Bild 6-80a, ergibt sich aus dem Schnittpunkt der um 0,2 mm nach rechts verschobenen Parallelen zur Bluntung Line mit der R-Kurve. In gleicher Weise wird bei der Ermittlung des $\delta_{0,2/BL}$-Wertes verfahren. Für die Ermittlung des $J_{0,2}$ bzw. $\delta_{0,2}$-Wertes wird eine um 0,2 mm nach rechts verschobene Parallele zur Ordinate mit der R-Kurve zum Schnittpunkt gebracht, Bild 6-80b.

– *Gültigkeitsbereich*

Die im Abschnitt 6.4.9.4 und 6.4.9.5. beschriebene Bestimmung der J-R- oder

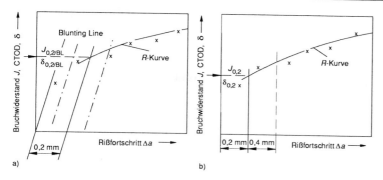

Bild 6-80
Festlegung der Ersatzkennwerte $J_{0,2}$, $J_{0,2/BL}$ oder $\delta_{0,2}$, $\delta_{0,2/BL}$, nach ESIS oder DVM 002.

δ-R-Kurve ist nur bis zu den Grenzen J_{max} und δa_{max} gültig, Bild 6-81.

Die Gültigkeitsgrenzen für den stabilen Rißfortschritt sind nach ESIS wie folgt zu bestimmen:

– *stabiler Rißfortschritt,*

$\Delta a_{max} = 0{,}06\ (W\text{-}a)$ für J und

$\Delta a_{max} = 0{,}10\ (W\text{-}a)$ für δ $\qquad$ [6-73]

– *J-Integral, Gl. [6-74],*

$$J_{max} = (W-a)\cdot\frac{\sigma_f}{25},\quad \sigma_f = 0{,}5(R_e + R_u)$$

und

$$J_{max} = B\cdot\frac{\sigma_f}{25};\qquad\qquad\text{[6-75]}$$

– *Rißspitzenöffnungsverschiebung δ,*

$$\delta_{max} = \frac{W-a}{50}\ \text{oder}\qquad\text{[6-76]}$$

$$\delta_{max} = \frac{B}{50}.\qquad\qquad\text{[6-77]}$$

Die engen Gültigkeitsgrenzen der Rißwiderstandskurven erlauben auch nur die Beurteilung für entsprechende Rißlängen in Bauteilen bei einer Sicherheitsanalyse für stabilen Rißfortschritt. Die Rißinitiierungswerte $J_{0,2}$ oder J_i dienen als Werkstoffkennwerte für Rißinitiierungskonzepte, nachdem das Bauteil gegen Rißentstehung abgesichert werden soll. Erfolgt aber die Auslegung von Bauteilen nur auf Verhinderung von Rißinitiierung, werden sie aufgrund der niedrigen Initiierungswerte J_i und δ_i überdimensioniert.

6.4.9.7 Bestimmung der Beanspruchungsgröße *J* im Bauteil

Im vorigen Abschnitt wurde die Ermittlung bruchmechanischer Bruchkennwerte (Werkstoffwiderstandsgrößen) zur Charakterisierung der Zähigkeit an Laborproben beschrieben.

Wie beim Festigkeitsnachweis einer Konstruktion, bei dem die im belasteten Bauteil wirksamen Spannungen (Beanspruchungsgrößen) die Spannungswerte der Werkstoffkennwerte für Fließen oder bei Höchstlast (Fließgrenze oder Zugfestigkeit) des zu verwendenden Werkstoffs nicht erreicht werden sollen, wird auch beim Zähigkeitsnachweis verfahren.

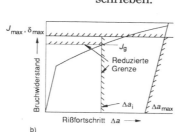

Bild 6-81
Gültigkeitsbereich der J-R-, δ-R-Kurve a) mit den Grenzen J_{max} und Δa_{max}, b) mit den reduzierten Grenzen J_g und Δa_1 für J-kontrolliertes Rißwachstum.

Sicherheit gegen Sprödbruchversagen eines Bauteils besteht, wenn z.B.:

$$J_{\text{I,Bauteil}} < J_{\text{i,Probe}} \text{ oder } G_{\text{Ic}} \text{ sowie}$$

$$K_{\text{I,Bauteil}} < K_{\text{Ic,Probe}} \text{ ist.}$$

Die Beanspruchungsgröße J_{Bauteil} kann:

- *im Versuch*, z.B. Behälter, Rohr und meistens an unterschiedlichen Proben mit unterschiedlicher Fehlergeometrie,

- *analytisch mit dem Linienintegral* bei Integrationsweg entlang des Probenrandes und

- *numerisch mit Hilfe der Finite-Element-Methode* für ebene Rißprobleme ermittelt werden.

6.4.9.8   Bruchmechanik in der Schweißtechnik

Grundsätzlich unterscheidet man bei der Bruchmechanik nicht zwischen der rißbehafteten homogenen Werkstoffen und rißbehafteten geschweißten Werkstoffen bzw. Bauteilen. Aufgrund der unterschiedlichen Eigenschaften von Schweißgut, WEZ und Grundwerkstoff im einzelnen wie auch im Zusammenwirken in der Schweißverbindung mit und ohne "Imperfektionen", ist eine bruchmechanische Analyse von rißbehafteten Bauteilen sehr schwierig, weil u. a. der beim Bruch wirksam gewesene lokale Werkstoffwiderstand nur mit großem Aufwand zu ermitteln ist.

Obwohl einige Versagenskonzepte der Bruchmechanik sich bestens für die Sicherung der Güte von Schweißverbindungen als Bestandteil eines Qualitätssicherungs-Systems eignen würden, haben sie nur in einzelnen Regelwerken der Kerntechnik und des Flugzeugbaus Eingang gefunden.

In Zukunft werden für Gütenachweise geschweißter Bauteile bruchmechanische Prüfmethoden immer mehr angewendet. Die Gründe gegen die Anwendung z.Z. dürften sowohl auf der komplizierten Ermittlung beanspruchungsbezogener als auch werkstoffbezogener Einflußgrößen beruhen, und zwar auf:

- der komplizierten Vermessung der Geometrie und der Lage von Fehlern in Schweißverbindungen und überhaupt ihrer Nachweisbarkeit mit zerstörungsfreien Methoden,

- der aufwendigen Kerb-(Riß-)Spannungsanalyse an Fehlern mit Hilfe der FEM bei meist unbekanntem Werkstoffverhalten an der Rißspitze,

- dem starken Eigenschaftsgradienten im Schweißgut und in der WEZ, was die Bestimmung eines Werkstoffkennwertes stark einschränkt,

- der schwierigen quantitativen Erfassung der Eigenspannungen in der Schweißverbindung vor und nach dem Spannungsarmglühen.

Die genannten Schwierigkeiten erfordern Bruchmechanikproben:

- mit ganzer Schweißverbindung. Die Dikke der Schweißverbindung sollte gleich der Probendicke sein, die unter Werkstatt- oder Baustellenbedingungen herzustellen ist,

- mit eindeutig geometrisch definiertem rißartigem Fehler (Ersatzfehler) oder in bestimmten Positionen der Schweißnaht, der reproduzierbar zu fertigen ist zum Ermitteln "lokaler bruchmechanischer Zähigkeitskennwerte",

- unter Brücksichtigung der Lage des Rißinitiierungspunkts und der Richtung der Rißausbreitung (Rißlaufweg) in bezug auf die Schmelzlinie der Schweißverbindung, zum Ermitteln des Zähigkeitsverhaltens der ganzen Schweißverbindung.

Zusammenfassend ist festzuhalten, daß der Einfluß der Bruchmechanik auf bestehende Regelwerke der Schweißtechnik über folgende "bruchmechanische" Nachweise vergrößert werden wird, was zur besseren Werkstoffausnutzung führt und wirtschaftlich notwendig ist:

- *Zähigkeitsnachweise des Werkstoffes*, Ermittlung von *Bruchkennwerten*, Ersatzkenngrößen, Ermittlung von Festigkeits- und Zähigkeitskennwerten an Mikrozugproben,

- *Festigkeitsnachweise*, Ermittlung von Grenzlasten rißbehafteter Bauteile,

- *Fertigungsgütenachweis*, Ermittlung der Lage, Art und Größe eines Risses in der Schweißverbindung.

Auf Fallbeispiele bruchmechanischer Versagensanalysen wird im Rahmen dieses Buches verzichtet und auf die DVS-Merkblätter 2401 Teil 1 und 2 "Bruchmechanische

Bewertung v̇ ̇ Fehlern in Schweißverbindungen" verẇ ̇sen. In Teil 2 werden bruchmechanische Sicherheitskonzepte für die verschiedenen Versagensarten erfaßt und anwendungsbezogene Beispiele durchgerechnet. In diesem Zusammenhang sei noch auf den Entwurf des International Institute of Welding "THE FITNESS FOR PURPOSE OF WELDED STRUCTURES" (IIW/IIS-SST-1157-90) hingewiesen, in dem die bruchmechanische Bewertung von Schweißverbindungen noch weiter gefaßt ist und in Kürze verbindlich sein wird.

Ergänzende und weiterführende Literatur

Blumenauer, W.: Werkstoffprüfung, 4. Auflage. VEB Deutscher Verlag für Grundstoffindustrie, Leipzig, 1987.

Engel / Klingele: Rasterelektronenoptische Untersuchungen von Metallschäden. Gerling Institut für Schadensforschung und Schadensverhütung GmbH, Köln.

Exner, H. E. u. H. P. Hougardy: Einführung in die Quantitative Gefügeanalyse. DGM Informationsgesellschaft Verlag, 1986.

Heuser, A. G.: Beurteilung des Versagensverhaltens von Schweißverbindungen hochfester Baustähle mit Hilfe bruchmechanischer Methoden. Reihe 18: Mechanik/Bruchmechanik, Nr. 48, VDI Verlag, Düsseldorf.

Hornbogen, E.: Metallografie - eine Übersicht über den Stand des Gebietes, 1. und Teil 2. Prakt. Met. 28(1991), S. 320/332 und S. 383/403.

N. N.: Härteprüfung in Theorie und Praxis. VDI-Berichte 583, VDI-Verlag Düsseldorf.

Schumann, H.: Metallografie, 11. Auflage. VEB Deutscher Verlag für Grundstoffindustrie, Leipzig, 1986.

Schwalbe, K.-H.: Bruchmechanik metallischer Werkstoffe. Carl Hanser Verlag, München, Wien, 1980.

Steeb. S u. Mitautoren: Röntgenspektralanalyse und Mikrosondentechnik. Expert-Verlag, Sindelfingen, 1987.

Sachwortverzeichnis

Symbole

A

B

FERTIGUNGS-TECHNIK

Hrsg. A. Herbert Fritz/
Günter Schulze
2., neubarbeitete und
erweiterte Auflage 1990.
404 S., 725 Abb.,
49 Tab. 25 x 17,6 cm. Gb.
DM 58,–
ISBN 3-18-400900-9

Die „Fertigungstechnik"
wird unter Berücksichti-
gung der neuesten ISO-
Norm für die spanenden
Verfahren behandelt.
Die neue Terminologie der
Fertigungsverfahren bringt
umfassende Veränderun-
gen in der Bezeichnung
und Festlegung der Grund-
begriffe der Zerspantech-
nik. Alle Fertigungsverfahren
werden kurz und verständ-
lich erläutert. Konstruktive
Gestaltungshinweise in
Form von 250 Beispielen
stellen die fertigungstechnisch günstigen oder wirtschaftlichen Lösungen
den weniger brauchbaren
gegenüber.
„Preisänderungen vor-
behalten"

Erweiterte Abschnitte:

– Löten
– Metallkleben
– Plasmaschneiden
– Laserschneiden
– Gestaltung von Sinter-
  teilen, Lötverbindungen,
  Klebeverbindungen und
  Gewinden.

VDI VERLAG

WERK-STOFF-KUNDE

Hrsg. Hans-Jürgen Bargel/
Günter Schulze
5., neu bearb. u. erw. Aufl. 1988.
XVIII, 393 S., 554 Abb., 76 Tab.
DM 48,00
ISBN 3-18-400823-1

Erkenntnisse der Werkstoffwissenschaften, die es ermöglichen, das Werkstoffverhalten zu verstehen. Außer den üblichen Sachgebieten der Werkstoffkunde enthält das Werk ausführlichere Abschnitte über das Korrosionsverhalten, das Sprödbruchverhalten und die Schweißeignung metallischer Werkstoffe. Auch die nichtmetallischen anorganischen Werkstoffe werden wegen ihrer Bedeutung eingehend beschrieben.

„Preisänderungen vorbehalten"

 **VDI** VERLAG